CAD/CAM 工程范例系列教材

职业技能培训用书

UG NX 12.0 建模与工程图实用教程

——基于任务驱动式教学法

主　编　王灵珠　许启高

副主编　刘红燕

参　编　盛　湘　高　伟

　　　　孙天焕　石仕娥

主　审　胡智清

机 械 工 业 出 版 社

本书以任务为主线，从实用的角度出发，由浅入深、循序渐进地介绍了 UG NX 12.0 软件的基础知识与基本操作、草图绘制、实体建模、曲线绘制与曲面建模、装配设计和工程图设计等内容。

全书共 6 个模块、28 个任务。每个模块由若干任务组成，每个任务都是一个具体的实例，以实例为线索将相关 UG 命令有机地串联起来，在实际操作过程中贯穿知识点的讲解，同时提炼出各种操作技巧，穿插在学习过程中，帮助读者在牢固掌握 UG NX 12.0 的各种常用功能的同时，了解将这些功能运用到实际工作中的有效方法，强调实际技能的培养和实用方法的学习。

本书结构严谨、内容丰富、条理清晰、实例典型、易学易用，注重实用性和技巧性，书中步骤明确，插图详尽，可操作性强，是一本很好的 UG NX 12.0 建模与工程图实用教程。本书特别适合高等职业院校五年制增材制造技术、机电一体化、数控技术、模具设计与制造、机械设计与制造、计算机辅助设计与制造等专业作为教材使用，也可作为从事机械设计的工程技术人员的培训和日常参考用书。

为了方便教学，本书配套有相关教学资源，可登录 www.cmpedu.com 网站，注册、免费下载。

图书在版编目（CIP）数据

UG NX 12.0 建模与工程图实用教程：基于任务驱动式教学法/王灵珠，许启高主编. —北京：机械工业出版社，2018.10（2021.8 重印）

ISBN 978-7-111-60884-4

Ⅰ.①U… Ⅱ.①王… ②许… Ⅲ.①计算机辅助设计-应用软件-高等职业教育-教材 Ⅳ.①TP391.72

中国版本图书馆 CIP 数据核字（2018）第 209690 号

机械工业出版社（北京市百万庄大街 22 号 邮政编码 100037）
策划编辑：汪光灿 责任编辑：王莉娜 责任校对：郑 婕
封面设计：路恩中 责任印制：常天培
天津翔远印刷有限公司印刷
2021 年 8 月第 1 版第 5 次印刷
184mm×260mm · 24.5 印张 · 602 千字
标准书号：ISBN 978-7-111-60884-4
定价：66.00 元

电话服务
客服电话：010-88361066
010-88379833
010-68326294

网络服务
机 工 官 网：www.cmpbook.com
机 工 官 博：weibo.com/cmp1952
金 书 网：www.golden-book.com
机工教育服务网：www.cmpedu.com

前　　言

UG NX 是由 Siemens PLM Software 公司推出的功能强大的 CAD/CAE/CAM 软件，是当今世界流行的计算机辅助设计、分析和制造软件之一，它集产品设计与建模、工程图、数控加工等功能于一体，广泛应用于航天航空、汽车、造船、通用机械和电子等领域。

本书以最新的 UG NX 12.0 中文版为操作平台，从初识 UG NX、草图绘制、实体建模、曲线绘制与曲面建模、装配设计到工程图设计，由浅入深、循序渐进地介绍了 UG NX 12.0 的常用模块和实用的操作方法。

本书由教学经验丰富、熟知职业教育规律的一线教师编写，教材编排符合技术技能型人才培养规律，具有鲜明的职教特色。

1. 在内容组织上结合专业特点，突出实用性、针对性及贯彻“教、学、做”一体化的课程改革方案，以任务为主线，精心挑选典型的工程实例来构成全书的主要内容。

2. 以“实例+知识点”的方式安排全书内容。通过对任务实例操作过程的详细介绍，使学生在实际操作中学习命令的应用，突出应用型人才培养。同时，针对“任务驱动法”针对性强但系统性相对要差一些的特点，本书在任务实例之外还安排了知识点，对相关知识进行系统的介绍，增强学习的系统性。

3. 以“图+文字”相结合的形式描述操作过程。图的表现效果、效率远超文字，因此书中每个任务的操作过程除有文字描述外，还增加了图文结合描述（每个图的旁边都有带序号的文字说明），提高读者的学习效率。

4. 本书在任务之后配有同类任务和拓展任务，以帮助读者进一步熟悉相关功能的使用，达到融会贯通、举一反三的目的。

5. 编者根据自己的使用和教学经验设置了“操作技巧”“注意事项”，以使读者少走弯路，提高操作技能水平。

6. 书中每个模块后都配有小结和考核，以便读者加强记忆和检验学习效果。

本书由湖南财经工业职业技术学院和中山市第一中等职业技术学校的专业教师编写，由王灵珠、许启高任主编，刘红燕任副主编。具体参与本书编写的人员及分工如下：模块 1 由许启高、盛湘和高伟共同编写，模块 2 由许启高编写，模块 3、模块 4、模块 6 由王灵珠编写，模块 5 由刘红燕、孙天焕和石仕娥共同编写。全书由胡智清主审。

编写本书时参考了大量的书籍，在此向相关作者一并表示由衷的谢意。

本书无论是在编写理念、教材结构还是呈现形式上均有较大的创新，最终目的是为了方便读者学习。虽然编者有丰富的教学经验，且在编写本书过程中本着认真负责的态度，力求做到精益求精，但书中仍难免有疏漏与不足之处，欢迎广大读者批评指正，您的意见和建议是我们不断进取的最大推力（编者邮箱：2571244083@qq.com）。

编　者

本 书 说 明

本书中使用符号的约定

1. “【　】”表示选项卡。

2. “『　』”表示面板。

3. “〈　〉”表示命令按钮。

4. “→”表示操作顺序。

5. “🔔”表示注意事项或操作技巧。

例如文中描述：“在功能区单击【主页】→『特征』→〈边倒圆〉”，表示在功能区单击“主页”选项卡“特征”面板上的“边倒圆”命令按钮。

目　　录

模块 1　初识 UG NX

【能力目标】

1. 能正确启动、退出 UG NX 软件。
2. 能正确创建文件、打开文件和保存文件。
3. 能正确设置工作界面和图层。
4. 能正确进行对象操作、视图操作和 WCS 操作。
5. 能正确进行模型测量与对象信息查询。

【知识目标】

1. 了解 UG NX 软件的功能，熟悉 UG NX 软件的工作界面。
2. 掌握 UG NX 软件的打开、关闭，文件的创建、打开、保存等操作方法。
3. 熟练掌握对象操作（对象的选择、显示/隐藏对象、编辑显示对象）方法。
4. 掌握鼠标操作、视图样式操作、视图观察操作、图层操作方法。
5. 熟练掌握 WCS 操作方法，掌握基准 CSYS 的创建方法。
6. 掌握测量模型操作（测量距离、测量角度、测量点、测量面、测量体、检查几何体）方法，掌握查询对象信息操作方法。

任务1　了解 UG NX 12.0

UG NX 是由 Siemens PLM Software 公司推出的功能强大的 CAD/CAE/CAM 软件，其内容涵盖了从产品概念设计、工业造型设计、三维模型设计、分析计算、动态模拟与仿真、工程图输出到加工成产品的全过程。NX 系列软件产品已经广泛应用于机械、汽车、造船、航天航空、电器、模具和工程设备等工业领域。

本任务要求启动 UG NX 12.0，新建一个文件，将用户身份更改为高级角色，将用户界面改为窄功能区；而后创建一个长方体，对其进行倒圆角操作，保存并关闭文件后再次打开文件，对长方体进行倒斜角操作；最后进行添加命令、查找命令、退出操作，主要涉及 UG NX 12.0 的启动、导航器的操作、命令查找、用户界面定制、新建文件、保存文件、打开文件、退出等操作。

任务实施

步骤 1　启动 UG NX 12.0。

双击桌面上 UG NX 12.0 的快捷方式图标，启动 UG NX 12.0，进入其初始工作界面，如图 1-1 所示。

步骤 2　新建文件。

1）单击【主页】→『标准』→〈新建〉，弹出“新建”对话框，如图 1-2 所示。

图 1-1　UG NX 12.0 初始工作界面

2）在【模型】选项卡的“模板”列表中选择名称为“模型”的模板，单位为“毫米”，在“新文件名”选项组的“名称”文本框中输入“了解 UG”，并指定保存到的文件夹目录路径，如图 1-2 所示。

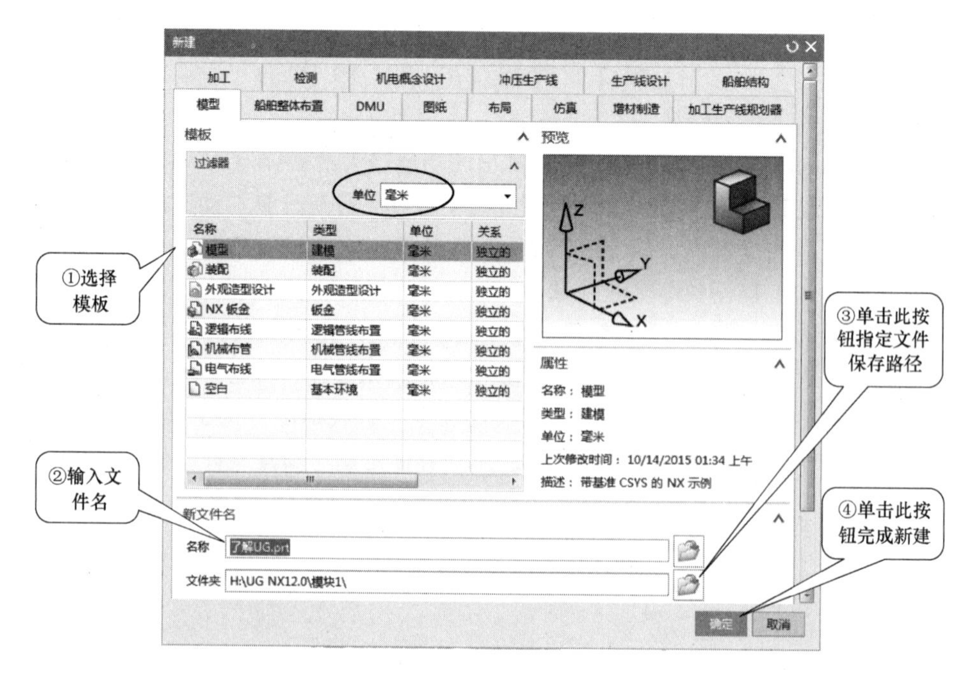

图 1-2　新建文件

3）单击 确定 按钮，完成新文件的创建，进入主工作界面，如图 1-3 所示。

步骤 3　固定导航器，显示基准坐标系。

1）固定导航器。单击主工作界面左侧资源条中的〈资源条〉选项 ，在下拉菜单中选择 销住 ，如图 1-3 所示，将导航器固定在左侧。

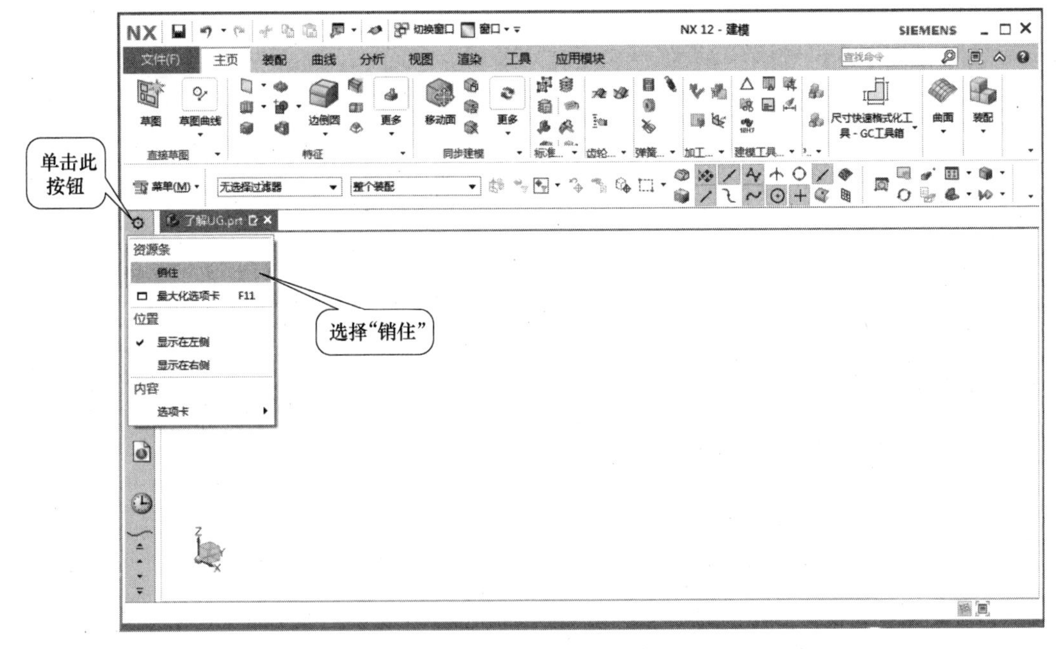

图 1-3　UG NX 12.0 主工作界面

2）显示部件导航器。单击资源条中的〈部件导航器〉 ，显示部件导航器，如图 1-4 所示。

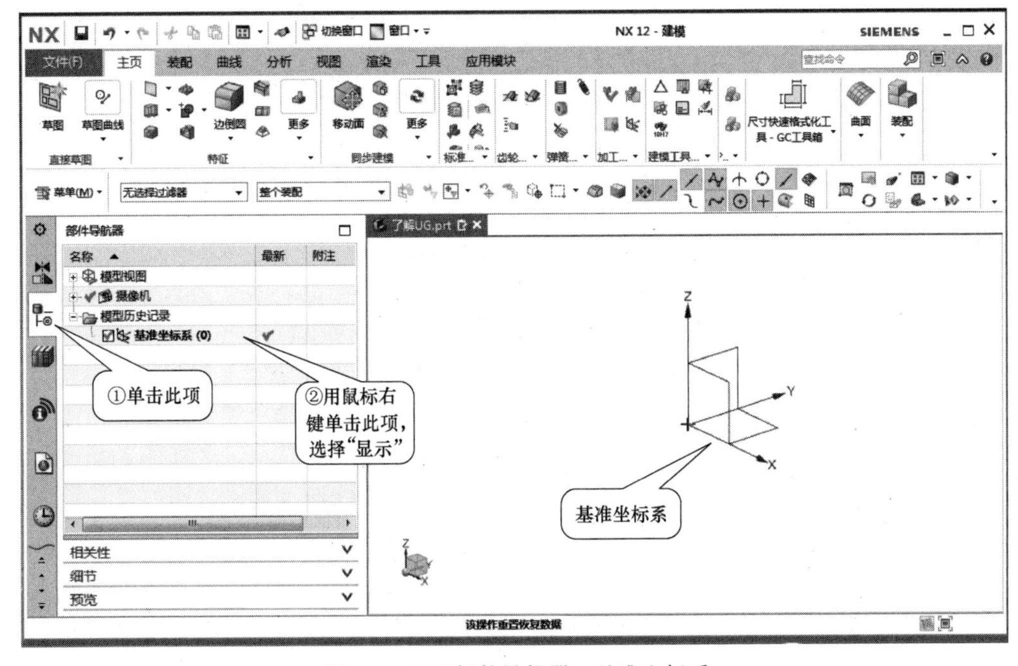

图 1-4　显示部件导航器、基准坐标系

3）显示基准坐标系。在部件导航器中用鼠标右键单击 基准坐标系 (0)，在快捷菜单中选择 显示(S)，则在绘图区显示基准坐标系，如图 1-4 所示。

步骤 4　切换到高级角色。

单击资源条中的〈角色〉，显示角色导航器，如图 1-5 所示，双击 内容项，将其打开，选择〈高级〉，弹出"加载角色"对话框，单击 确定 按钮，切换到高级角色。

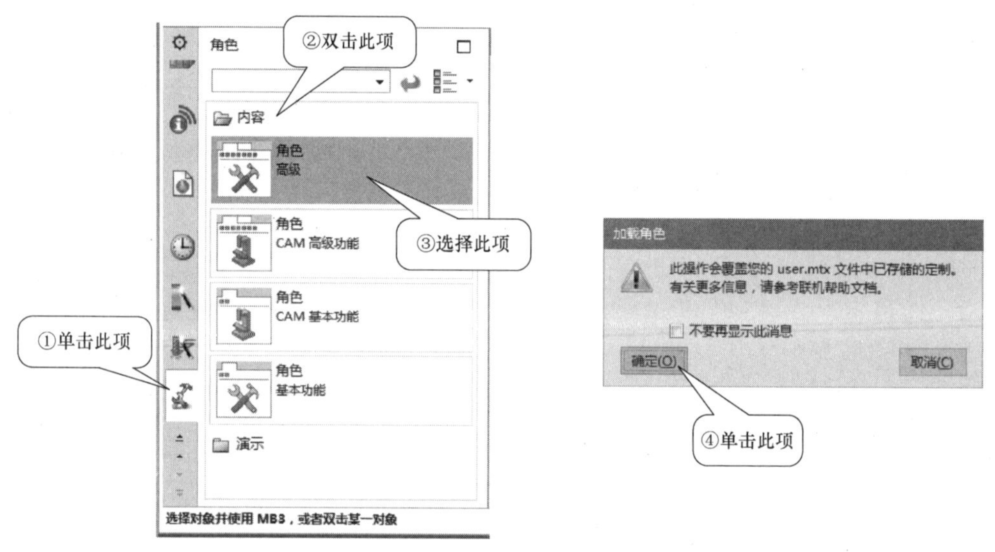

图 1-5　切换到高级角色

系统默认的用户角色是"基本功能"，此角色提供完成简单任务所需要的全部工具。"高级"角色提供更多的工具，支持简单和高级任务。同一命令下不同角色提供的工具比较如图 1-6 所示。

本书中如无特别说明，均使用"高级"角色。

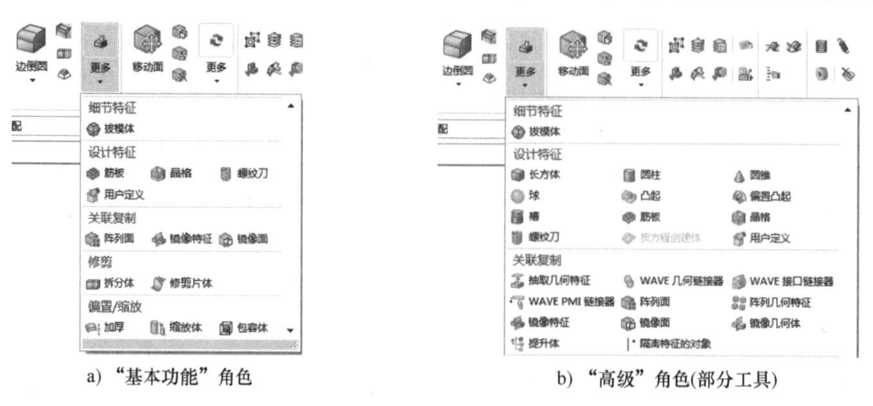

a）"基本功能"角色　　　b）"高级"角色(部分工具)

图 1-6　不同角色提供的工具比较

在 UG NX 软件操作中，单击鼠标中键，则相当于"确定"命令，故单击 确定 按钮可由单击鼠标中键代替。

步骤 5　改变用户界面。

1）改变布局，将功能区显示更改为窄功能区样式。单击【菜单】→『首选项』→ 用户界面(I)...或按〈Ctrl+2〉组合键，弹出“用户界面首选项”对话框，如图 1-7 所示；在左侧列表中选择“布局”，勾选“功能区选项”下的 窄功能区样式，单击 应用 按钮，此时功能区范围变窄，各工具按钮下不再显示其中文名称，如图 1-7 所示。

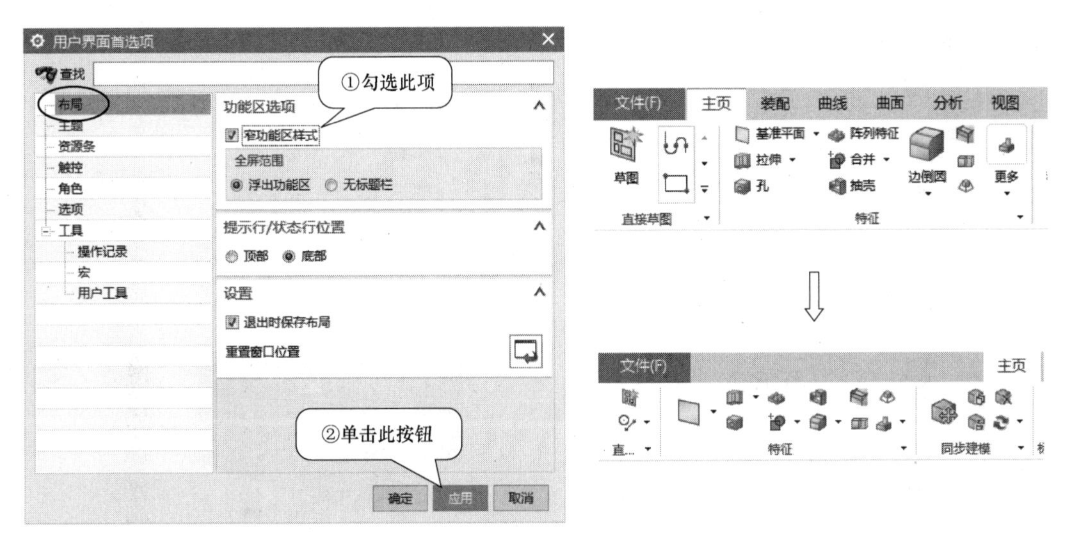

图 1-7　更改功能区显示样式

2）改变主题，将主题类型更改为浅色。在“用户界面首选项”对话框左侧列表中选择“主题”，然后在“NX 主题”的“类型”下拉列表中选择“浅色”，如图 1-8 所示，单击 应用 按钮，整个界面的颜色发生了变化。

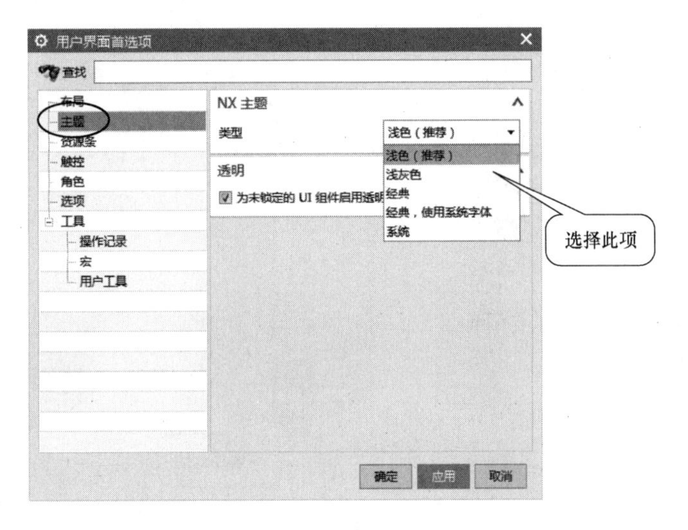

图 1-8　更改主题

读者可尝试在“用户界面首选项”对话框中做其余的操作，比较其不同。

本书中如无特别说明，均采用系统默认的用户界面，建议读者在尝试过后均改回到系统默认的状态，以便后续的学习。

步骤 6　创建 80×100×50 的长方体。

单击【菜单】→『插入』→【设计特征】→〈长方体〉，弹出“长方体”对话框，如图 1-9 所示；在“类型”下拉列表中选择 原点和边长，按图中所示输入长方体尺寸，单击 确定 按钮，完成长方体的创建，如图 1-9 所示。

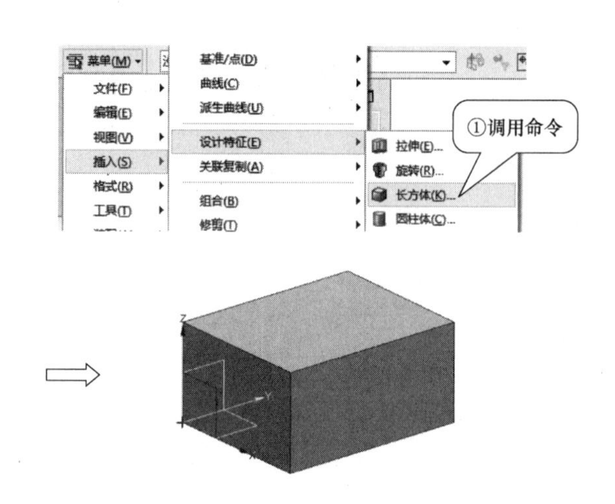

图 1-9　创建长方体

步骤 7　创建 R20 圆角。

在功能区单击【主页】→『特征』→〈边倒圆〉，打开“边倒圆”对话框，如图 1-10 所示；在“半径 1”文本框中输入“20”；选择长方体边，单击 确定 按钮，完成创建 R20 圆角，如图 1-10 所示。

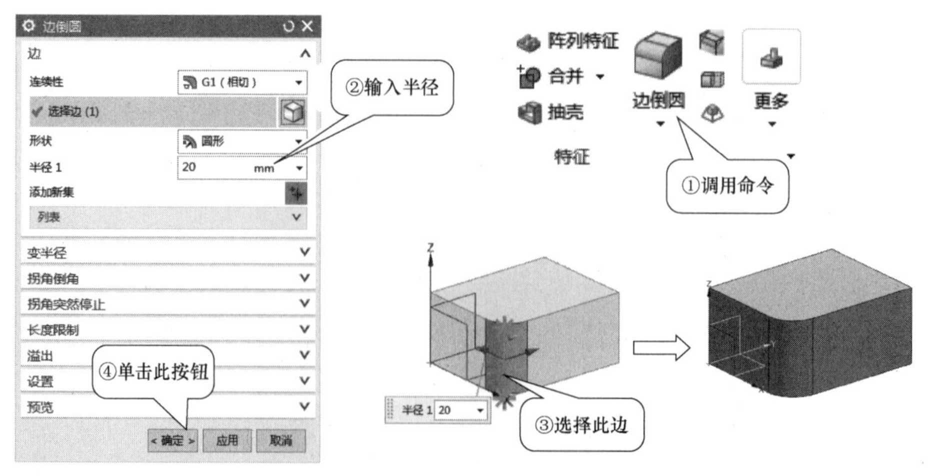

图 1-10　创建 R20 圆角

步骤 8　保存并关闭文件。

1）保存文件。单击快速访问工具条中的〈保存〉或快捷键〈Ctrl+S〉，保存图形。

2）关闭文件。单击绘图区上方文件名旁的〈关闭〉，如图 1-11 所示，关闭文件。

步骤 9　打开文件。

方法 1：单击【菜单】→『文件』→〈打开〉，弹出“打开”对话框，查找到需打开的文件“了解 UG”，双击即可打开。

方法 2：单击资源条中的〈历史记录〉，显示“历史记录”导航器，如图 1-12 所示，单击导航器中的“了解 UG”，即可打开文件。

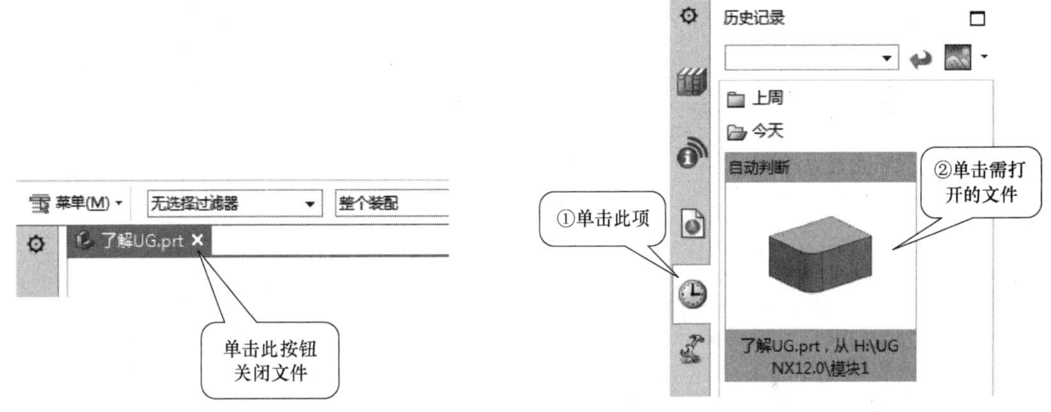

图 1-11　关闭文件　　图 1-12　在“历史记录”中打开文件

步骤 10　倒 C20 斜角。

在功能区单击【主页】→『特征』→〈倒斜角〉，打开“倒斜角”对话框，如图 1-13 所示；在“横截面”下拉列表中选择“对称”，在“距离”文本框中输入“20”；选择长方体边，单击 确定 按钮，完成倒 C20 斜角，如图 1-13 所示。

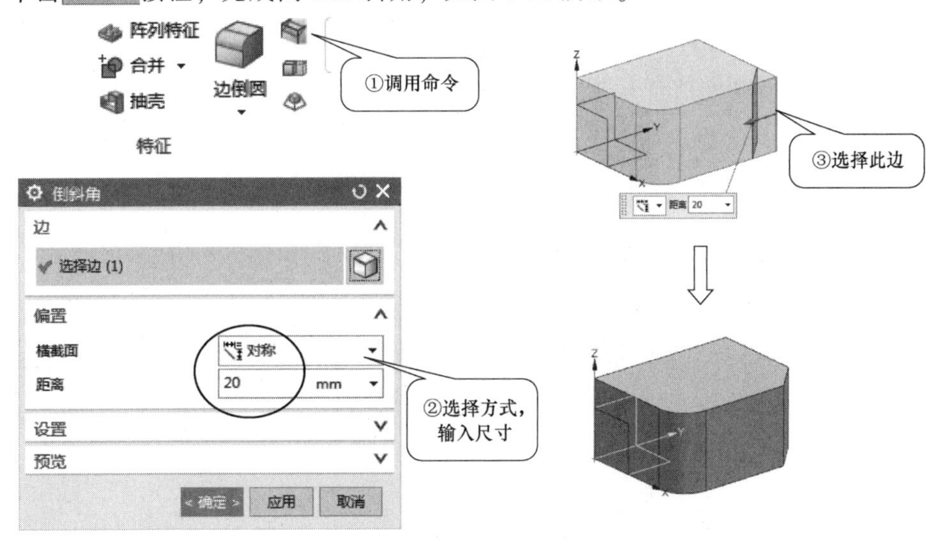

图 1-13　倒 C20 斜角

步骤 11　添加“键槽”命令至【主页】→『特征』→〈更多〉→“设计特征”组。

1）按〈Ctrl+2〉组合键，打开“定制”对话框，如图 1-14 所示。

2）在对话框“命令”选项卡“类别”列表中单击【菜单】→『插入』→〈设计特征〉；在右侧的“项”列表中找到 键槽（原有）(L)...，如图 1-14 所示；拖动此按钮到功能区【主页】→『特征』→〈更多〉→“设计特征”组的适当位置，松开鼠标，完成添加。此时 键槽（原有）(L)...添加至指定位置。

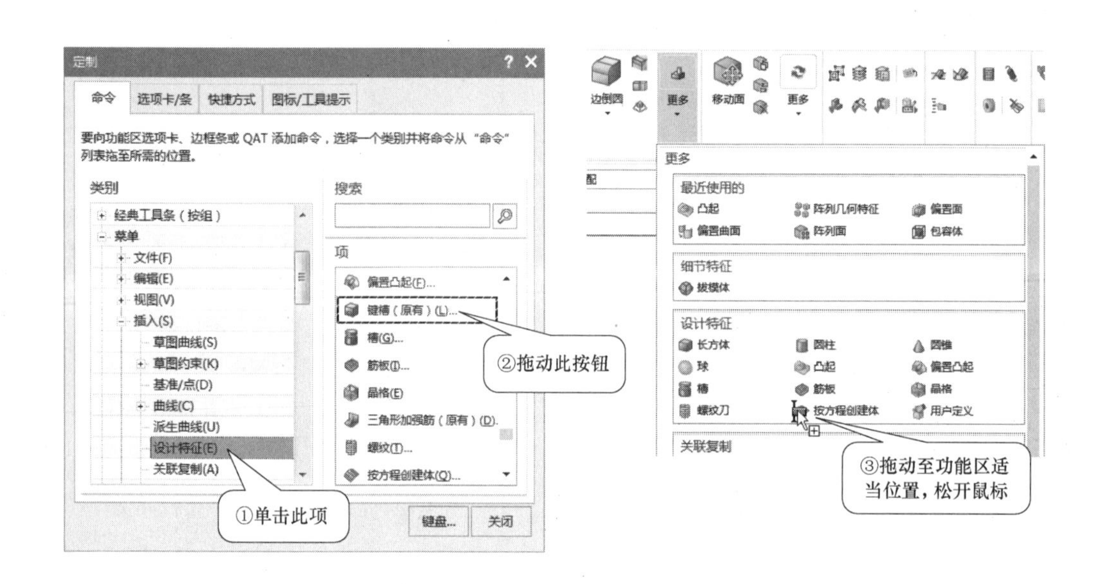

图 1-14　添加命令按钮（“键槽”命令）至功能区

步骤 12　查找命令并将其添加到上边框条（以插入→曲线→“矩形”命令为例）。

1）查找命令。在功能区右方的“命令查找器”中输入命令名“矩形”，按〈Enter〉键或单击〈查找〉，弹出“命令查找器”对话框，如图 1-15 所示；对话框列表中列出了所有与“矩形”有关的命令，找到所需的命令 矩形（原有）。

2）添加命令。移动光标至 矩形（原有）右边，待其亮显时单击，在弹出的快捷菜单中选择“添加到上边框条”，如图 1-15 所示。

若需移除刚添加的“矩形”命令，可在上边框条上用鼠标右键单击该命令，在弹出的快捷菜单中选择“从上边框条中移除”即可，如图 1-16 所示。

步骤 13　退出 UG 软件。

单击标题栏右上角的〈关闭〉，弹出“退出”对话框，如图 1-17 所示，单击 是 - 保存并退出(Y) 按钮，保存所做的更改并退出 UG 软件。

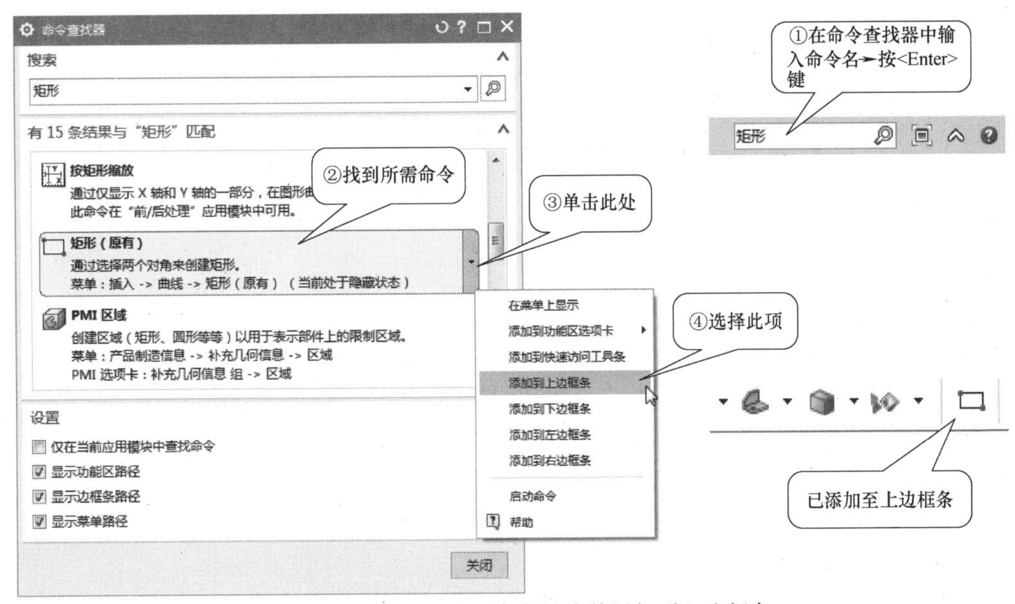

图 1-15　查找“矩形”命令并将其添加到上边框条

知识点 1　启动 UG NX 12.0 的方法

启动 UG NX 12.0 中文版，主要有两种方法：

- 双击桌面上 UG NX 12.0 的快捷方式图标，即可启动 UG NX 12.0 中文版。
- 单击桌面任务栏中的“开始”→所有程序→Siemens NX 12.0→NX 12.0，启动 UG NX 12.0 中文版。

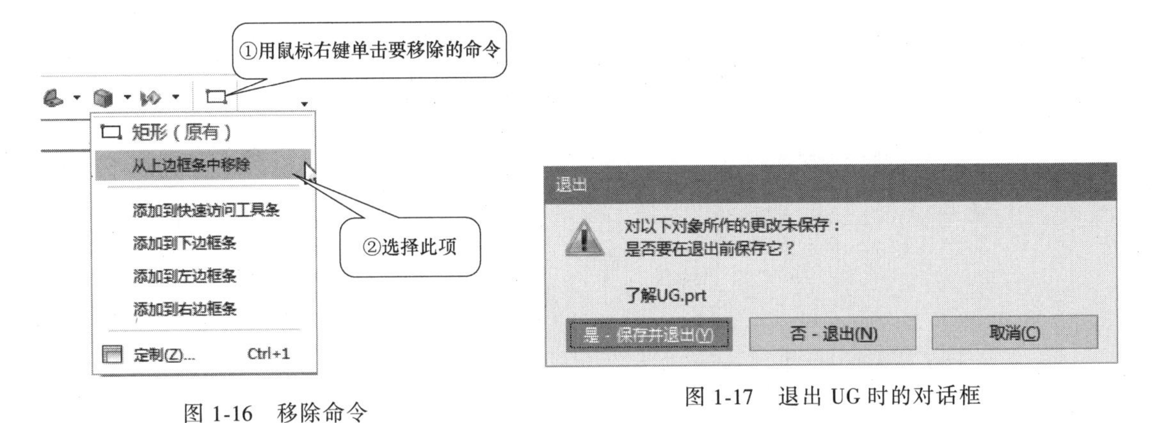

图 1-16　移除命令

图 1-17　退出 UG 时的对话框

知识点 2　UG NX 12.0 界面介绍

启动 UG NX 12.0 后，显示其初始工作界面，如图 1-18 所示。

在初始工作界面的窗口中，可以查看一些基本概念、交互说明和开始使用信息。这对于初学者而言很有帮助。单击窗口中左部要查看选项处，在窗口的右部区域则显示其介绍信息。

在初始界面中单击〈新建〉，新建文件后，进入主工作界面，如图 1-19 所示。主工作界面包括标题栏、快速访问工具条、功能区、菜单、上边框条、绘图区、导航区、状态栏 8 个部分。

图 1-18　UG NX 12.0 初始工作界面

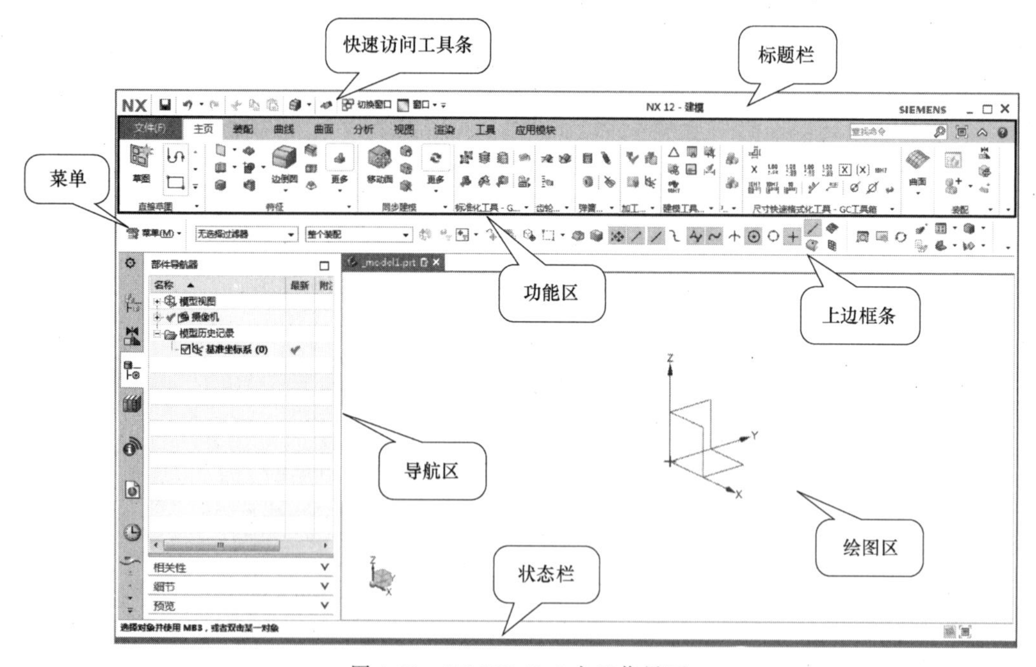

图 1-19　UG NX 12.0 主工作界面

1. 标题栏

标题栏用于显示软件版本，以及当前的模块。

2. 快速访问工具条

快速访问工具条如图 1-20 所示，默认情况下其位于功能区上方，并占用标题栏左侧一部分位置。快速访问工具条用于存储经常访问的命令，默认命令按钮有保存、撤消、重做、

剪切、复制、粘贴、重复命令下拉菜单、触控模式、切换窗口、窗口，单击各按钮可快速调用相应命令。

单击快速访问工具条中的〈工具条选项〉▼，弹出快捷菜单，如图1-21所示，选择相应选项即可将其添加到快速访问工具条。

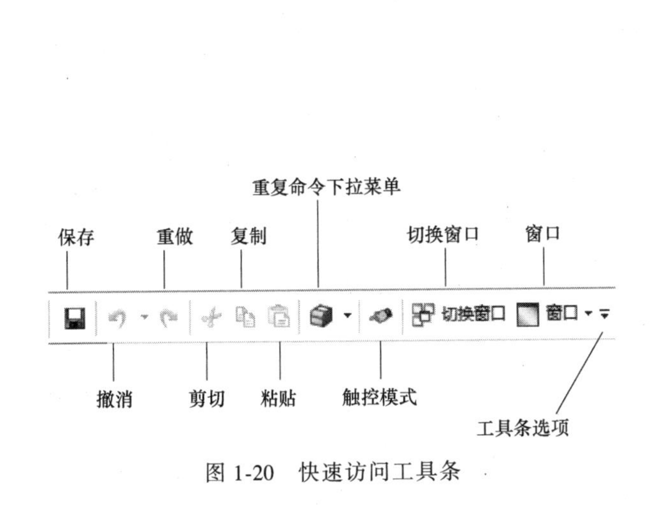

图1-20　快速访问工具条

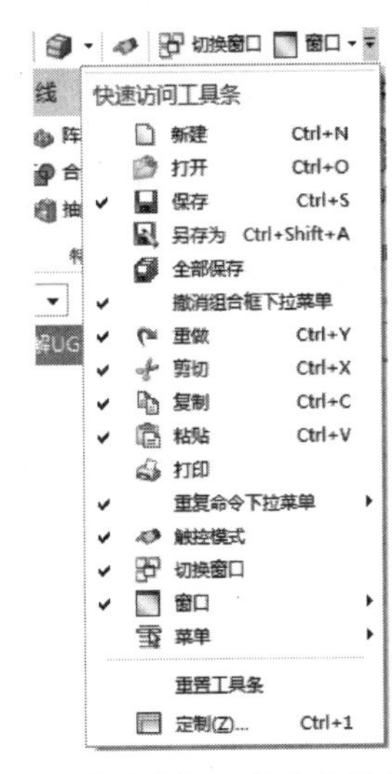

图1-21　快速访问工具条的快捷菜单

3. 功能区

功能区位于绘图区的上方，由选项卡和面板组成。默认状态下，功能区有【主页】、【分析】、【应用模块】、【曲线】、【渲染】、【工具】、【视图】等选项卡，如图1-22所示。每个选项卡包含一组面板，每个面板又包含有许多工具按钮。在功能区选项卡右方显示有“命令查找器”，在其中输入关键字或词组，按〈Enter〉键，可搜索匹配项，找到一系列命令。

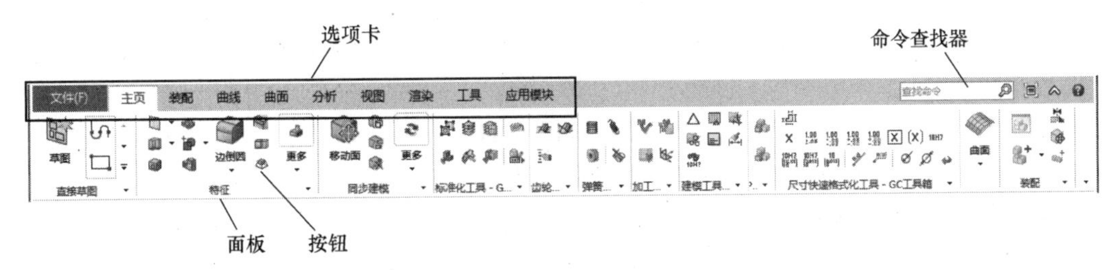

图1-22　功能区

用鼠标右键单击功能区选项卡后的空白区域，在弹出的快捷菜单中单击某项，其前方出现“√”，即可将该选项卡添加到功能区，如图1-23所示。

单击面板右下方的三角按钮▼，弹出下拉列表，单击某项，即可将所选项添加到面板上。图1-24所示为『同步建模』面板的下拉列表。

如面板上某个按钮的下方或后方有三角按钮▼，则表示该按钮下面还有其他的工具按钮，单击三角按钮，可显示其他工具按钮。图1-25所示为「特征」面板上〈更多〉按钮的下拉列表。

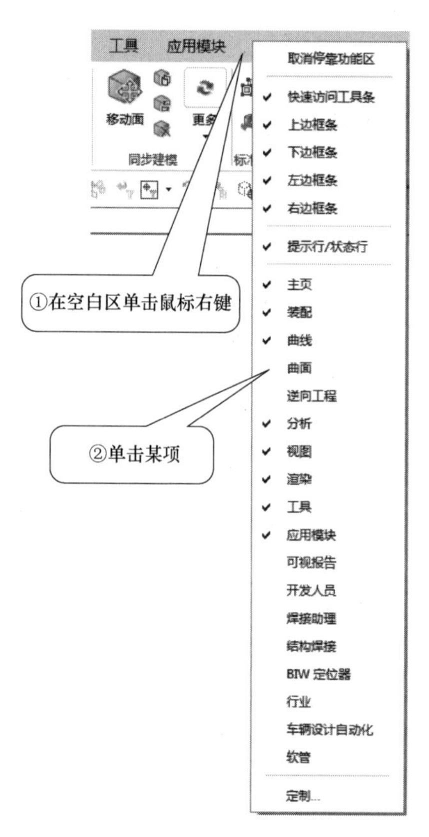

图 1-23　添加选项卡

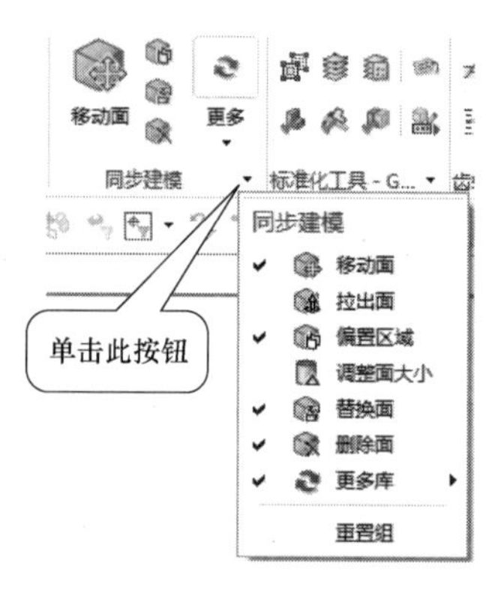

图 1-24　「同步建模」面板的下拉列表

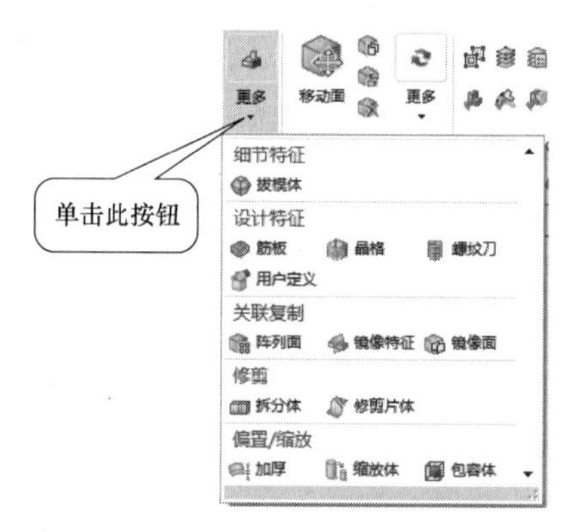

图 1-25　「特征」面板上〈更多〉按钮的下拉列表

4. 菜单

菜单中包含了该软件的主要功能，系统的所有命令或者设置选项都集中在菜单中，如图 1-26 所示。

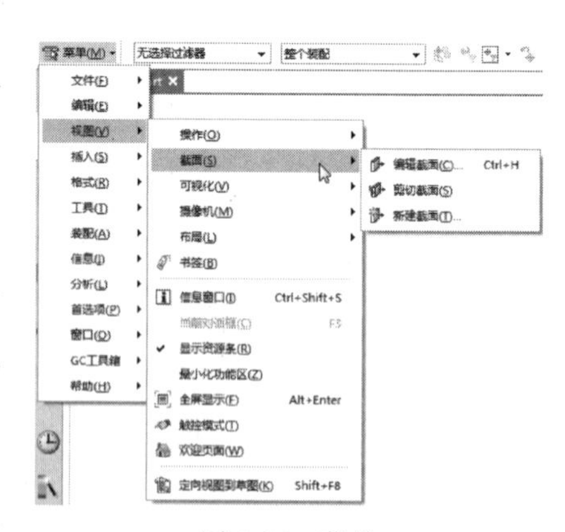

图 1-26　菜单

5. 上边框条

上边框条上有“选择组”工具栏和“视图组”工具栏。“选择组”工具栏提供选择对象和捕捉点的各种工具；“视图组”工具栏提供观察视图的各种工具，如图 1-27 所示。

6. 绘图区

绘图区是用户进行建模、装配、分析等操作的主要区域，如图 1-28 所示。绘图区有基准坐标系、观察坐标系，且在其上方显示有文件名。

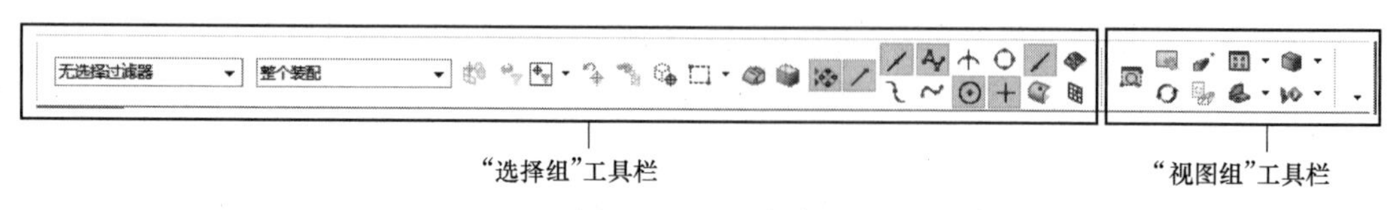

图 1-27　上边框条

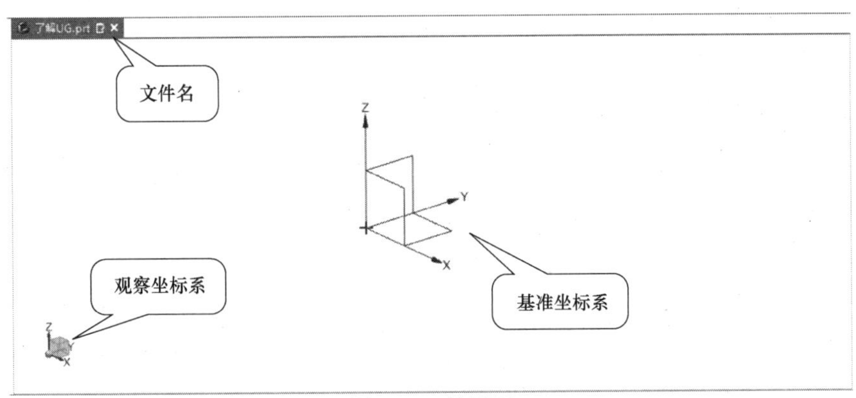

图 1-28　绘图区

7. 导航区

导航区包括资源条和导航器。资源条上有装配导航器、部件导航器、约束导航器、历史记录等内容，如图 1-29 所示。在资源条上选择所需要的选项，则在资源条的右板上显示相应的内容。如单击〈历史记录〉，显示“历史记录”导航器，可访问打开过的零件列表，可以预览零件及其他相关信息，如图 1-30 所示。

单击资源条上的〈资源条〉选项，显示其下拉菜单，如图 1-31 所示。若单击勾选 ✔ 销住，则将导航器固定在左侧；反之，导航器呈浮动显示状态（当移动鼠标至资源条上时，显示导航器，否则不显示）。

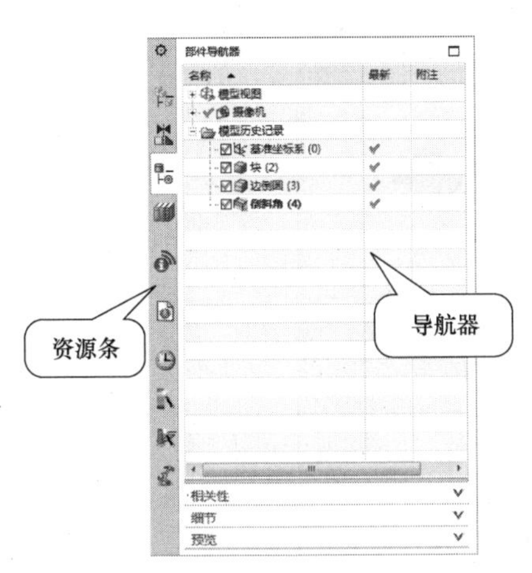

图 1-29　导航区

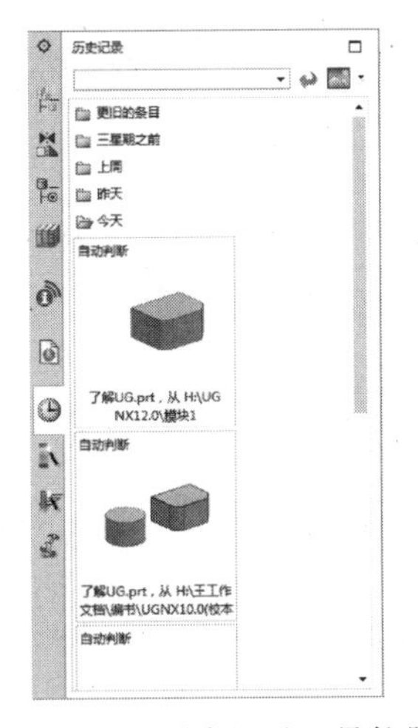

图 1-30　“历史记录”导航器

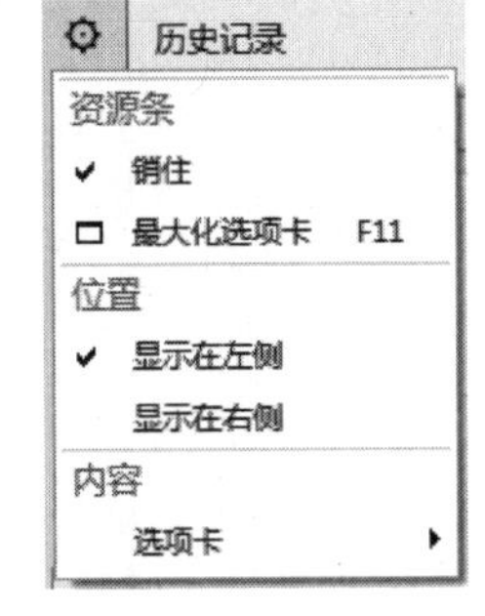

图 1-31　“资源条”下拉菜单

8. 状态栏

状态栏包括提示行和状态行，如图 1-32 所示。在提示行中显示当前操作的相关信息，提示用户进行操作；在状态行中则显示操作的执行状态；单击〈全屏〉可以全屏显示。

图 1-32　状态栏

知识点 3　文件操作

1. 新建文件

使用“新建”命令可以新建文件，调用该命令主要有以下方式：

- 功能区：【文件】→〈新建〉。
- 菜单：文件→新建(N)...。
- 快捷键：〈Ctrl+N〉。

执行上述操作后，弹出“新建”对话框，如图 1-2 所示。在对话框中选择创建文件的类型，指定名称、保存路径等相关内容，单击确定按钮，即新建一个文件。

新建文件具体操作在本任务实例中已述，不再赘述。

2. 打开文件

使用“打开”命令可以打开已保存的文件，调用该命令主要有以下方式：

- 功能区：【文件】→〈打开〉。
- 菜单：文件→打开(O)...。
- 快捷键：〈Ctrl+O〉。

执行上述操作后，弹出“打开”对话框，如图 1-33 所示，通过该对话框选择要打开的文件，单击OK按钮即可。

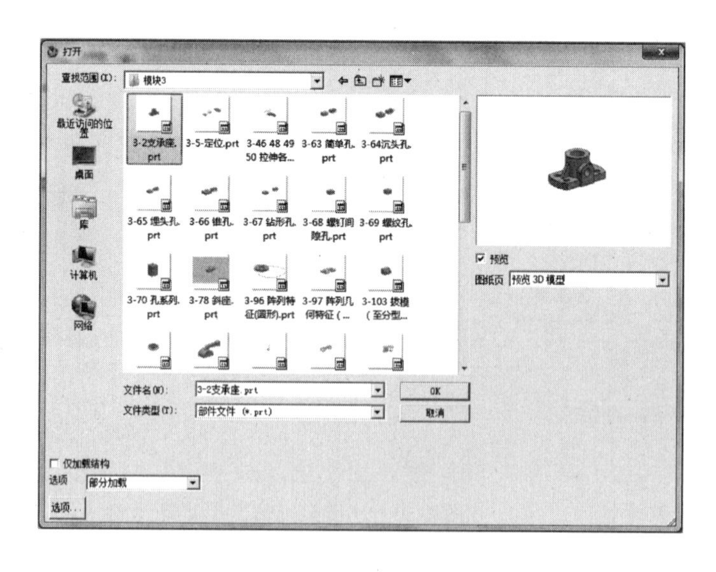

图 1-33 “打开”对话框

另外，也可在“历史记录”导航器中打开最近打开过的文件，其具体操作在本任务实例中已述，不再赘述。

3. 保存文件

使用“保存”命令可以保存当前文件，调用该命令主要有以下方式：

- 功能区：【文件】→〈保存〉→〈保存〉。
- 菜单：文件→保存(S)。
- 快捷键：〈Ctrl+S〉。
- 快捷工具条：〈保存〉。

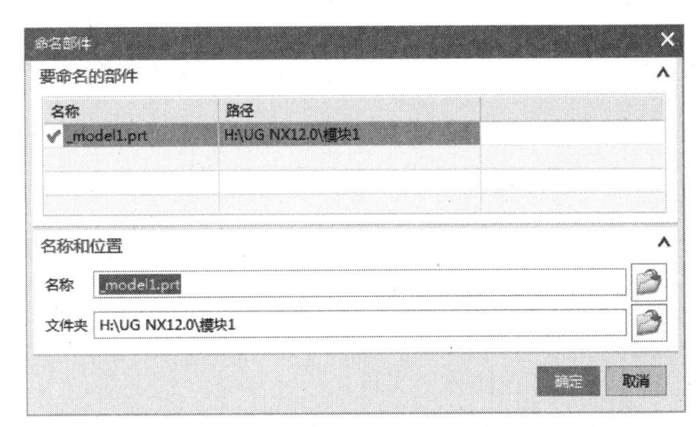

图 1-34　“命名部件”对话框

执行上述操作后，弹出“命名部件”对话框，如图 1-34 所示，在对话框中输入文件名、指定保存路径，单击 确定 按钮即可保存文件。若在“新建”对话框中已经输入过文件名称和路径，则不弹出“命名部件”对话框，而是直接保存文件。

4. 另存文件

“另存为”命令可以用新文件名保存当前文件，调用该命令主要有以下方式：

- 功能区：【文件】→〈保存〉→〈另存为〉。
- 菜单：文件→另存为(A)...。
- 快捷键：〈Ctrl+Shift+A〉。

执行上述操作后，弹出“另存为”对话框，如图 1-35 所示。在对话框中输入文件名并指定保存路径后，单击 OK 按钮，保存文件。

知识点 4　角　　色

UG NX 软件提供有多种界面布局，这些界面布局可由用户更改角色来调用。要更改角色可单击资源条上的〈角色〉，显示“角色”导航器，如图 1-36 所示，在导航器中选择角色即可，其具体操作在本任务实例中已述，不再赘述。

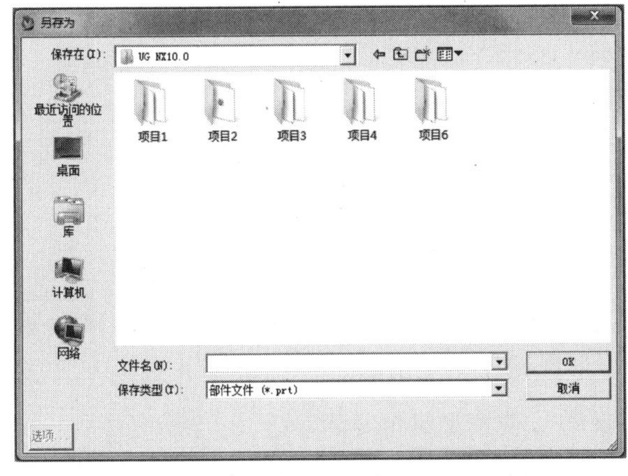

图 1-35　“另存为”对话框

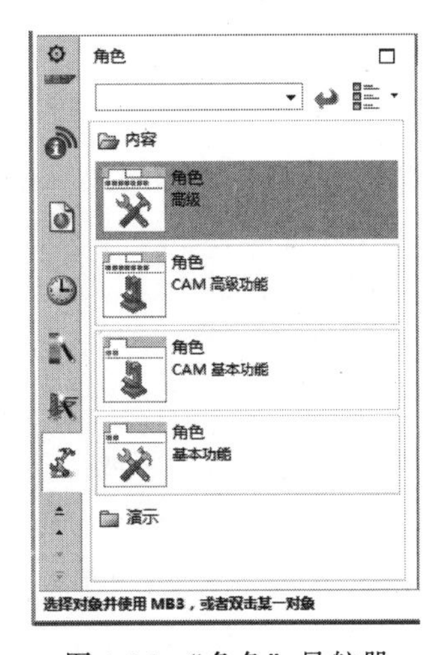

图 1-36　“角色”导航器

任务 2　UG NX 基本操作

本任务要求更改任务 1 中创建的长方体的显示效果，从不同方位观察长方体，在创建圆柱体后进行隐藏模型、变换图层、改变模型颜色等操作，主要涉及视图样式、视图观察、显示/隐藏对象、抑制特征、编辑对象显示、移动至图层等操作。

任务实施

步骤 1　打开任务 1 文件。

步骤 2　以不同效果显示长方体。

在上边框条“视图组”工具栏“渲染样式”下拉菜单中依次单击〈带边着色〉、〈着色〉、〈带有淡化边的线框〉、〈带有隐藏边的线框〉、〈静态线框〉，以不同效果显示长方体，如图 1-37 所示。

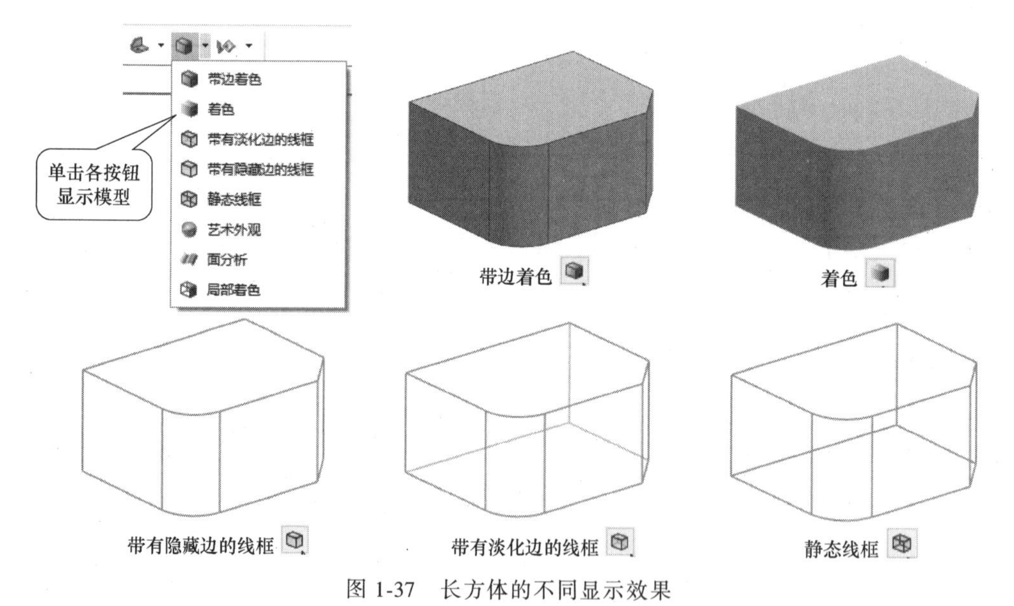

图 1-37　长方体的不同显示效果

步骤 3　用鼠标操作缩放、旋转模型。

1）向上滚动鼠标中键放大观察模型，向下滚动鼠标中键缩小观察模型。

2）同时按住鼠标中键与右键或〈Shift+鼠标中键〉，移动光标，平移模型。

3）按下鼠标中键不松手，拖动光标，旋转模型。

步骤 4　单击工具按钮缩放、平移、旋转模型。

1）单击上边框条“视图组”工具栏中的〈缩放〉或快捷键〈F6〉，如图 1-38 所示，拖动光标指定一个矩形区域，松开鼠标，将矩形区域放大至满屏。

2）单击〈适合窗口〉或快捷键〈Ctrl+F〉，使模型满屏显示。

3）分别单击〈平移〉、〈旋转〉或快捷键〈F7〉，平移、旋转模型。

步骤 5　从不同方位定向观察长方体。

在上边框条“视图组”工具栏中的“定向视图”下拉菜单中依次单击〈正三轴测〉或快捷键〈Home〉、〈正等轴测〉或快捷键〈End〉、〈俯视图〉、〈仰视图〉、〈左视图〉、〈右视图〉、〈前视图〉、〈后视图〉，从不同方位定向观察长方体，如图 1-39 所示。

单击各按钮缩放、平移、旋转模型

图 1-38　缩放、平移、旋转工具

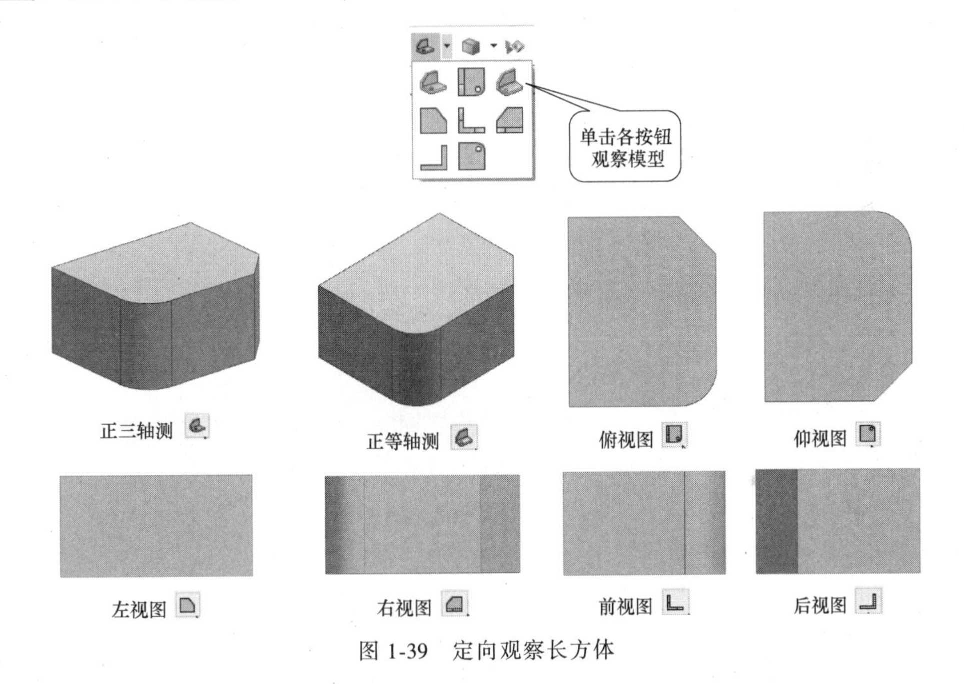

图 1-39　定向观察长方体

用户也可以按下鼠标中键旋转模型至大致观察方向后，松开鼠标，再按〈F8〉键，定向观察模型。

步骤 6　垂直于斜角面方向观察长方体。

移动光标至斜角面，待其亮显且光标显示为时，单击，弹出“快速拾取”对话框，在对话框中选择“面/倒斜角（4）”（即选择倒斜角面），按〈F8〉键，则在垂直于所选面的方向显示模型，如图 1-40 所示。

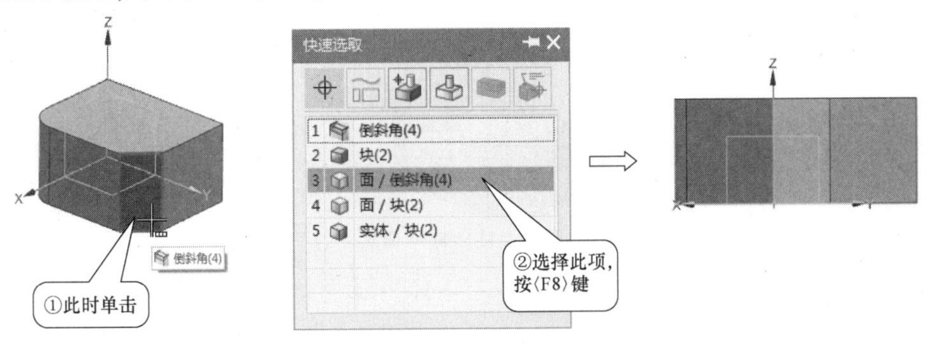

图 1-40　垂直于斜角面方向观察长方体

步骤 7　从动态截面观察长方体。

1）单击【视图】→『可见性』→〈编辑截面〉，弹出“视图剖切”对话框；在“类型”下拉列表中选择“一个平面”，分别单击“剖切平面”选项下的〈设置平面至 X〉、〈设置平面至 Y〉、〈设置平面至 Z〉，从不同截切方向观察视图，如图 1-41 所示。

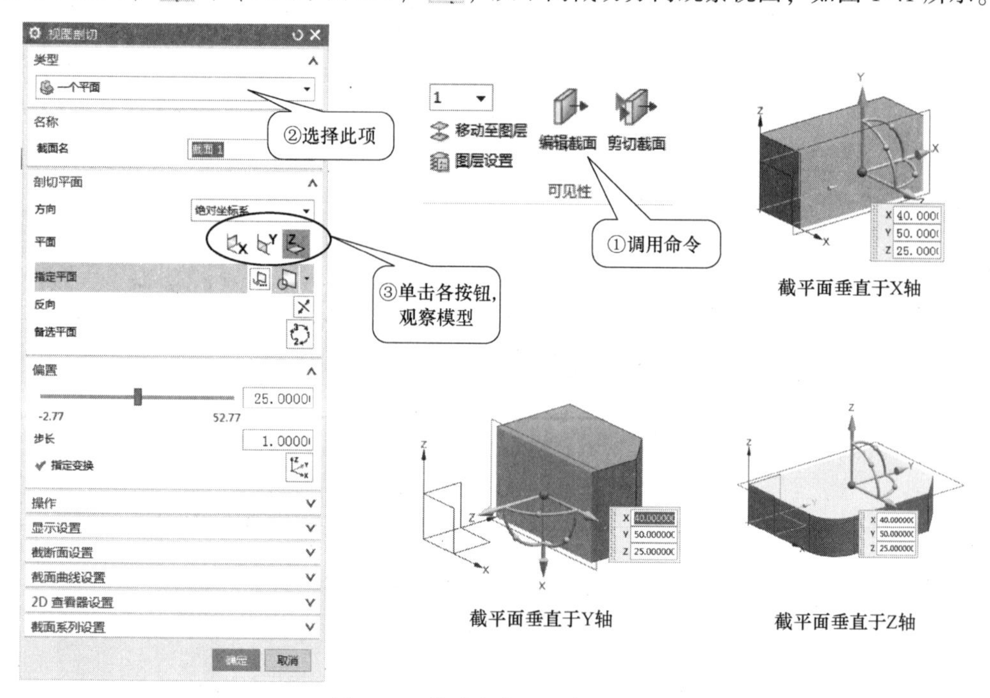

图 1-41　从动态截面观察长方体

2）拖动对话框中“偏置”选项下的滑动块或拖动模型上动态截面坐标系的锥形手柄，平行移动截平面观察视图，如图 1-42 所示。

3）拖动模型上动态坐标系的小球形手柄，旋转截平面观察视图，如图 1-42 所示。

4）调整至满意位置后，单击 确定 按钮，绘图区显示模型截切状态；单击『可见性』→〈剪切截面〉，使其呈弹出状态，则能显示模型未截切状态。

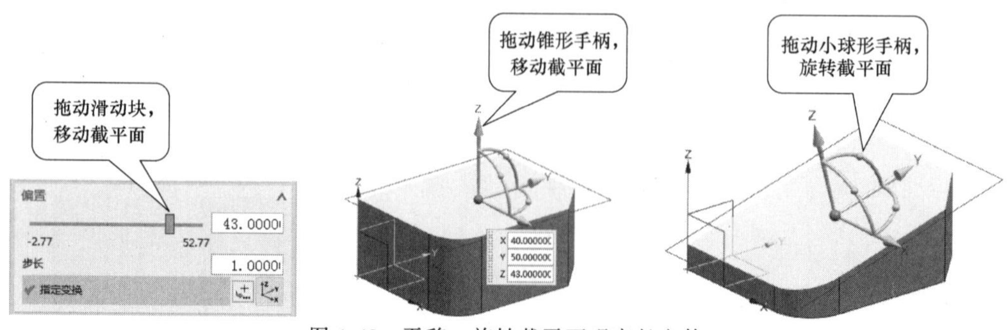

图 1-42　平移、旋转截平面观察长方体

步骤 8　编辑长方体的颜色、透明度。

单击【视图】→『可视化』→〈编辑对象显示〉或快捷键〈Ctrl+J〉，弹出“类选择”

对话框，系统提示“选择要编辑的对象”，选择长方体，单击 确定 按钮，弹出“编辑对象显示”对话框，如图1-43所示，单击对话框中的“颜色”图标，打开“颜色”对话框，在调色板中选择一种颜色，单击鼠标中键返回“编辑对象显示”对话框，拖动“透明度”滑动块，调节模型透明度，单击鼠标中键，编辑后的长方体如图1-43所示。

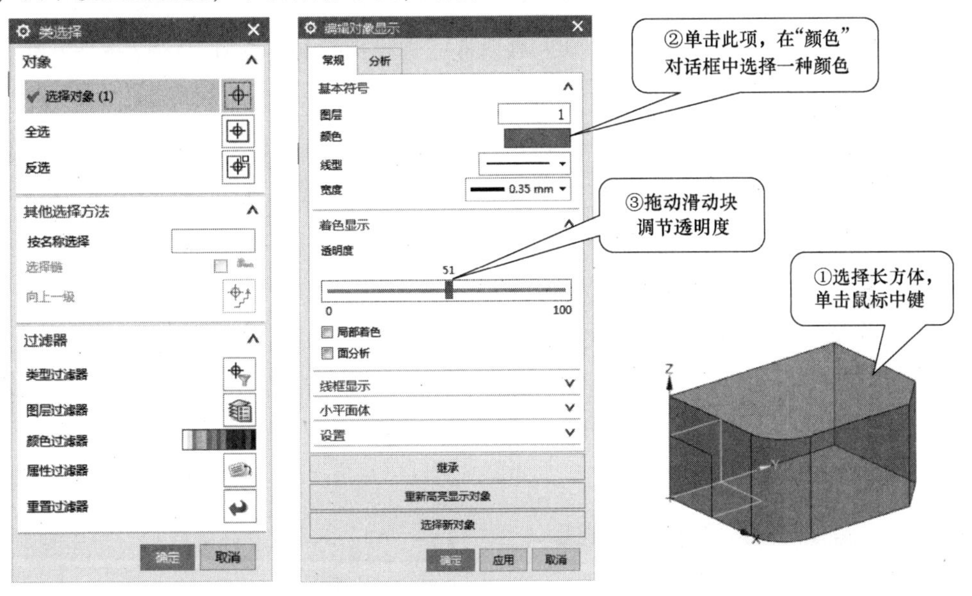

图1-43　编辑长方体的颜色、透明度

步骤9　创建 $\phi 80\times 50$ 的圆柱体。

单击【菜单】→『插入』→〈设计特征〉→〈圆柱〉，弹出“圆柱”对话框，如图1-44所示；在“类型”下拉列表中选择 轴、直径和高度→单击〈点〉，弹出“点”对话框，

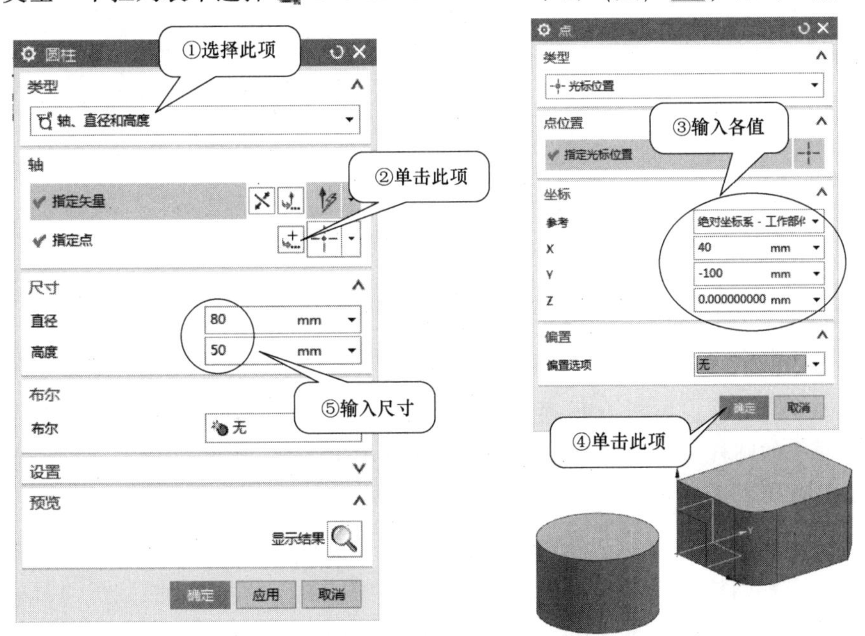

图1-44　创建圆柱体

按图输入圆柱底面圆心坐标（40，-100，0），单击 确定 按钮返回“圆柱”对话框，在对话框中输入圆柱直径“80”、高度“50”，单击 确定 按钮，完成圆柱体的创建。

步骤 10　显示、隐藏模型。

1）隐藏圆柱体。在上边框条“视图组”工具栏“显示/隐藏”下拉菜单中单击〈隐藏〉或快捷键〈Ctrl+B〉，弹出“类选择”对话框，选择圆柱体，单击 确定 按钮，则隐藏圆柱体。

2）显示圆柱体。单击〈显示〉，弹出“类选择”对话框，同时绘图区显示所有被隐藏的对象，选择圆柱体，单击 确定 按钮，则圆柱体又显示出来。

3）单击〈立即隐藏〉，此时系统不弹出“类选择”对话框，直接选择圆柱体就能将其隐藏。

4）单击〈显示和隐藏〉，弹出“显示和隐藏”对话框，如图 1-45 所示；单击对话框中“实体”类型后的“-”，则隐藏所有实体模型（即图中长方体和圆柱体），单击其后的“+”，又能显示所有实体模型；单击“坐标系”类型后的“-”，则隐藏坐标系，单击其后的“+”，又能显示所有坐标系。

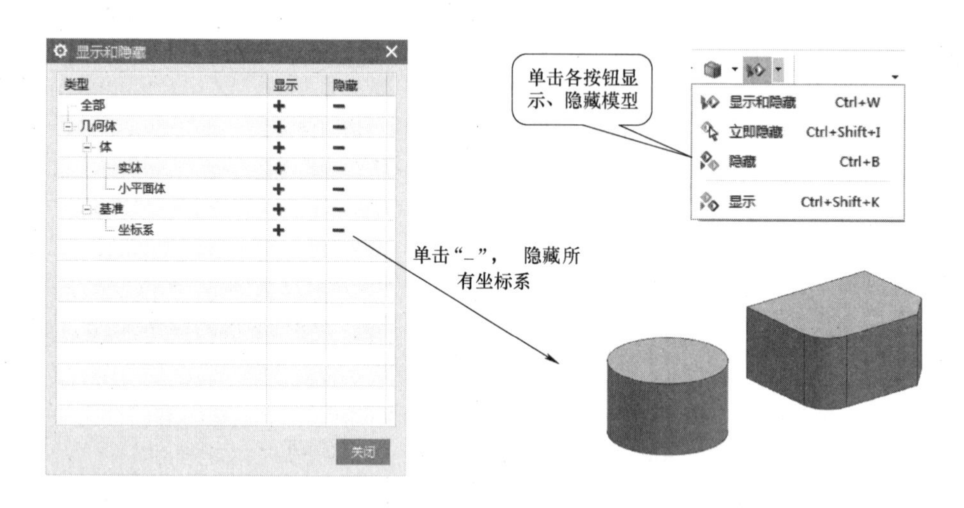

图 1-45　显示、隐藏模型、坐标系

步骤 11　抑制圆柱体特征。

在部件导航器中单击圆柱特征前的“√”（或在绘图区用鼠标右键单击圆柱体，在快捷菜单中选择 抑制(S)），如图 1-46 所示，则圆柱体不显示也不存在（相当于没有创建）；再在部件导航器中的圆柱特征前单击，则圆柱体又显示出来。

步骤 12　图层操作。

1）将圆柱体移动到第 2 层。单击【视图】→『可见性』→〈移至图层〉，弹出“类选择”对话框，选择圆柱体，单击鼠标中键，弹出“图层移动”对话框，在“目标图层或类别”文本框中输入“2”，如图 1-47 所示，单击 确定 按钮，圆柱体被移至第 2 层。

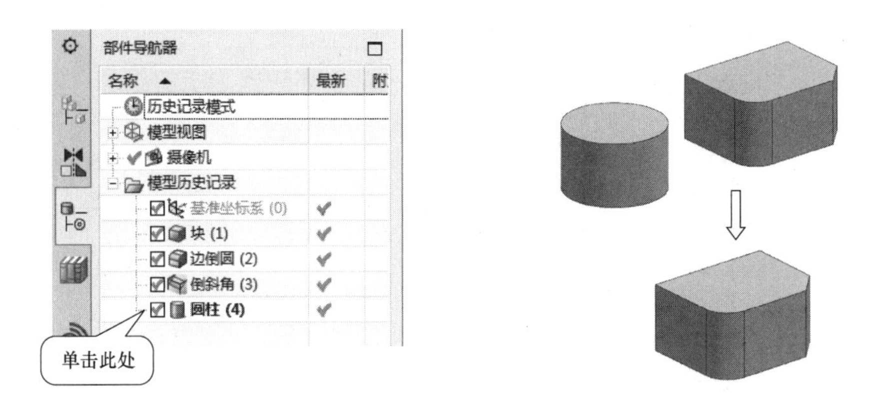

图 1-46　抑制圆柱体特征

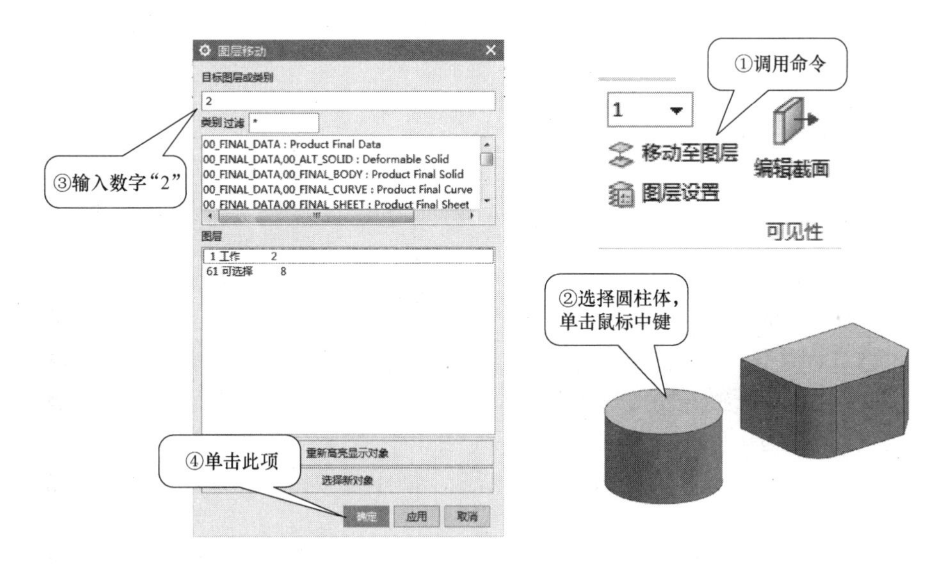

图 1-47　将圆柱体移动到第 2 层

> 系统默认显示有图形对象的图层，对此例而言，为第 1 层和第 61 层。未移动前，长方体、圆柱体均在第 1 层，基准坐标系放在第 61 层；移动后圆柱体放在第 2 层。

2）查看图层设置。单击【视图】→『可见性』→〈图层设置〉，打开“图层设置”对话框，如图 1-48 所示。该对话框中显示了含有对象的 3 个图层及每个图层上含有的对象数量，且第 1 层为工作层。

3）将第 2 层设为工作层。在“图层设置”对话框中双击 ☑ 2 ，其显示为 2(工作)，单击 关闭 按钮，第 2 层即被设工作层；也可以在“可见性”面板中展开图层下拉列表，在列表中选择“2”，即将第 2 层设为工作层；还可以直接在图层列表框中输入“2”，将第 2 层设为工作层，如图 1-48 所示。

步骤 13　保存文件，并退出 UG 软件。

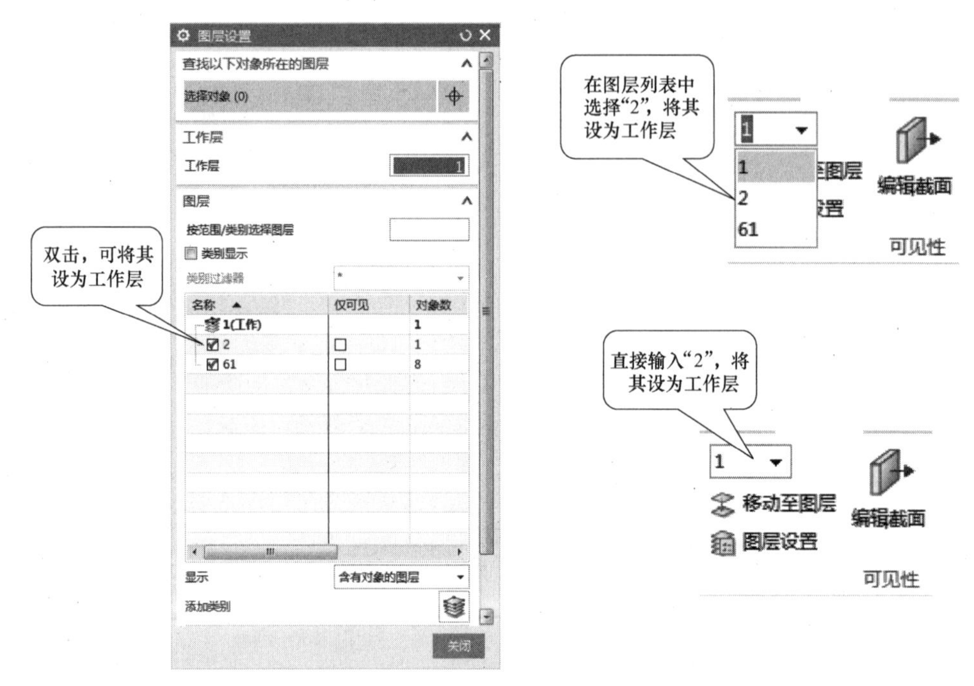

图 1-48　查看图层设置及设置工作层

知识点 1　视图样式操作

在对模型进行观察时，往往需要改变模型的显示方式（即视图样式），来展示不同的显示效果，UG NX 12.0 提供了 8 种视图样式。操作时在“视图”选项卡的“样式”面板或上边框条“视图组”工具栏的“渲染样式”下拉菜单中单击各按钮即可。“样式”面板如图 1-49 所示，“渲染样式”下拉菜单如图 1-50 所示，图中各按钮的功能如下：

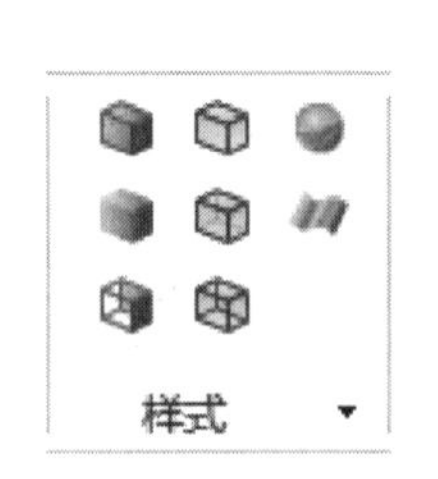

图 1-49 “样式”面板

图 1-50 “渲染样式”下拉菜单

- 带边着色：渲染模型，并显示棱边。
- 着色：渲染模型，不显示棱边。
- 带有隐藏边的线框：只显示可见边，不显示隐藏边。
- 带有淡化边的线框：将隐藏边显示为灰色，且当视图旋转时自动更新。
- 静态线框：只显示实体的线框图，可见边、隐藏边都显示。
- 面分析：渲染选定的对象，以指示曲面分析数据。剩余的对象由边缘几何体

表示。

◆ 艺术外观 ：根据指定的材料/纹理逼真地渲染面。没有指定材料或纹理的对象显示为着色。

各视图样式显示效果在本任务实例中已述，如图 1-37 所示，不再赘述。

知识点 2　视图观察操作

1. 使用鼠标进行查看

在实际设计中，用户可以使用鼠标快速地对模型进行查看操作，具体如下：

◆ 旋转模型视图：在绘图区中，按住鼠标中键（即滚轮）并拖动。

◆ 平移模型视图：在绘图区中，同时按住鼠标中键和右键并拖动。

◆ 缩放模型视图：在绘图区中，不移动鼠标，向上或向下转动滚轮。

在上边框条的“视图组”工具栏（图 1-51）中单击〈缩放〉 、〈适合窗口〉 或快捷键〈Ctrl+F〉、〈平移〉 、〈旋转〉 ，也可以缩放、平移和旋转模型，其具体操作在本任务实例中已述，不再赘述。

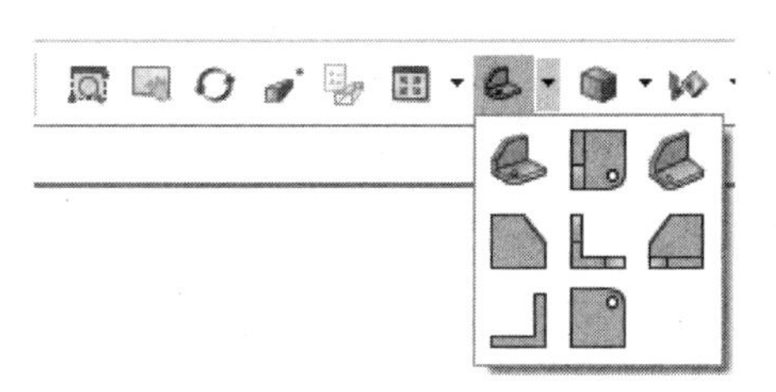

图 1-51 “视图组”工具栏及其“定向视图”下拉菜单

2. 定向观察

在对模型进行观察时，常常需要从不同方位进行观察，UG NX 12.0 提供了 8 个标准观察方向。在上边框条的“定向视图”下拉菜单（图 1-51）中单击〈正三轴测〉 或快捷键〈Home〉、〈正等轴测〉 或快捷键〈End〉、〈俯视图〉 、〈左视图〉 、〈前视图〉 、〈右视图〉 、〈后视图〉 、〈仰视图〉 ，即可从不同方位定向观察模型。

定向观察模型在本任务实例中已述，如图 1-39 所示，不再赘述。

若想垂直于某面观察模型，可先选择面，再按〈F8〉键捕捉视图即可。

3. 动态截面观察

“编辑截面”命令可以对模型进行剖切，从而观察其内部结构。调用该命令主要有以下方式：

- 功能区：【视图】→『可见性』→〈编辑截面〉 。
- 菜单：视图→截面→ 编辑截面(C)... 。
- 快捷键：〈Ctrl+H〉。

执行上述操作后，弹出“视图剖切”对话框，如图 1-52 所示，可采用“一个平面”“两个平行平面”或“方块”（即长方体）对几何体进行截切。

在观察截面时，用户可以拖动动态坐标来改变截面的方向和位置，其具体操作在本任务实例中已述，不再赘述。

如需将当前位置的截面线保存下来，可在对话框中的“截面曲线设置”选项组下单击〈保存截面曲线的副本〉 ，如图 1-53 所示。

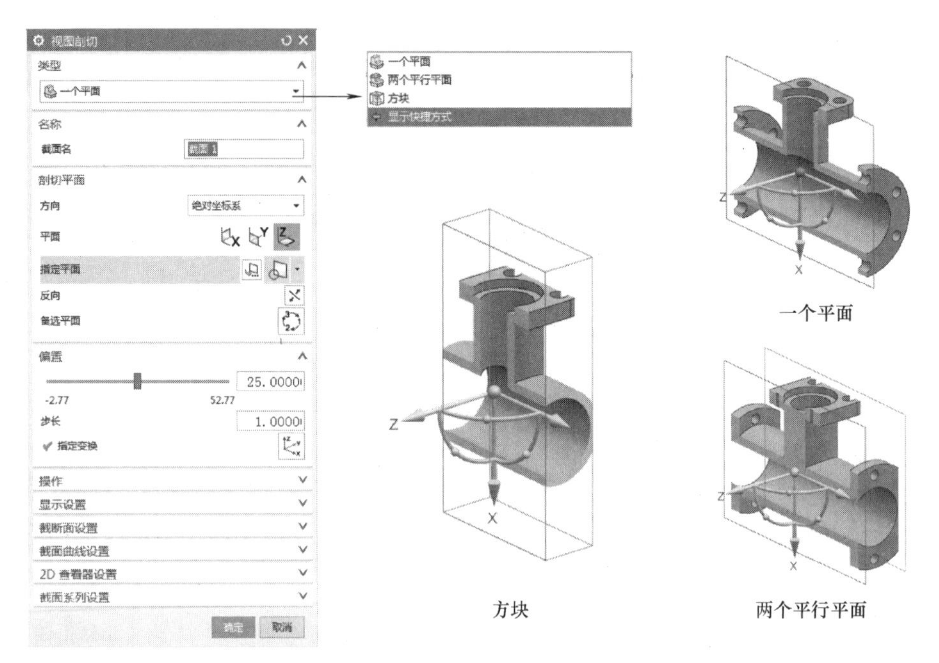

图 1-52 “视图剖切”对话框

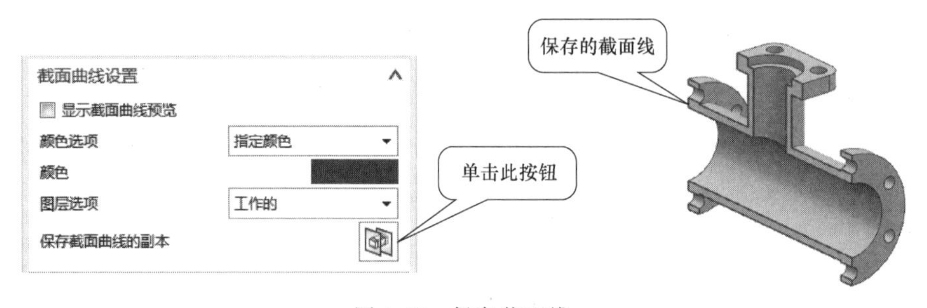

图 1-53 保存截面线

知识点 3 对象操作

1. 对象选择操作

(1) 使用鼠标直接选择　在操作过程中，可以使用鼠标左键来选择几何对象，连续点选即可同时选中多个对象。也可以在绘图区按住鼠标左键框选对象。

若需从选择集中取消某对象，则按〈Shift〉键，再用鼠标左键点选需取消的对象即可。若按〈Esc〉键，可同时取消所有选择的对象。

图 1-54 “快速拾取”对话框

当多个对象距离很近时，可以使用“快速拾取”对话框选择所需对象。将鼠标指针放在需要选择的对象上停留，等到指针旁出现⊹时，单击便可以打开如图 1-54 所示的“快速拾取”对话框，系统列出了鼠标指针下的多个对象，从列表中单击所需对象便可选择它。

使用如图 1-55 所示的“选择组”工具配合选择对象是很有用的，因为在此工具栏中可以指定选择过滤器，设定选择方式。

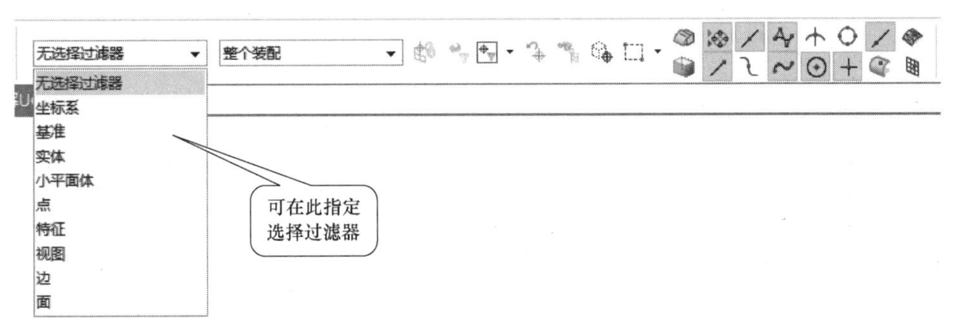

图 1-55　“选择组”工具

(2) 使用类选择器进行选择　在 UG NX 12.0 的一些操作中会弹出如图 1-56 所示的“类选择”对话框，让用户通过指定过滤条件来选择对象。

“类选择”对话框中有 4 种过滤方式：

◆ 类型过滤器：根据特征的几何属性进行筛选，包括坐标系、基准、实体、小平面体、点、面等多种类型，如图 1-57 所示。

◆ 图层过滤器：可以对指定图层内所包含的特征进行选择，如图 1-58 所示。

◆ 颜色过滤器：按照指定的颜色进行筛选，如图 1-59 所示。共有 216 种颜色，如不知道特征的颜色代号，可单击〈从对象继承〉，然后选择需继承的特征，即可提取其颜色代号来定义过滤器。

◆ 属性过滤器：通过指定对象的共同属性来限制对象的范围，如图 1-60 所示。

图 1-56　“类选择”对话框

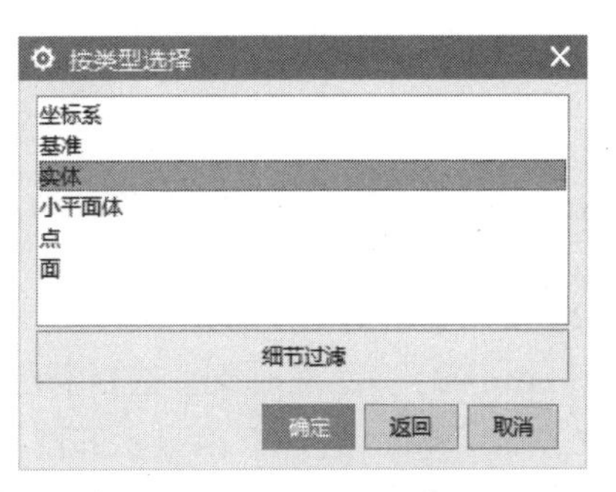

图 1-57　类型过滤器

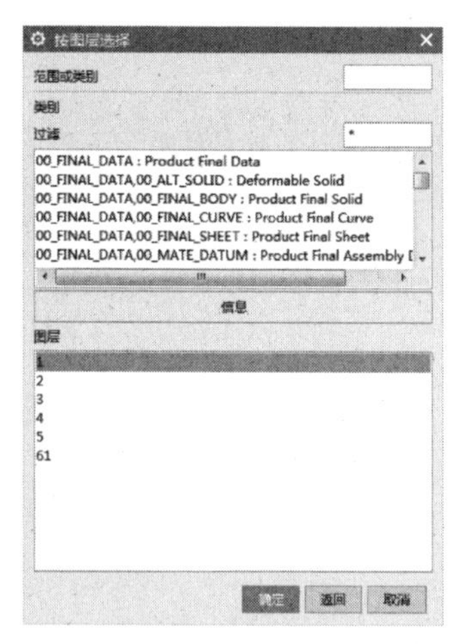

图 1-58　图层过滤器

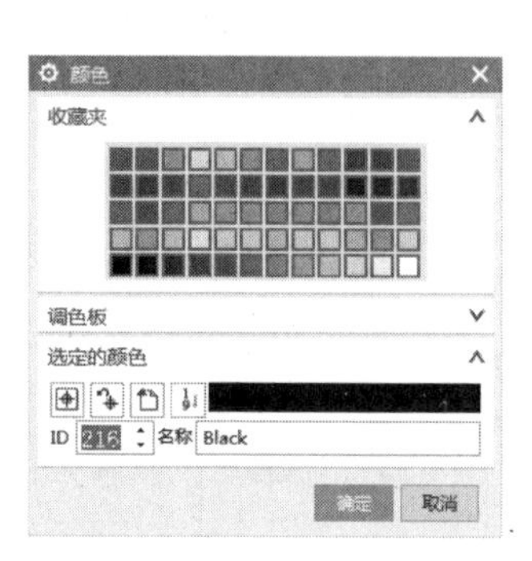

图 1-59　颜色过滤器

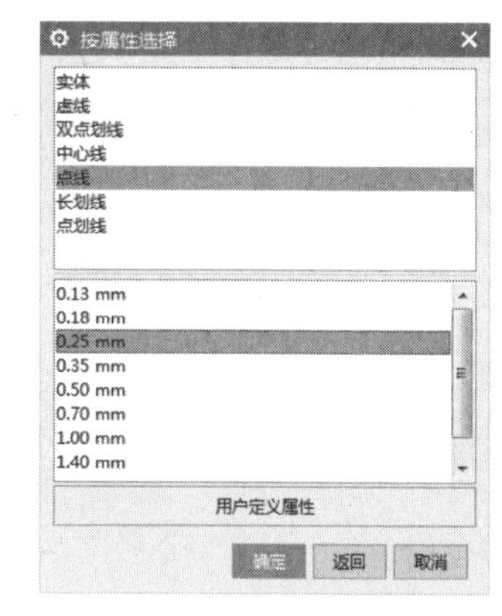

图 1-60　属性过滤器

2. 显示/隐藏对象

（1）按类型显示或隐藏对象　“显示和隐藏”命令可以按类型显示或隐藏对象。调用该命令主要有以下几种方式：

- 功能区：【视图】→『可见性』→〈显示和隐藏〉。
- 快捷键：〈Ctrl+W〉。

执行上述操作后，弹出“显示和隐藏”对话框，如图 1-61 所示。在“类型”列表中列出了当前图形中包含的各类型名称，单击右侧的或，则可控制该名称类型所对应对象的显示或隐藏。

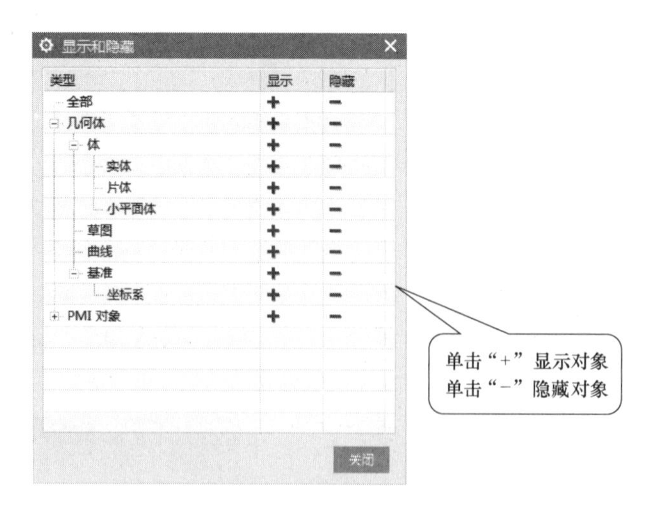

图 1-61　“显示和隐藏”对话框

（2）使用快捷键显示或隐藏对象

◆〈Ctrl+B〉：隐藏对象。选择需隐藏的对象，按〈Ctrl+B〉进行隐藏。

◆〈Ctrl+Shift+B〉：互换显示和隐藏状态，即将处于隐藏状态的对象变为显示，将处于显示状态的对象变为隐藏。

◆〈Ctrl+Shift+U〉：取消隐藏设定，将所有处于隐藏状态的对象变为显示。

3. 抑制特征

在部件导航器中单击某特征前的“√”（或者选中某特征后单击鼠标右键，在快捷菜单中选择 抑制(S)），如图 1-62 所示，可以抑制所选特征。

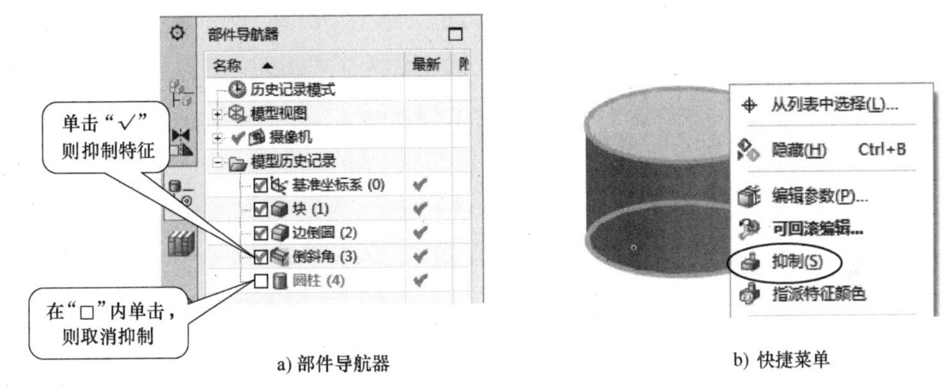

a) 部件导航器　　b) 快捷菜单

图 1-62　抑制特征操作

特征抑制后在绘图区不可见，但抑制与隐藏有很大区别。隐藏只是将特征设为不可见，但特征还是存在的；抑制是特征不存在了，相当于没有创建该特征。

在部件导航器中的某特征前的“□”内单击，即可取消抑制。

4. 编辑对象显示

“编辑对象显示”命令可以修改对象的图层、颜色、线型、宽度、透明度、着色和分析显示状态。调用该命令主要有以下方式：

- 功能区：【视图】→『可视化』→〈编辑对象显示〉。
- 菜单：编辑→ 对象显示(J)...。
- 快捷键：〈Ctrl+J〉。

执行上述操作后，弹出“类选择”对话框，在选择要编辑的对象后弹出“编辑对象显示”对话框，如图 1-63 所示。

在“编辑对象显示”对话框的“常规”选项卡中，可以编辑对象的图层、颜色、线型、宽度、着色显示和线框显示参数；在“分析”选项卡中则可以编辑对象的分析显示状态，包括曲面连续性显示、截面分析显示、曲线分析显示、曲面相交显示、高亮线显示等。

知识点 4　图层操作

1. 图层设置

UG 软件中一个文件最多可以使用 256 个图层，1~256 个图层中只有一个是当前工作层。

“图层设置”命令可以设置工作图层、可见和不可见图层，并可以定义图层的类别名称等。调用该命令主要有以下几种方式：

- 功能区：【视图】→『可见性』→〈图层设置〉。
- 菜单：格式→ 图层设置(S)...。
- 快捷键：〈Ctrl+L〉。

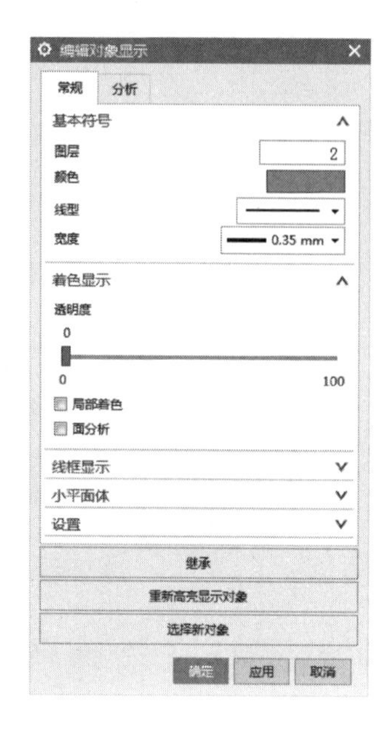

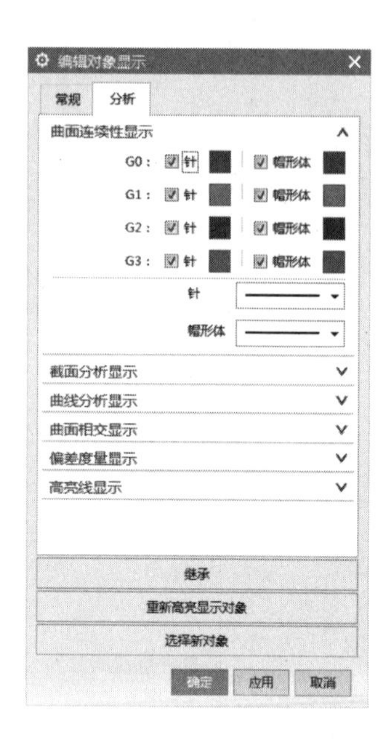

图 1-63 “编辑对象显示”对话框

执行上述操作后，弹出“图层设置”对话框，如图 1-64 所示。

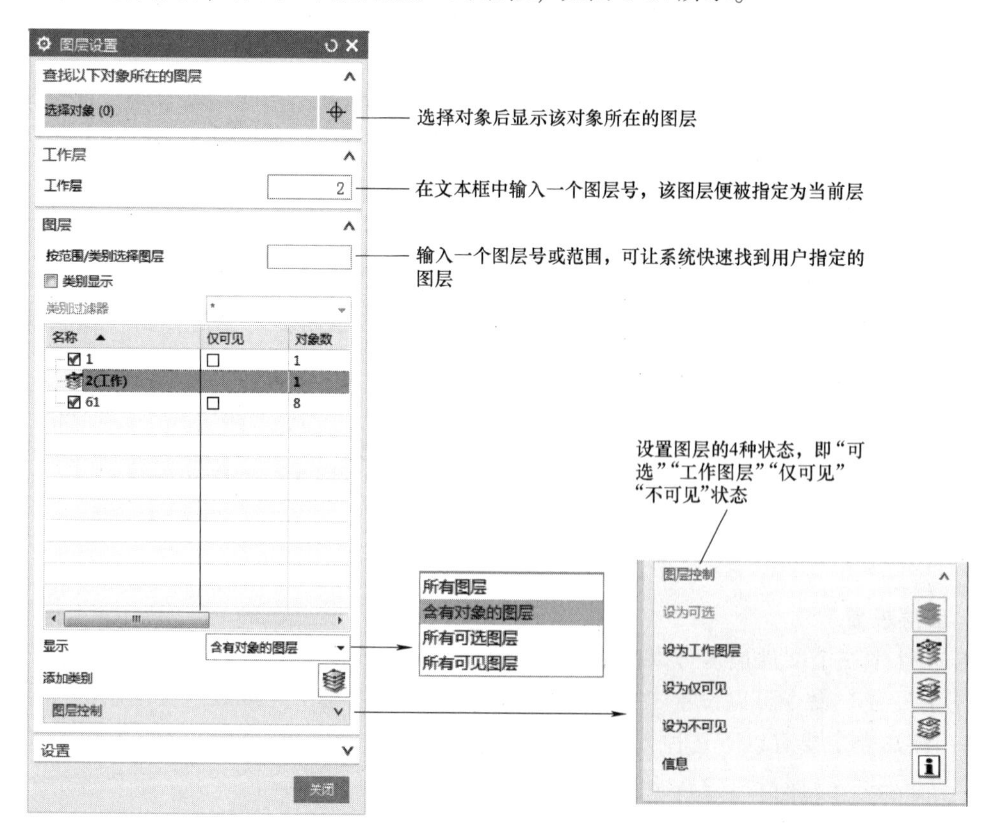

图 1-64 “图层设置”对话框

2. **移动至图层**

“移动至图层”命令可以将对象从一个图层移动到另一个图层。调用该命令主要有以下方式：

- 功能区：【视图】→『可见性』→〈移动至图层〉。
- 菜单：格式→移动至图层(M)...。

执行上述操作后，弹出“类选择”对话框，选择要移动的对象后，单击鼠标中键，弹出“图层移动”对话框，如图1-65所示，各项含义如下：

◆ 目标图层或类别：用来输入目标图层。

◆ 类别过滤：用来设置过滤图层。

◆ 重新高亮显示对象：单击此按钮，可使选取的对象在绘图区亮显。

◆ 选择新对象：单击此按钮，可重新选择要移动的对象。

移动至图层的具体操作在本任务实例中已述，不再赘述。

3. **复制至图层**

“复制至图层”命令可以将从某一图层选定的对象复制到指定的图层中。调用该命令主要有以下方式：

- 功能区：【视图】→『可见性』→〈更多〉→〈复制至图层〉。
- 菜单：格式→复制至图层(O)...。

执行上述操作后，弹出“类选择”对话框，选择要复制的对象后，单击鼠标中键，弹出“图层复制”对话框，如图1-66所示。

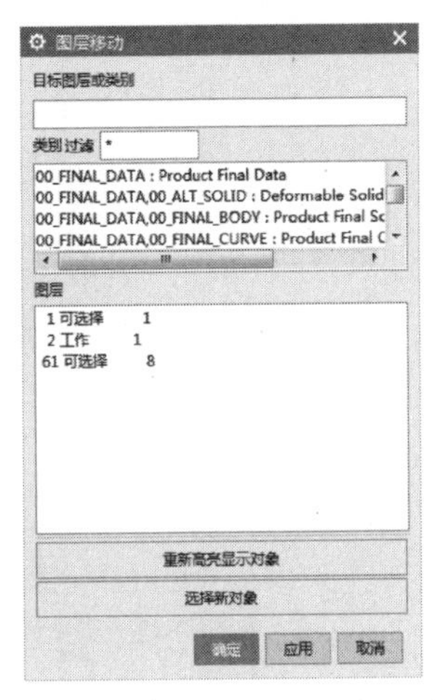

图1-65　“图层移动”对话框

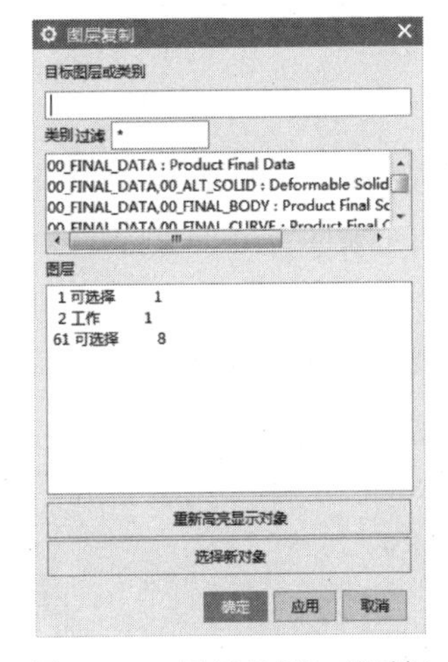

图1-66　“图层复制”对话框

“图层复制”对话框中各选项的含义、复制至图层的操作，均与移动至图层相同，不再赘述。

同类任务

打开任务2图形文件，完成以下操作：

1）将长方体移至第2层，圆柱体移至第3层，并将第3层设为当前工作层。

2）隐藏长方体，将圆柱体的颜色改为绿色，透明度为20。

3）采用鼠标操作旋转、平移、缩放圆柱体。

4）从8个标准方向定位观察圆柱体，以带边着色、着色等5种效果显示圆柱体。

5）动态截面观察圆柱体。

任务3　变换工作坐标系与创建基准坐标系

本任务要求显示工作坐标系（WCS），而后进行变换WCS操作，最后创建4个基准坐标系（CSYS），主要涉及工作坐标系（WCS）操作和基准坐标系（CSYS）的创建操作。

任务实施

步骤1　打开任务2文件。

步骤2　工作坐标系（WCS）操作。

1）显示WCS。单击【工具】→『实用工具』→〈更多〉→〈WCS〉→ 显示WCS，如图1-67所示，或按快捷键〈W〉，显示工作坐标系，如图1-67所示。

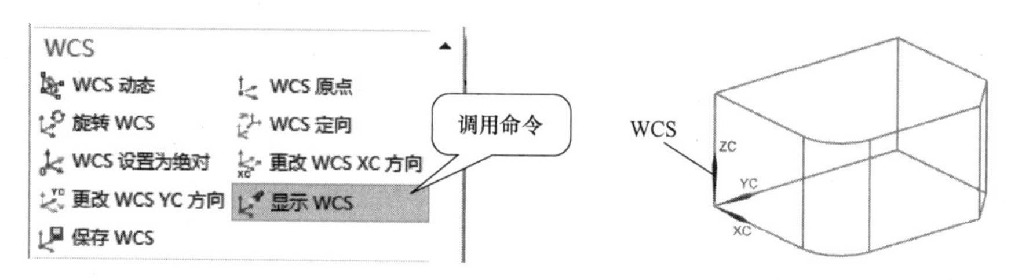

图1-67　显示WCS

2）旋转WCS。单击【工具】→『实用工具』→〈更多〉→〈WCS〉→ 旋转WCS，弹出“旋转WCS”对话框，选择 +XC轴：YC --> ZC，“角度”为“90”，单击 应用 按钮，WCS绕XC轴旋转90°，其方向为原YC轴旋转至ZC轴处，如图1-68所示。请读者选择其余选项，观察其旋转结果。

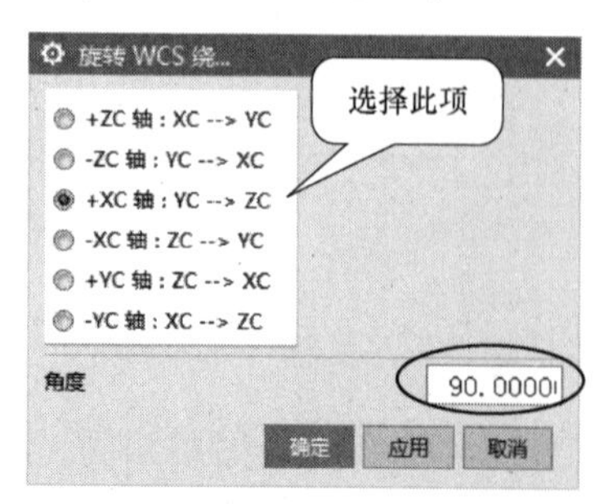

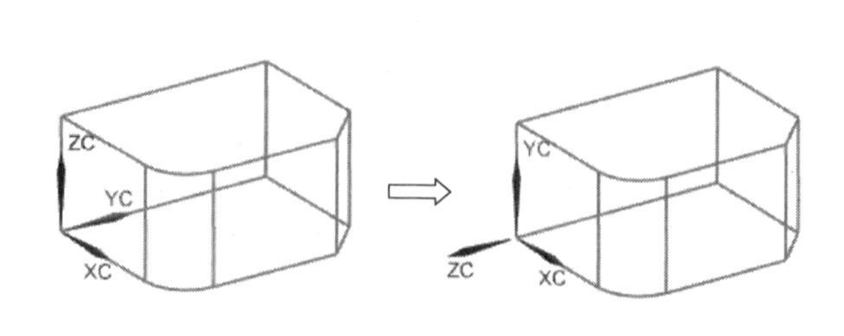

图1-68　旋转WCS

3）更改WCS原点。单击【工具】→『实用工具』→〈更多〉→〈WCS〉→ WCS原点，弹出“点”对话框，选择如图1-69所示长方体边的中点，对话框中显示所选点的坐标，单击 确定 按钮，WCS移动到所选中点处，如图1-69所示。

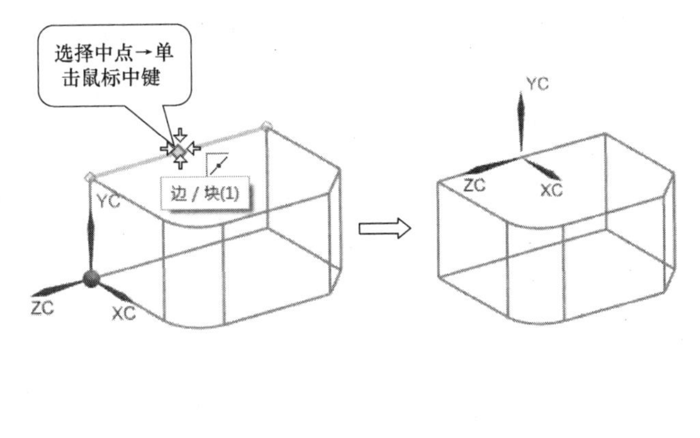

图 1-69　更改 WCS 原点

4）重新定向 WCS 到新的坐标系。单击【工具】→『实用工具』→〈更多〉→〈WCS〉→ WCS 定向，弹出“坐标系”对话框，在“类型”下拉列表中选择“自动判断”，接着选择长方体表面，单击 确定 按钮，则 WCS 定向到所选面上，且其 ZC 轴垂直于所选面，如图 1-70 所示。

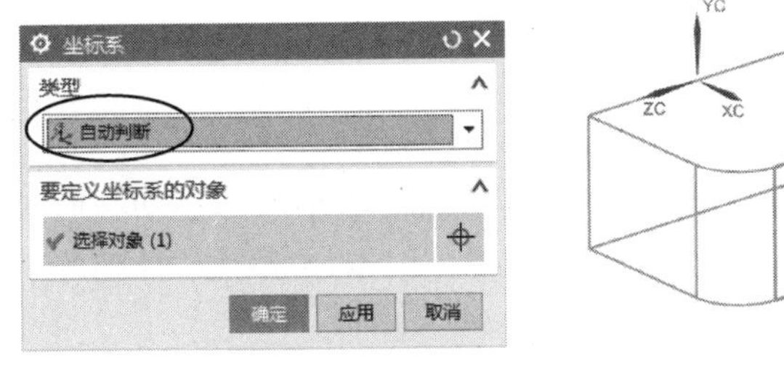

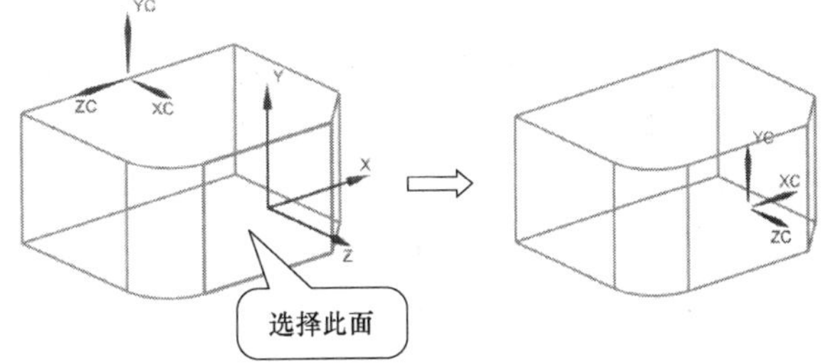

图 1-70　重新定向 WCS

5）将 WCS 移动到绝对坐标系的位置和方位。单击【工具】→『实用工具』→〈更多〉→〈WCS〉→ WCS 设置为绝对，WCS 与绝对坐标系重合，如图 1-71 所示。

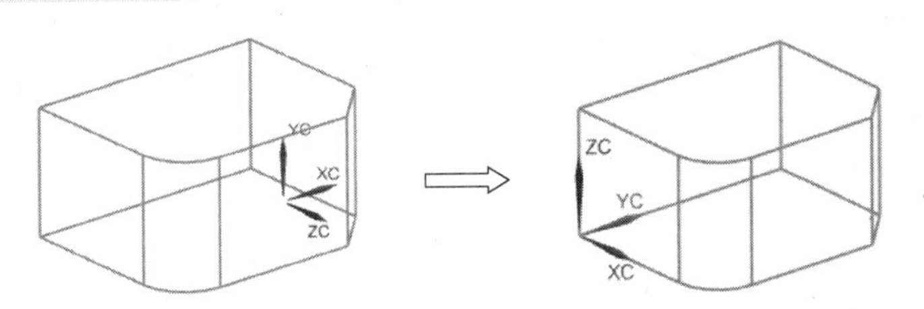

图 1-71　将 WCS 移动到绝对坐标系的位置和方位

6）动态操作 WCS。

① 整体平移 WCS。单击【工具】→『实用工具』→〈更多〉→〈WCS〉→ WCS 动态 或双击 WCS，WCS 被激活并高亮显示，如图 1-72 所示，拖动坐标系原点处的大球形手柄至长方体上表面圆角圆心处，单击鼠标中键，则 WCS 被整体平移到所选定的点处，如图 1-72 所示。

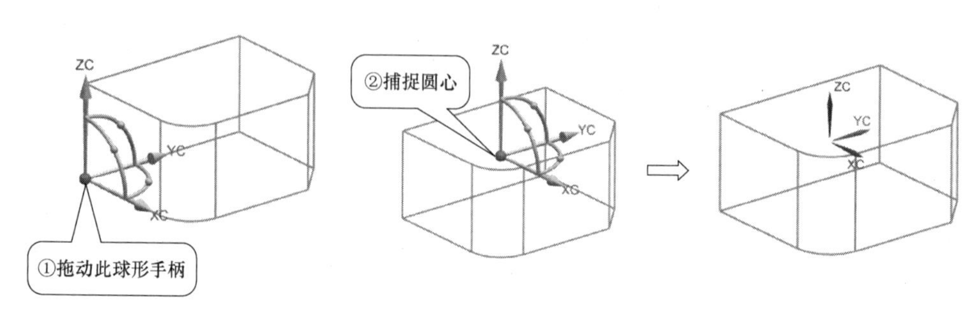

图 1-72　平移 WCS 原点

② 沿轴移动 WCS。双击 WCS 将其激活，拖动 YC 轴方向的锥形手柄至适当位置（光标旁浮动文本框中会显示移动距离），单击鼠标中键，则 WCS 沿 YC 轴向移动一定距离，如图 1-73 所示。读者可拖动其余两个锥形手柄，进行沿 XC、ZC 轴移动 WCS 的操作。

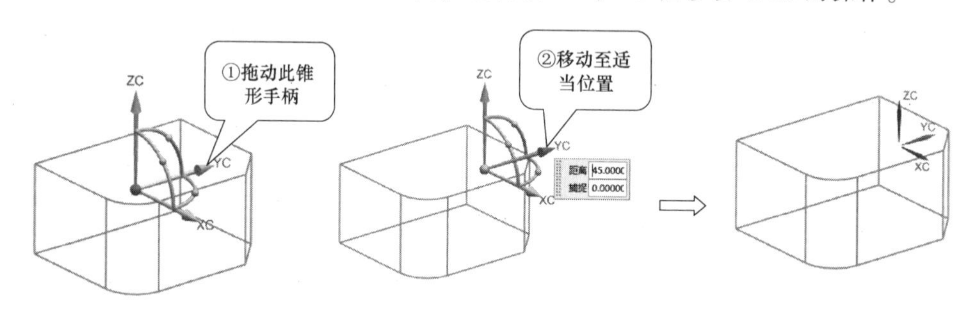

图 1-73　沿轴移动 WCS（沿 YC 轴）

③ 绕轴旋转 WCS。双击 WCS 将其激活，拖动 YC-ZC 平面上的小球形手柄逆时针方向旋转 90°（浮动文本框中会显示旋转的角度），单击鼠标中键，则 WCS 绕 XC 轴旋转了 90°，如图 1-74 所示。读者可拖动另两个小球形手柄，进行旋转 WCS 操作。

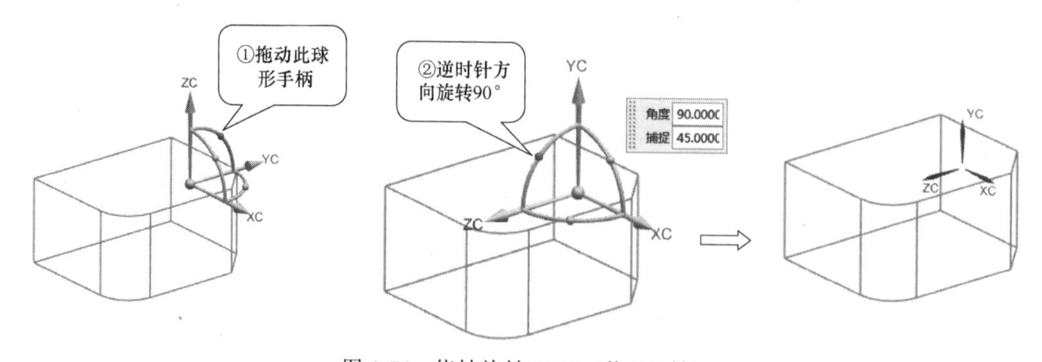

图 1-74　绕轴旋转 WCS（绕 XC 轴）

④ 指定某轴与直线平行变换 WCS。双击 WCS 将其激活，单击 XC 轴的锥形手柄，选择如图 1-75 所示长方体上表面的边，单击鼠标中键，则 WCS 的 XC 轴转换到与所选边平行的方向，如图 1-75 所示。

⑤ 指定某轴与面垂直变换 WCS。双击 WCS 将其激活，单击 ZC 轴的锥形手柄，选择如图 1-76 所示长方体的侧面，单击鼠标中键，则 WCS 的 ZC 轴转换到与所选面垂直的方向，如图 1-76 所示。

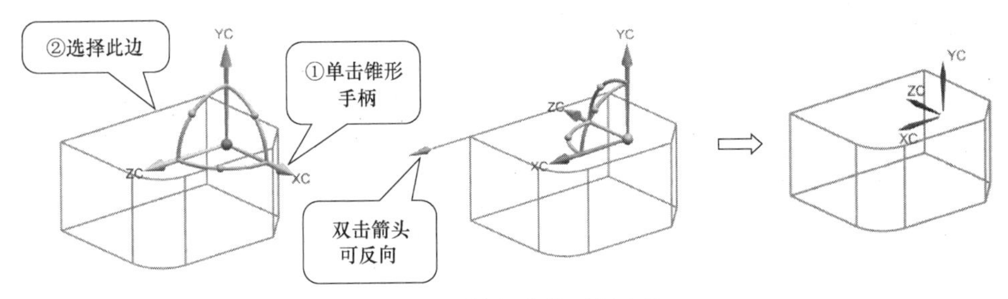

图 1-75　指定某轴与直线平行变换 WCS

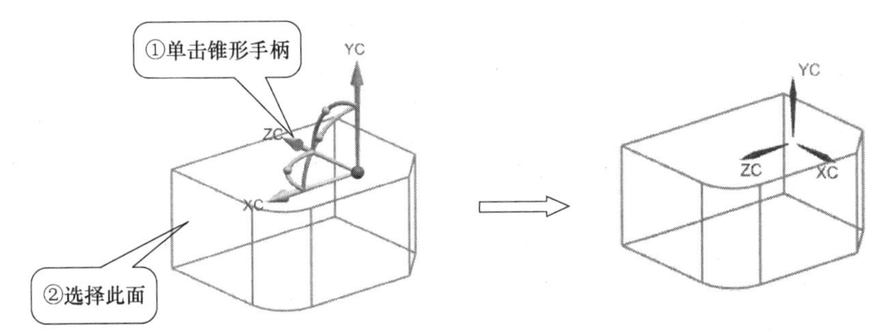

图 1-76　指定某轴与面垂直变换 WCS

7）保存 WCS。单击【工具】→『实用工具』→〈更多〉→〈WCS〉→ 保存 WCS，则在当前 WCS 位置创建了一个坐标系，如图 1-77 所示。

保存的 WCS 与当前 WCS 重叠在一起，为便于观察可单击 WCS 设置为绝对，将当前 WCS 移开，如图 1-78 所示。

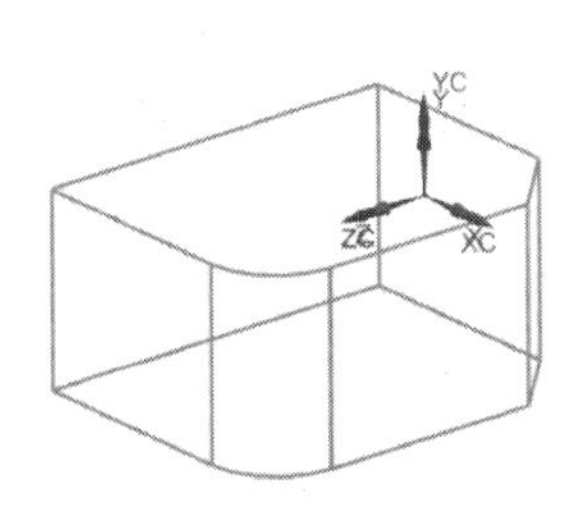

图 1-77　保存 WCS（两者重叠）

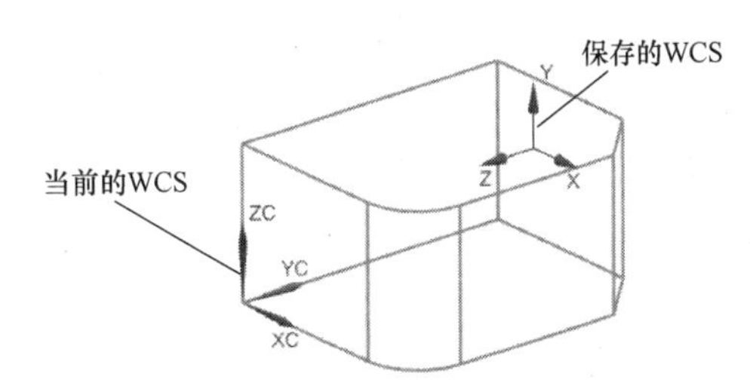

图 1-78　保存 WCS（移开原 WCS）

8）不显示 WCS。按快捷键〈W〉，关闭 WCS 显示。

> WCS 的操作方法较多，其中使用最多、操作最灵活的是“WCS 动态”。

步骤 3　建立基准坐标系（CSYS）。

1）“原点，X 点，Y 点”方式创建 CSYS。单击【主页】→『特征』→“基准/点”下拉菜单中的〈基准坐标系〉（图 1-79），弹出“基准坐标系”对话框，在“类型”下拉列表中选择“原点，X 点，Y 点”，依次选择如图 1-80 所示长方体上表面上的 3 个点，单击 应用 按钮，则建立一个原点在第 1 点，第 1、2 点连线为 X 轴，第 1、3 点连线为 Y 轴的基准坐标系，如图 1-80 所示。

2）“X 轴，Y 轴，原点”方式创建 CSYS。在“类型”下拉列表中选择“X 轴，Y 轴，原点”，按图 1-81 所示选择长方体的一个点和两条边，单击 应用 按钮，创建 X 轴与 Y 轴分别平行于所选两条边、原点为所选点的基准坐标系，如图 1-81 所示。

3）“平面，X 轴，点”方式创建 CSYS。在“类型”下拉列表中选择“平面，X 轴，点”，按图 1-82 所示选择长方体上的一个面、一条边和一个点，单击 应用 按钮，创建 Z 轴垂直于所选面、X 轴平行于所选边、原点为所选点的基准坐标系，如图 1-82 所示。

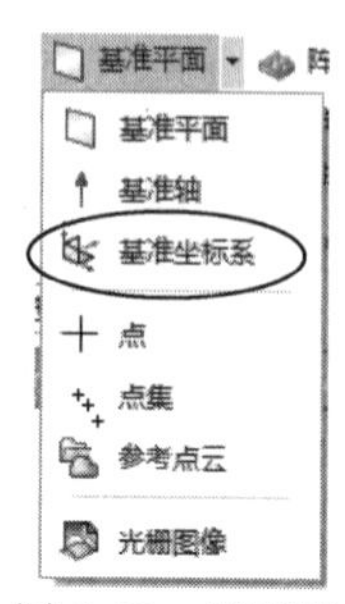

图 1-79 调用基准坐标系命令

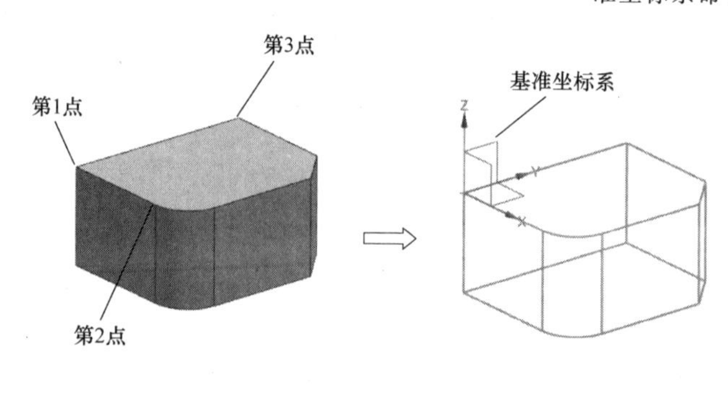

图 1-80 建立基准坐标系（原点，X 点，Y 点）

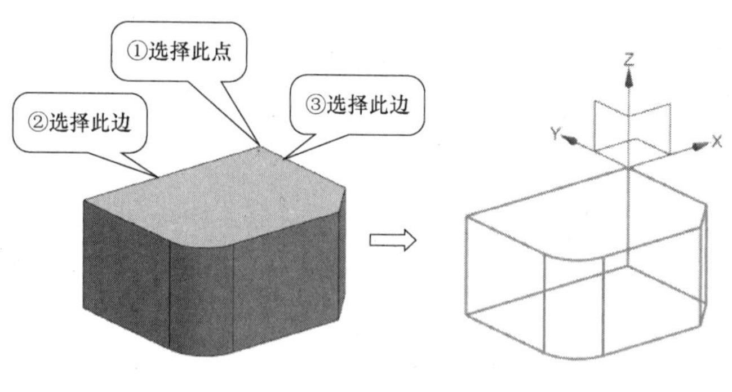

图 1-81 建立基准坐标系（X 轴，Y 轴，原点）

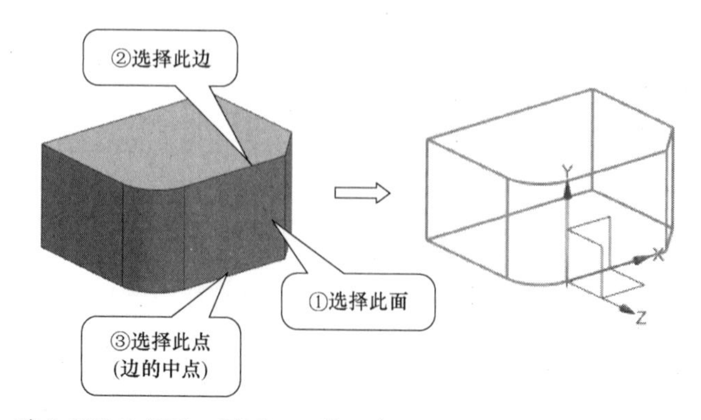

图 1-82 建立基准坐标系（平面，X 轴，点）

4）“三平面”方式创建 CSYS。在“类型”下拉列表中选择“三平面”，按图 1-83 所示选择长方体上的三个面，单击 应用 按钮，创建 X 轴、Y 轴和 Z 轴分别垂直于所选三个面，原点在三个面的交点处的基准坐标系，如图 1-83 所示。

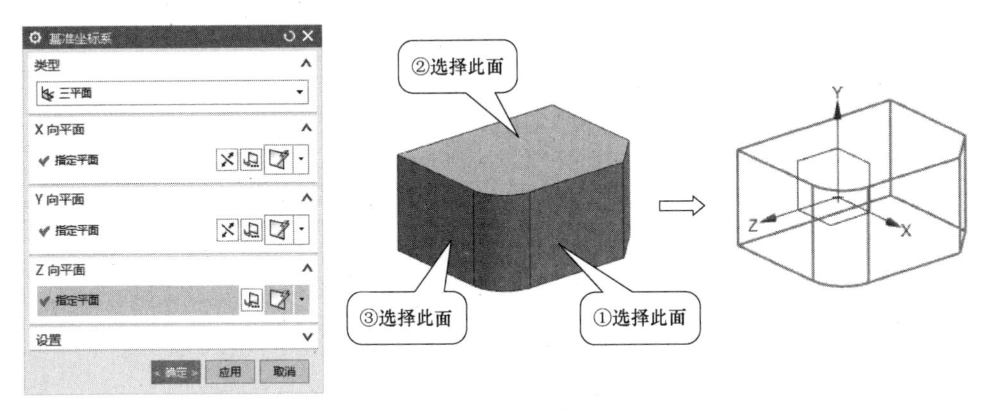

图 1-83 建立基准坐标系（三平面）

5）“动态”方式创建 CSYS。在“类型”下拉列表中选择“动态”，激活工作坐标系，移动、旋转坐标系至所需位置，单击 应用 按钮，创建基准坐标系，如图 1-84 所示。

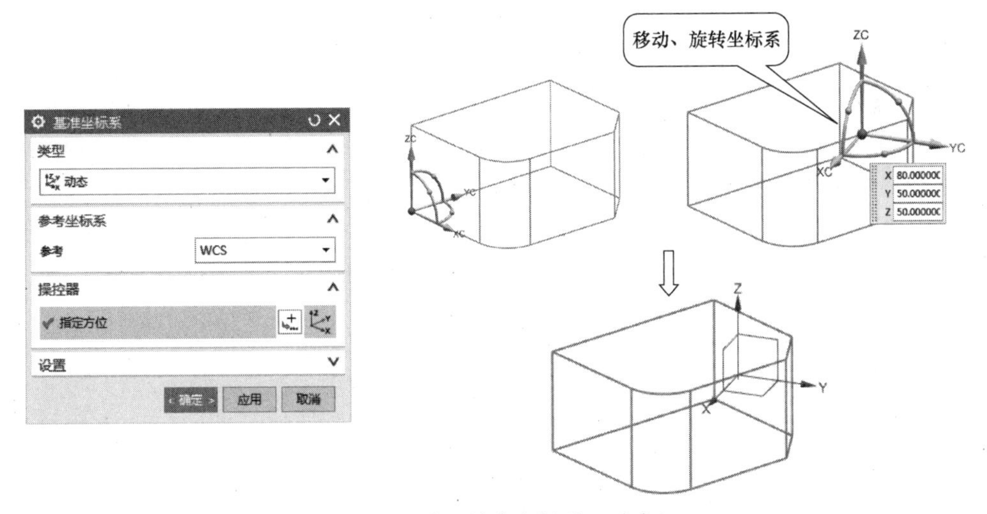

图 1-84 建立基准坐标系（动态）

步骤 4 保存文件。

知识点 1 坐标系

UG NX 12.0 中有 3 种坐标系，分别是绝对坐标系（ACS）、工作坐标系（WCS）和机械坐标系（MCS）。

绝对坐标系是系统默认的坐标系，是不可见的，其方向和位置始终是不变的，其坐标轴用 X、Y、Z 表示，它所在位置的 X=0、Y=0、Z=0。

工作坐标系是可见的、可操作和改变的，在建模模块、加工模块中都应用较多，其坐标轴用 XC、YC、ZC 表示。

机械坐标系一般用于模具设计、加工等模块中，其坐标轴用 XM、YM、ZM 表示。

知识点2　工作坐标系（WCS）操作

调用工作坐标系命令主要有以下方式：

- 功能区：【工具】→『实用工具』→〈更多〉→〈WCS〉，如图 1-85a 所示。
- 菜单：格式→WCS→子菜单，如图 1-85b 所示。

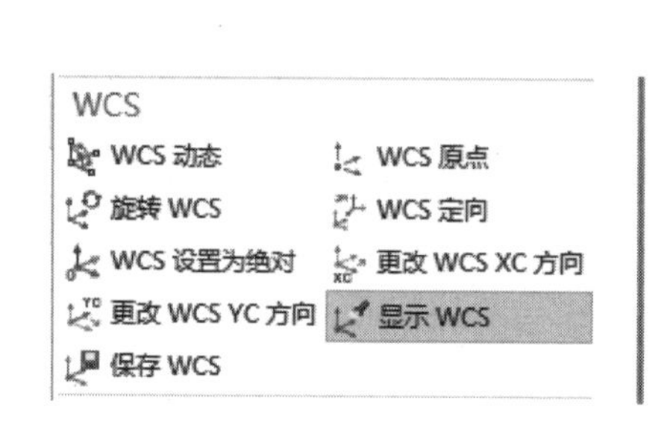

a) 功能区

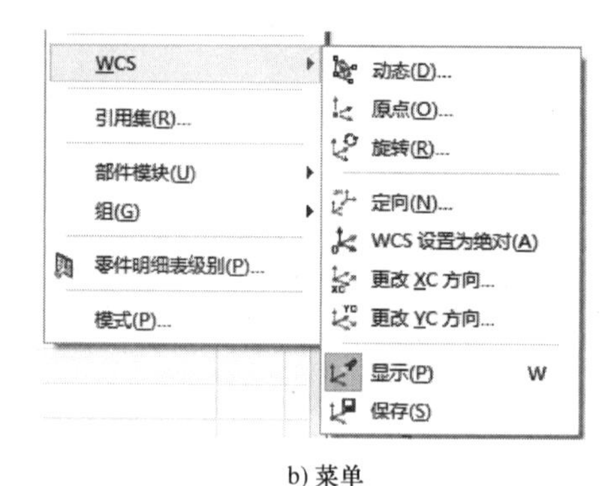

b) 菜单

图 1-85　调用工作坐标系的操作命令

1. WCS 动态

此方式可直接使用鼠标拖动来改变 WCS 的位置或角度。拖动小球形手柄可进行旋转；拖动锥形手柄可沿轴移动；拖动大球形手柄可平行移动整个坐标系；单击某轴的锥形手柄后再选择一矢量，可使该轴平行于所选矢量；单击某轴的锥形手柄后再选择一个平面，可使该轴垂直于所选平面；双击某轴的锥形手柄可使该轴反向。

2. WCS 原点

此方式将 WCS 的原点移动至指定位置，移动后坐标系各坐标轴方向不变。

3. 旋转 WCS

此方式可使当前的 WCS 绕其某一旋转轴旋转一定角度来定位新的 WCS。

4. WCS 定向

此方式按创建 CSYS 的方法来重新定义 WCS 的位置（CSYS 的创建方法见本任务知识点 3）。

5. WCS 设置为绝对

此方式可将 WCS 移动到绝对坐标系的位置和方位。

6. 更改 WCS XC 方向/ 更改 WCS YC 方向

此方式通过选择一点，以该点与原 WCS 原点的连线作为新 XC 或 YC 的方向转动 WCS。

7. 显示 WCS

用于显示或隐藏 WCS，其快捷命令为〈W〉。

8. 保存 WCS

保存当前的 WCS。

变换 WCS 的具体操作在本任务实例中已述，不再赘述。

知识点3　基准坐标系（CSYS）操作

在进行复杂产品设计时，可根据需要创建多个基准坐标系。利用“基准坐标系”命令

可创建基准坐标系。调用该命令主要有以下方式：

- 功能区：【主页】→『特征』→“基准/点”下拉菜单中〈基准坐标系〉。
- 菜单：插入→基准/点→基准 CSYS...。

执行上述操作后，弹出“基准坐标系”对话框，如图 1-86 所示。

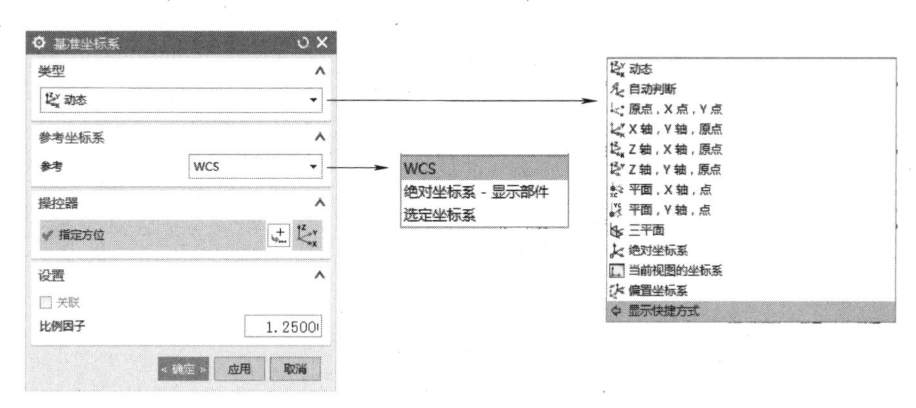

图 1-86　“基准坐标系”对话框

1. 动态

与 WCS 中的动态含义一样。

2. 自动判断

系统根据用户选择的对象自动选择一种方式定义坐标系。

3. 原点，X 点，Y 点

通过指定三个点来定义一个坐标系。这三个点分别是原点、X 轴上的点和 Y 轴上的点。指定第一点为坐标原点，第一点指向第二点的方向为 X 轴的正向，从第二点至第三点按右手定则来确定 Z 轴正向。

4. X 轴，Y 轴，原点/ Z 轴，X 轴，原点/ Z 轴，Y 轴，原点

通过指定一个点和两个矢量来定义一个坐标系。“X 轴，Y 轴，原点”方式所指定的点为坐标原点，坐标系 X 轴的正向平行于第一个矢量方向，坐标系 Y 轴的正向平行于第二个矢量方向。“Z 轴，X 轴，原点”和“Z 轴，Y 轴，原点”与“X 轴，Y 轴，原点”方式类似，不再赘述。

5. 平面，X 轴，点/平面，Y 轴，点

通过指定一个面、一个矢量和一个点来定义一个坐标系。Z 轴为平面的法线方向，X 轴平行于所指定的矢量，原点为所指定的点。“平面，Y 轴，点”方式与“平面，X 轴，点”方式类似，不再赘述。

6. 三平面

通过指定三个平面来创建一个坐标系。三个平面的交点为坐标系的原点，第一个面的法向为 X 轴、第一个面与第二个面的交线方向为 Z 轴。

7. 绝对坐标系

在绝对坐标系的（0，0，0）点处创建一个新的坐标系。

8. 当前视图的坐标系

用当前视图定义一个新的坐标系，其 XOY 平面为当前视图的所在平面。

9. 偏置坐标系

通过输入沿 X、Y、Z 坐标轴方向相对于选择坐标系的偏距来定义一个新的坐标系。

常用创建基准坐标系的方式在本任务实例中已述，不再赘述。

同类任务

1）打开任务 3 图形文件，变换 WCS，使其如图 1-87 所示。

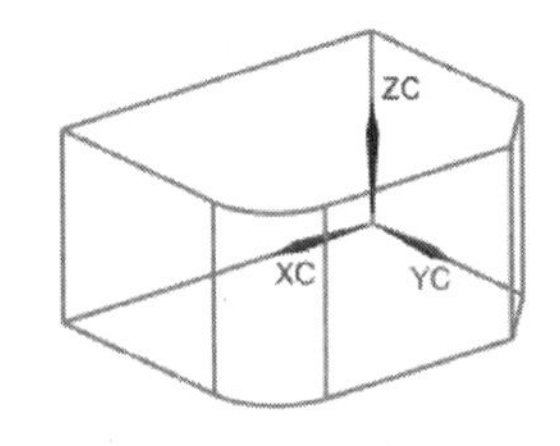

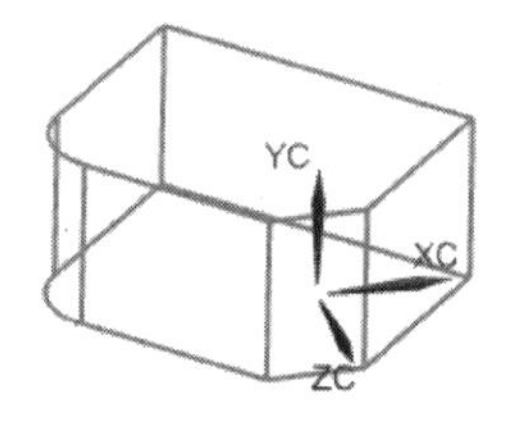

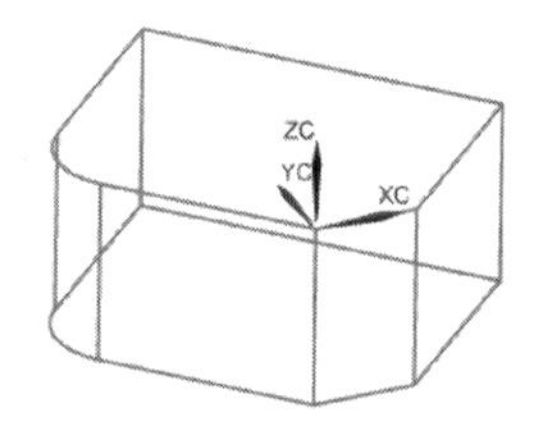

图 1-87　变换 WCS

2）创建如图 1-88 所示的基准坐标系。

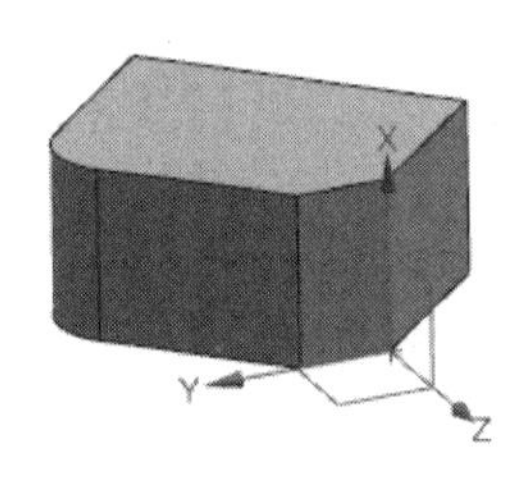

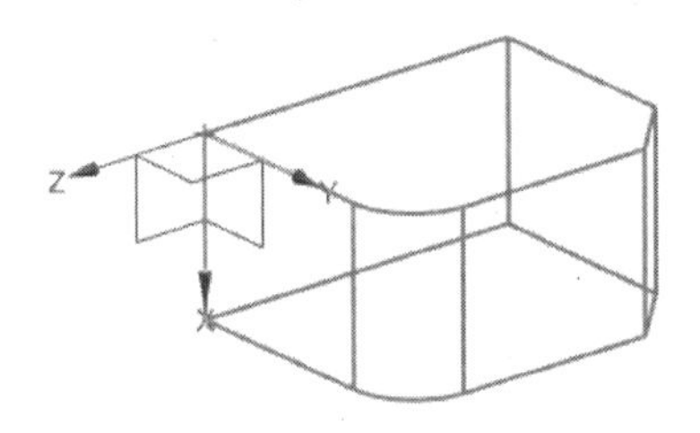

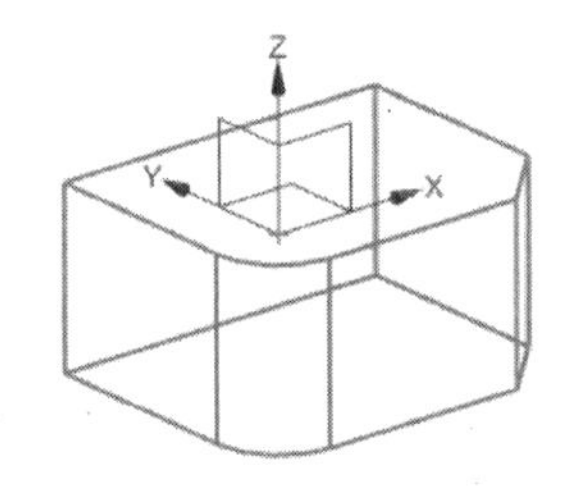

图 1-88　创建基准坐标系

任务 4　测量模型与查询信息

本任务要求在模型上完成测量距离、长度、角度、点坐标以及查询对象信息等操作，主要涉及测量距离、测量角度、测量点、测量面、测量体、检查几何体、对象信息及点信息命令及操作。

任务实施

步骤 1　打开任务 3 文件，隐藏所有坐标系。

步骤 2　测量距离。

1）测量简单距离。单击【分析】→『测量』→〈简单距离〉，弹出“简单距离”对话框，按图 1-89 所示选择长方体上的面与点，单击 应用 按钮，测量两者距离。读者自行选择长方体的面、边、点，测量对象之间的距离。

2）测量投影距离。单击【分析】→『测量』→〈测量距离〉，弹出“测量距离”对话框，在“类型”下拉列表中选择“投影距离”，按图 1-90 所示指定矢量、测量起点与终点，单击 应用 按钮，测量起点与终点沿指定矢量方向的距离，如图 1-90 所示。

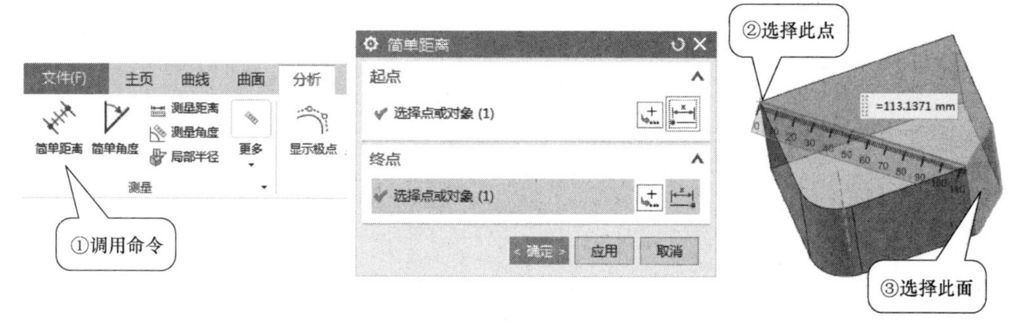

图 1-89 测量简单距离

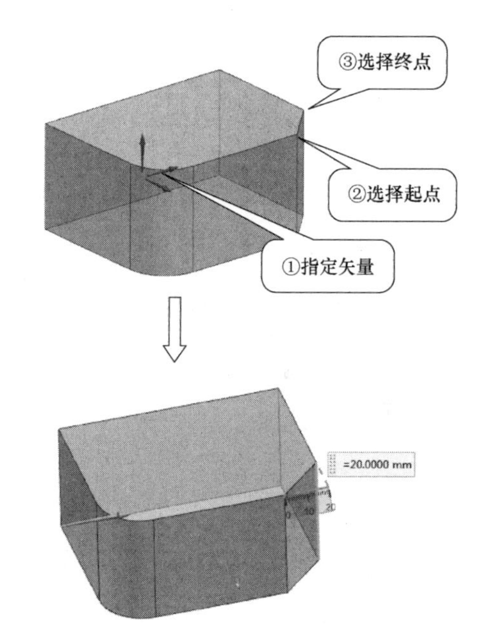

图 1-90 测量投影距离

3）测量长度。在“测量距离”对话框中的“类型”下拉列表中选择“长度”，在“曲线规则”下拉列表中选择“相切曲线”，按图 1-91b 所示选择长方体上表面的边，光标旁显示相切边的长度；若在“曲线规则”下拉列表中选择“单条曲线”，则测量所选边的长度，如图 1-91c 所示。

4）测量半径。在“测量距离”对话框的“类型”下拉列表中选择“半径”，选择长方体上的圆角面，光标旁显示所选圆角面的半径，如图 1-92 所示。

5）测量直径。在“测量距离”对话框的“类型”下拉列表中选择“直径”，选择圆柱体面，光标旁显示所选圆柱面的直径，如图 1-93 所示。

步骤 3 测量角度。

1）测量简单角度。单击【分析】→『测量』→〈简单角度〉，弹出“简单角度”对话框，选择图 1-94b 所示长方体上表面的两条边，光标旁显示所选对象间的夹角。如选择两个面，则测量两个面法向方向的夹角，如图 1-94c 所示。

2）测量三点间角度。单击【分析】→『测量』→〈测量角度〉，弹出“测量角度”

a) 类型为“长度”

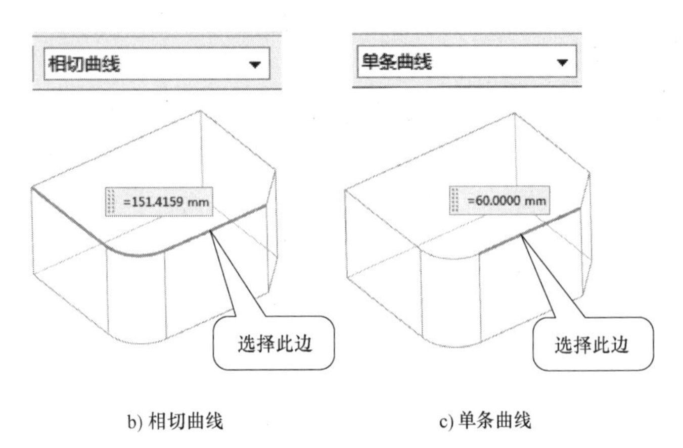

b) 相切曲线　　c) 单条曲线

图 1-91　测量长度

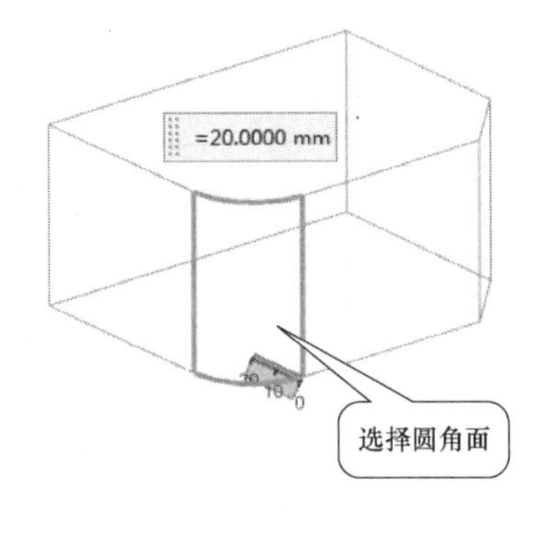

图 1-92　测量半径

对话框，如图 1-95 所示，在“类型”下拉列表中选择“按 3 点”，选择图 1-95 所示长方体上表面上的 3 个点，光标旁显示所选对象间的夹角。

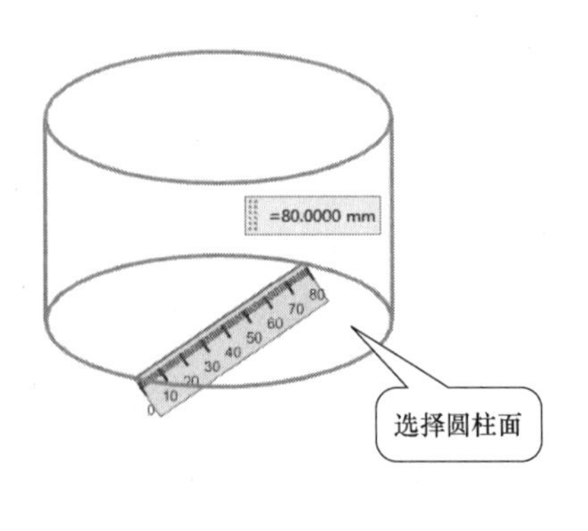

图 1-93　测量直径

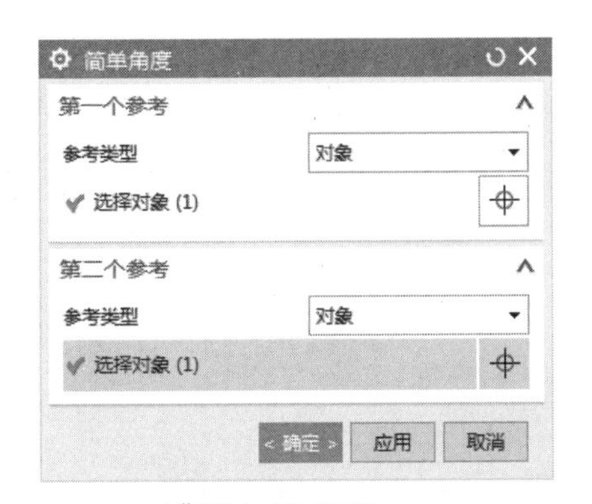

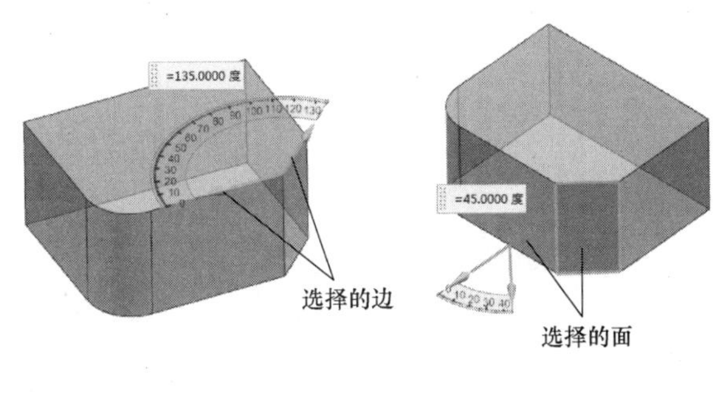

a)“简单角度”对话框　　b) 两条边间的夹角　　c) 两个面间的夹角

图 1-94　测量简单角度

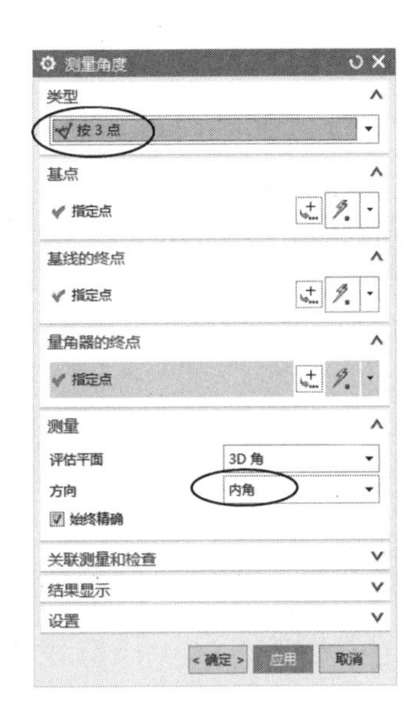

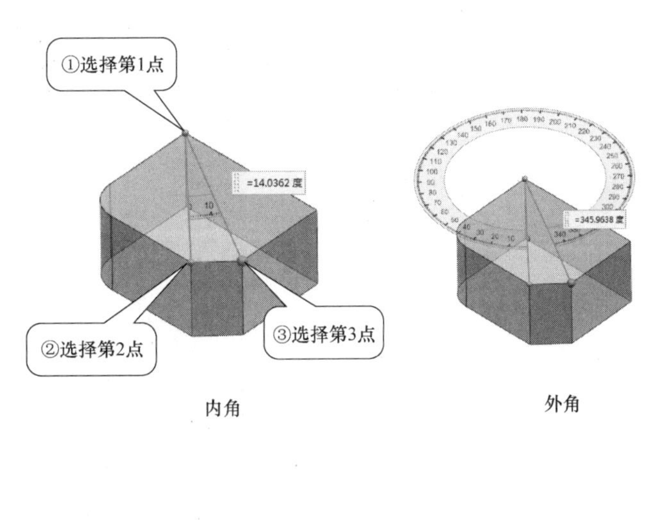

图 1-95　测量三点间角度

步骤 4　测量点位置。

单击【分析】→『测量』→〈更多〉→〈测量点〉，弹出“测量点”对话框，选择图 1-96 所示长方体上表面边的中点，光标旁显示所选对象在指定坐标系中的位置（坐标）。

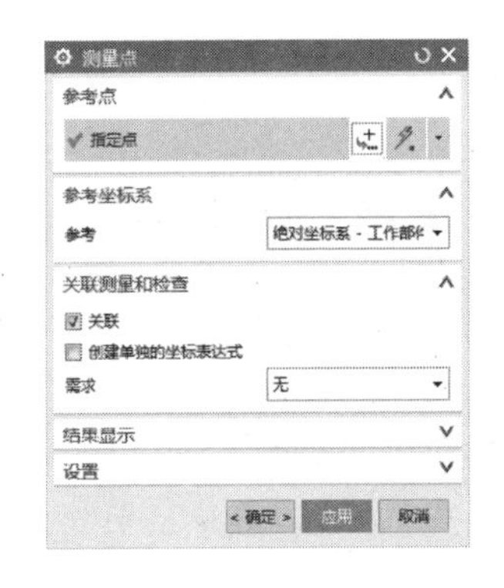

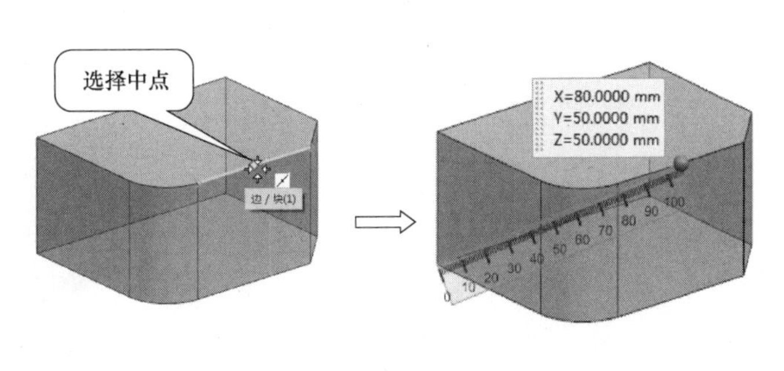

图 1-96　测量点位置

步骤5　测量面。

单击【分析】→『测量』→〈更多〉→〈测量面〉，弹出“测量面”对话框，选择长方体上表面，光标旁显示其面积，如图1-97所示。若勾选对话框中的 显示信息窗口，则显示其信息窗口，如图1-98所示，窗口中显示该面的面积和周长。

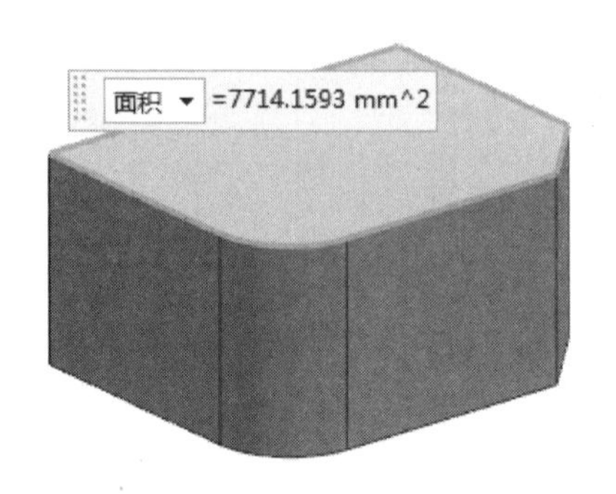

图1-97　测量面

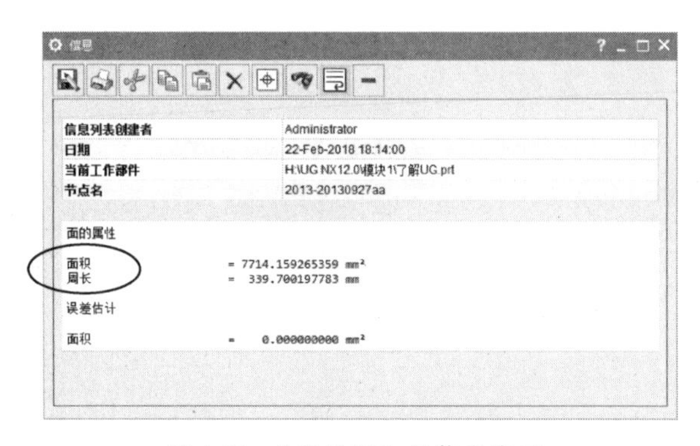

图1-98　“测量面”的信息窗口

步骤6　测量体。

单击【分析】→『测量』→〈更多〉→〈测量体〉，弹出“测量体”对话框，选择长方体，光标旁显示其体积，如图1-99所示。若勾选对话框中的 显示信息窗口，则显示其信息窗口，如图1-100所示，窗口中显示该长方体的体积、面积、质量、惯性矩等。

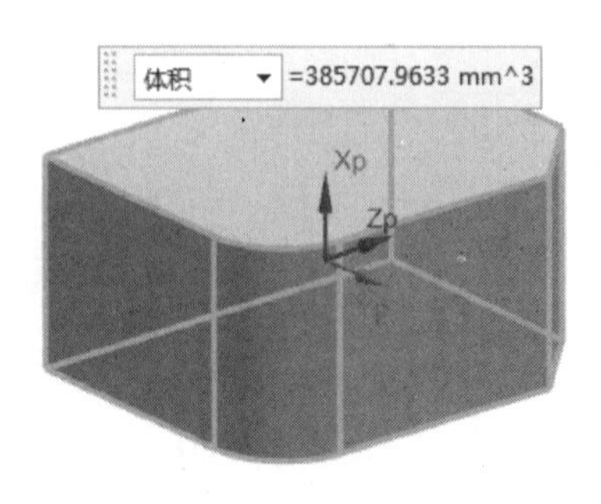

图1-99　测量体

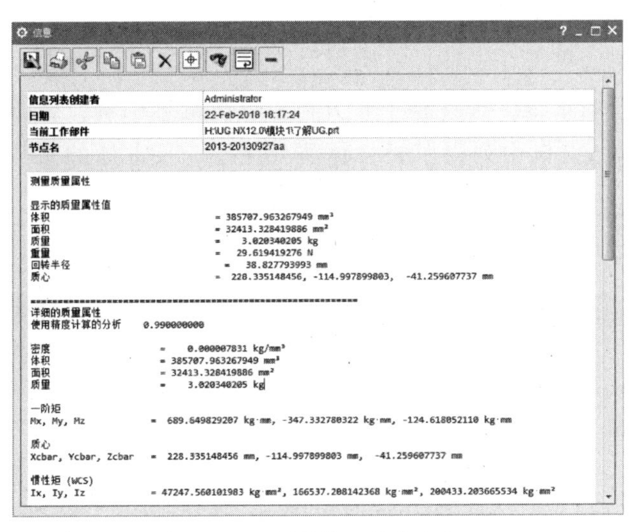

图 1-100 “测量体”的信息窗口

步骤 7　检查几何体。

单击【分析】→『更多』→〈体〉→〈检查几何体〉，弹出“检查几何体”对话框，如图 1-101a 所示，采用矩形窗口框选长方体，单击对话框中的 全部设置 和“操作”选项下的 检查几何体，对话框中显示检查结果，如图 1-101c 所示。若检查结果均为“通过”，则说明所检查的体无自相交、锐刺/切口等。

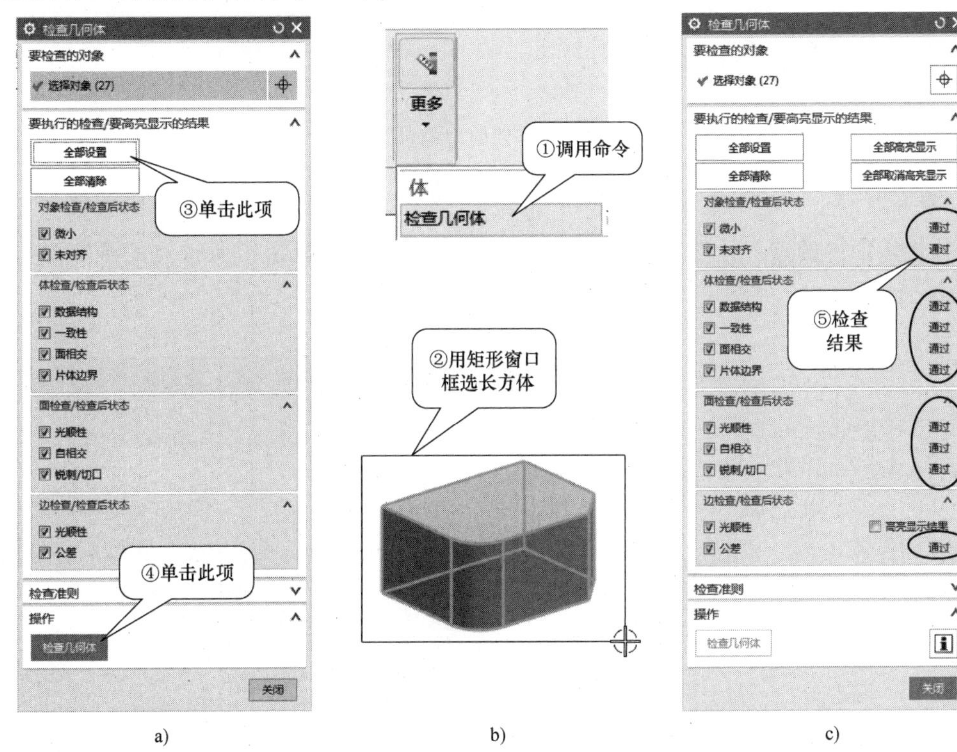

a)　　b)　　c)

图 1-101　检查几何体

步骤 8　信息查询。

1）查询对象信息。单击【工具】→『实用工具』→〈更多〉→“属性信息”→〈对象信息〉，弹出“类选择”对话框，选择整个长方体，单击鼠标中键，绘图区弹出“信息”窗口，如图 1-102 所示，窗口中列出了长方体所处图层、长方体的参数、包含的子特征等信息。

读者可以选择长方体的任意一条边进行查询，看看其信息。

信息列表创建者	Administrator
日期	22-Feb-2018 18:32:54
当前工作部件	H:\UG NX12.0\模块1\了解UG.prt
节点名	2013-20130927aa

对象信息 1 of 1 : 块(2)

属主部件	H:\UG NX12.0\模块1\了解UG.prt
属主图层	1
修改的版本	17 二月 2018 16:06 (由用户 Administrator) 版本 72
创建的版本	17 二月 2018 16:06 (由用户 Administrator) 版本 72
特征状态对于	块(2)
特征状态	活动
特征参数对于	块(2)
特征类型	块(2)
X 长度	80.000000000 mm
Y 长度	100.000000000 mm
Z 长度	50.000000000 mm
Origin X	0.000000000 mm
Y	0.000000000 mm
Z	0.000000000 mm
特征关联对于	块(2)
子项	倒斜角(4) 边倒圆(3)

表达式	值	被特征引用	类型
p1=80 mm	80 mm	块(2)	长度 (XC)

图 1-102　长方体的“信息”窗口

2）查询点信息。单击菜单→信息→点(P)...，弹出“点”对话框，选择图 1-103 所示长方体上表面上的点，绘图区弹出“信息”窗口，窗口中显示了所选点的绝对坐标值和 WCS 坐标值。

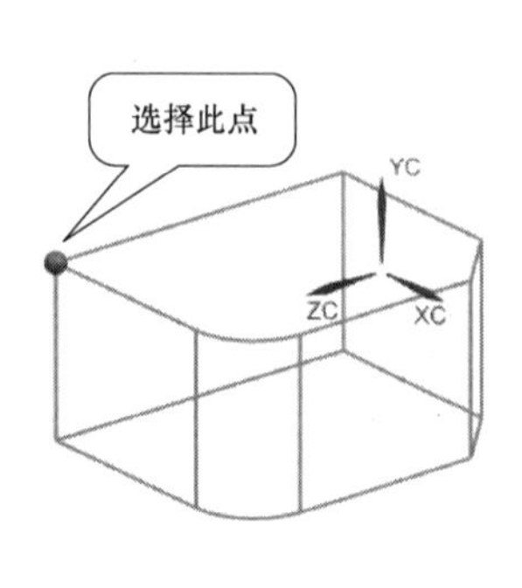

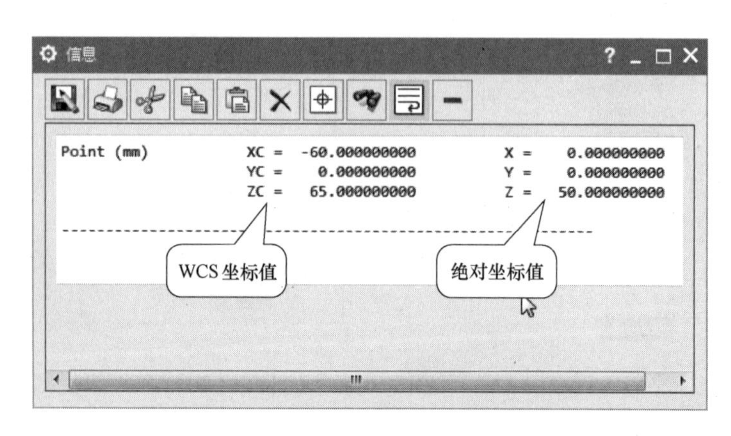

图 1-103　查询点的“信息”窗口

步骤 9　保存文件。

知识点 1　测量距离

“测量距离”命令可以测量两个对象之间的距离、曲线长度或圆弧、圆周边或圆柱面的半径。用户可以选择的对象有点、线、面、体和边等。调用该命令主要有以下方式：

- 功能区：【分析】→『测量』→〈测量距离〉。
- 菜单：分析→ 测量距离(D)...。

执行上述操作后，弹出“测量距离”对话框，如图 1-104 所示。

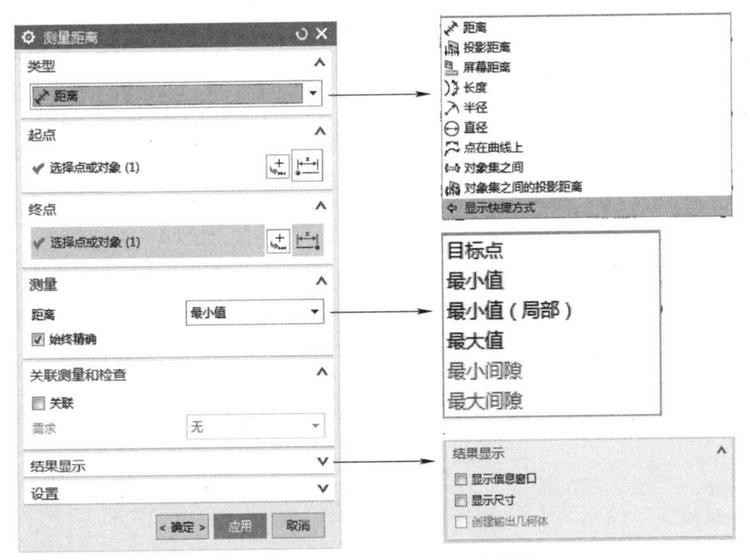

图 1-104　“测量距离”对话框

1. “类型”选项组

此项用于设置测量距离的方法，有以下方法：

◆ 距离：测量两个对象（两指定点、两指定平面或一指定点和一指定平面）间的距离。〈简单距离〉 功能与其相同。

◆ 投影距离：需指定一个投影矢量，测量两个对象在投影矢量方向上的投影距离。

◆ 屏幕距离：测量两对象间的屏幕距离。

◆ 长度：测量选定曲线的长度。

◆ 半径/ 直径：测量指定曲线的半径/直径。

◆ 点在曲线上：测量曲线上指定两点间的距离。

◆ 对象集之间：测量两个对象集之间的距离。

◆ 对象集之间的投影距离：测量两个对象集在投影矢量方向上的投影距离。

2. “测量”选项组

◆ 目标点：计算选定起点和终点之间沿指定矢量方向的距离。

◆最小值：计算选定对象之间沿指定矢量方向的最小距离。

◆最小值（局部）：计算两个指定对象或屏幕上的对象之间的最小距离。

◆最大值：计算选定对象之间沿指定矢量方向的最大距离。

3. “结果显示”选项组

◆显示信息窗口：勾选此项，则打开“信息”窗口，窗口显示测量结果。

◆显示尺寸：在绘图区显示尺寸。

测量距离的具体操作方法在本任务实例中已述，不再赘述。

知识点2　测量角度

使用“测量角度”命令可以测量两个对象之间或由三点定义的两直线间的夹角。调用该命令主要有以下方式：

- 功能区：【分析】→『测量』→〈测量角度〉。
- 菜单：分析→测量角度(A)...。

执行上述操作后，弹出“测量角度”对话框，如图1-105所示。

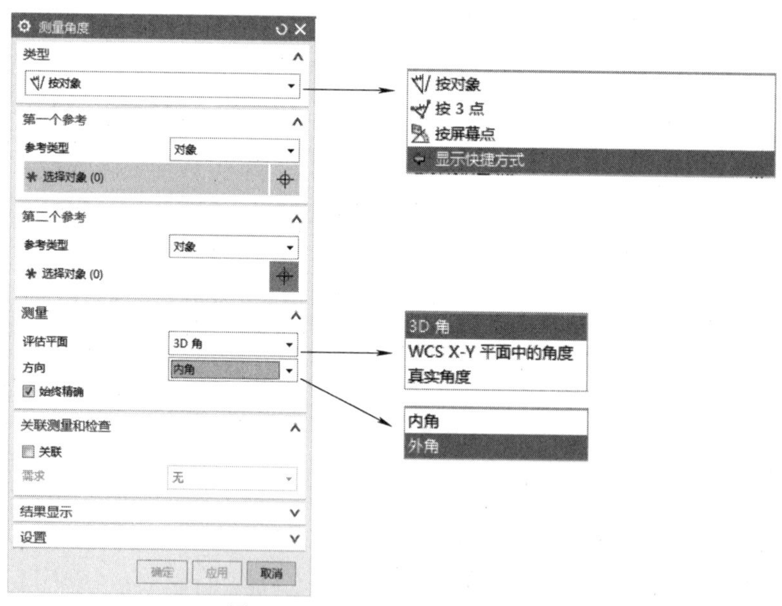

图1-105　“测量角度”对话框

◆按对象：测量两指定对象（可以是两直线、两平面、两矢量或它们的组合）之间的夹角。〈简单角度〉功能与其相同。

◆按3点：测量指定三点之间连线的角度（第一点为被测角的顶点）。

◆按屏幕点：测量指定三点之间连线的屏幕角度（第一点为被测角的顶点）。

同一模型上的同样3点，采用“按3点”与“按屏幕点”测量的结果比较如图1-106所示。

测量角度的具体操作方法在本任务实例中已述，不再赘述。

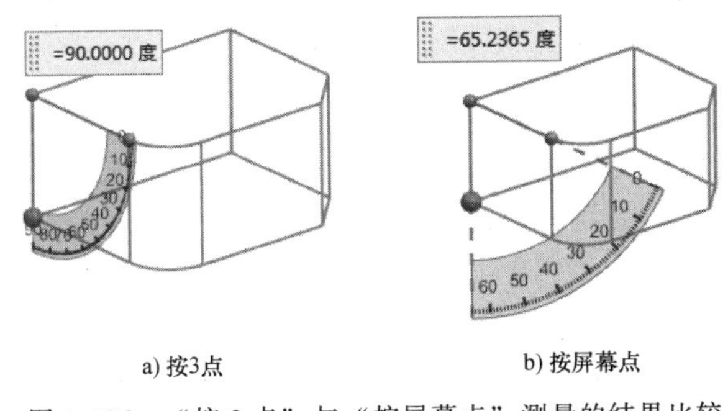

图 1-106　“按 3 点”与“按屏幕点”测量的结果比较

知识点 3　测量点

“测量点”命令可以测量选定点在指定的参考坐标系中的位置（坐标）。调用该命令主要有以下方式：

- 功能区：【分析】→『测量』→〈更多〉→〈测量点〉。
- 菜单：分析→ 测量点(P)...。

执行上述操作后，弹出“测量点”对话框，如图 1-107 所示。

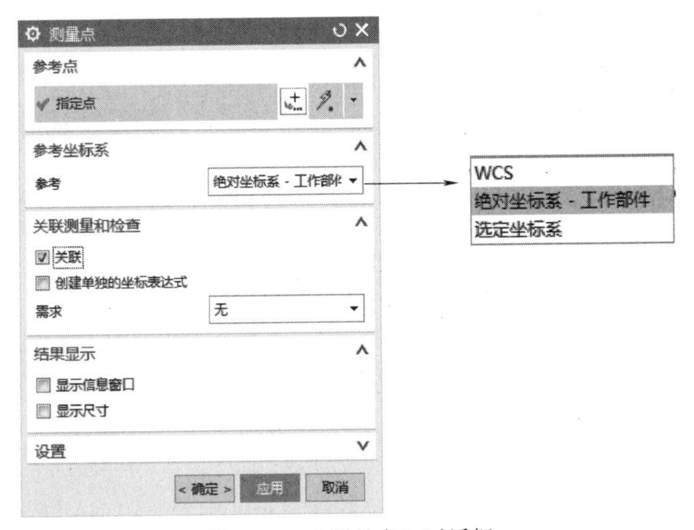

图 1-107　“测量点”对话框

测量点的具体操作方法在本任务实例中已述，不再赘述。

知识点 4　测量面

“测量面”命令可以测量面的面积和周长。调用该命令主要有以下方式：

- 功能区：【分析】→『测量』→〈更多〉→〈测量面〉。
- 菜单：分析→ 测量面(F)...。

执行上述操作后，弹出“测量面”对话框，如图 1-108 所示。
测量面的具体操作方法在本任务实例中已述，不再赘述。

知识点 5　测量体

使用“测量体”命令可以测量选定体的面积、质量、体积、惯性矩等。调用该命令主要有以下方式：

- 功能区：【分析】→『测量』→〈更多〉→〈测量体〉。
- 菜单：分析→ 测量体(B)... 。

执行上述操作后，弹出“测量体”对话框，如图 1-109 所示。

图 1-108　“测量面”对话框

图 1-109　“测量体”对话框

测量体的具体操作方法在本任务实例中已述，不再赘述。

知识点 6　检查几何体

“检查几何体”命令可以分析多种类型的几何体（实体、面和边等)，从而分析错误数据结构或无效的几何体。调用该命令主要有以下方式：

- 功能区：【分析】→『更多』→〈体〉→〈检查几何体〉。
- 菜单：分析→ 检查几何体(X)... 。

执行上述操作后，弹出“检查几何体”对话框，如图 1-110 所示。

图 1-110　“检查几何体”对话框

检查几何体的具体操作方法在本任务实例中已述，不再赘述。

知识点 7　信息查询

1. 对象信息

使用“对象信息”命令可以列出被查询对象的所有信息。调用该命令主要有以下方式：

- 功能区：【工具】→『实用工具』→〈更多〉→〈对象信息〉。
- 菜单：信息→对象(O)...。
- 快捷键：〈Ctrl+I〉。

执行上述操作后，弹出“类选择”对话框，选择要查询的对象后，单击确定按钮，弹出“信息”窗口，系统会列出其所有相关的信息。一般的对象都具有一些共同的信息，如创建日期、创建者、当前工作部件、图层、线型等。

◆点：当查询的对象是点时，系统除了列出一些共同信息之外，还会列出点的坐标值。

◆直线：当查询的对象是直线时，系统除了列出一些共同信息之外，还会列出直线的长度、角度、起点坐标、终点坐标等信息。图 1-111 所示为查询本模块任务 4 中长方体边信息的结果。

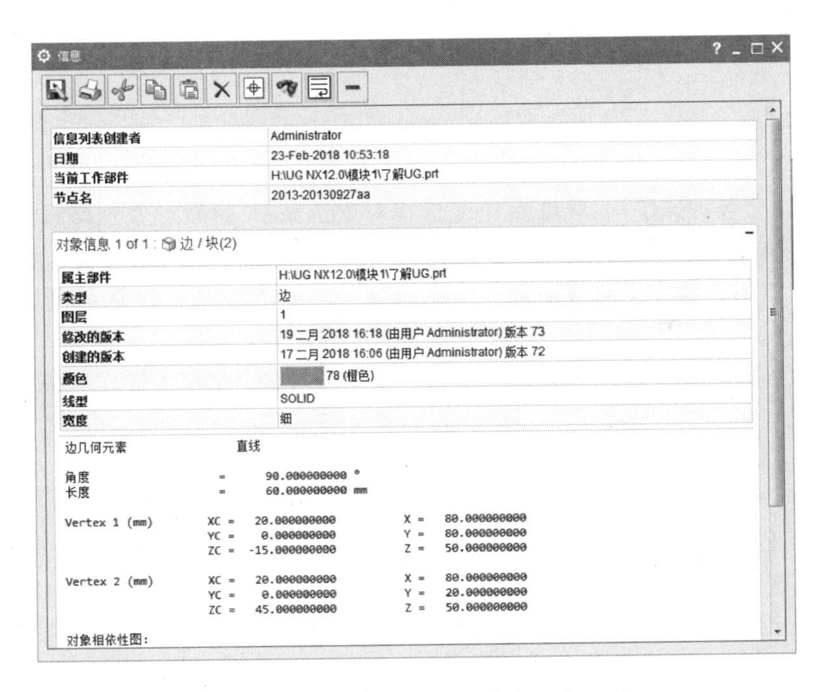

图 1-111 长方体边的“信息”窗口

◆样条曲线：当查询的对象是样条曲线时，系统除了列出一些共同信息之外，还会列出样条曲线的闭合状态、阶数、控制点数目等信息。查询对象信息的具体操作方法在本任务实例中已述，不再赘述。

2. 点信息

使用“点信息”命令可以列出被查询点的绝对坐标和工作坐标。调用该命令主要有以下方式：

- 菜单：信息→点(P)...。

执行上述操作后，弹出“点”对话框，选择需查询的点，绘图区弹出图 1-103 所示的“信息”窗口，窗口中显示了点的绝对坐标和工作坐标。

查询点信息的具体操作方法在本任务实例中已述，不再赘述。

同类任务

1）测量图 1-112 所示的距离、角度。

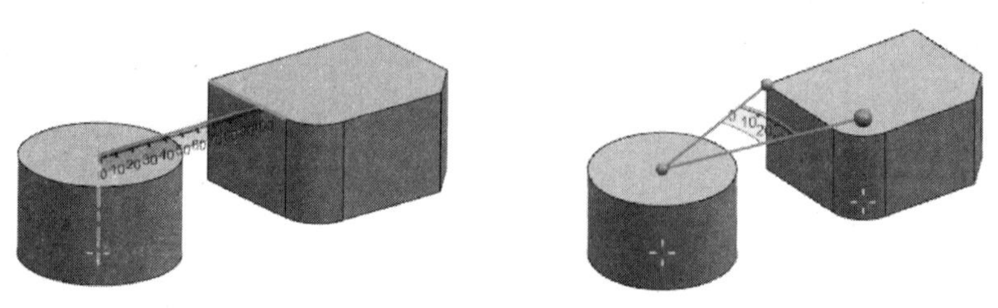

图 1-112　测量距离与角度

2）测量圆柱体上表面的面积及周长；测量圆柱体的体积。

3）利用“检查几何体”命令检查圆柱体，利用“对象信息”命令查询圆柱体信息。

小　结

要快速地学习 UG NX 12.0，必须掌握一些基本操作，如视图操作（视图样式、视图观察、使用鼠标进行查看操作）、对象操作（选择对象、显示/隐藏对象、抑制特征、编辑对象显示）、图层操作（图层设置、设置可见层、设置当前层、移动至图层、复制至图层）、工作坐标系（WCS）操作、测量对象、信息查询等。这些基本操作是本模块重点介绍的内容。

初学者在学习 UG NX 12.0 基本操作的过程中，可以多记忆相关操作的快捷键，以提高操作速度。

考　核

1. UG NX 12.0 主工作界面由哪几个部分组成？

2. 在绘图区中，按住鼠标中键并拖动，相当于何命令？同时按住鼠标中键和右键并拖动，相当于何命令？不移动鼠标，向上或向下转动滚轮，相当于何命令？单击鼠标中键，相当于何命令？

3. 快捷键〈Ctrl+F〉、〈F8〉、〈Home〉、〈End〉对应何命令？

4. 采用动态方式变换 WCS，分别拖动大球形手柄、小球形手柄、锥形手柄，能实现何功能？

5. “显示 WCS”命令的快捷键是什么？“编辑对象显示”命令的快捷键是什么？

6. “隐藏对象”和“显示和隐藏”命令的快捷键是什么？快捷键〈Ctrl+Shift+B〉、〈Ctrl+Shift+U〉对应何命令？

7. 如何将选定对象移动至图层？怎样将图层设置为工作层？如何设置图层为可见或不可见？“图层设置”的快捷键是什么？

8. 如何测量距离、角度？怎样测量面积、体积？如何查询对象信息？

模块2　草 图 绘 制

【能力目标】

1. 能正确进入草图环境。
2. 能熟练使用各绘图工具和约束工具。
3. 能正确编辑草图。
4. 能绘制各类草图。

【知识目标】

1. 掌握草图绘制的方法与步骤。
2. 熟练掌握草图工具的各种命令或直接草图中的各种命令的应用方法。
3. 熟练掌握草图约束工具的使用方法。
4. 掌握典型草图实例的绘制技巧。

任务1　初识草图环境

本任务要求分别进入任务环境中的草图与直接草图，并在3个不同平面上绘制3个简单的草图，最后将其中的一个草图进行重新附着，如图2-1所示，主要涉及草图环境的进入和退出、草图工作平面的设置、草图重新附着等操作。

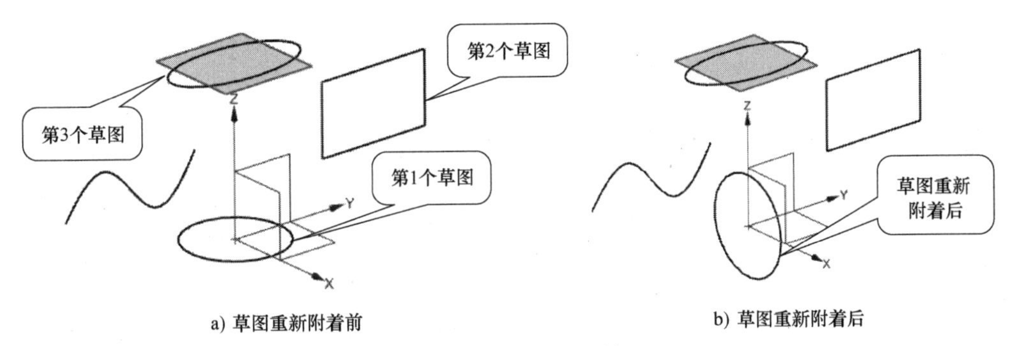

a) 草图重新附着前　　b) 草图重新附着后

图2-1　初识草图环境

任务实施

步骤1　新建名为“初识草图环境”的文件，并指定保存路径。

步骤2　加载〈在任务环境中绘制草图〉。

在功能区单击【曲线】最右侧的按钮将其展开，勾选 在任务环境中绘制草图，此按钮便加载到功能区，如图2-2所示。

步骤3　指定XY平面为绘图平面（即草图工作平面），进入草图任务环境。

1）在功能区单击【曲线】→〈在任务环境中绘制草图〉，弹出“创建草图”对话框，

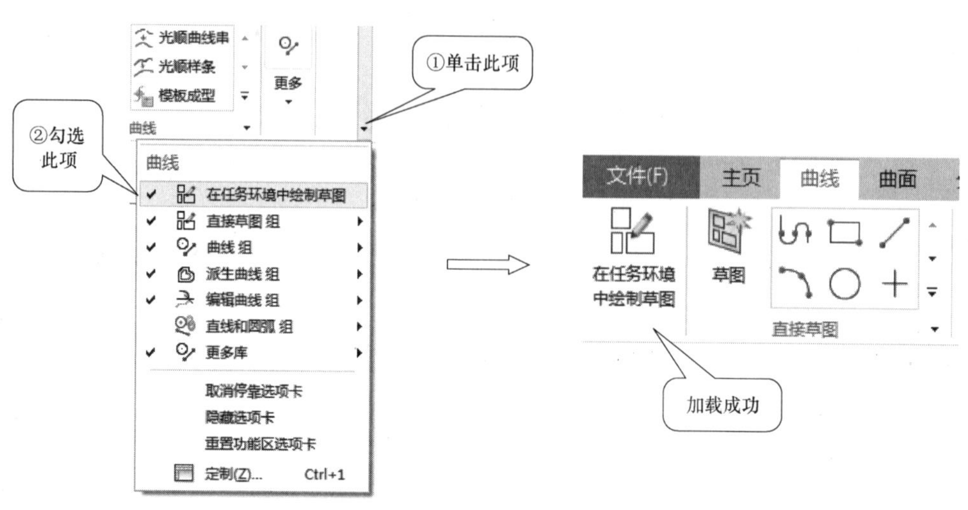

图 2-2 加载“在任务环境中绘制草图”按钮

如图 2-3 所示。

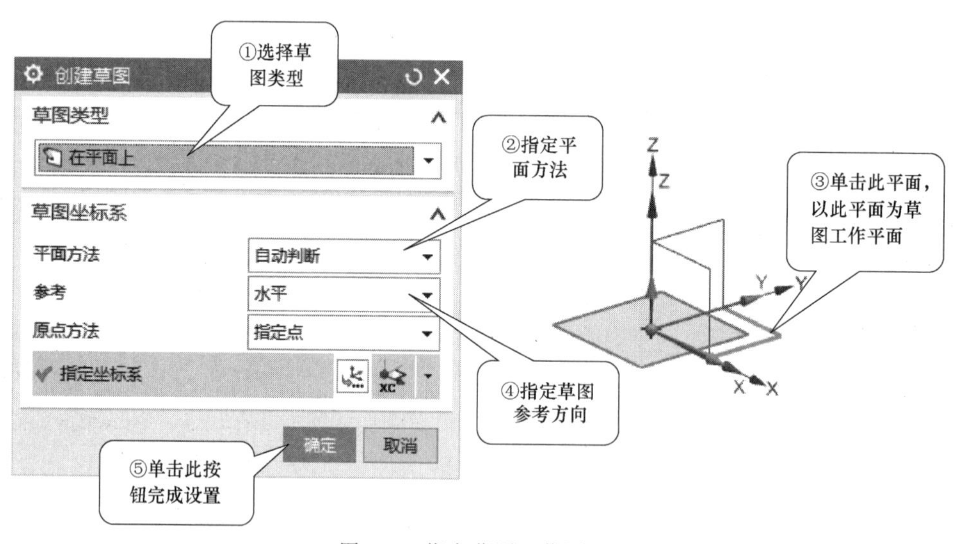

图 2-3 指定草图工作平面

2）在“草图类型”选项组下选择“在平面上”；在“草图坐标系”选项组的“平面方法”选择“自动判断”，再移动光标至基准坐标系处，单击 XY 平面（即选择该平面为草图工作平面，此时“指定坐标系”选项下自动选择了〈平面，X 轴，点〉方式）；在“草图方向”选项组的“参考”选择“水平”（即指定以基准坐标系 X 轴水平向右的方向作为草图方向）。

3）单击 < 确定 > 按钮，完成草图工作平面的选择，且草图平面自动转换为与屏幕平行的方向，如图 2-4 所示。此时，进入了草图任务环境。

步骤 4 在任务环境草图中绘制一个圆（此为第 1 个草图）。

1）单击『曲线』→〈圆〉，移动光标至坐标系原点处，当光标旁出现十且显示 XC 0 YC 0 时单击，捕捉坐标系原点为圆心，如图 2-5a 所示。

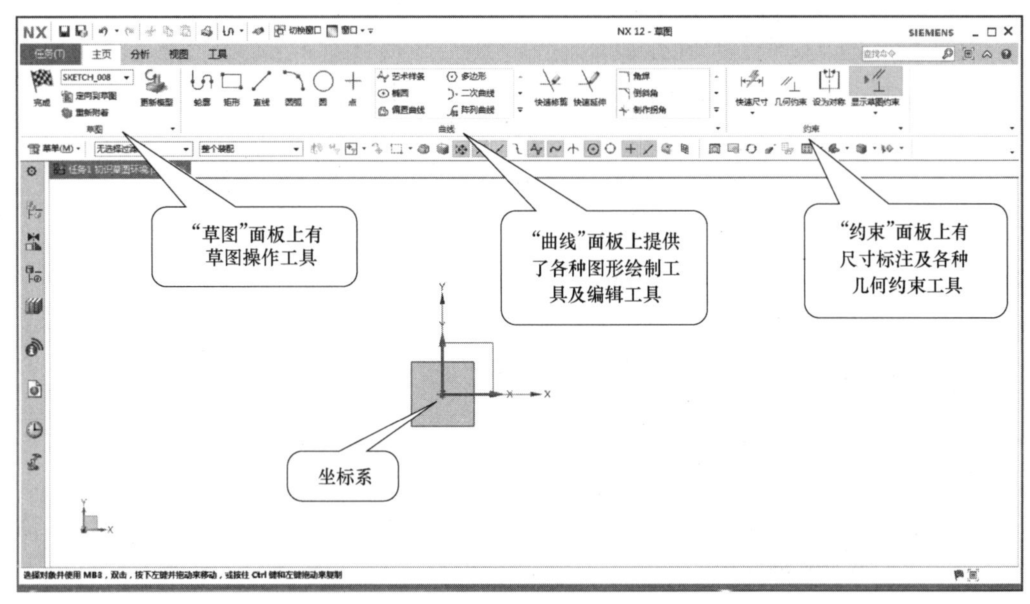

图 2-4 任务环境中的草图界面

2）移动光标至适当位置单击，绘制一个圆（尺寸暂不做要求），如图 2-5b 所示。

步骤 5 完成草图，退出草图任务环境。

单击『草图』→〈完成草图〉（或在绘图区空白处单击鼠标右键→ 完成草图(K)），完成草图的绘制。系统退出草图环境，并显示进入该环境之前的建模视图方向，如图 2-5c 所示。

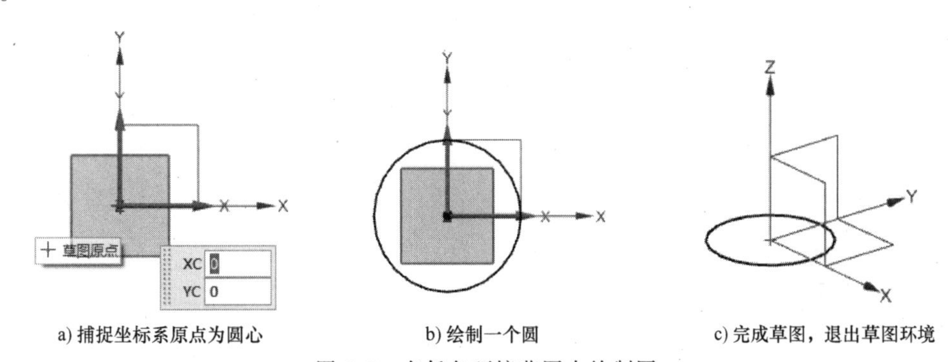

a) 捕捉坐标系原点为圆心　b) 绘制一个圆　c) 完成草图，退出草图环境

图 2-5 在任务环境草图中绘制圆

步骤 6 指定 YZ 平面为绘图平面，进入直接草图环境。

1）在功能区单击【曲线】→『直接草图』→〈草图〉，弹出“创建草图”对话框，对话框中各项的设置方法与图 2-3 相同，然后单击 YZ 平面，如图 2-6 所示。

2）单击 < 确定 > 按钮，完成草图工作平面的选择，且草图平面自动转换为与屏幕平行的方向，如图 2-7 所示。此时，进入了直接草图环境。

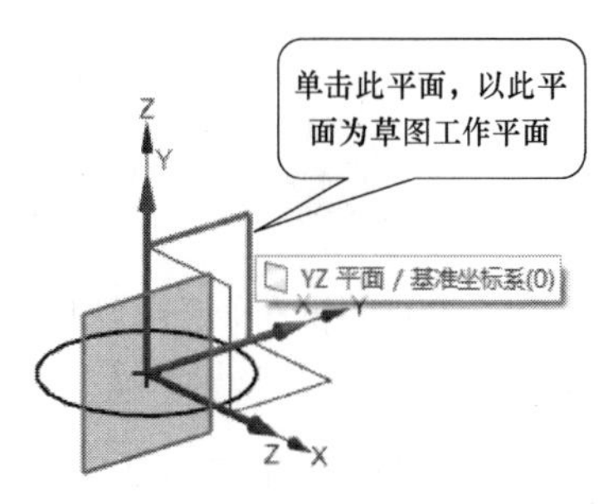

图 2-6 指定 YZ 平面为草图平面

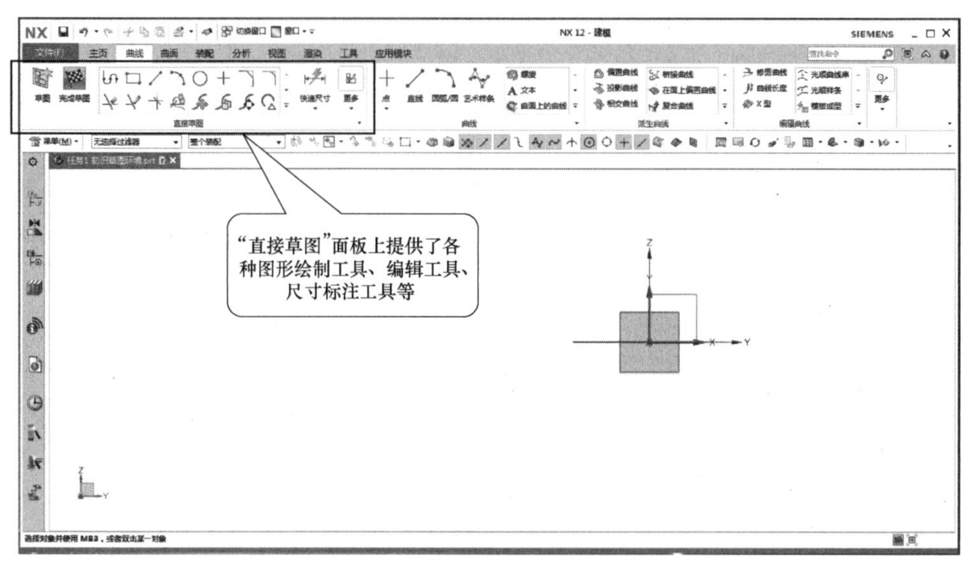

图 2-7　直接草图的界面

步骤 7　在直接草图中绘制一个矩形（此为第 2 个草图）。

在功能区单击『直接草图』→〈矩形〉，在绘图区任意单击两点，绘制一个矩形（尺寸暂不做要求），如图 2-8 所示，单击鼠标中键结束矩形的绘制。

步骤 8　完成草图，退出直接草图环境。

单击『直接草图』→〈完成草图〉（或在绘图区空白处单击鼠标右键→完成草图(K)），完成草图的绘制，系统退出直接草图环境并显示其轴测观察方向，如图 2-9 所示。

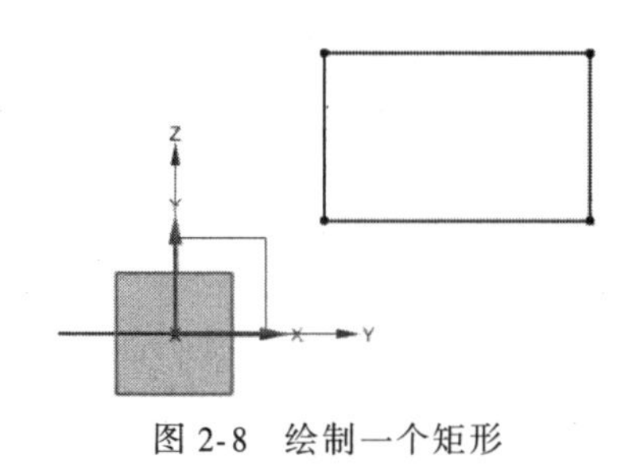

图 2-8　绘制一个矩形

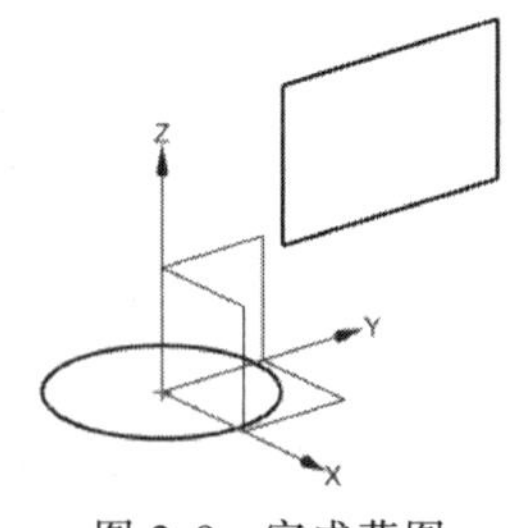

图 2-9　完成草图

步骤 9　指定与 XY 平面平行且在其上方 80 处的平面为草图工作平面，进入草图任务环境。

1）在功能区单击【曲线】→〈在任务环境中绘制草图〉，弹出"创建草图"对话框。

2）在"草图平面"选项组的"平面方法"中选择"新平面"，在"指定平面"右方的下拉列表中选择"按某一距离"；单击 XY 平面（即选择该平面为参考），在浮动文本框中输入"80"；单击鼠标中键，系统自动进入指定"草图方向"选项组，在"参考"项选择"水平"，在绘图区选择基准坐标系的 X 轴；在"草图原点"选项组的"原点方法"

中选择“使用工作部件原点”，如图 2-10 所示。

3）单击 < 确定 > 按钮，完成草图工作平面的设置，进入草图任务环境。

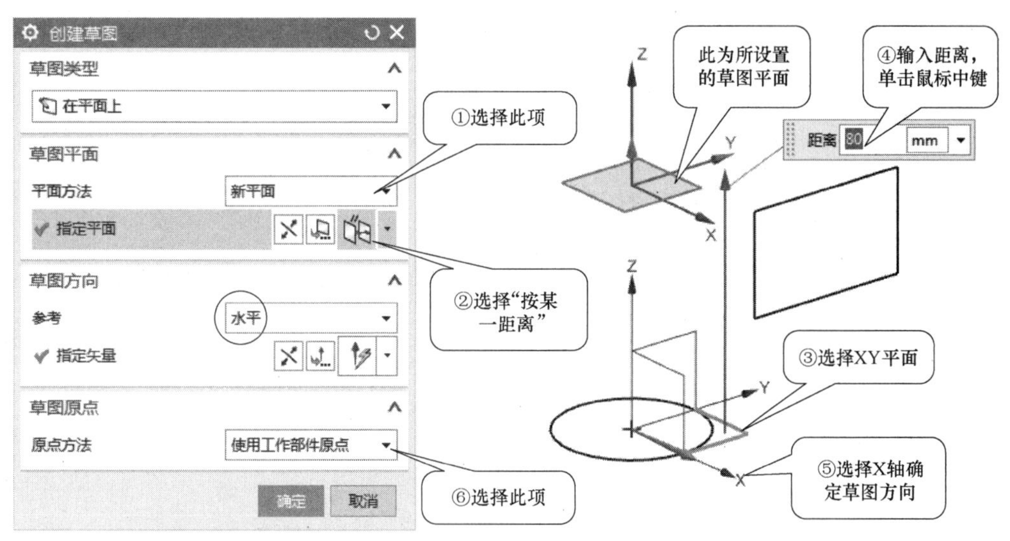

图 2-10 指定与 XY 平面平行且在其上方 80 处的平面为草图平面

步骤 10 在任务环境草图中绘制一个椭圆，完成后退出草图环境（此为第 3 个草图）。

1）单击『曲线』→〈椭圆〉，移动光标至坐标系原点处，捕捉坐标系原点为圆心，绘制一个椭圆（尺寸暂不做要求），如图 2-11 所示。

2）单击『草图』→〈完成草图〉，完成草图的绘制，并退出草图环境，如图 2-11 所示。

步骤 11 修改第 2 个草图，在其中绘制一段波浪线。

1）重新进入第 2 个草图。将光标移到矩形旁，待其亮显时单击鼠标右键，在弹出的快捷菜单中选择 可回滚编辑...，如图 2-12 所示，即进入草图任务环境。

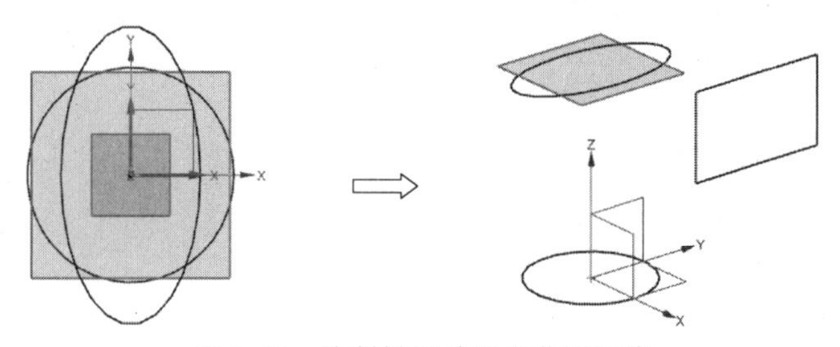

图 2-11 绘制椭圆并退出草图环境

2）单击『曲线』→〈艺术样条〉，在绘图区任意单击 4 个点，绘制一条波浪线（尺寸暂不做要求），如图 2-13 所示，单击鼠标中键结束艺术样条的绘制。

3）单击『草图』→〈完成草图〉，完成草图的修改，系统退出草图环境。

步骤 12 将第 1 个草图重新附着到 XZ 平面。

1）采用步骤 11 所述方法重新进入第 1 个草图。

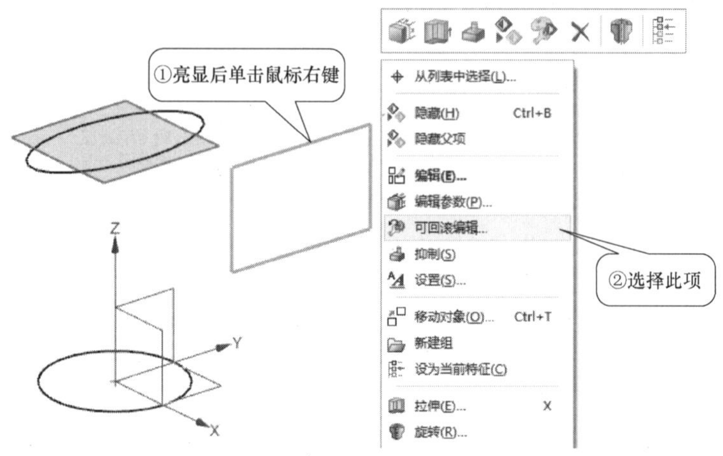

图 2-12 重新进入草图任务环境

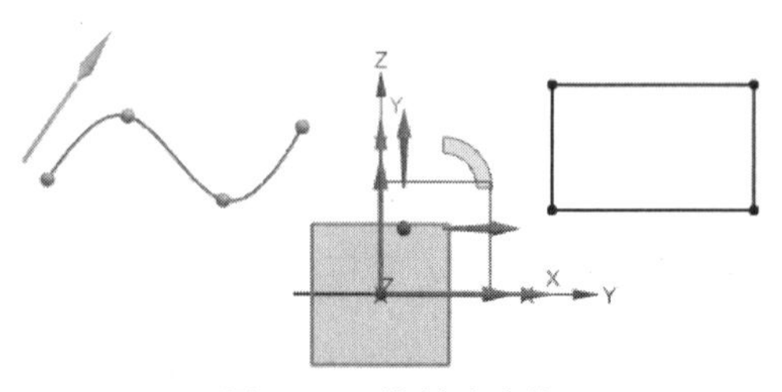

图 2-13 绘制波浪线

2）单击『草图』→〈重新附着〉，弹出“重新附着草图”对话框，如图 2-14 所示；在“草图类型”下拉列表中选择“在平面上”；在“草图坐标系”选项组的“平面方法”中选择“自动判断”，在绘图区选择 XZ 平面（即以 XZ 平面为草图平面）。

3）单击 < 确定 > 按钮，完成重新附着，如图 2-14 所示。3 个草图最终显示结果如图 2-1 所示。

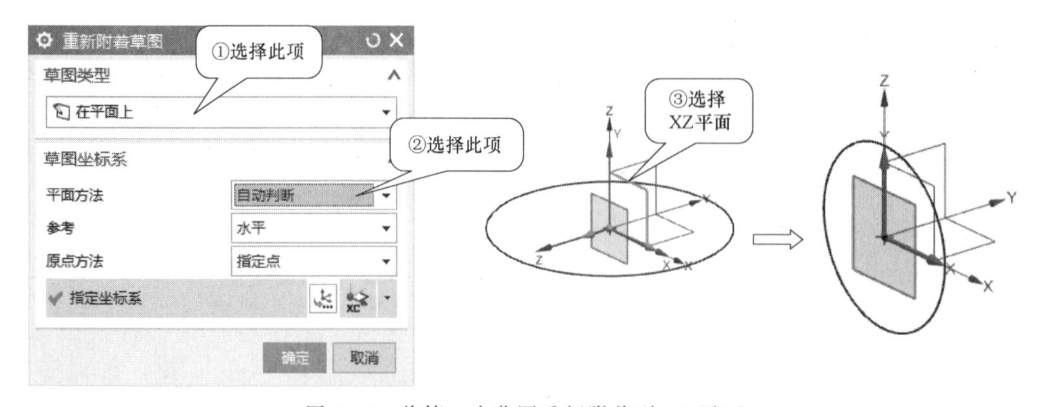

图 2-14 将第 1 个草图重新附着到 XZ 平面

步骤 13 保存图形。

知识点 1 什么是草图

草图就是二维平面图形。UG NX 12.0 具有十分便捷且功能强大的草图绘制工具，可以非常方便地绘制草图。绘制好合适的草图后，可以使用拉伸、旋转或扫掠等工具创建与草图相关联的实体模型。如果修改草图，则相关的实体模型也会发生相应的变化。

草图在 UG NX 12.0 中有两种方式：直接草图和任务环境中的草图。直接草图在原有的环境中绘制（本任务中第2个草图采用的即为此种方式），任务环境中的草图在专门的草绘模块中完成（本任务中第1个、第3个草图采用的即为此种方式）。虽然两种草图方式不一样，但是绘图步骤、原理是相同的。

> 任务环境中的草图一定要手动退出草图环境后，才能进行其他操作（如调用拉伸、旋转命令等）；直接草图时能进行其他操作，但一旦进行其他操作，系统则自动退出草图环境。

知识点2 进入草图环境、退出草图环境与草图修改

1. 进入草图环境

进入草图环境有两种方法：进入任务环境中的草图与进入直接草图。

（1）进入任务环境中的草图 在功能区单击【曲线】→〈在任务环境中绘制草图〉，选择草图工作平面后，可进入任务环境中的草图，其界面如图2-4所示。

（2）进入直接草图 在功能区单击【主页】/【曲线】→『直接草图』→〈草图〉，选择草图工作平面后，可进入直接草图，其界面如图2-7所示。

> 如无特别说明，本书中所有草图均为任务环境中的草图，各草图命令的调用方法均指在任务环境中草图的调用方法。

2. 退出草图环境

草图绘制完成后，单击面板上的〈完成草图〉，或在绘图区空白处单击鼠标右键，在弹出的快捷菜单中选择 完成草图(K)，系统将退出草图环境，回到建模环境。

3. 草图修改

当草图绘制完成，且已单击〈完成草图〉退出了草图环境时，发现草图有问题需修改，则必须重新进入需修改的那个草图的任务环境。有两种方法可重新进入草图任务环境：

◆方法1：在部件导航器中，找到需修改的草图，单击鼠标右键，在弹出的快捷菜单中选择 可回滚编辑...，即进入草图任务环境（若在弹出的快捷菜单中选择 编辑(E)...，则进入“直接草图”状态）。

◆方法2：在绘图区用鼠标右键单击需修改的草图，在弹出的快捷菜单中选择 可回滚编辑...，即进入草图任务环境。

对草图进行必要的修改后，再单击〈完成草图〉，退出草图环境，就完成了草图的修改。

知识点3 设置草图工作平面

草图工作平面是用来放置草图的平面，它可以是某一个坐标平面（如XY平面、XZ平面、YZ平面）、创建的基准平面，也可以是实体上的某一个平整面，如图2-15所示。

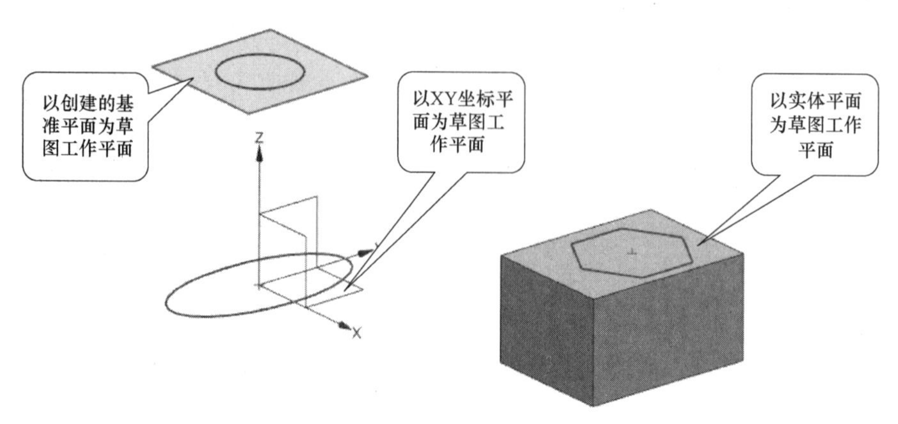

图 2-15　草图工作平面

在绘制草图之前要先设置所需的草图工作平面。在 UG NX 12.0 中，设置草图工作平面有两种方法：在平面上和基于路径。

在功能区单击〈在任务环境中绘制草图〉／〈草图〉，弹出“创建草图”对话框，如图 2-16 所示。该对话框的“草图类型”下拉列表中有“在平面上”和“基于路径”两种类型，系统默认的草图类型是“在平面上”。

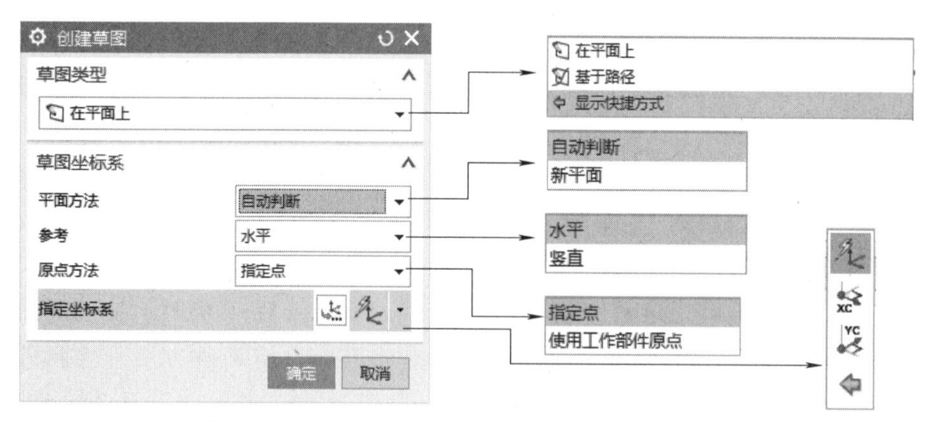

图 2-16　“创建草图”对话框及各选项（在平面上）

1. 在平面上

“在平面上”是在现有的平面、新建平面或实体的平整面上创建草图。当在草图类型中选择此项时，需定义“草图坐标系”选项组来设置草图工作平面。

◆“平面方法”下拉列表：用于设置采用哪种方法来选择草图平面，有“自动判断”和“新平面”两个选项，如图 2-16 所示。

● 自动判断：选择已有的平面（3 个坐标平面或基准平面或实体上的某一个平整面）作为草图工作平面。本任务中第 1 个、第 2 个草图工作平面的设置采用的就是此方法，其具体操作步骤前已述及（图 2-3），不再赘述。

● 新平面：以现有平面、实体及线段等对象为参照，创建一个新的平面，而后以此平面作为草图工作平面。选择此项时对话框中部发生变化，如图 2-17 所示，可单击“指定平

面”右方的下拉列表，选择相应的平面生成方式创建一个平面作为草图工作平面（本任务中第 3 个草图工作平面的设置采用的就是此方法，其具体操作步骤见图 2-10），也可以单击按钮，弹出“平面”对话框，选择相应方式创建平面作为草图工作平面。

◆“参考”下拉列表：用于指定草图平面的方向，有“水平”和“竖直”两个选项。

• 水平：使所选矢量正方向为水平向右的方向来确定草图平面方向。

• 竖直：使所选矢量正方向为竖直向上的方向来确定草图平面方向。

◆“原点方法”下拉列表：用于指定草图平面的原点，有“指定点”和“使用工作部件原点”两个选项。

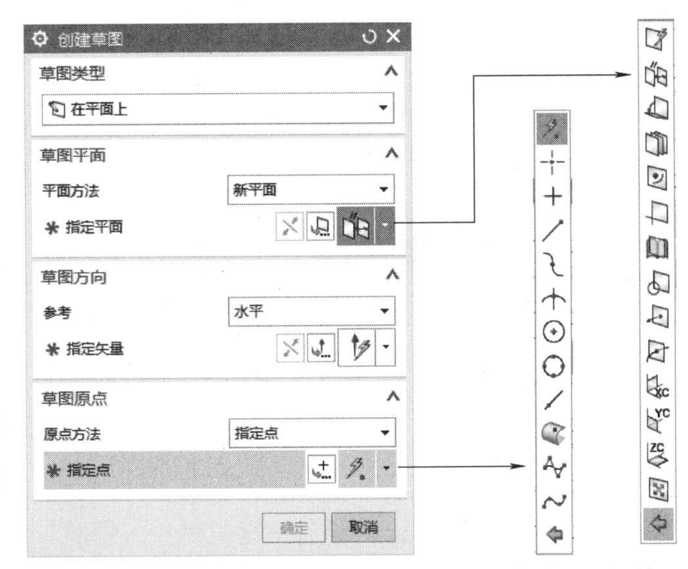

图 2-17　“平面方法”为“新平面”时的“创建草图”对话框

2. 基于路径

“基于路径”是以已有直线、圆弧、圆、实体边线等曲线为基础，选择与曲线轨迹垂直、平行等各种不同关系形成的平面作为草图工作平面。当草图类型选择为此项时，对话框显示内容如图 2-18 所示。此时，需定义路径、平面位置、平面方位和草图方向来设置草图工作平面。

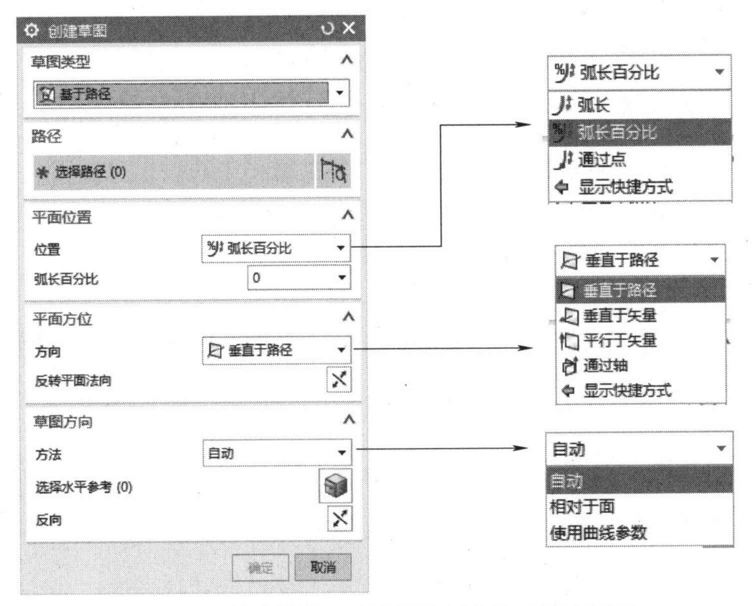

图 2-18　“创建草图”对话框及各选项（基于路径）

若需在距图 2-19a 所示曲线左端点 30% 且与曲线垂直的位置绘制一个圆（图 2-19c），其草图工作平面设置过程如图 2-20 所示。

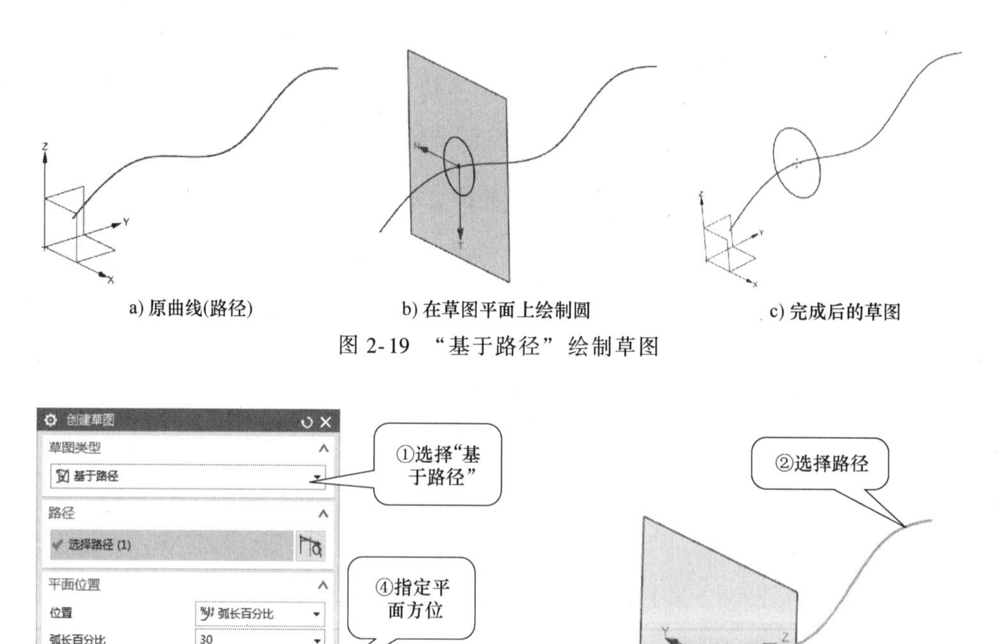

a) 原曲线(路径)　　b) 在草图平面上绘制圆　　c) 完成后的草图

图 2-19 “基于路径”绘制草图

图 2-20 “基于路径”草图工作平面设置

知识点 4　定向到草图、定向到模型和重新附着

绘制草图时，有时候遇到特殊情况需要通过调整视图来查看模型参照或其他效果，此后可根据需要定向视图，常见的有“定向到草图”和“定向到模型”两种方式。这些草图操作命令均集中在“草图”面板中，如图 2-21 所示。

1. 定向到草图

单击『草图』→ **定向到草图**，可将视图定向到草图平面。

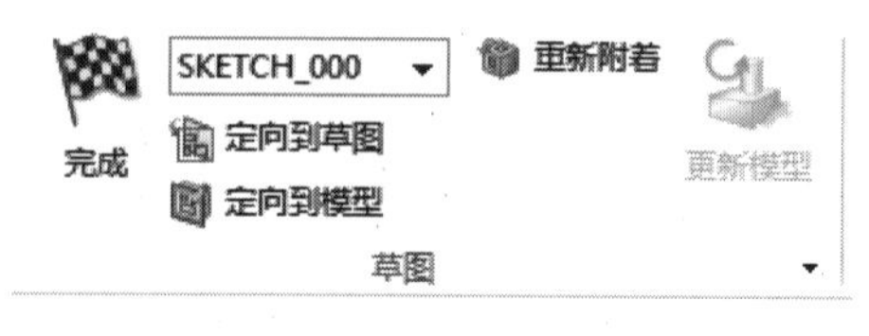

图 2-21 “草图”面板

2. 定向到模型

单击『草图』→ **定向到模型**，可将视图定向到进入草图任务环境之前显示的建模视图。

3. 重新附着

单击『草图』→ **重新附着**，可以将草图重新附着到另一个平面、基准平面或路径，或者更改草图方向。使用此功能的一个好处是不必删除原来的草图来重新绘制草图，而只需指定重新附着参照即可。

例如，在图 2-22 中，原草图位于实体的顶面，现需将草图放置到实体的右侧面，可进入该草图的绘制编辑环境（在草图上单击鼠标右键，在弹出的快捷菜单中选择 可回滚编辑...，即可进入），单击『草图』→〈重新附着〉，弹出“重新附着草图”对话框，如图 2-22 所示，选择实体的右侧面（即指定新的草图工作平面，必要时还需指定草图方向、草图原点），单击 确定 按钮或单击鼠标中键，即可完成重新附着。

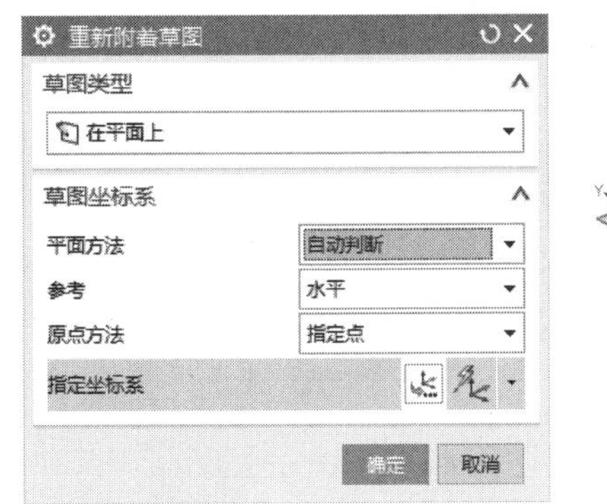

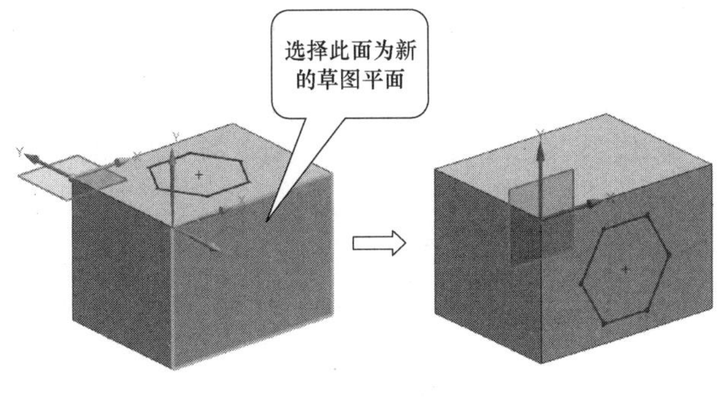

图 2-22　“重新附着草图”对话框及示例

任务 2　圆弧零件草图的绘制

本任务要求完成图 2-23 所示圆弧零件草图的绘制，主要涉及草图绘制的基本方法和步骤以及圆、圆弧、快速修剪、快速延伸、尺寸约束、几何约束命令的应用与操作方法。

任务实施

图形分析：该图形非常简单，由两个圆和两段圆弧组成，其中两圆弧与两个圆分别相切。为便于绘图，可将两圆中任意一个圆的圆心放置在坐标系原点处，本任务将 ϕ50 圆的圆心放置在坐标系原点处。

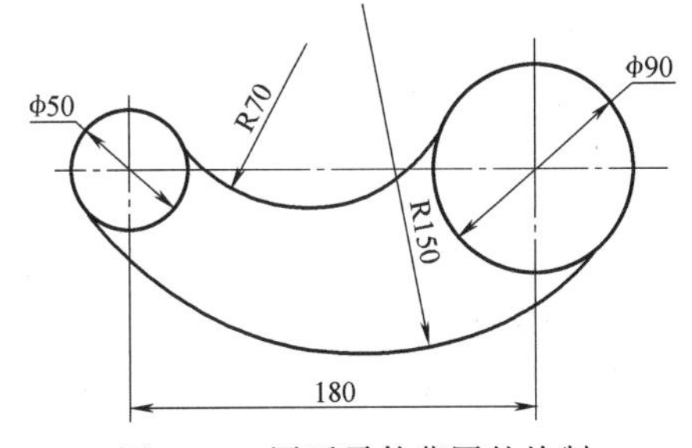

图 2-23　圆弧零件草图的绘制

步骤 1　新建名为“圆弧零件草图”的文件，并指定保存路径。

步骤 2　指定 XY 平面为草图工作平面，进入草图任务环境。

步骤 3　绘制两个圆。

1）单击『曲线』→〈圆〉，弹出“圆”对话框，在对话框中选择〈圆心和直径定圆〉，如图 2-24 所示。

2）移动光标至坐标系原点处，当光标旁出现✛且显示 XC 0 YC 0 时单击，捕捉坐标系原点为圆心。

3）移动光标至适当位置单击，绘制一个圆，如图 2-25 所示。

4）采用同样的方法，在第一个圆右侧的任意位置单击，绘制一个圆，如图 2-25 所示。

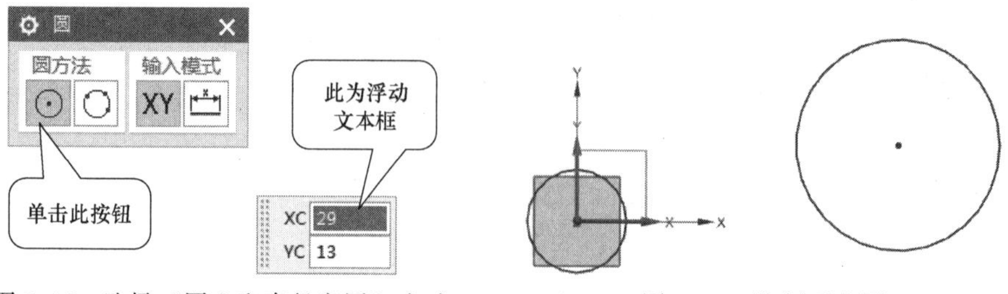

图 2-24　选择“圆心和直径定圆”方式　　　　图 2-25　绘制两个圆

> 在 UG NX 12.0 中，系统会为所绘制的草图对象自动添加尺寸，单击『约束』→“约束工具”下拉菜单中的〈连续自动标注尺寸〉，使其呈弹起状态，如图 2-26 所示，则可关闭此功能。

步骤 4　为两个圆添加尺寸约束。

1）添加直径尺寸。

① 单击『约束』→〈快速尺寸〉，弹出“快速尺寸”对话框，在对话框中选择测量方法为“直径”，如图 2-27 所示。

② 在 ϕ90 圆周上单击选择圆，移动光标至适当位置单击，确定尺寸放置位置。

③ 在弹出的尺寸文本框中输入尺寸数值“90”。

④ 在 ϕ50 圆周上单击选择圆，采用同样的方法标注 ϕ50。

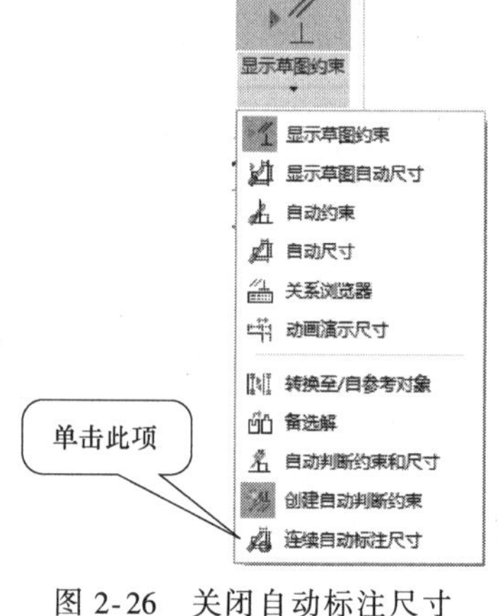

图 2-26　关闭自动标注尺寸

2）添加水平尺寸。在“快速尺寸”对话框中选择测量方法为“自动判断”或“水平”，再选择 ϕ90 圆的圆心与基准坐标系的 Y 轴，标注尺寸 180，标注完成后的效果如图 2-27 所示。

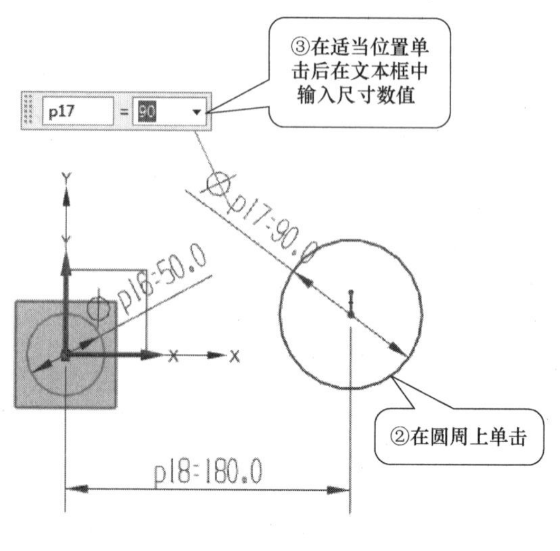

图 2-27　为两个圆添加尺寸约束

> 当选择测量方法为“自动判断”时，表示标注尺寸时系统会根据用户选择的对象及光标的位置自动判断标注何种尺寸。

步骤 5　为 ϕ90 的圆添加“点在曲线上”几何约束。

1）移动光标至 ϕ90 圆的圆心处，当圆高亮显示且光标旁显示图标时单击，选择圆心，如图 2-28a 所示。

2）移动光标至 X 轴处，当光标旁显示 X 轴 / 基准坐标系(0) 时单击，选择 X 轴，如图 2-28b 所示。

3）在弹出的快速工具条中单击〈点在曲线上〉（图 2-28c），将 ϕ90 圆的圆心约束到 X 轴上，如图 2-28d 所示。

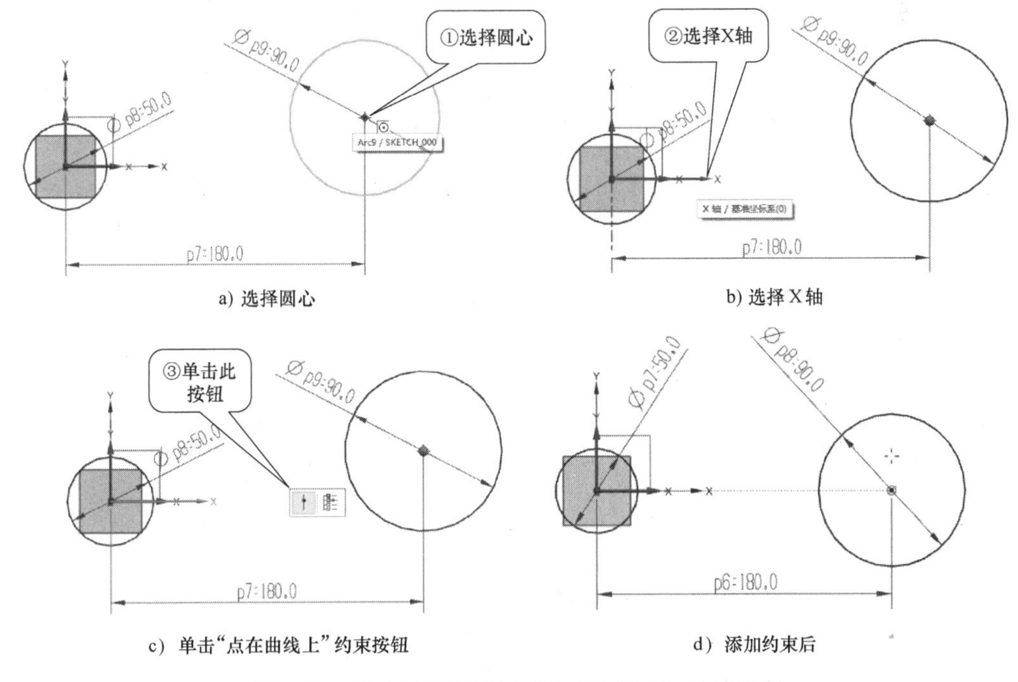

a) 选择圆心　　b) 选择 X 轴

c) 单击“点在曲线上”约束按钮　　d) 添加约束后

图 2-28　为 ϕ90 的圆添加“点在曲线上”几何约束

步骤 6　绘制两个圆弧。

1）单击『曲线』→〈圆弧〉，弹出“圆弧”对话框，在对话框中选择〈三点定圆弧〉，如图 2-29 所示。

2）在两圆上方的适当位置单击 3 个点，绘制一段圆弧，如图 2-30 所示。采用同样的方法，在两圆下方适当位置绘制圆弧，如图 2-30 所示。

步骤 7　为两圆弧添加“相切”几何约束。

1）移动光标选择 ϕ90 圆的圆弧及其上方圆弧，在所出现的快速工具条中单击〈相切〉，完成此处的相切约束，如图 2-31 所示。

2）采用同样的方法，完成图中另 3 处的相切约束，完成后如图 2-32 所示。

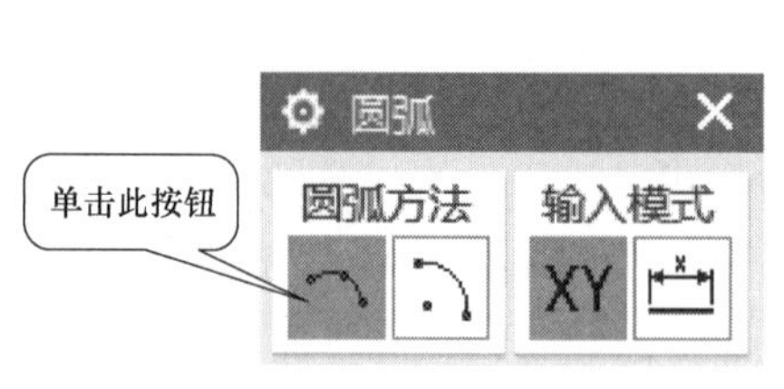

图 2-29 选择“三点定圆弧”方式

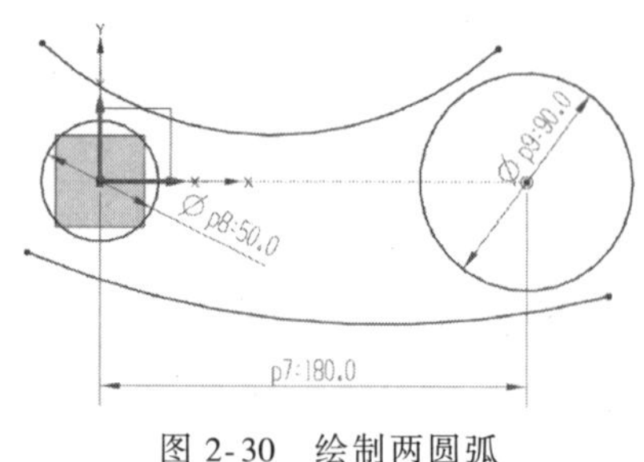

图 2-30 绘制两圆弧

步骤 8 修剪多余曲线。

单击『曲线』→〈快速修剪〉，移动光标在多余曲线处单击，系统自动修剪曲线至交点处，如图 2-33 所示。

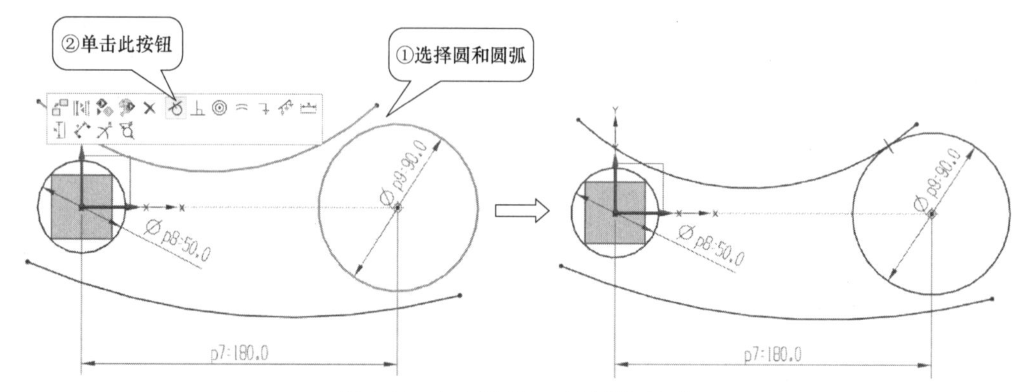

图 2-31 ϕ90 圆添加“相切”约束

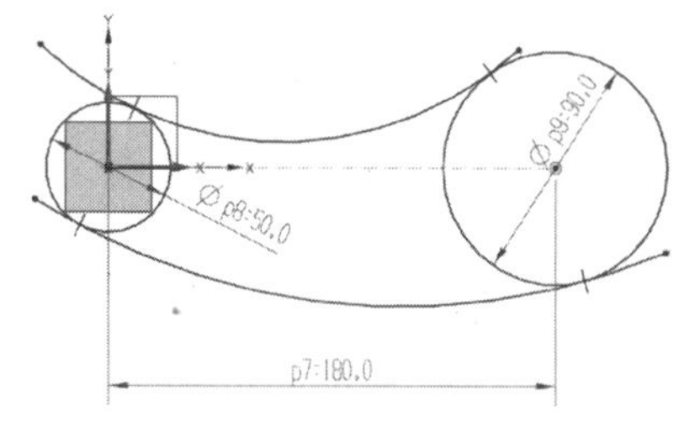

图 2-32 添加 4 处相切约束

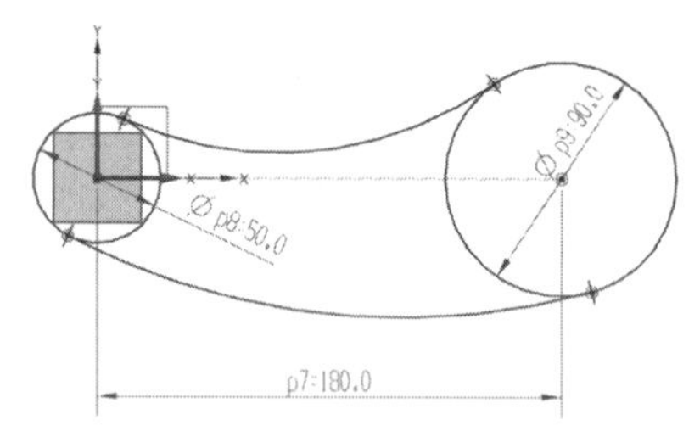

图 2-33 修剪多余曲线

在添加“相切”约束后也可能出现圆弧长度不够而与圆不相交的情况，如图 2-34a 所示，此时则需延伸圆弧，具体操作如下：单击『曲线』→〈快速延伸〉，移动光标在圆弧需延伸处单击，系统自动延伸曲线至交点处，如图 2-34b 所示。

步骤 9 为两圆弧添加尺寸约束。

单击『约束』→〈快速尺寸〉，弹出“快速尺寸”对话框，在对话框中选择测量方法为“径向”，标注两圆弧半径，标注完成后的效果如图 2-35 所示。

步骤 10 完成草图，退出草图任务环境。

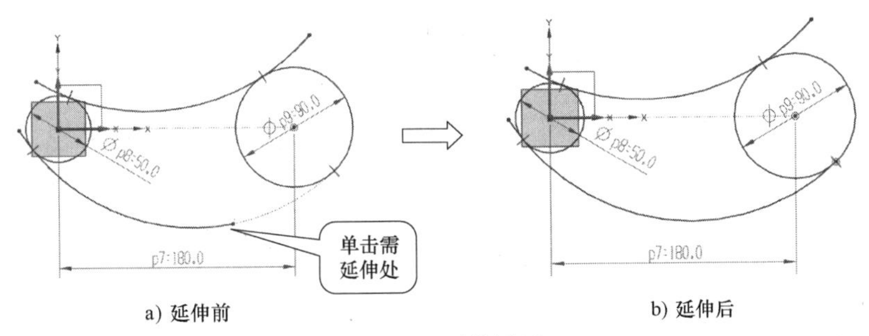

图 2-34　延伸圆弧

检查草图，绘图区下方的状态行显示**草图已完全约束**，单击『草图』→〈完成草图〉，完成草图的绘制，如图 2-36 所示。

步骤 11　保存图形。

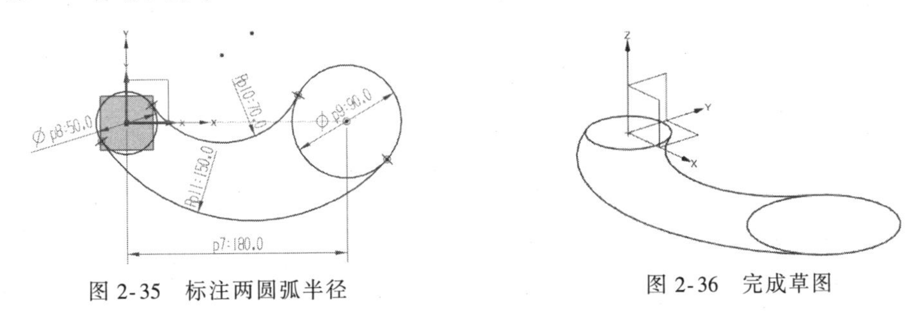

图 2-35　标注两圆弧半径

图 2-36　完成草图

知识点 1　圆、圆弧的绘制

1. 圆

单击『曲线』→〈圆〉，弹出“圆”对话框，并出现浮动文本框，如图 2-37 所示。该对话框提供了“圆方法”和“输入模式”两个选项组。其中，“圆方法”有如下两种：

：“点直径”方式，通过指定圆心和直径绘制圆，如图 2-37a 所示。

：“三点定圆”方式，通过指定圆周上的三点绘制圆，如图 2-37b 所示。

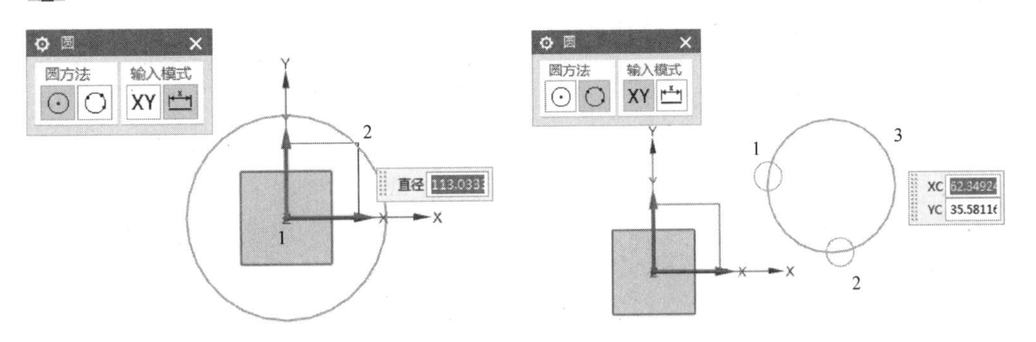

图 2-37　“圆”对话框及绘制圆的方式

“输入模式”有如下两种：

XY：坐标模式，该模式下浮动文本框中显示当前光标所在位置的坐标值，如图 2-37b所示。

：参数模式，该模式下浮动文本框中显示当前光标所在位置的圆的直径，如图 2-37a所示。

> 草图中的图形绘制命令均有“坐标模式”和“参数模式”两种输入模式，不同命令所对应的浮动文本框不完全相同。

2. 圆弧

单击『曲线』→〈圆弧〉，弹出“圆弧”对话框，有“三点定圆弧”和指定“中心点和端点定圆弧”两种方法绘制圆弧，如图 2-38 所示。

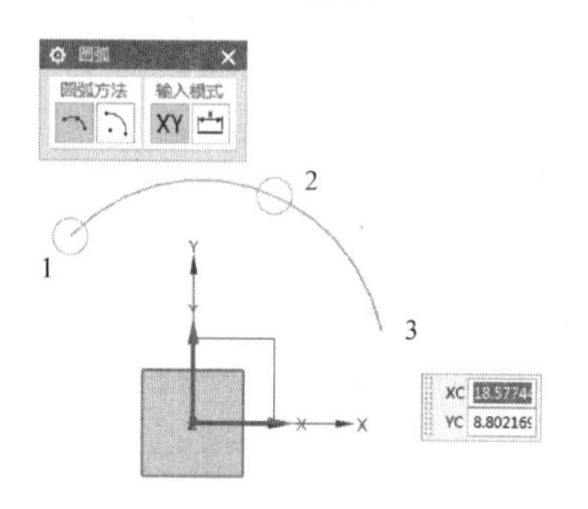

a) 指定三点绘制圆弧(坐标模式)

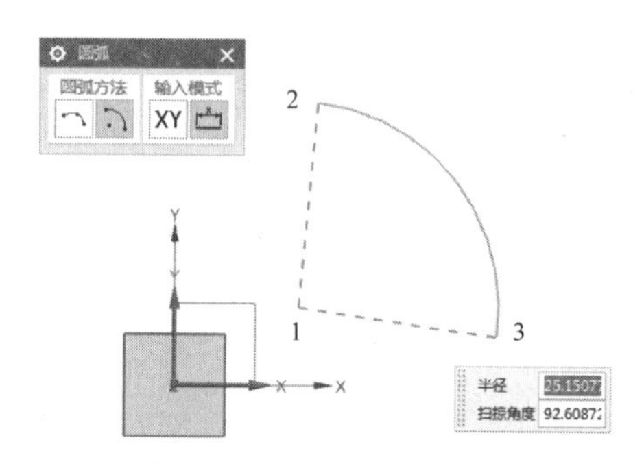

b) 指定中心点和端点绘制圆弧(参数模式)

图 2-38 “圆弧”对话框及绘制圆弧的方式

知识点 2 快速修剪、快速延伸对象与制作拐角

1. 快速修剪

“快速修剪”命令可以将曲线修剪至最近的交点或选定的边界。

单击『曲线』→〈快速修剪〉，弹出“快速修剪”对话框，如图 2-39 所示。该命令有“直接修剪”和“边界修剪”两种修剪方法。

（1）直接修剪　该方式为系统默认方式，启动命令后直接选择要修剪的曲线即可完成修剪，如图 2-40 所示。

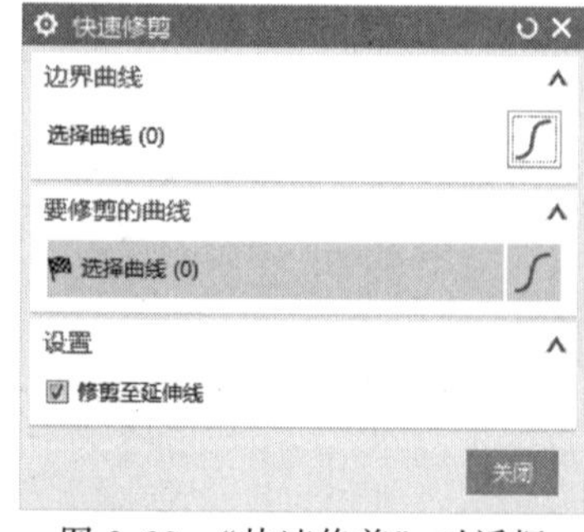

图 2-39 “快速修剪”对话框

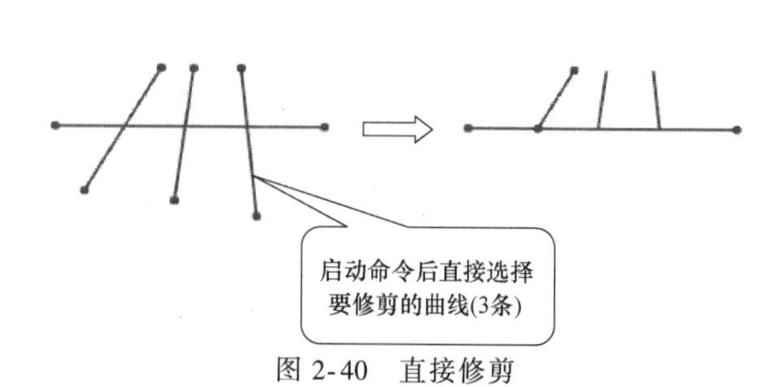

图 2-40 直接修剪

（2）边界修剪　该方式可以选取任意曲线作为边界曲线，被修剪对象在边界内的部分将被修剪，而边界以外的部分不会被修剪，如图 2-41 所示。

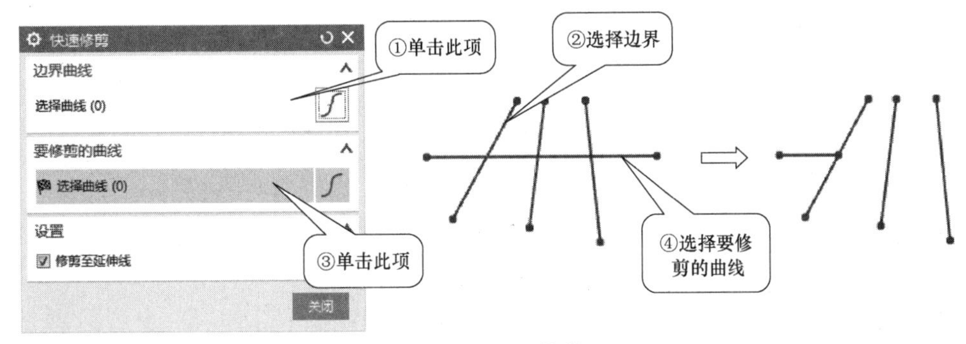

图 2-41　边界修剪

在选择对象后可直接单击鼠标中键进入下一个选项（当前选项以黄色显示），而不需要在对话框中去单击按钮，如图 2-41 所示边界修剪，其快捷操作过程如图 2-42 所示。

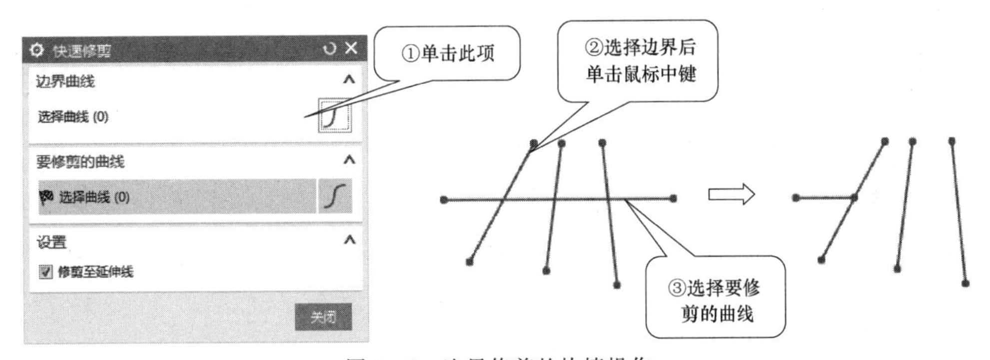

图 2-42　边界修剪的快捷操作

☑ **修剪至延伸线**：如剪切边界与被修剪对象实际不相交，但剪切边界延长后与被修剪对象有交点，则可勾选此项，修剪对象到隐含交点，如图 2-43 所示。

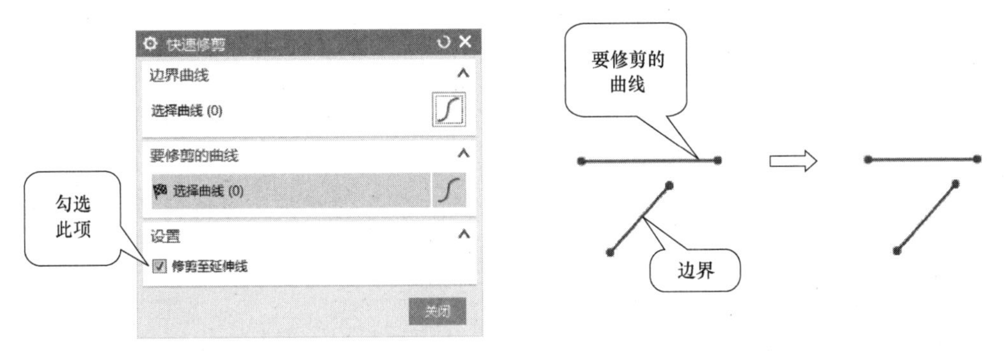

图 2-43　修剪至延伸线

选择要修剪的对象时，若按住鼠标左键拖动（此时光标变成笔状指针），可快速修剪或删除鼠标所经过的对象。

2. 快速延伸

“快速延伸”命令可以将曲线延伸至另一临近曲线或选定的边界。

单击『曲线』→〈快速延伸〉，弹出“快速延伸”对话框，如图2-44所示。该命令有“直接延伸”和“边界延伸”两种延伸方法。

（1）直接延伸　该方式为系统默认方式，启动命令后直接选择要延伸的曲线即可将曲线延伸至最近的曲线，如图2-45所示。

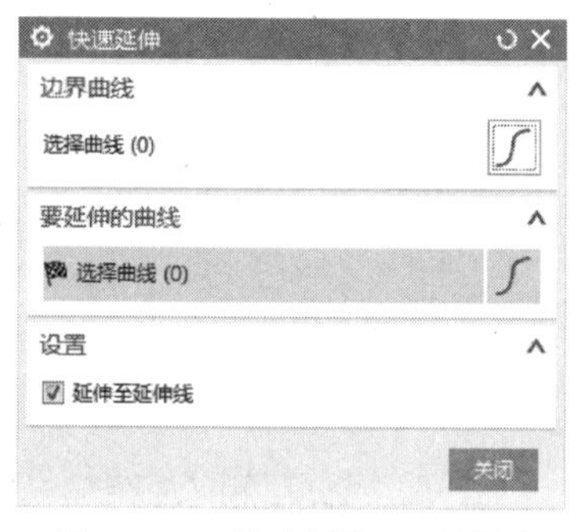

图2-44　“快速延伸”对话框

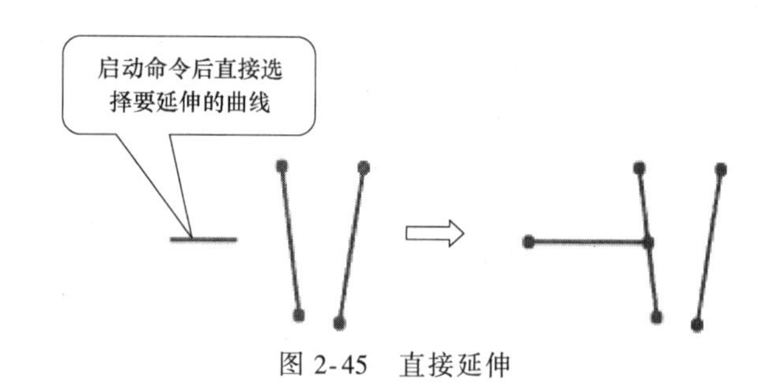

图2-45　直接延伸

（2）边界延伸　该方式可以选取任意曲线作为边界曲线，被延伸曲线将延伸至边界处，如图2-46所示。

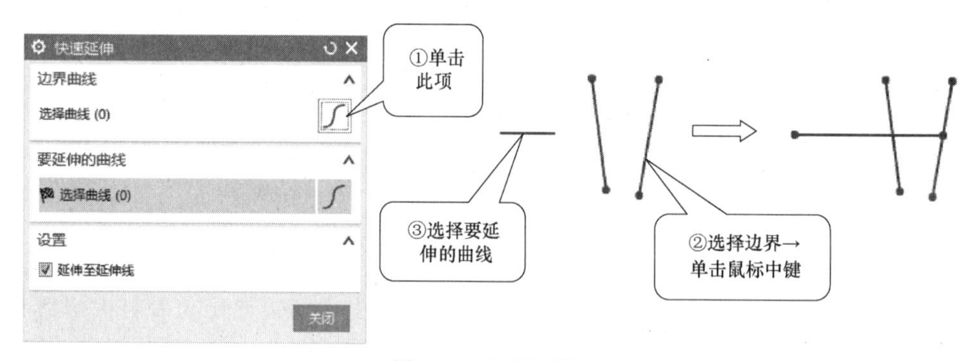

图2-46　边界延伸

3. 制作拐角

“制作拐角”命令可以延伸或修剪两曲线至交点处，长的部分自动裁掉，短的部分自动延伸。

单击『曲线』→〈制作拐角〉，弹出“制作拐角”对话框，直接选择区域上要保留的曲线即可制作拐角，如图2-47所示。

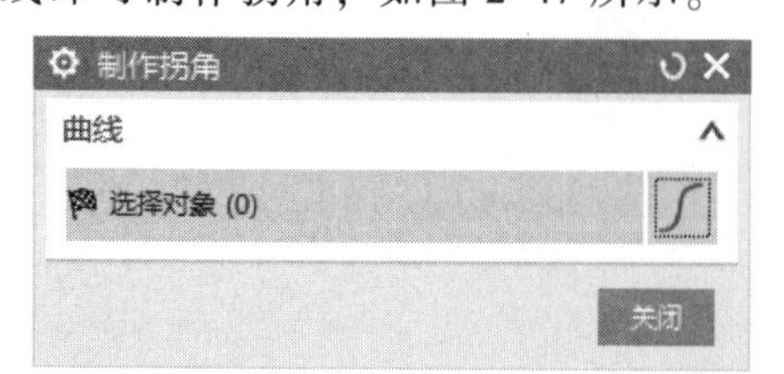

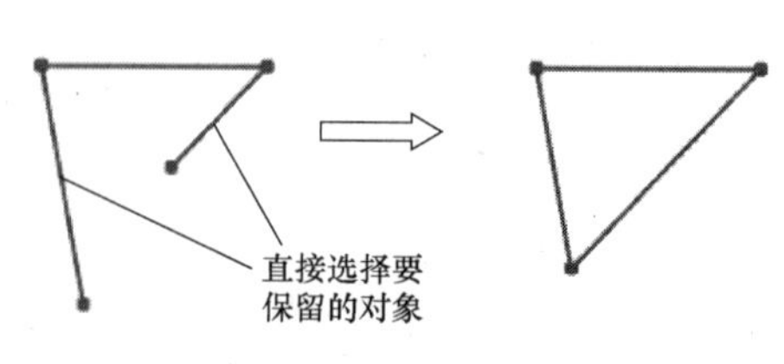

图2-47　“制作拐角”对话框及示例

知识点 3　草图约束

在 UG NX 12.0 中绘制草图时，是先绘制出图形的大致轮廓，再通过添加一些限制条件确定其最终形状，这些限制条件称为草图约束。草图约束有尺寸约束和几何约束。

1. 尺寸约束

尺寸约束用于精确控制草图对象的尺寸大小和位置。UG NX 12.0 提供了快速尺寸、线性尺寸、径向尺寸、角度尺寸和周长尺寸 5 种尺寸约束方法，单击“约束”面板上的相应尺寸约束按钮，如图 2-48 所示，可进行尺寸约束。

◆快速尺寸：单击此按钮（快捷键为“D”），弹出“快速尺寸”对话框，如图2-49所示，在“测量”选项组的“方法”列表中选择某一项可标注相应尺寸，具体标注方法在本模块任务 1 中已述，不再赘述。

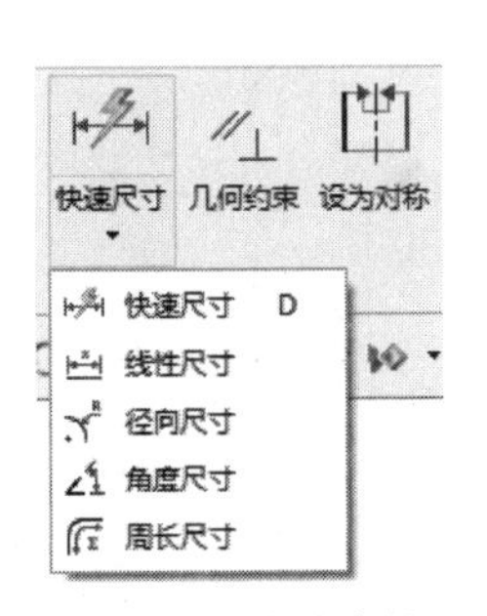

图 2-48　尺寸约束按钮

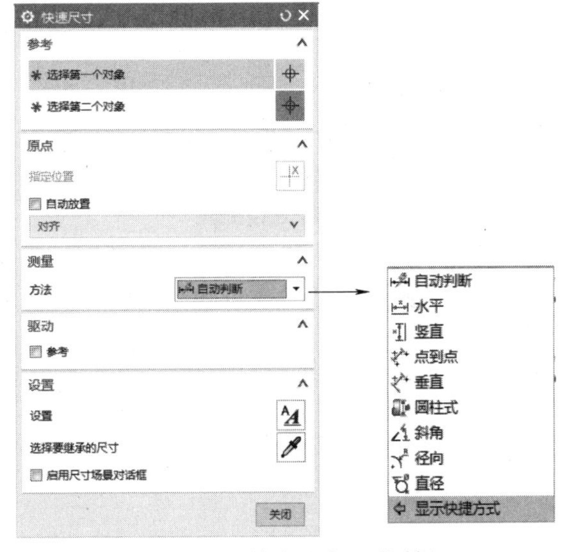

图 2-49　“快速尺寸”对话框

◆线性尺寸：单击此按钮，弹出“线性尺寸”对话框，如图 2-50 所示，可标注水平尺寸（与 X 轴平行）、竖直尺寸（与 Y 轴平行）、垂直尺寸（点到线）、平行尺寸（点到点），如图 2-51 所示。

◆径向尺寸：单击此按钮，弹出“径向尺寸”对话框，如图 2-52 所示，可标注直径尺寸、半径尺寸。

◆角度尺寸：单击此按钮，弹出“角度尺寸”对话框，如图 2-53 所示，可标注两对象间的角度尺寸。

◆周长尺寸：单击此按钮，弹出“周长尺寸”对话框，如图 2-54 所示，选择构成周长的所有曲线，则系统计算出其周长尺寸并显示在对话框的“距离”框中。

2. 几何约束

几何约束（简称约束）用来定义草图对象之间的相互关系，如垂直、平行、共线等。单击『约束』→〈几何约束〉，弹出“几何约束”对话框，如图 2-55 所示。

图 2-50 “线性尺寸”对话框

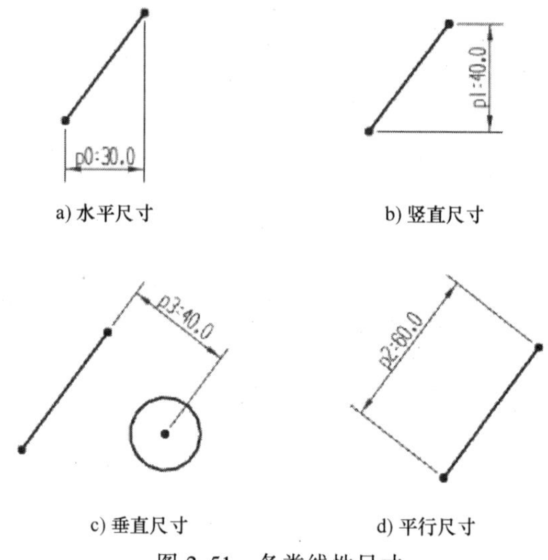

图 2-51 各类线性尺寸

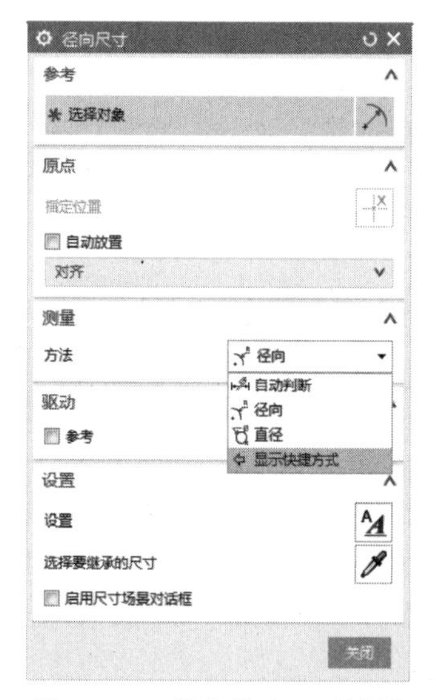

图 2-52 “径向尺寸”对话框

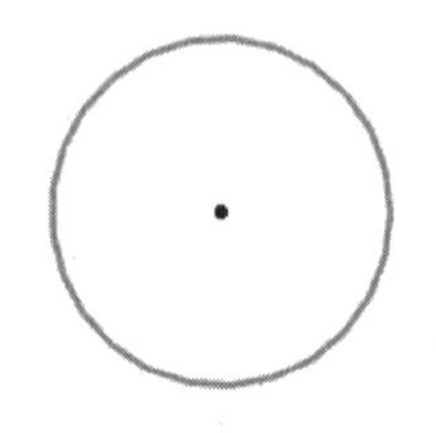

图 2-53 “角度尺寸”对话框

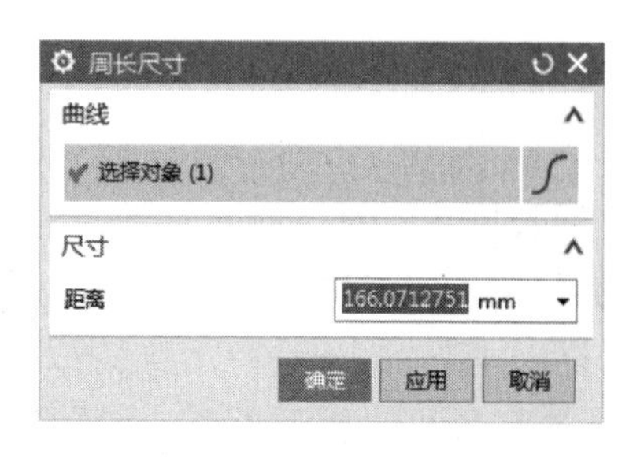

图 2-54 “周长尺寸”对话框及示例

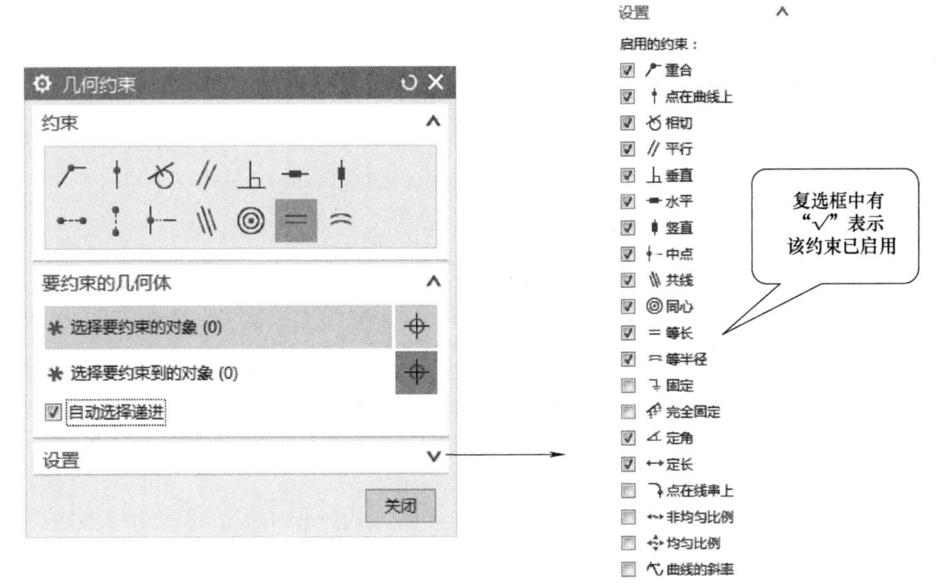

图 2-55 “几何约束”对话框

系统提供了 20 多种几何约束类型，常用类型及含义如下：

◆ 重合：约束两个或两个以上的点重合。

◆ 点在曲线上：约束选取的点在指定的曲线上。

◆ 相切：约束两对象相切。

◆ 平行：约束两条或两条以上直线互相平行。

◆ 垂直：约束两条直线互相垂直。

◆ 水平：约束直线为水平线，即与草图坐标系 XC 轴平行。

◆ 竖直：约束直线为竖直线，即与草图坐标系 YC 轴平行。

◆ 中点：约束点在指定的直线或圆弧的中点上。

◆ 共线：约束两条或两条以上直线共线。

◆ 同心：约束两个或两个以上圆、圆弧或椭圆同心。

◆ 等长：约束两条或两条以上直线等长。

◆ 等半径：约束两个或两个以上圆或圆弧等半径。

◆ 定角：约束一条或多条直线与坐标系的夹角是固定的。

◆ 定长：约束指定曲线的长度是固定的。

知识点 4　添加几何约束、约束状态

1. 添加几何约束

添加几何约束有 3 种方式：手动添加约束、创建自动判断约束和自动添加约束。

(1) 手动添加约束　手动添加约束需用户选择对象、指定约束类型来进行添加，是使用

最多的一种添加方式。UG NX 12.0 中手动添加约束有两种操作方式：直接选取对象操作和通过对话框操作。下面以约束一直线与一圆相切为例，介绍两种操作方式。

◆直接选取对象操作：该方式直接选择需添加约束的对象，系统会根据所选对象自动判断能创建的几何约束类型并列出在快速工具条中，用户在快速工具条中单击所需约束类型按钮，即可添加相应约束，如图 2-56 所示。

图 2-56 手动添加“相切”约束（直接选取对象操作）

本模块任务 1 中添加约束采用的即为此方式。该方式操作快捷、方便，实际操作中常用此方式。

采用“直接选取对象操作”方式添加约束时，选取的对象不同或选取的对象的几何位置不同，弹出的快速工具条中所显示的约束类型也不同，如图 2-57 所示。

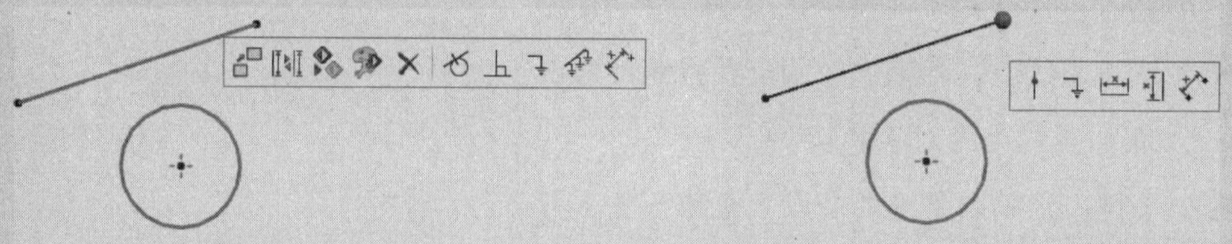

a) 选择直线和圆弧　　b) 选择直线端点和圆弧

图 2-57 快速工具条中显示的约束类型

◆通过对话框操作：单击『约束』→〈几何约束〉，弹出“几何约束”对话框，用户在约束类型列表中选择〈相切〉，并勾选“自动选择递进”选项，再选择直线和圆，即可添加相切约束，如图 2-58 所示。

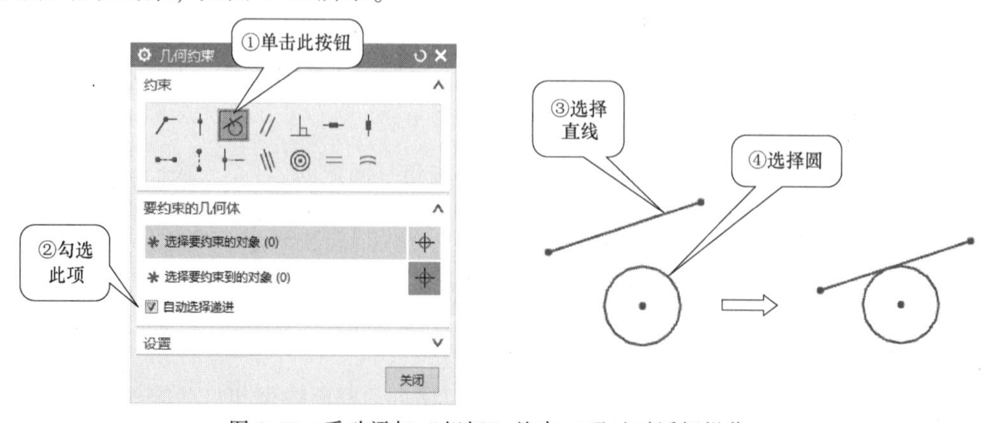

图 2-58 手动添加“相切”约束（通过对话框操作）

在图 2-58 所示的“几何约束”对话框中勾选“自动选择递进”，则当用户选择一对象后，无须再单击鼠标中键或其他按钮，系统自动进入选择下一对象状态。

(2) 创建自动判断约束　在绘图过程中使用创建自动判断约束，系统能根据绘制对象自动添加几何约束。单击『约束』→〈约束工具〉→〈创建自动判断约束〉，即可进行此操作。快捷键为〈F4〉，默认是开启的，没有特殊情况不要将其关闭。

(3) 自动添加约束　自动添加约束是由系统对草图对象相互间的几何位置关系自动进行判断，并自动添加约束到草图对象上的方法，主要用于所需添加约束较多，且已经确定位置关系的草图，或利用工具直接添加到草图中的几何对象。

单击『约束』→〈约束工具〉→〈自动约束〉，弹出“自动约束”对话框，如图 2-59 所示；选取要约束的草图对象，并在“要施加的约束”选项组中启用所需约束的类型，在“设置”选项组中设置公差参数；单击 确定 或 应用 按钮，系统自动在草图上添加合适的约束。

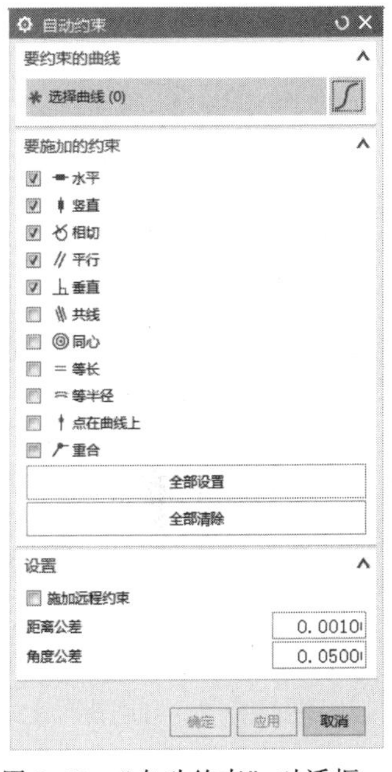

图 2-59 “自动约束”对话框

2. 草图的约束状态

草图的约束状态有 3 种，即欠约束状态、完全约束状态和过约束状态。

(1) 欠约束状态　欠约束状态是指创建的约束（含尺寸约束和几何约束）少于草图需要的约束（即限制条件少了），致使草图处于没有完全约束状态，此时草图形状未确定。

(2) 全约束状态　全约束状态是指创建的约束刚好与草图需要的约束相等，使草图完全约束，此时草图有唯一确定形状。

(3) 过约束状态　过约束是指创建的约束比草图所需的约束要多（即限制条件多了），系统默认以红色提示约束过多的对象，以玫红色提示产生冲突的对象，此时需要删除多余的约束或者将一些草图约束转换为参考对象。

同 类 任 务

完成图 2-60、图 2-61 所示图形的绘制。

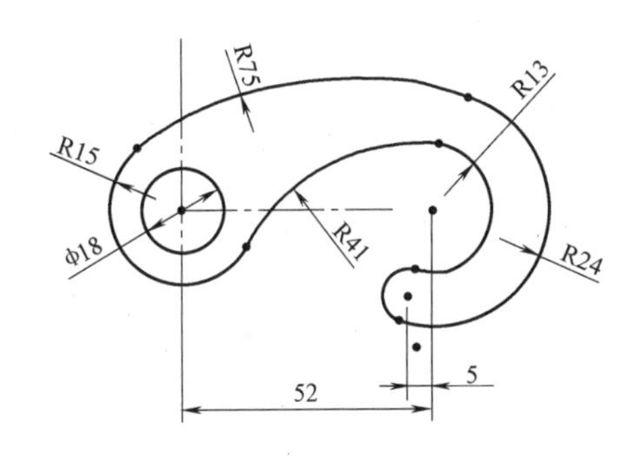

图 2-60　挂轮

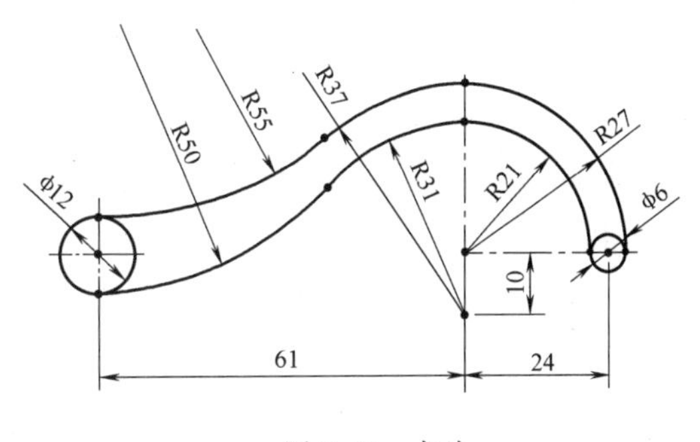

图 2-61　卡片

拓展任务

完成图 2-62、图 2-63 所示图形的绘制。

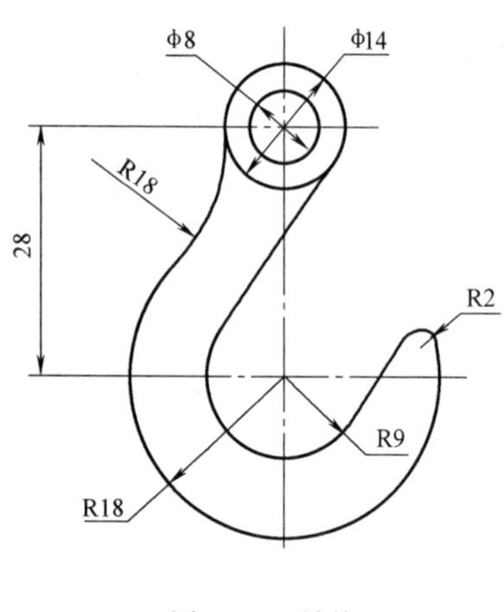

图 2-62　吊钩

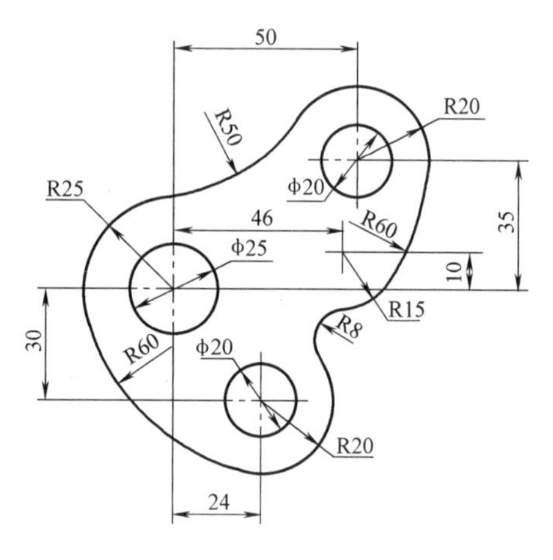

图 2-63　垫片

任务3　垫板零件草图的绘制

本任务要求完成图 2-64 所示垫板零件草图的绘制，主要涉及矩形、直线、圆角、阵列曲线命令的应用及对称约束的操作。

任务实施

图形分析：此图形上、下对称，左、右对称，为便于绘图，可将图形中心点放置在坐标系原点处。矩形内均匀分布 3 行 4 列 ϕ16 的圆(行间距为 30，列间距为 40)，可采用线性阵列来绘制；ϕ260 圆周上均匀分布 4 个 ϕ25 的圆及 R25 的圆弧，可采用圆形阵列来绘制。

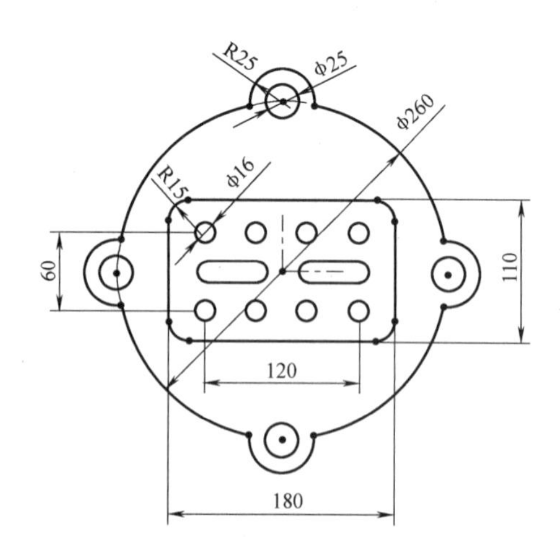

图 2-64　垫板零件草图的绘制

步骤 1　新建文件。

步骤 2　以 XY 平面为草图工作平面，进入草图任务环境。

步骤 3　绘制圆角矩形。

1）绘制矩形。单击『曲线』→〈矩形〉，弹出“矩形”对话框，在对话框中选择〈按 2 点〉，在绘图区任意单击两点，系统以这两点间距离为对角线创建矩形，如图2-65所示。

2）绘制 4 个圆角。单击『曲线』→〈角焊〉（即“圆角”），弹出“圆角”对话框，

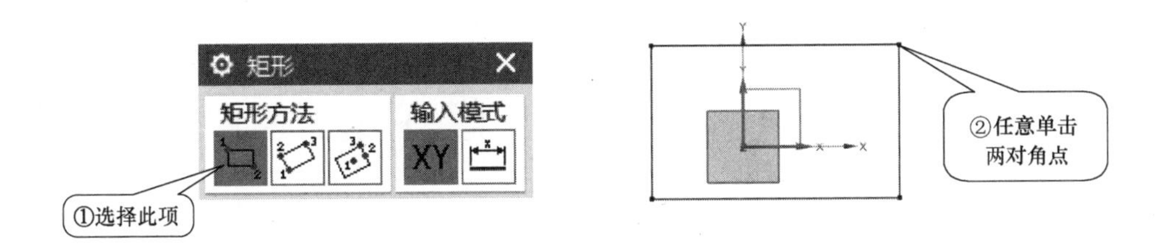

图 2-65　绘制矩形

在对话框中选择〈修剪〉，单击矩形边，创建 4 个圆角，如图 2-66a 所示。

3）为 4 个圆角添加等半径约束，完成后如图 2-66b 所示。

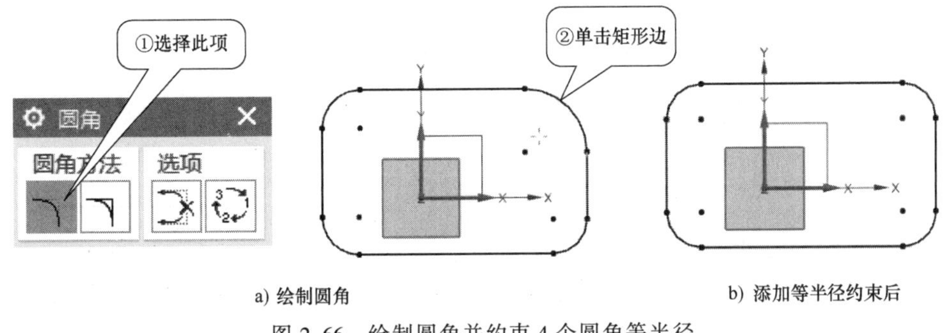

a) 绘制圆角　　b) 添加等半径约束后

图 2-66　绘制圆角并约束 4 个圆角等半径

4）为圆角矩形添加对称约束，使其相对于 X 轴上下对称，相对于 Y 轴左右对称。

单击『约束』→〈设为对称〉，弹出“设为对称”对话框，选取左上圆角圆心、右上圆角圆心，再选择 Y 轴，即约束了矩形相对于 Y 轴左右对称，如图 2-67 所示。

采用同样的方法约束矩形相对于 X 轴上下对称。

图 2-67　约束矩形相对于 Y 轴左右对称

5）为圆角矩形添加 3 个尺寸约束，如图 2-68 所示。

步骤 4　绘制矩形内 ϕ16 的圆。

在矩形内左下角任意位置绘制一个 ϕ16 的小圆，如图 2-69 所示。

步骤 5　对 ϕ16 小圆进行线性阵形。

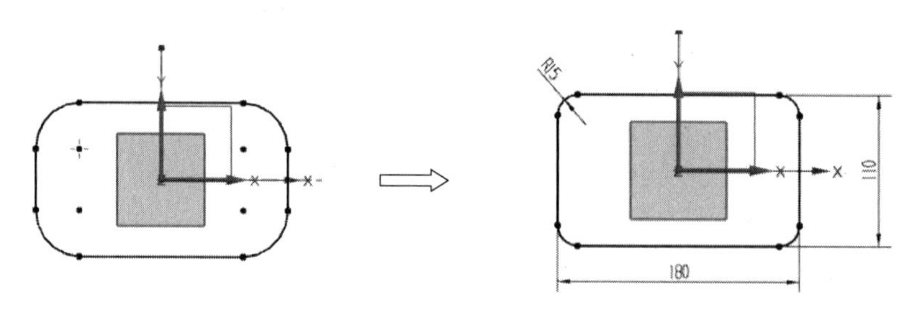

图 2-68　添加尺寸约束

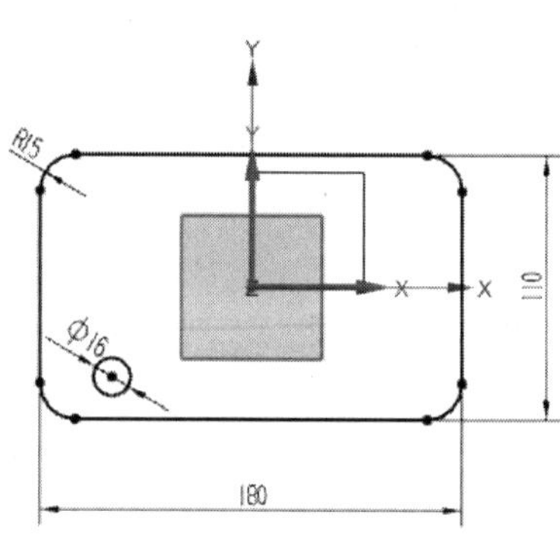

图 2-69　绘制 ϕ16 的圆并标注尺寸

1）单击『曲线』→〈阵列曲线〉，弹出“阵列曲线”对话框，如图 2-70 所示。

2）要阵列的曲线选 ϕ16 小圆，在“布局”下拉列表中选择“线性”阵列，“方向 1”选矩形下水平线或 X 轴（根据箭头判断是否反向，若方向不对，单击更改方向），“数量”为“4”，“间距”为“40”；勾选“使用方向 2”并选择矩形右竖直线或 Y 轴，“数量”为“3”，“间距”为“30”；不勾选“创建节距表达式”，如图2-70所示。

3）单击 确定 或 应用 按钮，完成阵列。

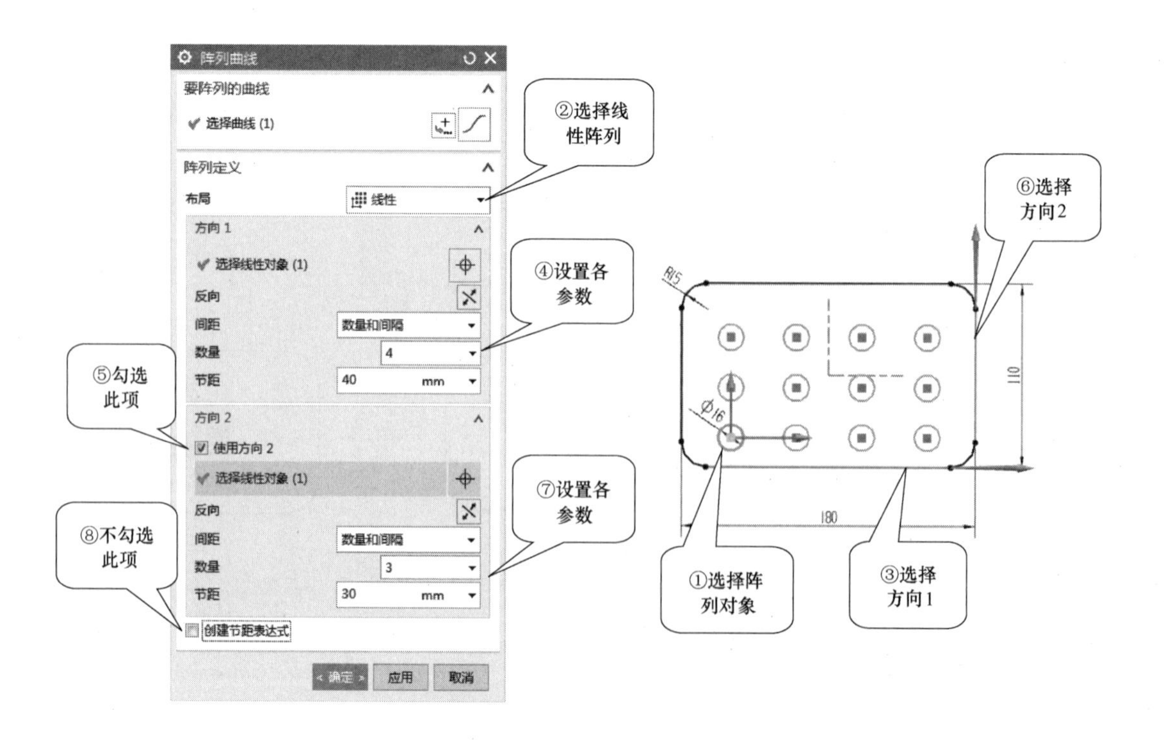

图 2-70　线性阵列 ϕ16 的圆

创建节距表达式：若勾选此项，系统会对阵列的对象自动添加节距尺寸（该尺寸不会显示出来，但会记录在系统中），此时用户不能再标注表示节距的尺寸，否则会出现过约束；本例中后续需标注表示孔间距的尺寸“120”和“60”，故此处不勾选该项。

步骤 6　约束线性阵列的小圆相对于 X 轴上下对称，相对于 Y 轴左右对称。

1）单击『约束』→〈设为对称〉，弹出“设为对称”对话框，选取左上角 ϕ16 圆的圆心→选取右上角 ϕ16 圆的圆心→选择 Y 轴，即约束了相对于 Y 轴左右对称。

2）采用同样的方法约束线性阵列的小圆相对于 X 轴上下对称，如图 2-71 所示。

3）为线性阵列的小圆添加“120”和“60”两个尺寸约束，如图 2-71 所示。

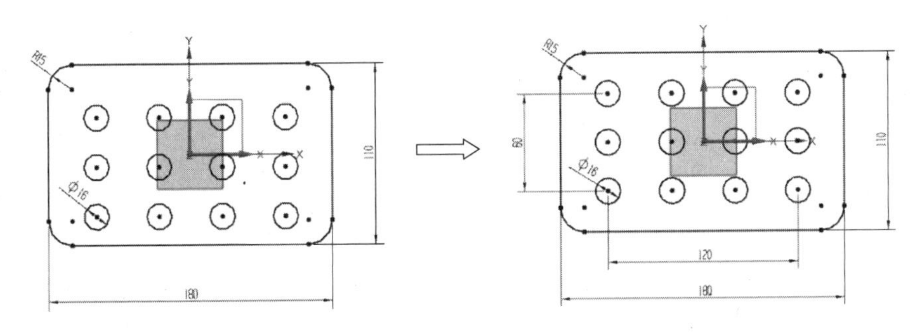

图 2-71　约束线性阵列的小圆相对于 X 轴、Y 轴对称并添加尺寸约束

步骤 7　绘制直线，并修剪小圆。

1）单击『曲线』→〈直线〉（打开象限点捕捉），分别捕捉中间 4 个小圆的上、下象限点绘制 4 条直线，如图 2-72 所示。

2）快速修剪中间 4 个小圆，修剪后如图 2-72 所示。

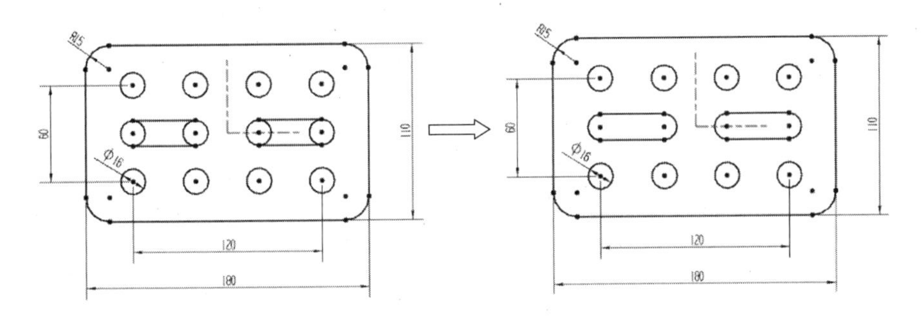

图 2-72　绘制直线，并修剪小圆

步骤 8　绘制 ϕ260、ϕ25 和 R25 的圆。

绘制 ϕ260、ϕ25 和 R25 的圆，并约束 ϕ260 的圆心在坐标系原点；约束 ϕ25 和 R25 同心且其圆心既在 X 轴上又在 ϕ260 的圆周上（采用〈点在曲线上〉约束），如图 2-73 所示。

步骤 9　对 ϕ25 和 R25 的圆进行圆形阵列。

1）单击『曲线』→〈阵列曲线〉，弹出“阵列曲线”对话框。

2）要阵列的曲线选 ϕ25 和 R25 的圆，“布局”选择“圆形”阵列，“旋转点”为坐标系原点或 ϕ260 的圆心，“间距”选“数量和间隔”，“数量”为“4”，“节距角”为“90”；勾选“创建节距表达式”，如图 2-74 所示。

3）单击确定或应用按钮，完成阵列。

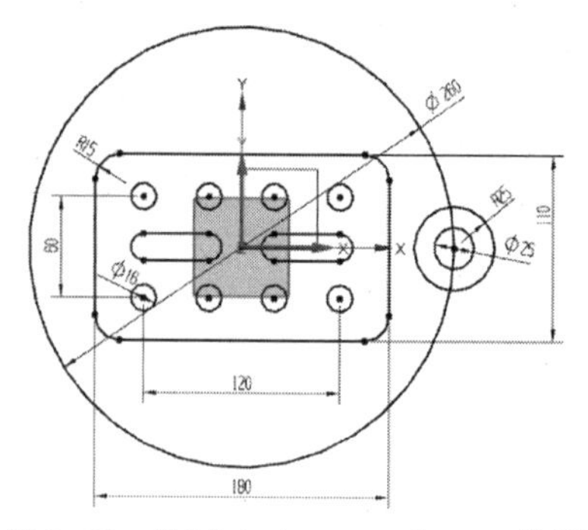

图 2-73　绘制 ϕ260、ϕ25 和 R25 的圆

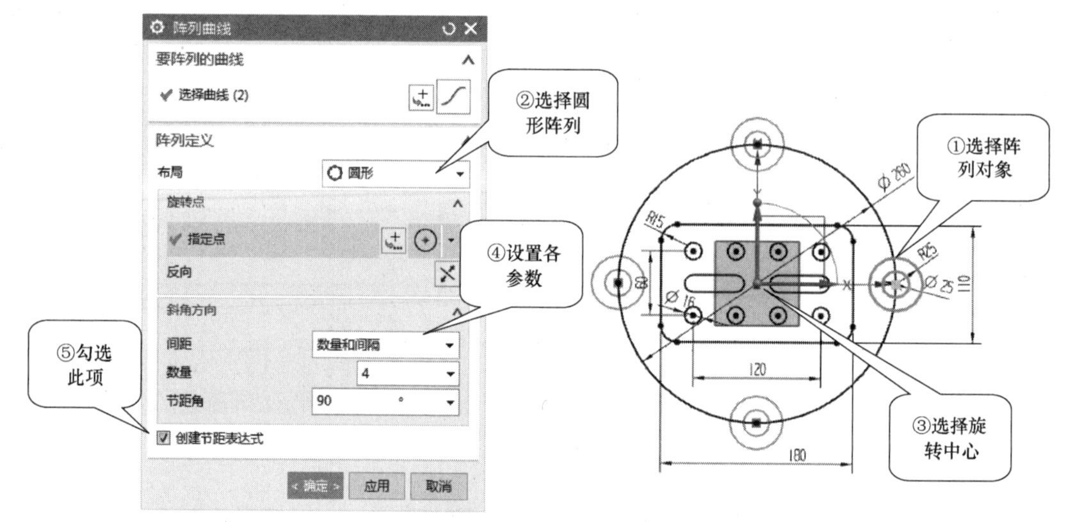

图 2-74　圆形阵列 ϕ25 和 R25 的圆

步骤 10　修剪多余曲线，完成后如图 2-75 所示。

步骤 11　检查草图，状态行显示**草图已完全约束**，单击『草图』→〈完成草图〉，完成草图的绘制，退出草图任务环境。

步骤 12　保存图形。

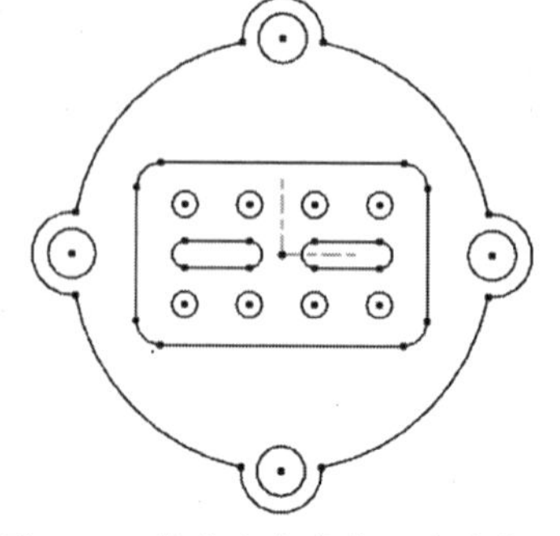

图 2-75　修剪多余曲线，完成草图

知识点 1　直线

单击『曲线』→〈直线〉，弹出“直线”对话框，通过指定两点绘制单条直线，如图 2-76 所示。

知识点 2　矩形的绘制

单击『曲线』→〈矩形〉，弹出“矩形”对话框，如图 2-77a 所示，有“按 2 点”“按 3 点”和“从中心”3 种方法绘制矩形。

：“按 2 点”方式，通过指定矩形的两个对角点绘制矩形，如图 2-77b 所示。

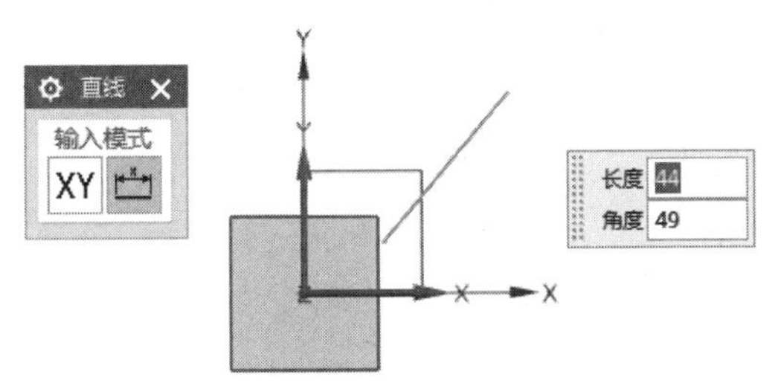

图 2-76　“直线”对话框及其绘制

：“按 3 点”方式，通过指定矩形的 3 个角点绘制矩形，如图 2-77c 所示。

：“从中心”方式，通过指定矩形的中心点、矩形一条边上的两点绘制矩形，如图 2-77d所示。

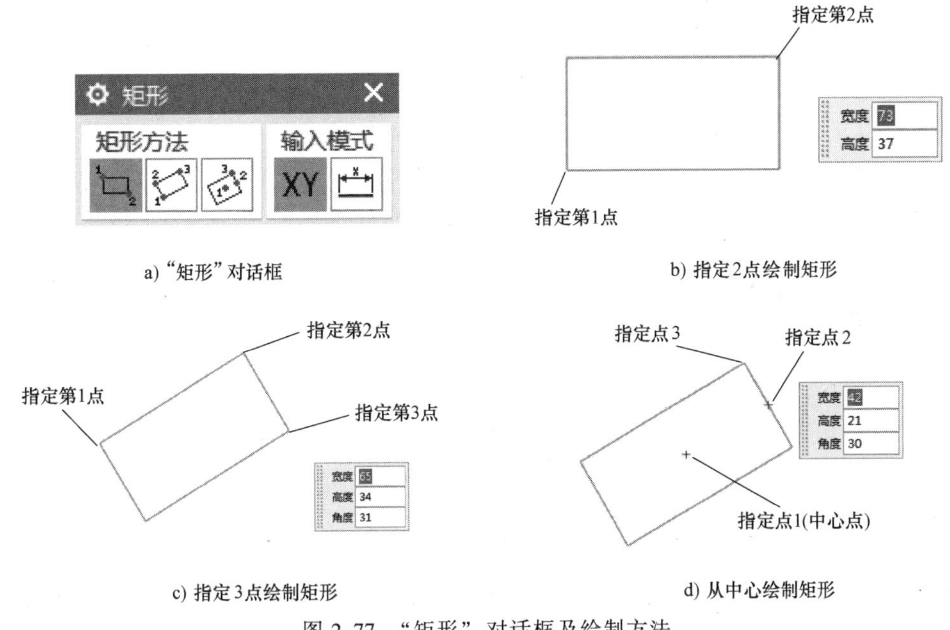

图 2-77　“矩形”对话框及绘制方法

知识点 3　圆角、倒斜角

1. 圆角

“圆角”命令可以在两条或三条曲线之间创建圆角。

单击『曲线』→〈角焊〉，弹出“圆角”对话框，有“修剪”“不修剪”和“删除第三条曲线”3 种方式创建圆角。

：修剪方式创建圆角，如图 2-78a 所示。

：不修剪方式创建圆角，如图 2-78b 所示。

：删除第三条曲线创建圆角，此方法可以选择 3 条曲线来创建圆角，其中第三条曲线为圆角的切线并被删除，如图 2-78c 所示。

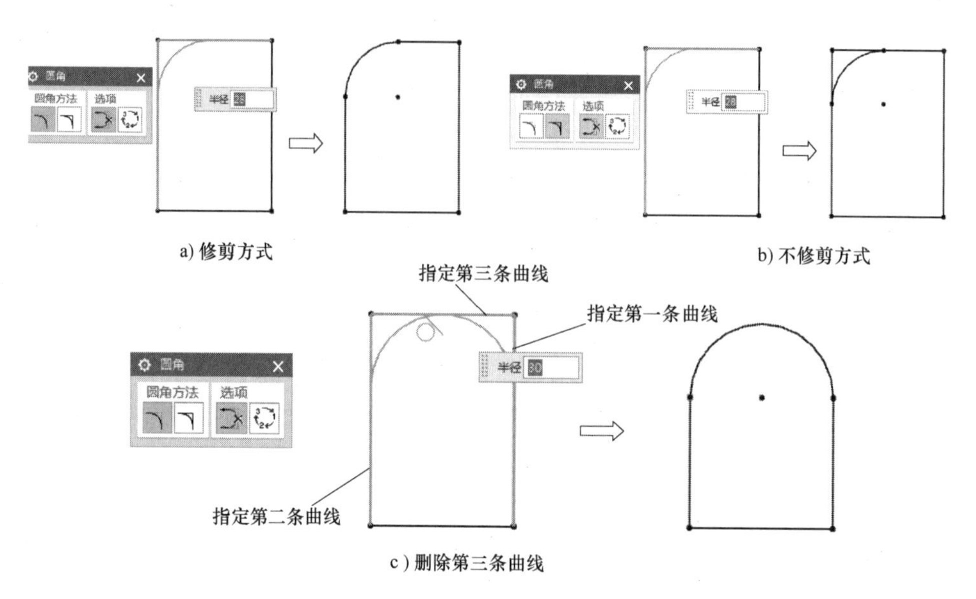

图 2-78 “圆角”的 3 种创建方式及示例

2. 倒斜角

“倒斜角”命令可以用一条斜线连接两条不平行的直线。

单击『曲线』→〈倒斜角〉，弹出“倒斜角”对话框，如图 2-79 所示。倒斜角有“对称”“非对称”“偏置和角度”3 种方式，如图 2-80 所示。

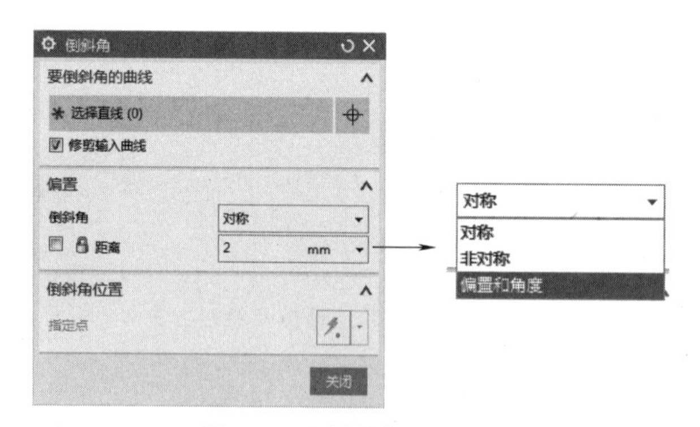

图 2-79 “倒斜角”对话框

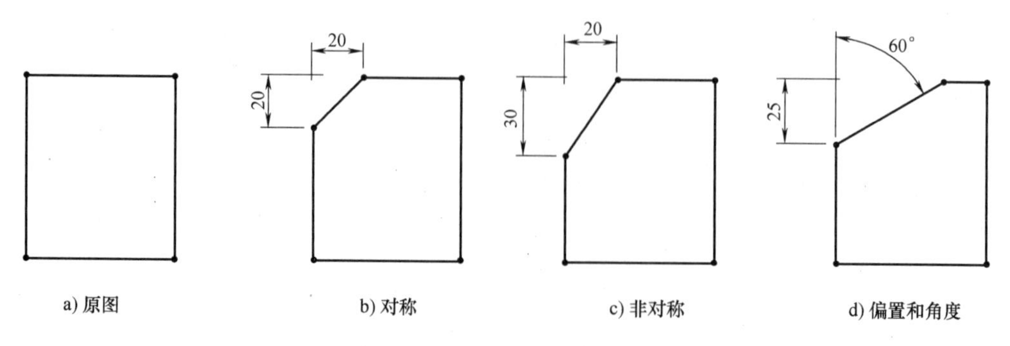

图 2-80 “倒斜角”的 3 种方式

知识点4　阵列曲线

“阵列曲线”可将选定的草图对象以某一规律复制成多个新的草图对象。阵列的对象与原对象形成一个整体，且保持相关性（即当草图对象尺寸或约束发生变化时，阵列的对象也一起变化）。

单击『曲线』→〈阵列曲线〉，弹出“阵列曲线”对话框，“布局”下拉列表中有“线性”“圆形”“常规”3种阵列方式。

1. 线性阵列

线性阵列可将选定的对象沿指定的方向呈矩形排列复制，如图2-81所示。其操作方法在本任务实例中已述，不再赘述。

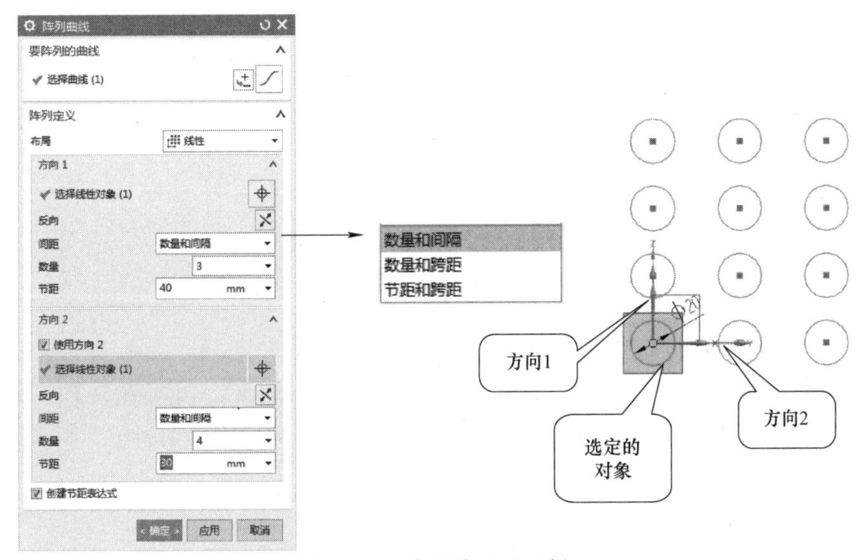

图2-81　线性阵列及示例

2. 圆形阵列

圆形阵列可将选定的对象绕一个中心点做圆形或扇形排列复制，如图2-82所示。其操作方法在本任务实例中已述，不再赘述。

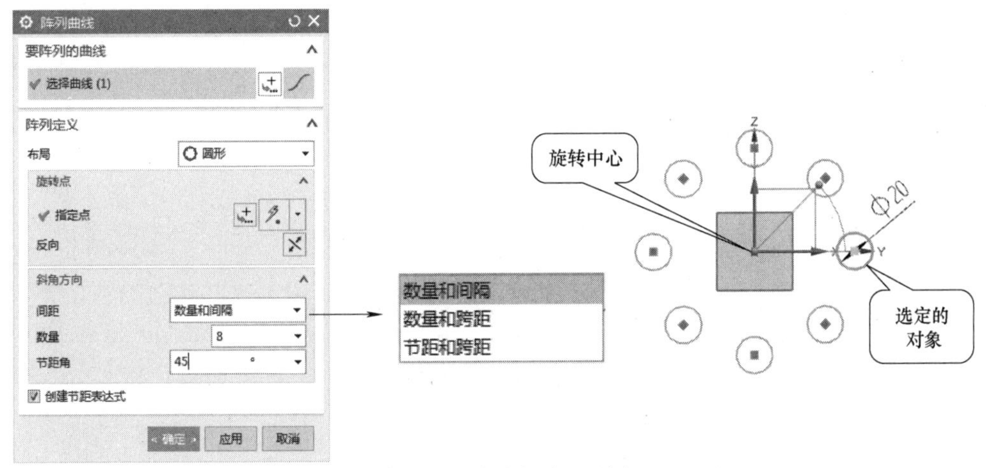

图2-82　圆形阵列及示例

3. 常规阵列

常规阵列可将选定的对象复制到指定的位置，如图 2-83 所示。

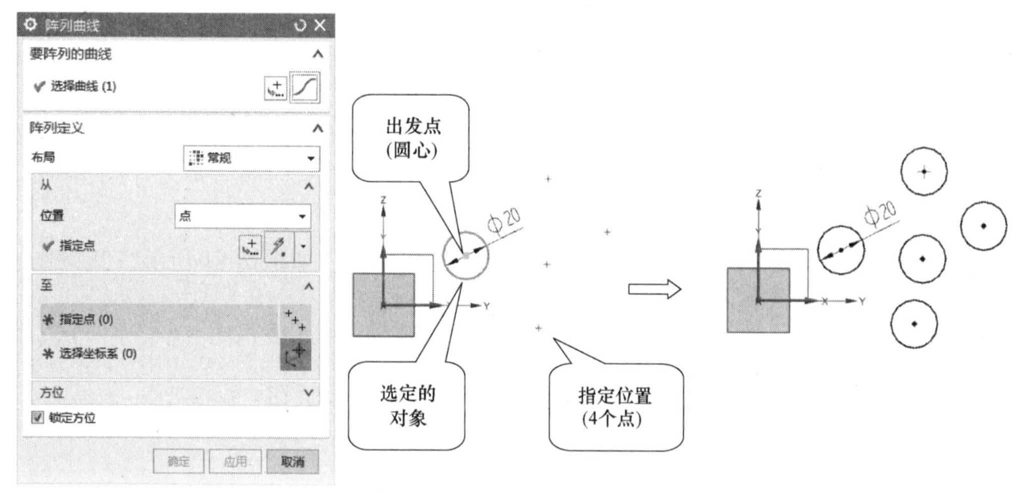

图 2-83　常规阵列

知识点 5　对称约束

“对称约束”用于约束两对象间彼此为对称关系。

单击『约束』→〈设为对称〉，弹出“设为对称”对话框，在选取了主对象、次对象及对称中心线后即可进行对称约束，如图 2-84 所示（约束两圆圆心对称）。

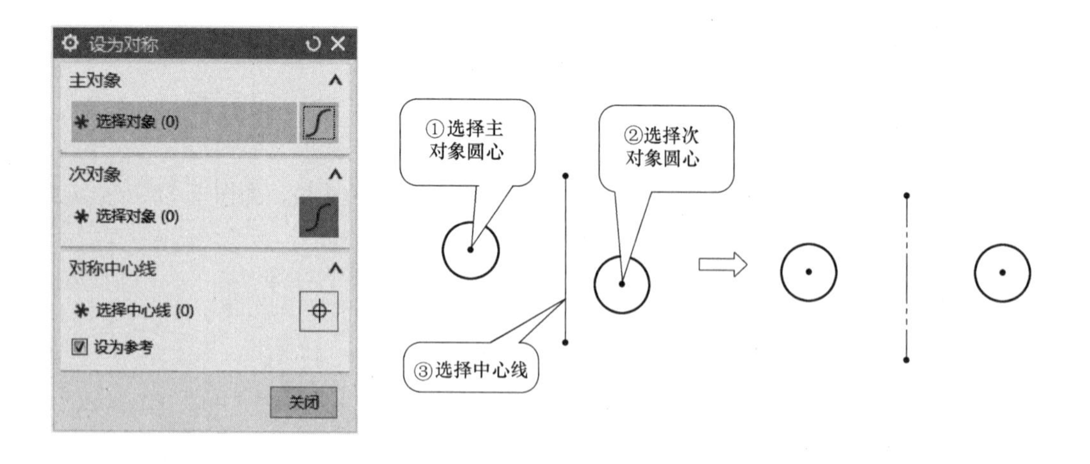

图 2-84　对称约束（约束两圆圆心对称）

添加对称约束后其对称中心线会转化为参考线，如图 2-84 所示。

同 类 任 务

完成图 2-85、图 2-86 所示图形的绘制。

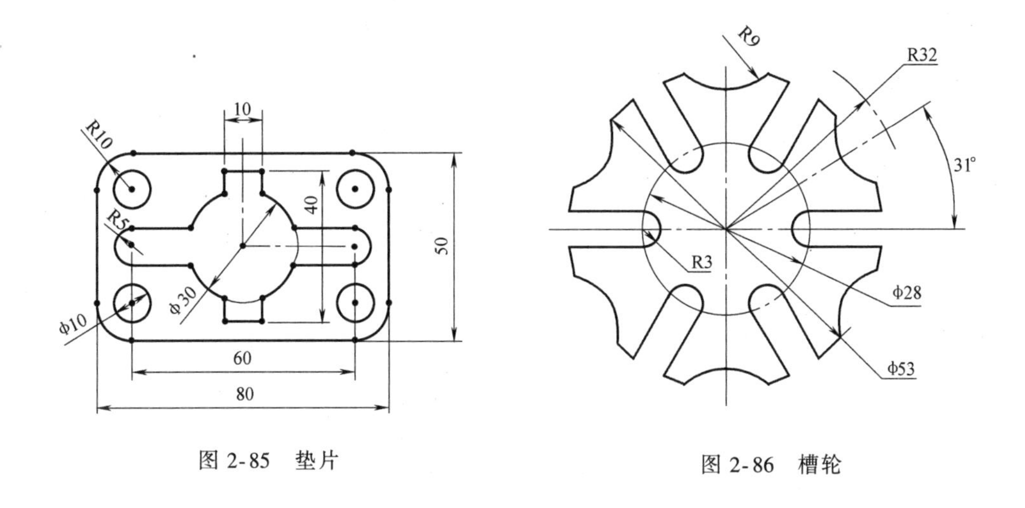

图 2-85　垫片　　　　图 2-86　槽轮

拓 展 任 务

完成图 2-87 所示图形的绘制。

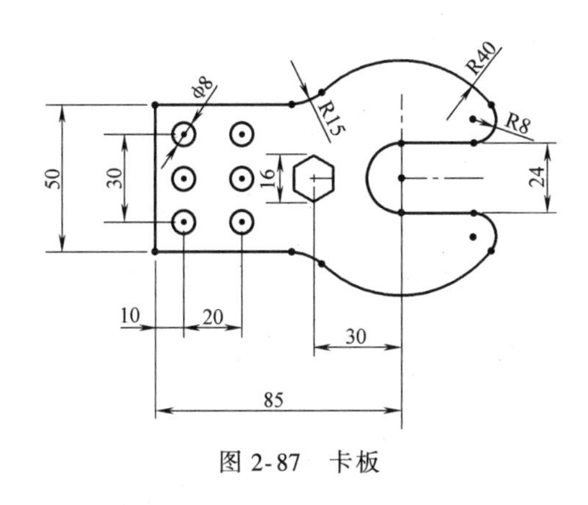

图 2-87　卡板

任务 4　垫片轮廓草图的绘制

本任务要求完成图 2-88 所示垫片轮廓草图的绘制，主要涉及轮廓、偏置曲线、转换为参考对象命令的应用及操作。

任务实施

图形分析：此图形外轮廓由 3 条直线和两段圆弧组成，可采用“轮廓”命令绘制直线和右侧大圆弧，左下角 R10 的圆弧可采用绘圆后修剪得到；轮廓内的弧形槽、S 形槽可先绘制一侧，再利用“偏置曲线”命令得到。为便于绘图，可将坐标系原点放置在左侧轮廓中点处。

步骤 1　新建文件。

步骤 2　设置草图工作平面，进入草图任务环境。

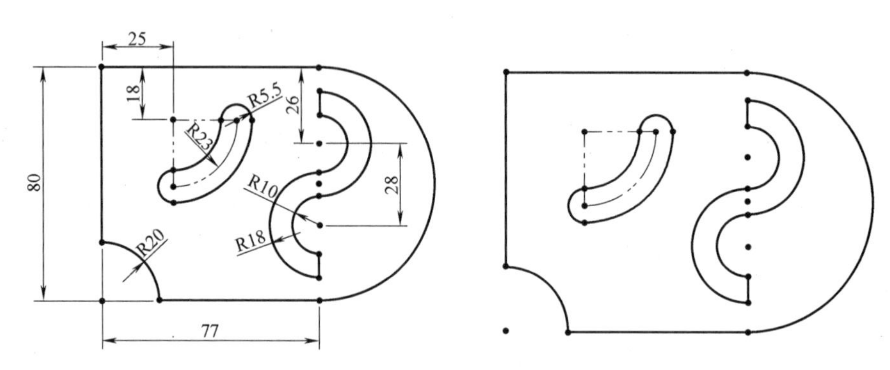

图 2-88　垫片轮廓草图的绘制

步骤 3　绘制外轮廓。

1）单击『曲线』→〈轮廓〉，弹出“轮廓”对话框，系统默认为〈直线〉亮显，即绘制直线状态，在绘图区单击 4 点，绘制 3 条相连的直线，如图 2-89a 所示。

2）在对话框中单击〈圆弧〉，转换为绘制圆弧状态，捕捉第 4 点（当光标旁出现相切符号时单击），完成右侧圆弧的绘制，如图 2-89b 所示。

3）添加约束。约束右侧圆弧的圆心在 X 轴上，左侧直线与 Y 轴共线，并标注尺寸 77，80，如图 2-89c 所示。

4）绘制 R20 的圆并修剪，标注尺寸 R20，如图 2-89d 所示。

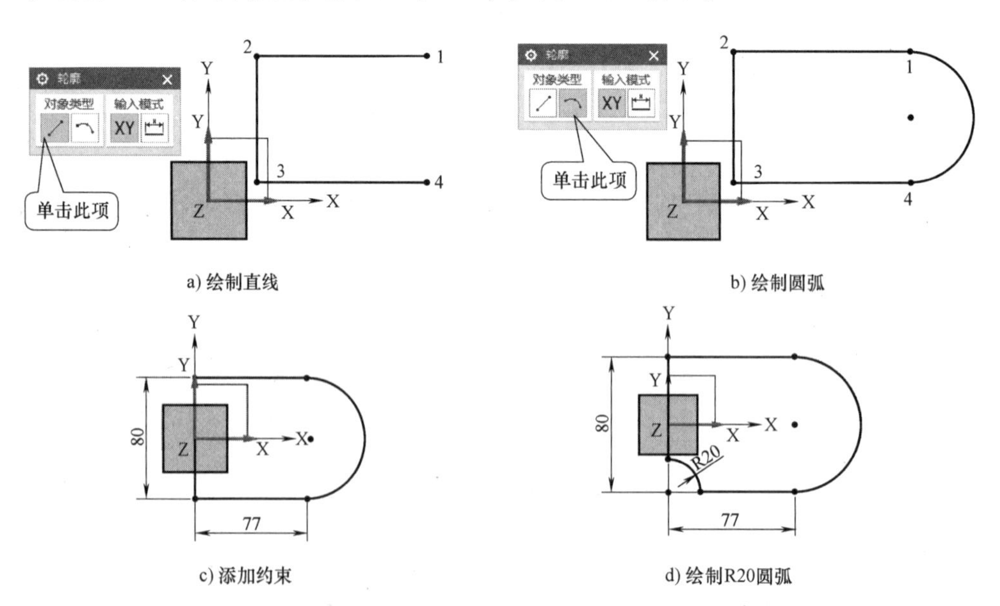

图 2-89　绘制外轮廓

步骤 4　绘制弧形槽。

1）利用〈圆〉、〈直线〉、〈快速修剪〉命令绘制 R23 的圆弧及两条直线，并标注尺寸 25、18 及 R23，如图 2-90 所示。

2）对称偏置 R23 的圆弧。单击『曲线』→〈偏置曲线〉，弹出“偏置曲线”对话框，如

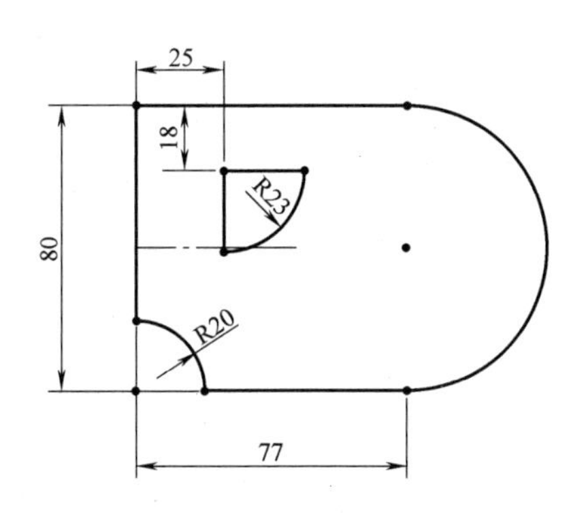

图 2-90　绘制 R23 的圆弧及两条直线

图 2-91 所示，在上边框条“曲线规则”下拉列表中选择“单条曲线”，如图 2-92 所示，再选择 R23 的圆弧，在“偏置曲线”对话框中输入偏置距离为“5. 5”，勾选“对称偏置”，副本数设置为“1”，单击 确定 按钮，完成偏置，如图 2-91 所示。

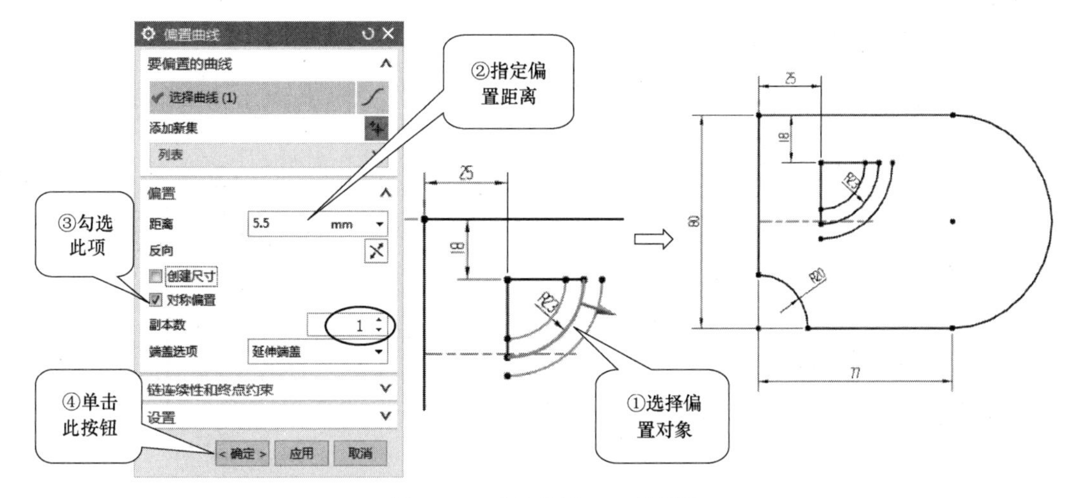

图 2-91　对称偏置 R23 的圆弧

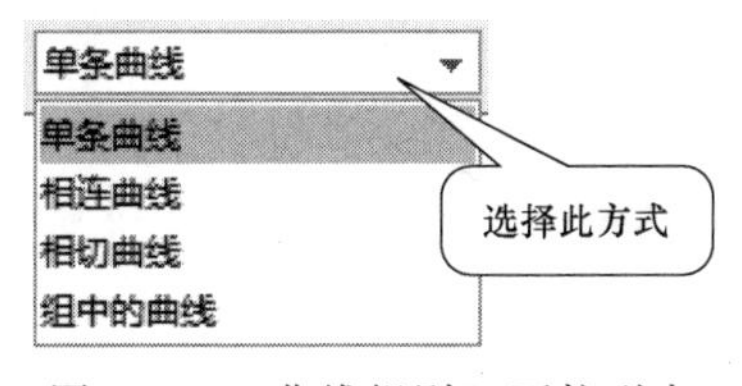

图 2-92　“曲线规则”下拉列表

3）利用〈圆〉、〈快速修剪〉命令绘制 R5. 5 的圆弧，并添加尺寸约束，完成弧形槽的绘制，如图 2-93 所示。

步骤 5　绘制 S 形弧。

1）绘制直线、S 形弧，添加两圆弧相切约束，并标注尺寸 26、28 和 R18，如图 2-94 所示。

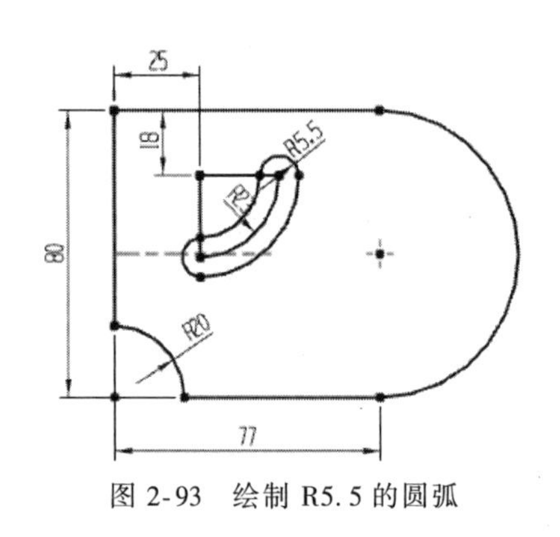

图 2-93　绘制 R5.5 的圆弧

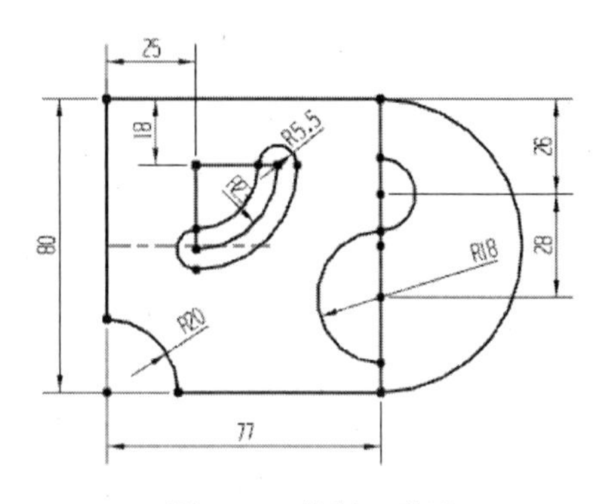

图 2-94　绘制 S 形弧

2）偏置 S 形弧。单击『曲线』→〈偏置曲线〉，弹出“偏置曲线”对话框，在“曲线规则”下拉列表中选择“相连曲线”，选择 S 形弧，输入偏置距离为“8”，不勾选“对称偏置”，“副本数”设置为“1”（若方向不对，可双击箭头改变方向），单击 确定 按钮，完成偏置，如图 2-95 所示。

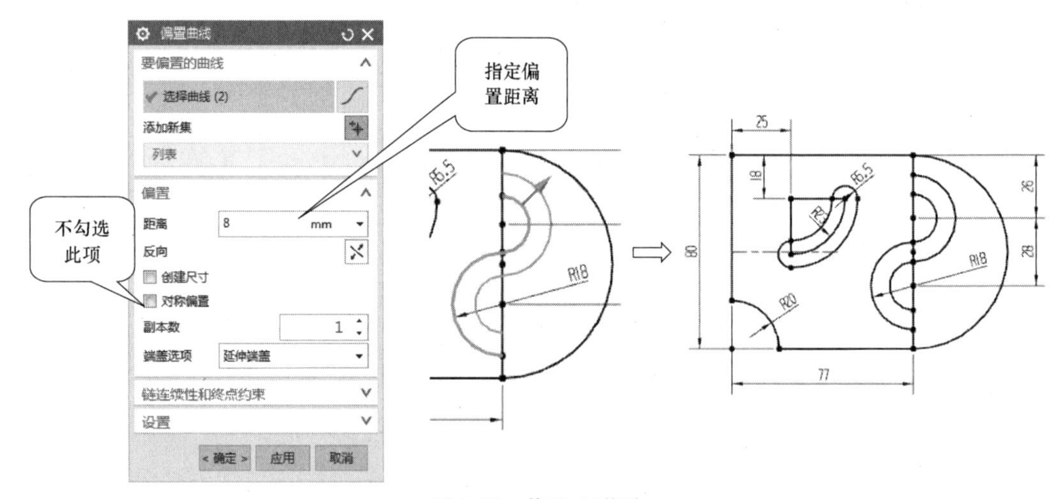

图 2-95　偏置 S 形弧

3）修剪多余曲线，标注尺寸 R10，完成 S 形槽的绘制，如图 2-96 所示。

步骤 6　将 R23 的圆弧及两条直线转换为参考线。

单击『约束』→〈转换至/自参考对象〉，弹出“转换至/自参考对象”对话框，选择 R23 的圆弧及两条直线，单击 确定 按钮，完成转换，如图 2-97 所示。

步骤 7　检查草图，状态行显示**草图已完全约束**，单击『草图』→〈完成草图〉，完成草图的绘制，退出草图任务环境。

步骤 8　保存图形。

知识点 1　轮廓

“轮廓”命令用于创建一系列连接的直线和圆弧（包括两者的组合轮廓线），且上一条曲线的终点将变成下一条曲线的起点。

单击『曲线』→〈轮廓〉，弹出“轮廓”对话框，在绘图过程中，用户可单击和在直线和圆弧之间切换，从而绘制所需轮廓，如图 2-98 所示。

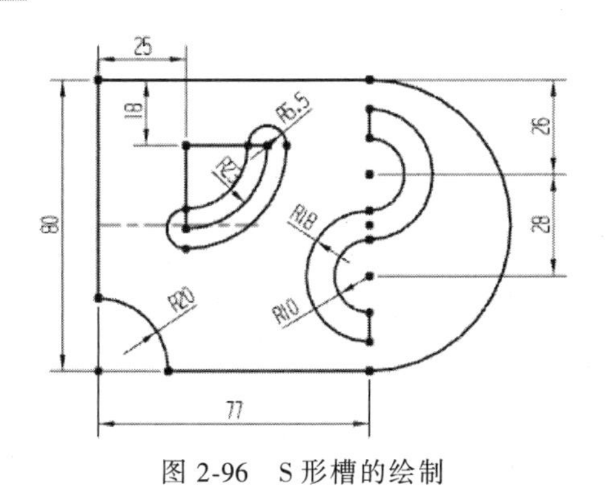

图 2-96　S 形槽的绘制

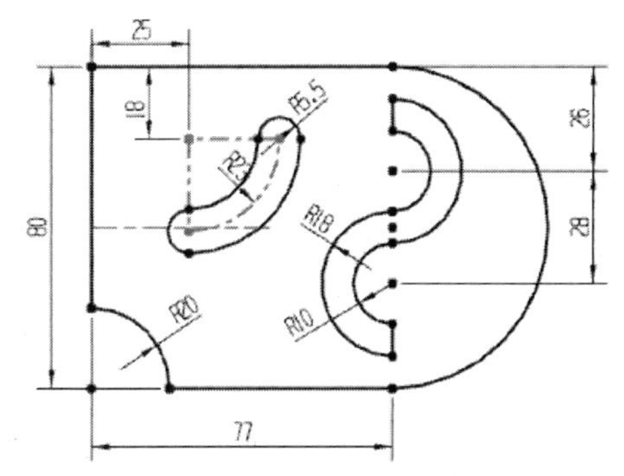

图 2-97　将 R23 的圆弧及两条直线转换为参考线

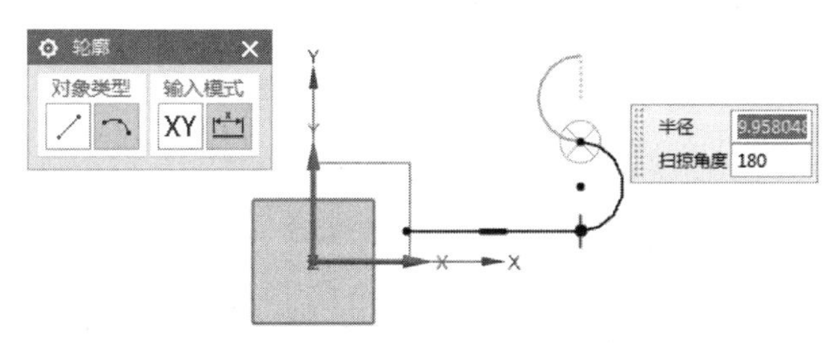

图 2-98　“轮廓”对话框及示例

知识点 2　偏置曲线

“偏置曲线”命令可将选定的草图对象进行平行复制，且能进行一定的约束。偏置的对象与原对象间具有关联性，当原对象改变时，偏置的对象也会自动更改。

单击『曲线』→〈偏置曲线〉，弹出“偏置曲线”对话框，如图 2-99 所示。在用户选择

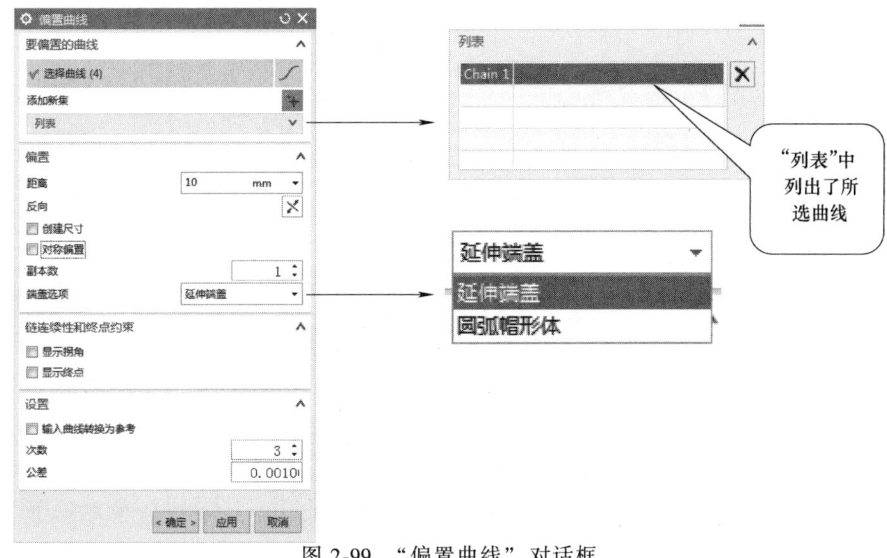

图 2-99　“偏置曲线”对话框

要偏置的曲线，指定偏置距离、副本数（即复制的个数），确定偏置方向后，即可进行偏置。其操作方法在本任务实例中已述，不再赘述。

通过对“偏置曲线”对话框进行不同设置，同一草图对象可得到多种偏置结果，如图2-100所示。

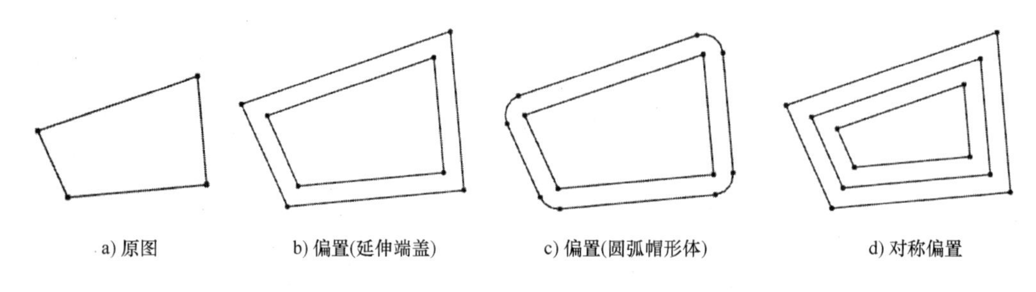

图 2-100 偏置曲线（距离 10）

知识点3 派生直线

“派生直线”命令用于创建某一条直线的平行线；或在两平行直线之间创建一条与两直线等距的平行线；或在两不平行直线之间创建角平分线，如图2-101所示。

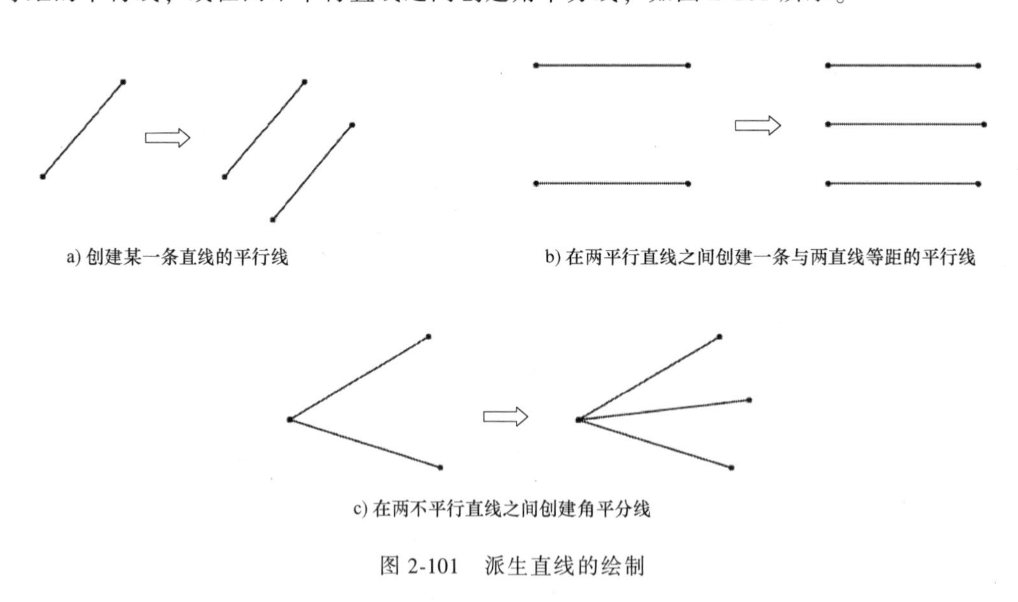

图 2-101 派生直线的绘制

单击『曲线』→〈派生直线〉，系统提示用户指定第一条参考直线，指定好参考直线后，在光标附近会出现 偏置 30 浮动文本框，要求输入偏置值，输入数值后，回车，则生成一条与原直线平行且距离为指定数值的直线，如图2-101a所示。若在指定好第一条参考直线后，再指定第二条参考直线，如两参考直线不平行，则会生成这两条直线的角平分线，同时出现 长度 95 浮动文本框，要求输入长度值，输入数值后，回车，则生成角平分线，如图2-101c所示；如两参考直线平行，则生成与两直线等距的平行线，如图2-101b所示。

知识点4 艺术样条

“艺术样条”命令用于通过拖放定义点或极点并在定义点指派斜率或曲率约束，动态绘制或编辑样条曲线。

单击『曲线』→〈艺术样条〉，弹出“艺术样条”对话框，如图2-102a所示，在“类型”下拉列表中有“通过点”和“根据极点”两种绘制样条曲线的方式。

◆ 通过点方式：通过指定样条曲线的各个数据点，生成一条通过各定义点的样条曲线，如图2-102b所示。

◆ 根据极点方式：采用此方式绘制的样条曲线受极点的控制，但样条曲线不经过极点（两端点除外），如图2-102c所示。

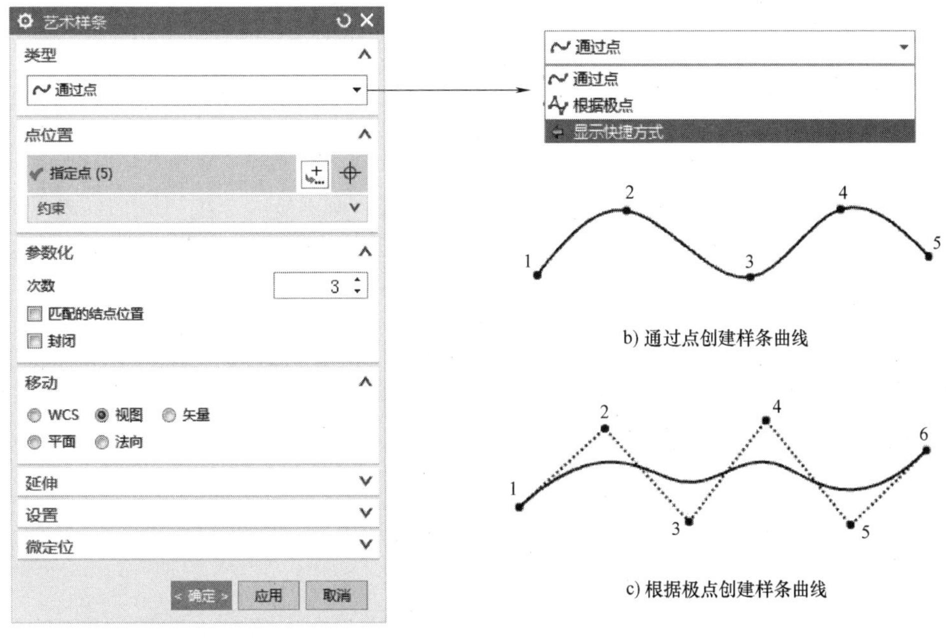

a)“艺术样条”对话框

b) 通过点创建样条曲线

c) 根据极点创建样条曲线

图2-102 “艺术样条”对话框及示例

> 绘制艺术样条时，其点数必须要比所设的阶次多1或1以上。阶次越高，曲线越平滑，通常设置阶次为“3”。
>
> 在“艺术样条”对话框中勾选☑封闭，则绘制的样条曲线是封闭的。

知识点5 转换至/自参考对象

该命令用于将草图曲线或草图尺寸转换成参考线或参考尺寸，或者反过来。曲线转换成参考线后，不参与实体特征造型。

单击『约束』→〈转换至/自参考对象〉，弹出“转换至/自参考对象”对话框，如图

2-103所示，选择需转换的草图对象（如图2-103中的直线），单击 确定 按钮或 应用 按钮或鼠标中键，即可完成转换。

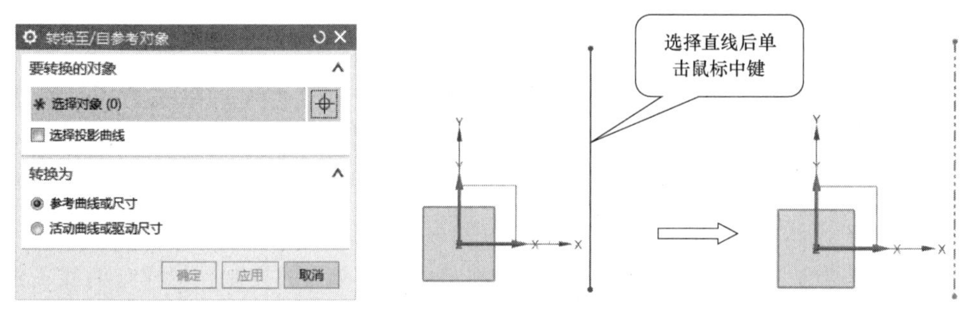

图2-103 “转换至/自参考对象”对话框及示例

知识点6 约束相关操作

1. 显示草图约束

单击『约束』→〈显示草图约束〉，使图标处于按下状态，则显示应用到草图的全部几何约束，如图2-104a所示；再次单击图标，使图标处于弹起状态，则不显示约束，如图2-104b所示。

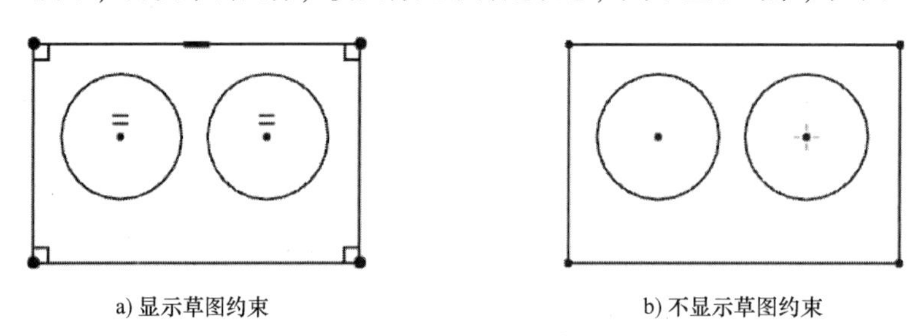

a) 显示草图约束　　b) 不显示草图约束

图2-104 显示草图约束与否

2. 关系浏览器

单击『约束』→〈关系浏览器〉，打开“草图关系浏览器”对话框，如图2-105所示。选择相应的草图对象，施加在该对象上的所有几何约束和尺寸都会出现在列表中（图2-105中选择了与直线相切的圆，该圆上的两个约束、一个尺寸显示在了列表中），可以选择某个约束、尺寸或所有约束、尺寸将其移除。

“草图关系浏览器”对话框中各项的含义如下：

◆“要浏览的对象”选项组：用于设置需要浏览对象的范围，其下拉列表中有“单个对象”“多个对象”“活动草图中的所有对象”3个选项。

单个对象：该选项会在“浏览器”列表框中显示所选对象的几何约束和尺寸，用户只能在绘图工作区中选择一个对象。

多个对象：该选项允许用户选择多个草图对象，并在“浏览器”列表框中显示所选多个对象的几何约束和尺寸。

活动草图中的所有对象：该选项用于在“浏览器”列表框中列出当前草图中所有草图对象的几何约束。

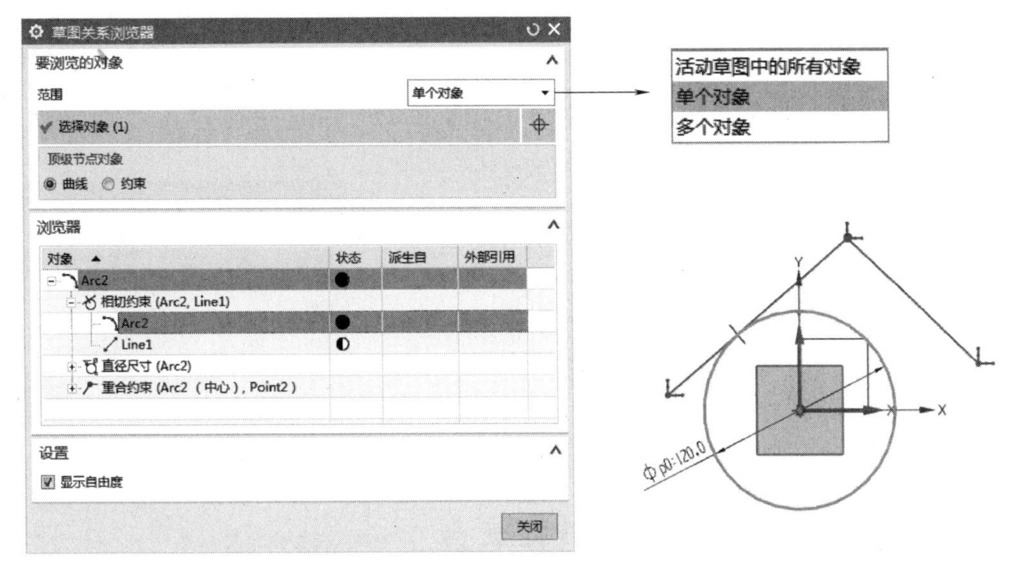

图 2-105　“草图关系浏览器”对话框及示例（按图形对象显示）

◆“顶级节点对象”选项组：用于设置按图形对象还是按约束类型在“浏览器”列表框中显示所选对象的几何约束和尺寸，有“曲线”和“约束”两个选项。选择“曲线”则按图形对象显示，如图 2-105 所示；选择“约束”则按约束类型显示，如图 2-106 所示。

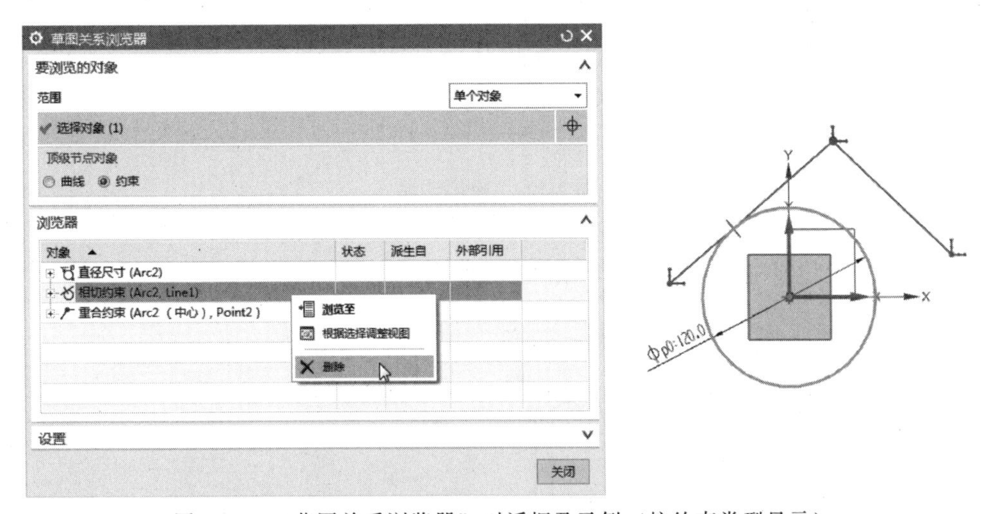

图 2-106　“草图关系浏览器”对话框及示例（按约束类型显示）

◆“浏览器”列表框：用于显示所选对象的几何约束和尺寸。当在该列表框中选择某个约束或尺寸时，其对应的对象在绘图工作区会高亮显示，此时单击鼠标右键，在快捷菜单中选择 ✕ 删除（图 2-106），即可删除所选约束或尺寸。

3. 备选解

当用户对一个草图对象进行约束操作时，可能存在满足条件的多种解（多种情况），系统会自动选择其中最适合的一种解。如该解不是用户所需要的，则可使用“备选解”功能切换到另外的解。

例如，为两个圆设置相切关系，假设系统给出的约束解如图 2-107a 所示，即两圆外切，而需要的解为图 2-107b 所示的内切，则可单击『约束』→〈备选解〉，弹出“备选解”对话框，如图 2-108 所示，选择一个圆，即可自动切换到内切的约束解。

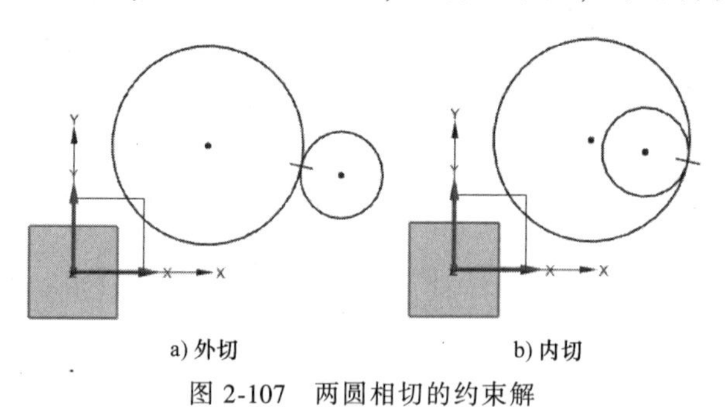

a) 外切　　b) 内切

图 2-107　两圆相切的约束解

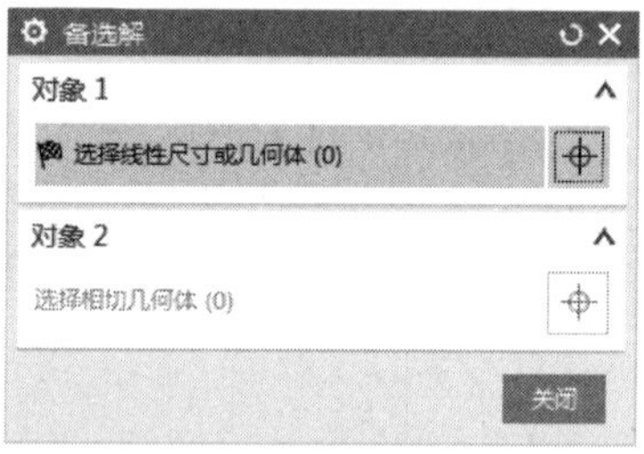

备选解

对象 1

选择线性尺寸或几何体 (0)

对象 2

选择相切几何体 (0)

关闭

图 2-108　“备选解”对话框

同类任务

完成图 2-109 所示图形的绘制。

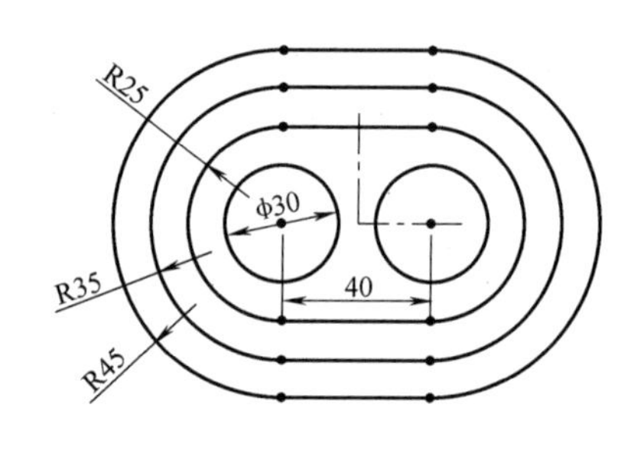

图 2-109　腰形轮廓

拓展任务

完成图 2-110 所示挂轮轮廓的绘制。

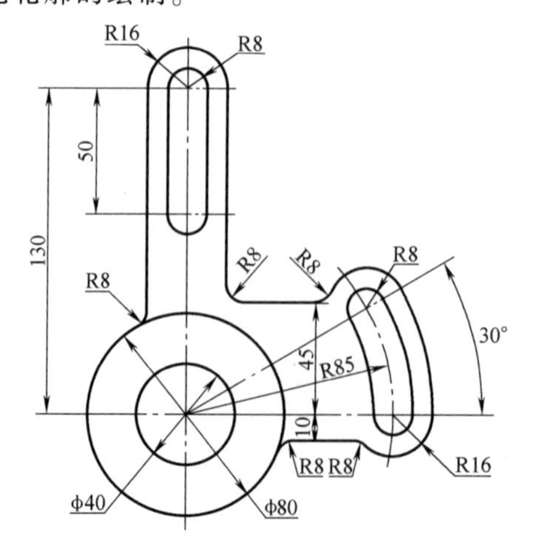

图 2-110　挂轮

任务 5　勺形轮廓草图的绘制

本任务要求完成图 2-111 所示勺形轮廓草图的绘制，主要涉及多边形、椭圆、镜像曲线等命令的应用及草图对象的操控。

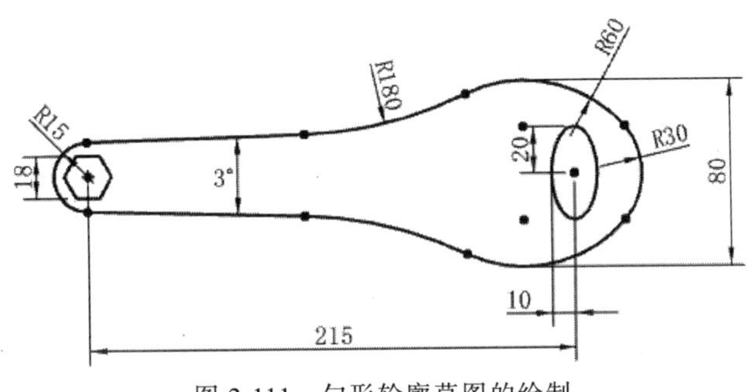

图 2-111　勺形轮廓草图的绘制

任务实施

图形分析：此图形上下对称，左右两侧 R15、R30 的圆弧、六边形及椭圆可直接绘制，外轮廓上的直线和 R180、R60 的两段圆弧可采用“轮廓”命令绘制一半，再利用“镜像曲线”命令得到另一半。为便于绘图，可将坐标系原点放置在左侧 R15 圆弧的圆心处。

步骤 1　新建文件。

步骤 2　设置草图工作平面，进入草图任务环境。

步骤 3　绘制 R15、R30 的圆弧，并添加约束，如图 2-112 所示。

步骤 4　绘制上轮廓线。单击『曲线』→〈轮廓〉，弹出“轮廓”对话框，单击和进行切换，绘制一段直线和两段圆弧，并添加“相切”约束，标注尺寸 R180、R60，如图 2-113 所示。

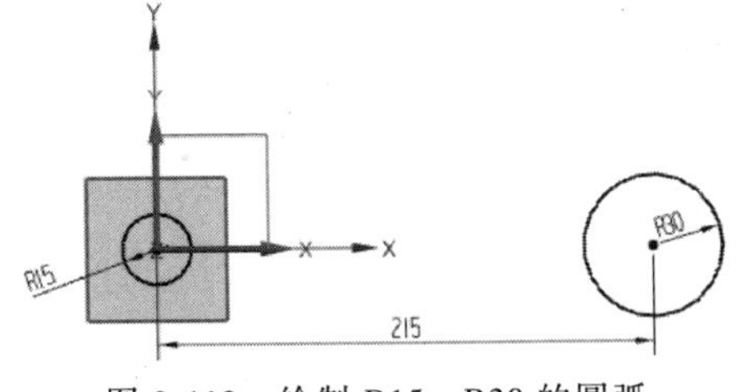

图 2-112　绘制 R15、R30 的圆弧

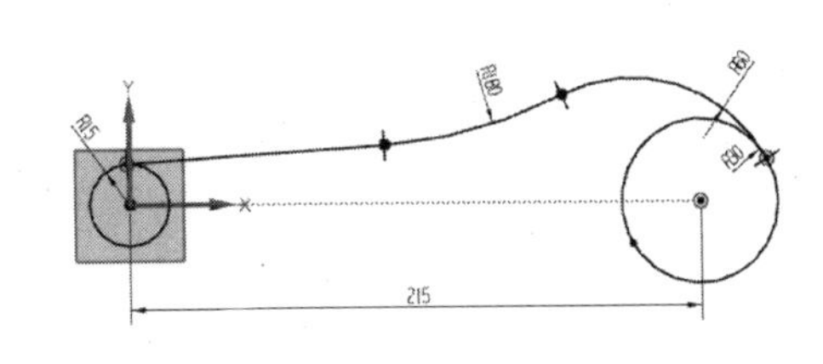

图 2-113　绘制上轮廓线

> 绘制上轮廓线时可能出现所绘制轮廓形状与实际轮廓形状差别较大的情况，如图 2-114a 所示，此时可单击直线、圆弧的端点或圆弧的圆心并拖动以调整草图对象的形状，使其接近所需形状，如图 2-114b 所示。

步骤 5　镜像上轮廓线。单击『曲线』→〈镜像〉，弹出“镜像”对话框，选择上轮

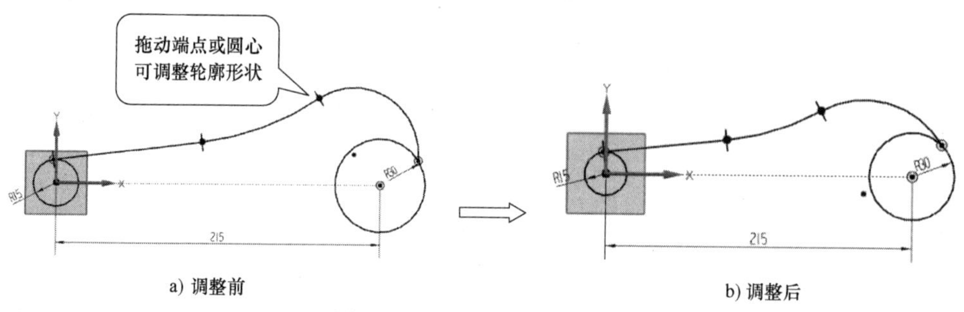

图 2-114　调整上轮廓线形状

廓线后单击鼠标中键，然后选择 X 轴作为中心线，单击 确定 按钮，完成镜像，如图 2-115 所示。

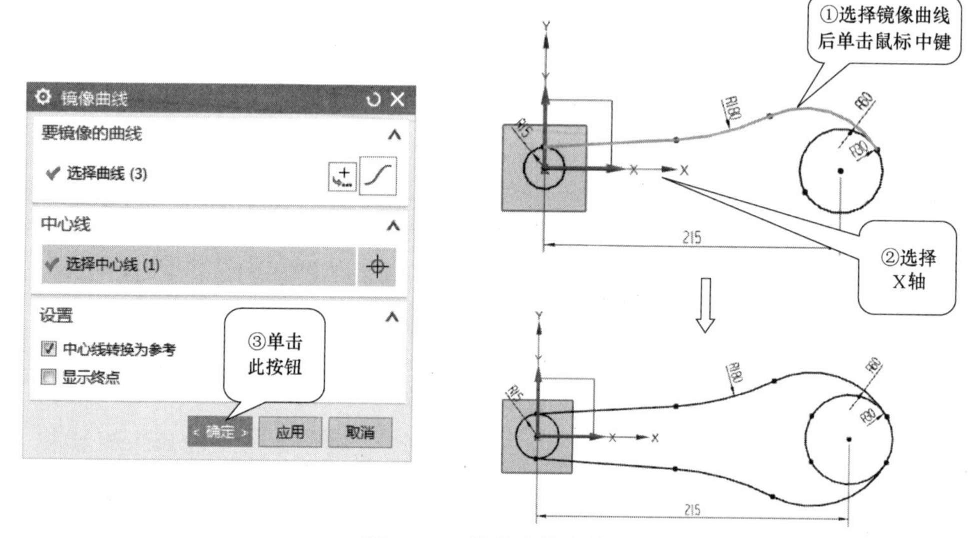

图 2-115　镜像上轮廓线

步骤 6　修剪多余曲线，标注尺寸 3°、80，如图 2-116 所示。

步骤 7　绘制正六边形。

1）单击『曲线』→〈多边形〉，弹出“多边形”对话框，输入边数“6”，捕捉 R15 圆弧的圆心为六边形中心点，移动光标至适当位置单击，绘制一个正六边形，如图 2-117 所示。

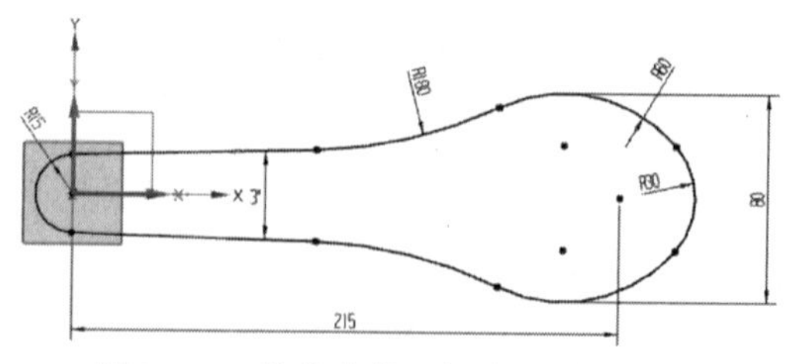

图 2-116　修剪曲线，标注尺寸 3°、80

2）添加约束。选择正六边形任意一条边添加“水平”约束；标注尺寸“18”，如图 2-117 所示。

步骤 8　绘制椭圆。

1）单击『曲线』→〈椭圆〉，弹出“椭圆”对话框，输入大半径为“10”，小半径为“20”，勾选“封闭”选项，捕捉右侧 R30 圆弧的圆心为椭圆中心，绘制一个椭圆，如图

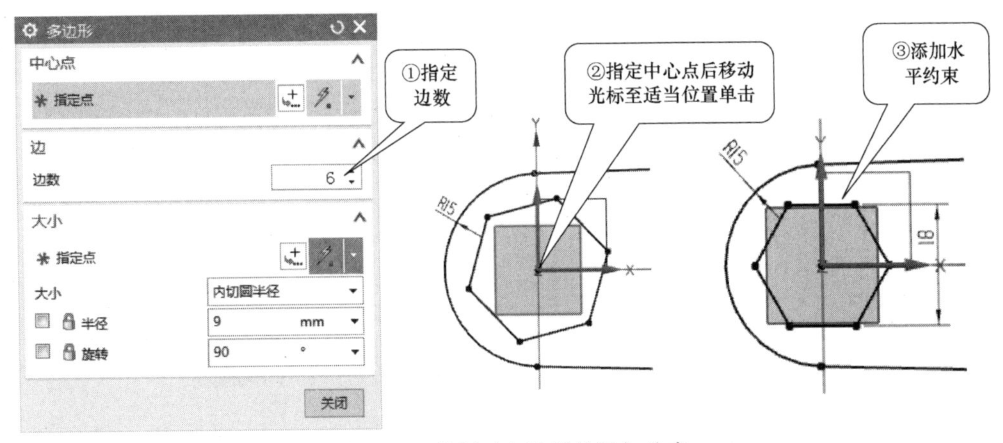

图 2-117　绘制正六边形并添加约束

2-118 所示。

2）添加约束。标注尺寸“20”“10”；选择椭圆弧，再选择 X 轴，在弹出的快速工具栏中单击〈垂直〉，添加“垂直”约束，确定椭圆的方位，如图 2-118 所示。

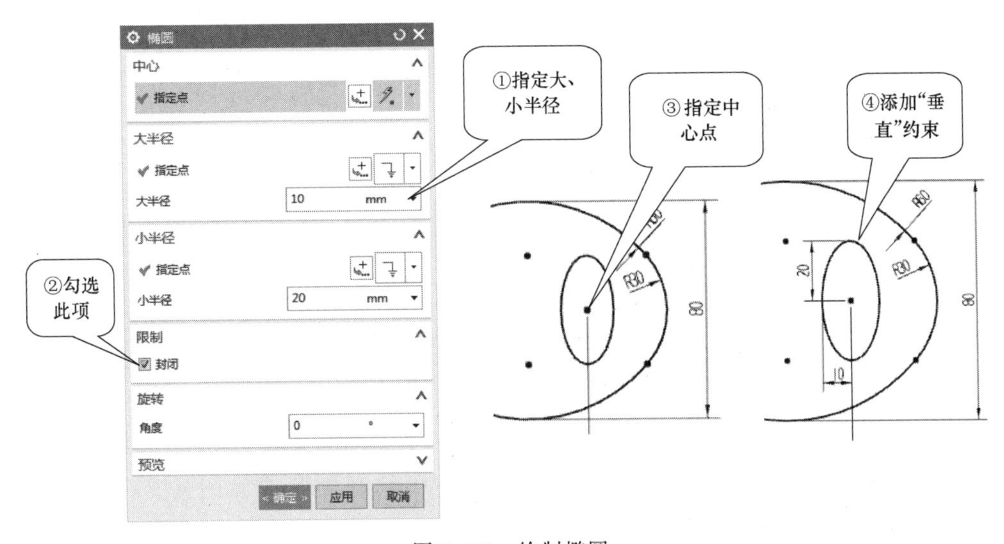

图 2-118　绘制椭圆

步骤 9　检查草图，状态行显示**草图已完全约束**，单击『草图』→〈完成草图〉，完成草图的绘制，退出草图任务环境。

步骤 10　保存图形。

知识点 1　多边形

单击『曲线』→〈多边形〉，弹出“多边形”对话框，如图 2-119 所示。创建多边形主要有“指定中心点、边数、内切圆半径和旋转角度”“指定中心点、边数、外接圆半径和旋转角度”“指定中心点、边数、边长和旋转角度”3 种方法，如图 2-120 所示。

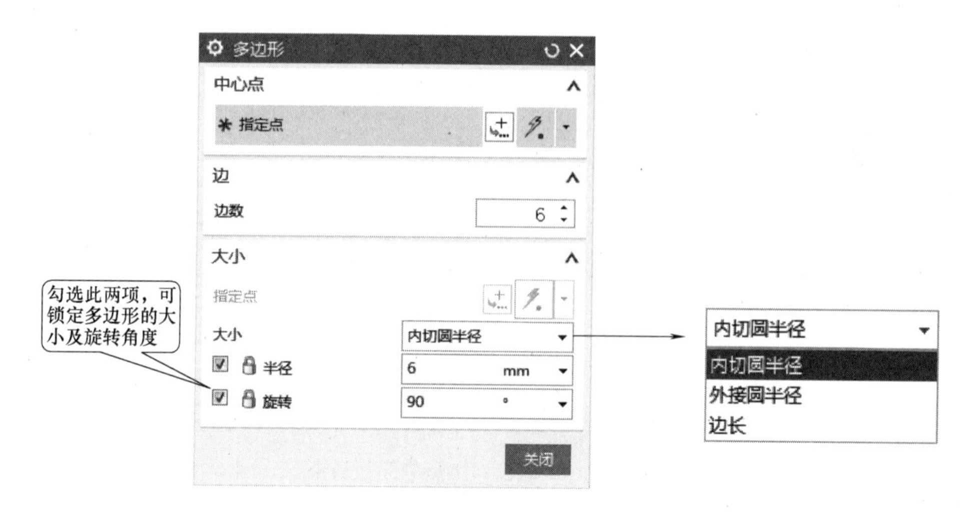

图 2-119 “多边形”对话框

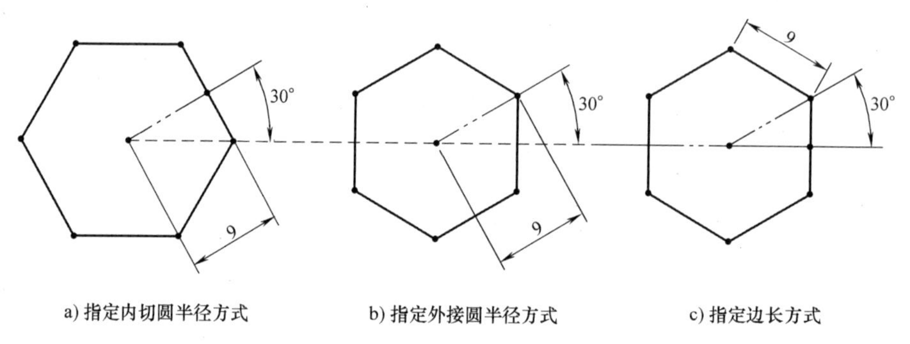

图 2-120 绘制多边形的 3 种方法（旋转角度 30°）

知识点 2 椭圆

单击『曲线』→〈椭圆〉，弹出“椭圆”对话框，如图 2-121 所示。通过指定椭圆的中心点、椭圆的大半径、椭圆的小半径和旋转角度可绘制椭圆或椭圆弧。在对话框中的“限制”选项组下勾选封闭则绘制椭圆；如不勾选封闭，则绘制椭圆弧，如图 2-121 所示。

知识点 3 镜像曲线

“镜像曲线”命令可将选定的草图几何对象以指定的直线为对称中心线，复制成新的草图对象。镜像的对象与原对象形成一个整体，且具有相关性。

单击『曲线』→〈镜像〉，弹出“镜像”对话框，在选择要镜像的曲线、指定中心线后，即可完成镜像，如图 2-122 所示。其操作方法在本任务实例中已述，不再赘述。

知识点 4 交点

使用“交点”命令可以在曲线与草图平面之间创建一个交点，如图 2-123 所示。

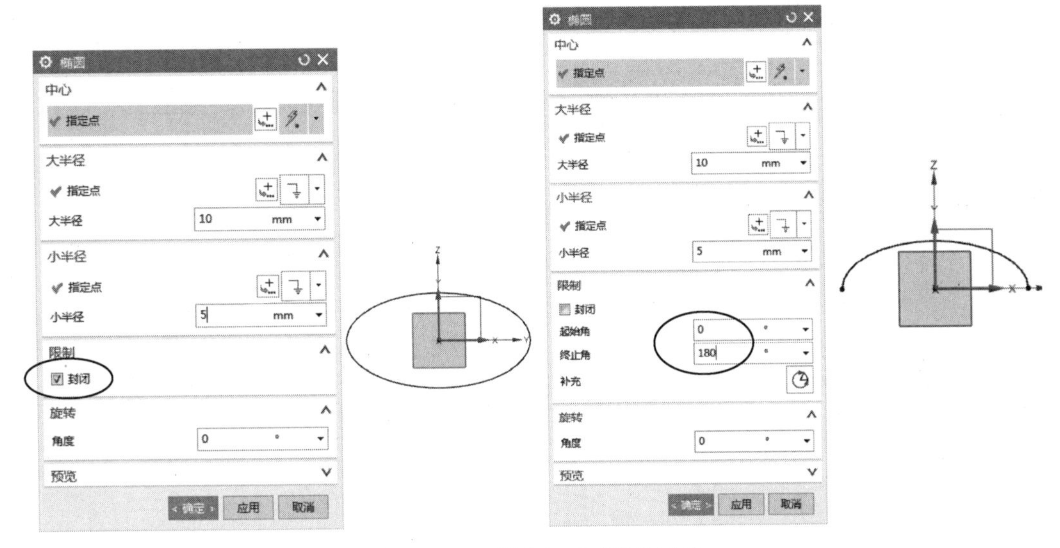

图 2-121　“椭圆”对话框及示例

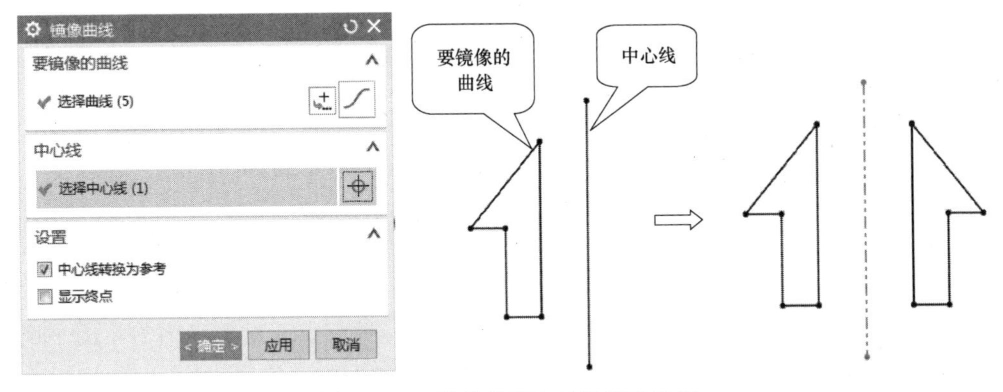

图 2-122　“镜像曲线”对话框及示例

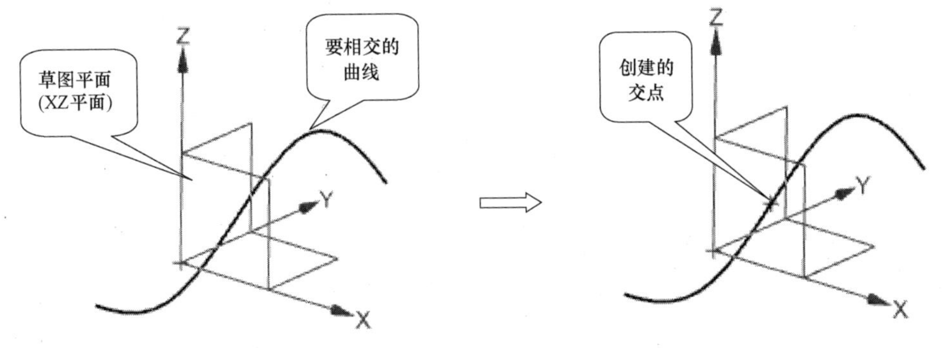

图 2-123　创建“交点”

单击『曲线』→〈交点〉，弹出“交点”对话框，如图 2-124 所示，系统提示选择要相交的曲线，用户选择曲线后单击 确定 或 应用 按钮，即可在曲线与草图平面之间创建一个交点。如所选曲线与草图平面有多个交点，则〈循环解〉被激活，单击该按钮，可在多个交点之间切换。

知识点5　相交曲线、投影曲线

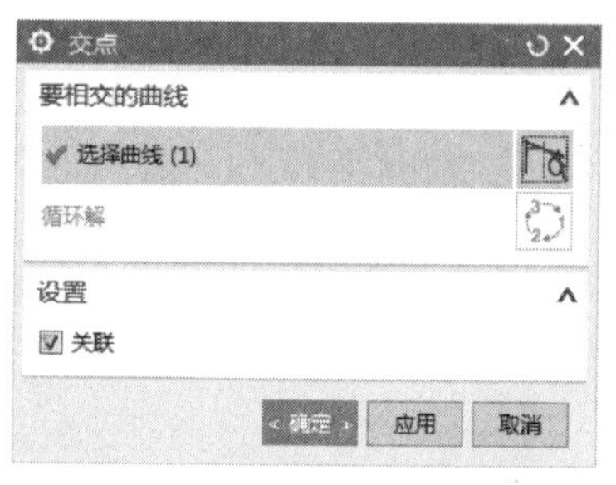

图 2-124　“交点”对话框

1. 相交曲线

“相交曲线”命令可以利用现有面与草图平面的相交关系来创建现有面与草图平面的交线。

单击『曲线』→〈相交曲线〉，弹出“相交曲线”对话框，用户选择要相交的面（即现有面）后，便可创建该面与草图平面的交线，如图 2-125 所示。

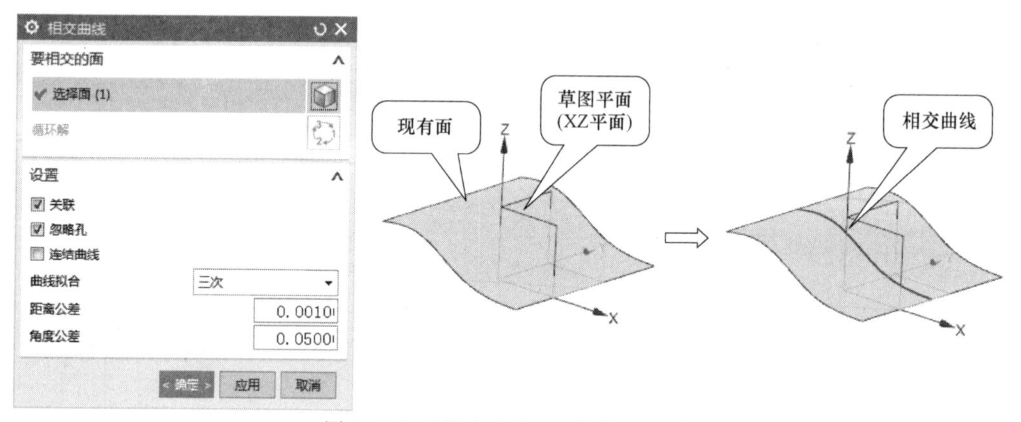

图 2-125　“相交曲线”对话框及示例

2. 投影曲线

“投影曲线”命令可以将非当前草图平面内的曲线、面、点等对象沿当前草图平面的法向投影到当前草图平面上。单击『曲线』→〈投影曲线〉，弹出“投影曲线”对话框，用户选择要投影的对象后，单击 确定 或 应用 按钮便可创建投影曲线，如图 2-126 所示。

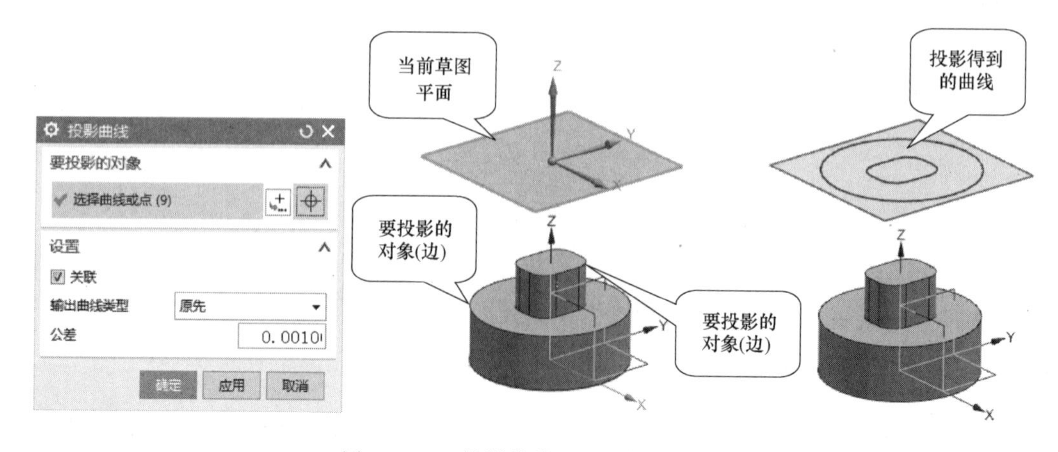

图 2-126　“投影曲线”对话框及示例

知识点 6　草图对象的操控

在草图对象绘制后而没有添加约束前，单击草图对象的端点、边线，或者圆、圆弧的圆心并拖动，可以调整草图对象的形状、尺寸或位置，如图 2-127 所示。

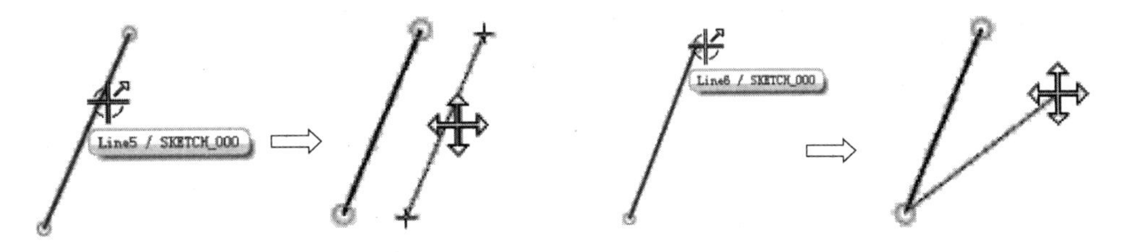

a) 单击直线并拖动，可调整直线的位置　　b) 单击直线端点并拖动，可调整直线长度与方向

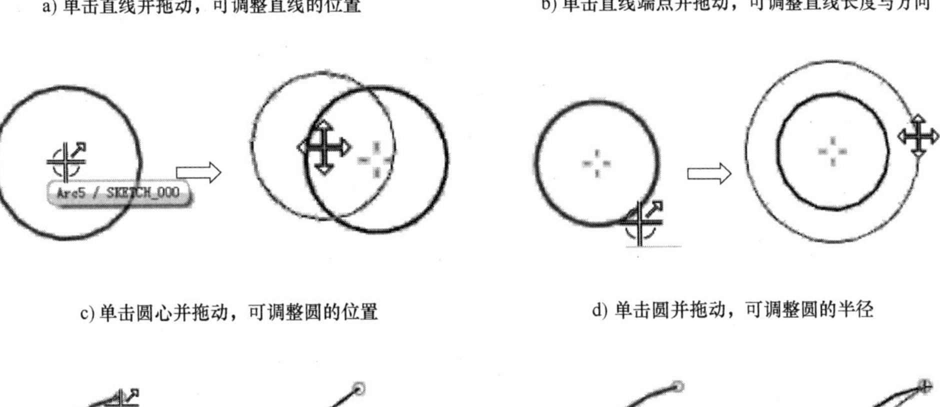

c) 单击圆心并拖动，可调整圆的位置　　d) 单击圆并拖动，可调整圆的半径

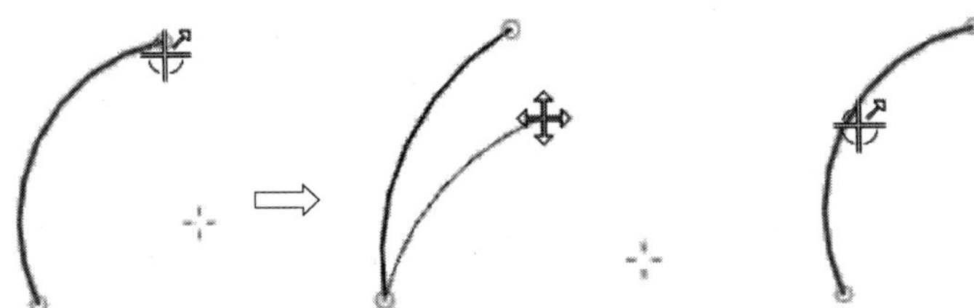

e) 单击并拖动圆弧端点，可改变圆弧弧长与圆心位置　　f) 单击并拖动圆弧，可调整圆弧弧长与圆心位置，而圆弧端点位置不变

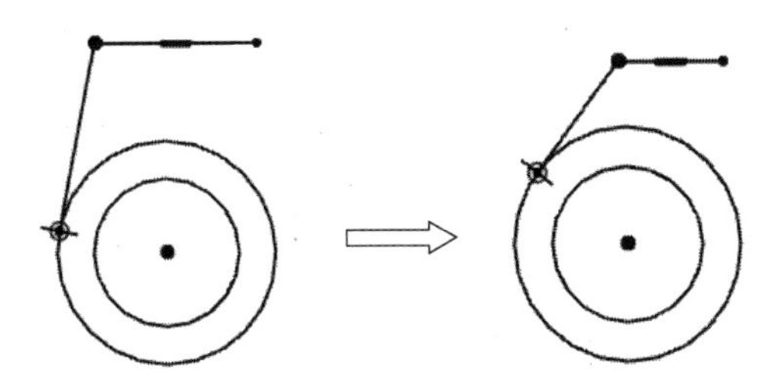

g) 调整一个草图对象时，其关联对象同步调整，以维持约束关系不变(相切)

图 2-127　草图对象的操控

此外，如为草图对象添加了某些约束，则调整一个草图对象时，其关联对象将被自动调整，如图 2-127g 所示。

同类任务

完成图 2-128、图 2-129 所示图形的绘制。

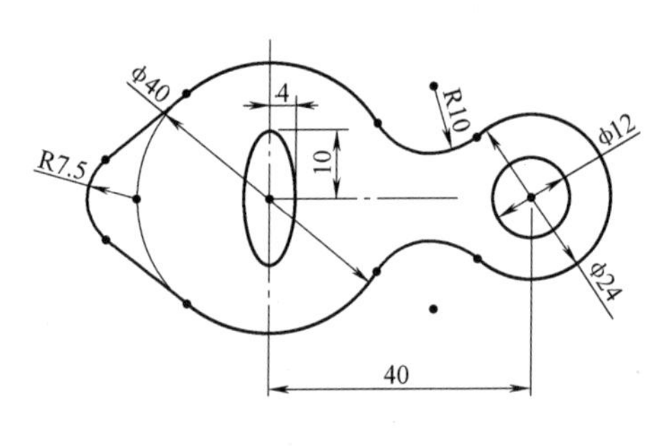

图 2-128　纺锤形轮廓

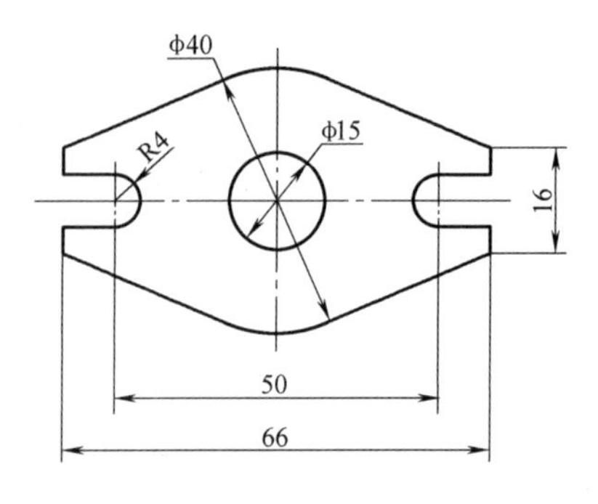

图 2-129　垫块

拓展任务

完成图 2-130 所示图形的绘制。

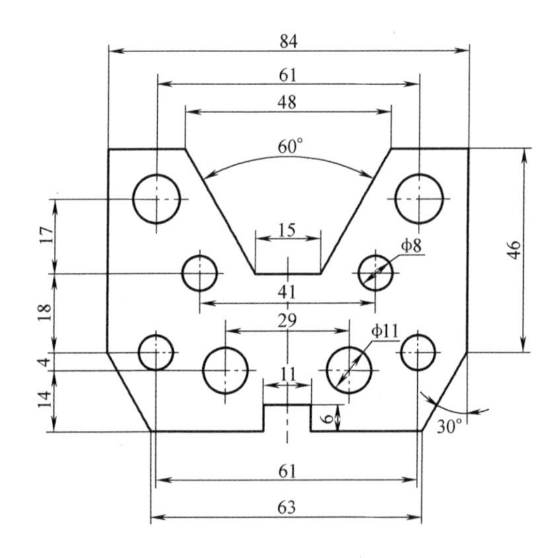

图 2-130　对称轮廓

小　　结

UG NX 12.0 为用户提供了十分简捷且功能强大的草图绘制功能。进入草图绘制环境中，一般可以先快速绘制出大概的二维轮廓曲线，接着通过添加尺寸约束和几何约束使草图曲线的尺寸、形状和方位更加精确。对于较复杂的二维图形，可将其分为若干部分来分别绘制。

本模块先对草图进行概述，接着介绍了草图工作平面、定向到草图、定向到模型和重新附着功能，然后重点介绍了草图绘制命令、尺寸约束、几何约束等知识，其中尺寸约束和几何约束的添加是本模块的重点和难点。

考　　核

完成图 2-131 ~ 图 2-137 所示图形的绘制。

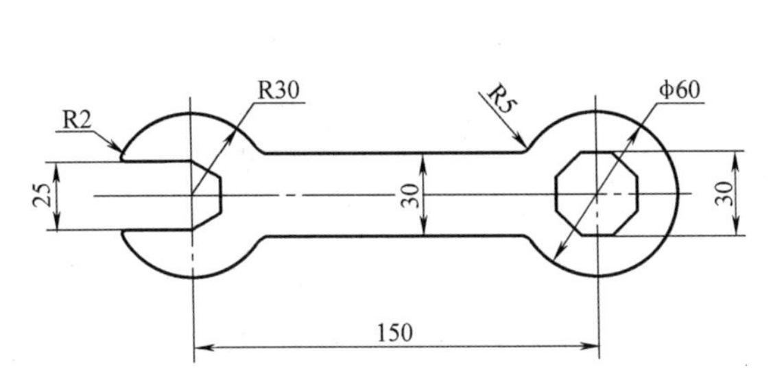

图 2-131　扳手

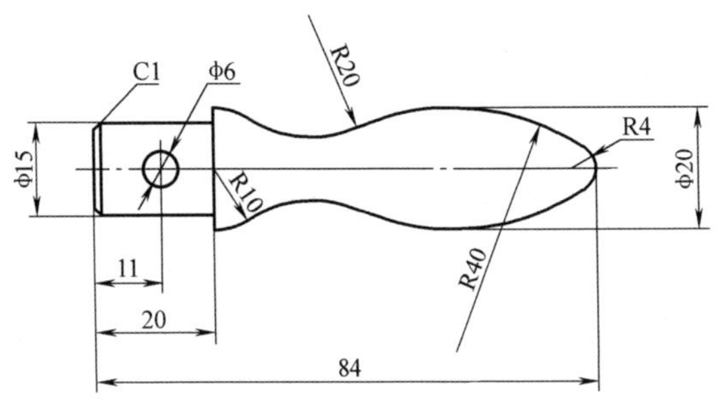

图 2-132　手柄

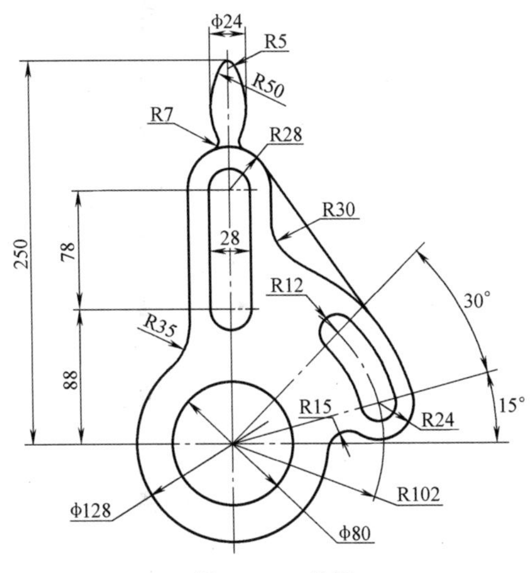

图 2-133　转柄

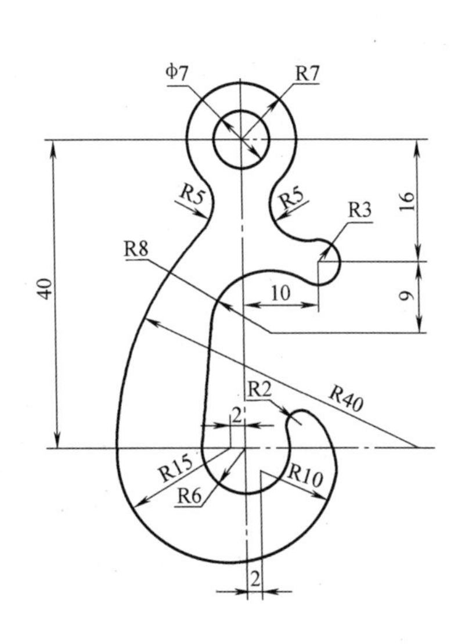

图 2-134　虎头钩

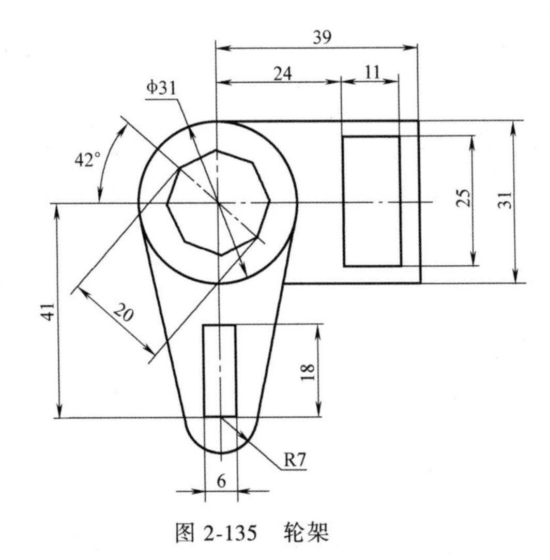

图 2-135　轮架

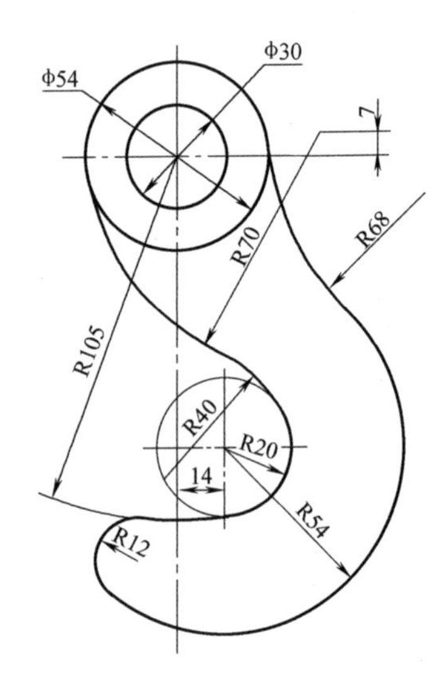

图 2-136　吊钩

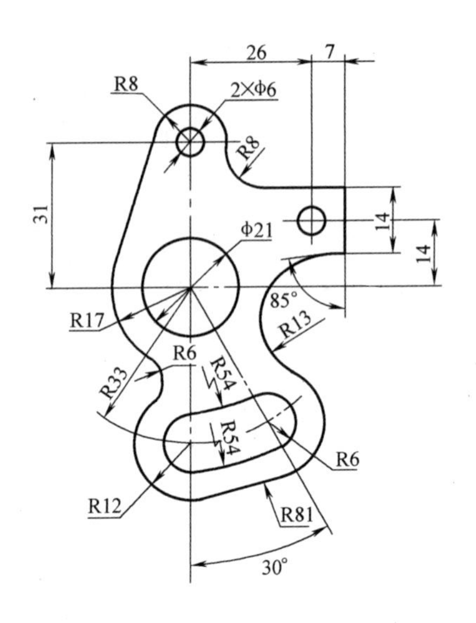

图 2-137　交换齿轮架

模块3　实 体 建 模

【能力目标】

1. 能熟练使用实体及特征建模的各种命令及布尔运算完成典型零件的造型。

2. 能正确创建基准特征，通过基准特征的创建完成较复杂零件的造型。

【知识目标】

1. 掌握基本体特征（长方体、圆柱体、圆锥体、球体）的创建方法、布尔运算方法及综合应用。

2. 掌握基准特征（基准平面、基准轴、基准点）的创建方法及应用。

3. 掌握扫描特征（拉伸、旋转、扫掠、管道）、凸起特征的创建方法及应用。

4. 掌握细节特征（倒圆角、倒斜角、拔模等）的创建方法及应用。

5. 掌握成形特征（孔、槽、螺纹、键槽）的创建方法、定位方法及应用。

6. 掌握关联复制（镜像特征、镜像几何体、阵列特征、阵列几何特征、阵列面）的创建方法及应用。

7. 掌握修剪（修剪体、拆分体等）的创建方法及应用。

8. 掌握偏置/缩放（抽壳、缩放体、包容体、偏置曲面、偏置面等）的创建方法及应用。

9. 掌握同步建模（替换面、移动面、偏置区域、删除面、设为共面等）的创建方法及应用。

10. 掌握特征编辑（编辑特征参数、可回滚编辑等）的方法及应用。

任务1　支座的实体建模

本任务要求创建图3-1所示的支座实体，主要涉及长方体、圆柱体、圆锥体特征、布尔运算命令及基准点、基准轴等操作。

任务实施

步骤1　新建文件。

步骤2　创建40×60×15的长方体。

1）调用“长方体”命令。在功能区单击【主页】→『特征』→〈更多〉按钮下方的将其展开，再单击“设计特征”下的〈长方体〉，打开“长方体”对话框，如图3-2所示。

2）指定创建长方体的方法及其尺寸。在“类型”选项组下选择“原点和边长”；在“尺寸”选项组下输

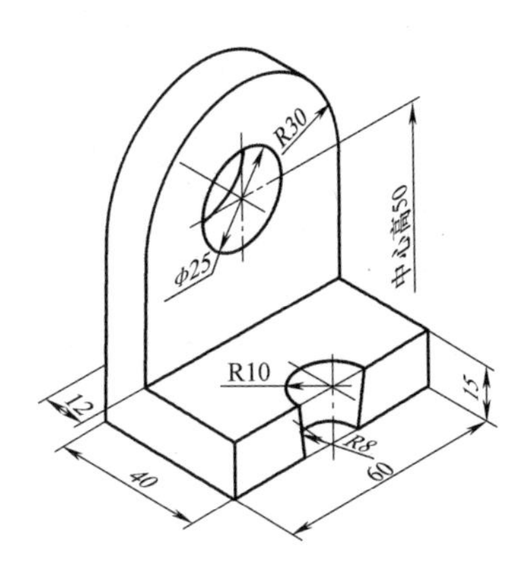

图3-1　支座

入长度为“40”，宽度为“60”，高度为“15”，如图3-2所示。

3）单击 应用 按钮，完成长方体的创建。

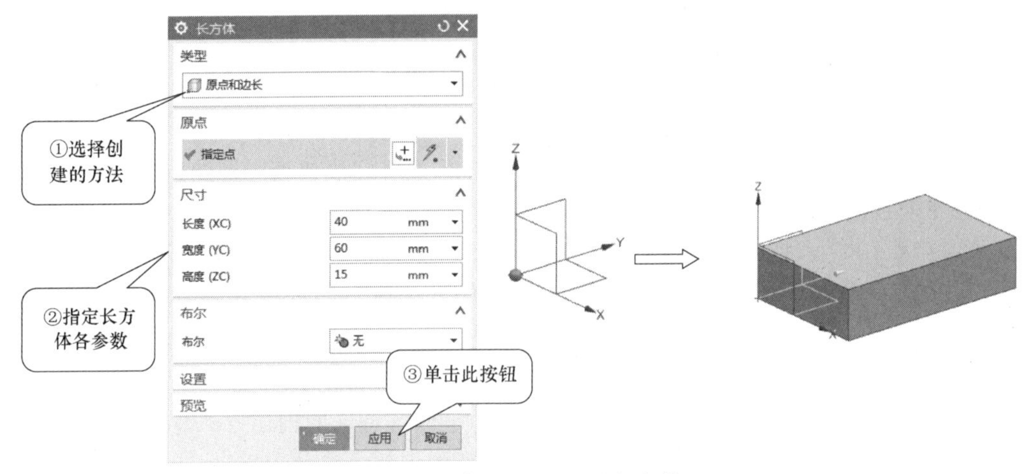

图3-2 创建40×60×15的长方体

未指定长方体原点位置，系统默认将长方体前面左下点（第三视角）放置在坐标系原点处。

在“长方体”对话框的“预览”选项组中单击显示结果按钮，可以在绘图区预览长方体效果，如想取消预览，则可以单击撤消结果按钮。

步骤3 创建12×60×35的长方体，并与已有长方体求和。

1）确定长方体的原点。单击“长方体”对话框“原点”选项组下的▾将其展开，单击〈端点〉，捕捉已创建长方体的前面左上端点，作为要创建的长方体的原点，如图3-3所示。

2）在“尺寸”选项组下输入长度为“12”，宽度为“60”，高度为“35”。

3）在“布尔”选项组选择“合并”，系统自动选择步骤2中所创建的长方体（高亮显示）作为求和对象。

4）单击 确定 按钮，完成长方体的创建，该长方体与已有的长方体合成一个整体，如图3-3所示。

单击对话框中 确定 按钮与 应用 按钮的区别：单击 确定 按钮，系统执行操作并关闭原对话框；单击 应用 按钮，系统执行操作，但不关闭原对话框，用户可接着操作。

步骤4 创建R30×12的半圆柱体，并与已有实体求和。

1）调用“圆柱体”命令。在功能区单击【主页】→『特征』→〈更多〉按钮下方的▾将其展开，单击“设计特征”下的〈圆柱〉圆柱，打开“圆柱”对话框，如图3-4所示。

2）指定创建圆柱体的方法。在“类型”选项组下选择“轴、直径和高度”。

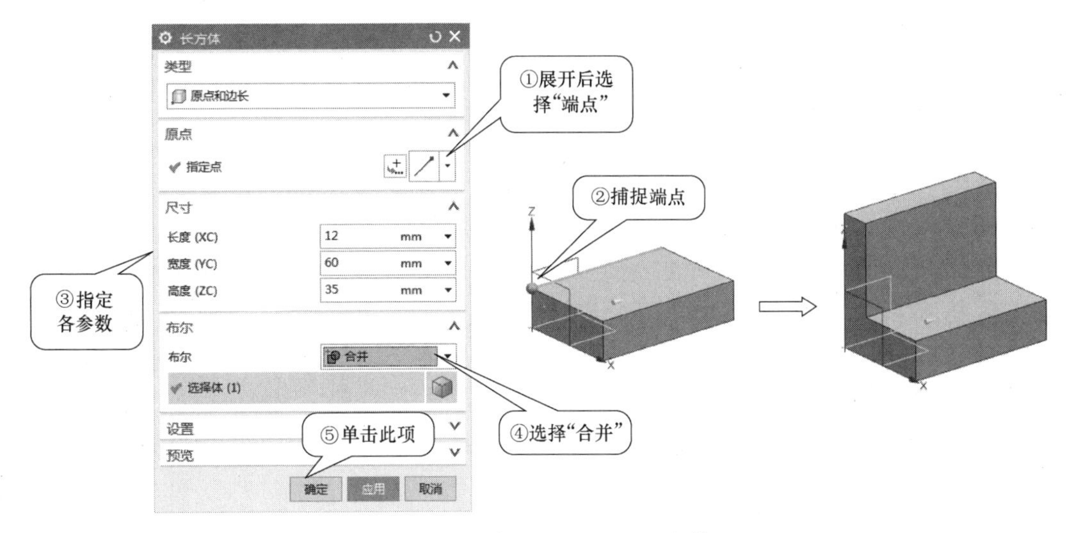

图 3-3　创建 12×60×35 的长方体

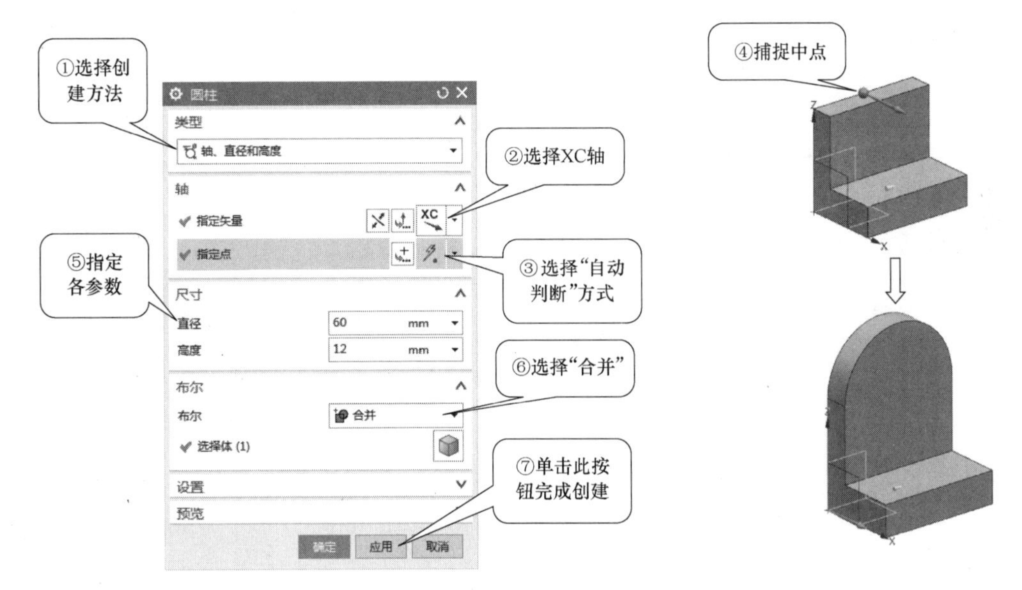

图 3-4　创建 R30×12 的半圆柱体

3）指定圆柱体轴线方向及轴线位置。单击“轴”选项组“指定矢量”选项后的▾将其展开，选择 XC 轴；单击“指定点”选项后的〈自动判断〉，移动光标至实体最上、最左边的近似中点处，光标旁出现〈中点〉时单击，捕捉中点，该位置即为圆柱轴线所在位置，且圆柱高度方向（即轴线方向）为 XC 轴方向，如图 3-4 所示。

4）指定圆柱体的尺寸。在“尺寸”选项组下输入直径为“60”，高度为“12”；在“布尔”选项组中选择“合并”。

5）单击 应用 按钮，完成圆柱体的创建，且圆柱体与已有实体合成一体，如图 3-4 所示。

单击“轴”选项组“指定矢量”选项后的〈反向〉或者在矢量轴的箭头上双击，可实现矢量轴的反向。

步骤5 创建ϕ25×12的圆柱体，并与已有实体求差。

1）在“指定矢量”选项后选择-XC轴；在“指定点”选项后选择〈圆心〉，移动光标至半圆柱体边，待其亮显时单击捕捉其圆心，圆心位置即为圆柱轴线所在位置，且圆柱高度方向为-XC轴方向，如图3-5所示。

2）在“尺寸”选项组下输入直径为“25”，高度为“12”；在“布尔”选项组中选择“减去”。

3）单击 确定 按钮，完成圆柱体的创建，且圆柱体与已有实体求差，形成圆柱孔，如图3-5所示。

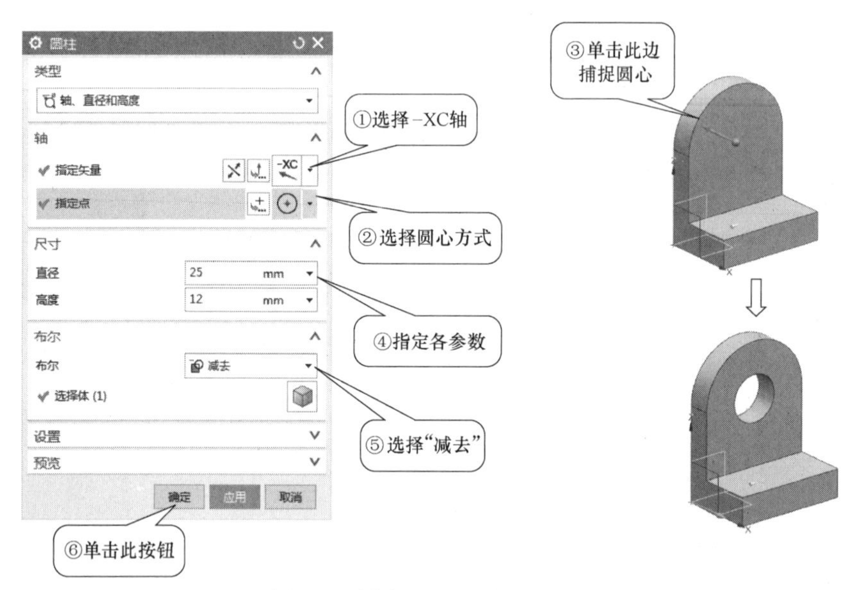

图3-5 创建ϕ25×12的圆柱孔

步骤6 创建R10、R8、高15的圆锥孔，并与已有实体求差。

1）调用“圆锥”命令。在功能区单击【主页】→『特征』→〈更多〉→〈圆锥〉圆锥，打开“圆锥”对话框，如图3-6所示。

2）指定创建圆锥体的方法。在“类型”选项组下选择“直径和高度”。

3）指定圆锥体轴线方向和轴线位置。在“轴”选项组“指定矢量”选项中选择-ZC轴；在“指定点”选项中选择〈自动判断〉，捕捉底板最上、最右边的中点，该位置即为圆锥轴线所在位置，且圆锥高度方向为-ZC轴方向，如图3-6所示。

4）指定圆锥体的尺寸。在“尺寸”选项组下输入“底部直径”为“20”，“顶部直径”为“16”，“高度”为“15”；在“布尔”选项组中选择“减去”。

5）单击 确定 按钮，完成圆锥的创建，且圆锥体与已有实体求差，形成锥孔，如图3-6

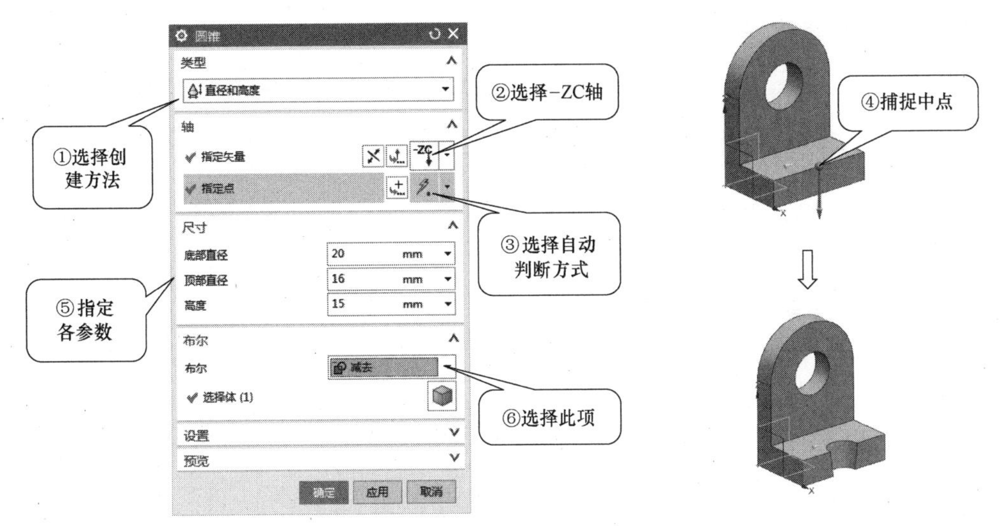

图 3-6　创建 R10、R8、高 15 的圆锥孔

所示。

步骤 7　隐藏基准坐标系，并保存文件。

知识点 1　基本体特征

直接生成实体的方法一般称为基本体特征，可用于创建简单形状的对象。它包括长方体、圆柱体、圆锥体和球体等特征。

调用基本体特征命令主要有以下方式：

- 功能区：【主页】→『特征』→〈更多〉→“设计特征”下 长方体、圆柱、圆锥、球。
- 菜单：插入→设计特征→长方体、圆柱、圆锥、球。

1. 长方体

单击〈长方体〉长方体，则打开“长方体”对话框，如图 3-7 所示。在该对话框的“类型”下拉列表框中，提供了“原点和边长”“两点和高度”“两个对角点”3 种创建长方体的方法。

◆ “原点和边长”方式：通过在文本框中输入长方体的长度、宽度、高度，然后指定一点作为长方体前面左下角点（即原点）创建长方体，如图 3-8a 所示。

◆ “两点和高度”方式：通过指定底面的两个对角点和高度创建长方体，如图 3-8b 所示。

◆ “两个对角点”方式：通过指定长方体的两个对角点创建长方体，如图 3-8c 所示。

在“长方体”对话框的“原点”选项组下单击〈点〉，则打开“点”对话框（如图 3-7 中右图所示），有关该对话框的介绍见本任务知识点 3 基准点。

图 3-7 “长方体”对话框

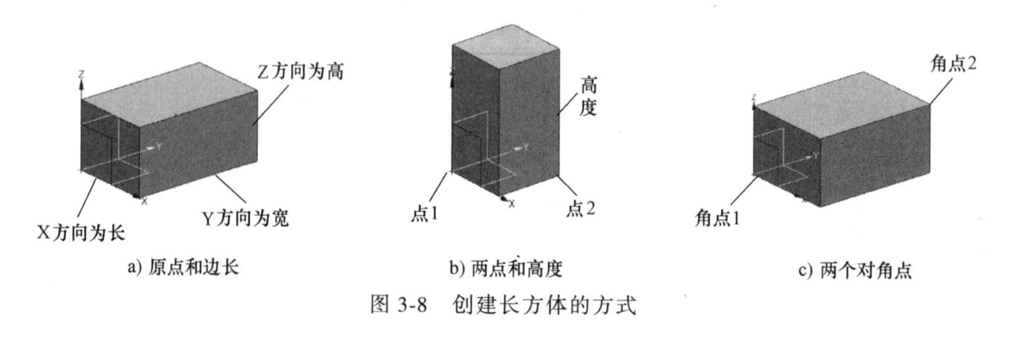

图 3-8 创建长方体的方式

2. 圆柱体

单击〈圆柱〉**圆柱**，则打开“圆柱”对话框，如图 3-9 所示。在该对话框的“类型”下拉列表框中，提供了“轴、直径和高度”“圆弧和高度”两种创建圆柱体的方法。

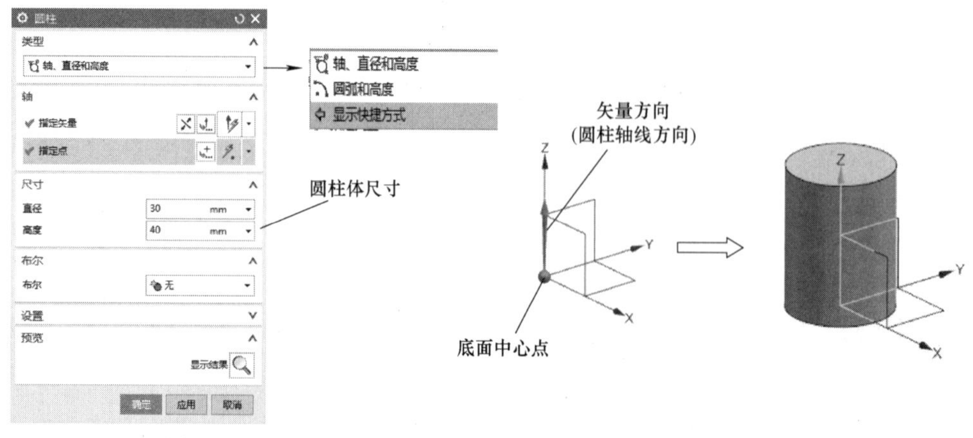

图 3-9 “圆柱”对话框及“轴、直径和高度”方式创建圆柱体

◆ “轴、直径和高度”方式：通过指定圆柱体的矢量方向（即圆柱的轴线方向）和底面中心点位置，并设置直径和高度创建圆柱体，如图 3-9 所示。其操作方法在本任务实例

中已述，不再赘述。

◆ “圆弧和高度”方式：通过选择一个已有的圆弧（圆弧可不封闭，该圆弧的半径和中心点即为所创建圆柱体的半径和中心点），并设置高度创建圆柱体，如图 3-10 所示。

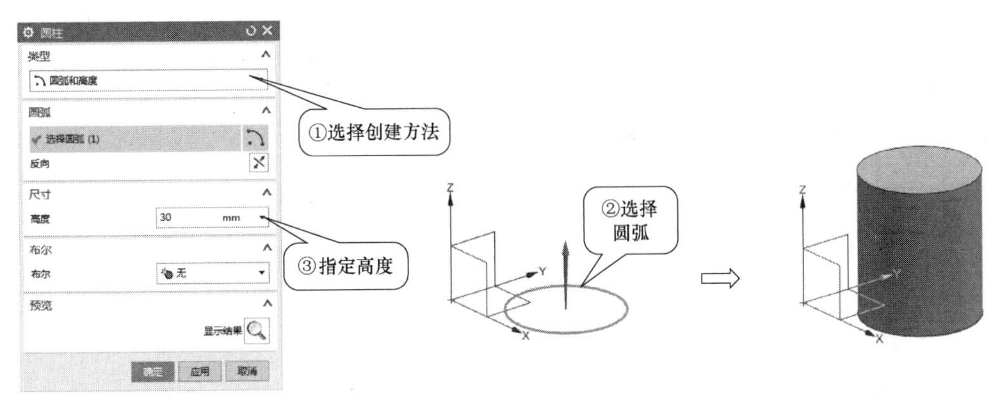

图 3-10 “圆弧和高度”方式创建圆柱体

3. 圆锥体

单击〈圆锥〉 圆锥，则打开“圆锥”对话框，如图 3-11 所示。在该对话框的“类型”下拉列表框中，提供了 5 种创建圆锥体的方法。

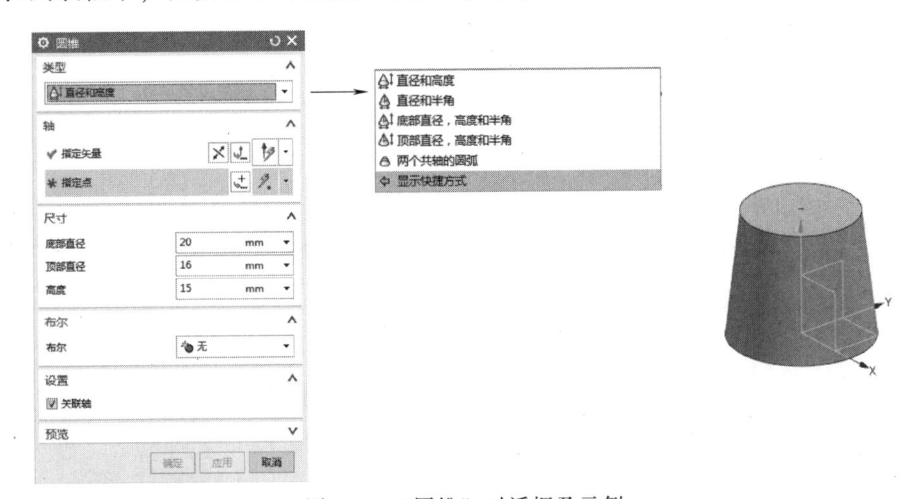

图 3-11 “圆锥”对话框及示例

◆ “直径和高度”方式：通过指定圆锥轴线方向、底面中心点位置，并设置底部直径、顶部直径和高度创建圆锥体。本任务实例中圆锥孔的创建采用的就是此方式。

◆ “直径和半角”方式：通过指定圆锥轴线方向、底面中心点位置，并设置底部直径、顶部直径和半角创建圆锥体。

◆ “底部直径，高度和半角”方式：通过指定圆锥轴线方向、底面中心点位置，并设置底部直径、高度和半角创建圆锥体。

◆ “顶部直径，高度和半角”方式：通过指定圆锥轴线方向、底面中心点位置，并设置顶部直径、高度和半角创建圆锥体。

◆ "两个共轴的圆弧"方式：通过选择两个共轴的圆弧（圆弧可不封闭）来创建圆锥体。所选的两个圆弧分别作为基圆弧和顶圆弧，如图3-12a所示。如两圆弧不共轴，系统会以投影的方式将顶圆弧投射到基圆弧轴上，再创建圆锥体，如图3-12b所示。

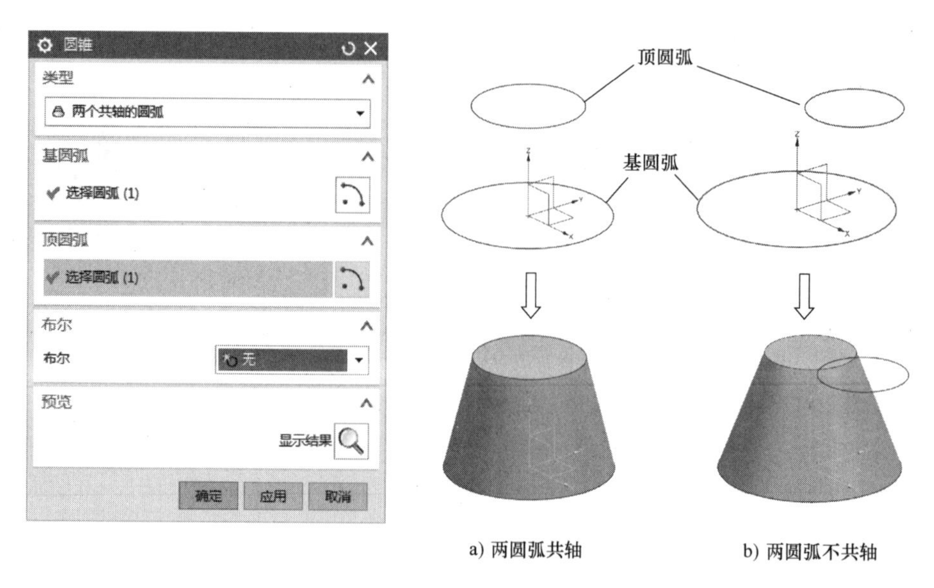

图3-12　以"两个共轴的圆弧"方式创建圆锥体

4. 球体

单击〈球〉球，则打开"球"对话框，如图3-13所示。在该对话框的"类型"下拉列表框中，提供了"中心点和直径""圆弧"两种创建球体的方法。

图3-13　"球"对话框及示例

◆ "中心点和直径"方式：通过指定或选择一点作为中心点，并设置直径创建球体。

◆ "圆弧"方式：通过选择一个已有圆弧（圆弧可不封闭，该圆弧的半径和中心点即为所创建球体的半径和中心点）来创建球体。

知识点2 布尔运算

对象间的布尔运算是指将两个或多个对象（实体或片体）组合成一个对象。布尔运算包括求和、求差和求交。调用布尔运算命令主要有以下方式：

- 功能区：【主页】→『特征』→〈合并〉、〈减去〉、〈相交〉。
- 菜单：插入→设计特征→组合→〈合并〉、〈减去〉、〈相交〉。
- 对话框：在相关对话框中的“布尔”选项组中单击〈合并〉、〈减去〉、〈相交〉。

各命令的调用方法如图 3-14 所示。

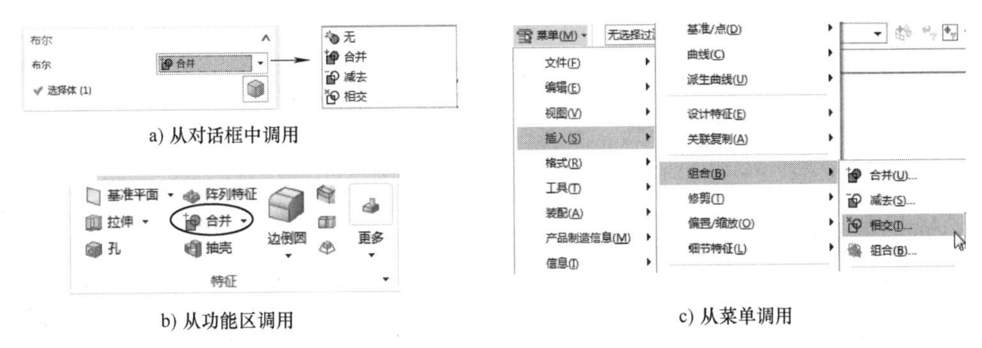

a) 从对话框中调用　b) 从功能区调用　c) 从菜单调用

图 3-14 “布尔运算”命令的调用方法

布尔运算中需要与其他体组合的实体或片体称为目标体，目标体只能有一个；用来改变目标体的实体或片体称为刀具体（也称工具体），刀具体可以有多个。

1. 求和（即“合并”）

求和是指将两个或多个实体合并成一个独立的实体，如图 3-15a 所示。

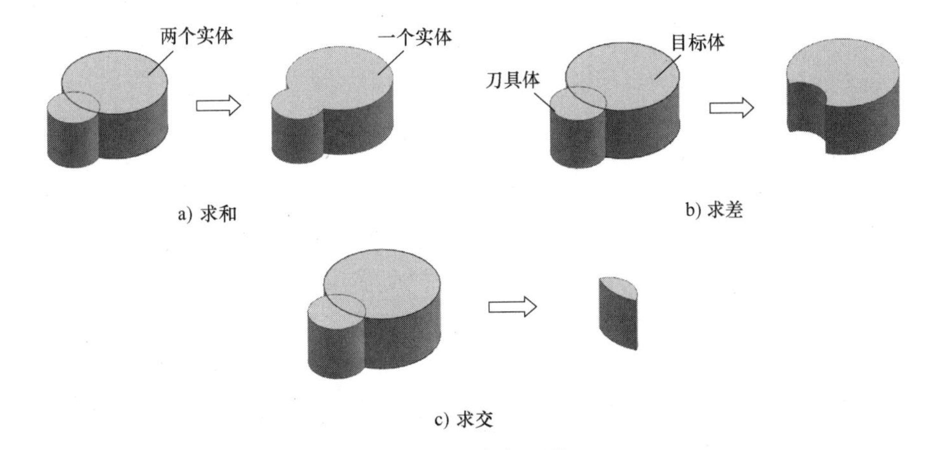

a) 求和　b) 求差　c) 求交

图 3-15 布尔运算

2. 求差（即“减去”）

求差是指从一个实体（目标体）中减去另一个或多个实体（刀具体），从而创建一个新的实体，如图 3-15b 所示。

3. 求交（即“相交”）

求交是指将目标体与所选刀具体之间的相交部分创建为一个新的实体，如图 3-15c 所示。

> 求和时刀具体必须与目标体接触或相交；求差、求交时刀具体必须与目标体相交，否则会产生出错信息。

知识点3　基准点

创建基准点就是在视图中创建一个或一系列点，这些点可以用来为创建基本体（长方体、圆柱体、圆锥体、球体）确定位置，也可以为在实体特征上打孔进行定位。调用该命令主要有以下方式：

- 在功能区：【主页】→『特征』→“基准平面/点”下拉菜单→〈点〉 十 点。
- 菜单：插入→基准点/点→〈点〉 十 点(P)...。

执行上述操作后，弹出“点”对话框，如图 3-16 所示。

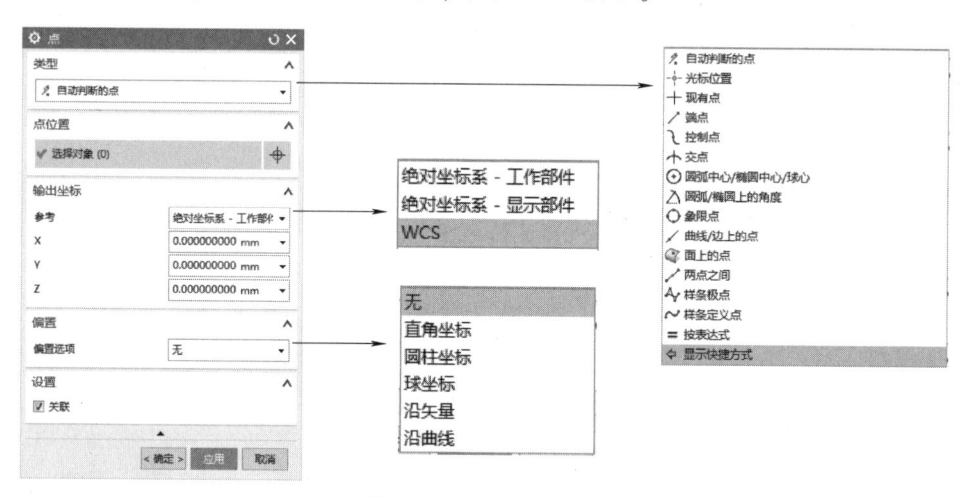

图 3-16　“点”对话框

在“点”对话框的“类型”下拉列表框中提供了创建点的类型选项，包括“自动判断的点”“现有点”“端点”“交点”“圆弧中心/椭圆中心/球心”“两点之间”等，如图 3-16 所示。

在“点”对话框的“类型”下拉列表框中选择所需要的点类型后，根据提示进行选择对象等操作，便可以创建一个点。如，选择点类型选项为“两点之间”，接着选择两个点，就可在该两点之间创建一个点，如图 3-17 所示。

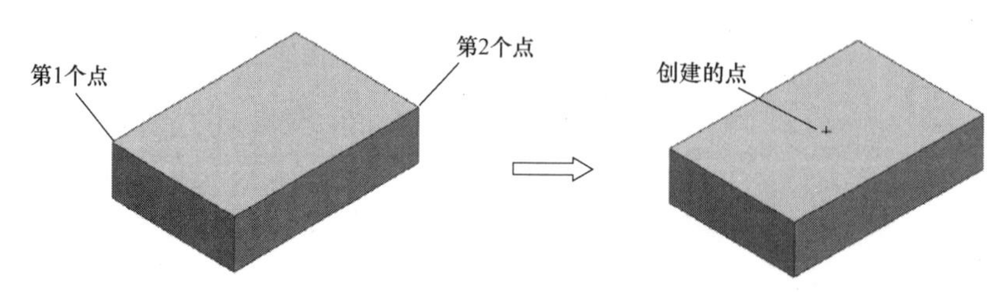

图 3-17　在“两点之间”创建点示例

在“点”对话框的“输出坐标”选项组下的“参考”下拉列表框中，提供了“绝对坐标系-工作部件”“绝对坐标系-显示部件”“WCS”选项。当选择“WCS”时，当前点位置以工作坐标系来确定；当选择其余两项时，当前点位置以绝对坐标系来确定。

知识点4　基准轴

基准轴可用于旋转中心、镜像中心，也可用于指定某些基本体（圆柱体、圆锥体）的轴线方向，还可用于指定拉伸体和基准平面的方向。调用该命令主要有以下几种方式：

- 功能区：【主页】→『特征』→“基准平面/点”下拉菜单→〈基准轴〉 基准轴。
- 菜单：插入→基准点/点→〈基准轴〉 基准轴(A)...。

执行上述操作后，弹出“基准轴”对话框，如图3-18所示。

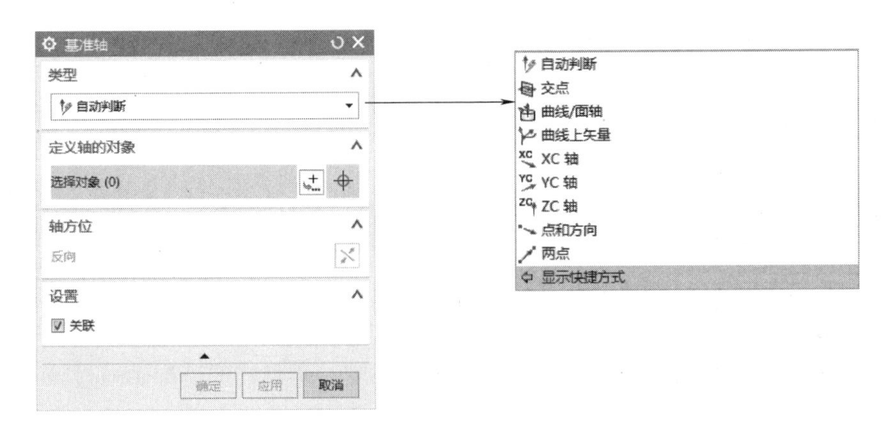

图3-18　“基准轴”对话框

在“基准轴”对话框的“类型”下拉列表框中提供了创建基准轴的9种选项，各选项说明如下：

1. 交点

通过选择两个相交的平面来创建基准轴，所创建的基准轴与这两个平面的交线重合，如图3-19所示。

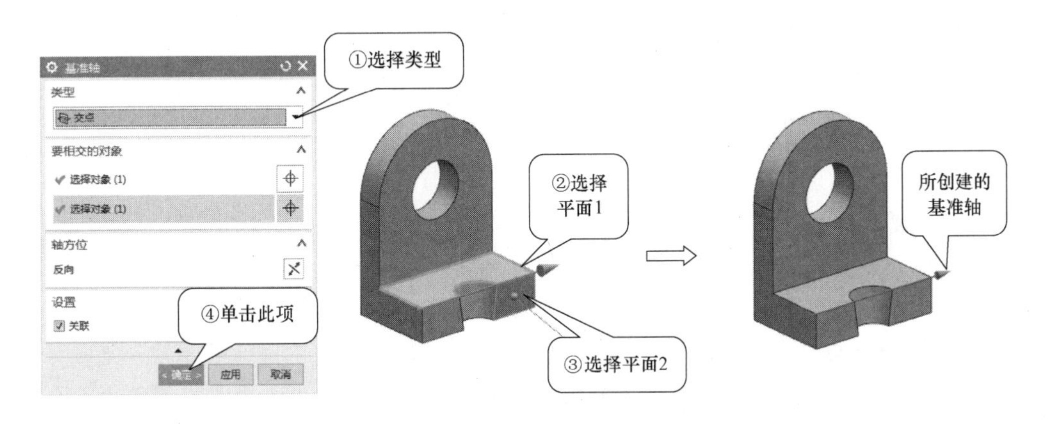

图3-19　以“交点”方式创建基准轴

2. XC轴、YC轴、ZC轴

选择，则创建的基准轴与XC轴重合。同理，选择或，则所创建的基准轴与YC轴或ZC轴重合，如图3-20所示。

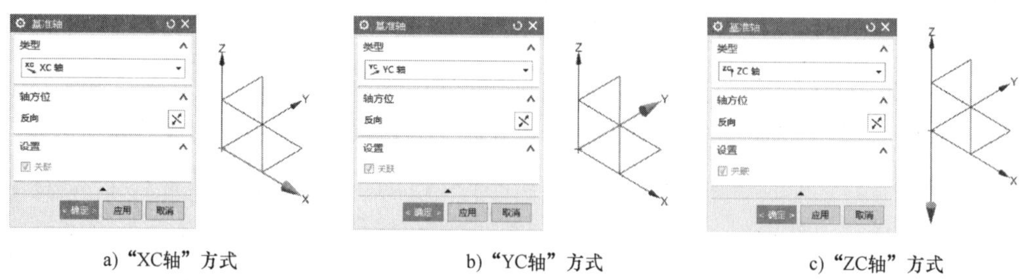

a)"XC轴"方式　b)"YC轴"方式　c)"ZC轴"方式

图3-20　以"XC轴""YC轴""ZC轴"方式创建基准轴

单击"轴方向"选项组下的〈反向〉或在基准轴锥形手柄上双击，可以将基准轴反向，如图3-20c所示。

选中"设置"选项组下的☑关联(默认为选中状态)，则所创建的基准轴与源对象间具有关联关系；否则无关联关系。

3. 点和方向

通过选择一个参考点和一个参考矢量来创建基准轴，所创建的基准轴通过该点且平行或垂直于所选矢量，如图3-21所示。

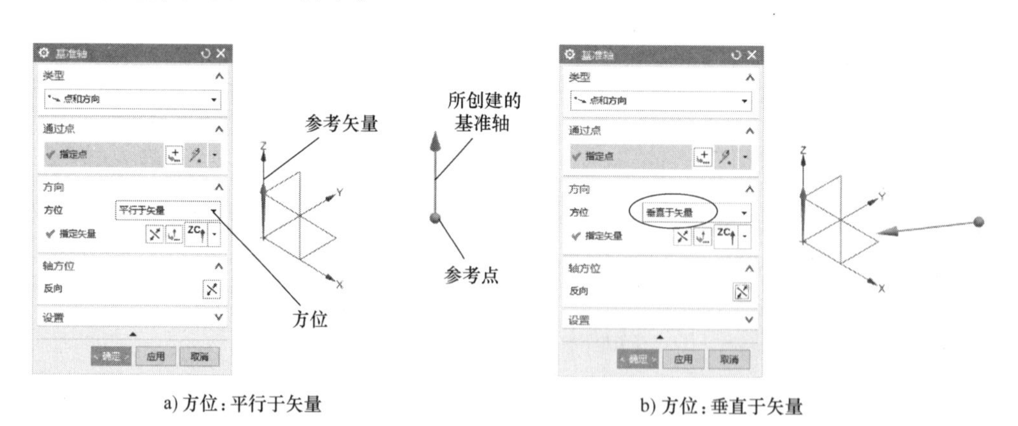

a) 方位：平行于矢量　b) 方位：垂直于矢量

图3-21　以"点和方向"方式创建基准轴

4. 两点

通过选择两点来创建基准轴，所创建的基准轴通过这两个点。所选的第一点确定基准轴的位置，第一点到第二点的方向为基准轴的方向，如图3-22所示。

5. 曲线/面轴

通过选择一条直线或面的边来创建基准轴，所创建的基准轴与该直线或面的边重合，如选择圆柱或圆锥面，所创建的基准轴通过圆柱或圆锥的轴线，如图3-23所示。

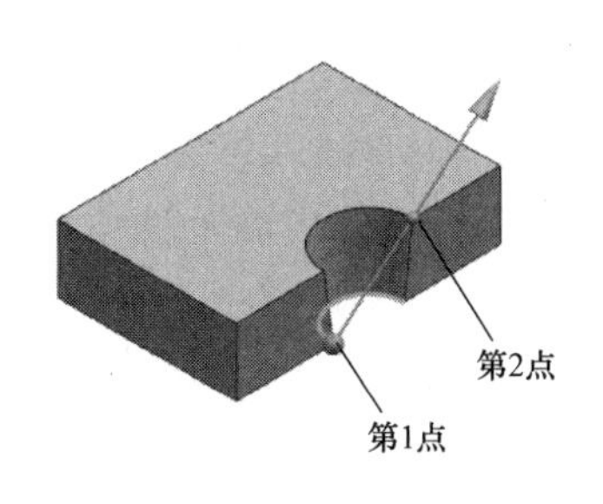

图 3-22　以“两点”方式创建基准轴

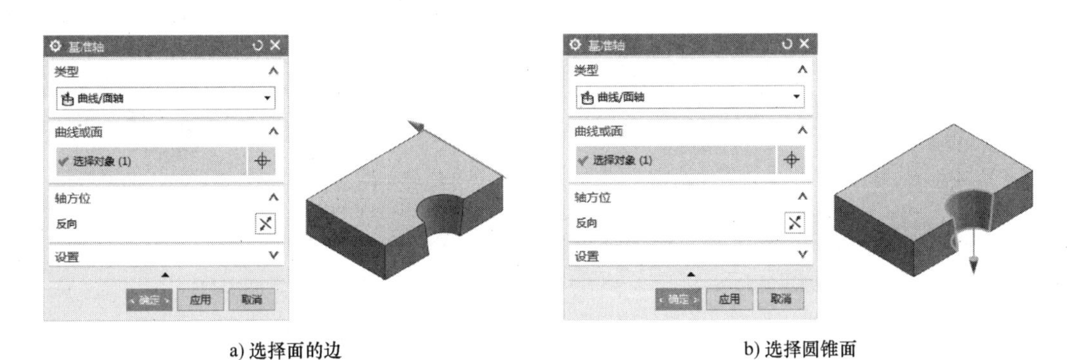

a) 选择面的边　　　　b) 选择圆锥面

图 3-23　以“曲线/面轴”方式创建基准轴

6. 曲线上矢量

通过选择一条曲线作为参照，且在曲线上确定一点作为基准轴的位置来创建基准轴，所创建的基准轴通过该点且与曲线或选定对象形成指定的方位关系。

曲线上点的位置可在“曲线上的位置”选项组下的“位置”下拉列表的“弧长”和“弧长百分比”中选择一项，并在其下方的文本框中输入数值来确定，如图 3-24 所示。

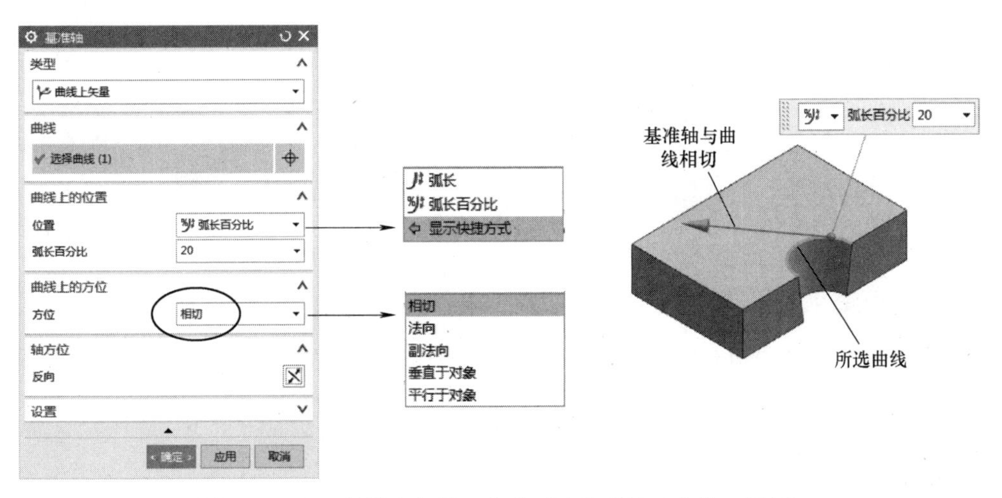

图 3-24　以“曲线上矢量”方式创建基准轴（方位：相切）

“曲线上的方位”选项组下的“方位”下拉列表中提供了“相切”“法向”“副法向”“垂直于对象”“平行于对象”五种方位关系。

◆ 相切：所创建的基准轴通过曲线上指定点并与曲线相切，如图 3-24 所示。

◆ 法向：所创建的基准轴通过曲线上指定点并与曲线垂直，如图 3-25a 所示。

◆ 副法向：所创建的基准轴通过曲线上指定点并与曲线所在平面垂直，如图 3-25b 所示。

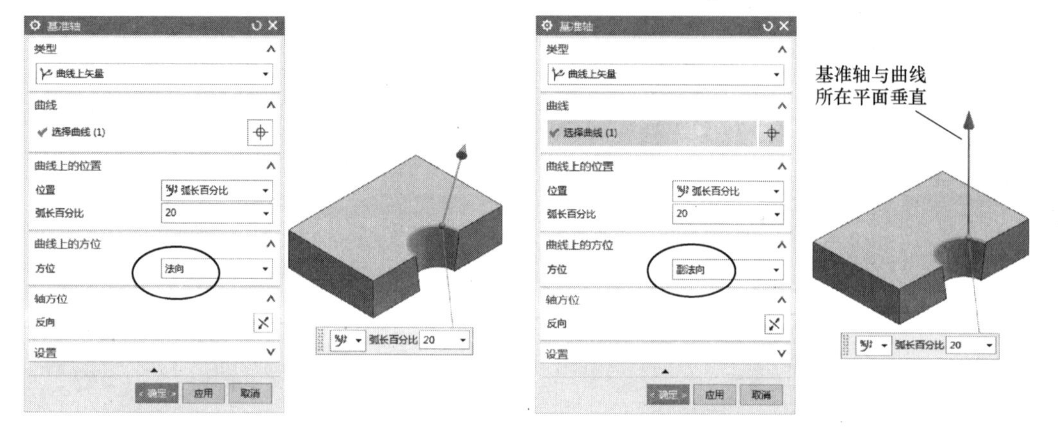

a) 方位：法向　　b) 方位：副法向

图 3-25　以“曲线上矢量”方式创建基准轴（方位：法向、副法向）

◆ 垂直于对象：所创建的基准轴通过曲线上指定点并垂直于所选对象，如图 3-26a 所示。

◆ 平行于对象：所创建的基准轴通过曲线上指定点并平行于所选对象，如图 3-26b 所示。

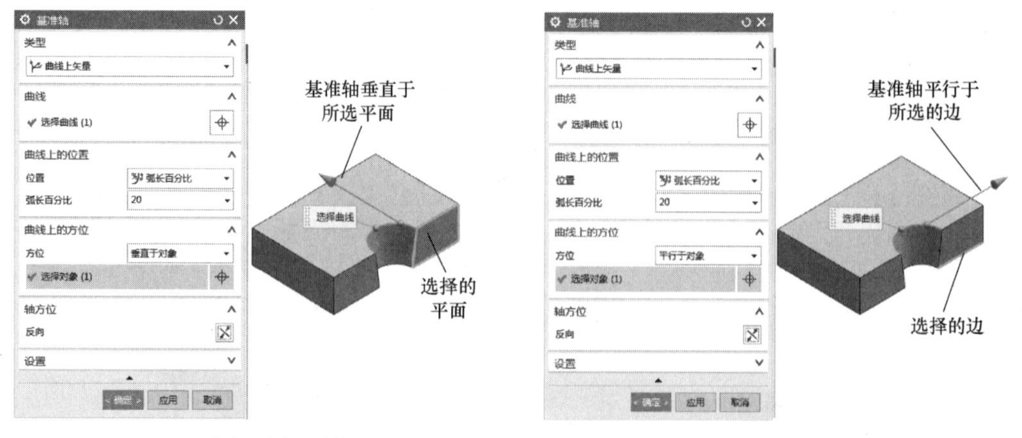

a) 方位：垂直于对象　　b) 方位：平行于对象

图 3-26　以“曲线上矢量”方式创建基准轴（方位：垂直于对象、平行于对象）

7. 自动判断

系统根据所选对象通过自动判断在以上方法中选择一种方式创建基准轴。

同类任务

完成图 3-27 所示发射塔的创建。

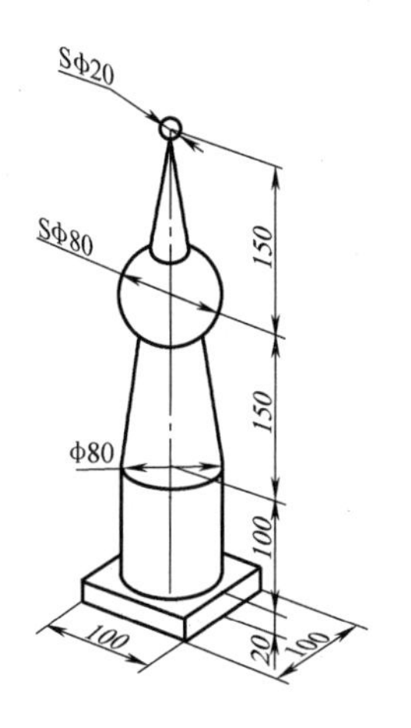

图 3-27　发射塔

拓展任务

完成图 3-28 所示支柱的创建。

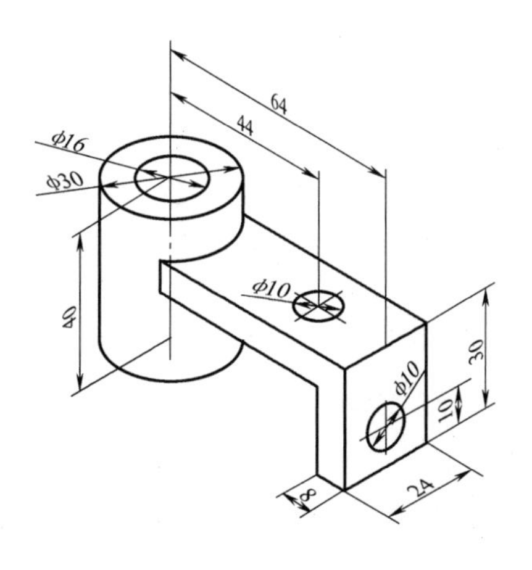

图 3-28　支柱

任务 2　支承座的实体建模

本任务要求创建图 3-29 所示的支承座实体，主要涉及拉伸特征、基准平面的创建、孔特征及镜像特征操作。

任务实施

建模分析：此支承座由底板、圆筒、半圆头立板及肋板四个部分组成。建模时可暂不考虑实体上各个孔，先只创建实体的基本形状，待实体基本形状创建完成后再用孔特征创建各个孔。

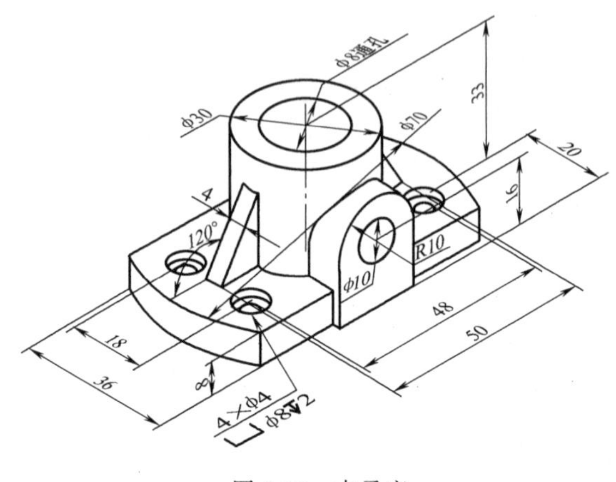

图 3-29　支承座

步骤 1　新建文件。

步骤 2　绘制底板和圆柱的草图。在 XY 平面创建如图 3-30 所示草图。

步骤 3　拉伸形成底板。

1）在功能区单击【主页】→『特征』→〈拉伸〉，弹出“拉伸”对话框。

2）在上边框条的“曲线规则”下拉列表中选择“相连曲线”，如图 3-31 所示。

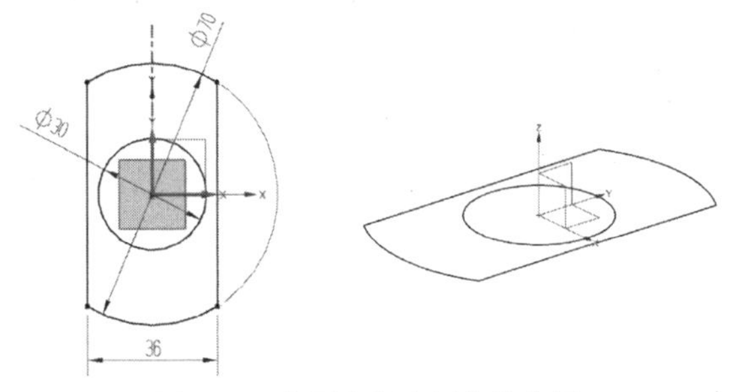

图 3-30　绘制底板和圆柱的草图

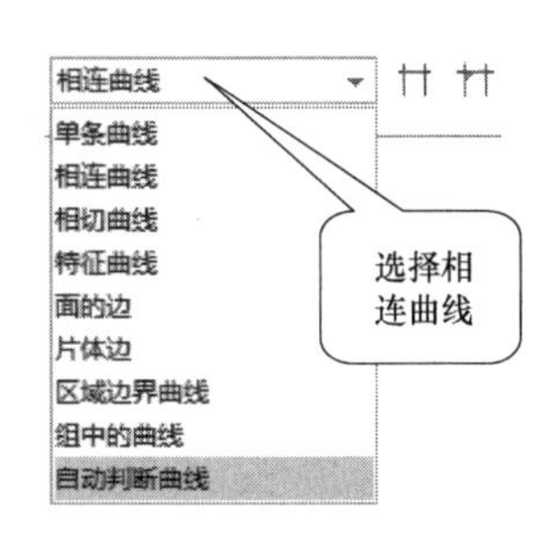

图 3-31　“曲线规则”下拉列表

3）在绘图区选择底板轮廓线作为拉伸的截面；在“拉伸”对话框“方向”选项组下指定矢量为默认的“面/平面法向”（即沿底板轮廓线所在平面的法向进行拉伸），如图 3-32 所示。

4）在“限制”选项组下选择“开始”为“值”，距离为“0”，“结束”为“值”，距离为“8”；布尔运算为“无”，如图 3-32 所示。

5）单击 应用 按钮，完成底板的拉伸，如图 3-32 所示。

> 当采用“值”方式指定拉伸距离时，拉伸截面所在平面拉伸距离为“0”，沿着指定矢量正轴方向，拉伸距离为正值，反之为负。

步骤 4　拉伸形成圆柱。

选择圆柱轮廓线，指定拉伸距离为“33”，布尔运算为“合并”，单击 确定 按钮，完成圆柱的拉伸，如图 3-33 所示。

步骤 5　创建基准平面（创建一个与 YZ 平面平行且相距 20 的平面）。

1）在功能区单击【主页】→『特征』→〈基准平面〉，弹出“基准平面”对话框，如

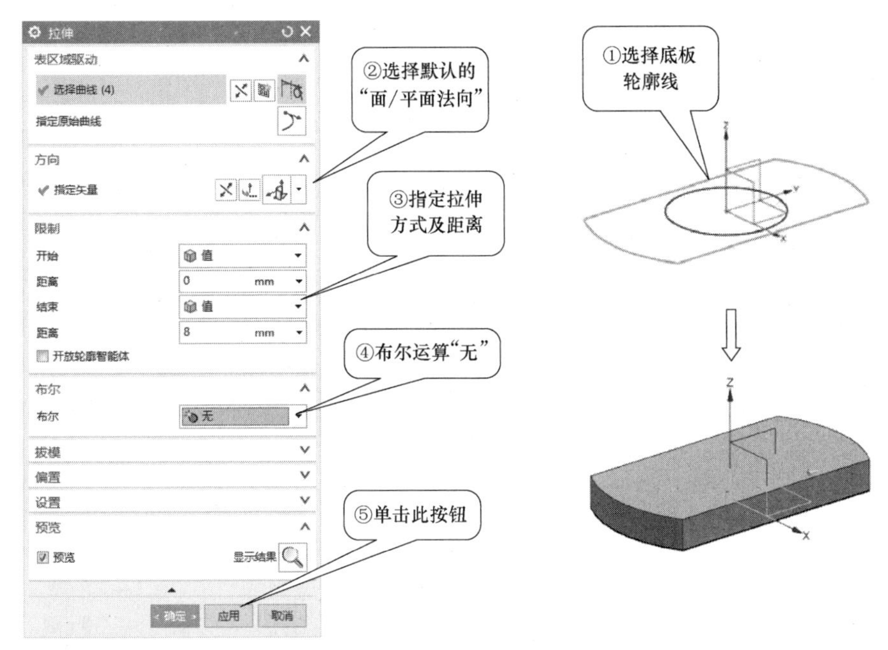

图 3-32　拉伸形成底板

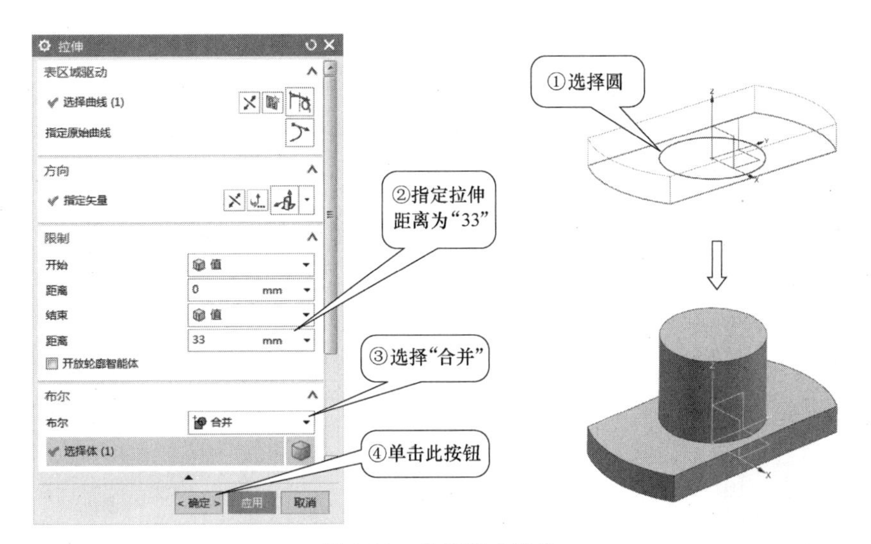

图 3-33　拉伸形成圆柱

图 3-34 所示。

2）在“类型”列表中选择“按某一距离”或“自动判断”，选择 YZ 平面，在“偏置”选项组下的“距离”文本框中输入距离值“20”。

3）单击 确定 按钮，完成基准平面的创建。

步骤 6　创建半圆头立板。

1）绘制立板草图。在步骤 5 所创建的基准平面上绘制立板草图，如图 3-35 所示。

2）拉伸形成立板。单击〈拉伸〉，弹出“拉伸”对话框，选择立板轮廓线，指定

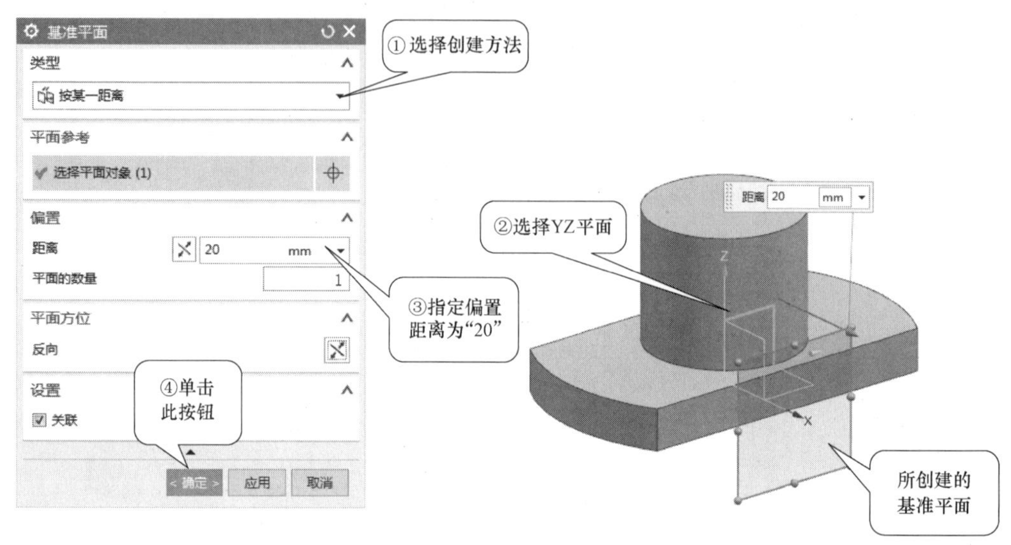

图 3-34　创建基准平面

拉伸方向为指向实体，在“限制”选项组下的“开始”项选择“值”，“距离”为“0”，“结束”项选择“直至下一个”（即沿拉伸方向拉伸至与下一个对象相交），布尔运算为“合并”，单击 确定 按钮，完成立板的创建，如图 3-36 所示。

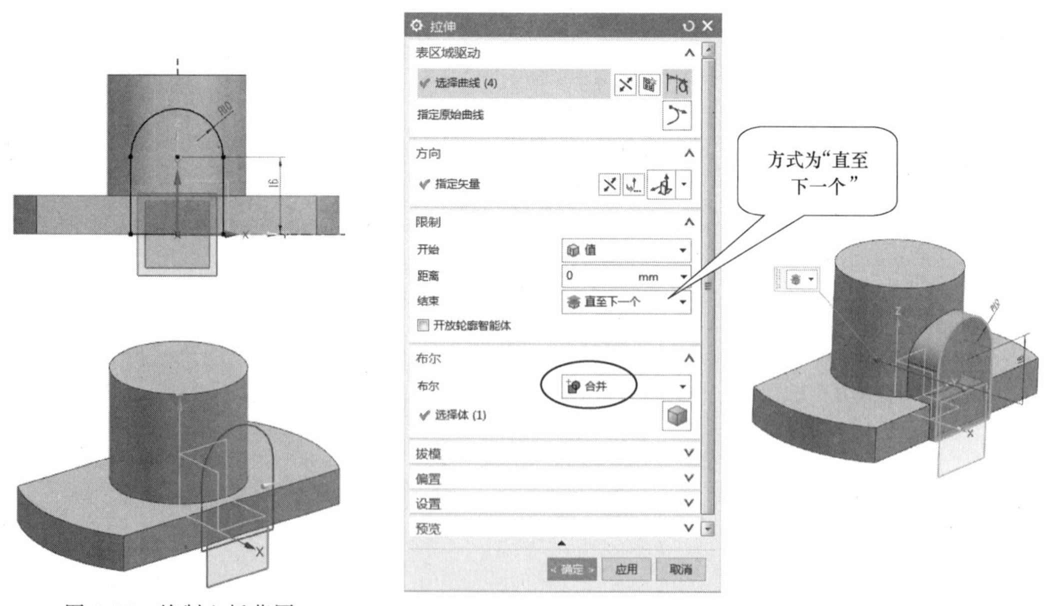

图 3-35　绘制立板草图

图 3-36　拉伸形成立板

步骤 7　创建肋板。

1）绘制肋板草图。在 YZ 平面上绘制如图 3-37 所示草图（仅绘制一条线，该线一端落在底板面上；另一端可与圆柱面不相交，如图 3-37a 所示，也可与圆柱面相交，如图 3-37b 所示）。

2）拉伸形成肋板。单击〈拉伸〉，弹出“拉伸”对话框，选择绘制的直线，在

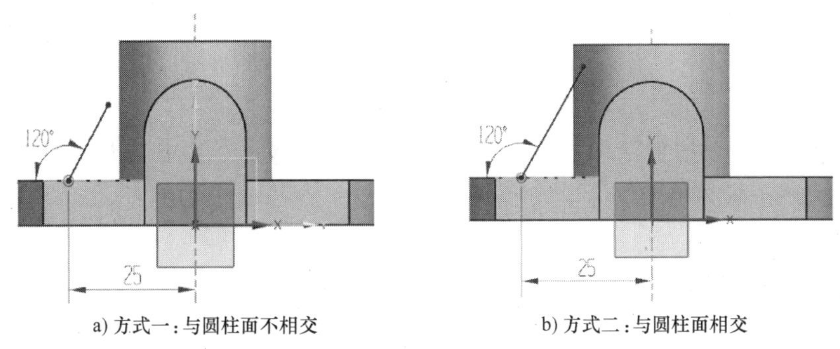

图 3-37　绘制肋板草图

“限制”选项组下选择“对称值”，“距离”为“2”，勾选“开放轮廓智能体”，拉伸方向为指向实体，如图 3-38 所示，布尔运算为“合并”，单击 确定 按钮，完成肋板的拉伸。

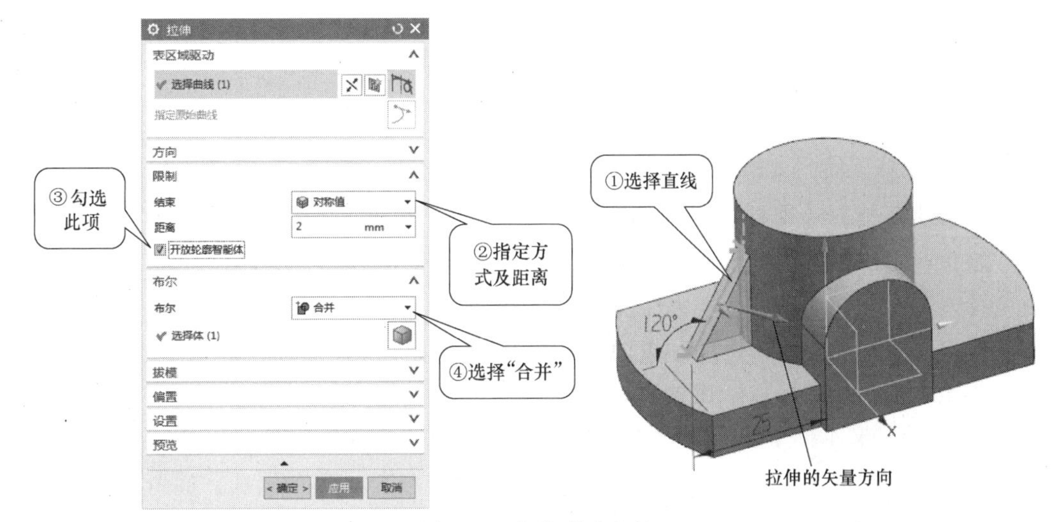

图 3-38　拉伸形成肋板

勾选“开放轮廓智能体”选项，系统会沿所选截面线两端延伸至与已有实体相交处，而后拉伸所选截面线，在已有实体与截面线间创建实体。

勾选“开放轮廓智能体”后，若拉伸的矢量方向不对，系统会给出警报信息，如图 3-39 所示，提示不能沿指定的拉伸方向创建实体。此时，单击〈反向〉或在矢量轴箭头上双击，更改拉伸方向，即可创建实体。

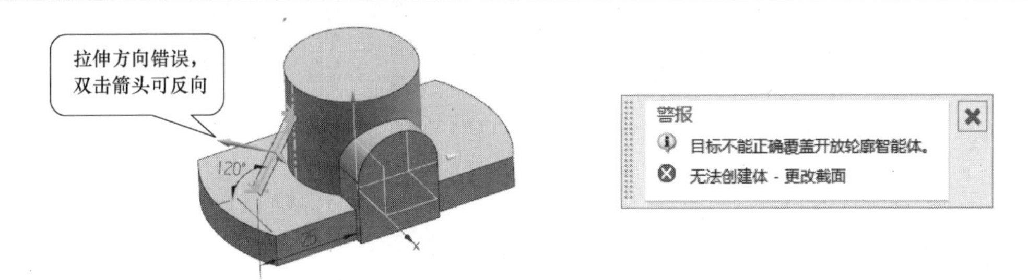

图 3-39　拉伸矢量方向错误而出现的警报信息

步骤 8　镜像肋板。

1）单击【主页】→『特征』→展开〈更多〉→“关联复制”下的〈镜像特征〉，弹出“镜像特征”对话框，如图 3-40 所示。

2）选择肋板作为要镜像的特征，单击鼠标中键，选择 XZ 平面作为镜像平面，单击鼠标中键，完成肋板的镜像。

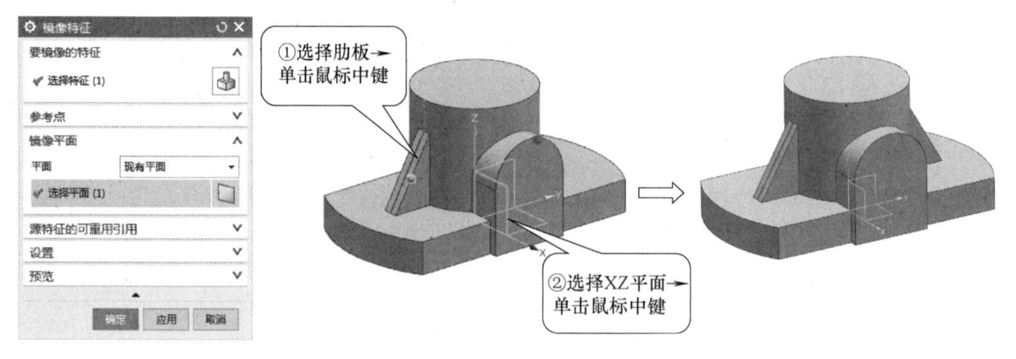

图 3-40　镜像肋板

步骤 9　创建圆筒上 ϕ18 的孔。

1）在功能区单击【主页】→『特征』→〈孔〉，弹出“孔”对话框。

2）指定孔类型。在“孔”对话框的“类型”选项组下选择“常规孔”。

3）确定孔位置。捕捉圆柱上表面圆心。

4）确定孔方向。在对话框的“方向”选项组中选择“垂直于面”。

5）指定孔的形状和尺寸。在对话框的“成形”（即“形状”）下拉列表中选择“简单孔”；在“直径”文本框中输入“18”，“深度限制”为“贯通体”。

6）单击 应用 按钮，即创建了一个与圆柱同轴且直径为 ϕ18 的通孔，如图 3-41 所示。

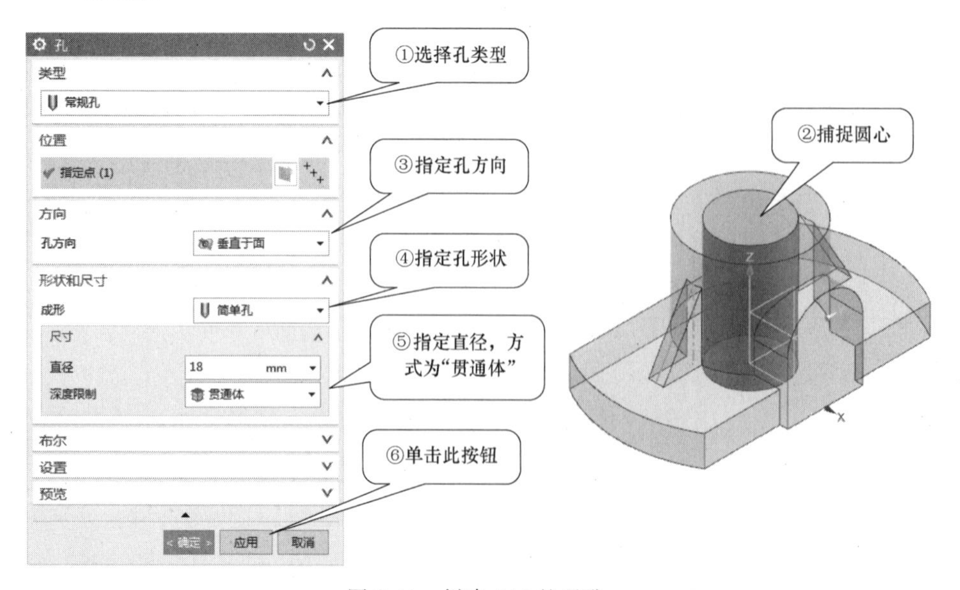

图 3-41　创建 ϕ18 的通孔

步骤 10　创建立板上 ϕ10 的孔。

捕捉立板上半圆头 R10 的圆心，在“直径”文本框中输入“10”，“深度限制”为“直至选定”，单击 ϕ18 孔的表面，单击 应用 按钮，即创建一个与 R10 同心，直径为 ϕ10 且与 ϕ18 孔相交的孔，如图 3-42 所示。

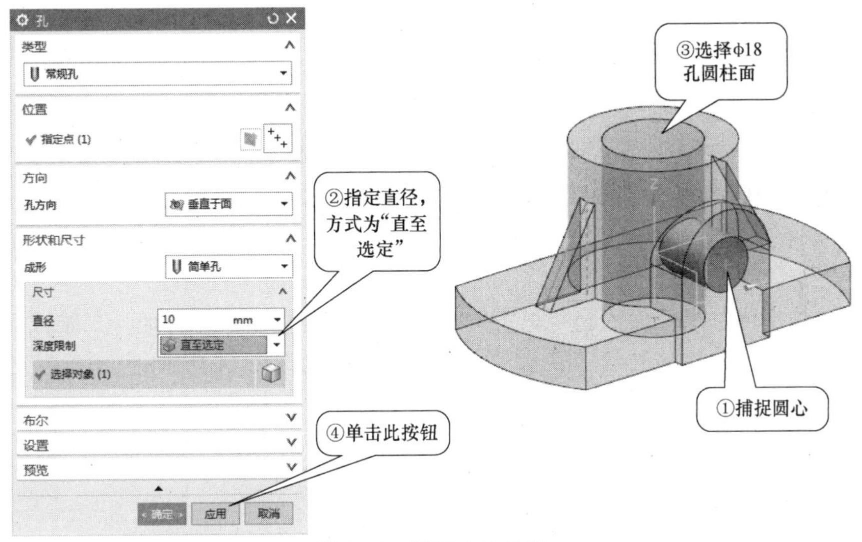

图 3-42　创建 ϕ10 的孔

步骤 11　创建底板上的阶梯孔。

1）选择孔的放置平面，确定孔的位置。

① 移动光标至底板上表面处，待其亮显示时单击（即选择底板上表面为孔的放置平面），如图 3-43a 所示。

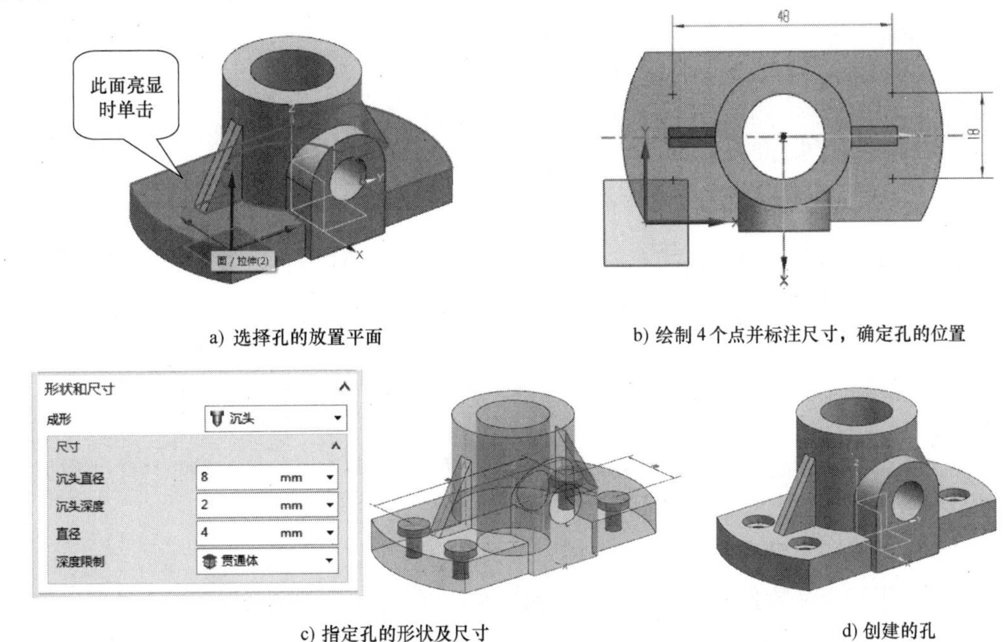

a) 选择孔的放置平面

b) 绘制 4 个点并标注尺寸，确定孔的位置

c) 指定孔的形状及尺寸

d) 创建的孔

图 3-43　创建阶梯孔

② 系统自动转换到草图环境并打开“草图点”对话框，且在底板上表面出现一个点，关闭“草图点”对话框，做两次镜像操作，得到4个点，并标注确定点位置（点位置即为孔中心的位置）的两个尺寸“18”和“48”，如图3-43b所示。

③ 单击鼠标右键，选择 完成草图(K)，退出草图环境，返回“孔”对话框。

2）指定孔的形状和尺寸。

① 在“成形”下拉列表中选择“沉头”，“沉头直径”为“8”，“沉头深度”为“2”，“直径”为“4”，选择“深度限制”为“贯通体”，如图3-43c所示。

② 单击 确定 按钮，完成孔的创建，如图3-43d所示。

步骤12　隐藏所有草图与基准，并保存文件，完成支承座的创建。

知识点1　拉伸

拉伸特征是指将二维截面沿指定的方向延伸一段距离所创建的特征。二维截面封闭，则自动拉伸为实体；二维截面开放，则自动拉伸为片体，如图3-44所示。

调用该命令主要有以下方式：

- 功能区：【主页】→『特征』→〈拉伸〉。
- 菜单：插入→设计特征→ 拉伸(E)...。

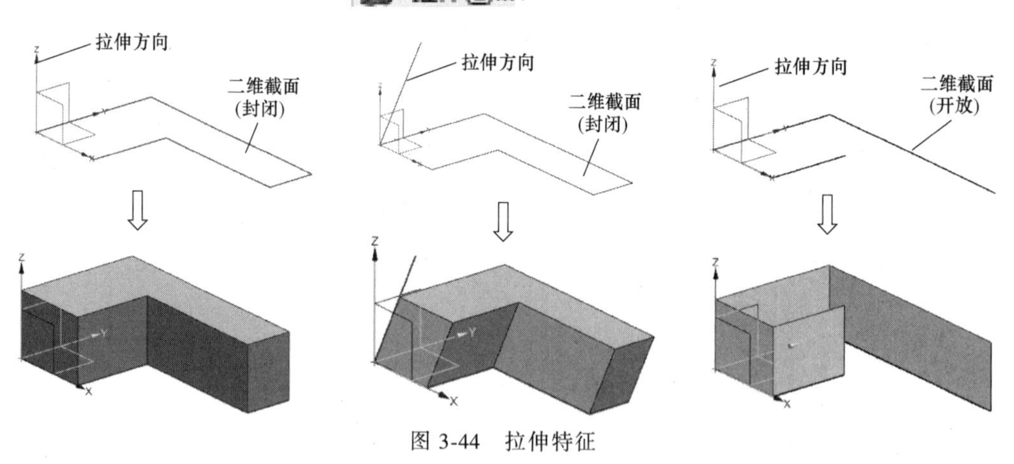

图3-44　拉伸特征

可用于拉伸的对象有以下几类：

◆ 曲线：选取曲线或草图的线串作为拉伸对象。

◆ 实体面：选取实体的面作为拉伸对象。

◆ 实体边缘：选取实体的边作为拉伸对象。

◆ 片体：选取片体作为拉伸对象。

执行“拉伸”命令后，弹出“拉伸”对话框，如图3-45所示，对话框中有“表区域驱动”“方向”“限制”“布尔”“拔模”“偏置”“设置”“预览”八个选项组。

1. “表区域驱动”选项组（即“截面”选项组）

该选项组用来定义拉伸的截面。当选项组中的〈曲线〉处于被选中状态时（默认为选中状态），可在图形窗口中直接选择要拉伸的截面曲线。本任务实例中均采用此法。

图 3-45 “拉伸”对话框

单击〈绘制截面〉，则弹出“创建草图”对话框，在定义草图平面和草图方向后，单击确定按钮，即可进入草图模式绘制截面。

2. “方向”选项组

该选项组用来确定拉伸方向。可以采用在〈自动判断的矢量〉下拉列表中选择矢量，也可以根据实际设计情况单击〈矢量〉，利用打开的“矢量”对话框来定义矢量。若单击〈反向〉，则更改拉伸矢量方向。系统默认沿截面法向进行拉伸。

3. “限制”选项组

该选项组用来确定拉伸截面向两侧延伸的方式和各自的距离。拉伸有“值”“对称值”“直至下一个”“直至选定”“直至延伸部分”“贯通”六种方式，其意义见表 3-1。

表 3-1 拉伸方式说明

拉伸方式	名　称	说　　明
	值	以指定的距离拉伸截面。截面所在的平面拉伸距离为“0”，沿着所指定的拉伸矢量正轴方向，距离为正值，反之为负
	对称值	以指定距离向截面的两侧拉伸

（续）

拉伸方式	名　称	说　　明
	直至下一个	系统自动沿用户指定的矢量方向延伸至与第一个曲面相交时自动停止。基准平面不能被用作终止曲面
	直至选定	将截面沿拉伸方向拉伸至用户选定的表面、实体或基准面(需有相交部分)
	直至延伸部分	允许裁剪扫掠体至一个选中的表面
	贯通	系统自动沿着拉伸方向进行分析，在特征到达最后一个曲面时停止拉伸

◆ 开放轮廓智能体：勾选此项，则系统会沿轮廓的开放端点延伸工具体，以查找目标体结束的位置，在期间创建体。本任务实例中肋板的创建便采用了此法。

4. “布尔”选项组

该选项组用来设置拉伸操作所得实体与原有实体之间的布尔运算，有“无”“合并”“减去”“相交”“自动判断”5个选项。

5. “拔模”选项组

该选项组用来设置在拉伸时进行拔模处理，有“无”“从起始限制”“从截面”“从截面-不对称角”“从截面-对称角”“从截面匹配的终止处”6个选项。拔模角度可为正，也可为负。

当选择拔模选项为“从起始限制”，并设置角度为10°时，其效果如图3-46所示。

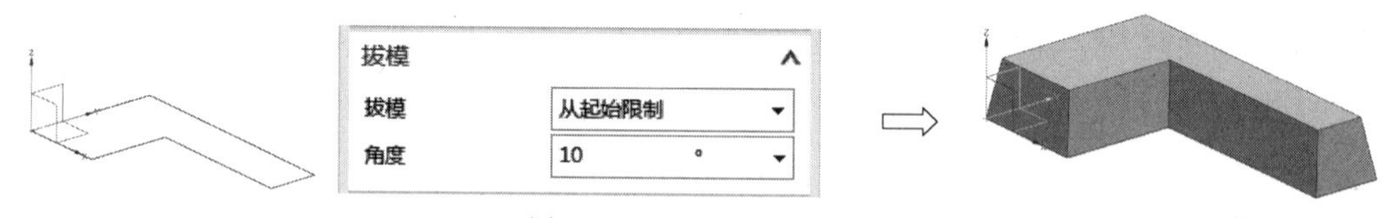

图3-46　设置拔模的示例

6. “偏置”选项组

该选项组用来定义拉伸偏置选项及相应参数，以获得特定的拉伸效果，有“无”“单侧”“两侧”“对称”4个选项，效果如图3-47所示。

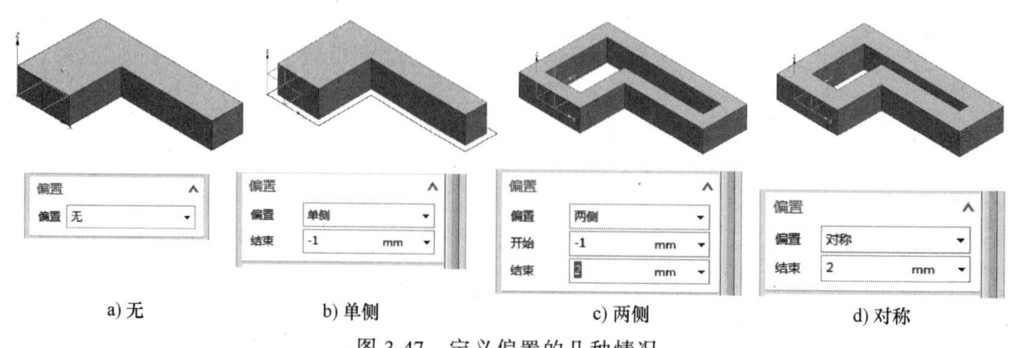

a) 无　b) 单侧　c) 两侧　d) 对称

图3-47　定义偏置的几种情况

7. **“设置”选项组**

该选项组用来设置体类型和公差。体类型选项有“实体”和“片体”，其效果对比如图 3-48 所示。在默认情况下，封闭截面拉伸为实体，开放截面拉伸为片体。

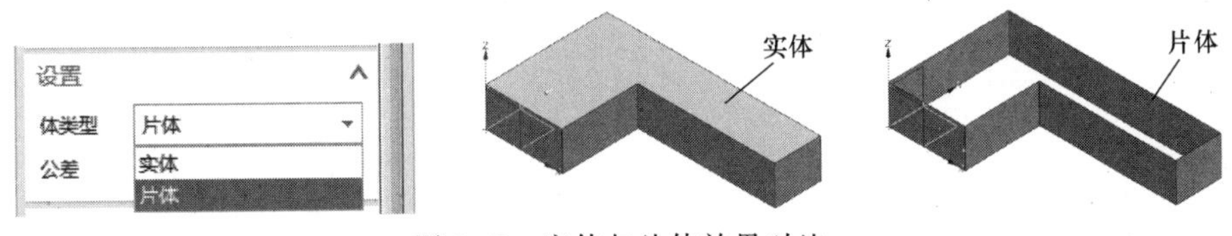

图 3-48　实体与片体效果对比

8. **“预览”选项组**

在该选项组中，选中☑预览可以在拉伸操作过程中动态预览拉伸特征。如单击〈显示结果〉，可以观察到最后完成的实体模型效果。

知识点 2　基准平面

在设计过程中，常需要创建一个新的基准平面，用于构造其他特征。调用该命令主要有以下方式：

- 功能区：【主页】→『特征』→〈基准平面〉。
- 菜单：插入→基准点/点→基准平面。
- 对话框：在相关的对话框中单击〈平面〉。

执行上述操作后，弹出“基准平面”对话框，如图 3-49 所示。

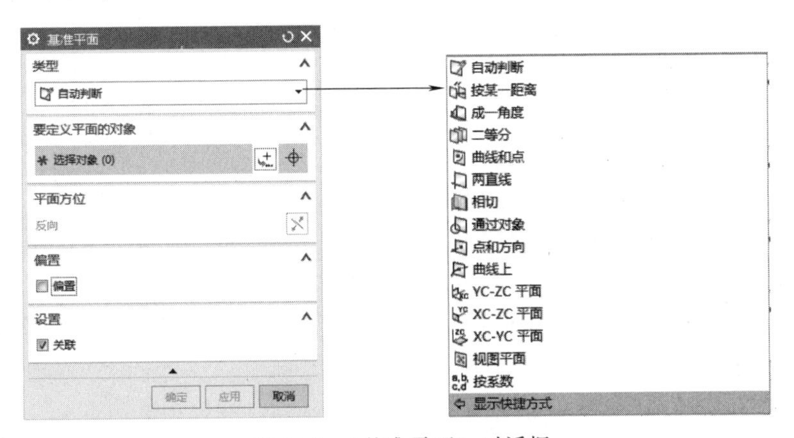

图 3-49　“基准平面”对话框

在该对话框的“类型”下拉列表框中提供了 15 种创建基准平面的选项。

1. **自动判断**

系统根据所选对象进行自动判断来创建基准平面。

2. **按某一距离**

通过选择一个平面或基准平面作为参考并输入偏置值来创建基准平面。所创建基准平面与参考平面平行，且相距所设置的偏置值，如图 3-50 所示。

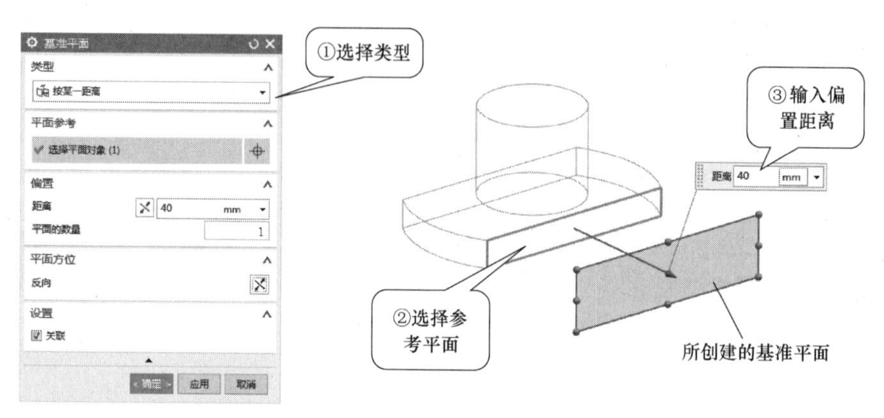

图 3-50　以“按某一距离”方式创建基准平面

3. 成一角度

通过选择一个平面或基准平面作为参考，再选择一条直线或轴，并输入角度值来创建基准平面。所创建的基准平面通过所选直线，并与参考平面成给定的夹角，如图 3-51 所示。

4. 二等分

通过选择两个平行平面或基准面来创建基准平面。所创建的基准平面处于两选定平面之间，且到两选定平面的距离相等（即为两选定平面的平分面），如图 3-52 所示。

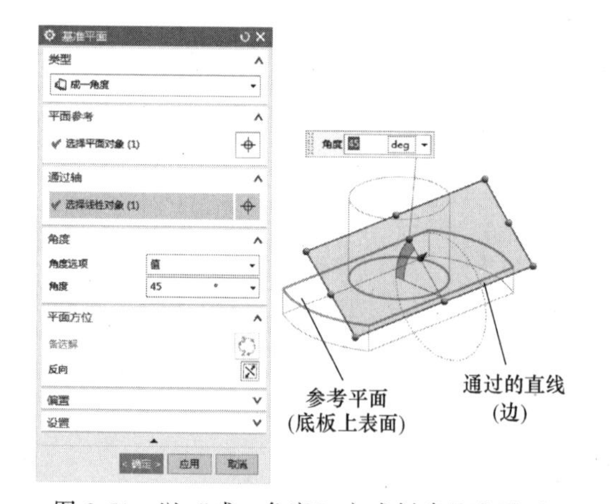

图 3-51　以“成一角度”方式创建基准平面

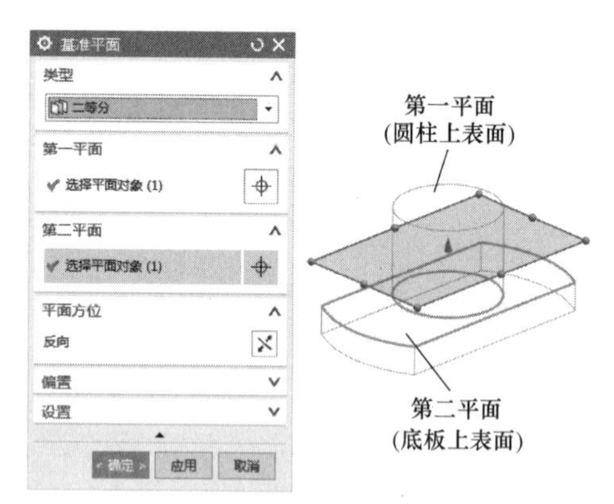

图 3-52　以“二等分”方式创建基准平面

5. 曲线和点

通过选择一条曲线和一个点来创建基准平面。所创建的基准平面通过所选点且垂直于曲线在该点处的切线方向，如图 3-53 所示。

6. 两直线

通过选择两条直线来创建基准平面。若两条直线在同一平面内，则以这两条直线所在平面为基准平面；若两条直线不在同一平面内，则所创建的基准平面通过一条直线且与另一条直线平行，如图 3-54 所示。

> 单击“平面方位”选项下的〈备选解〉，可切换到满足条件的其他平面，以便用户选择。

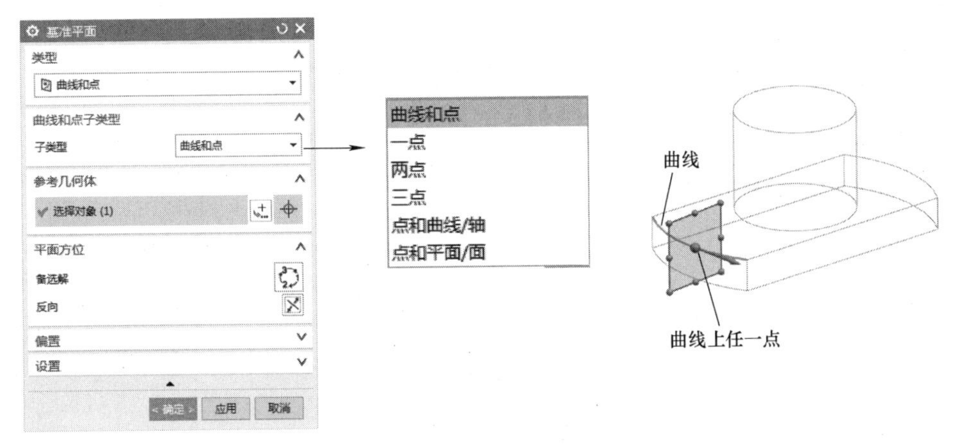

图 3-53　以“曲线和点”方式创建基准平面

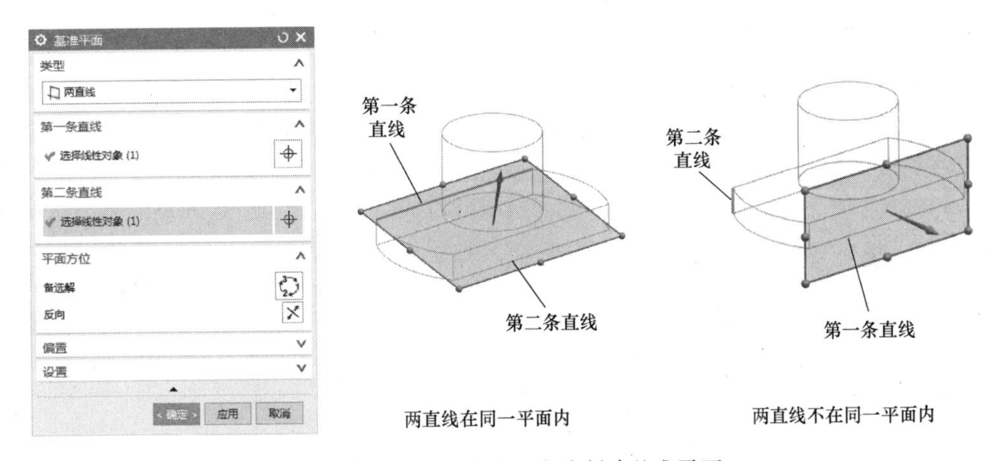

图 3-54　以“两直线”方式创建基准平面

7. 相切

通过和一曲面相切，且通过该曲面上的点、线或平面来创建基准平面，如图 3-55 所示。

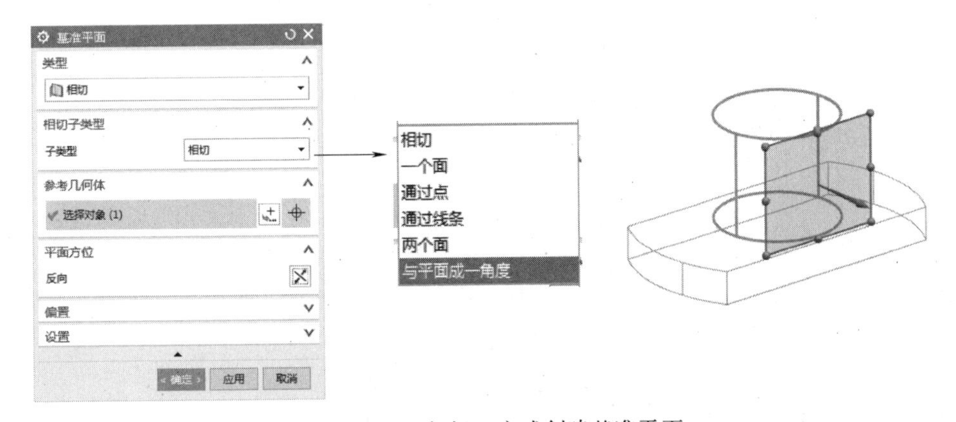

图 3-55　以“相切”方式创建基准平面

8. 通过对象

通过选择一条直线、曲线或一个平面来创建基准平面。若选择的是直线，则创建垂直于该直线的基准平面；若选择的是曲线或平面，所创建的基准平面通过所选曲线或平面，如图 3-56 所示。

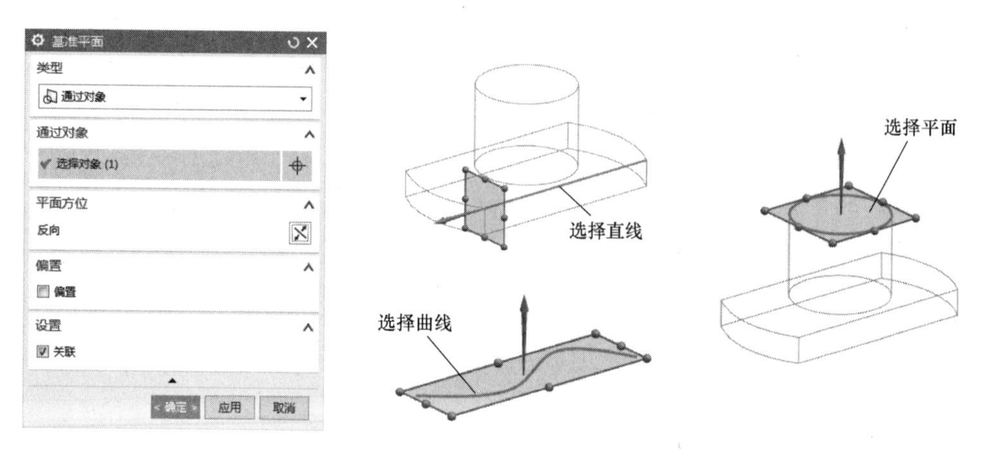

图 3-56 以"通过对象"方式创建基准平面

9. 点和方向

通过选择一个参考点和一个参考矢量，创建通过该点且垂直于所选矢量的基准平面，如图 3-57 所示。

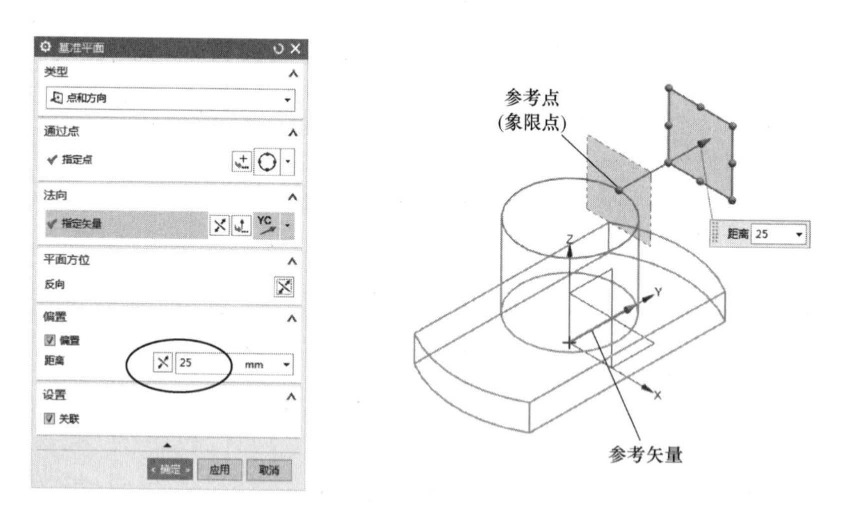

图 3-57 以"点和方向"方式创建基准平面

10. 曲线上

通过选择一条参考曲线来创建基准平面。所创建的基准平面垂直于该曲线某点处的切线矢量或法向矢量或用户指定的矢量方向，如图 3-58 所示。

11. XC-ZC 平面、YC-ZC 平面、XC-YC 平面

XC-ZC 平面方式是将 XC-ZC 平面偏置某一距离来创建基准平面，如图 3-59 所示。同理，YC-ZC 平面方式、XC-YC 平面方式与 XC-ZC 平面方式类似，不再赘述。

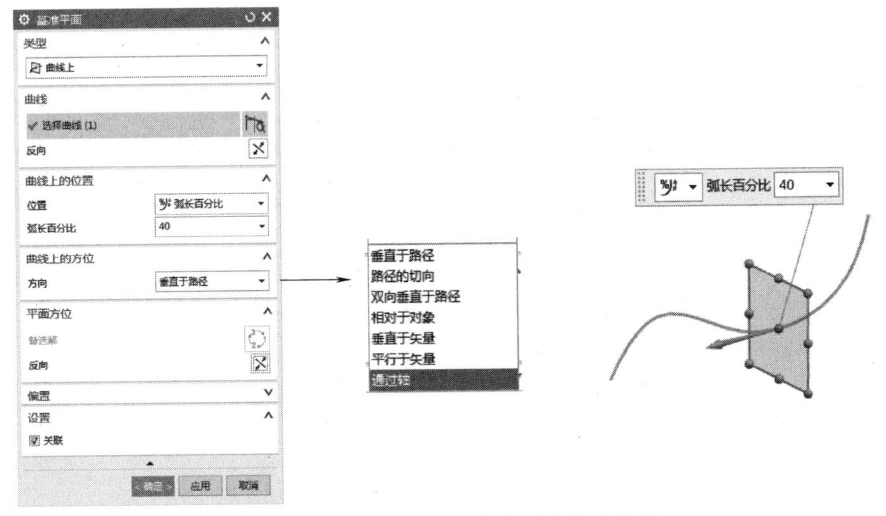

图 3-58　以“曲线上”方式创建基准平面

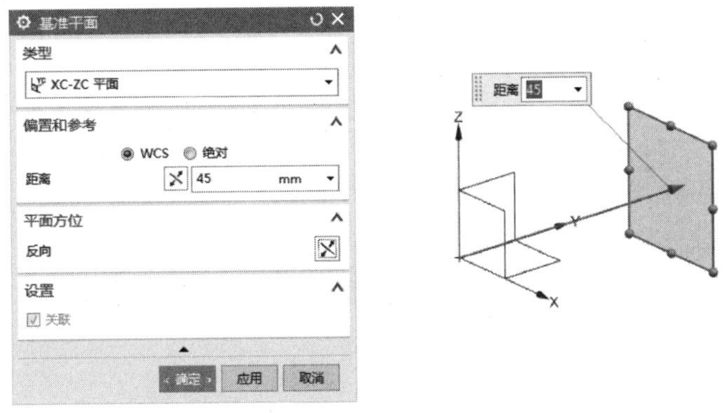

图 3-59　以“XC-ZC 平面”方式创建基准平面

知识点 3　孔

孔特征是比较常用的一种特征，它通过在基础特征之上去除材料而生成孔。调用孔命令主要有以下方式：

- 功能区：【主页】→『特征』→<孔>。
- 菜单：插入→『设计特征』→孔(H)...。

执行上述操作后，弹出“孔”对话框，如图 3-60 所示。

创建孔特征基本需要定义这些内容：孔类型、放置平面和孔方向、形状和尺寸（或规格）等。要指定孔的形状和尺寸（或规格），只需在“孔”对话框中输入相应值即可。

定义孔的位置有两种方法：

◆一是直接捕捉已有的特殊点（如本任务实例中 ϕ18、ϕ10 孔的创建即捕捉了已有圆柱面的圆心）。

◆二是先选择孔的放置平面，再通过草绘点来确定孔的位置（如本任务实例中阶梯孔的创建即采用了此法）。

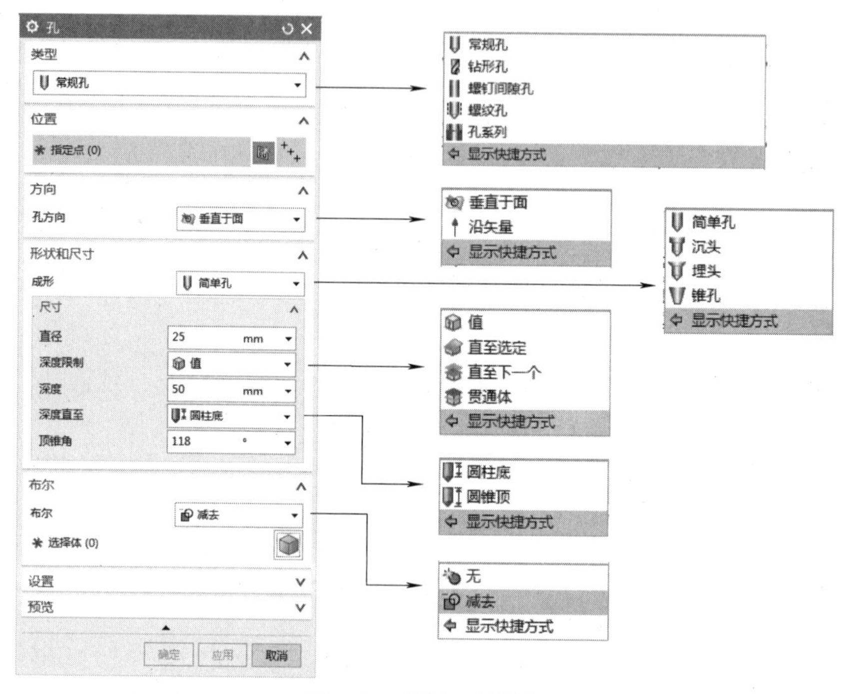

图 3-60 “孔”对话框

孔类型有常规孔、钻形孔、螺钉间隙孔、螺纹孔和孔系列。

1. 常规孔

创建指定尺寸的简单孔、沉头孔、埋头孔和锥孔，如图 3-61～图 3-64 所示。

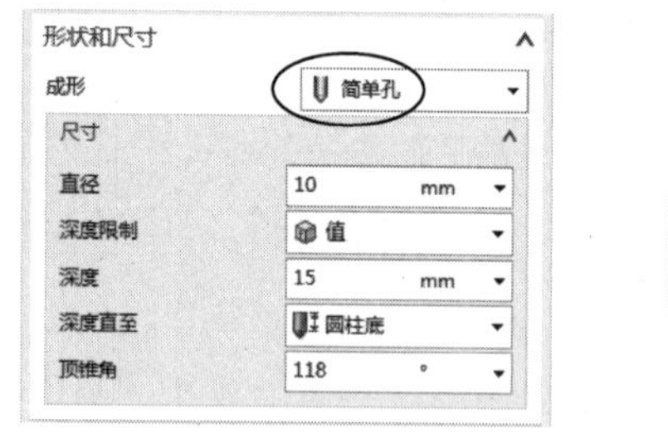

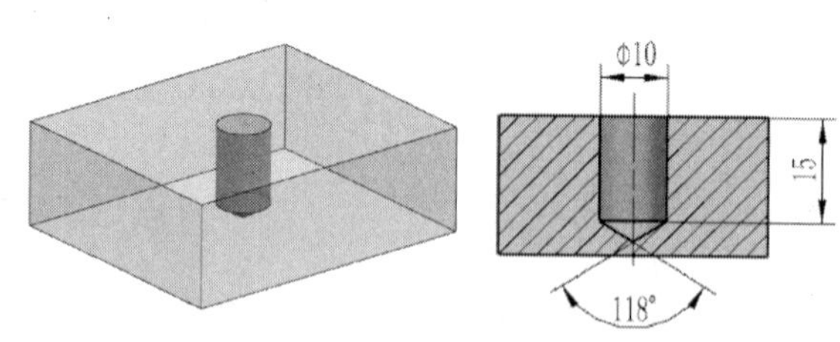

图 3-61 定义简单孔

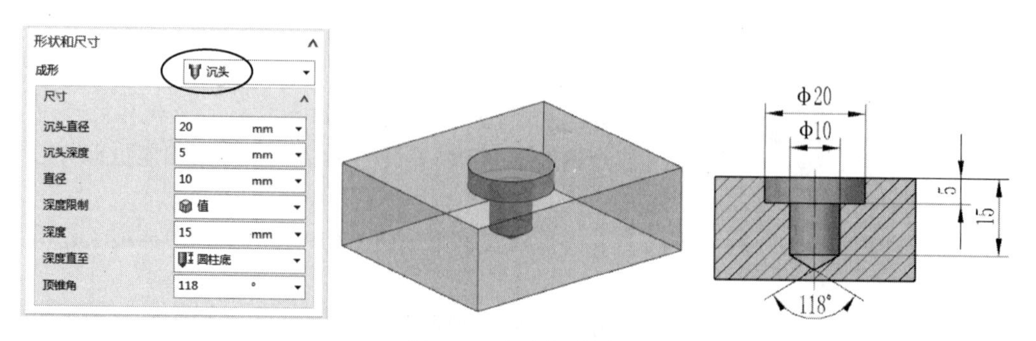

图 3-62 定义沉头孔

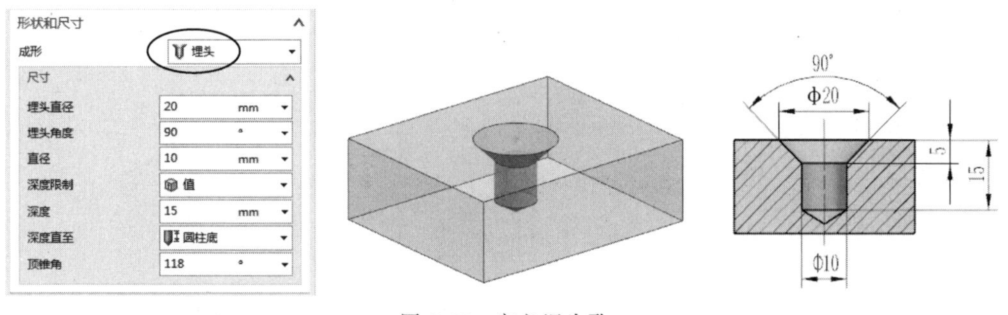

图 3-63　定义埋头孔

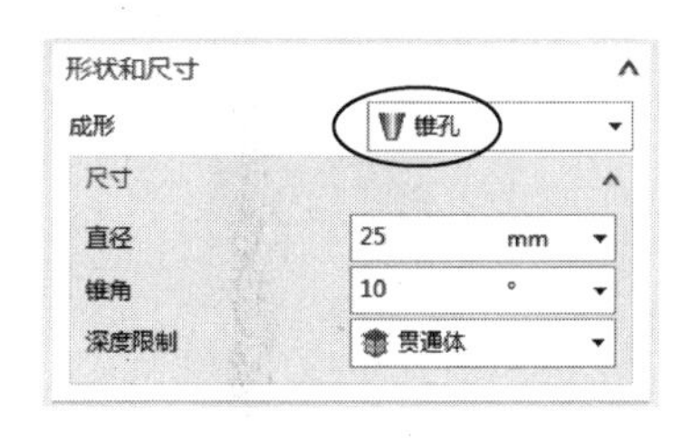

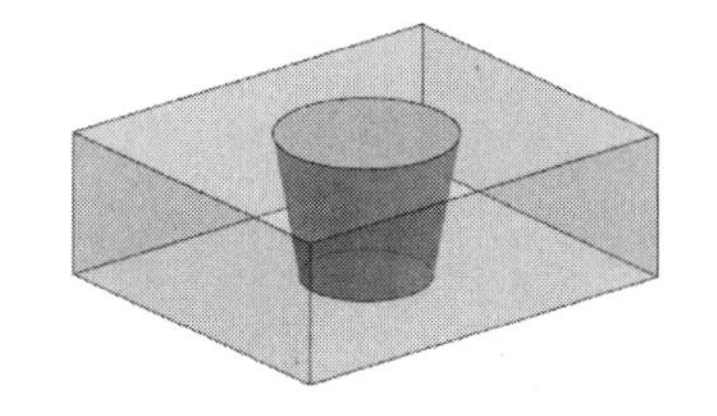
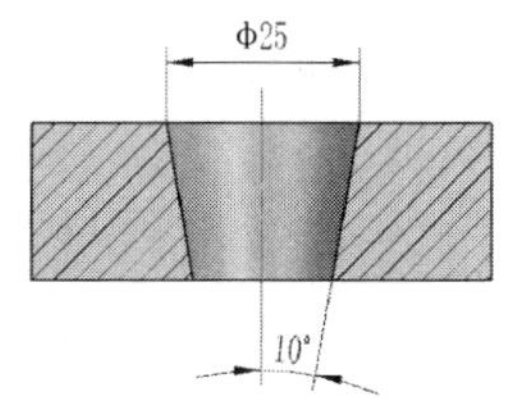

图 3-64　定义锥孔

简单孔、沉头孔的创建操作在本任务操作实例中已述，采用同样方法可以创建埋头孔、锥孔，在此不再赘述。

2. 钻形孔

其创建方法与简单孔类似，但孔的直径不能随意输入，需按钻头系列尺寸选取，如图 3-65 所示，在“设置”选项组中可选择使用的标准，如 ISO、ANSI。

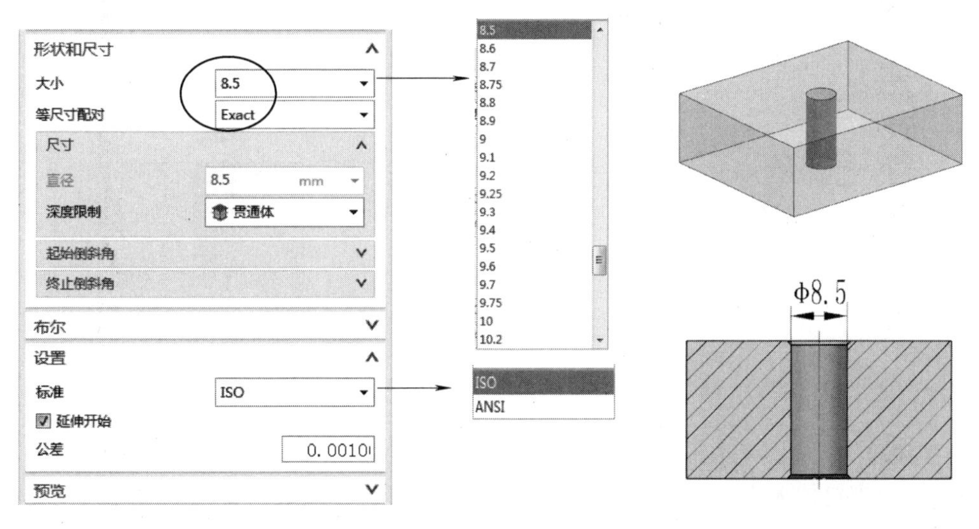

图 3-65　定义钻形孔

3. 螺钉间隙孔

根据所选螺钉的大小，自动创建螺钉的穿过孔，其创建方法与简单孔类似，如图 3-66 所示。

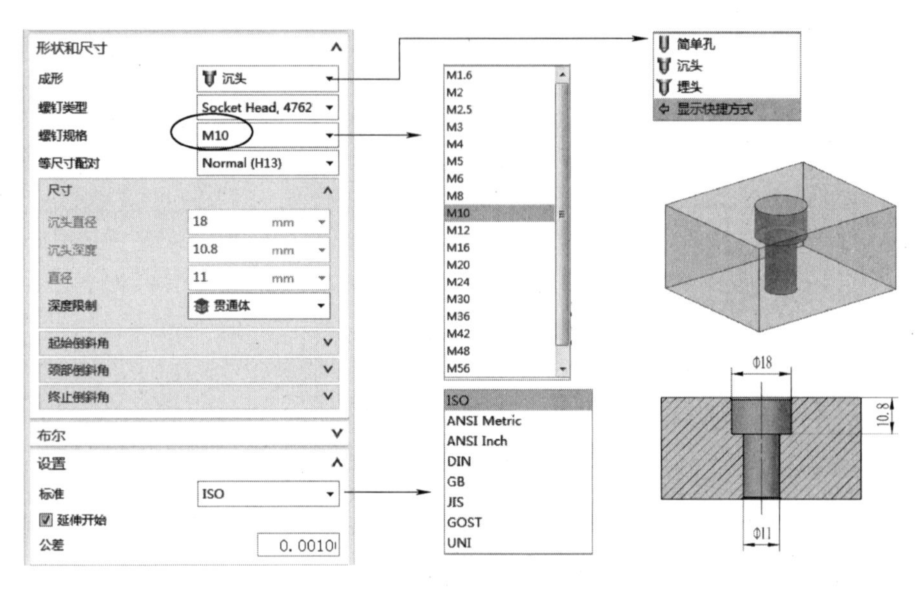

图 3-66　定义螺钉间隙孔

4. 螺纹孔

创建自带螺纹的孔，孔的尺寸只能按螺纹孔的系列选取，其创建方法与简单孔类似，如图 3-67 所示。

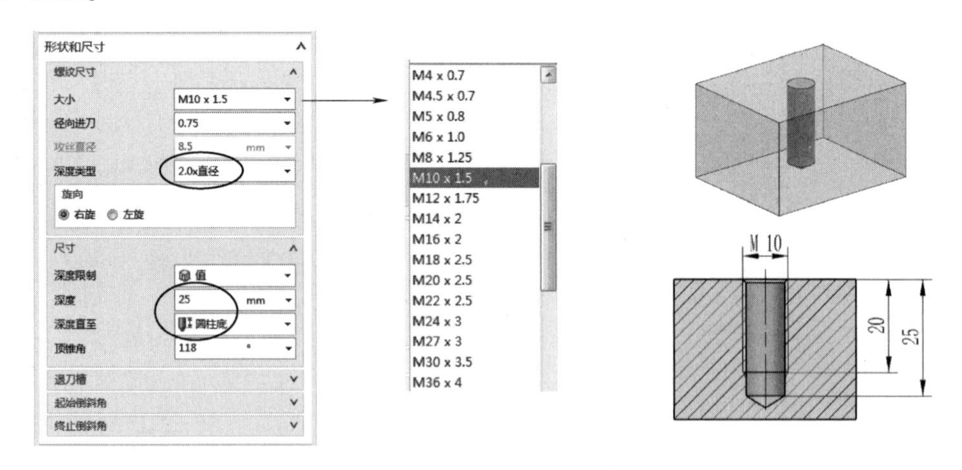

图 3-67　定义螺纹孔

5. 孔系列

根据所选螺钉的大小，在一系列板上自动创建螺钉的穿过孔，创建方法与简单孔类似，如图 3-68 所示。

“起始”选项卡：指定起始孔参数。起始孔是在指定中心处开始的，具有简单、沉头或埋头孔形状的螺钉间隙孔。

“中间”选项卡：如图 3-69 所示，用于指定中间孔参数。中间孔是与起始孔对齐的螺钉间隙孔。

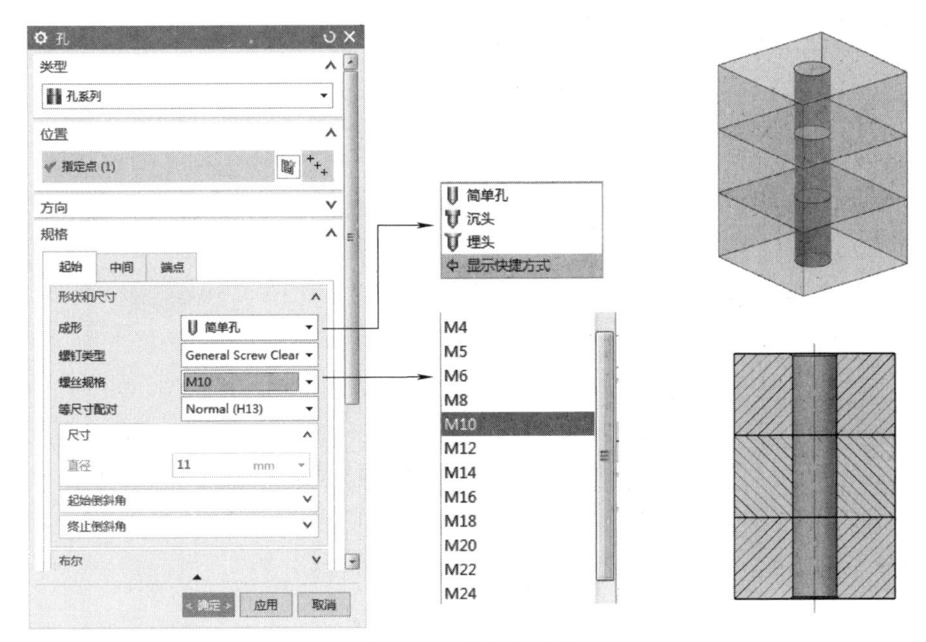

图 3-68　定义孔系列

“端点”选项卡：如图 3-70 所示，用于指定结束孔参数。结束孔可以是螺钉间隙孔或螺钉孔。

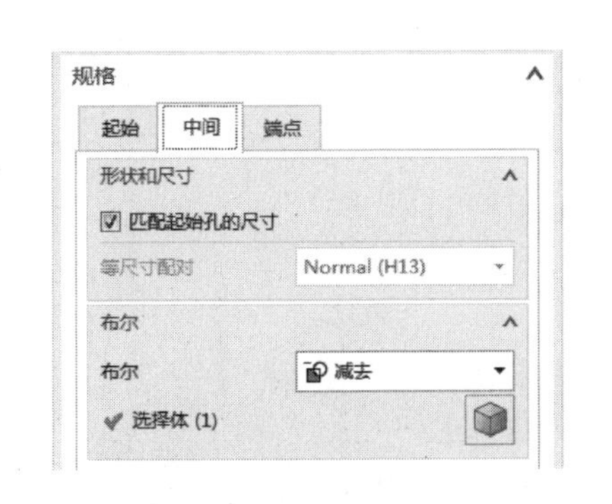

图 3-69　“中间”选项卡

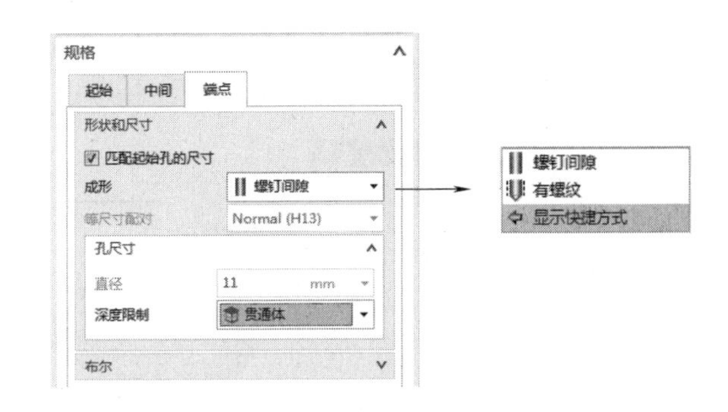

图 3-70　“端点”选项卡

知识点 4　镜像特征

“镜像特征”命令可以将选定的特征沿指定的平面进行对称复制。调用该命令主要有以下方式：

- 功能区：【主页】→『特征』→展开<更多>→“关联复制”下的<镜像特征>。
- 菜单：插入→『关联复制』→<镜像特征>。

执行上述操作后，弹出“镜像特征”对话框，如图 3-71 所示。选择要镜像的特征，再指定镜像平面，即可对称复制选定的特征，其具体操作过程在本任务实例中已述，不再赘述。

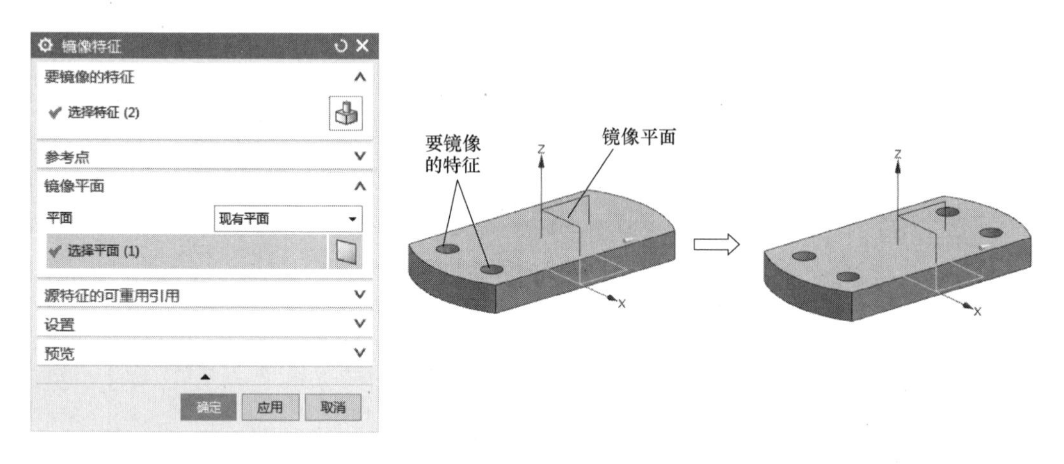

图 3-71 “镜像特征”对话框及示例

知识点 5 镜像几何体

“镜像几何体”命令可以将选定的几何体沿指定的平面进行对称复制。调用该命令主要有以下方式：

- 功能区：【主页】→『特征』→展开<更多>→“关联复制”下的<镜像几何体>。
- 菜单：插入→『关联复制』→<镜像几何体>。

执行上述操作后，弹出“镜像几何体”对话框，如图 3-72 所示。选择要镜像的几何体，再指定镜像平面，即可对称复制选定的几何体。

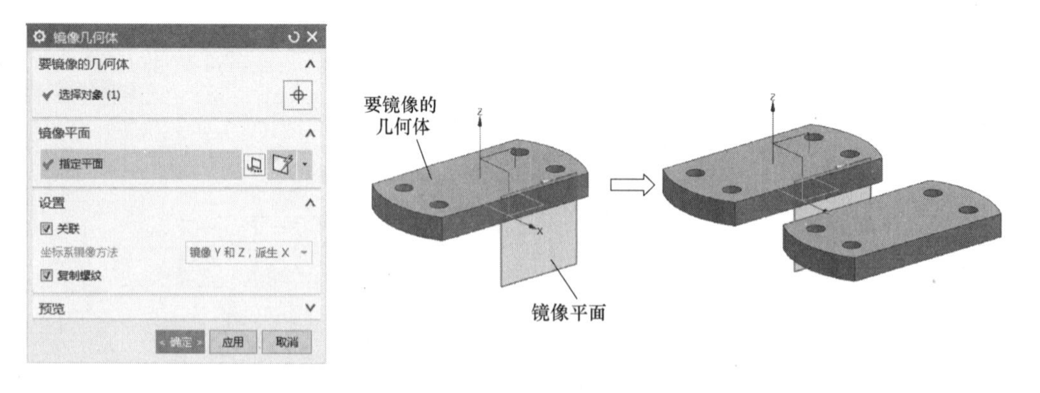

图 3-72 “镜像几何体”对话框及示例

> 镜像特征与镜像几何体的区别：镜像几何体是对几何体进行操作，一个体可以由一个特征组成，也可以由多个特征组成（图 3-74 所示底板就包含了拉伸特征与孔特征）；而镜像特征是对某个特征进行操作。

同类任务

创建图 3-73、图 3-74 所示座体、轴承座的实体。

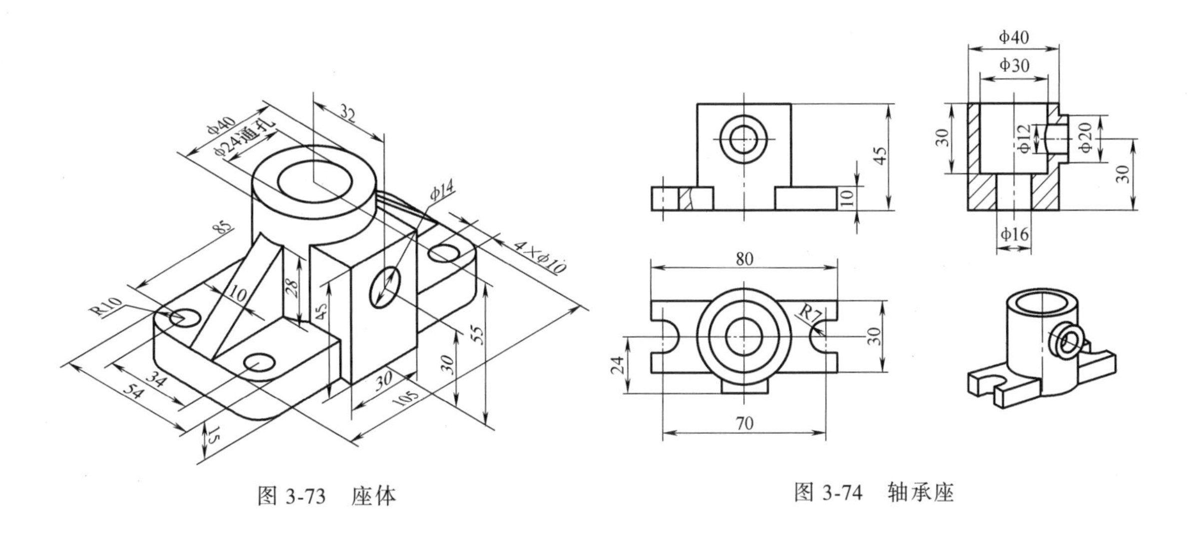

图 3-73　座体　　　　图 3-74　轴承座

拓 展 任 务

创建图 3-75、图 3-76 所示压紧杆、斜座的实体。

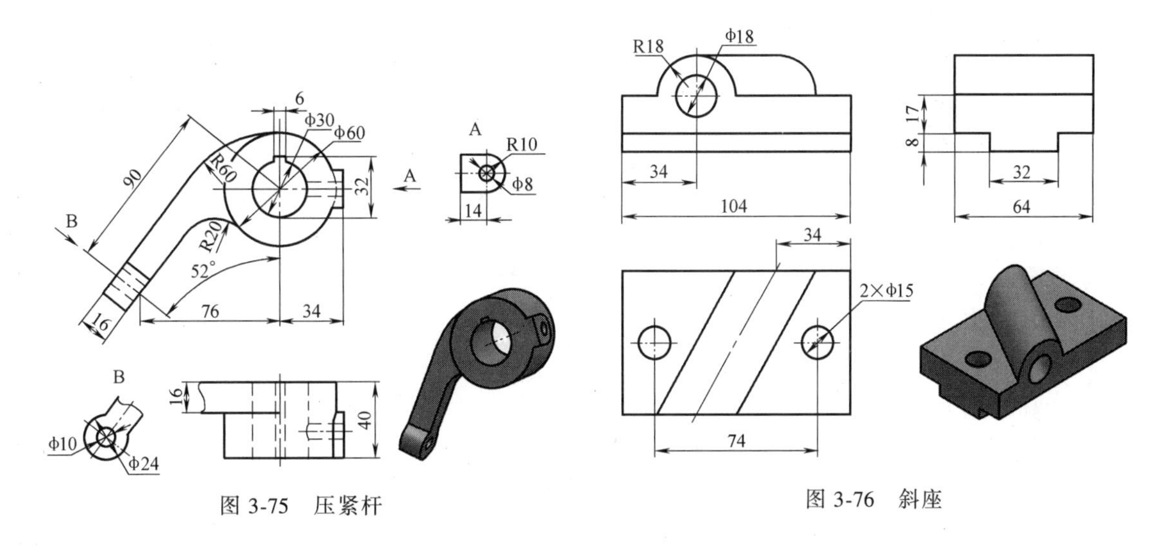

图 3-75　压紧杆　　　　图 3-76　斜座

任务 3　风扇叶片的实体建模

本任务要求创建图 3-77 所示的风扇叶片实体，主要涉及旋转特征、边倒圆、倒斜角及阵列几何特征的操作及应用。

任务实施

建模分析：风扇叶片由基体、3 个叶片组成。基体是回转体，可以采用旋转特征来创建；叶片形状较特殊（俯视方向呈不规则扇形，主视方向呈弧形），可经两次拉伸并进行求交运算来创建；创建好一个叶片后采用阵列几何体得到另两个叶片。

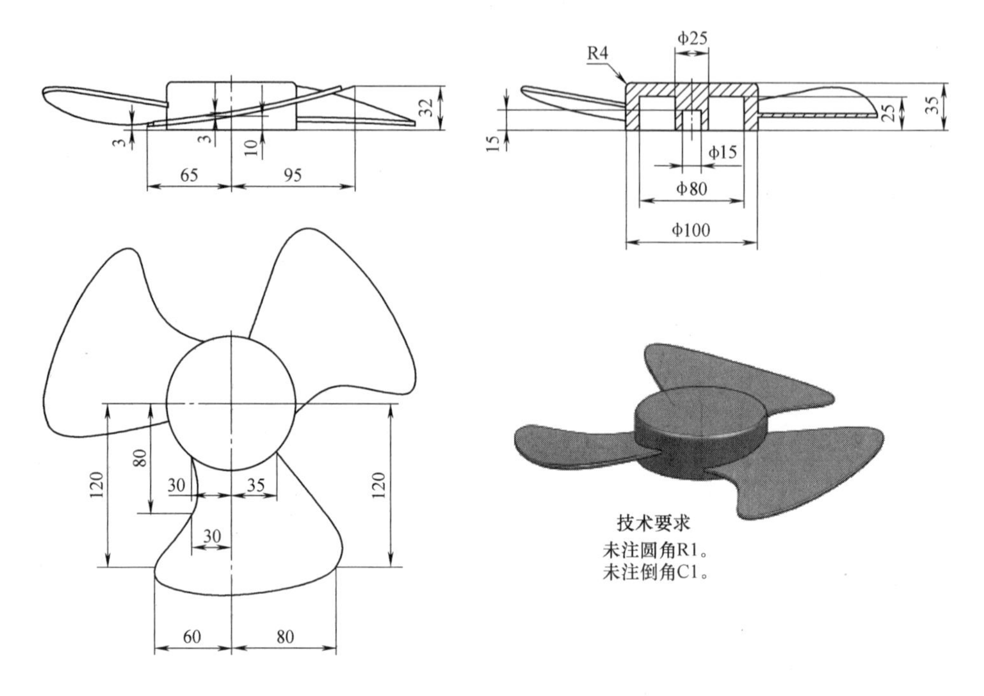

图 3-77　风扇叶片

步骤 1　新建文件。

步骤 2　绘制基体的截面草图。在 YZ 平面创建图 3-78 所示草图。

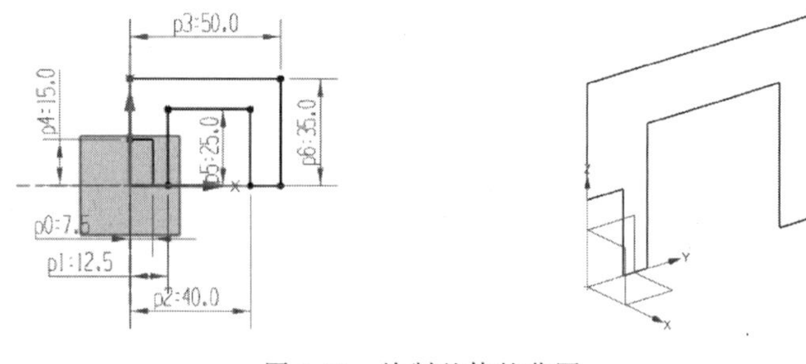

图 3-78　绘制基体的草图

步骤 3　旋转形成基体。

1）在功能区单击【主页】→『特征』→<旋转>，弹出“旋转”对话框，如图 3-79 所示。

2）在绘图区选择基体的截面曲线，单击鼠标中键，系统自动进入选择旋转轴状态。

3）选择截面最左侧曲线或者选择 Z 轴（即以此曲线或 Z 轴为旋转轴）。

4）在对话框中的“限制”选项组下选择“开始”为“值”，“角度”为“0”，“结束”为“值”，“角度”为“360”；布尔运算为“无”，如图 3-79 所示。

5）单击 确定 按钮，完成基体的创建，如图 3-79 所示。

步骤 4　拉伸形成叶片。

1）在 XZ 平面绘制叶片俯视方向草图（为不规则扇形），拉伸，开始值为“0”，结束值为“35”，布尔运算为“无”，如图 3-80 所示。

2）在 YZ 平面绘制叶片主视方向草图（为一段圆弧），拉伸，开始值为“0”，结束值超出不规则扇形轮廓即可；在“偏置”列表中选择“两侧”，开始值为“0”，结束值为“3”；布尔运算为“相交”，求交的体为不规则扇形轮廓，如图 3-81 所示。

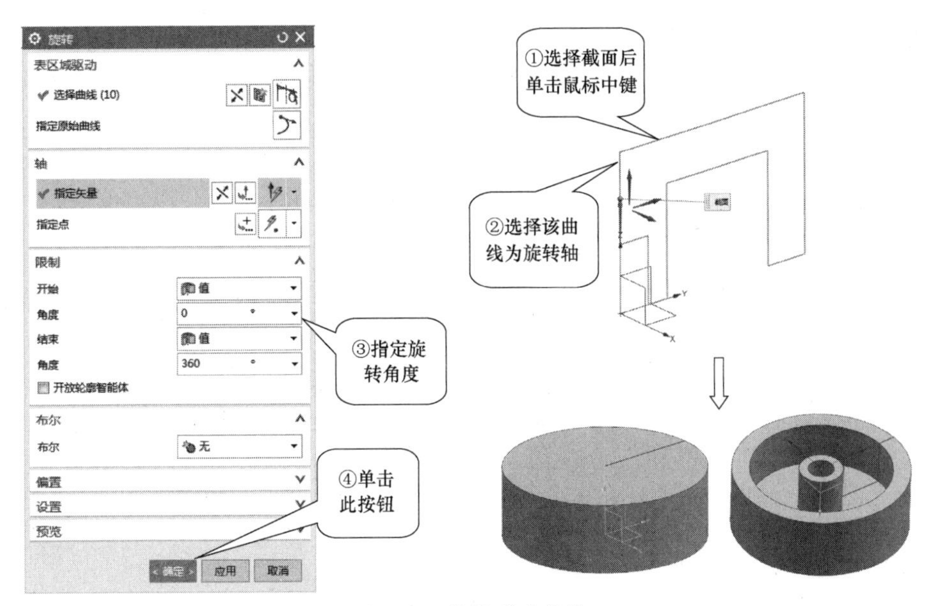

图 3-79　旋转形成基体

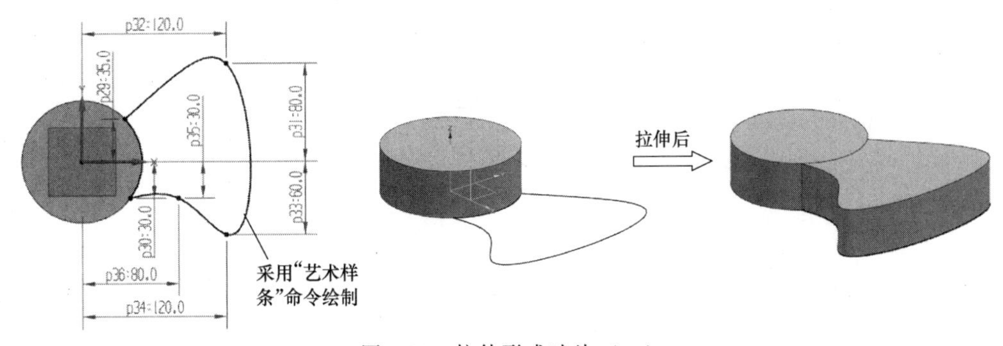

图 3-80　拉伸形成叶片（一）

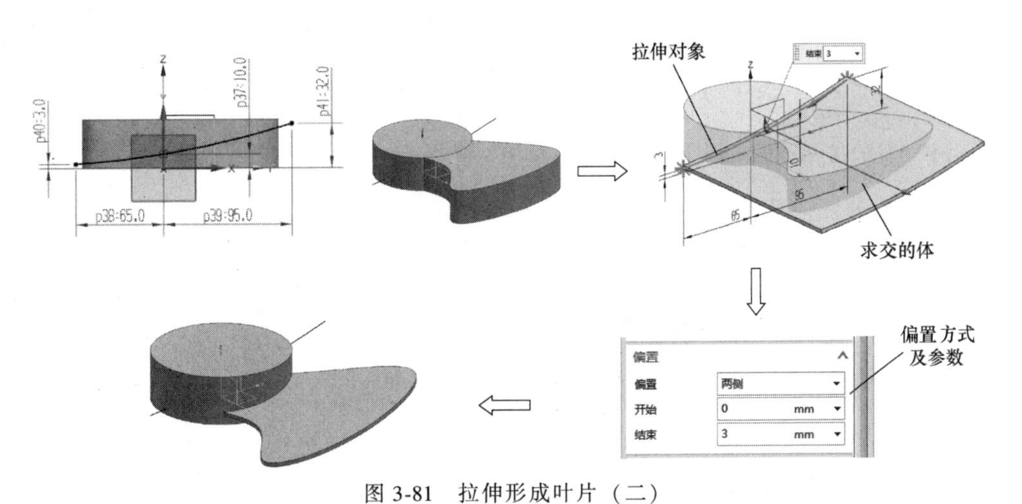

图 3-81　拉伸形成叶片（二）

步骤 5　倒 R4、R1 的圆角。

1）在功能区单击【主页】→『特征』→<边倒圆>，弹出“边倒圆”对话框。

2）选择基体最上面的边作为要倒圆角的边；在对话框的“半径 1”文本框中输入“4”。

3）单击 应用 按钮，完成边倒圆，如图 3-82 所示。

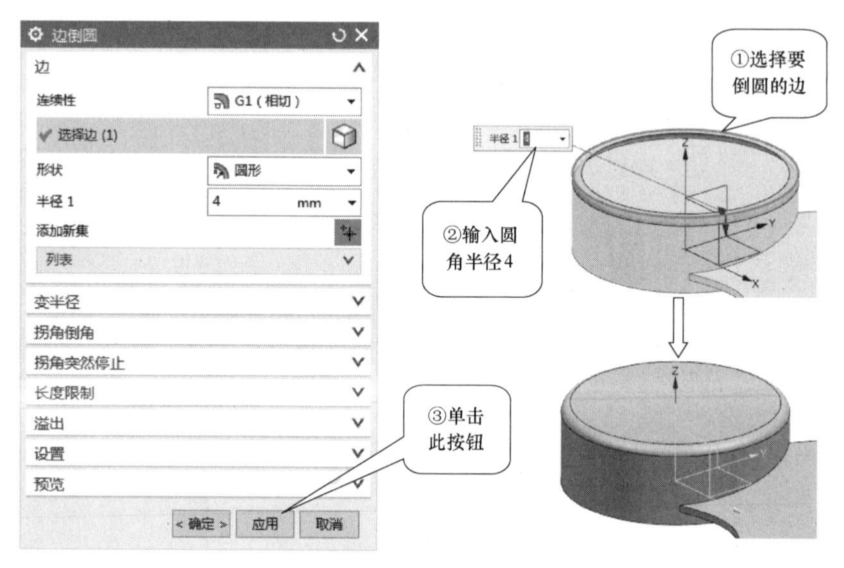

图 3-82　倒 R4 圆角

4）采用同样的方法，在叶片上、下边缘倒 R1 的圆角，如图 3-83 所示。

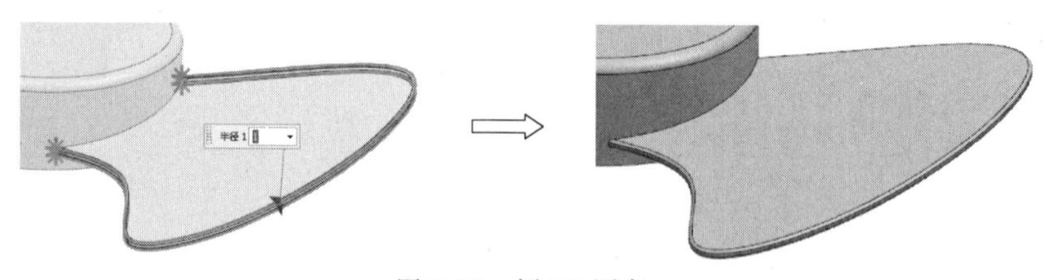

图 3-83　倒 R1 圆角

步骤 6　阵列叶片。

1）在功能区单击【主页】→『特征』→展开<更多>→“关联复制”下的<阵列几何特征>，弹出“阵列几何特征”对话框，如图 3-84 所示。

2）选择叶片为阵列对象，在对话框的“布局”列表中选择阵列方式为“圆形”，在绘图区选择 Z 轴为旋转轴，在对话框的“间距”列表中选择“数量和间隔”，在“数量”文本框中输入“3”，“节距角”文本框中输入“120”，如图 3-84 所示。

3）单击 确定 按钮，完成叶片的阵列，如图 3-84 所示。

步骤 7　倒 C1 斜角。

1）在功能区单击【主页】→『特征』→<倒斜角>，弹出“倒斜角”对话框，如图3-85 所示。

2）选择基体上要倒斜角的两条边；在对话框的“横截面”列表中选择“对称”；在

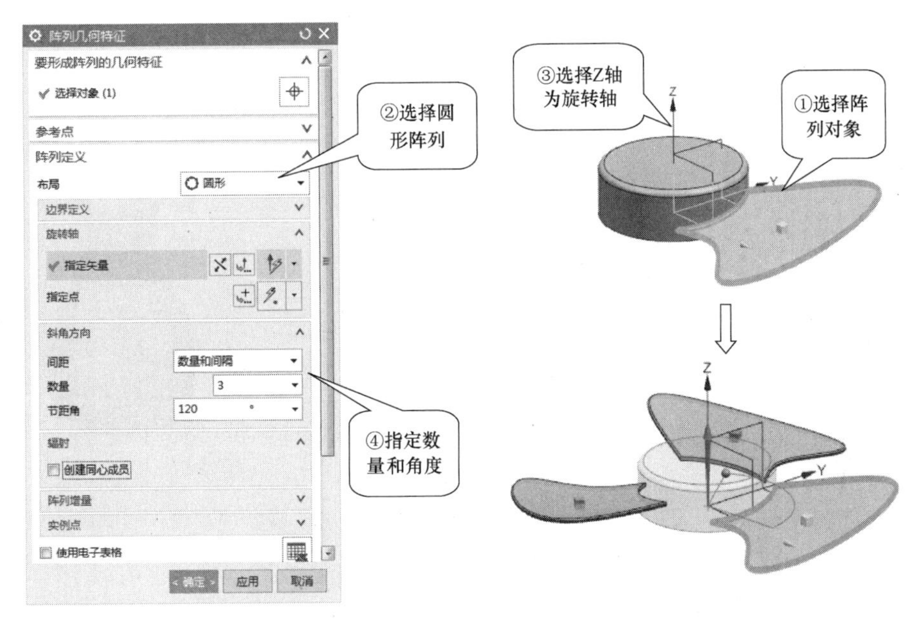

图 3-84　阵列叶片

“距离”文本框中输入“1”。

3）单击 确定 按钮，完成倒斜角，如图 3-85 所示。

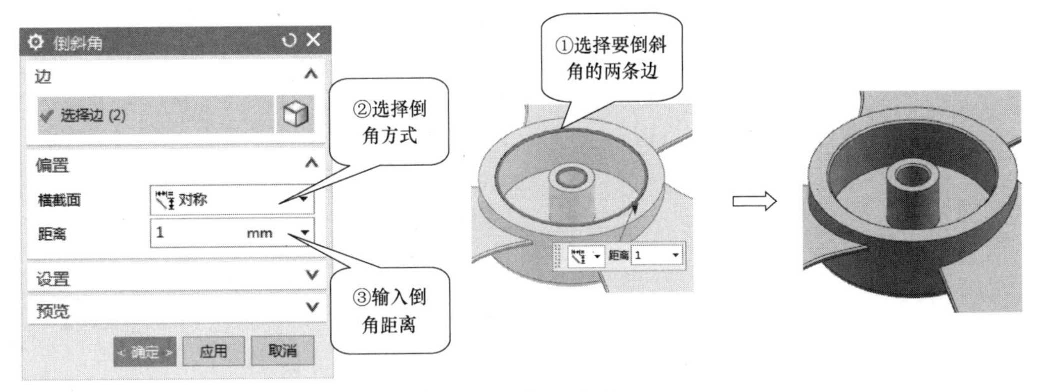

图 3-85　倒 C1 斜角

步骤 8　将叶片与基体进行求和运算。

步骤 9　隐藏所有草图与基准，并保存文件，完成叶片的创建。

知识点 1　旋转

“旋转”特征是将二维截面或曲线绕指定的轴线和指定的点旋转一定角度所创建的特征。调用“旋转”命令主要有以下方式：

- 功能区：【主页】→『特征』→<旋转>。
- 菜单：插入→设计特征→ 旋转(R)...。

执行上述操作后，弹出“旋转”对话框，如图 3-86 所示。

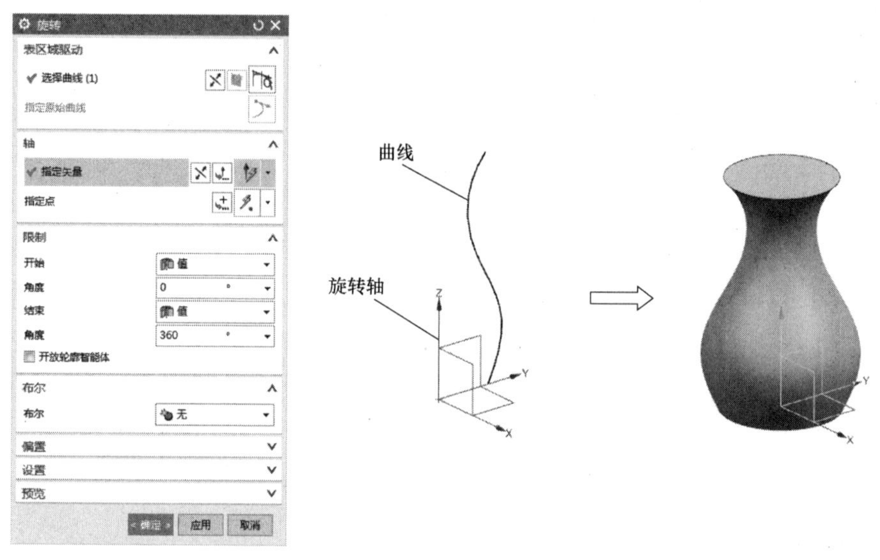

图 3-86 “旋转”对话框及示例

“旋转”对话框与“拉伸”对话框很相似，两者的操作方法也基本相同。对话框中“轴”选项组的“指定矢量”用于设置旋转矢量，“指定点”用于确定旋转基点（即旋转矢量的位置）。

创建旋转特征时，同一截面，旋转矢量方向相同，但旋转基点不同，其旋转结果也会不同，如图 3-87 所示。

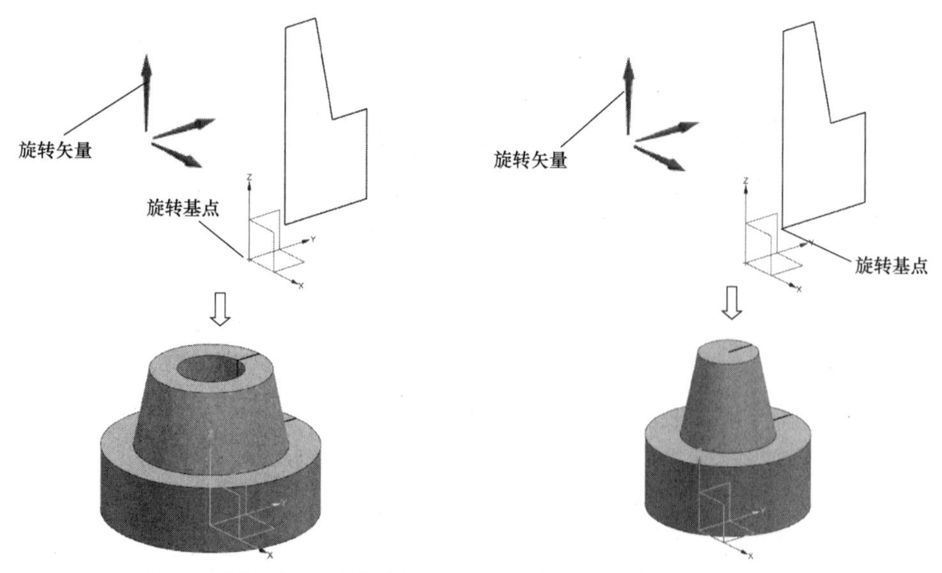

图 3-87 同一截面，相同旋转矢量，旋转基点不同的旋转结果比较

创建旋转特征的具体操作过程在本任务实例中已述，不再赘述。

知识点 2 边倒圆

“边倒圆”是指对面之间的锐边进行倒圆，圆角半径可以是恒定的（等半径倒圆角），

也可以是可变化的（变半径倒圆角）。调用该命令主要有以下方式：

- 功能区：【主页】→『特征』→<边倒圆>。
- 菜单：插入→细节特征→ 边倒圆(E)...。

执行上述操作后，弹出“边倒圆”对话框，如图 3-88 所示。

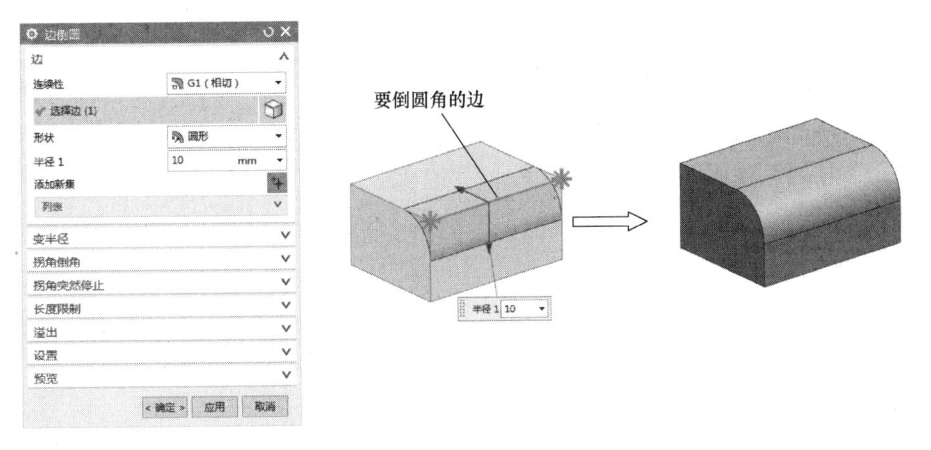

图 3-88　“边倒圆”对话框及等半径倒圆角示例

等半径倒圆角的具体操作过程在本任务实例中已述，不再赘述。

例：对长方体的某一边进行变半径倒圆角，半径分别为 R10 和 R15，使其效果如图 3-89 所示，操作过程如下：

单击<边倒圆>，弹出“边倒圆”对话框，选择要倒圆角的边，在对话框的“变半径”栏中指定新的位置点，单击<端点>，选择边的左端点，输入半径“10”，再选择边的右端点，输入半径“15”→单击 应用 按钮，效果如图 3-89 所示（也可通过控制线段的“弧长百分比”，输入不同的半径，实现变半径倒圆角）。

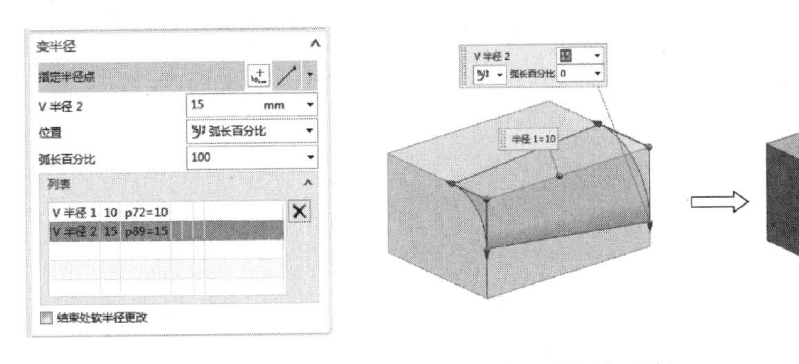

图 3-89　变半径倒圆角示例

知识点 3　倒斜角

“倒斜角”是指对面与面之间的锐边进行倾斜的倒角处理。调用该命令主要有以下方式：

• 功能区：【主页】→『特征』→<倒斜角>。

• 菜单：插入→细节特征→ 倒斜角(M)...。

执行上述操作后，弹出“倒斜角”对话框，如图 3-90 所示。

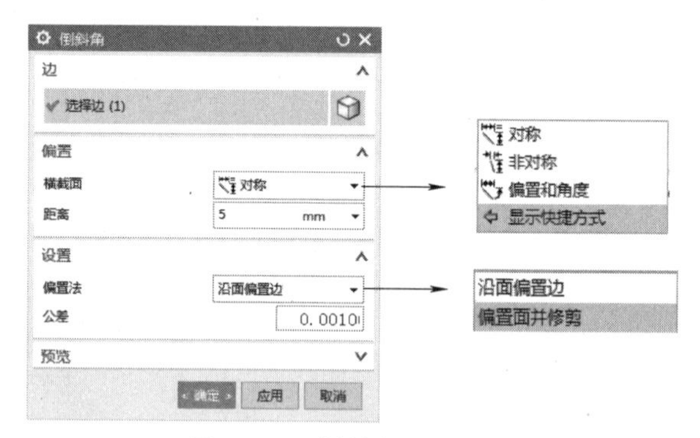

图 3-90 “倒斜角”对话框

倒斜角有“对称”“非对称”“偏置和角度”3 种方式。

1. 对称

只需设置一个距离参数，从边开始的两个偏置距离相同，如图 3-91a 所示。

2. 非对称

需分别定义距离 1 和距离 2，如图 3-91b所示。可单击<反向>来切换该倒斜角的另一个解。

3. 偏置和角度

需分别定义一个偏置距离和一个角度参数，如图 3-91c 所示。可单击<反向>来切换该倒斜角的另一个解。

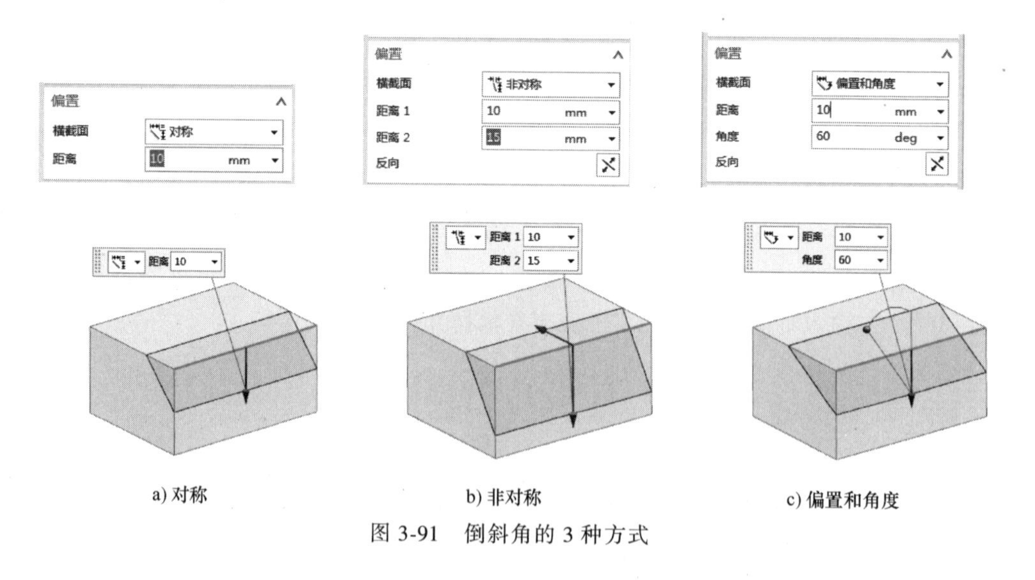

a) 对称　　b) 非对称　　c) 偏置和角度

图 3-91 倒斜角的 3 种方式

知识点 4 阵列特征

“阵列特征”命令可以将选定的特征以矩形、环形或螺旋形等方式排列进行复制。调用该命令主要有以下方式：

• 功能区：【主页】→『特征』→<阵列特征>。

• 菜单：插入→『关联复制』→ 阵列特征(A)...。

执行上述操作后，弹出“阵列特征”对话框，如图 3-92 所示。

阵列特征有 8 种方式：线性、圆形、多边形、螺旋式、沿（曲线）、常规、参考和螺旋

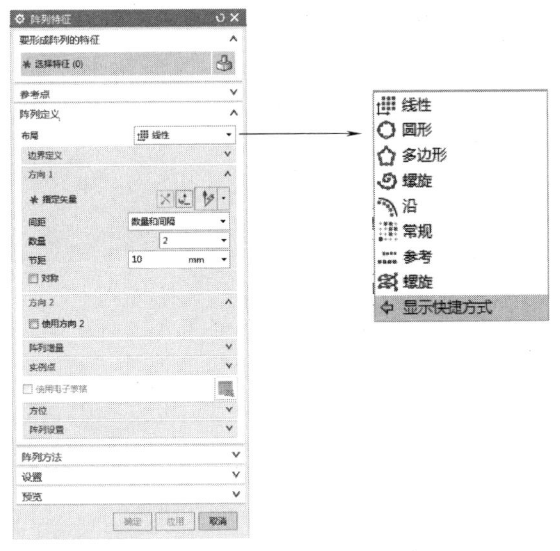

图 3-92　“阵列特征”对话框

线。其中常用的是线性和圆形。

1. 线性阵列

线性阵列是将选定的特征按指定的方向、数量和间距做矩形排列复制，如图 3-93 所示。

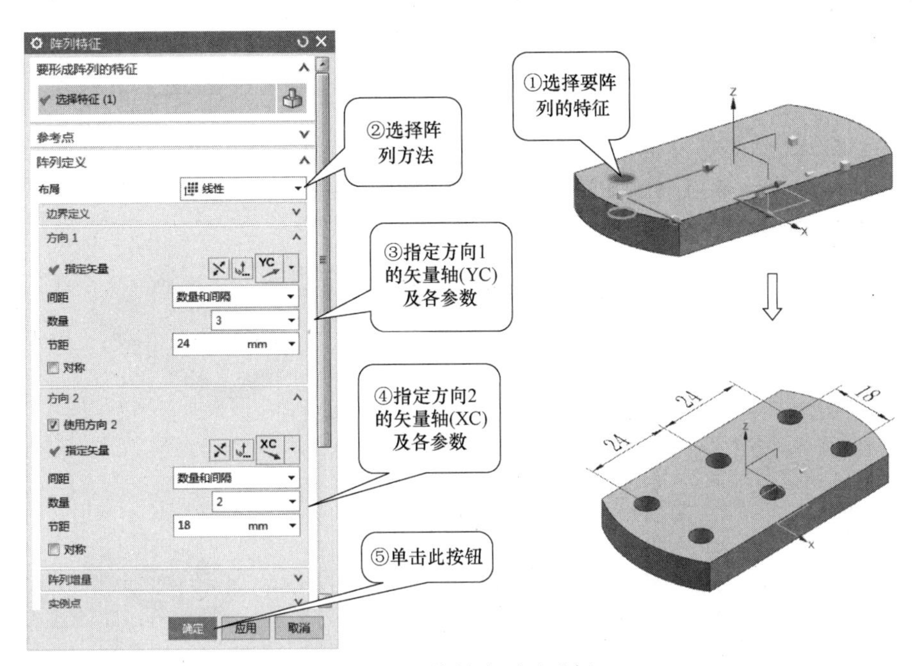

图 3-93　线性阵列及示例

2. 圆形阵列

圆形阵列是将选定的特征绕选定的轴线按指定的数量、角度做圆形或扇形排列复制，如图 3-94 所示。

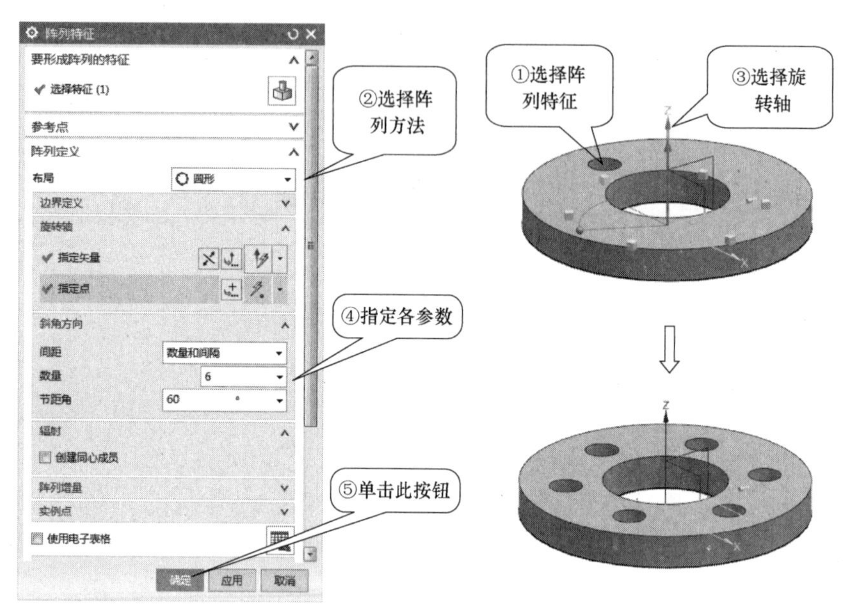

图 3-94　圆形阵列及示例

知识点 5　阵列几何特征

“阵列几何特征”命令可以将选定的几何体以矩形、环形或螺旋形等方式排列进行复制。调用该命令主要有以下方式：

- 功能区：【主页】→『特征』→展开<更多>→“关联复制”下的<阵列几何特征>。
- 菜单：插入→『关联复制』→阵列几何特征(T)...。

执行上述操作后，弹出“阵列几何特征”对话框，如图 3-95 所示。

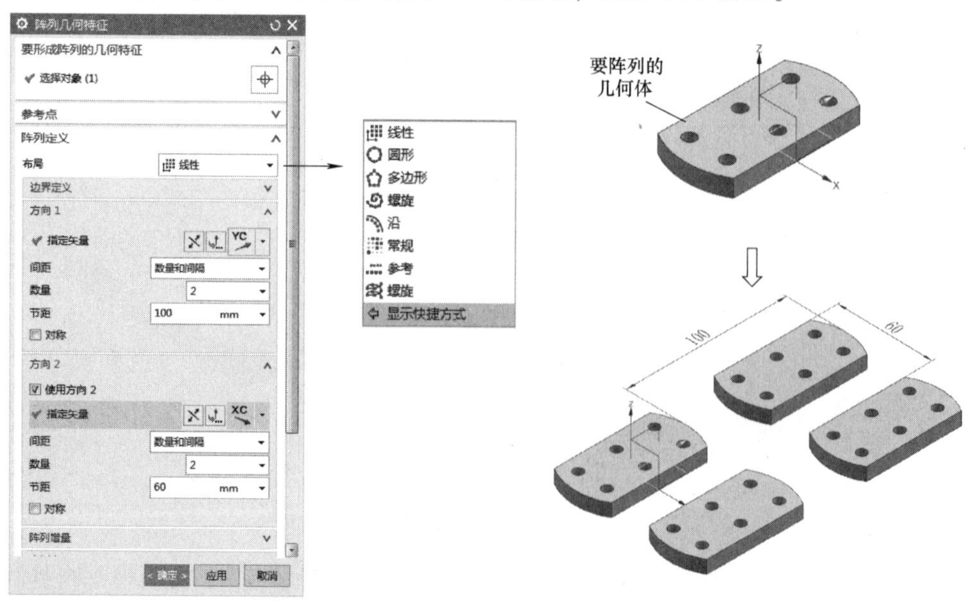

图 3-95　“阵列几何特征”对话框及示例（线性）

阵列几何特征也有8种方式：线性、圆形、多边形、螺旋式、沿（曲线）、常规、参考和螺旋线。其中常用的是线性、圆形。

阵列几何特征的操作方法、对话框与阵列特征类似（区别在于：阵列特征是对特征进行操作，而阵列几何特征是对体进行操作）。阵列几何特征的具体操作在本任务操作实例中已述（叶片即采用了圆形阵列几何特征），在此不再赘述。

知识点6 拔模

在模型中创建合适的拔模特征有助于改进模型生成工艺和提高生产率。调用“拔模”命令主要有以下方式：

- 功能区：【主页】→『特征』→<拔模>。
- 菜单：插入→细节特征→拔模(T)...。

执行上述操作后，弹出“拔模”对话框，如图3-96所示。

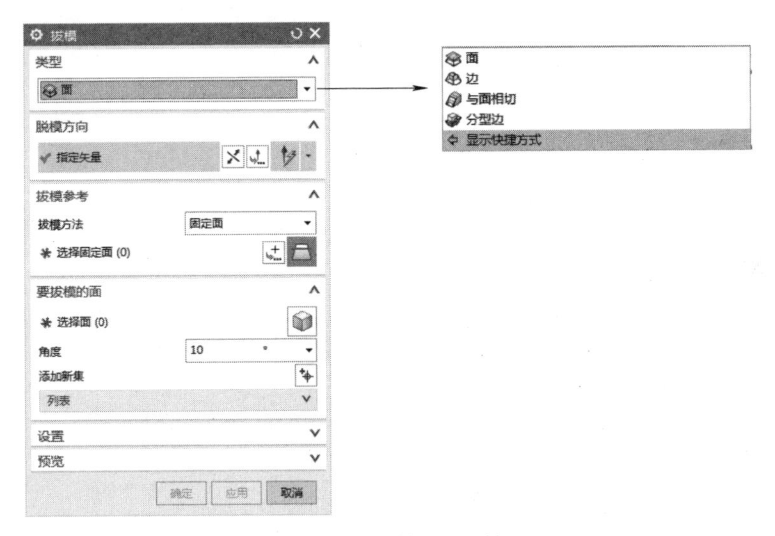

图3-96 “拔模”对话框

拔模有“面”“边”“与面相切”“分型边”4种类型。

1. 面

此方式从平面或曲面拔模，如图3-97所示，需分别定义“脱模方向”“固定面”（即拔模时不改变的平面）、“要拔模的面”和“拔模角度”。

2. 边

此方式从边拔模（也称边缘拔模），如图3-98所示，需分别定义“脱模方向”“固定边”和“拔模角度”。

“边”拔模可以进行变角度拔模（可变拔模）。展开图3-98所示对话框中的“可变拔模点”选项组，利用“点构造器”或相应的点类型按钮在边上指定控制点，并分别设置其位置和对应的拔模角度，便可进行变角度拔模，如图3-99所示。图3-99所示为在边上指定3个点（两端点及中点），两端点处拔模角度为“20”，中点处拔模角度为“10”。

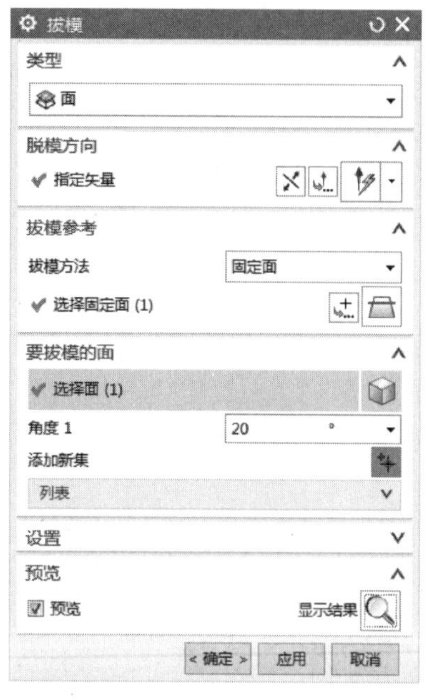

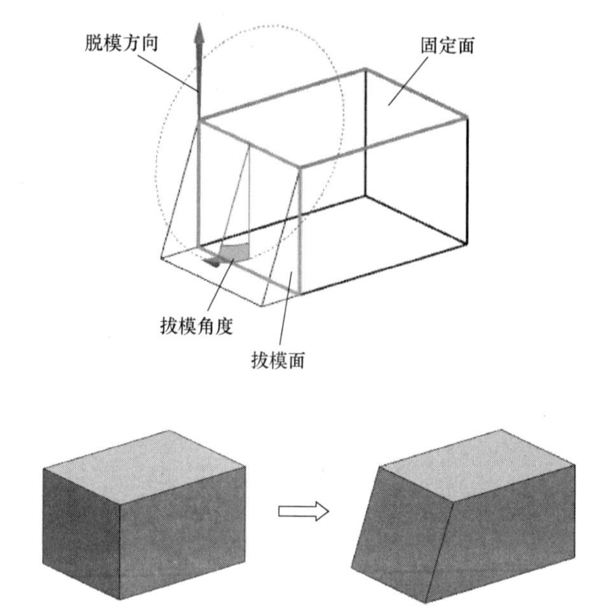

图 3-97 “面”拔模

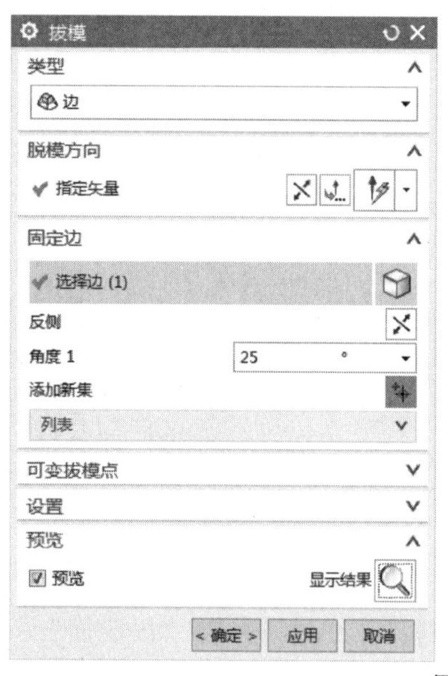

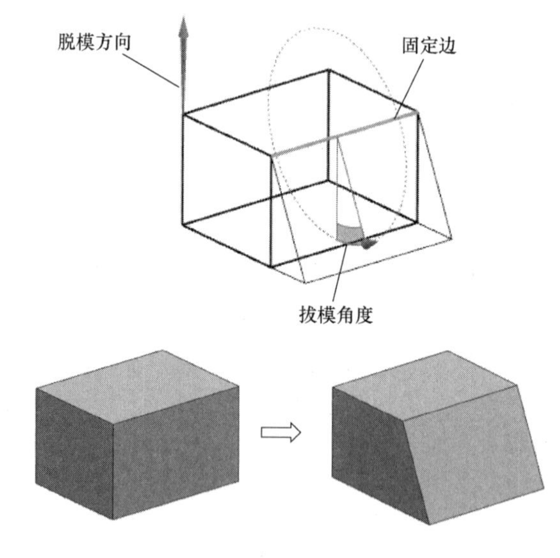

图 3-98 “边”拔模

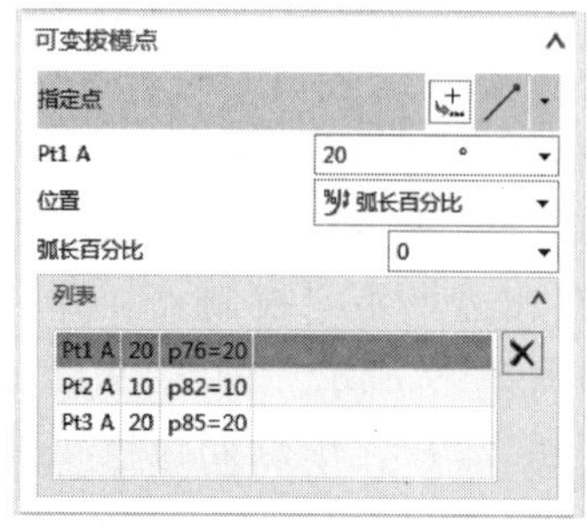

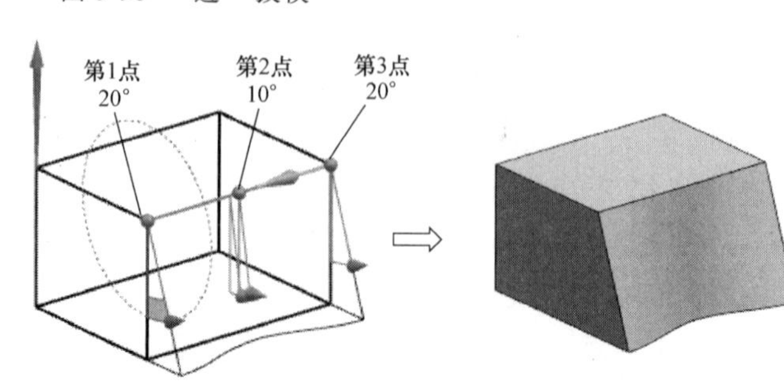

图 3-99 具有多个拔模点的变角度拔模

3. 与面相切

此方式一般针对具有相切面的实体表面进行拔模，如图 3-100 所示，需分别定义“脱模方向”“相切面”和“拔模角度”。

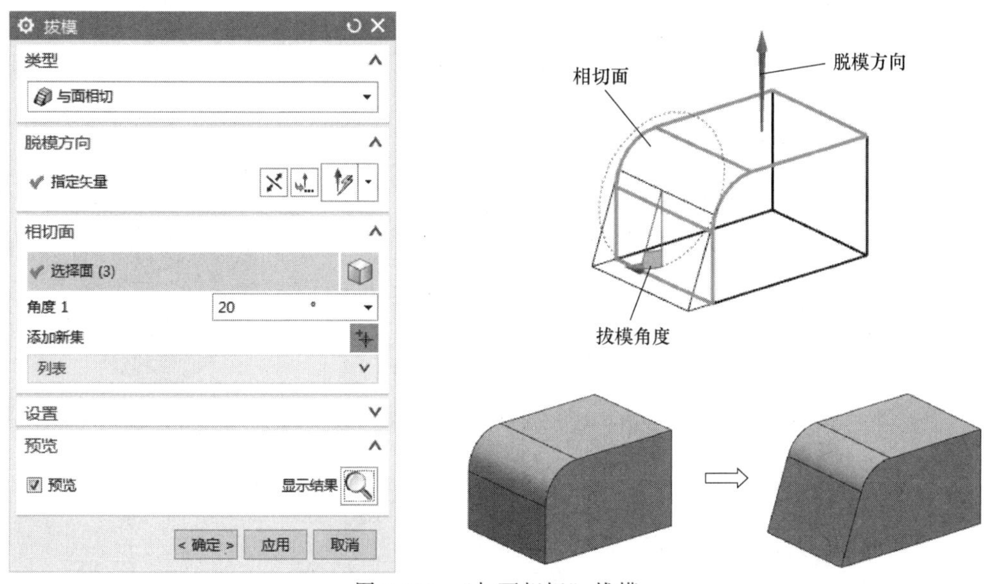

图 3-100　“与面相切”拔模

4. 分型边

此方式拔模能沿选中的一组边（即分型边）用指定的角度和一个固定面生成拔模，如图 3-101 所示。在这种类型拔模中，改变了面但不改变分割线。

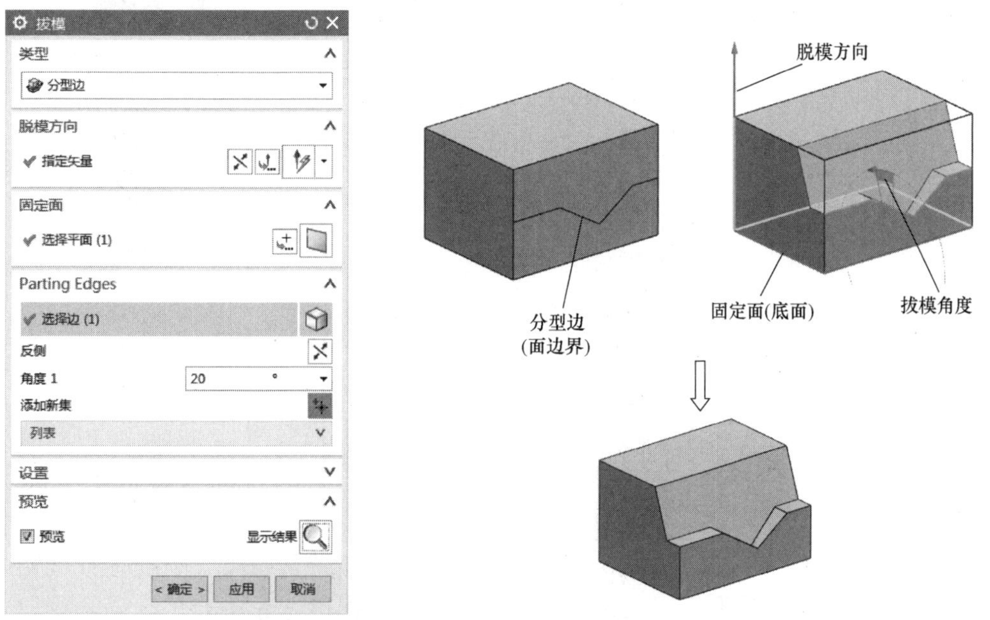

图 3-101　“分型边”拔模

- Parting Edges：用于选择一条或多条分型边作为拔模的参考边。

同类任务

完成图 3-102、图 3-103 所示 J 型、J_1 型轴孔半联轴器的实体建模。

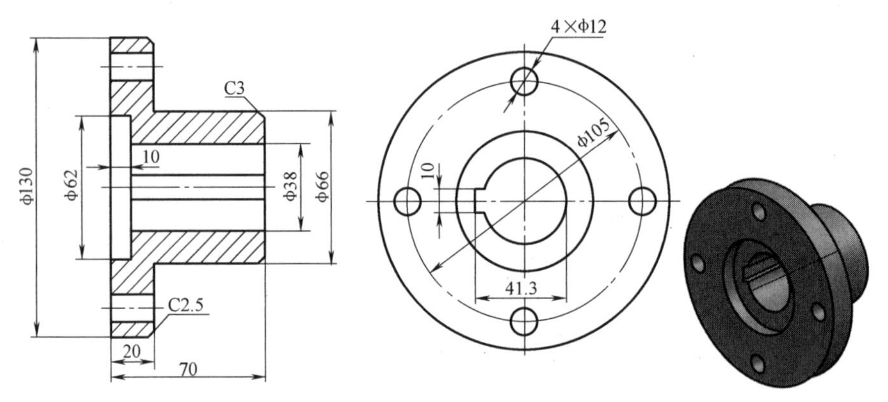

图 3-102 J 型轴孔半联轴器

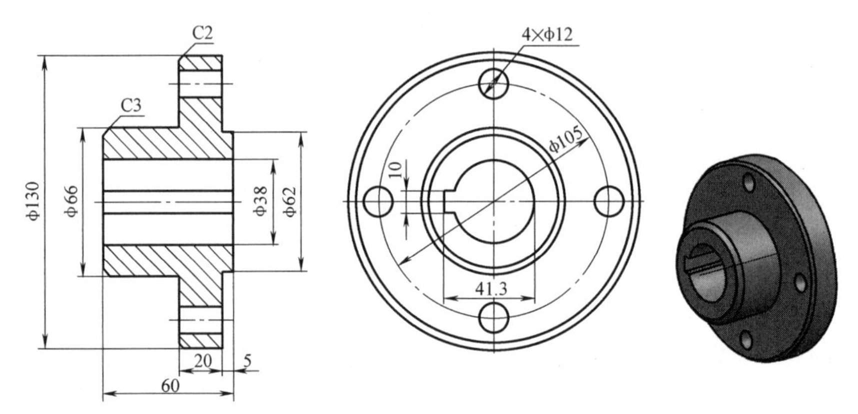

图 3-103 J_1 型轴孔半联轴器

拓展任务

1. 完成图 3-104 所示盖的实体建模。

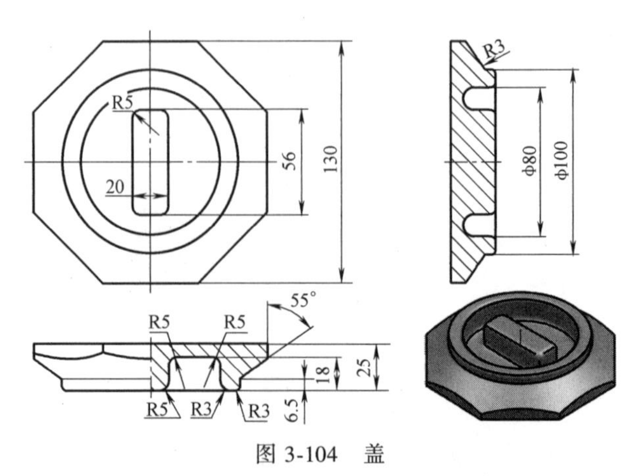

图 3-104 盖

2. 完成图 6-152 所示端盖的实体建模。

任务 4　烟管的实体建模

本任务要求创建图 3-105 所示的烟管实体，主要涉及扫掠、替换面、抽壳等命令及操作。

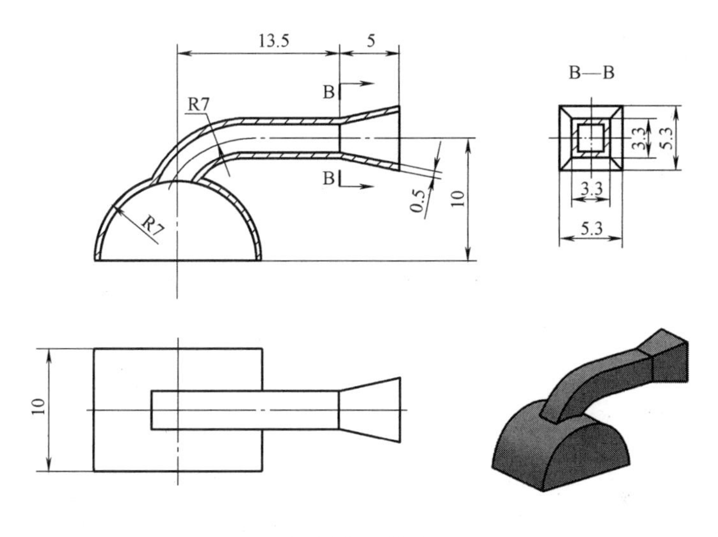

图 3-105　烟管

任务实施

建模分析：此烟管由基体和烟道两部分组成，且是中空的薄壁实体。建模时可先将其看成是实心的。基体为半圆柱体，可由拉伸特征得到；烟道由喇叭口和烟道组成，可经两次扫掠得到；最后通过抽壳形成中空的薄壁零件。

步骤 1　新建文件。

步骤 2　绘制草图。绘制烟道建模所用的 3 个草图，如图 3-106 所示。

步骤 3　拉伸形成烟道半圆柱基体部分。拉伸方式为“对称值”，距离为“5”，效果如图 3-107 所示。

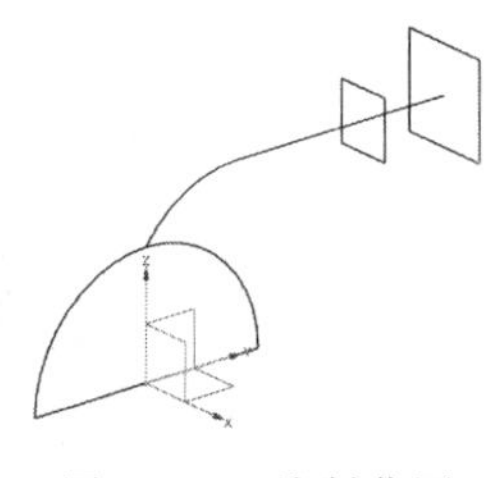

图 3-106　绘制草图

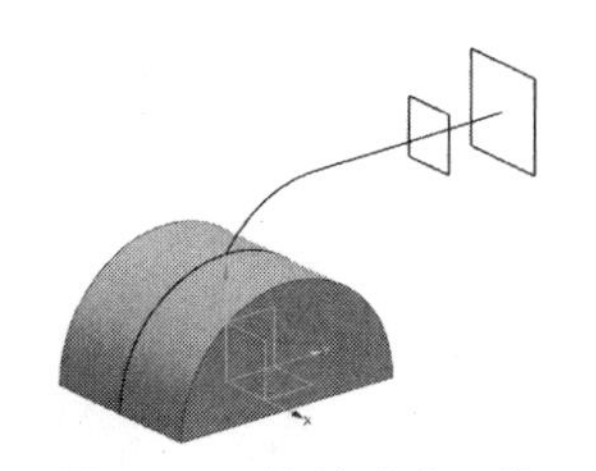

图 3-107　拉伸形成基体

步骤 4　扫掠形成烟道。

1）在功能区单击【主页】→『曲面』→<扫掠>，弹出“扫掠”对话框，如图 3-108

所示。

2）选择“曲线规则”为“相连曲线”，在绘图区选择大矩形线框（即扫掠截面1），单击鼠标中键（自动进入选择截面2状态），选择小矩形线框（即扫掠截面2），单击两次鼠标中键（自动进入选择引导线状态），选择直线作为扫掠路径，在对话框的“截面选项”组下勾选☑ 保留形状。

3）单击 应用 按钮，完成烟道喇叭口的创建，如图3-108所示。

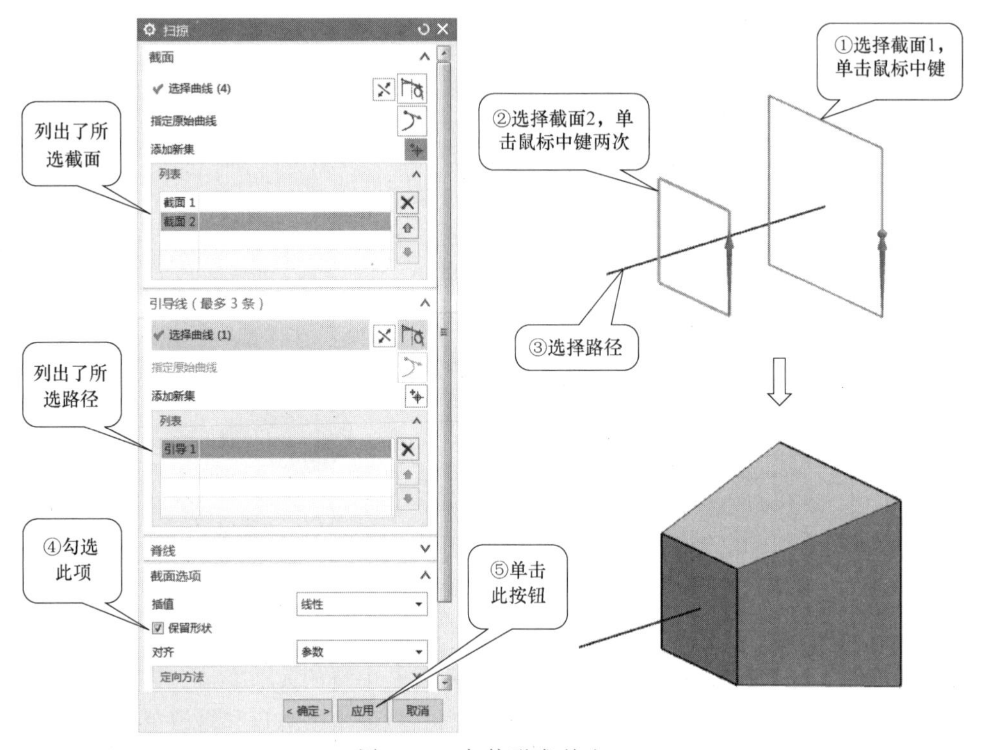

图3-108　扫掠形成喇叭口

扫掠操作中选择截面时需注意两点：

1）各截面上箭头的起点位置应一致。

2）各箭头的指向应相同。

否则，易产生扭曲，如图3-109所示。

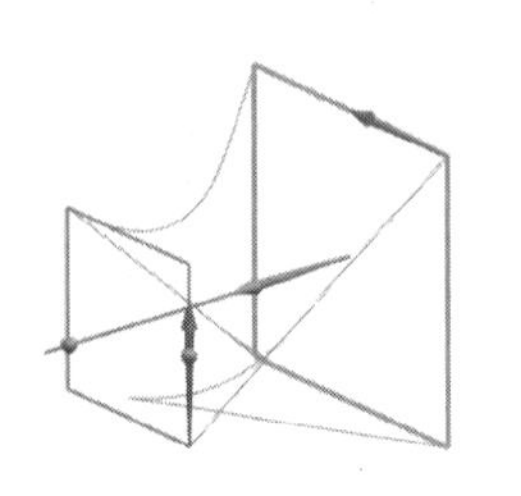 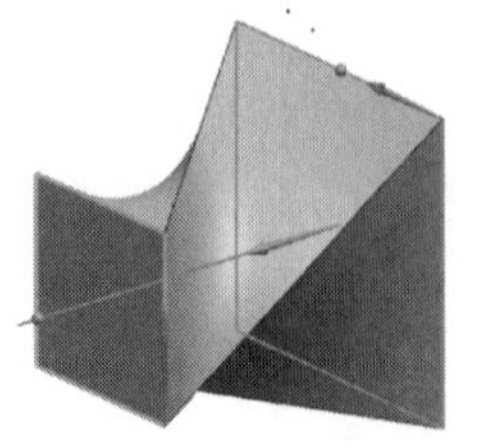 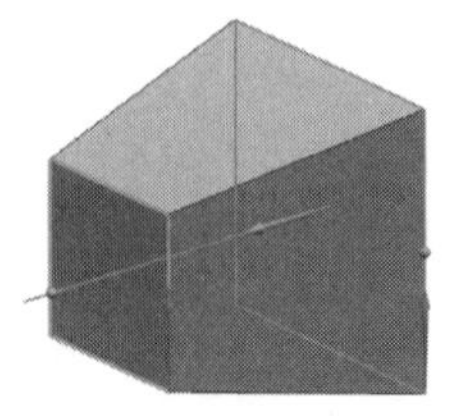

图3-109　扫掠实体比较

4）接着扫掠形成烟道中间部分。选择小矩形线框（即扫掠截面），单击两次鼠标中键

(自动进入选择引导线状态)，选择直线及圆弧作为扫掠路径，单击 确定 按钮，完成烟道中间部分的建模，如图3-110所示。

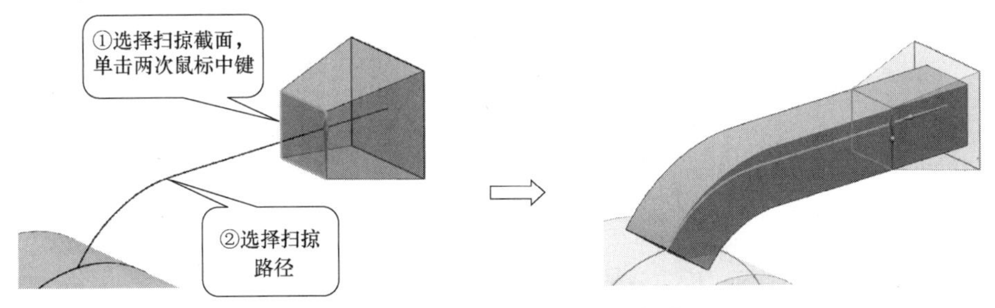

图3-110　扫掠形成烟道中间部分

步骤5　对烟道的中间部分和喇叭口部分进行求和运算。

步骤6　替换延伸烟道的左端面。

1）在功能区单击【主页】→『同步建模』→<替换面>，弹出“替换面”对话框，如图3-111a所示。

2）在绘图区选择烟道的左端面（即要替换的面），单击鼠标中键，选择半圆柱面（即替换面），在对话框的“偏置”选项的“距离”文本框中输入“0”。

3）单击 确定 按钮，烟道左端面替换延伸至半圆柱面，效果如图3-111c所示。

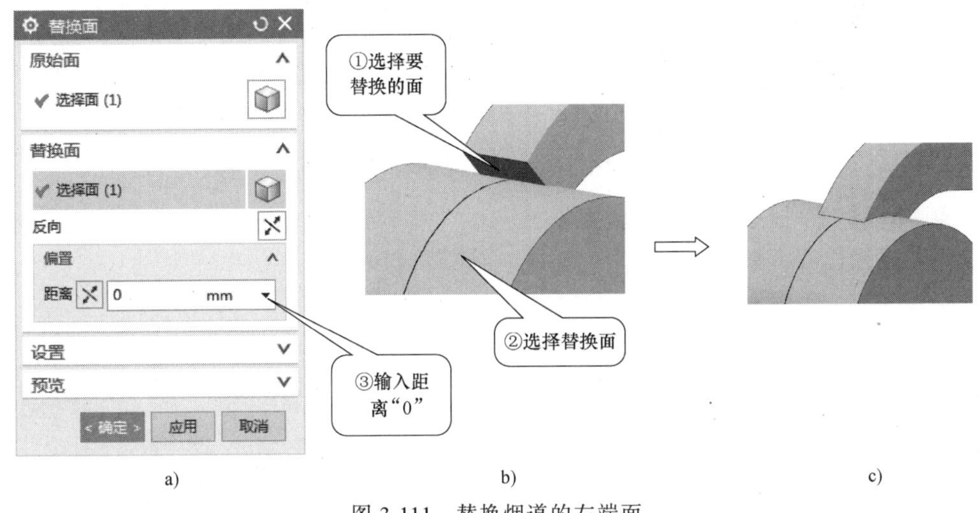

图3-111　替换烟道的左端面

步骤7　对烟道所有部分进行求和运算。

步骤8　抽壳形成薄壁零件。

1）在功能区单击【主页】→『特征』→<抽壳>，弹出“抽壳”对话框，如图3-112a所示。

2）在对话框的“类型”列表中选择“移除面，然后抽壳”，在绘图区选择烟道的底面和右端面作为要删除的面，如果图3-112b所示。在对话框的“厚度”文本框中输入抽壳厚度“0.3”。

3）单击 确定 按钮，完成抽壳，效果如图 3-112c 所示。

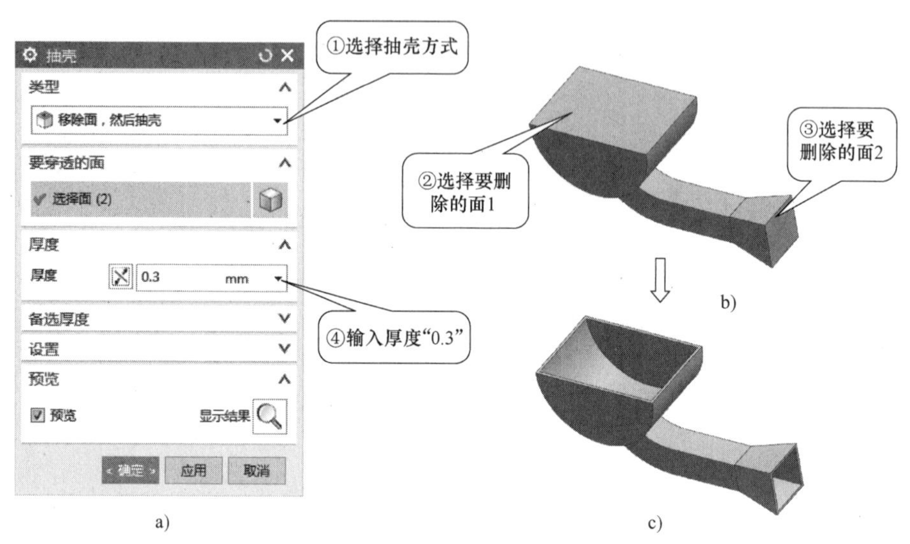

图 3-112 抽壳形成薄壁零件

步骤 9 隐藏所有草图与基准，并保存文件，完成烟道的创建。

知识点 1 扫掠

“扫掠”特征是将选定的轮廓曲线沿指定的路径进行扫描所创建的特征，如图 3-113 所示。其中，轮廓曲线称为截面，最多可有 150 个；路径称为引导线，最多 3 条。

调用“扫掠”命令主要有以下方式：

- 功能区：【主页】→『曲面』→<扫掠>或【曲面】→『曲面』→<扫掠>。
- 菜单：插入→扫掠→ 扫掠(S)...。

执行上述操作后，弹出“扫掠”对话框，如图 3-114 所示。

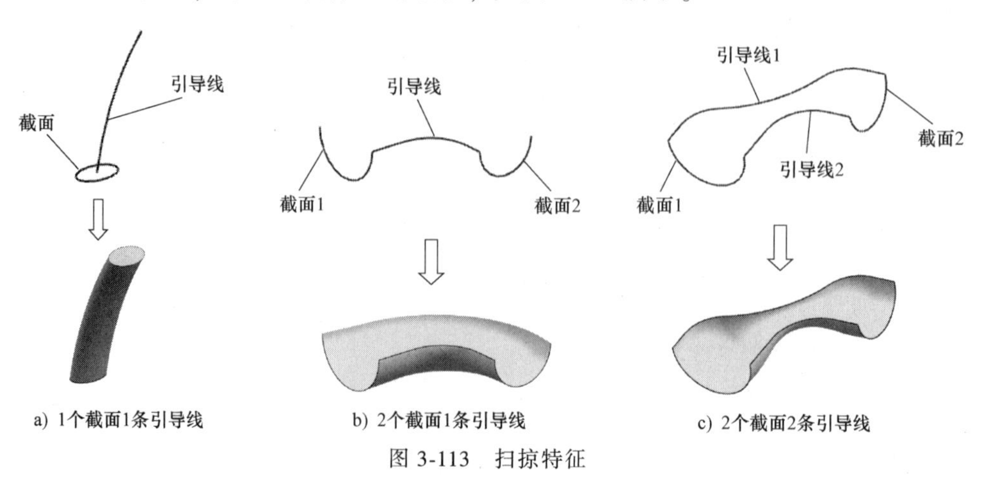

a) 1个截面1条引导线　b) 2个截面1条引导线　c) 2个截面2条引导线

图 3-113 扫掠特征

创建扫掠特征的具体步骤在本任务操作实例中已述，不再赘述。下面介绍“扫掠”对话框中部分选项的含义。

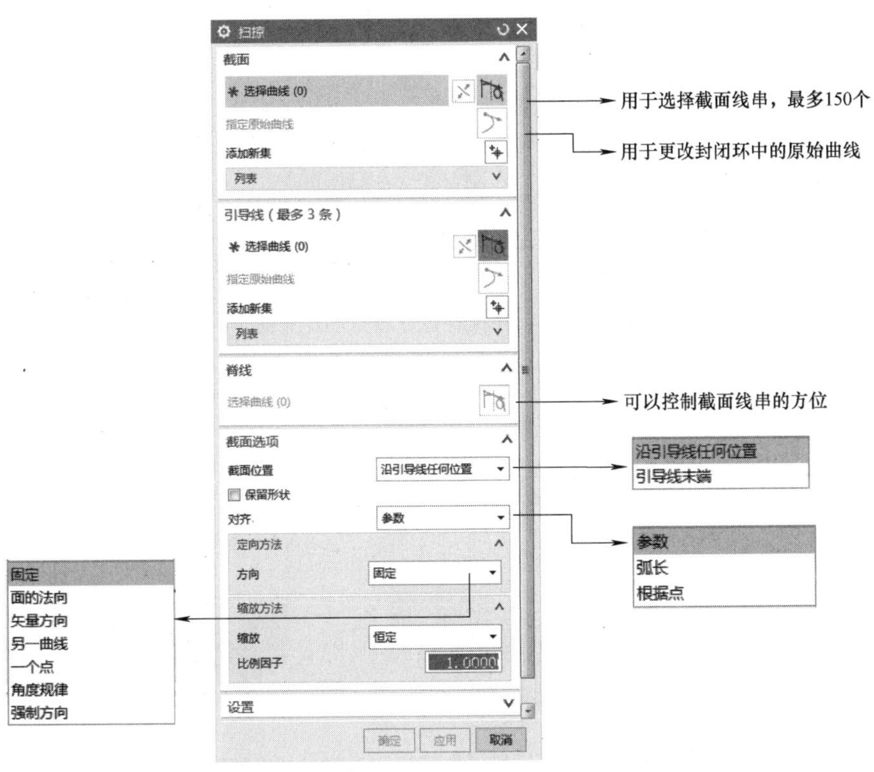

图 3-114 “扫掠”对话框

1. “截面”选项组

该选项组用于选择截面线串，截面线串可以由一个对象或多个对象组成，且每个对象可以是曲线、实体边，也可以是实体面，最多可有 150 个截面线串。

所选的截面线串会显示在列表中，需要时可单击<反向>切换方向；选择一个线串后，单击鼠标中键，或单击<添加新集>，即可继续选择另一个截面线串。

添加的截面集显示在“截面”选项组的列表框中，如图 3-115 所示。单击该列表右侧的<移除>，可以删除在列表中选择的截面，使用<上移>，则可以将指定截面的顺序提前一位；使用<下移>，则可以将指定的截面的顺序后移一位，截面顺序不同，构造的曲面也将不同。

图 3-115 截面列表框

2. “脊线”选项组

使用脊线可以控制截面线串的方位，并避免其在引导线上不均匀分布导致的变形，如图 3-116 所示。在扫掠过程中，截面线串所在的平面应保持与脊线垂直。

3. “截面位置”下拉列表

该列表用于设置截面的所在位置，仅单个截面时有效，有“沿引导线任何位置”“引导

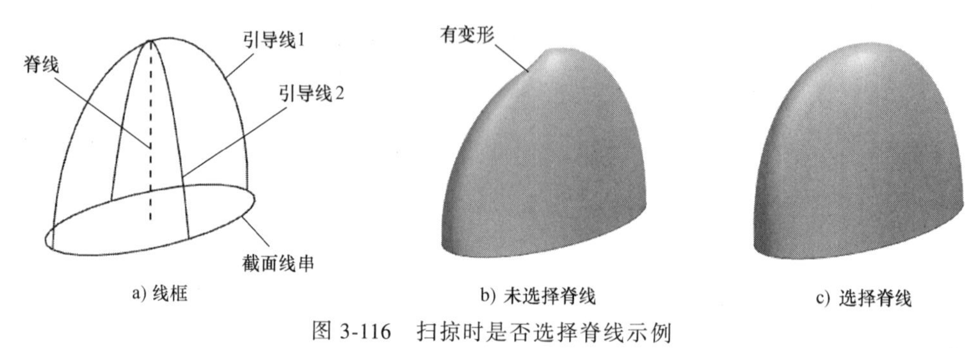

图 3-116 扫掠时是否选择脊线示例

线末端”两项。“沿引导线任何位置”是指当截面位于引导线中间位置时，使用此选项将在沿引导线的两个方向上进行扫掠；而选择“引导线末端”是沿引导线从截面开始仅在一个方向进行扫掠，如图 3-117 所示。

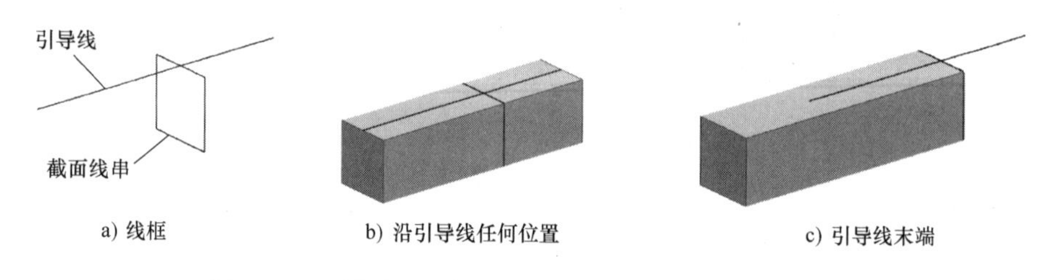

图 3-117 “沿引导线任何位置”和“引导线末端”示例

4. “保留形状”复选框

如勾选此项，则保留截面锐边，否则，以较小的圆角代替锐边，如图 3-118 所示（图 3-118c、d 所示为图 3-118b 中圆圈部分的放大效果）。此项仅用于对齐方式为“参数”和“根据点”的情况。

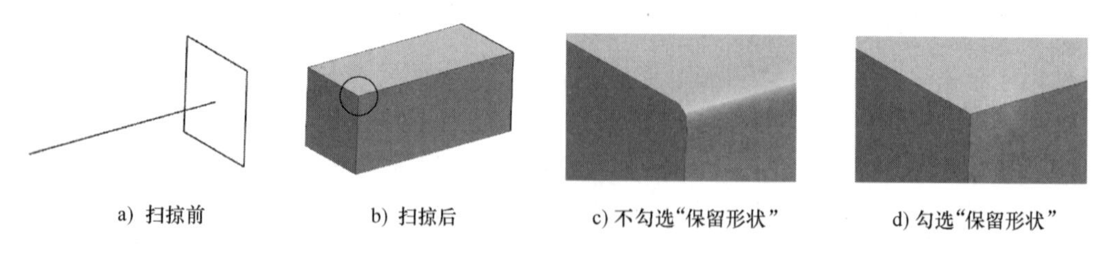

图 3-118 保留形状

5. “对齐”方式下拉列表

设置截面沿引导线扫掠时曲面的构建方法，有“参数”“弧长”“根据点”3 个选项。

◆参数：沿截面以相等的参数间隔来分隔等参数曲线连接点。

◆弧长：沿截面以相等的弧长间隔来分隔等参数曲线连接点。

◆根据点：在不同截面线串上选择对应的点（同一点允许重复选取）作为强制的对应点。

各对齐方式的详解请参见模块 4 任务 2 知识点 7。

6. 插值

当选择有多个截面时，在“扫掠”对话框“截面选项”下会增加一项“插值”，如图3-119所示。“插值”下拉列表中有“线性”“三次”“混合”3项，其操作效果如图3-120、图3-121和图3-122所示。

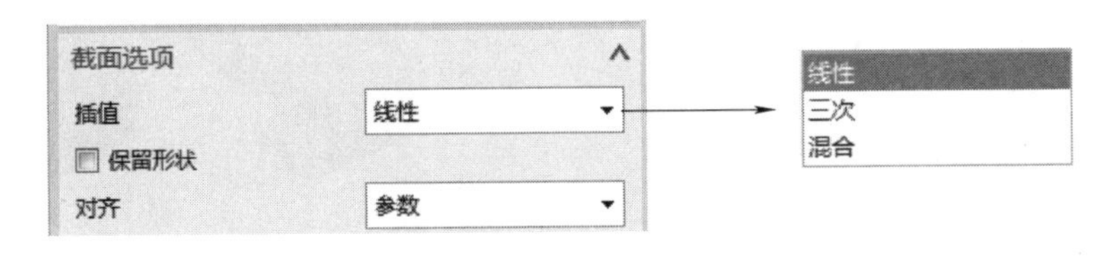

图3-119 “插值”选项

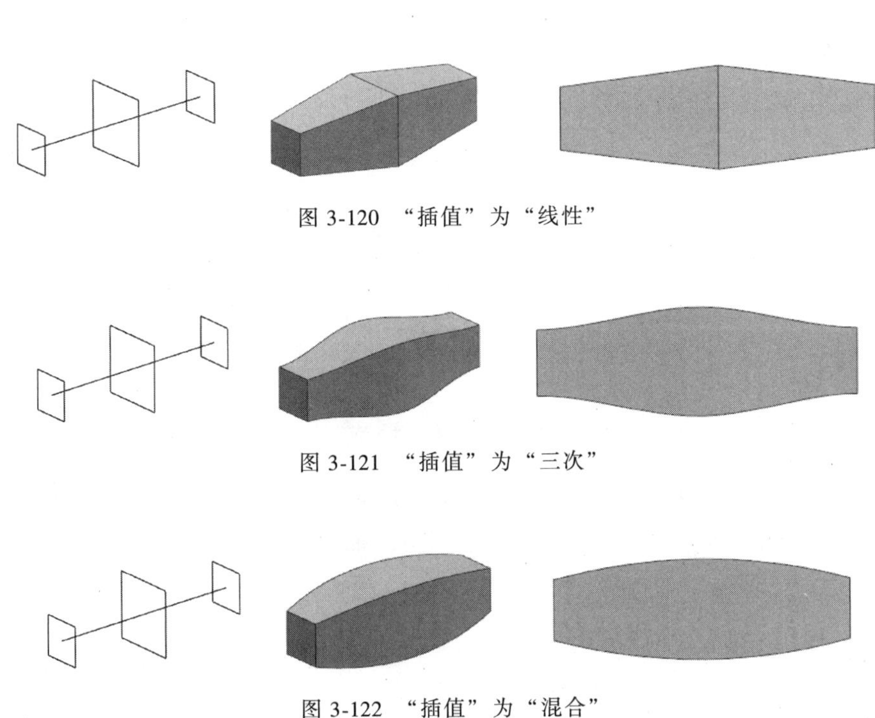

图3-120 “插值”为“线性”

图3-121 “插值”为“三次”

图3-122 “插值”为“混合”

知识点2 管

“管”是以圆形截面为扫掠对象，沿一条指定的路径（即引导线）扫掠生成实心或空心的管子。创建该特征时不需要绘制截面线，只需画一条引导线，该引导线可以是一段线，也可是多段线相切组成的。调用该命令主要有以下方式：

- 功能区：【主页】→『曲面』→<更多>→<管>。
- 菜单：插入→扫掠→ 管(T)...。

执行上述操作后，弹出“管”对话框，如图3-123所示。

创建管特征时，需注意其外径必须大于0，内径可以为0。对话框中的“输出”选项有“多段”和“单段”。使用“多段”的管由多段柱面或环面组成；使用“单段”的管则由一个或两个B样条曲面组成（如内径为0，则只有一个B曲面），如图3-124所示。

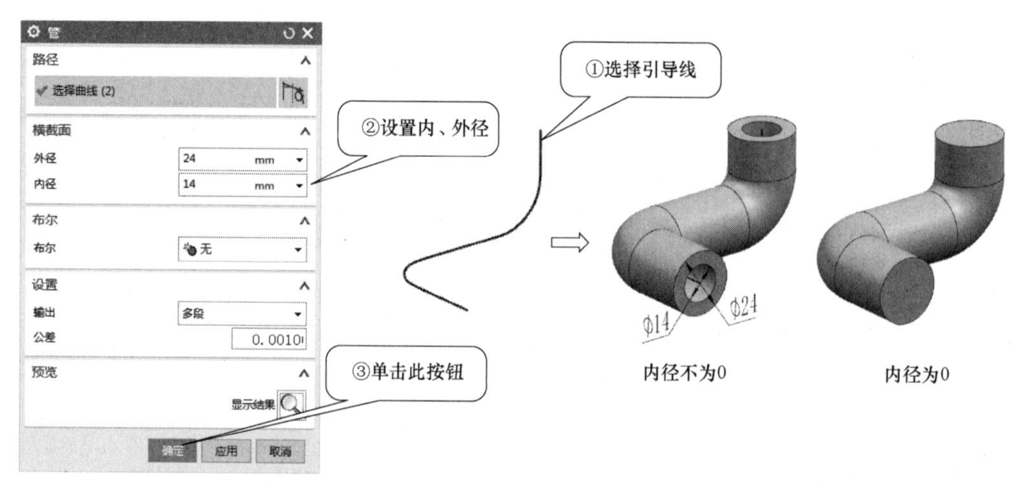

图 3-123 “管”对话框及示例

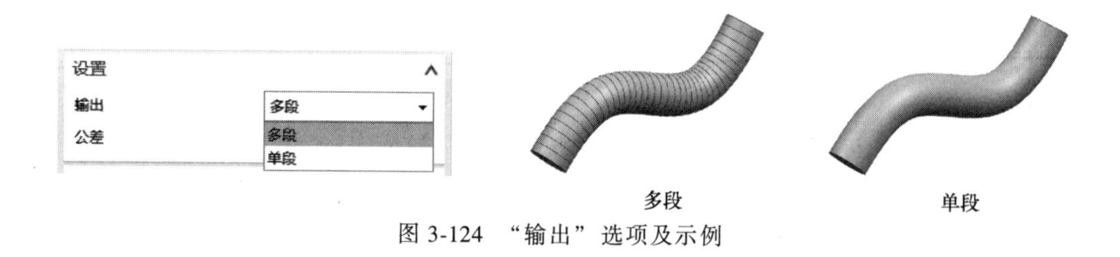

图 3-124 “输出”选项及示例

知识点 3 抽壳

“抽壳”命令用于挖空实体的内部，留下有指定壁厚的薄壁实体，并可以指定从薄壁实体中删除一个或多个曲面，如图 3-125 所示。调用“抽壳”命令主要有以下方式：

- 功能区：【主页】→『曲面』→『特征』→<抽壳>。
- 菜单：插入→偏置/缩放→抽壳(H)...。

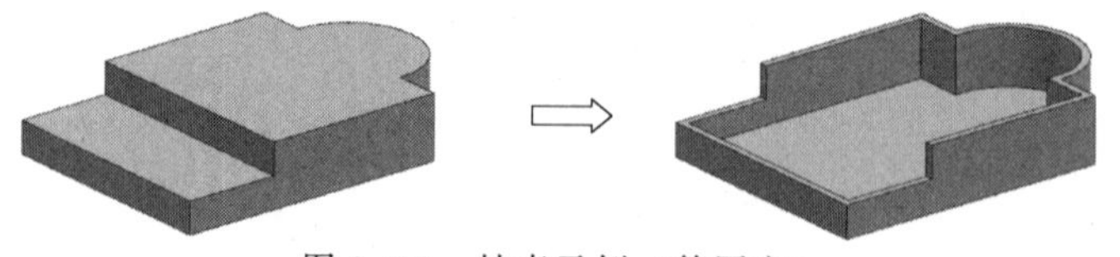

图 3-125 抽壳示例（等厚度）

执行上述操作后，弹出“抽壳”对话框，如图 3-126 所示。

抽壳类型有“移除面，然后抽壳”和“对所有面抽壳”两种，两种类型都能实现等厚度抽壳和不等厚度抽壳。

1. “移除面，然后抽壳”类型

此类型应用最为普遍，使用此方法进行抽壳后的薄壁实体具有开口造型，如图 3-125、图 3-126 所示。对话框中“要穿透的面”是指抽壳后要移除的面，以形成开口。“备选厚度”选项组用于指定不同厚度的面及厚度值。

2. “对所有面抽壳”类型

使用此方法进行抽壳后的薄壁实体没有开口，如图 3-127 所示。

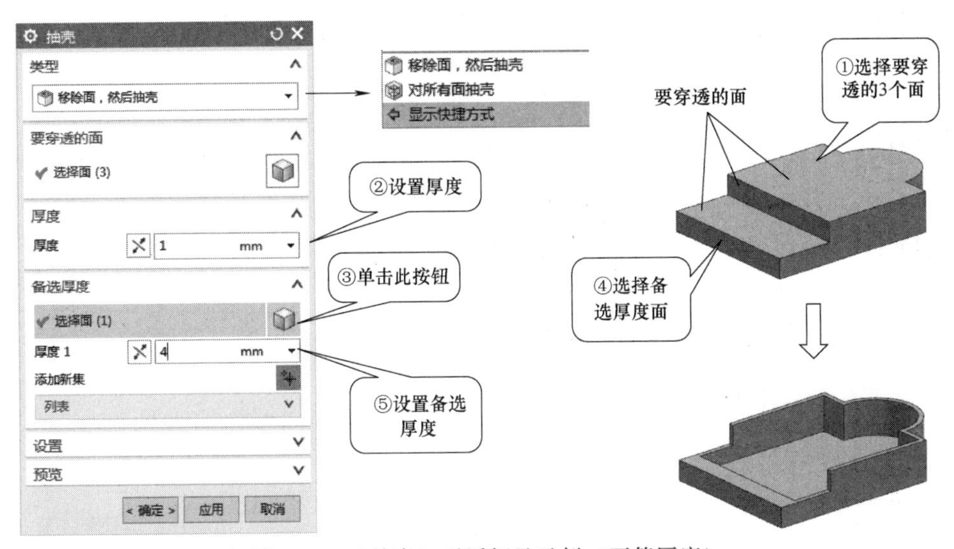

图 3-126　“抽壳”对话框及示例（不等厚度）

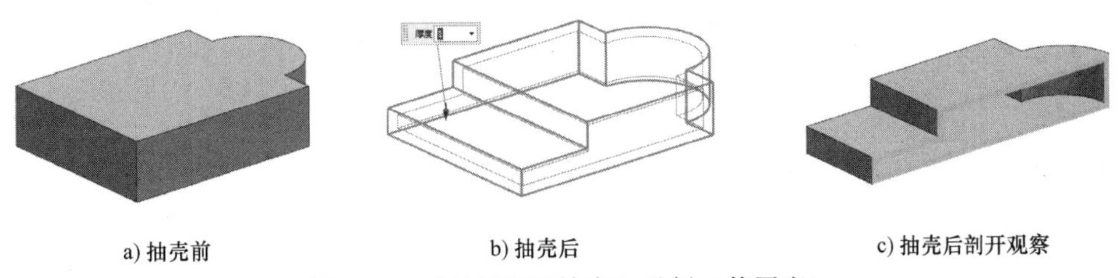

图 3-127　“对所有面抽壳”示例（等厚度）

知识点 4　替换面

“替换面”命令可以将一组面替换成另一组面，并可设置偏置距离。调用“替换面”命令主要有以下方式：

- 功能区：【主页】→『同步建模』→<替换面>。
- 菜单：插入→同步建模→ 替换面(R)...。

执行上述操作后，弹出“替换面”对话框，如图 3-128 所示。

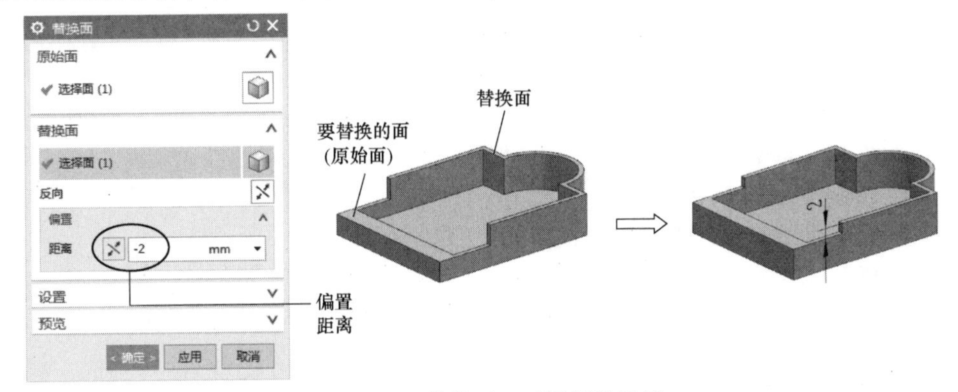

图 3-128　“替换面”对话框及示例

替换面操作的具体步骤在本任务操作实例中已述，不再赘述。

知识点 5　偏置区域

“偏置区域”命令可以偏置现有的一个或多个面，并自动调整相邻的圆角面。调用“偏置区域”命令主要有以下方式：

- 功能区：【主页】→『同步建模』→<偏置区域>。
- 菜单：插入→同步建模→偏置区域(O)...。

执行上述操作后，弹出“偏置区域”对话框，如图 3-129 所示。

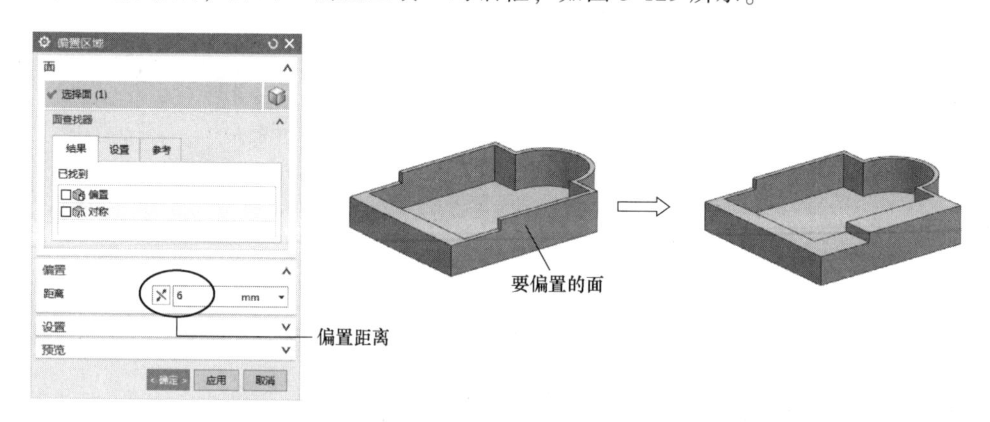

图 3-129　“偏置区域”对话框及示例

知识点 6　移动面

“移动面”命令可以使用线性或角度变换的方法来移动选定的面，并自动调整相邻面的圆角面。调用“移动面”命令主要有以下方式：

- 功能区：【主页】→『同步建模』→<移动面>。
- 菜单：插入→同步建模→移动面(M)...。

执行上述操作后，弹出“移动面”对话框，如图 3-130 所示。

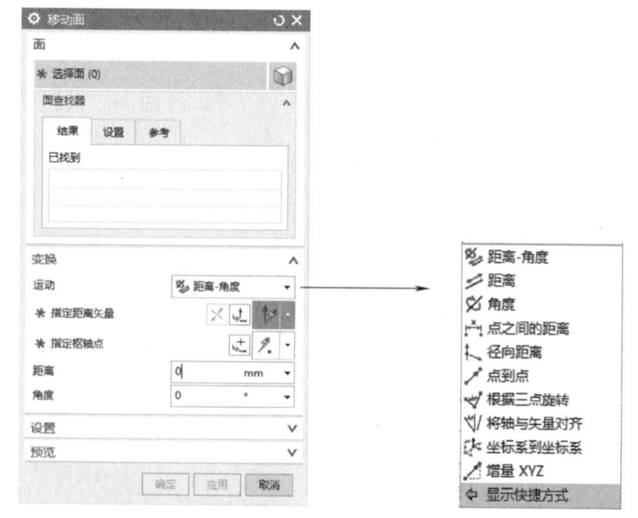

图 3-130　“移动面”对话框

“移动面”对话框的“运动”下拉列表中提供了多种移动面的方法，其中“距离-角度”“距离”和“角度”方式较常用。

1. “距离”

该方式可以将选定的面沿指定的矢量进行移动，如图 3-131 所示。

2. “角度”

该方式可以将选定的面绕指定的矢量旋转，如图 3-132 所示。

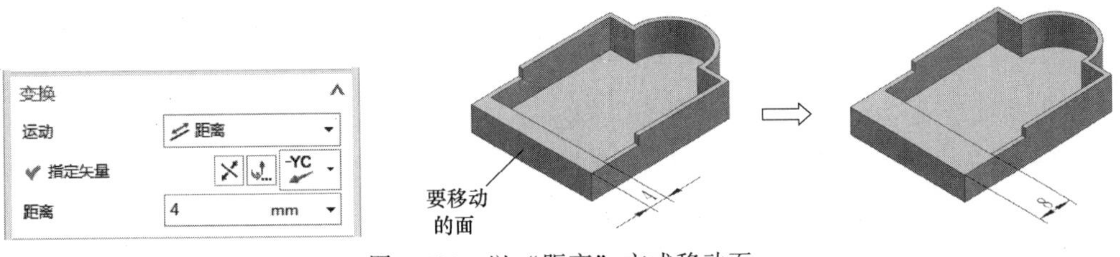

图 3-131 以“距离”方式移动面

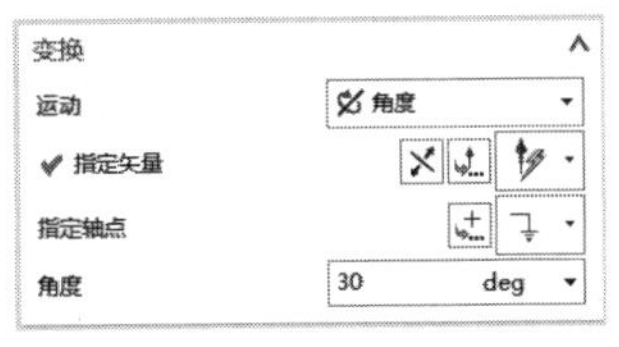

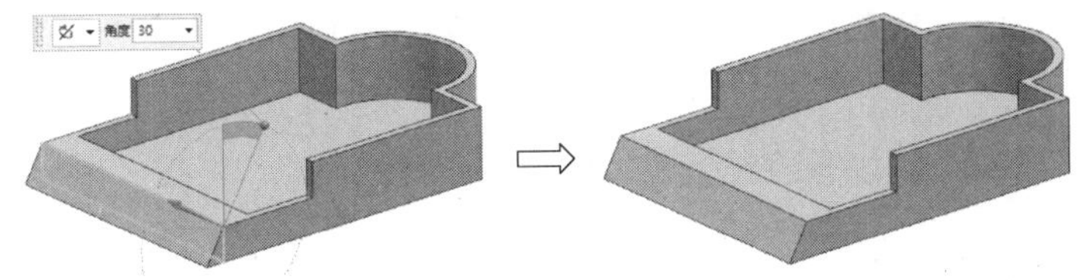

图 3-132 以“角度”方式移动面

3. **“距离-角度”**

该方式可以将选定的面沿指定的矢量进行单一移动、单一旋转或是这两者的组合，如图 3-133 所示。

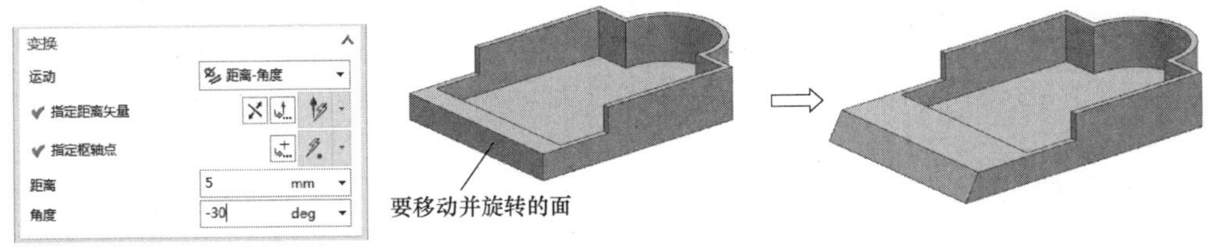

图 3-133 以“距离-角度”方式移动面

知识点 7 删除面

“删除面”命令可以将选定的面删除，并自动延伸相邻面以封闭删除面留下的开放区域。调用“删除面”命令主要有以下方式：

- 功能区：【主页】→『同步建模』→<删除面>。
- 菜单：插入→同步建模→ 删除面(A)...。

执行上述操作后，弹出“删除面”对话框，如图 3-134 所示。

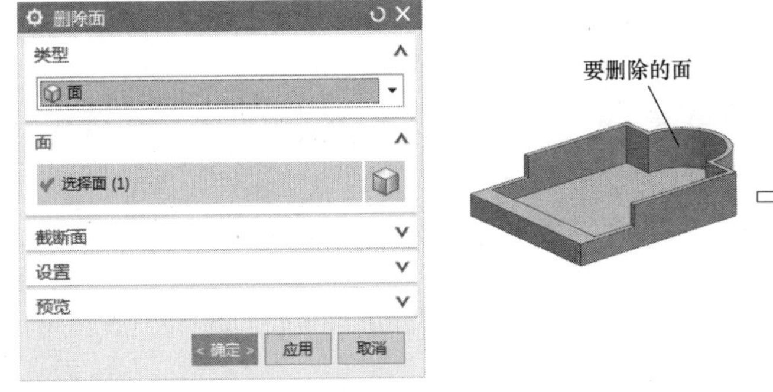

图 3-134 “删除面”对话框及示例

知识点8　设为共面

“设为共面”命令可以对选定的平面（称为运动面）进行移动以与另一选定的平面（称为固定面）共面。调用该命令主要有以下方式：

- 功能区：【主页】→『同步建模』→展开<更多>→“关联”下<设为共面>。
- 菜单：插入→同步建模→相关→ 设为共面(K)...。

执行上述操作后，弹出“设为共面”对话框，如图3-135所示。

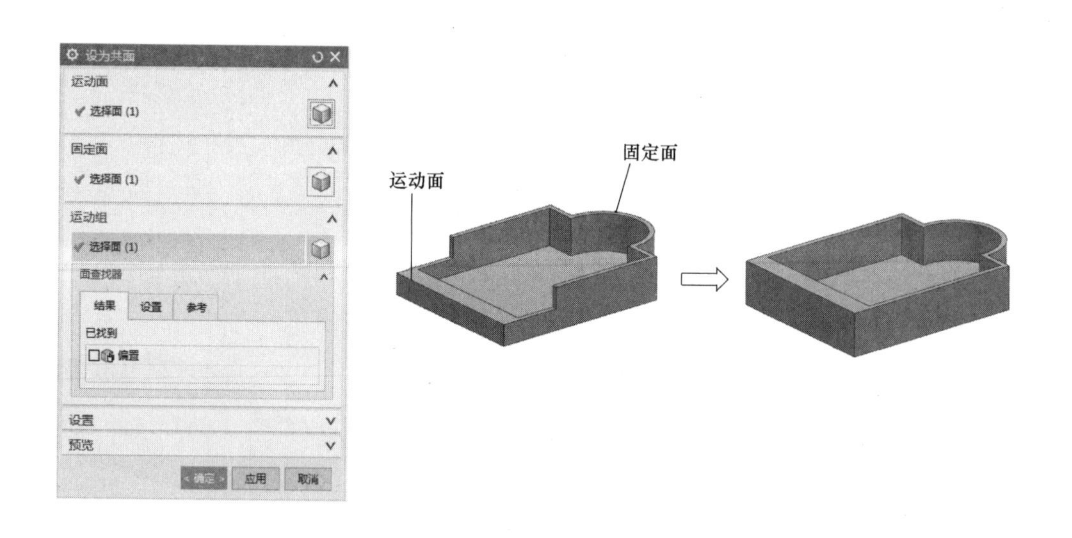

图3-135　“设为共面”对话框及示例

同 类 任 务

完成图3-136、图137所示烟斗、异形管的实体建模。

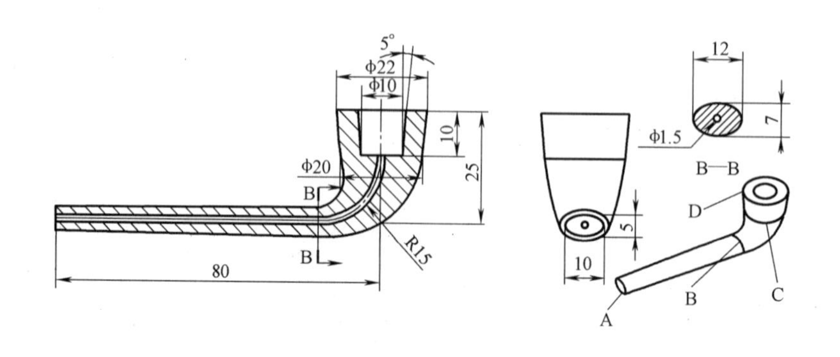

图3-136　烟斗

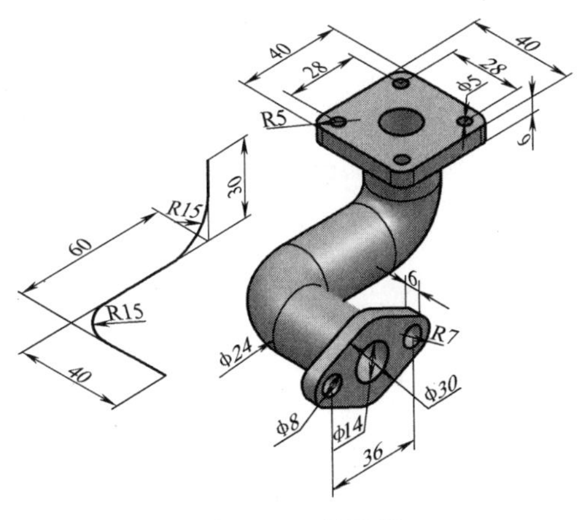

图 3-137　异形管

拓展任务

完成图 3-138 所示滑槽的实体建模。

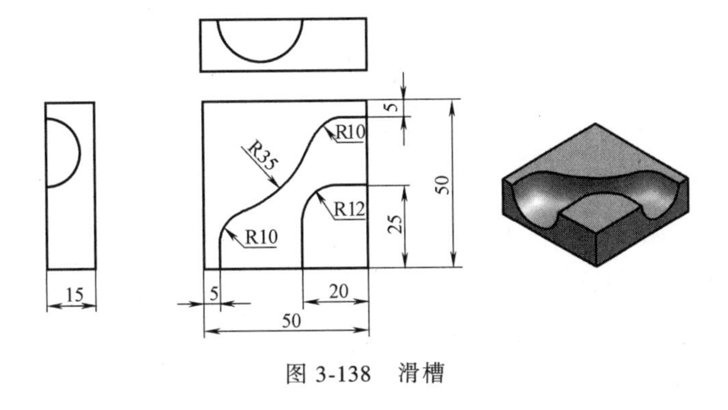

图 3-138　滑槽

任务 5　阶梯轴的实体建模

本任务要求创建图 3-139 所示阶梯轴，主要涉及螺纹、槽、键槽等特征的创建及定位操作。

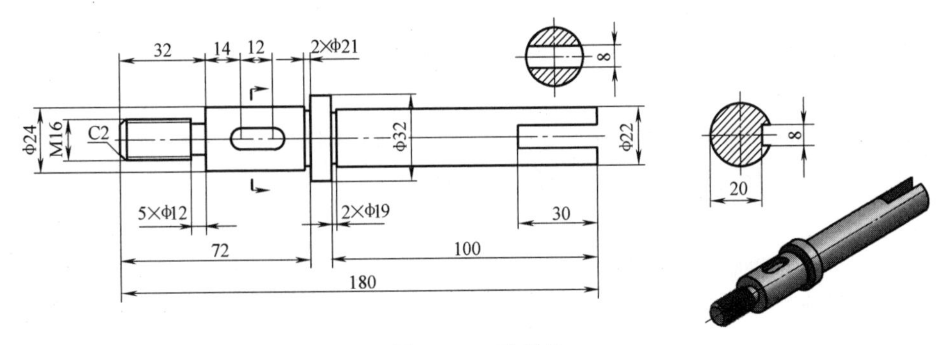

图 3-139　阶梯轴

任务实施

建模分析：轴为回转体零件，建模时可先不考虑其上的细节结构（如退刀槽、螺纹、键槽等），而采用旋转特征直接创建主体部分，待主体部分创建好后再采用槽、螺纹、键槽等命令来创建细节部分。

步骤 1　新建文件。

步骤 2　旋转形成轴的主体部分。绘制轴的草图（退刀槽暂不考虑）并旋转，效果如图 3-140 所示。

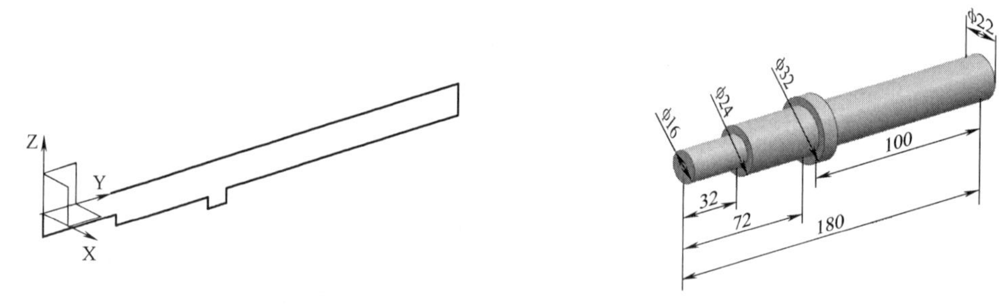

图 3-140　旋转形成轴的主体部分

步骤 3　创建 5×ϕ12 的退刀槽。

1）单击【主页】→『特征』→展开<更多>→“设计特征”下的<槽>，弹出“槽”对话框，如图 3-141 所示。

2）选择退刀槽的放置平面。在“槽”对话框中选择“矩形”（即创建截面为矩形的退刀槽），弹出“矩形槽”对话框，同时状态栏提示“选择放置面”，在轴最左端的 ϕ16 圆柱面上单击（即以该柱面作为槽的放置面）。

3）设置退刀槽的大小及位置。在“矩形槽”对话框中输入槽直径为“12”，宽度为“5”，单击 确定 按钮，在 ϕ16 圆柱面上显示一个圆盘，同时系统弹出“定位槽”对话框，且状态栏提示“选择目标边或‘确定’接受初始位置”，单击 ϕ24 圆柱左端面的边（即以此边为目标边），接着状态栏提示“刀具边”，单击圆盘右端面的边（即以此边为刀具边），在弹出的“创建表达式”对话框中输入“0”（即使目标边与刀具边重合，退刀槽在 ϕ24 圆柱左端面处），单击 确定 按钮完成退刀槽的创建，如图 3-141 所示。

步骤 4　采用同样的方法创建 2×ϕ21、2×ϕ19 的退刀槽，如图 3-142 所示。

步骤 5　倒 C2 斜角。在轴最左端倒 C2 斜角（ϕ16 圆柱处），如图 3-143 所示。

步骤 6　创建 M16 螺纹。

1）单击【主页】→『特征』→展开<更多>→“设计特征”下的<螺纹刀>（即“螺纹”），弹出“螺纹切削”对话框，如图 3-144 所示。

2）选择螺纹类型。在“螺纹切削”对话框的“螺纹类型”选项中选择“详细”。

3）单击 ϕ16 圆柱面（即以此面作为螺纹的放置面），系统根据所选圆柱面给出适合的螺纹参数，在“螺纹”对话框中指定螺纹长度为“30”（此数值大于螺纹的实际长度“27”即可），在“旋转”选项中选择“右旋”。

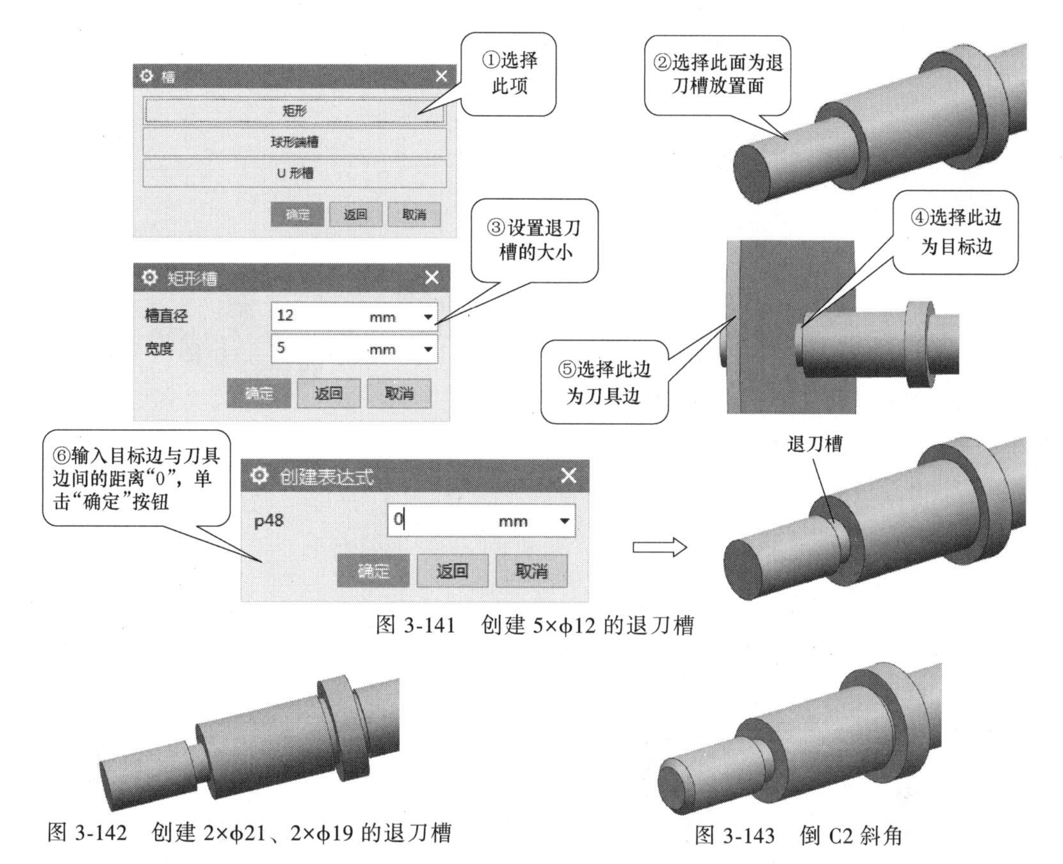

图 3-141　创建 5×ϕ12 的退刀槽

图 3-142　创建 2×ϕ21、2×ϕ19 的退刀槽

图 3-143　倒 C2 斜角

4）单击 选择起始 按钮，选择 ϕ16 圆柱左端面作为螺纹起始面，系统弹出一个对话框，并在起始面处显示螺纹轴方向箭头（单击对话框中的 螺纹轴反向 按钮，可使螺纹轴方向反向），单击 确定 按钮，返回“螺纹切削”对话框。

5）单击 确定 按钮，完成螺纹的创建，如图 3-144 所示。

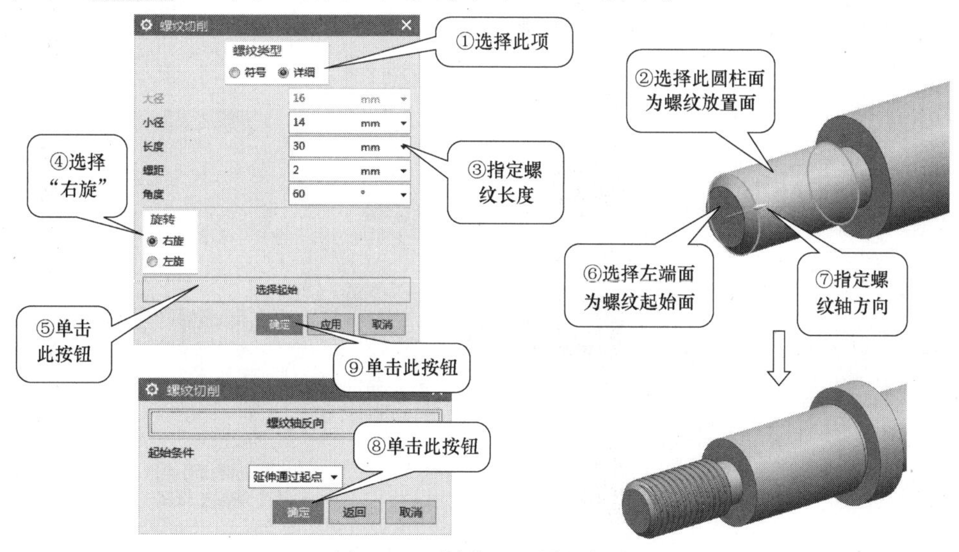

图 3-144　创建 M16 详细螺纹

步骤7　创建一个与 ϕ24 圆柱面相切的基准平面作为键槽的放置平面，如图 3-145 所示。

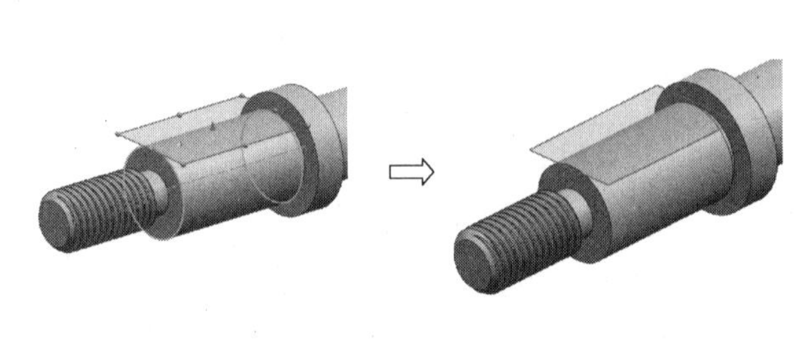

图 3-145　创建基准平面

步骤8　创建键槽。

1）单击<键槽>（该命令默认隐藏，读者可将其调出至功能区），弹出“槽”对话框，如图 3-146a 所示。

2）选择键槽类型。在“槽”对话框中选择“矩形槽”（即矩形键槽），单击 确定 按钮，如图 3-146 所示。

3）选择键槽的放置面。系统弹出“矩形槽”对话框，并提示“选择平的放置面”，选择刚创建的基准平面作为键槽放置面，系统弹出一个对话框，并在放置平面显示键槽生成方向的向下箭头（单击对话框中的 翻转默认侧 按钮，可使键槽方向反向），单击 确定 按钮，如图 3-146c 所示。

4）指定键槽的水平参考。系统出现“水平参考”对话框，选择 YC 轴为水平参考方向（即键槽的长度方向），如图 3-146b 所示。

5）输入键槽参数。系统返回“矩形槽”对话框，在对话中指定键槽长度为“20”，宽度为“8”，深度为“4”，单击 确定 按钮，如图 3-146d 所示。

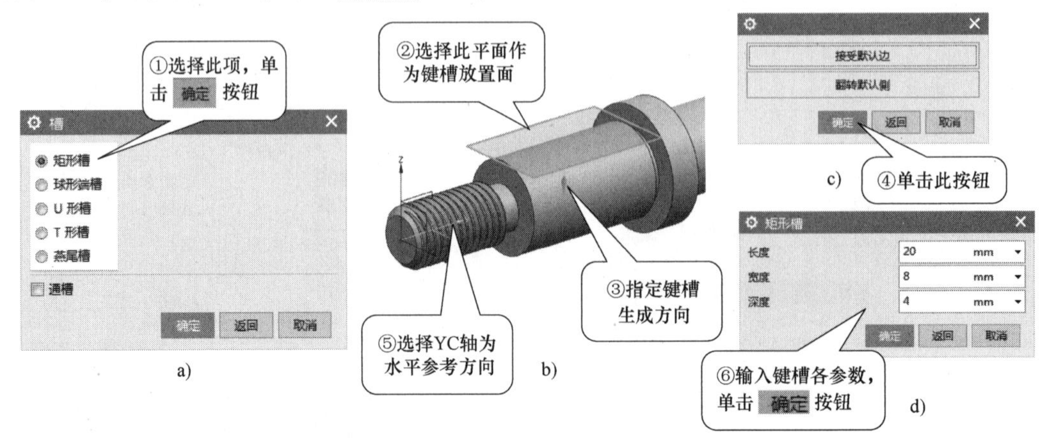

图 3-146　确定键槽放置面、水平参考及参数

6）确定键槽水平方向的位置。系统在轴处显示一矩形键，并弹出“定位”对话框，如图3-147所示，在对话框中单击<水平>，系统提示选择目标对象，单击ϕ24圆柱左端面边，在弹出的“设置圆弧的位置”对话框中单击 圆弧中心（即以此边的圆心作为目标对象），系统提示选择刀具边，选择键槽左侧的圆弧，在弹出的对话框中单击 圆弧中心（即以此圆弧的圆心作为刀具目标），系统创建一个水平定位尺寸，并弹出“创建表达式”对话框，在对话框中输入距离值“14”，单击 确定 按钮，确定键槽水平方向的位置，如图3-147所示。

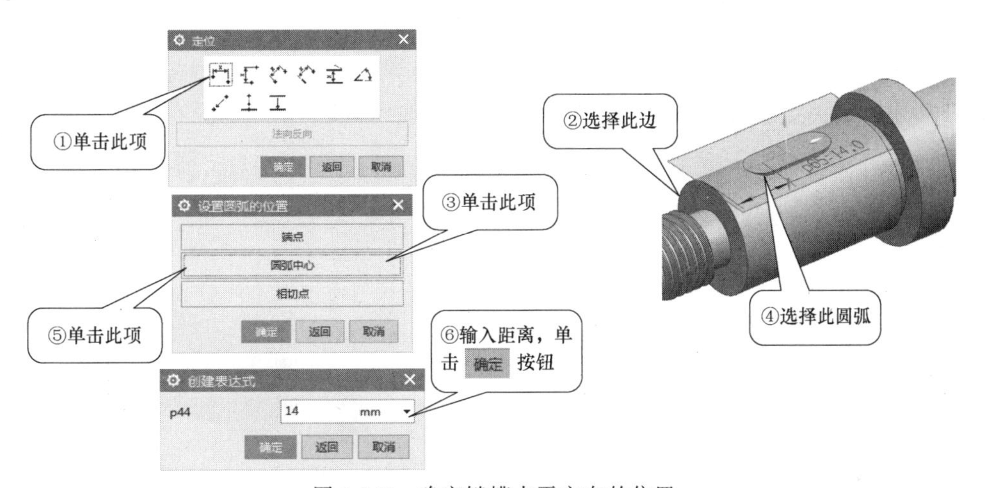

图3-147 确定键槽水平方向的位置

7）确定键槽竖直方向的位置。系统返回“定位”对话框，在对话框中单击<竖直>，如图3-148所示，采用同样的方法选择ϕ24圆柱左端面的圆心及键槽左侧圆弧的圆心，在弹出的“创建表达式”对话框中输入距离值“0”，单击 确定 按钮，确定键槽竖直方向的位置，系统返回“定位”对话框，单击 确定 按钮，完成键槽的创建，如图3-148所示。

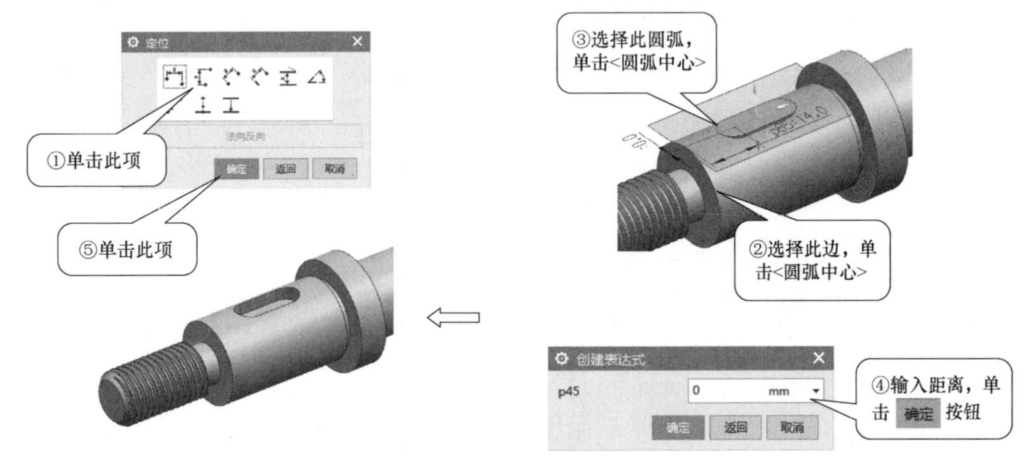

图3-148 确定键槽竖直方向的位置

步骤 9　创建右侧通槽。

在阶梯轴右端面绘制通槽截面，拉伸并求差，完成通槽的创建，如图 3-149 所示。

步骤 10　隐藏所有草图与基准，并保存文件，完成轴的创建。

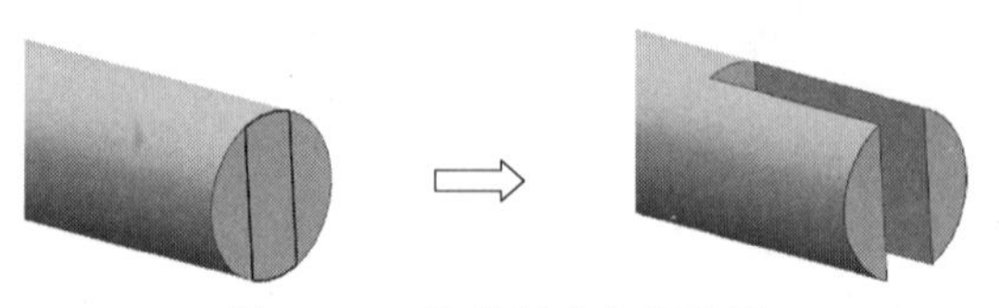
图 3-149　拉伸创建右侧通槽

知识点 1　螺纹

使用“螺纹”命令可以将符号螺纹或详细螺纹添加到圆柱面上。符号螺纹是在创建螺纹的位置以虚线圆显示，而不显示螺纹实体造型，如图 3-150 所示，它生成速度快，在工程图中用于表示和标注螺纹。详细螺纹则创建真实的螺纹，可将螺纹的所有细节特征都表现出来，如图 3-151 所示，它的生成和更新需要更长的时间。调用“螺纹”命令主要有以下方式：

- 功能区：【主页】→『特征』→<更多>→“设计特征”下的<螺纹>。
- 菜单：插入→设计特征→螺纹(T)...。

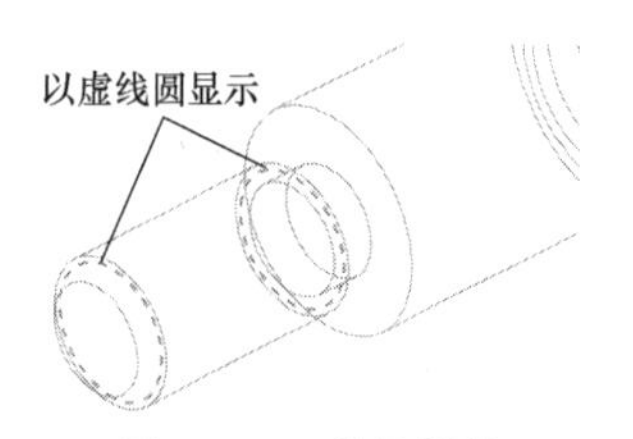

图 3-150　符号螺纹

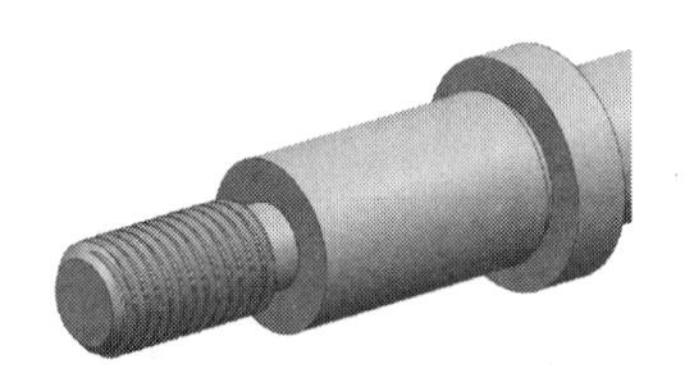
图 3-151　详细螺纹

执行上述操作后，弹出“螺纹切削”对话框（即“螺纹”对话框），如图 3-152 所示。

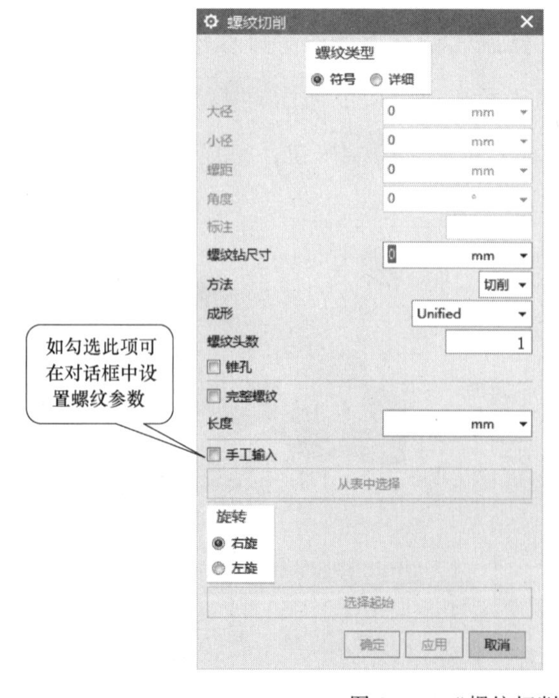

图 3-152　“螺纹切削”对话框

详细螺纹的创建操作在本任务实例中已述，符号螺纹的创建操作与详细螺纹类似，在此不再赘述。

知识点2　槽

“槽”命令可以在圆柱面或圆锥面上去除具有矩形、球形端、U形3种类型的环形实体。调用“槽”命令主要有以下方式：

- 功能区：【主页】→『特征』→<更多>→“设计特征”下的<槽>。
- 菜单：插入→设计特征→槽(G)...。

执行上述操作后，弹出“槽”对话框，如图3-153所示。

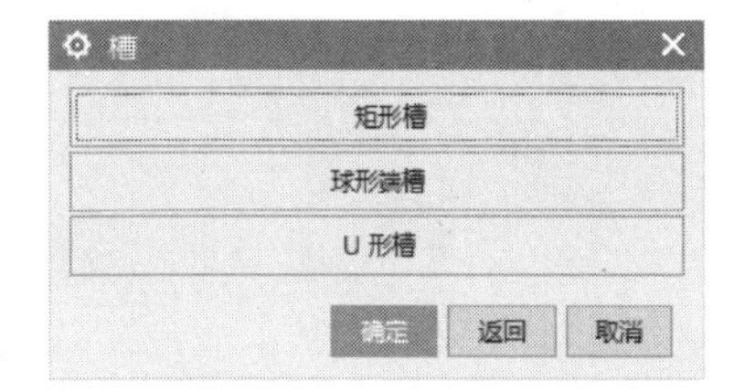

图3-153　“槽”对话框

1. 矩形槽

矩形槽的底面为平面，截面为矩形，如图3-154a所示。

2. 球形端槽

球形端槽的底部是圆弧面，如图3-154b所示。

3. U形槽

U形槽的底面与侧面为圆弧过渡，如图3-154c所示。U形槽宽度应大于两倍的拐角半径。

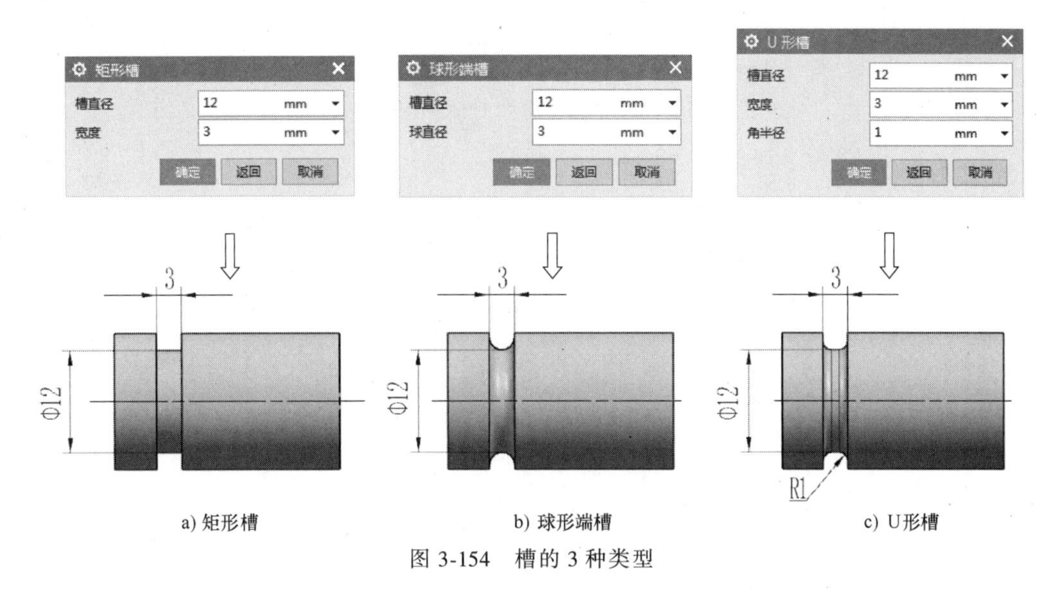

a) 矩形槽　　b) 球形端槽　　c) U形槽

图3-154　槽的3种类型

矩形槽的创建操作在本任务实例中已述，球形端槽、U形槽的创建操作与矩形槽类似，在此不再赘述。

知识点3　键槽

“键槽”命令可以从实体上去除具有矩形、球形、U形、T形和燕尾形5种类型的实体。创建键槽只能在平面上操作，当在非平面的实体（如圆柱体）上建立键槽特征时，需先创建所需要的基准平面。“键槽”命令在 UG NX 12.0 中处于隐藏状态，用户可自行添加到功能区。

执行“键槽”命令后，弹出“槽”对话框，如图3-155所示。

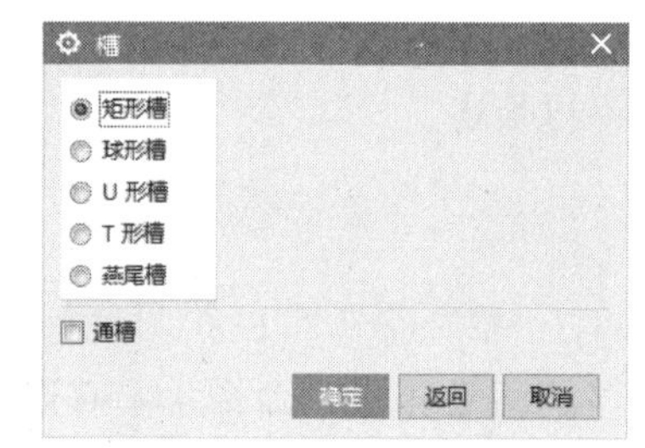

图 3-155 “槽”对话框

1. 矩形槽

矩形槽的底部是平的，其长度是指沿水平参考方向的尺寸，宽度是指垂直于水平参考方向的尺寸，如图 3-156 所示。

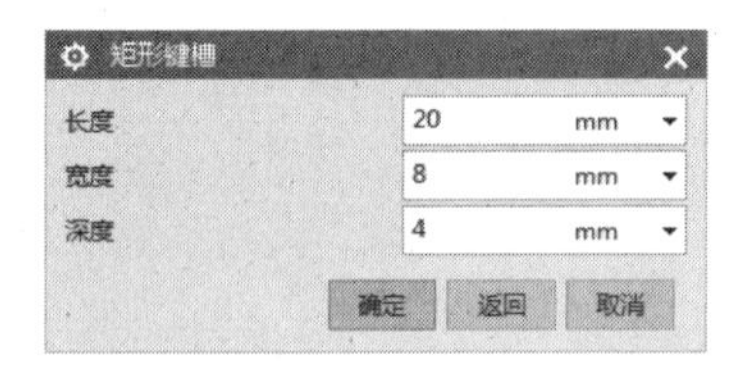

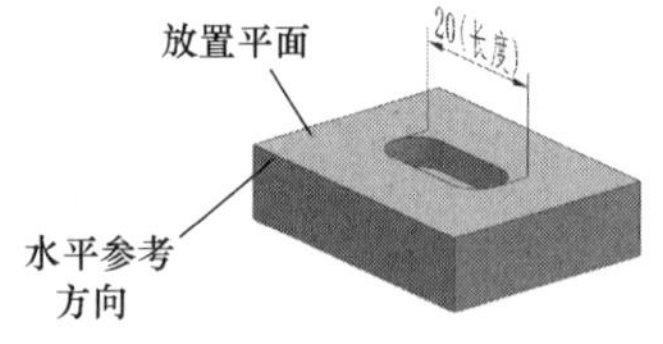

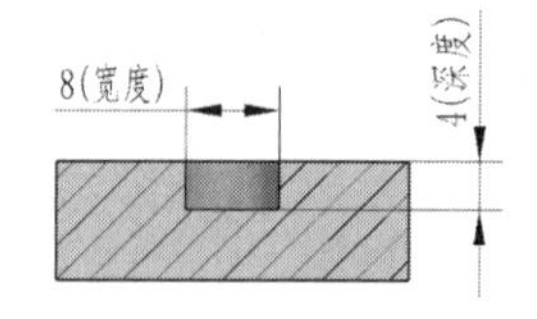

图 3-156 “矩形槽”对话框及示例

2. 球形槽

球形槽的底部为圆弧形，如图 3-157 所示。球形槽的“深度”应大于球半径，而“长度”需大于“球直径”。

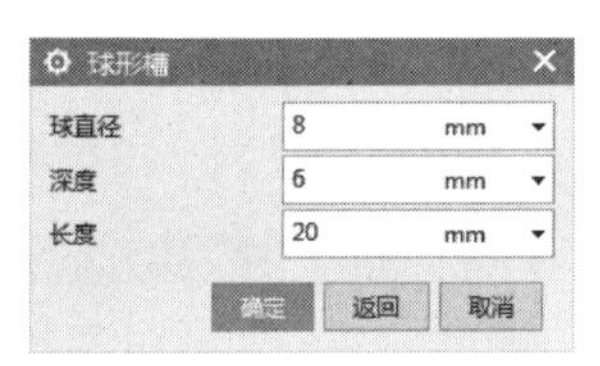

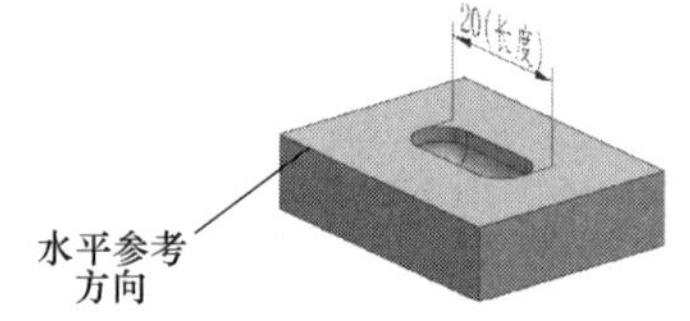

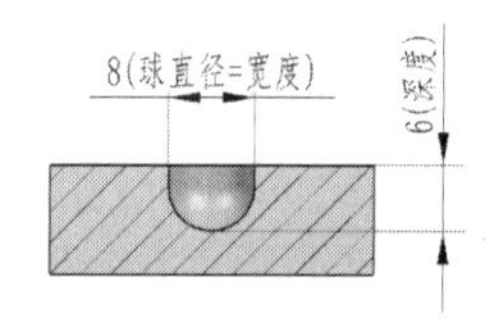

图 3-157 “球形槽”对话框及示例

3. U 形槽

U 形槽的底面与侧面为圆弧过渡，如图 3-158 所示。

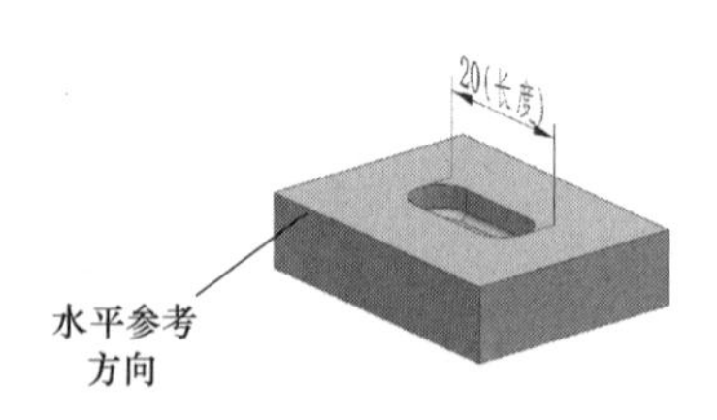

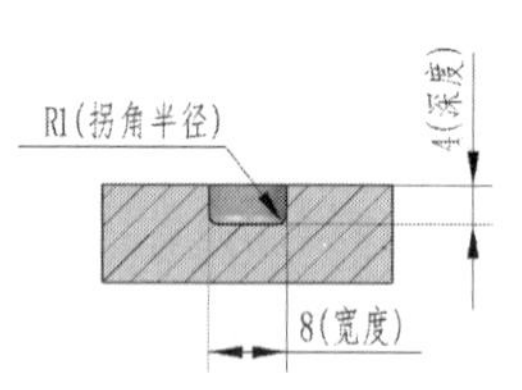

图 3-158 “U 形槽”对话框及示例

4. T 形槽

T 形槽的截面为 T 字形，如图 3-159 所示。T 形槽的底部宽度应大于顶部宽度。

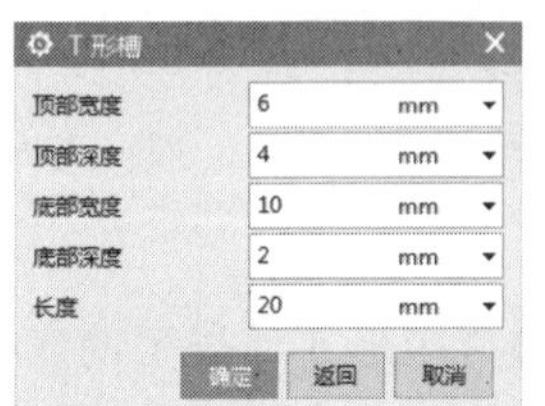

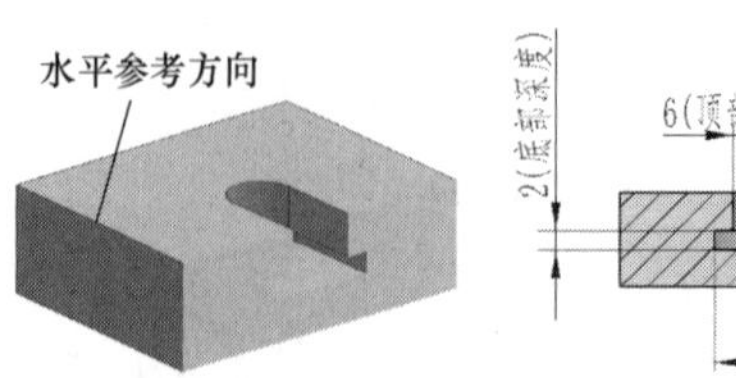

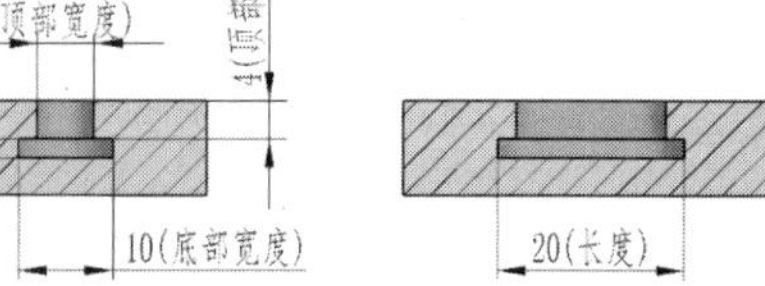

图 3-159 “T 形槽”对话框及示例

5. 燕尾槽

燕尾槽的截面为燕尾形，如图 3-160 所示。

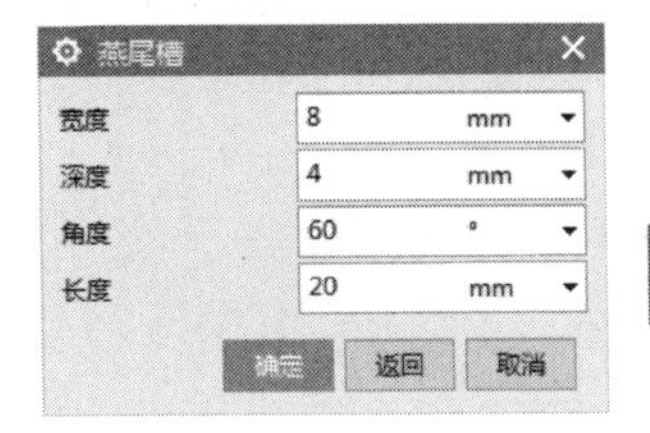

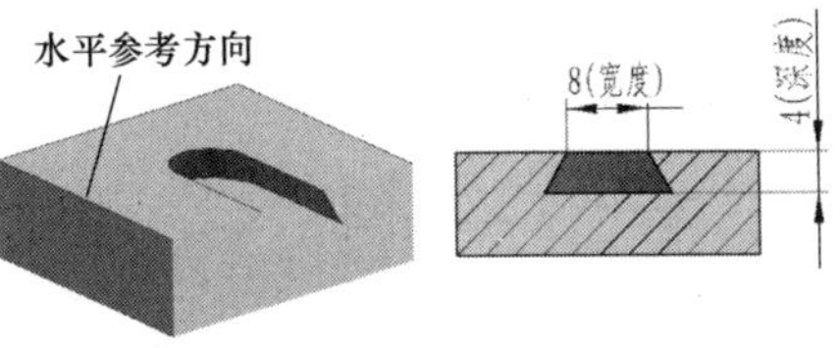

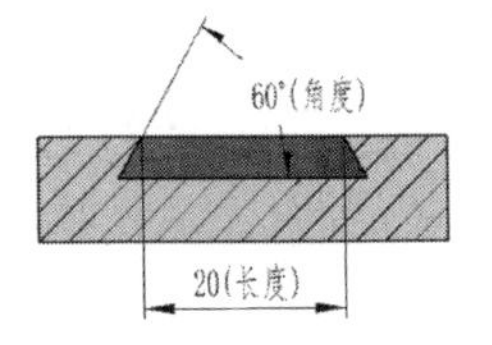

图 3-160 “燕尾槽”对话框及示例

矩形槽的创建操作在本任务实例中已述，其余 4 种槽的创建操作与矩形槽的创建操作类似，不再赘述。

创建键槽时如勾选图 3-155 所示“槽”对话框中的☑通槽，则可以创建一个完全通过两个面的槽，如图 3-161 所示。

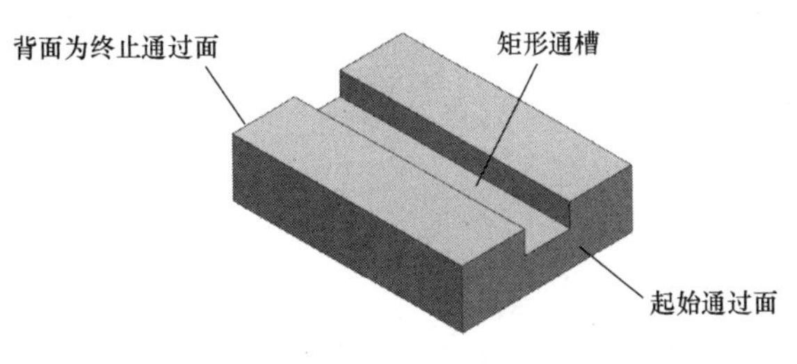

图 3-161 通槽示例

知识点 4 定位操作

创建槽、键槽、凸台、垫块等特征时，需通过在“定位”对话框中选择定位方法来确定其在实体上的位置。在定位过程中，通常称要定位的特征上的对象为刀具对象，称要定位到实体上的对象为目标对象。例如，在轴上开键槽，定位键槽时，键槽上的对象称为刀具对象，而轴上的对象称为目标对象。

在定位之前通常要先定义水平参考方向，“水平参考”对话框如图 3-162 所示。该对话框中提供了“终点”“实体面”“基准轴”“基准平面”“竖直参考”5 种定义水平参考方向的方式。

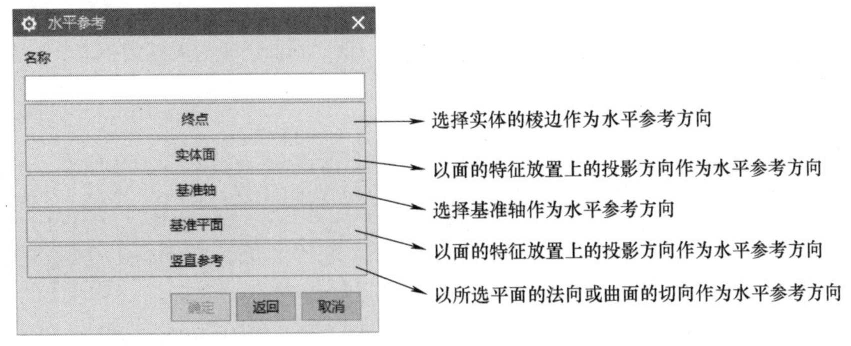

图 3-162 “水平参考”对话框

“定位”对话框如图 3-163 或图 3-164 所示，其按钮分别表示不同的定位方式。

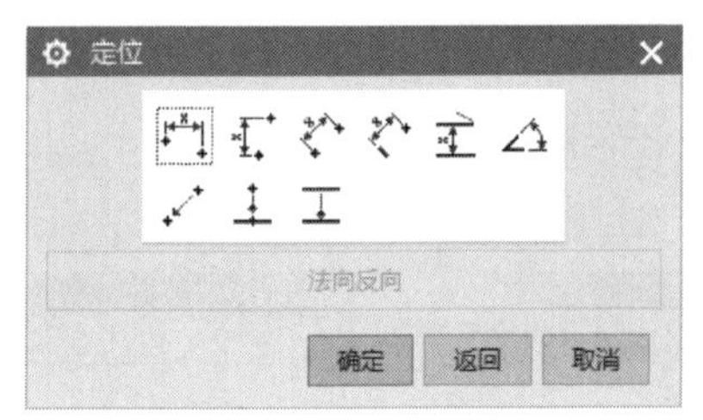

图 3-163 “定位”对话框（一）

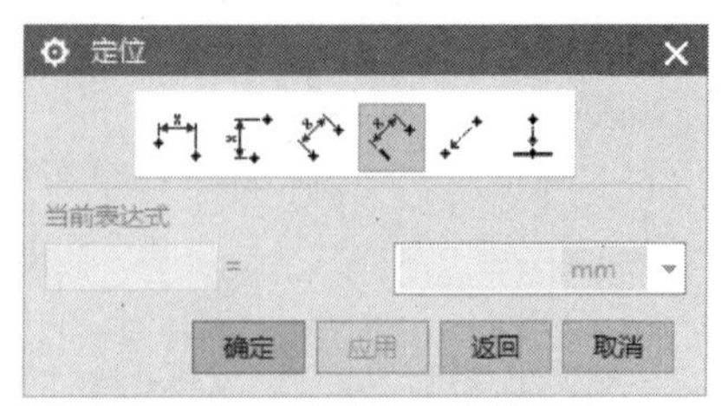

图 3-164 “定位”对话框（二）

1. **水平**（即定位尺寸的尺寸线平行于水平参考方向）

以目标对象上的点或线与刀具对象上的点或线沿所选水平参考方向的距离进行定位，如图 3-165 所示。

2. **竖直**（即定位尺寸的尺寸线垂直于水平参考方向）

以目标对象上的点或线与刀具对象上的点或线沿垂直于所选水平参考方向的距离进行定位，如图 3-166 所示。竖直定位通常与水平定位配合使用。

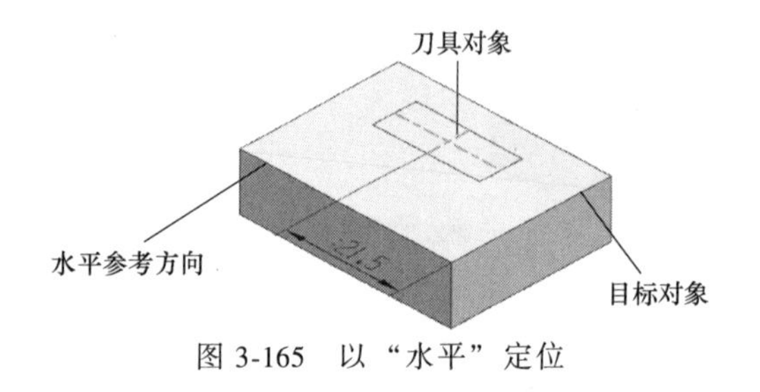

图 3-165 以“水平”定位

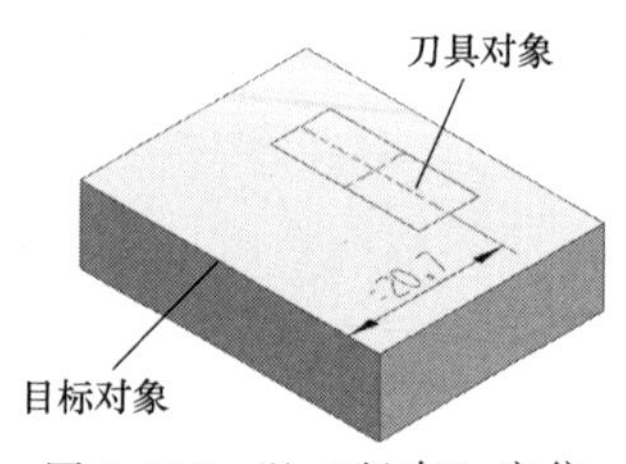

图 3-166 以“竖直”定位

3. **平行**（即点到点的距离）

以目标对象上的点和刀具对象上的点之间的距离定位，如图 3-167 所示。当选择的为圆或圆弧时，会弹出“设置圆弧的位置”对话框，如图 3-168 所示，其上有 3 个按钮，分别表示圆弧的终点、圆弧中心和相切点，单击其中一个即可。

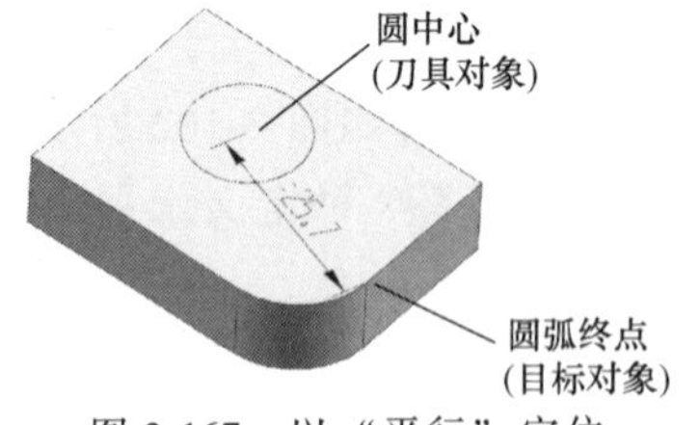

图 3-167 以“平行”定位

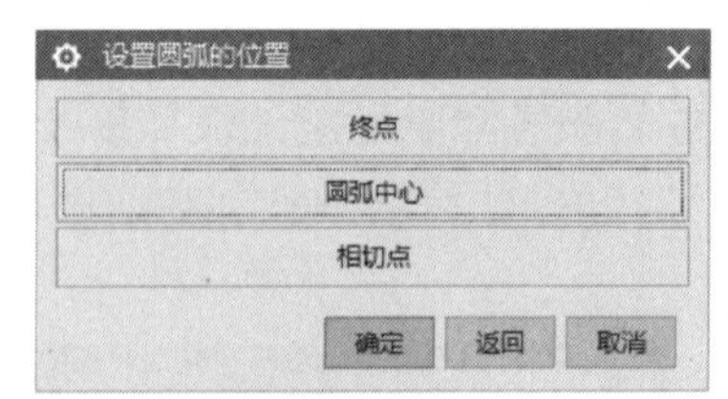

图 3-168 “设置圆弧的位置”对话框

4. **垂直**（即点到线的距离）

以刀具对象上的点到目标对象上边的垂直距离进行定位，如图 3-169 所示。

5. **按一定距离平行**（即两平行线间的距离）

以目标对象上的边与刀具对象上的边之间的距离进行定位，如图 3-170 所示。

6. **角度**

以目标对象的边与刀具对象的边之间的夹角进行定位，如图 3-171 所示。

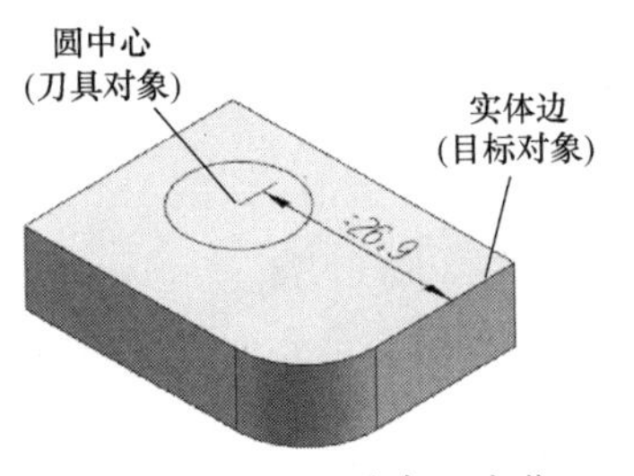

图 3-169 以“垂直”定位

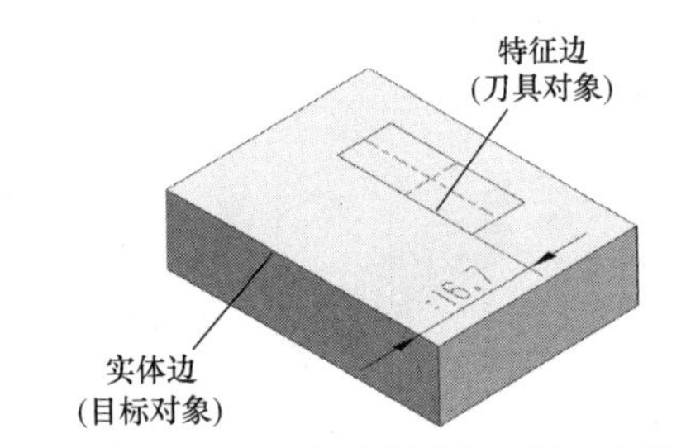

图 3-170 以“按一定距离平行”定位

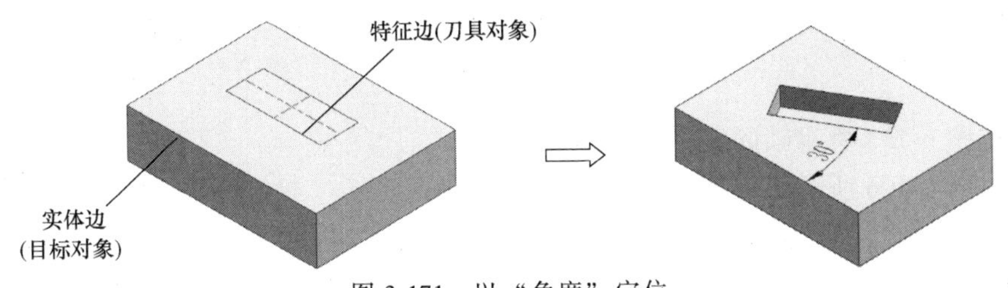

图 3-171 以“角度”定位

7. 点落在点上（即点与点重合）

以目标对象上的点和刀具对象上的点重合进行定位，是“平行”定位的特例，如图3-172所示。

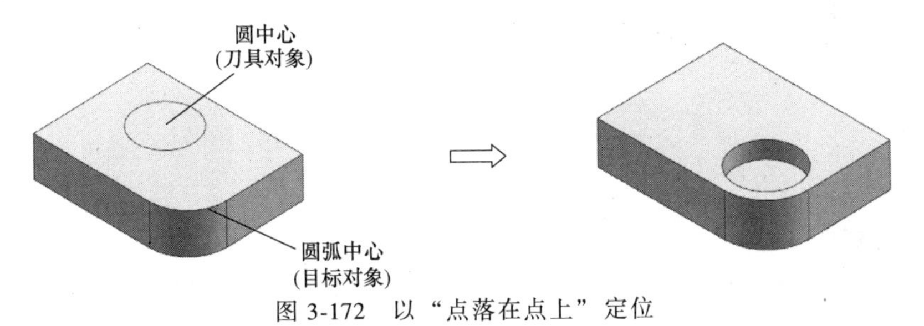

图 3-172 以“点落在点上”定位

8. 点落在线上

以刀具对象上的点到目标对象的垂直距离为 0 进行定位，是“垂直”定位的特例，如图 3-173 所示。

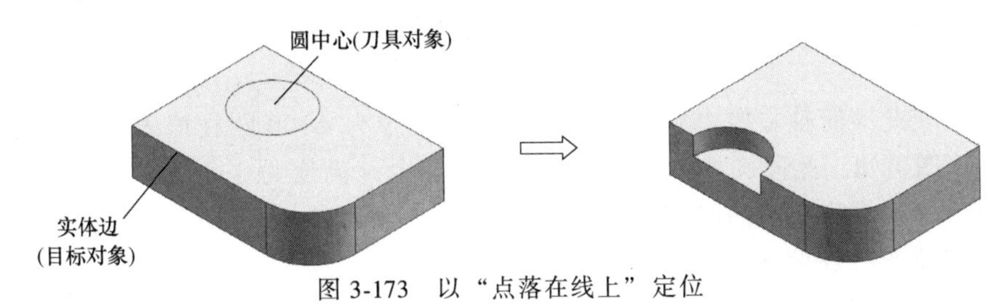

图 3-173 以“点落在线上”定位

9. 线落在线上（即线与线重合）

以目标对象上的边与刀具对象的边重合进行定位，是“按一定距离平行”定位的特例，如图 3-174 所示。

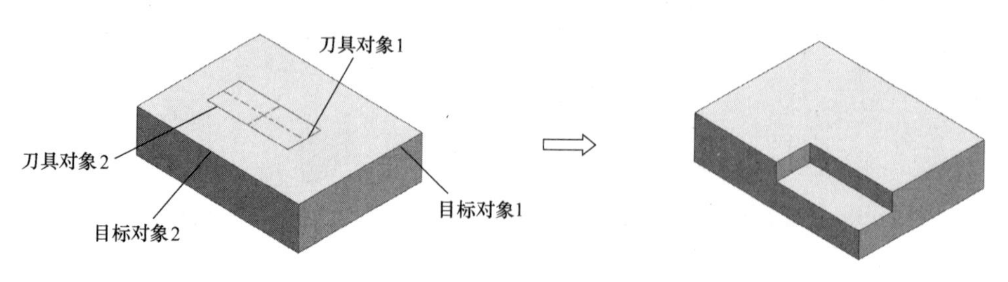

图 3-174　以“线落在线上”定位

同类任务

1. 完成图 6-153 所示轴的实体建模。
2. 完成图 6-196 所示螺旋杆的实体建模。

拓展任务

完成图 3-175、图 3-176 所示螺栓、螺母的实体建模。

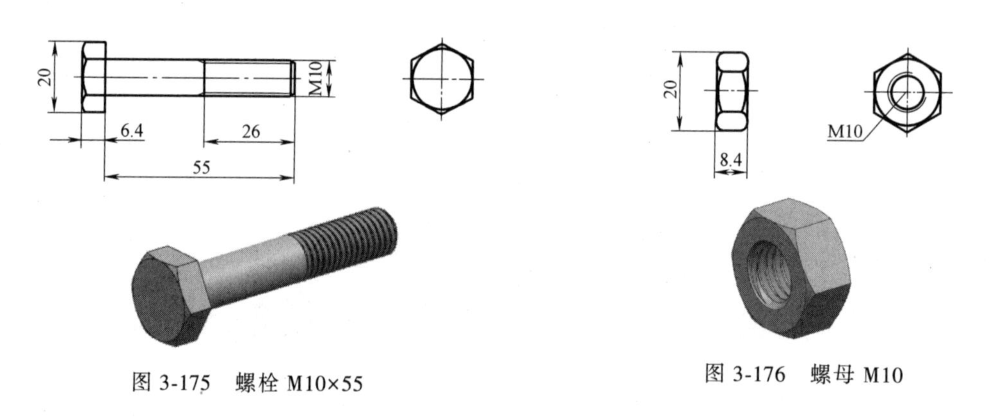

图 3-175　螺栓 M10×55

图 3-176　螺母 M10

任务 6　滚筒轴的实体建模

本任务要求创建图 3-177 所示滚筒轴，主要涉及凸起特征的创建、阵列面的操作。

任务实施

建模分析：此滚筒轴主要由圆柱体组成，中间直径为 ϕ100 圆柱体表面的结构稍复杂。由 A—A 断面图可知，此段圆柱体表面有梅花状的凸台（高度为 3）；由 B—B 断面图可知，此段圆柱体表面还有梅花状的凹腔（深度为 3）。凸台和凹腔均可采用凸起命令来创建，其余部分可采用拉伸命令来创建。

步骤 1　新建文件。

步骤 2　创建梅花图案草图。在 XY 平面绘制梅花图案草图，如图 3-178 所示。

步骤 3　创建中间段的圆柱体。采用拉伸方式创建 ϕ100×250 的圆柱体，如图 3-179 所示。

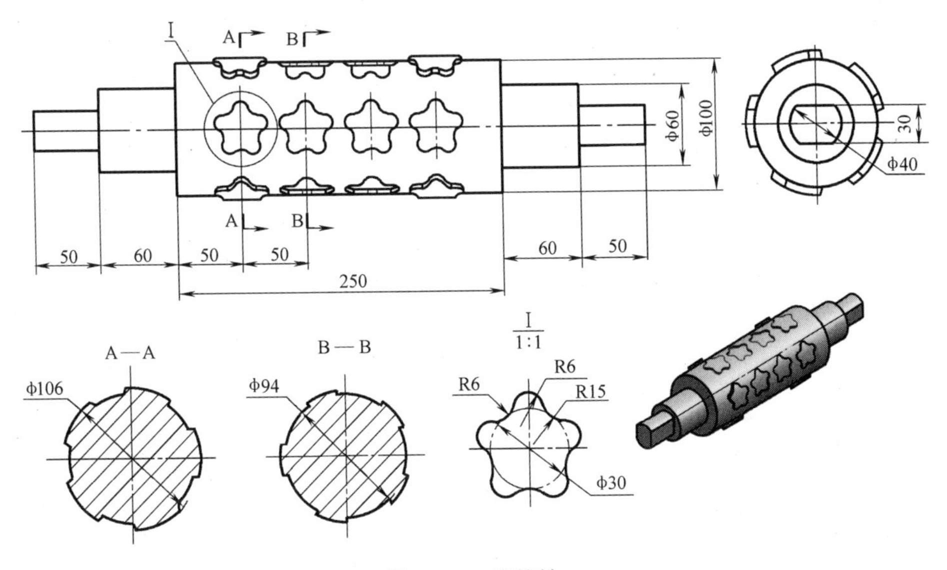

图 3-177　滚筒轴

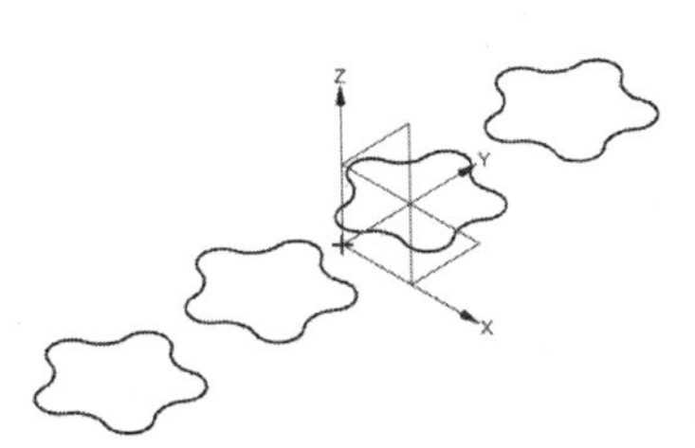

图 3-178　绘制梅花图案草图

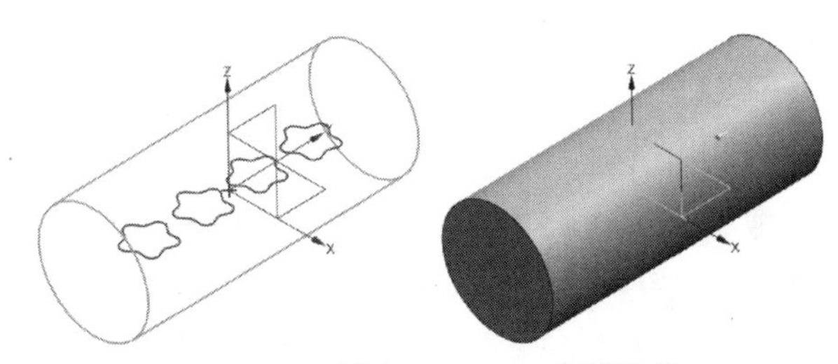

图 3-179　创建 ϕ100×250 的圆柱体

步骤 4　创建梅花状凸台。

1）单击【主页】→『特征』→〈更多〉→“设计特征”下的〈凸起〉，弹出“凸起”对话框，如图 3-180a 所示。

2）选择要凸起的截面曲线。选择第 1 个梅花图案作为要凸起的截面，单击鼠标中键，如图 3-180b 所示。

3）选择要凸起的面及凸起方向。选择圆柱面作为要凸起的表面，单击鼠标中键，系统自动选择了凸起方向（ZC 轴方向），并沿此方向投影梅花图案，如图 3-180c 所示。若方向不对，可在对话框中的“凸起方向”选项的矢量列表中选择所需矢量方向。

4）设置凸台的参数及位置。在对话框的“端盖”选项组的“几何体”下拉列表中选择“凸起的面”，在“位置”下拉列表中选择“偏置”，在“距离”文本框中输入“3”且距离方向为背离圆柱面的方向（即设置要创建的凸台是从所选择的要凸起的面开始向外偏置，偏置距离为 3）；在“拔模”下拉列表中选择“无”（凸台不拔模），如图 3-180a 所示。

5）设置凸起的类型。在对话框的“设置”选项组的“凸度”下拉列表中选择“凸垫”（即要创建的是凸台，而非凹腔），单击 应用 按钮，完成梅花状凸台的创建。

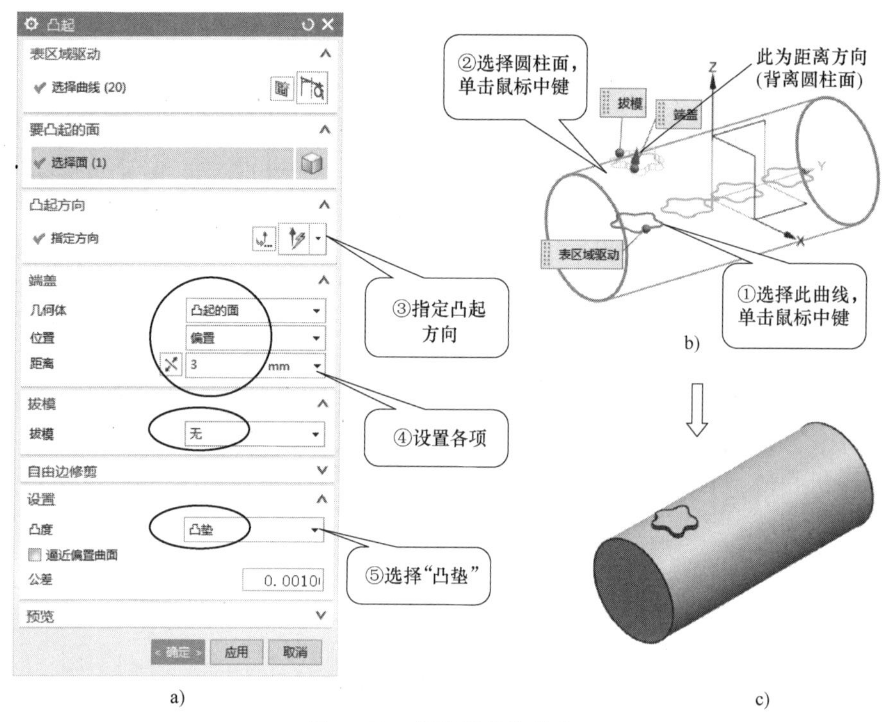

图 3-180　创建梅花状凸台

创建凸起特征时，若指定的距离方向或凸起类型（凸垫或凹腔）不正确，系统不能创建凸起，并给出警报，如图 3-181 所示。此时用户可单击“距离”文本框前的〈反向〉，或更改凸起类型进行调整，以创建所需凸起特征。

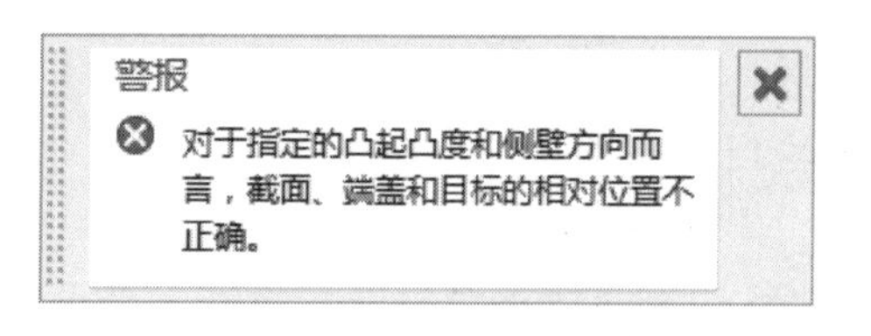

图 3-181　创建凸起特征时的“警报”提示

步骤 5　创建梅花状凹腔。

选择第 2 个梅花图案作为要凸起的截面，采用与步骤 4 相似方法创建凹腔，但距离方向为指向圆柱面的方向，“凸度”下拉列表中选择“凹腔”，如图 3-182 所示。

创建凸起特征时，用户可在“凸度”下拉列表中选择默认选项“混合”，然后通过单击“距离”文本框前的〈反向〉进行调整，由系统通过所指定的距离方向来判断是创建凸垫还是创建凹腔。

步骤 6　创建另两个梅花状凸起特征。

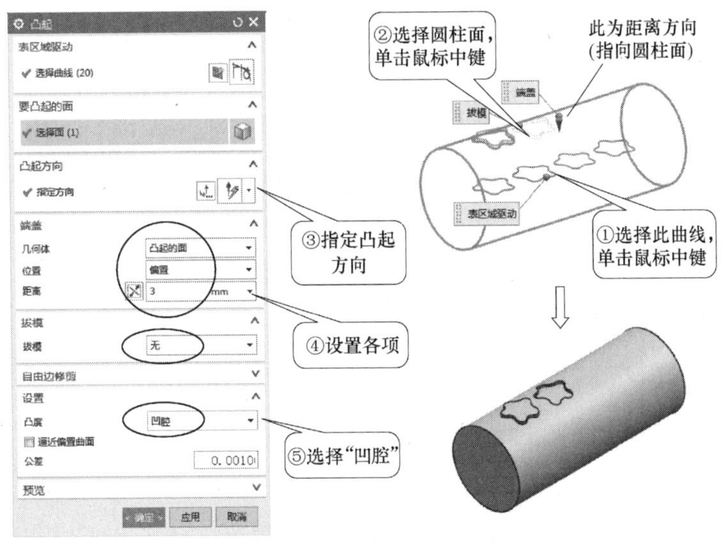

图 3-182　创建梅花状凹腔

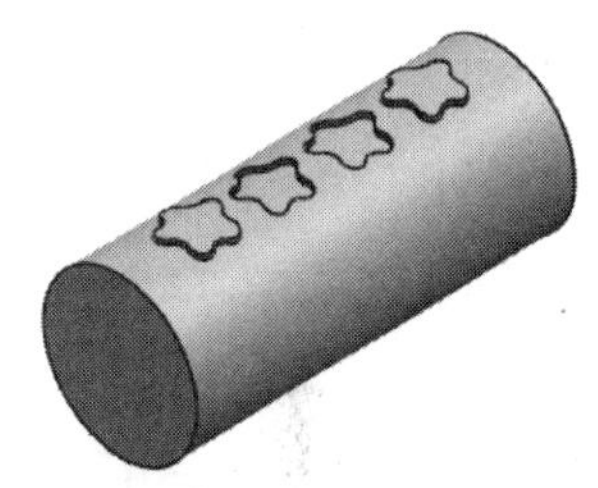

图 3-183　创建另两个梅花状凸起特征后

采用如前所述方法，选择第3个梅花状图案创建凸垫，选择第4个梅花状图案创建凹腔，完成后如图3-183所示。

步骤 7　阵列梅花状凸垫与凹腔。

1）单击【主页】→『特征』→〈更多〉→“关联复制”下的〈阵列面〉，弹出“阵列面”对话框，如图3-184所示。

2）在上边框条的“面规则”列表中选择“相切面”，选择所有凸垫的顶面与侧面和所有凹腔的底面与侧面（共84个面）。

3）在对话框“布局”下拉列表中选择“圆形”；选择YC轴为旋转轴；指定阵列数量为“5”，节距角为“72”，单击 确定 按钮，完成阵列面操作，如图3-184所示。

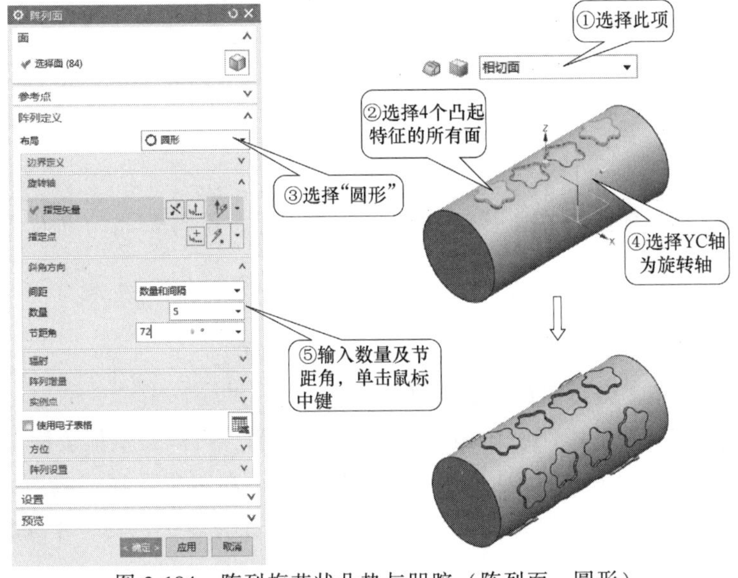

图 3-184　阵列梅花状凸垫与凹腔（阵列面，圆形）

步骤 8　创建滚筒轴两端的其余结构，使其最终如图 3-177 所示。

步骤 9　隐藏基准、草图，并保存文件，完成滚筒轴的创建。

知识点 1　凸起

使用“凸起”命令可以将选定的截面沿指定的矢量投影到选定面上，以在选定面上形成凸台或凹腔。调用“凸起”命令主要有以下方式：

- 功能区：【主页】→『特征』→〈更多〉→“设计特征”下的〈凸起〉。
- 菜单：插入→设计特征→ 凸起(M)...。

执行上述操作后，弹出“凸起”对话框，如图 3-185 所示。

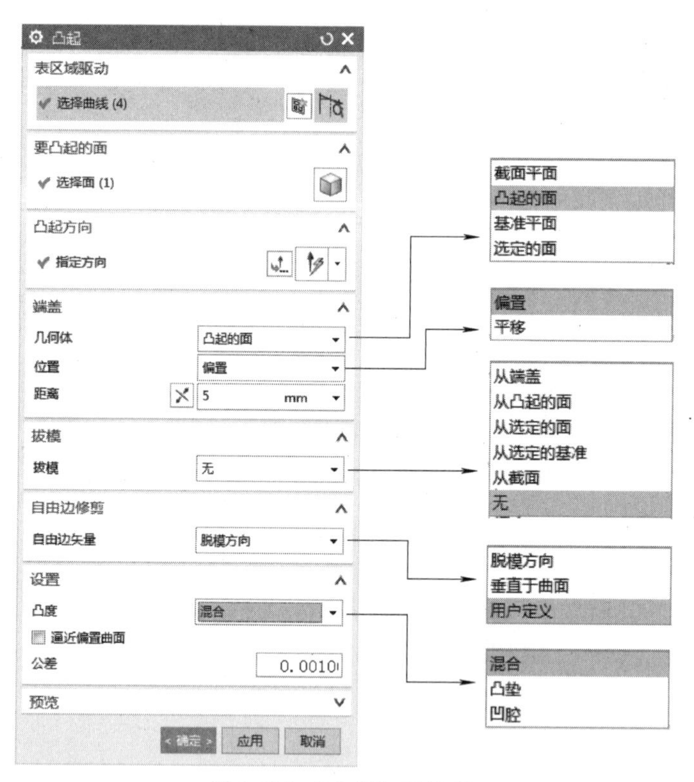

图 3-185　“凸起”对话框

创建凸起特征的具体步骤在本任务操作实例中已述，不再赘述。下面介绍“凸起”对话框中部分选项的含义。

1. “表区域驱动”选项组（即“截面”选项组）

该选项组用于选择或绘制截面线串，截面线串需封闭。

2. “要凸起的面”“凸起方向”选项组

“要凸起的面”选项组用于选择要创建凸起特征的面，可以是实体表面、片体或曲面。

“凸起方向”选项组用于设置截面线串的投影方向。在用户选择了截面线串及要凸起的面后，系统会自动选择面的法向为投影方向，用户也可在矢量中选择一个矢量或在下拉列表中单击，打开“矢量”对话框，创建一个矢量作为投影方向。

3. “端盖”选项组

该选项组用于设置所创建凸起特征的开始位置、生成方法及高度或深度值。

4. “拔模”选项组

该选项组用于设置所创建的凸起特征是否拔模及拔模开始位置与角度。

5. “设置”选项组

该选项组用于设置所创建凸起特征的类型及公差。“凸度”下拉列表中有“混合”“凸垫”和“凹腔”3个选项。

◆混合：系统根据所指定的距离方向来判断在所选的面上是创建凸垫还是创建凹腔，此为默认选项。

◆凸垫：在所选要凸起的面上创建凸台。

◆凹腔：在所选要凸起的面上创建凹槽。

知识点2 阵列面

使用“阵列面”命令可以将选定面以矩形、环形或螺旋形等方式排列进行复制并添加到体。调用此命令主要有以下方式：

- 【主页】→『特征』→〈更多〉→“关联复制”下的〈阵列面〉。
- 菜单：插入→『关联复制』→ 阵列面(F)...。

执行上述操作后，弹出“阵列面”对话框，如图3-186所示。

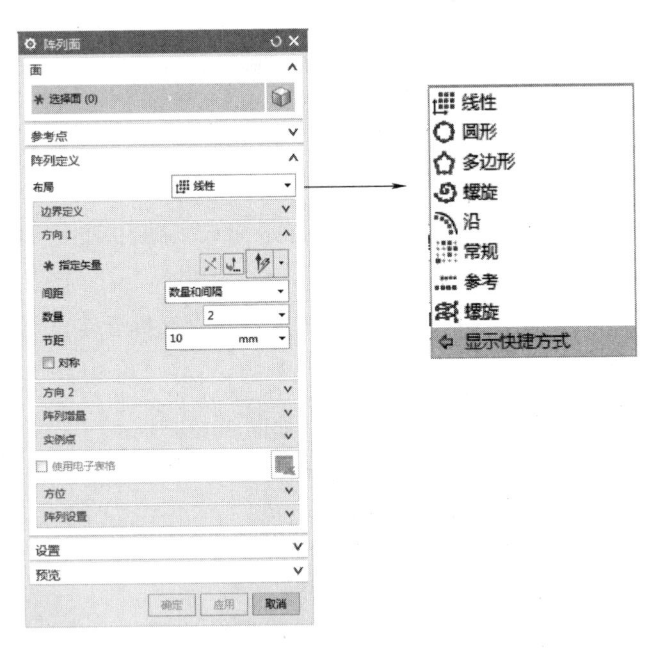

图3-186 “阵列面”对话框

阵列面有8种方式：线性、圆形、多边形、螺旋式、沿（曲线）、常规、参考和螺旋线。其中常用的是线性、圆形。

阵列面的操作与阵列特征、阵列几何特征相似，且在本任务实例中已述，不再赘述。

知识点3　修剪体

调用“修剪体”命令可以使用一个面、基准平面或其他几何体将实体修剪掉一部分，可任选要保留的体部分。调用“修剪体”命令主要有以下方式：

- 功能区：【主页】→『特征』→〈修剪体〉。
- 菜单：插入→修剪→ 修剪体(T)...。

执行上述操作后，弹出“修剪体”对话框，如图3-187所示。

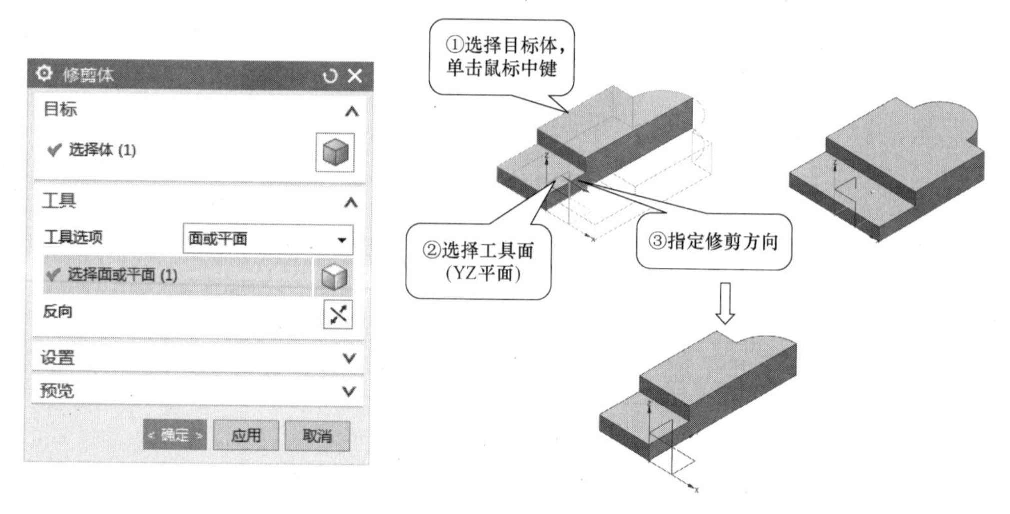

图3-187　“修剪体”对话框及示例

知识点4　拆分体

调用“拆分体”命令可以使用一个面、基准平面或其他几何体将实体拆分成两部分。调用“拆分体”命令主要有以下方式：

- 功能区：【主页】→『特征』→〈更多〉→“修剪”下的〈拆分体〉。
- 菜单：插入→修剪→ 拆分体(P)...。

执行上述操作后，弹出“拆分体”对话框，如图3-188所示。

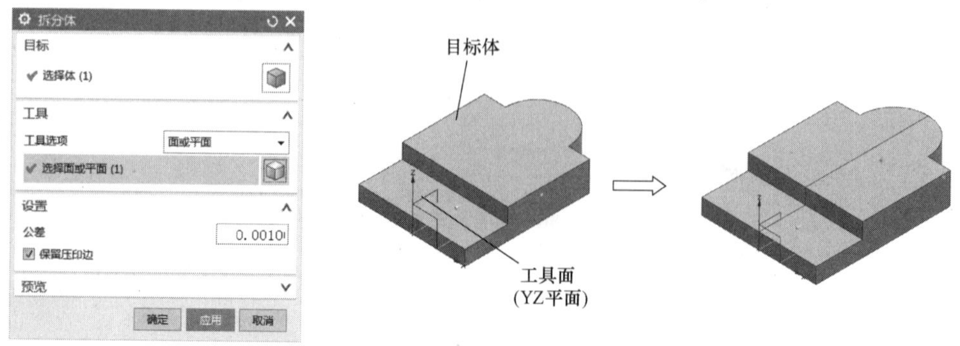

图3-188　“拆分体”对话框及示例

知识点5 缩放体

使用“缩放体”命令可以按比例缩放实体和片体。调用“缩放体”命令主要有以下方式：

- 功能区：【主页】→『特征』→〈更多〉→“偏置/缩放”下的〈缩放体〉。
- 菜单：插入→偏置/缩放→缩放体(S)...。

执行上述操作后，弹出“缩放体”对话框，如图3-189所示。在对话框的“类型”下拉列表中提供了“均匀”“轴对称”“不均匀”3种类型。

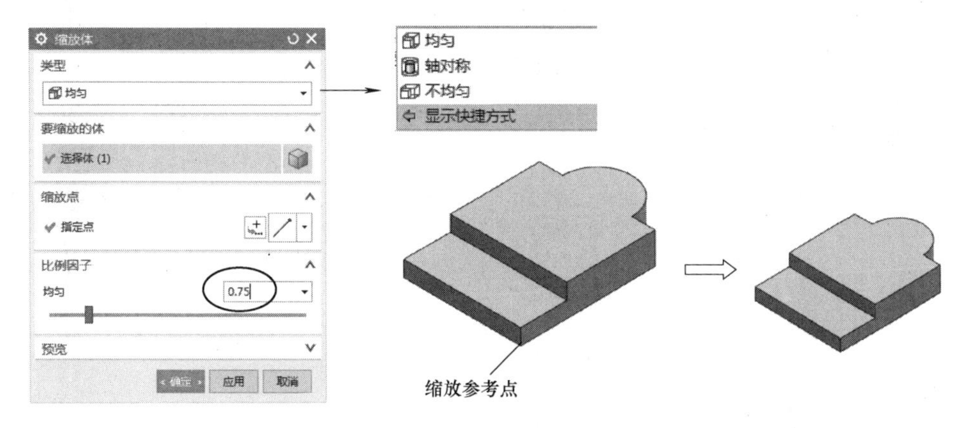

图3-189 “缩放体”对话框及示例（“均匀”类型）

1. “均匀”

“均匀”缩放体是以参考点为中心，以统一的比例因子沿X、Y、Z方向对实体（或片体）进行缩放。其对话框如图3-189所示。

2. “轴对称”

“轴对称”缩放体是以参考点为中心，沿缩放轴方向和垂直于缩放轴方向分别以不同的比例因子进行缩放。其对话框如图3-190所示。

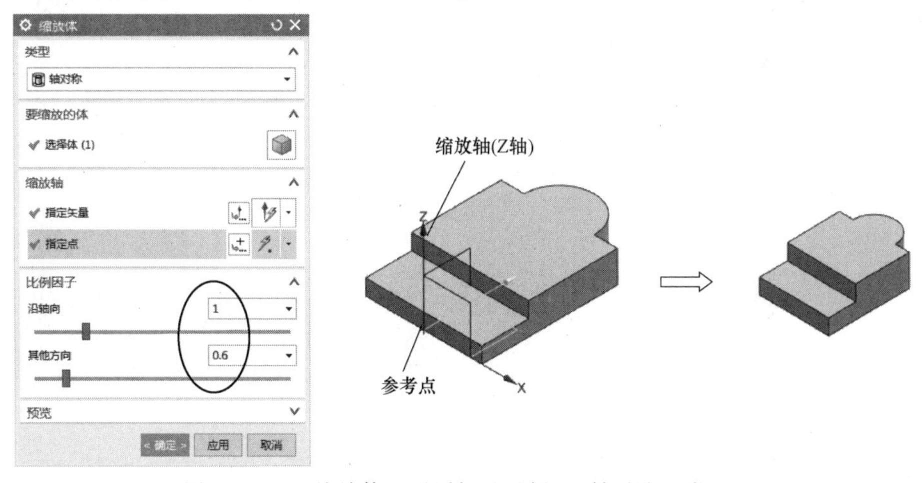

图3-190 “缩放体”对话框及示例（“轴对称”类型）

3. “不均匀”

“不均匀”缩放体是以参考点为中心，沿 X、Y、Z 方向分别用不同的比例因子对实体（或片体）进行缩放。其对话框如图 3-191 所示。

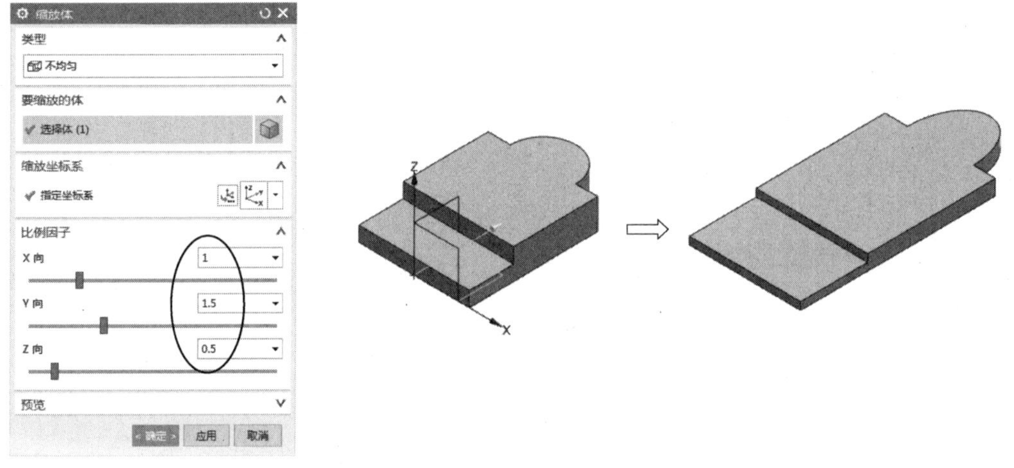

图 3-191 “缩放体”对话框及示例（“不均匀”类型）

知识点 6 包容体

使用“包容体”命令可以创建完全包容选定的面、边、曲线、实体的方块或圆柱体。调用此命令主要有以下方式：

- 功能区：【主页】→『特征』→〈更多〉→“偏置/缩放”下的〈包容体〉。
- 菜单：插入→偏置/缩放→ 包容体(B)...。

执行上述操作后，弹出“包容体”对话框，如图 3-192 所示。该对话框的“类型”下拉列表中提供了“中心和长度”“块”“圆柱”3 种类型。

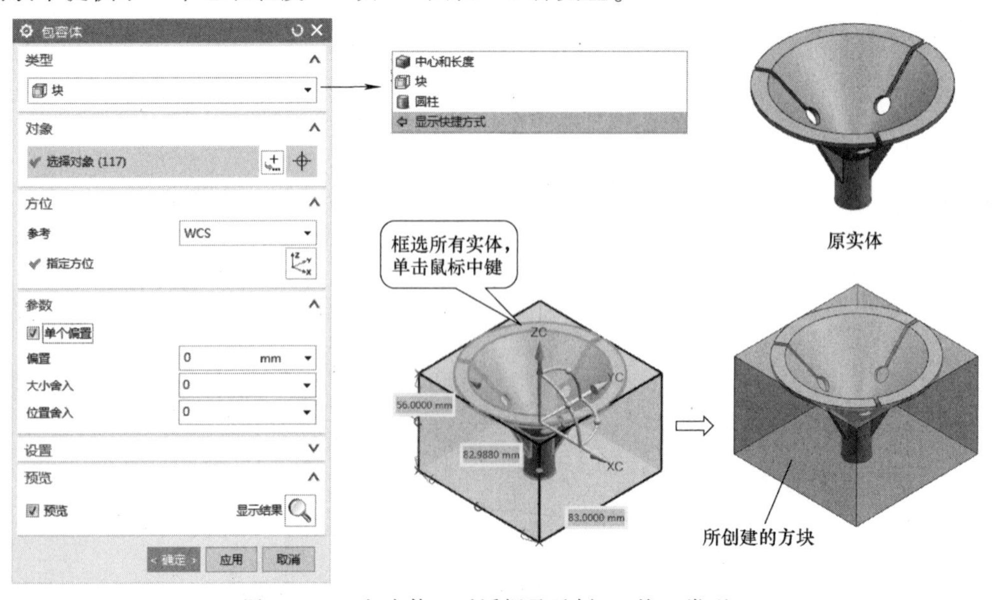

图 3-192 “包容体”对话框及示例（“块”类型）

当选择“块”类型时，创建包容的方块（即长方体），如图 3-192 所示，用户可以在对话框的“偏置”文本框中输入数值，将方块放大或缩小所输值，还可以在“大小舍入”和“位置舍入”文本框中输入舍入值（类似于四舍五入），以使所创建的方块各边长均为整数；当选择“圆柱”类型时，则创建包容的圆柱体，如图 3-193 所示；当选择“中心和长度”类型时，则按指定的 X 长度、Y 长度、Z 长度创建方块，如图 3-194 所示。

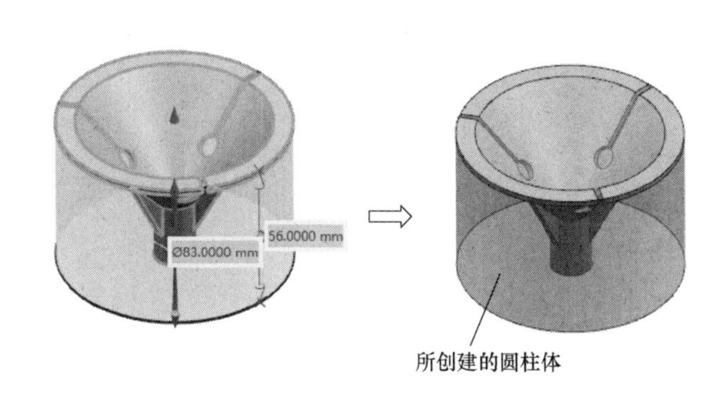

图 3-193 “包容体”对话框及示例（“圆柱”类型）

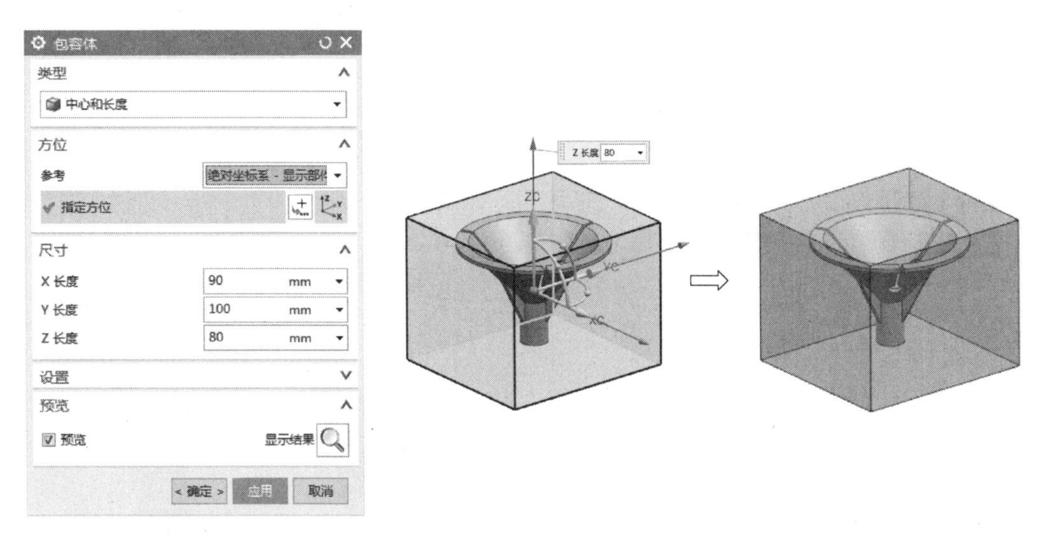

图 3-194 “包容体”对话框及示例（“中心和长度”类型）

知识点 7 偏置曲面

使用“偏置曲面”命令可以创建现有面（实体表面或片体）的偏置曲面。偏置时沿着选定面的法向创建偏置曲面，原有的表面保持不变。调用此命令主要有以下方式：

- 功能区：【主页】→『特征』→〈更多〉→“偏置/缩放”下的〈偏置曲面〉。
- 菜单：插入→偏置/缩放→偏置曲面(O)...。

执行上述操作后，弹出“偏置曲面”对话框，如图3-195所示。

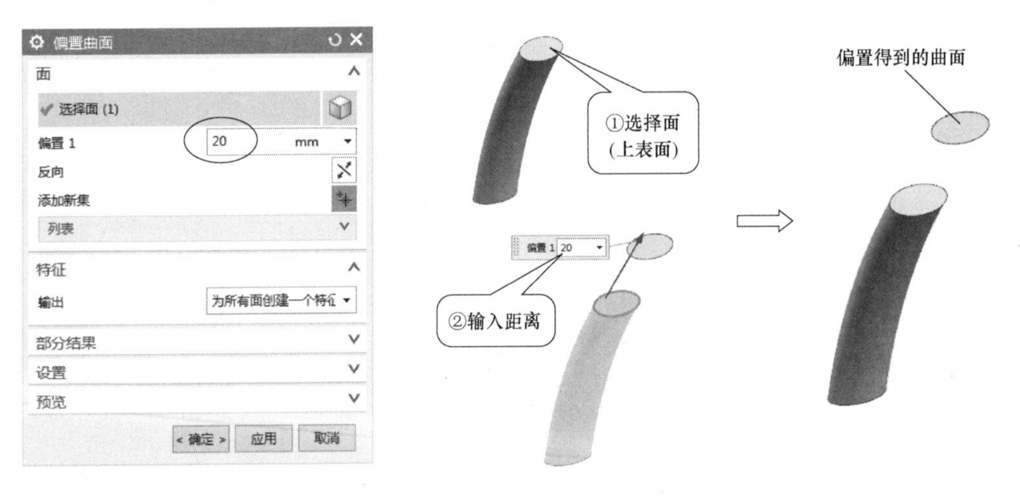

图3-195 “偏置曲面”对话框及示例

知识点8 偏置面

使用“偏置面”命令可以将选定的实体表面或片体沿指定的距离偏离当前位置。调用此命令主要有以下方式：

- 功能区：【主页】→『特征』→〈更多〉→“偏置/缩放”下的〈偏置面〉。
- 菜单：插入→偏置/缩放→偏置面(F)...。

执行上述操作后，弹出“偏置面”对话框，如图3-196所示。

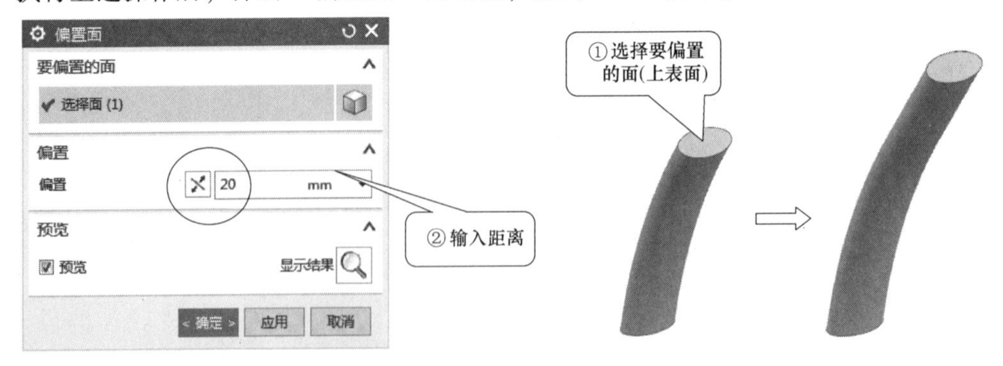

图3-196 “偏置面”对话框及示例

同类任务

完成图3-197所示创意花筒的实体建模。

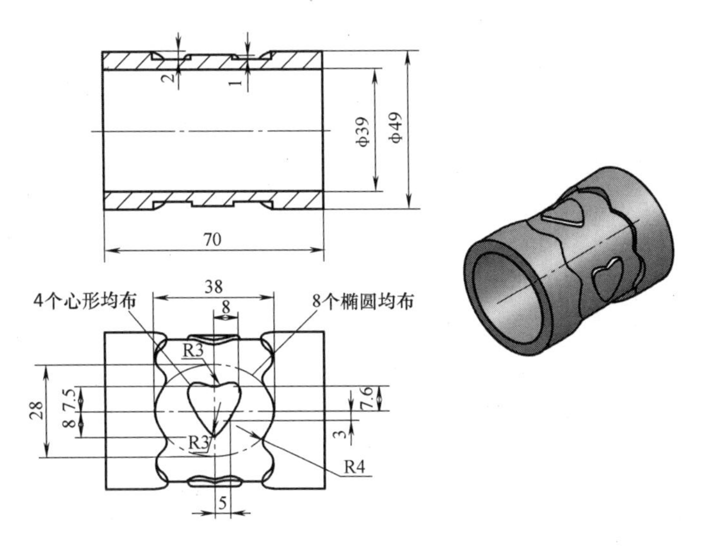

图 3-197 创意花筒

拓展任务

完成图 3-198 所示星形圆筒的实体建模。

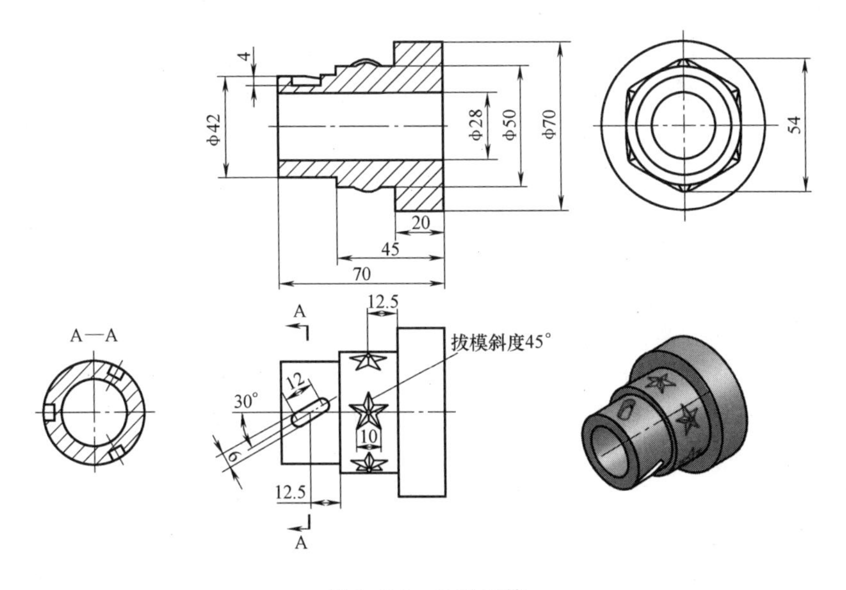

图 3-198 星形圆筒

小 结

本模块通过各个任务介绍了基本体特征（长方体、圆柱体、圆锥体、球体）的创建方法、布尔运算及综合应用；基准特征（基准平面、基准轴、基准点）的创建方法及其应用；

扫描特征（拉伸、旋转、扫掠、管）、凸起特征的创建方法及其应用；成形特征（孔、槽、螺纹、键槽）的创建方法、定位方法及其应用；细节特征（倒圆角、倒斜角、拔模等）的创建方法及应用；关联复制（镜像特征、镜像几何体、阵列特征、阵列几何特征、阵列面）的创建方法及应用；修剪（修剪体、拆分体等）的创建方法及应用；偏置/缩放（抽壳、缩放体、包容体、偏置曲面、偏置面等）的创建方法及应用；同步建模（替换面、移动面、偏置区域、删除面、设为共面等）的创建方法及应用；特征编辑（编辑特征参数、可回滚编辑等）的方法及应用。

在创建实体的过程中，应根据零件的结构特点，先采用基本体素和扫描特征创建出零件的基体；再在基体上创建孔、键槽、凸起等特征，构建出零件的形状；最后创建倒圆角、倒斜角、拔模等细节特征，建立零件的完整实体模型。

实体建模是 UG NX 软件的基础和核心，学习好实体建模，对学习其他模块也会起到重要的作用。

考　　核

1. 完成图 3-199、图 3-200 所示斜板、组合体的实体建模。

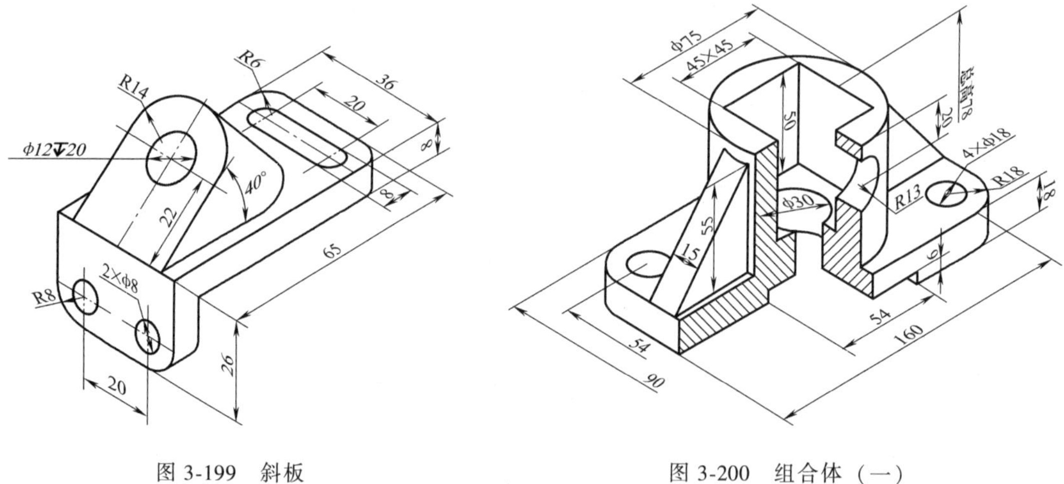

图 3-199　斜板

图 3-200　组合体（一）

2. 完成图 3-201～图 3-204 所示组合体的实体建模。
3. 完成图 3-205～图 3-207 所示壳体、戒指、扳手的实体建模。
4. 完成图 3-208～图 3-210 所示三通管、箱体、座体的实体建模。
5. 完成图 3-211～图 3-213 所示踏脚座、底座、支座的实体建模。
6. 完成图 3-214、图 3-215 所示旋钮、座体的实体建模。
7. 完成图 3-216 所示型腔的实体建模。
8. 创建图 3-217、图 3-218 所示座体的实体模型。
9. 创建图 6-184～图 6-186 所示顶碗、顶杆、支顶座的实体模型。

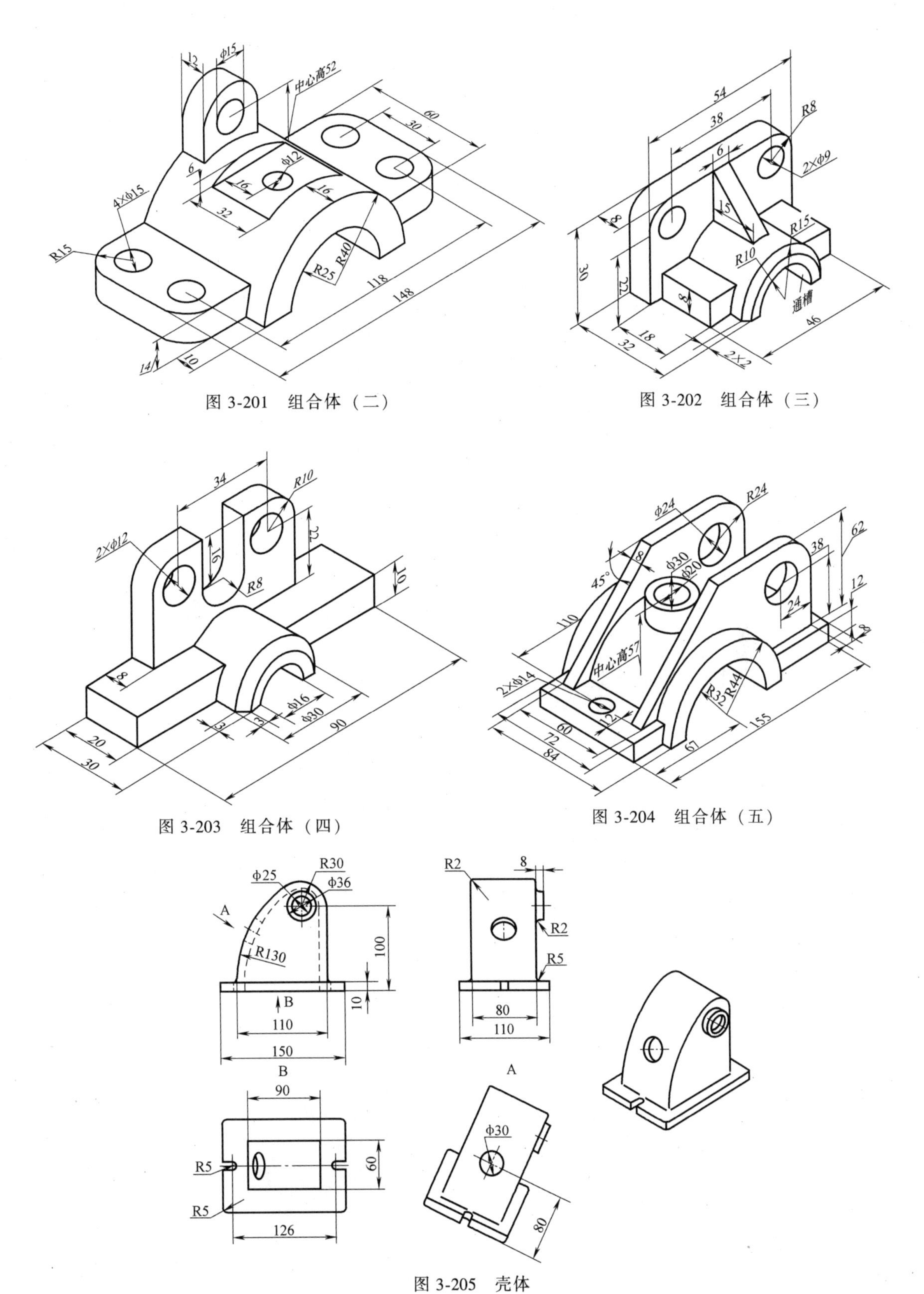

图 3-201　组合体（二）

图 3-202　组合体（三）

图 3-203　组合体（四）

图 3-204　组合体（五）

图 3-205　壳体

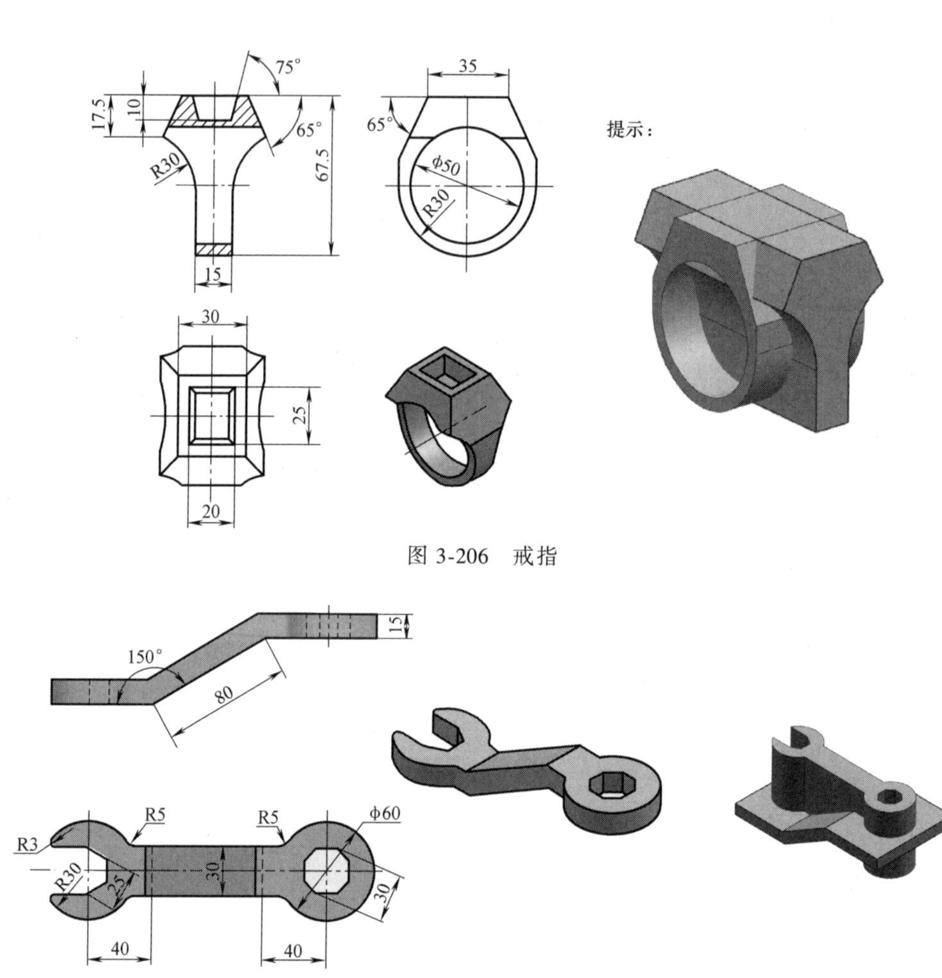

图 3-206　戒指

图 3-207　扳手

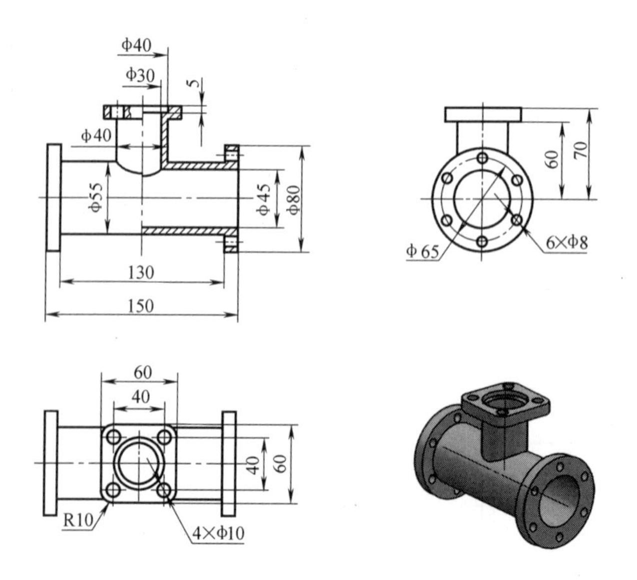

图 3-208　三通管

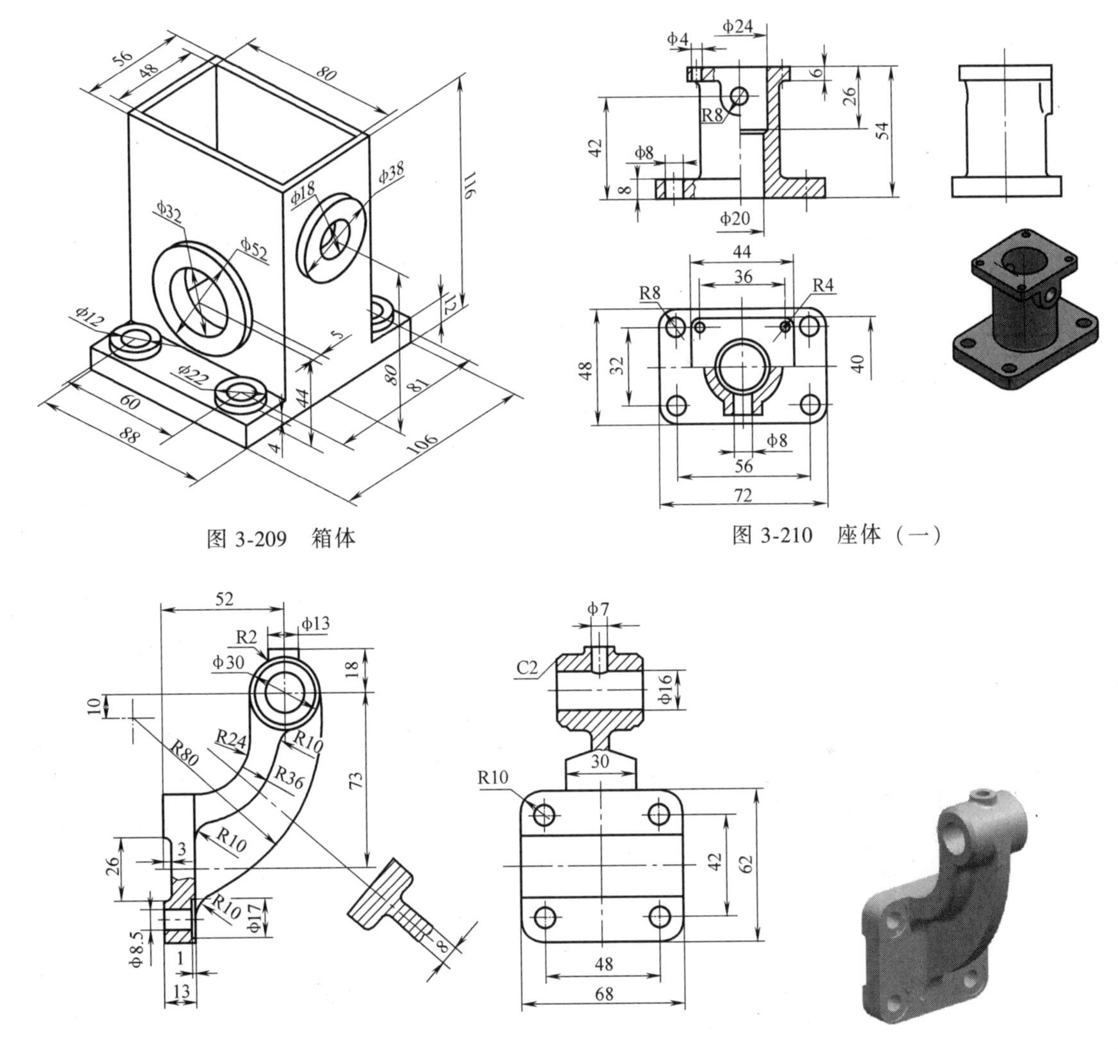

图 3-209　箱体

图 3-210　座体（一）

图 3-211　踏脚座

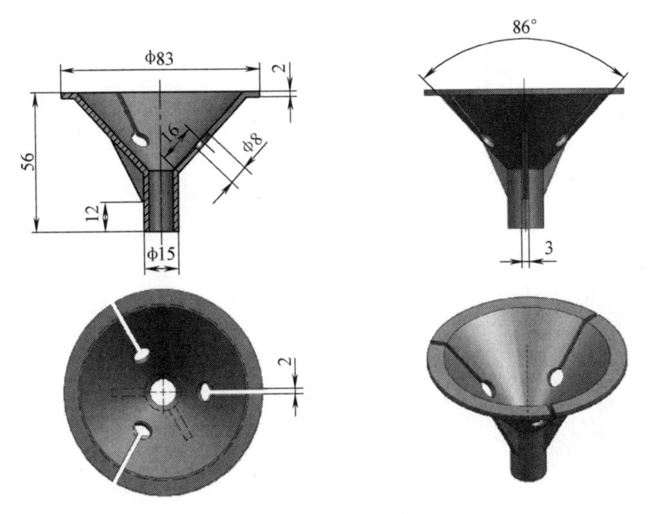

图 3-212　底座

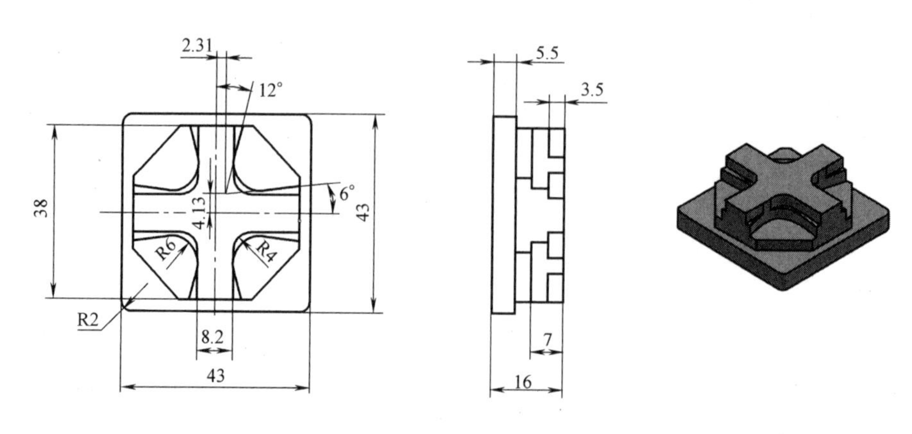

图 3-213 支座

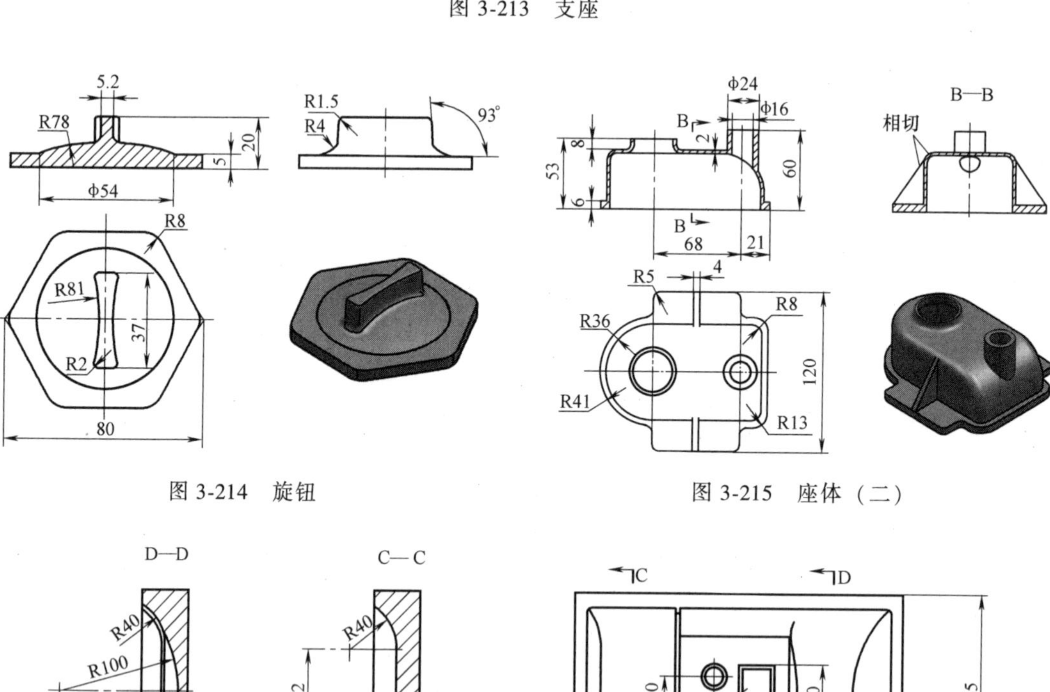

图 3-214 旋钮

图 3-215 座体（二）

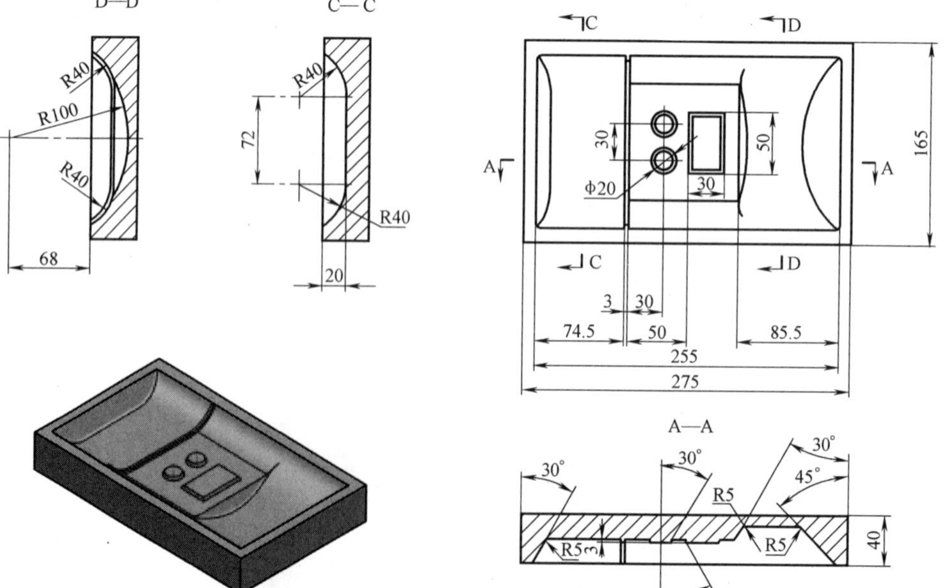

图 3-216 型腔

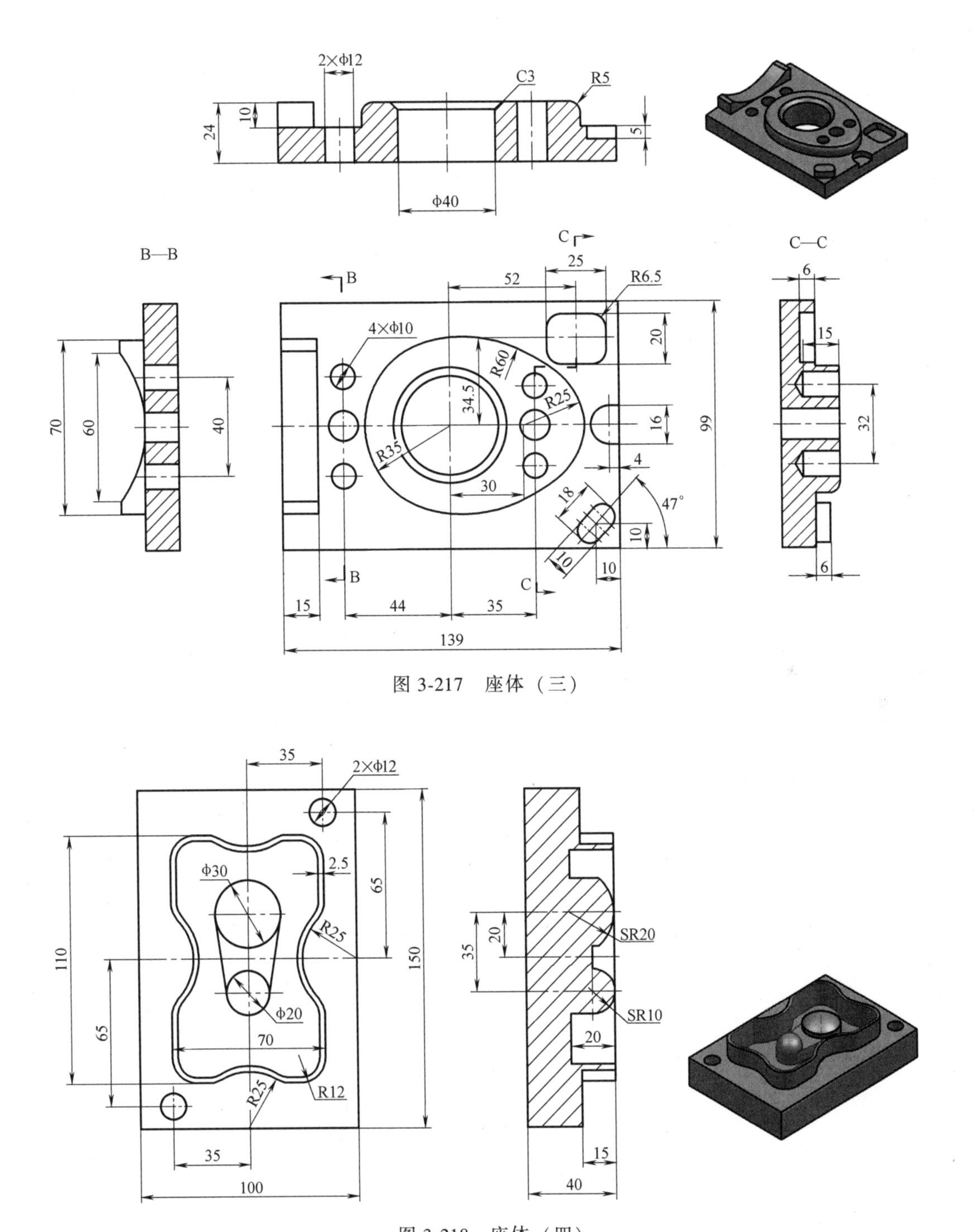

图 3-217 座体（三）

图 3-218 座体（四）

模块4　曲线绘制与曲面建模

【能力目标】

1. 能使用曲线工具绘制较复杂的三维空间曲线。

2. 能根据绘图需要选择适当的方法进行较复杂的曲面造型设计。

3. 能正确编辑曲面。

【知识目标】

1. 熟练掌握常用空间曲线创建、编辑的方法和步骤。

2. 掌握创建各种曲面（直纹曲面、有界平面、N边曲面、通过曲线组、通过曲线网格等）的方法。

3. 掌握曲面的编辑（加厚、缝合、修剪等）方法。

4. 掌握移动对象的操作方法。

任务1　伞帽骨架的绘制及曲面建模

本任务要求完成图4-1所示伞帽骨架的三维曲线绘制及曲面建模，主要涉及圆弧/圆、移动对象、有界平面和N边曲面命令。

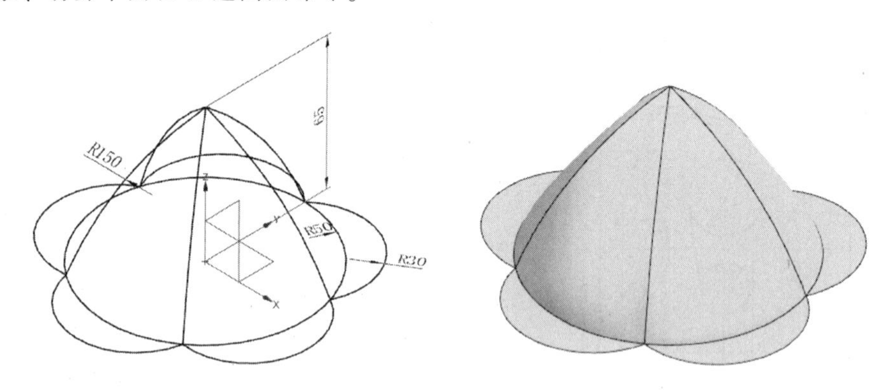

图4-1　伞帽骨架及曲面建模

任务实施

步骤1　新建文件。

步骤2　绘制R50的圆。

1）单击【曲线】→『曲线』→〈圆弧/圆〉，弹出“圆弧/圆”对话框，如图4-2a所示。

2）指定圆心位置及圆的大小。在对话框的“类型”下拉列表中选择“从中心开始的圆弧/圆”方式；在绘图区单击坐标系原点，以该点作为圆心；在“通过点”选项组下选择

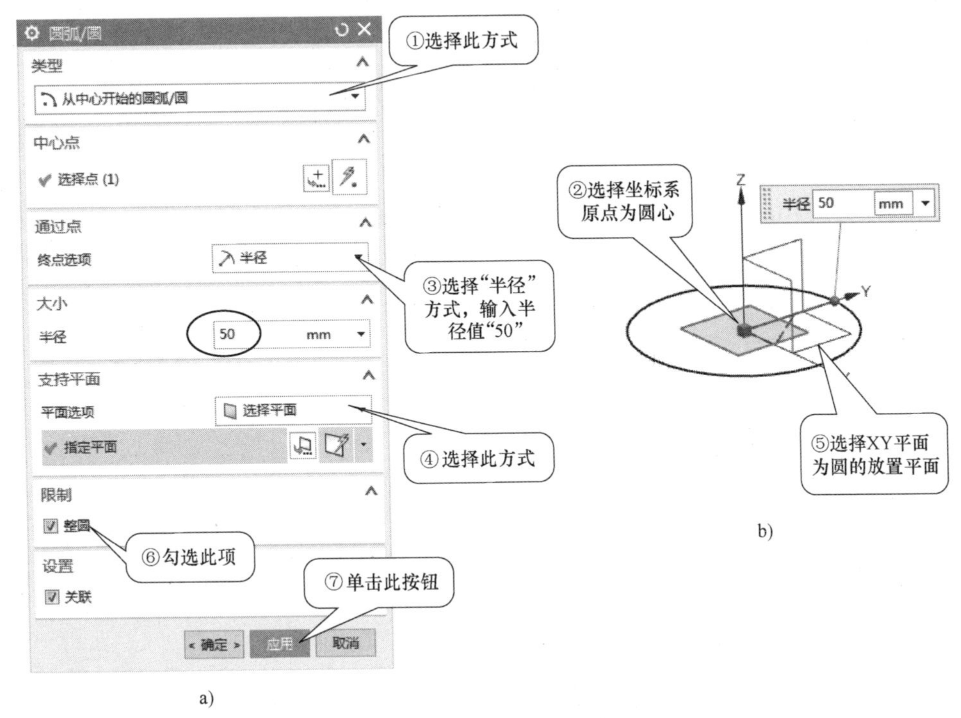

a)　　　　b)

图 4-2　绘制 R50 的圆

“终点选项”为“半径”，在“半径”文本框中输入“50”。

3）指定圆的放置平面。在“支持平面”选项组下的“平面选项”中选择“选择平面”选项，在绘图区单击 XC-YC 平面（即圆绘制在 XY 平面上）。

> 当“支持平面”选项组下“平面选项”为“自动平面”方式时，系统会自动选择圆的放置平面。若所选平面为用户所需平面，则可忽略上一步操作，否则需用户指定。

4）在“限制”选项组下勾选“☑ 整圆”，单击 应用 按钮，完成 R50 圆的绘制，如图 4-2b 所示。

步骤 3　绘制 R150 的圆弧。

1）指定圆弧起点位置。在“圆弧/圆”对话框的“类型”下拉列表中选择“三点画圆弧”方式；在“起点”选项组下选择“起点选项”为“自动判断”或“点”，单击按钮，弹出“点”对话框，在对话框中，将 X 坐标设为“0”，Y 坐标设为“0”，Z 坐标设为“65”，单击 确定 按钮，如图 4-3 所示。

2）指定圆弧终点位置。在“端点”选项组下选择“终点选项”为“自动判断”或“点”，在绘图区捕捉 R50 圆的象限点。

3）指定圆弧中点位置。在“中点”选项组下选择“中点选项”为“半径”，在“半径”文本框中输入“150”。

4）指定圆弧的放置平面。在“支持平面”选项组的“平面选项”下拉列表中选择“选择平面”选项，在绘图区单击 ZC-YC 平面（即指定所绘制圆的放置平面）。

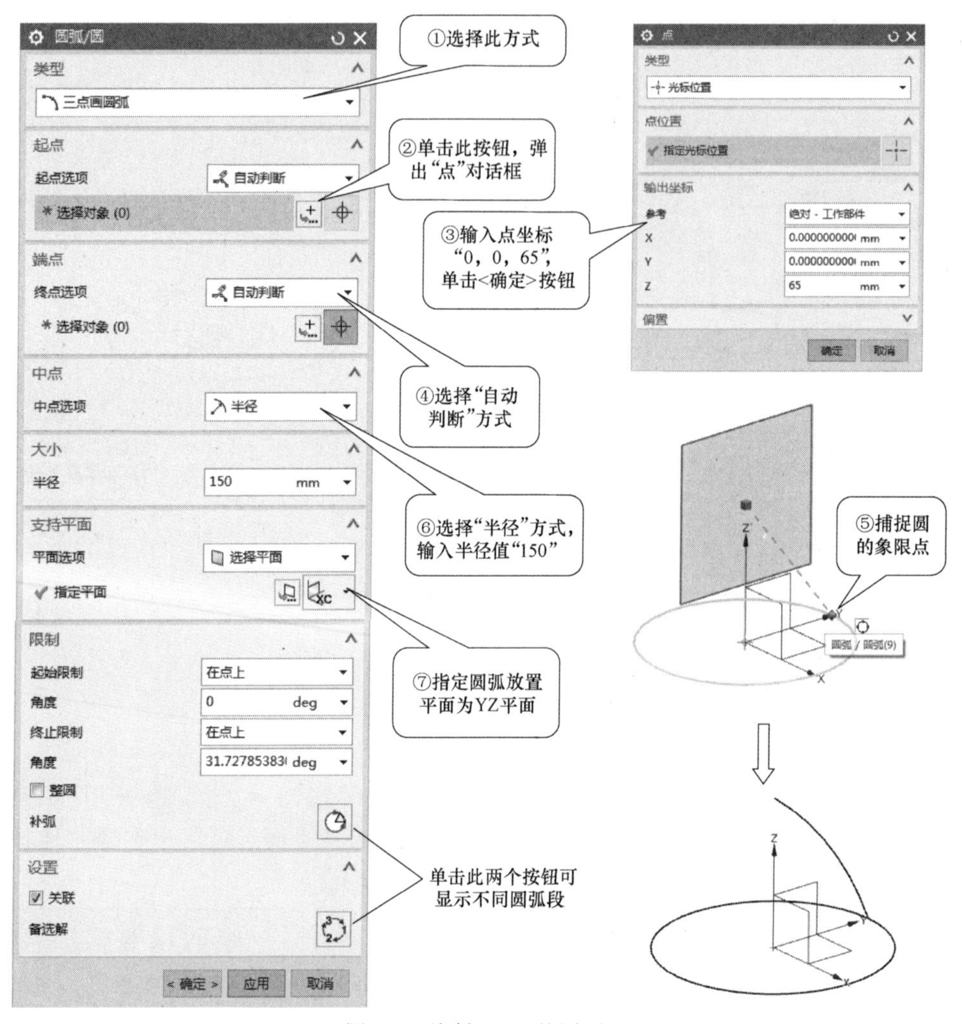

图 4-3　绘制 R150 的圆弧

5）在“限制”选项组下不勾选“整圆”，单击 确定 按钮，完成 R150 圆弧的绘制，如图 4-3 所示。

> 单击“限制”选项组下的〈补弧〉或“设置”选项组下的〈备选解〉，可显示满足条件的不同圆弧段，供用户选择。

步骤 4　旋转复制 R150 的圆弧。

1）单击【工具】→『实用工具』→〈移动对象〉，弹出“移动对象”对话框，如图 4-4 所示。

2）选择 R150 的圆弧作为复制对象，在对话框的“变换”选项组下选择“运动”为“角度”，选择 Z 轴为旋转矢量，在“角度”文本框中输入“72”；在“结果”选项组下选择“复制原先的”，“非关联副本数”设为“4”。

3）单击 确定 按钮，完成 R150 圆弧的复制，如图 4-4 所示。

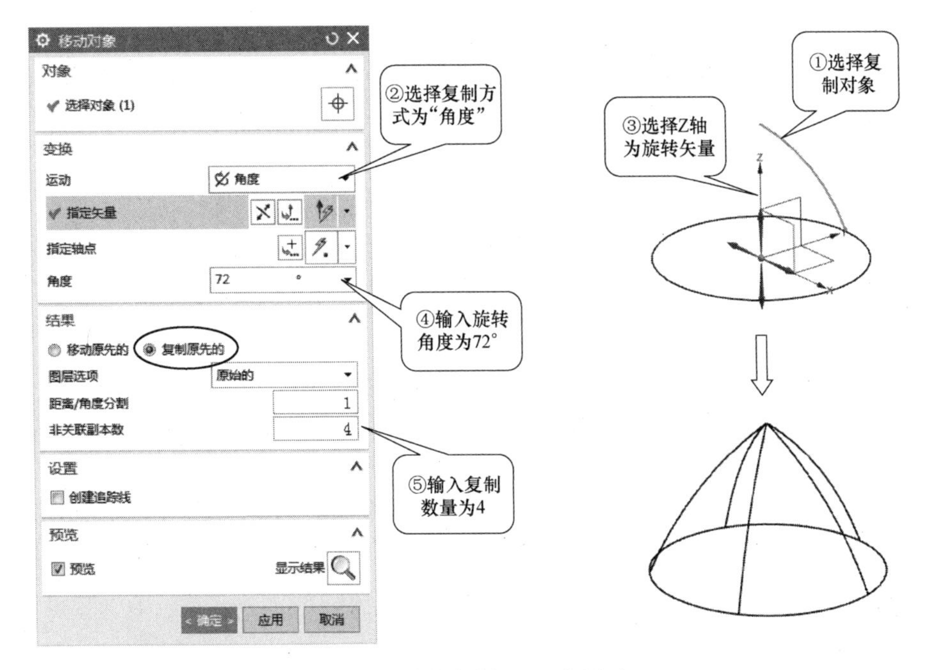

图 4-4 旋转复制 R150 的圆弧

步骤 5 绘制 R30 的圆弧。采用步骤 3 的方法绘制圆弧，绘制完成后如图 4-5 所示。

步骤 6 旋转复制 R30 的圆弧。采用步骤 4 的方法复制圆弧，完成后如图 4-6 所示。

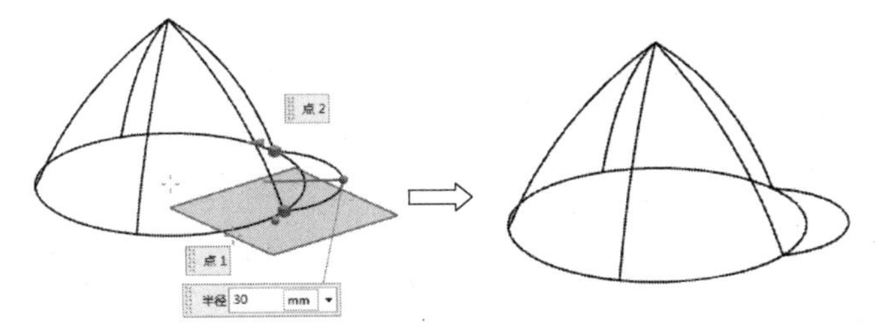

图 4-5 绘制 R30 的圆弧

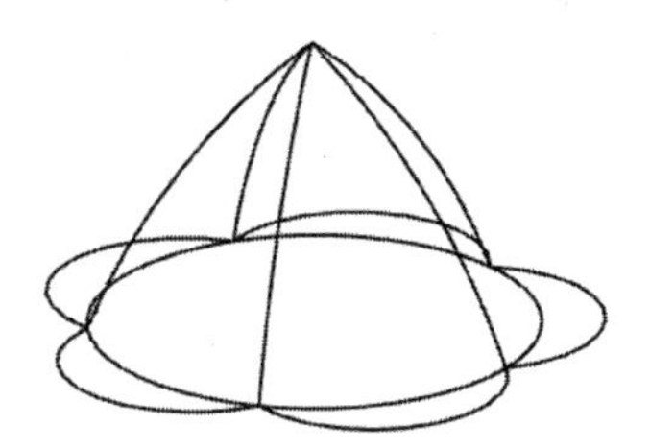

图 4-6 旋转复制 R30 的圆弧

步骤 7 采用有界平面方式创建飞边面。

1）单击【曲面】→『曲面』→〈更多〉→〈有界平面〉，弹出“有界平面”对话框，如图 4-7 所示。

2）在“曲线规则”下拉列表中选择“相连曲线”并打开“在相交处停止”，选择 R30 圆弧及 R50 圆，在两段圆弧组成的封闭线框处创建一个有界平面，单击 确定 按钮完成创建，如图 4-7 所示。

步骤 8 采用 N 边曲面方式创建伞帽面。

1）单击【曲面】→『曲面』→〈更多〉→〈N 边曲面〉，弹出“N 边曲面”对话框，如图 4-8 所示。

2）在“类型”下拉列表中选择“已修剪”→选择两条相邻的 R150 圆弧及其之间的 R50 圆弧段，在“设置”选项组下勾选 ☑ 修剪到边界。

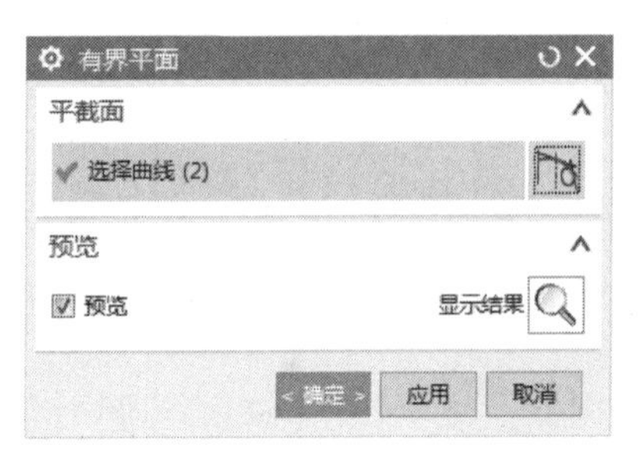

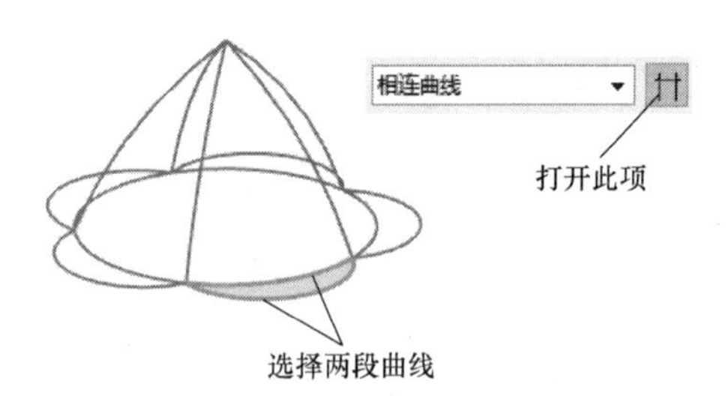

图 4-7 创建飞边面（有界平面）

3）单击 确定 按钮，完成伞帽面的创建，如图 4-8 所示。

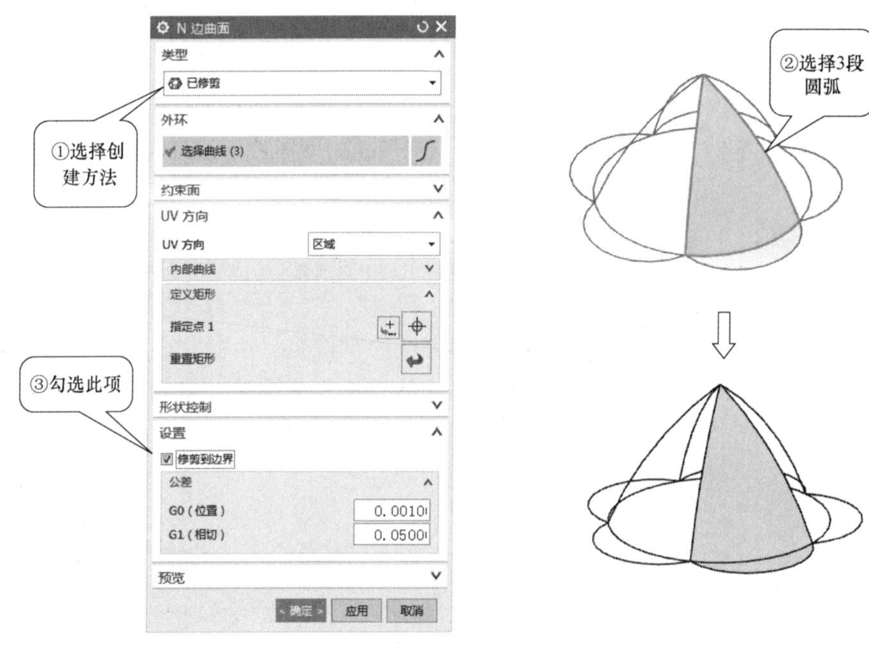

图 4-8 创建伞帽面（N 边曲面）

步骤 9 旋转复制（或圆形阵列）伞帽面、飞边面。采用步骤 4 的方法复制伞帽面、飞边面，完成后如图 4-1 所示。

步骤 10 隐藏所有曲线与基准，并保存文件，完成伞帽骨架的曲面建模。

知识点 1 曲面常用基本概念

1. 实体、片体、曲面

◆ 实体：具有厚度，由封闭表面包围的具有体积的物体。

◆ 片体：厚度为 0，只有表面，没有重量和体积的物体。

◆ 曲面：任何片体、片体的组合以及实体的所有表面。一个曲面可以包含一个或多个片体，每一个片体都是独立的几何体。

2. 曲面的 U、V 方向

曲面在数学上是由两个方向的参数定义的：行方向由 U 参数定义，列方向由 V 参数定

义。对于“直纹面”和“通过曲线组”曲面的生成方法，曲线方向代表了 U 方向；对于“通过曲线网格”曲面的生成方法，曲线方向代表了 U、V 方向，如图 4-9 所示。

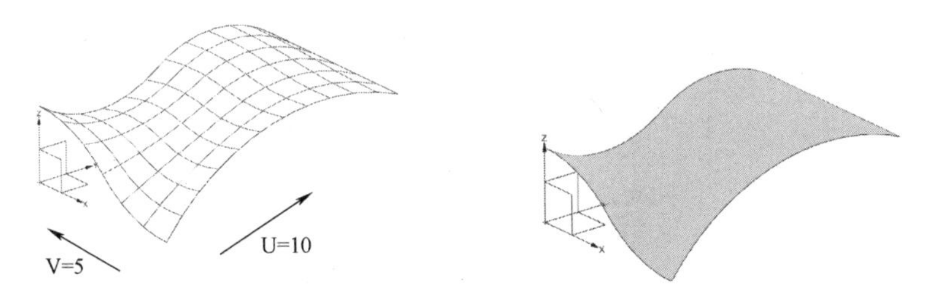

图 4-9　曲面的 U、V 方向（通过曲线网格）

3. 阶次

曲面的阶次是一个数学概念，用于描述曲面多项式的最高次数，需在 U、V 方向分别指定次数。片体在 U、V 方向的次数必须为 2～24，阶次越高，曲面越光滑，但系统运算速度越慢，同时在数据转换时越容易产生问题。因此，曲面阶次最好采用 3 阶次，称为双三次曲面，工程上大多数使用的是这种双三次曲面。

知识点 2　圆弧/圆的绘制

“圆弧/圆”命令用于创建关联的圆弧和圆曲线。调用该命令主要有以下方式：

- 功能区：【曲线】→『曲线』→〈圆弧/圆〉。
- 菜单：插入→曲线→圆弧/圆(C)...。

执行上述操作后，系统打开“圆弧/圆”对话框，如图 4-10 所示。

1.“类型”选项组

该选项组用于指定创建圆弧或圆的方法，有两个选项：

◆三点画圆弧：通过指定 3 个点或指定两个点和半径来创建圆弧。

◆从中心开始的圆弧/圆：通过指定圆弧中心及圆上点或半径来创建圆弧。

2.“起点”“端点”“中点”选项组

此 3 个选项组用于设置圆弧的起点、端点和中点，有以下选项：

◆自动判断：根据选择的对象来确定要使用的起点/端点/中点选项。

◆点：选择已有点或在“点”对话框中输入坐标值作为圆弧的起点/端点/中点。

◆相切：通过选择曲线对象，派生与所选对象相切的起点/端点/中点。

◆半径|直径：通过输入半径/直径值来确定圆弧的端点/中点。

3.“支持平面”选项组

该选项组用来确定所创建圆弧或圆的放置平面，有 3 个选项：

◆自动平面：根据圆弧或圆的起点和终点来自动判断临时平面。

◆锁定平面：锁定某一平面作为圆弧或圆的放置平面。可以双击解锁或锁定自动平面。

◆选择平面：选择此项时，可选择现有平面或新建平面作为圆弧或圆的放置平面。

4.“限制”选项组

在“起点”和“端点”选项组下确定圆弧起点和端点位置后在该选项组下的起始限制和

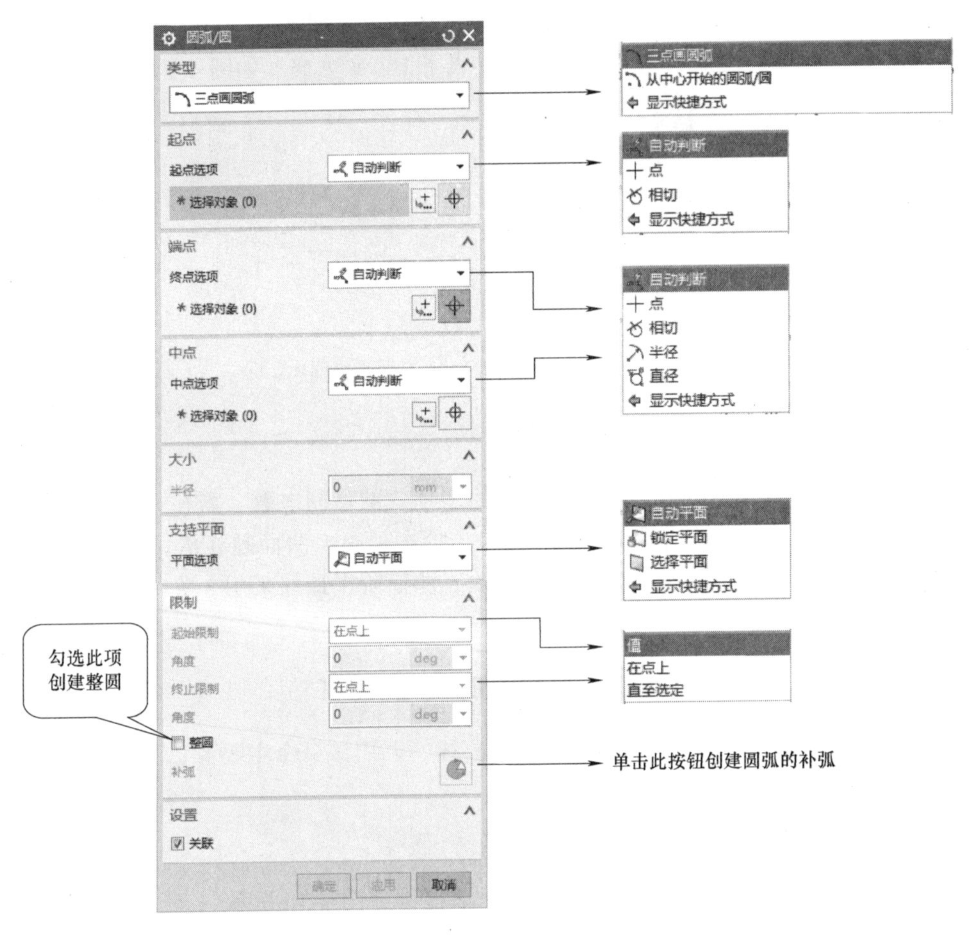

图 4-10 “圆弧/圆”对话框

终止限制选项中进一步限制圆弧起点或终点的位置，有 3 个选项：

◆值：通过输入角度来限制圆弧的起点或终点的位置。

◆在点上：通过捕捉点来限制圆弧起点或终点的位置。

◆直至选定：在所选对象处开始或结束圆弧。

绘制圆弧及圆的具体步骤在本任务操作实例中已述，不再赘述。

知识点 3　移动对象

使用“移动对象”命令可以移动或旋转选定的对象。调用该命令主要有以下方式：

- 功能区：【工具】→『实用工具』→〈移动对象〉。
- 菜单：编辑→移动对象(O)...。
- 快捷键：〈Ctrl+T〉。

执行上述操作后，弹出“移动对象”对话框，如图 4-11 所示。移动对象的方式有多种，最常用的有“距离”和“角度”两种方式。移动对象时若选择复制原先的选项，则能移动复制或旋转复制选定的对象，且能在非关联副本数文本框中设置复制的数量。

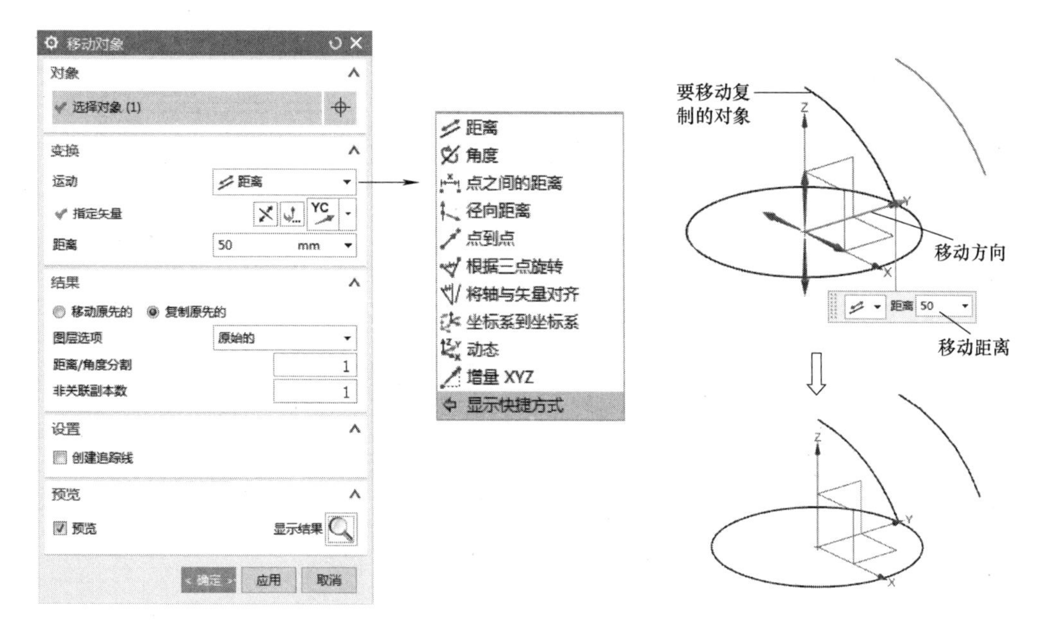

图 4-11　“移动对象”对话框及示例（沿 YC 轴移动复制）

旋转复制对象的具体步骤在本任务操作实例中已述，不再赘述。

知识点 4　有界平面

使用“有界平面”命令可以将共面的封闭曲线用平面填充起来。封闭曲线可以是一条曲线，也可以是首尾相连的多条曲线。调用该命令主要有以下方式：

- 功能区：【曲面】→『曲面』→〈更多〉→〈有界平面〉。
- 菜单：插入→曲面→有界平面(B)...。

执行上述操作后，打开“有界平面”对话框，如图 4-12 所示，选择共面且封闭的曲线，单击确定按钮，即可创建有界平面。

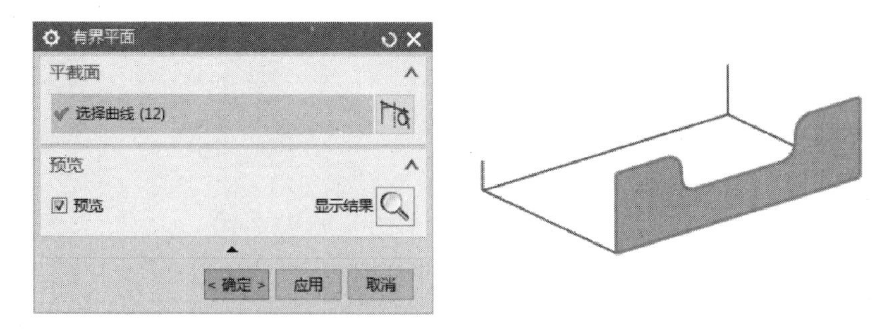

图 4-12　“有界平面”对话框及示例

知识点 5　N 边曲面

使用“N 边曲面”命令可以将一组相连的曲线链用曲面填充起来。曲线链可以封闭，也可以不封闭；可以是平面曲线链，也可以是空间曲线链，如图 4-13 所示。

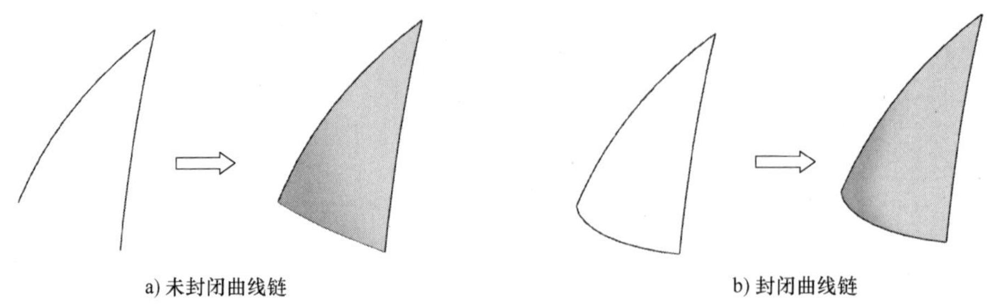

图 4-13　N 边曲面

调用该命令主要有以下方式：

- 功能区：【曲面】→『曲面』→〈更多〉→〈N 边曲面〉。
- 菜单：插入→网格曲面→ N边曲面...。

执行上述操作后，打开“N 边曲面”对话框，如图 4-14 所示。

N 边曲面有两种类型：

◆三角形：在已选择的封闭曲线组中，构建一个由多个三角补片组成的曲面，其中的三角补片相交于一点，如图 4-14 所示。

◆已修剪：在已选择的曲线组（可不封闭）中构建一个曲面。选择此项时，如勾选“设置”选项组的 ☑ 修剪到边界，则边界外的曲面被修剪掉，否则不修剪，如图 4-14 所示。

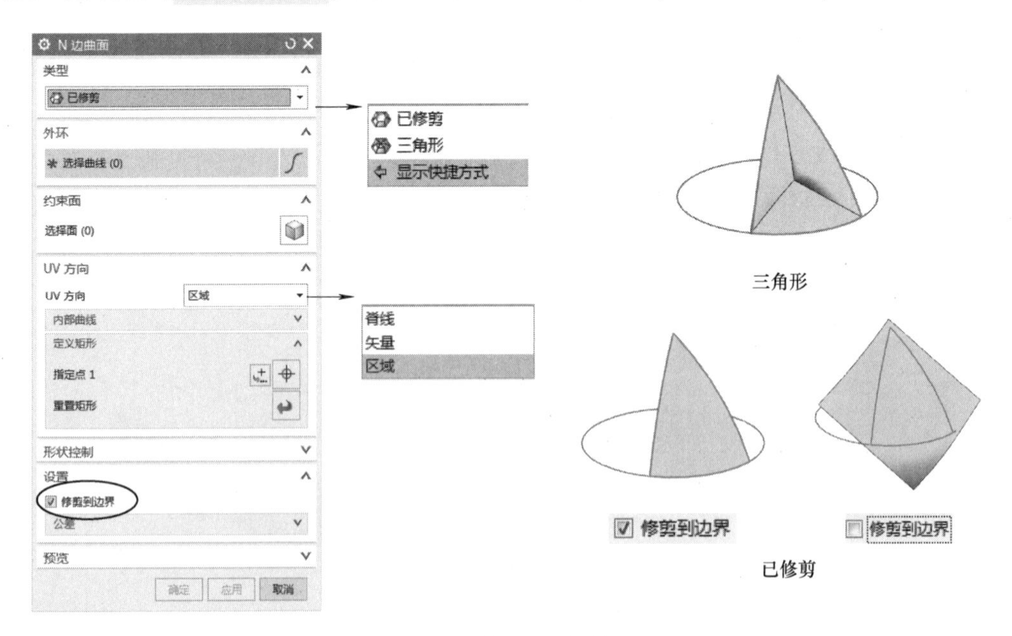

图 4-14　“N 边曲面”对话框及示例

同 类 任 务

完成图 4-15 所示图形线架的绘制及曲面建模。

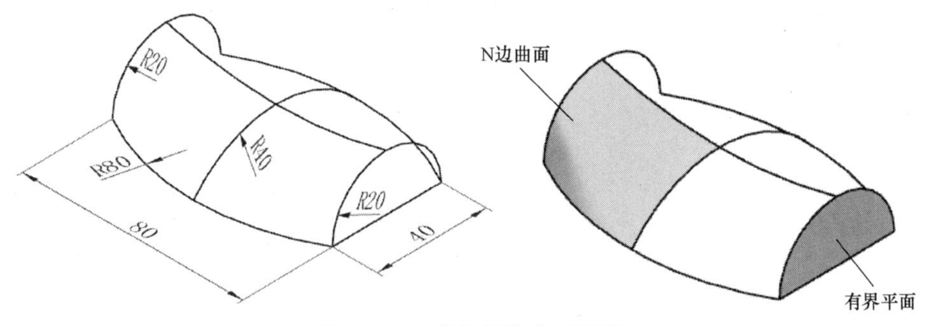

图 4-15　曲线绘制及曲面建模

任务 2　心形线架的绘制及曲面建模

本任务要求完成图 4-16 所示心形线架的三维曲线绘制及曲面建模，主要涉及直线、艺术样条、镜像曲线、通过曲线组等命令。

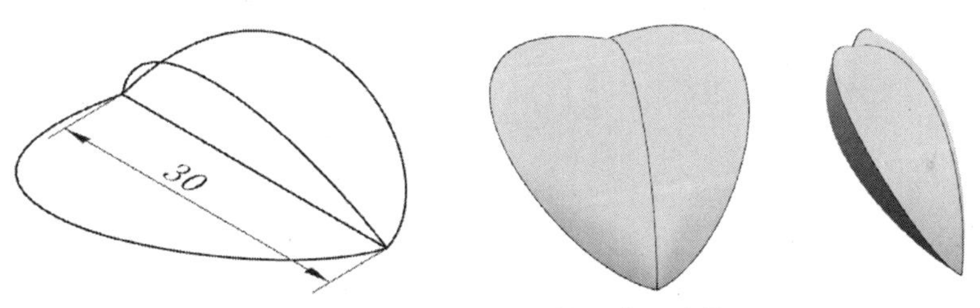

图 4-16　心形线架的绘制及曲面建模

任务实施

步骤 1　新建文件。

步骤 2　绘制长度为 30 的直线。

1）单击【曲线】→『曲线』→〈直线〉，弹出“直线”对话框，如图 4-17 所示。

2）捕捉坐标系原点为直线的起点，移动光标捕捉 X 轴方向（当直线亮显且直线上方出现“X”，表示捕捉成功），在浮动文本框中输入直线长度“30”。

3）单击 确定 按钮，完成直线的绘制，如图 4-17 所示。

步骤 3　绘制艺术样条曲线。

1）单击【曲线】→『曲线』→〈艺术样条〉，弹出“艺术样条”对话框，如图 4-18 所示。

2）在对话框的“类型”下拉列表中选择“通过点”方式；在“参数化”选项组的“次数”文本框中输入曲线阶次为“3”；在“制图平面”选项组下选择 （即以 XY 平面作为放置平面）；在绘图区单击 4 个点（其中第 1 点、第 4 点为直线的两端点，第 2、3 点的位置由读者自定，可通过拖曳第 2、3 点来调节曲线形状）。

3）单击 确定 按钮，完成艺术样条曲线的绘制，如图 4-18 所示。

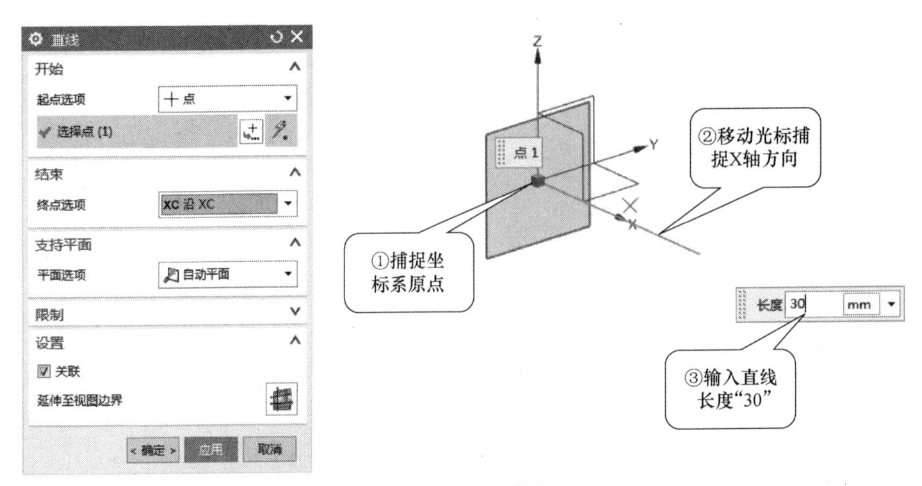

图 4-17　绘制直线

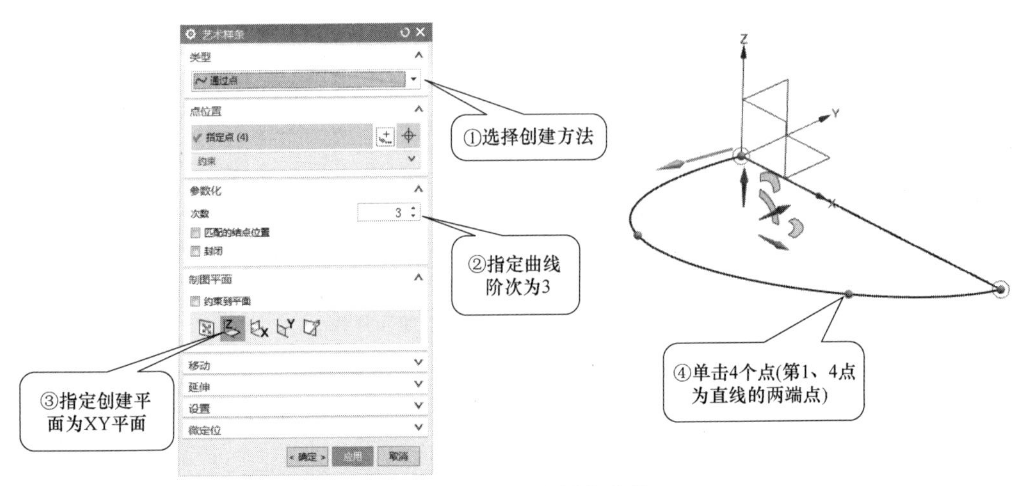

图 4-18　绘制艺术样条曲线

步骤 4　镜像艺术样条曲线。

1）单击【曲线】→『派生曲线』→〈镜像曲线〉，弹出“镜像曲线”对话框，如图 4-19 所示。

2）选择艺术样条曲线为镜像对象，选择 XZ 平面作为镜像平面，单击 确定 按钮，完成艺术样条曲线的镜像，如图 4-19 所示。

步骤 5　绘制中间艺术样条曲线。

1）单击〈艺术样条〉，弹出“艺术样条”对话框。

2）在对话框的“类型”下拉列表中选择“根据极点”方式，如图 4-20 所示；在“参数化”选项组的“次数”文本框中输入曲线阶次为“3”；在“制图平面”选项组下选择 （即以 XZ 平面作为放置平面）；在绘图区单击 4 个点（其中第 1 点、第 4 点为直线的两端点，第 2、3 点的位置由读者自定，可通过拖曳第 2、3 点来调节曲线形状）。

3）单击 确定 按钮，完成中间艺术样条曲线的绘制，如图 4-20 所示。

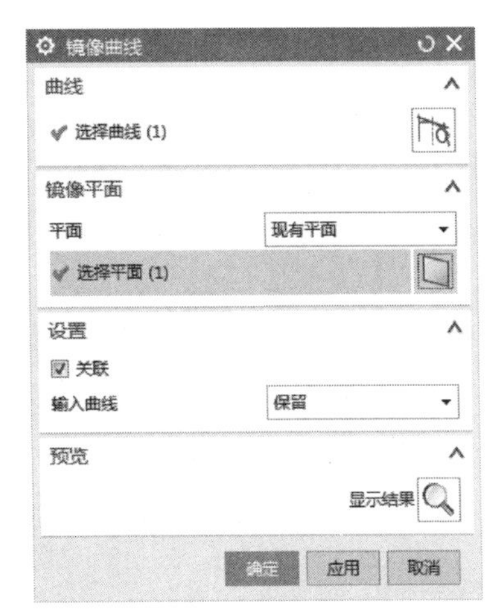

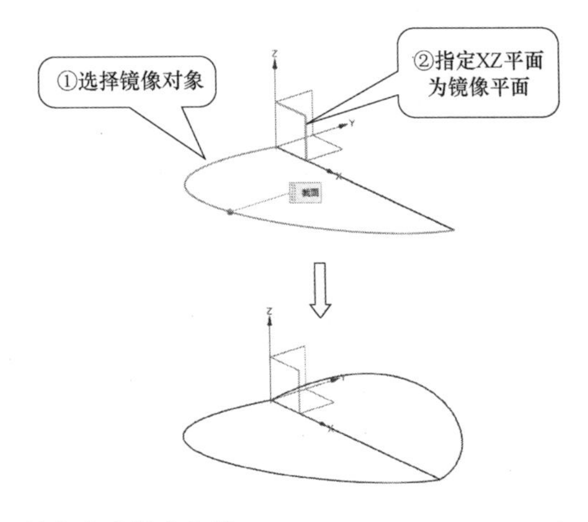

图 4-19　镜像艺术样条曲线

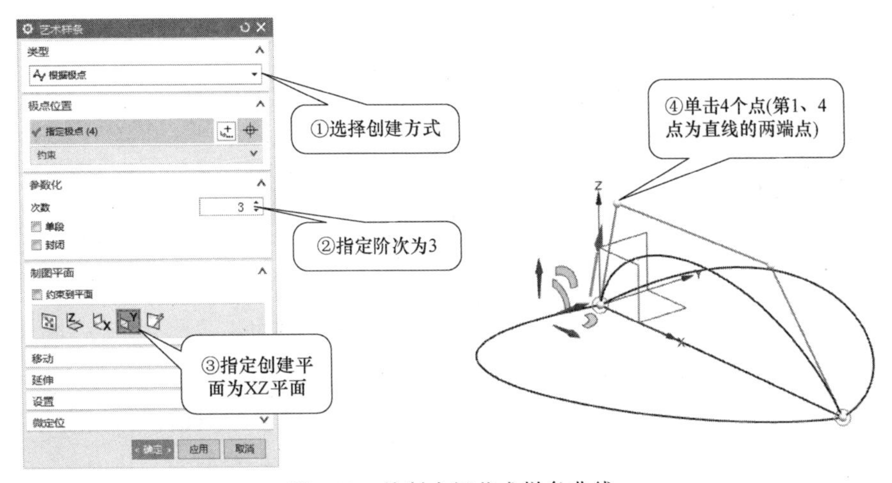

图 4-20　绘制中间艺术样条曲线

步骤 6　采用通过曲线组方式创建心形上表面。

1）单击【曲面】→『曲面』→〈通过曲线组〉，弹出“通过曲线组”对话框，如图 4-21 所示。

2）在绘图区依次选择所绘制的 3 条艺术样条曲线（每次选择后需单击鼠标中键进行确认），单击 确定 按钮，完成心形上表面的创建，如图 4-21 所示。

> 在“通过曲线组”方式的操作中，选择截面时应注意三点：
> 1）依次选择各截面；
> 2）各截面上箭头的起点位置应一致；
> 3）各箭头的指向应相同。
> 否则，会导致扭曲。

步骤 7　采用有界平面方式创建心形底面，如图 4-22 所示。

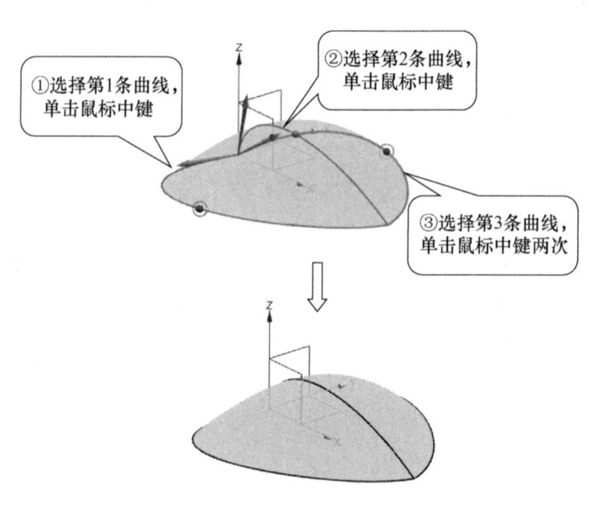

图 4-21　创建心形上表面（通过曲线组）

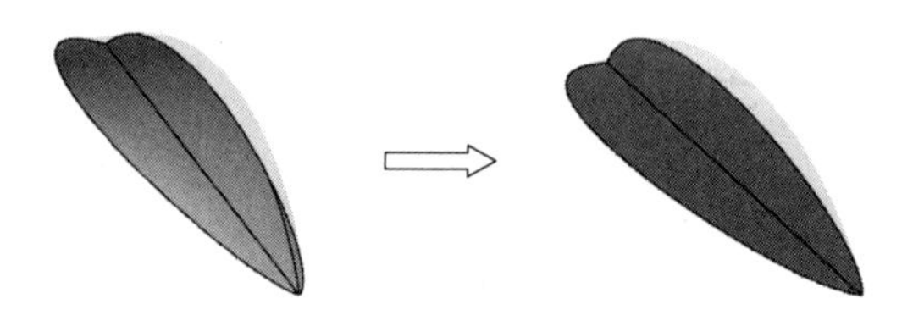

图 4-22　创建心形底面（有界平面）

步骤 8　缝合心形上表面与底面。

1）单击【曲面】→『曲面工序』→〈缝合〉，弹出“缝合”对话框，如图 4-23 所示。

2）选择心形上表面与底面，单击 确定 按钮，完成两表面的缝合，如图 4-23 所示。

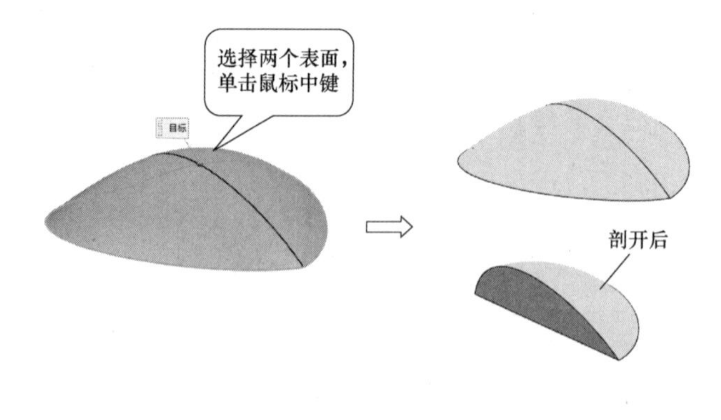

图 4-23　缝合上表面与底面

进行缝合操作时，若被缝合的片体封闭成一定体积，则缝合后可形成实体。如实例中缝合上表面与底面后形成实体，如图 4-23 所示。

步骤 9　镜像缝合得到的体并求和。

单击【主页】→『特征』→〈更多〉→〈镜像几何体〉，选择缝合得到的体，镜像平面为心形底面，镜像并求和后如图 4-24 所示。

步骤 10　隐藏所有曲线与基准，并保存文件，完成心形线架的曲面建模。

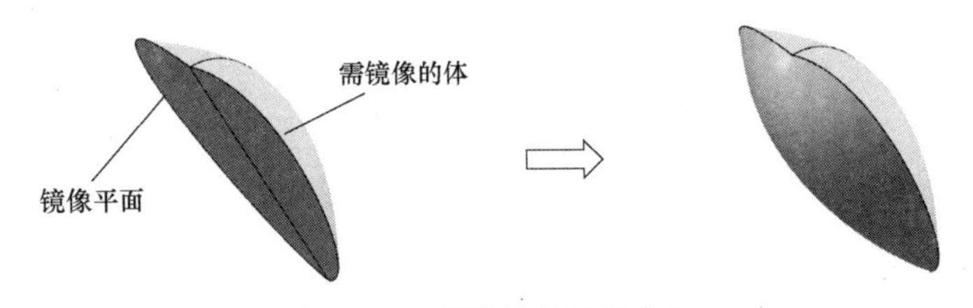

图 4-24　镜像几何体并求和

知识点 1　直线

“直线”命令用于创建直线。调用该命令主要有以下方式：

- 功能区：【曲线】→『曲线』→〈直线〉。
- 菜单：插入→曲线→直线(L)...。

执行上述操作后，系统打开“直线”对话框，如图 4-25 所示。

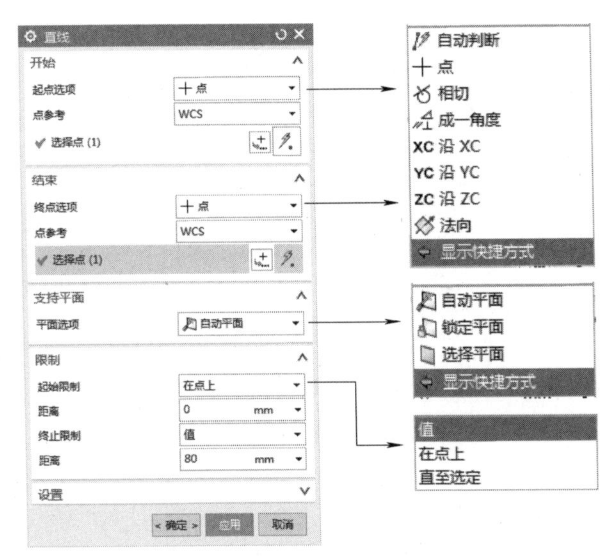

图 4-25　“直线”对话框

“直线”对话框中主要选项的说明如下：

1.“开始”和“结束”选项组

◆自动判断：自动判断直线的起点和终点。

◆点：通过参考点确定直线的起点和终点。

◆相切：通过选择圆、圆弧或曲线确定直线与其相切的起始或结束位置。

◆成一角度：通过参考直线角度确定直线。

◆XC 沿 XC/YC 沿 YC/ZC 沿 ZC：通过 XC（YC、ZC）方向和长度数值确定直线。

2.“支持平面”选项组

◆自动平面：根据指定的起点和终点自动判断临时平面作为创建直线的平面。

◆锁定平面：通过锁定某一平面确定创建直线的平面。

◆选择平面：通过选择现有平面或新建平面确定创建直线的平面。

3.“起始限制”和“终止限制”下拉列表

◆值：用于为直线的起始或终止限制指定数值。

◆在点上：通过“捕捉点”选项为直线的起点或终止限制指定点。

◆直至选定：用于在所选对象的限制处开始或结束直线。

知识点 2　艺术样条

“艺术样条”命令通过拖动定义点或极点创建样条，还可以在给定的点处或者对结束极点指定斜率或曲率。调用该命令主要有以下方式：

- 功能区：【曲线】→『曲线』→〈艺术样条〉。
- 菜单：插入→曲线→艺术样条(D)...。

执行上述操作后，打开“艺术样条”对话框，如图 4-26 所示。

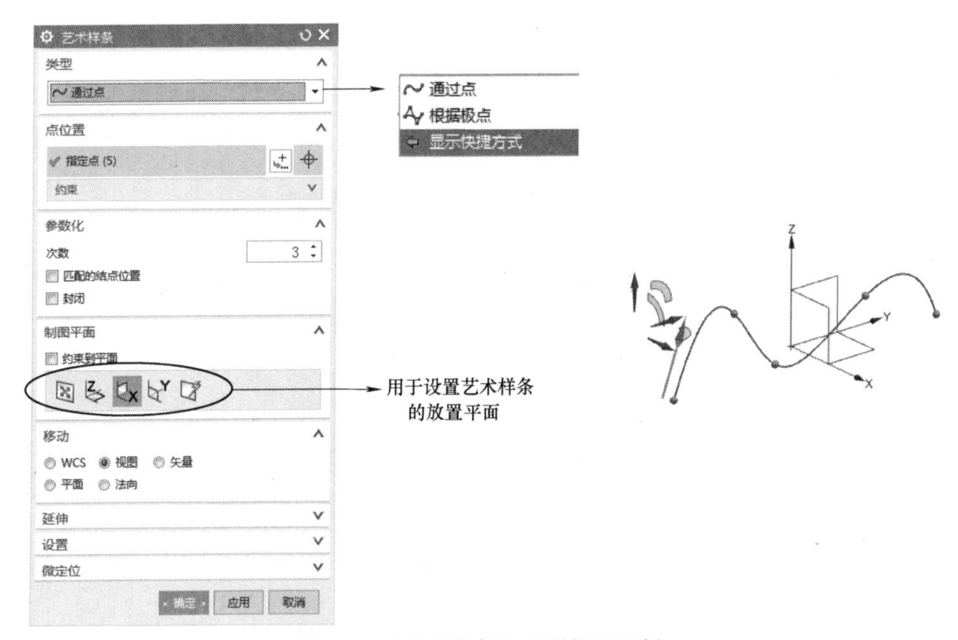

图 4-26 “艺术样条”对话框及示例

“艺术样条”对话框中的各选项与草图环境“艺术样条”对话框中的各选项基本相同，创建艺术样条曲线的具体操作在本任务实例中已述，不再赘述。

知识点 3　镜像曲线

使用“镜像曲线”命令可以将曲线通过面或基准平面进行对称复制。调用该命令主要有以下方式：

- 功能区：【曲线】→『派生曲线』→〈镜像〉。

• 菜单：插入→派生曲线→镜像(M)...。

执行上述操作后，打开“镜像曲线”对话框，如图4-27所示。

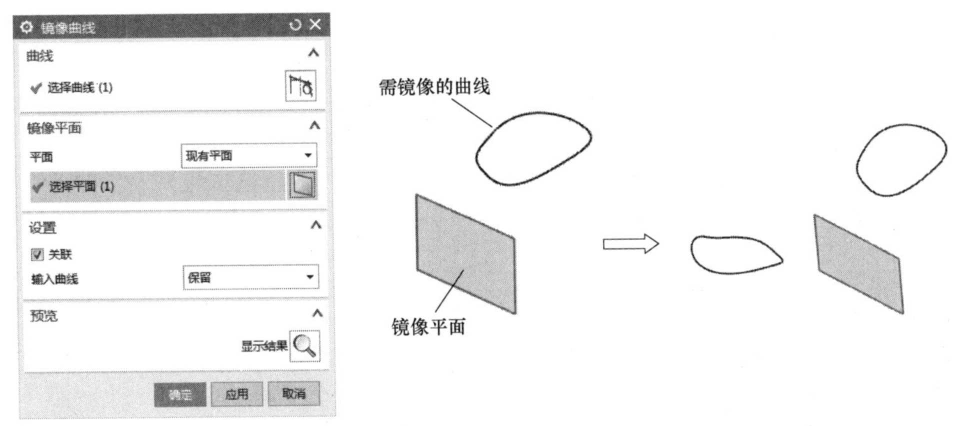

图4-27　“镜像曲线”对话框及示例

知识点4　投影曲线

使用“投影曲线”命令可以将曲线、边和点投影到片体、实体表面和基准平面上。调用该命令主要有以下方式：

• 功能区：【曲线】→『派生曲线』→〈投影〉。

• 菜单：插入→派生曲线→投影(P)...。

执行上述操作后，打开“投影曲线”对话框，如图4-28所示。

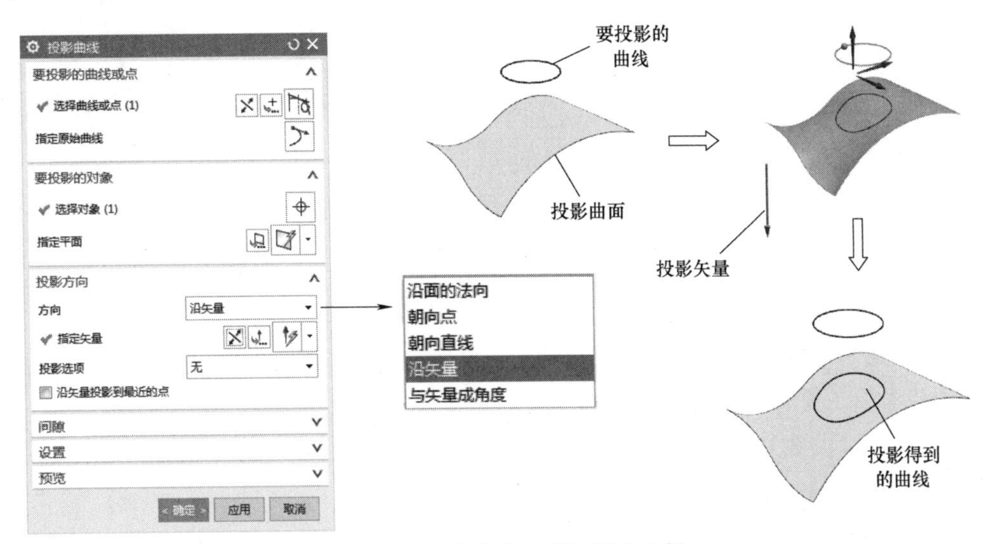

图4-28　“投影曲线”对话框及示例

“方向”下拉列表用于指定如何定义将对象投影到片体、面和平面上时所使用的方向，有以下5种方式：

◆沿面的法向：沿着面的法向投影选定对象。

◆朝向点：向一个指定点投影选定对象。
◆朝向直线：沿垂直于一条指定直线或基准轴的矢量投影选定对象。
◆沿矢量：沿指定矢量投影选定对象。
◆与矢量成角度：与指定矢量成指定角度投影选定对象。

知识点5　相交曲线

“相交曲线”命令可以提取相交两组面（实体表面、片体、基准平面）之间的相交线，可用于在两个对象集之间创建相交曲线。相交曲线是关联的，会根据其定义对象的更新而更新。调用该命令主要有以下方式：

• 功能区：【曲线】→『派生曲线』→〈相交〉。
• 菜单：插入→派生曲线→相交(I)...。

执行上述操作后，打开“相交曲线”对话框，如图4-29所示。

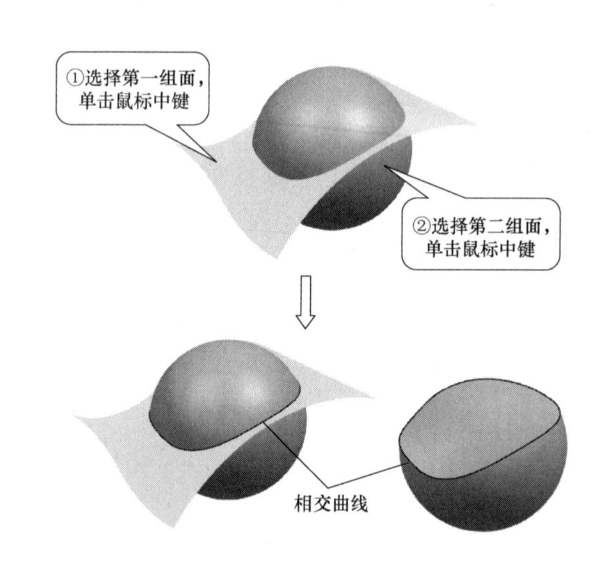

图4-29　“相交曲线”对话框及示例

知识点6　组合投影

“组合投影”命令能将曲线投影到曲线上，从而组合已有的两条曲线，生成一条新的曲线。调用该命令主要有以下方式：

• 功能区：【曲线】→『派生曲线』→〈组合投影〉。
• 菜单：插入→派生曲线→组合投影(C)...。

执行上述操作后，打开“组合投影”对话框，如图4-30所示。

1.“曲线1”和“曲线2”选项组

用于选择要投影的两曲线链。

2.“投影方向1”和“投影方向2”选项组

用于指定两曲线链的投影方向，有以下两种方式：

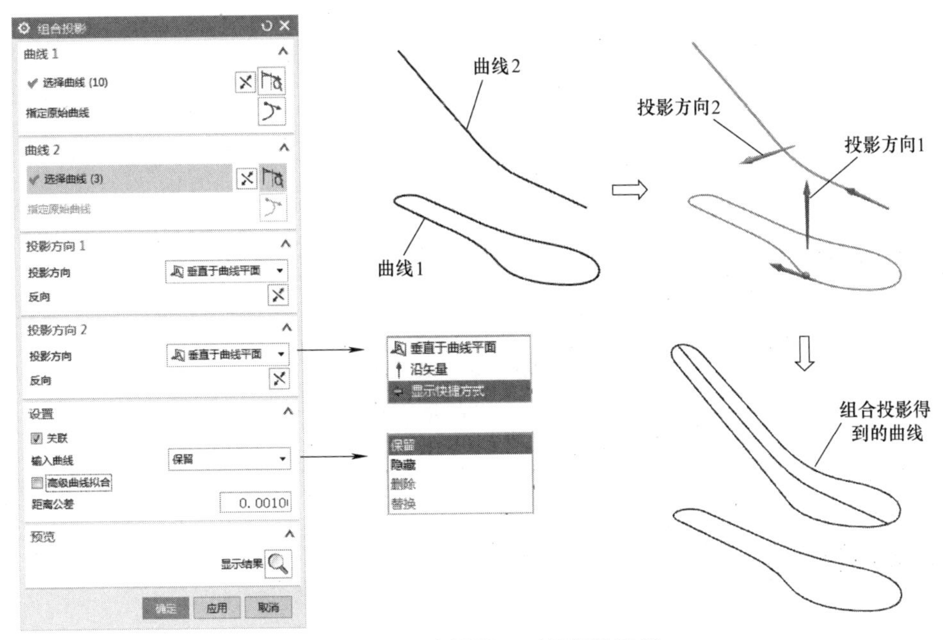

图 4-30　“组合投影”对话框及示例

◆垂直于曲线平面：以曲线所在平面的法向为投影方向。

◆沿矢量：使用矢量对话框或矢量下拉列表框来指定所需的方向。

3. “设置”选项组

◆输入曲线：用于设置对原曲线的处理方法，有以下四种方式：

保留：保留原曲线不变。

隐藏：原曲线隐藏。

删除：删除原曲线，非关联使用。

替换：替换原曲线，非关联使用。

◆高级曲线拟合：设置组合生成曲线的方法、阶次和段数。勾选此项，对话框显示内容如图 4-31 所示。

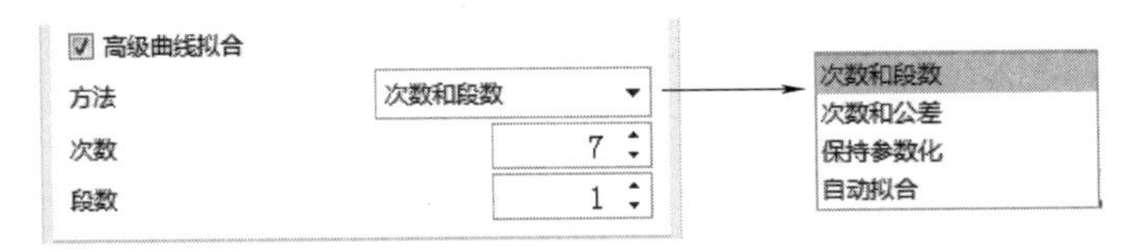

图 4-31　“高级曲线拟合”选项的内容

选择需进行组合投影的两曲线链，再指定各自的投影方向，设置对原曲线链的处理方法，单击 确定 按钮，即可完成组合投影。

知识点 7　通过曲线组

“通过曲线组”命令可以通过一系列截面线串（大致在同一方向）创建片体或实体，如图 4-32 所示。

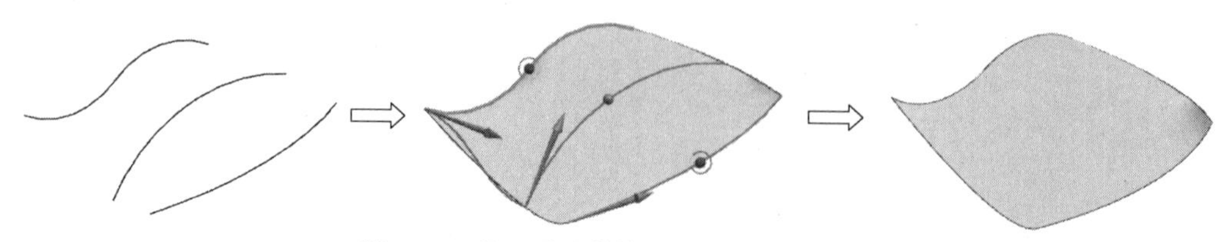

图 4-32　以“通过曲线组”方式创建曲面

调用“通过曲线组”命令主要有以下方式：

- 功能区：【曲面】→『曲面』→〈通过曲线组〉。
- 菜单：插入→网格曲面→ 通过曲线组(T)... 。

执行上述操作后，打开“通过曲线组”对话框，如图 4-33 所示。

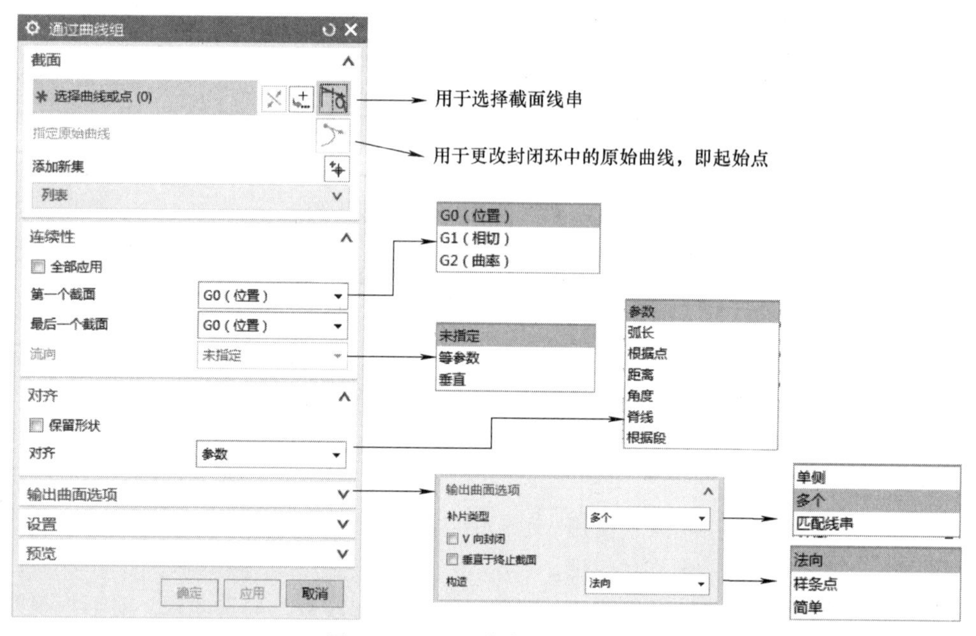

图 4-33　“通过曲线组”对话框

以“通过曲线组”方式创建曲面的具体步骤在本任务操作实例中已述，不再赘述。下面介绍其对话框中各选项的含义。

1. “截面”选项组

用于选择截面线串、指定原始曲线及添加新集。截面线串可以由一个对象或多个对象组成，且每个对象既可以是曲线、实体边，也可以是实体面，最多有 150 个截面线串，如果是点，仅用于第一个截面和最后一个截面。

2. “连续性”选项组

用于设置创建的曲面与指定曲面的体边界之间的过渡方式，有“G0（位置）”“G1（相切）”“G2（曲率）”3 种方式。

◆G0（位置）：线串与已存在的曲面无约束关系，曲面在公差范围内要严格沿着截面线串，如图 4-34b 所示。

◆G1（相切）：选取的线串与指定的曲面相切，且生成的曲面与指定的曲面的切线斜率

连续，如图 4-34c 所示。

◆G2（曲率）：选取的线串与指定的曲面相切，且生成的曲面与指定的曲面的曲率连续，如图 4-34d 所示。

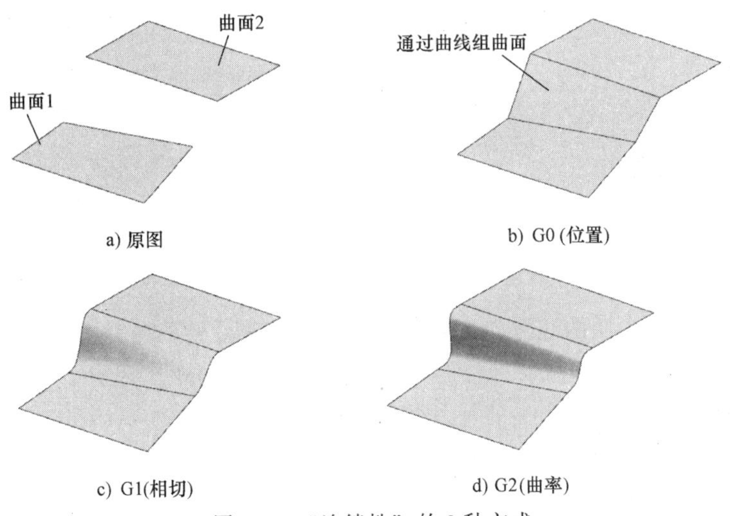

图 4-34　“连续性”的 3 种方式

◆流向：用于指定与参照曲面的流动方向，有“等参数”和“垂直”两种类型。使用“等参数”时，流动方向沿约束面的等参数方向；使用“垂直”时，流动方向垂直于约束面的边缘。

3.“对齐”选项组

用于设置曲面的构建方法，有“参数”“弧长”“根据点”“距离”“角度”“脊线”“根据段”7 个选项，常用的为前 3 项。

◆参数：沿截面以相等的参数间隔来分隔等参数曲线连接点。以局部分段形式创建曲面，无论局部曲线长短，段数始终一致，如图 4-35 所示，一般用于两截面线串数量一致且形状相似的情况。

◆弧长：以整体分段形式创建曲面，沿截面以相等的弧长间隔来分隔等参数曲线连接点，如图 4-36 所示，一般用于两截面线串内部曲线相切的情况。

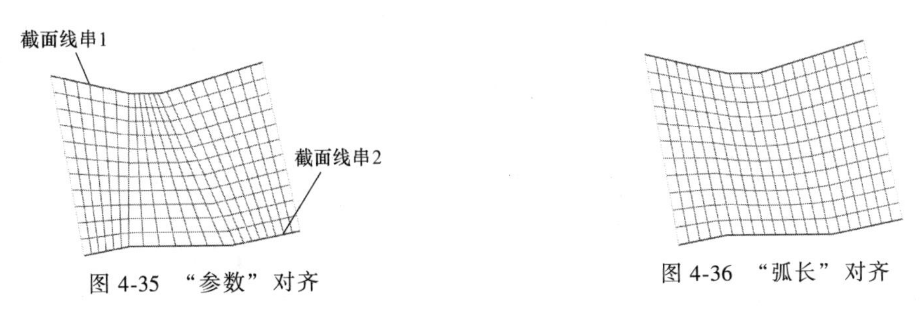

图 4-35　“参数”对齐

图 4-36　“弧长”对齐

◆根据点：在不同截面线串上选择对应的点（同一点允许重复选取）作为强制的对应点，如图 4-37 所示，主要用于两截面线串数量不一致，且有锐边的情况。

◆距离：在指定方向上沿每个截面以相等的距离隔开点。

◆角度：在所指定的轴线周围将曲线以相等的角度隔开点。

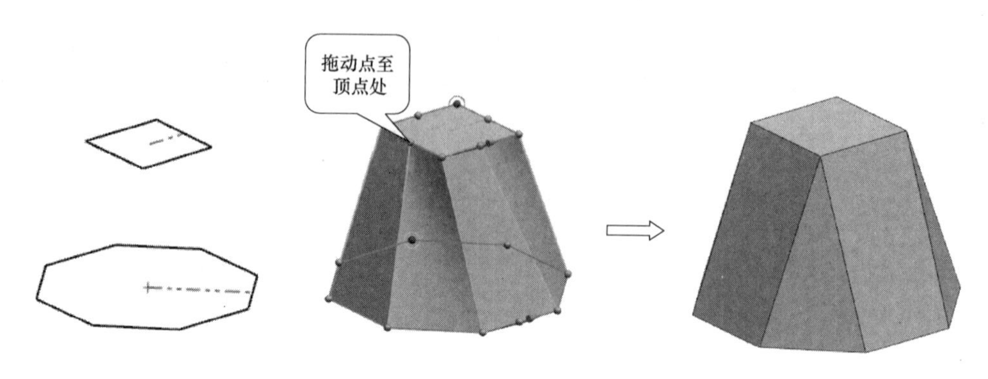

图 4-37 “根据点”对齐

◆脊线：在指定的参照曲线方向上将每条曲线以相等的距离隔开点。

◆根据段：与“参数”对齐相似，只是沿每条曲线段等距离隔开等参数曲线，而不是按相同的参数间隔隔开。此法产生的补片数量与段数相同。

4. “输出曲面选项”选项组

◆补片类型：创建单个补片、多个补片、匹配线串的曲面。一般使用多个补片得到更加自然的曲面。

◆V 向封闭：使起始截面与终止截面连接起来，如图 4-38 所示。使用此项时截面数量需大于等于 3，且“补片类型”为“多个”。

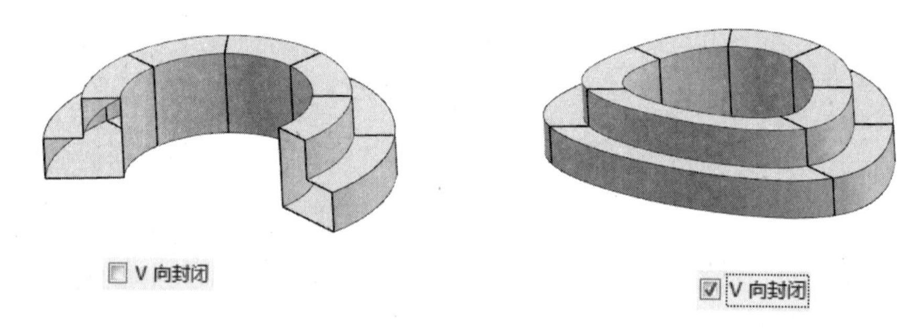

图 4-38 V 向封闭

◆垂直于终止截面：使输出的曲面起始和结束垂直于对应的曲线链，此时连续性无效，如图 4-39 所示。

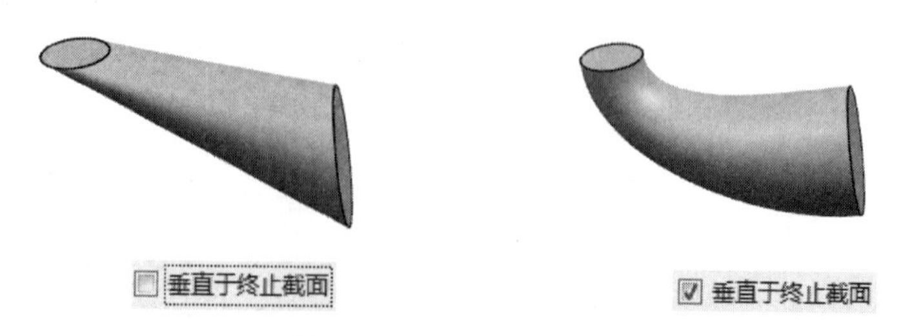

图 4-39 垂直于终止截面

◆构造：设置采用哪种方法创建曲面，有“法向”“样条点”“简单”3 项。

法向：使用标准步骤建立曲面，一般使用此项。

样条点：使用输入曲线的点及这些点所处的相切值来创建曲面。

简单：创建尽可能简单的曲面。

知识点 8 缝合

“缝合”命令可以将两个或更多相邻的片体连接成一个片体。如这组片体包围一定的封闭体积，则缝合成一个实体。调用“缝合”命令主要有以下方式：

- 功能区：【曲面】→『曲面工序』→〈缝合〉。
- 菜单：插入→组合→缝合(W)...。

执行上述操作后，打开“缝合”对话框，如图 4-40 所示。

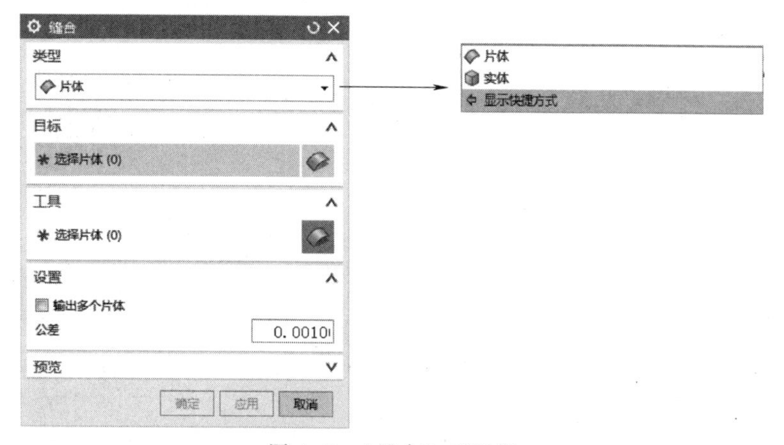

图 4-40 “缝合”对话框

选择一个片体为目标，其他需要缝合的片体为刀具，单击 确定 按钮，即实现缝合。

同 类 任 务

完成图 4-41 所示水壶线架的绘制并进行曲面建模。

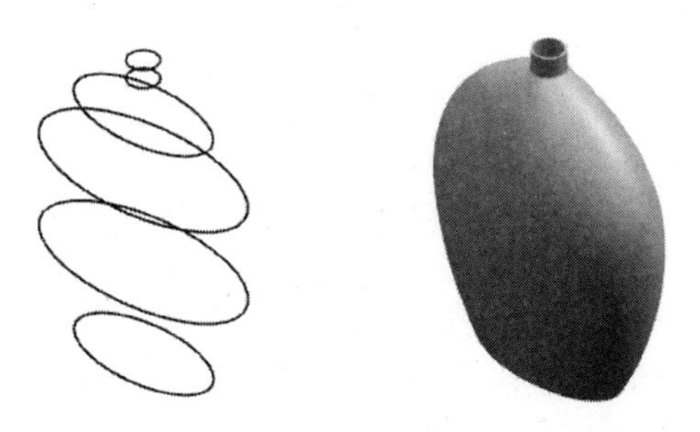

图 4-41 水壶线架

拓 展 任 务

绘制图 4-42 所示风嘴线架的绘制并进行曲面建模。

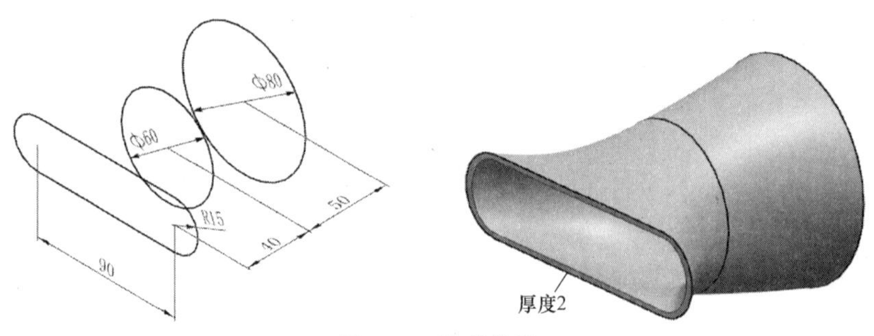

图 4-42 风嘴线架

任务 3 异形面壳体线架的绘制及曲面建模

本任务要求完成图 4-43 所示异形面壳体线架的三维曲线绘制及曲面建模，主要涉及矩形、修剪曲线、直纹曲面、通过曲线网格及加厚等命令。

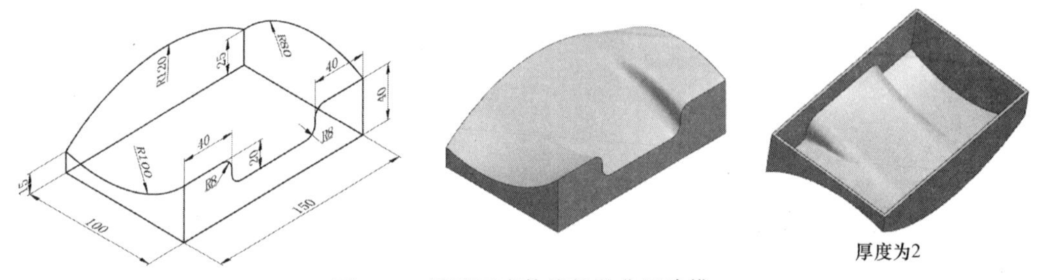

图 4-43 异形面壳体线架及曲面建模

任务实施

步骤 1 新建文件。

步骤 2 绘制 100×150 的矩形。

1）单击【曲线】→『曲线』→〈矩形〉，弹出“点”对话框，如图 4-44 所示。

2）在对话框中输入矩形第 1 个角点的坐标值，X 为“0”、Y 为“0”、Z 为“0”，单击 确定 按钮，再次弹出“点”对话框，输入矩形第 2 个角点的坐标值，X 为“100”、Y 为“150”、Z 为“0”，单击 确定 按钮，完成矩形的绘制，如图 4-44 所示。

> 在 UG NX12.0 中，默认情况下〈矩形〉处于隐藏状态，读者可将其添加到【曲线】→『曲线』上，添加方法见模块 1 任务 1。当然，读者也可以跳过此步骤，直接画 4 条直线来绘制矩形。

步骤 3 绘制 5 条直线。单击【曲线】→『曲线』→〈直线〉，绘制 4 条与 Z 轴平行、1 条与 Y 轴平行的直线，如图 4-45 所示。

步骤 4 移动复制 3 条直线。单击【工具】→『实用工具』→〈移动对象〉，弹出“移

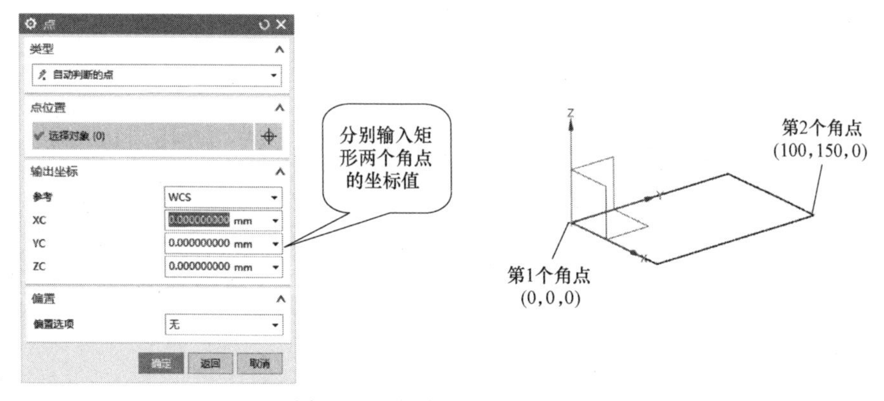

图 4-44　绘制 100×150 的矩形

动对象”对话框，在“运动”下拉列表中选择“距离”，分别沿 Y 轴、Z 轴且距离值分别为“40”和“20”进行移动复制，复制完成后如图 4-46 所示。

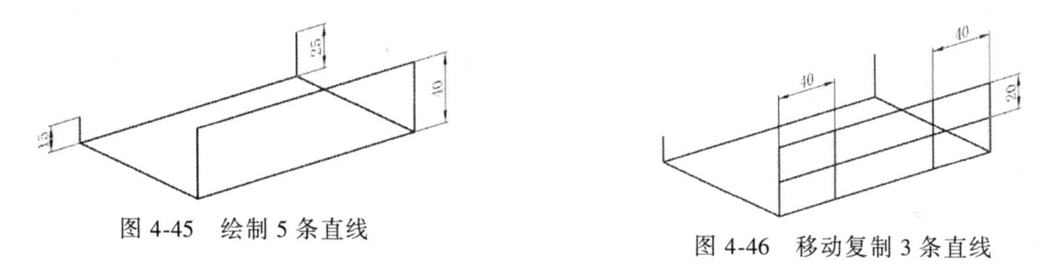

图 4-45　绘制 5 条直线

图 4-46　移动复制 3 条直线

步骤 5　修剪直线。

1）单击【曲线】→『编辑曲线』→〈修剪曲线〉，弹出“修剪曲线”对话框，如图 4-47所示。

2）选择要修剪的曲线及两条修剪边界，在“修剪或分割”选项组的“操作”下拉列表中选择“修剪”，在“方向”下拉列表中选择“最短的 3D 距离”，在“选择区域”选项中选择“放弃”（即在进行修剪操作时，选取修剪曲线的一侧即为剪去的一侧）；在“设置”选项组的“输入曲线”下拉列表中选择“隐藏”（即将原曲线隐藏），单击 确定 按钮，完成直线的修剪，如图 4-47 所示。

步骤 6　创建 R8 的圆角。

1）调用圆角命令。单击【曲线】→『更多』→〈基本曲线〉，弹出“基本曲线”对话框，如图 4-48 所示。在对话框中单击〈圆角〉，弹出“曲线倒圆”对话框，如图 4-49 所示。

在 UG NX12.0 中，默认情况下〈基本曲线〉处于隐藏状态，读者可将其添加到【曲线】→『更多』。

2）倒圆角。

方法 1：采用“简单圆角”方式倒圆角。在“曲线倒圆”对话框中单击〈简单圆角〉，输入半径“8”，在需倒圆角的 4 个角内侧单击，完成倒圆角操作，如图 4-49 所示。

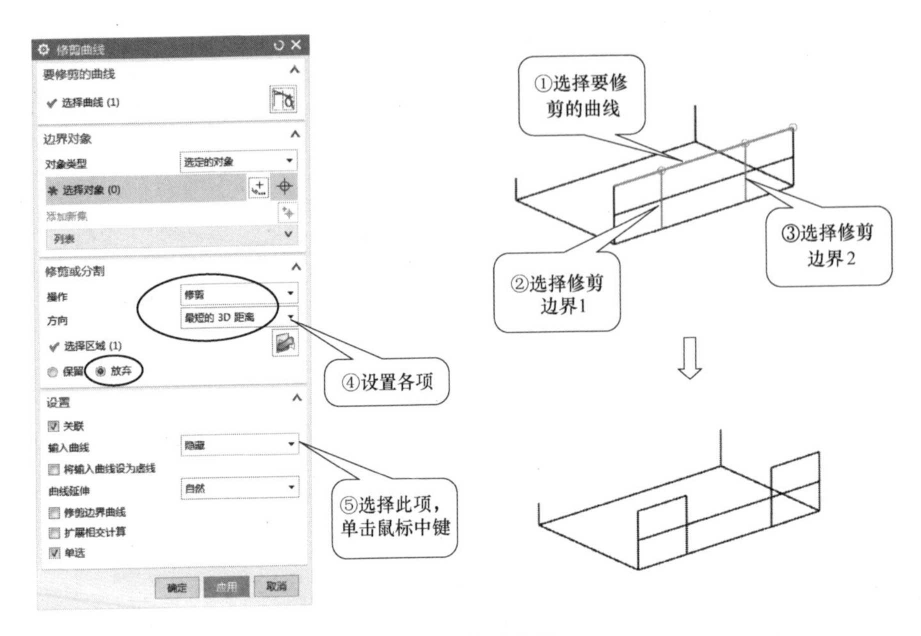

图 4-47　修剪直线

图 4-48　调用“圆角”命令

在进行简单圆角操作时需注意两点：

1）需将选择球的中心放置到最靠近要生成圆角的交点处；

2）必须以同时包含两条直线的方式放置选择球，如图 4-50a 所示。否则，不能创建圆角并出现出错提示，如图 4-50c 所示。

方法 2：采用“2 曲线圆角”方式倒圆角。在“曲线倒圆”对话框中单击〈2 曲线圆角〉，输入半径“8”，勾选 ☑ 修剪第一条曲线 ☑ 修剪第二条曲线，选择需倒圆角的两个对象，指出大概的圆角中心位置，完成倒圆角操作，如图 4-51 所示。

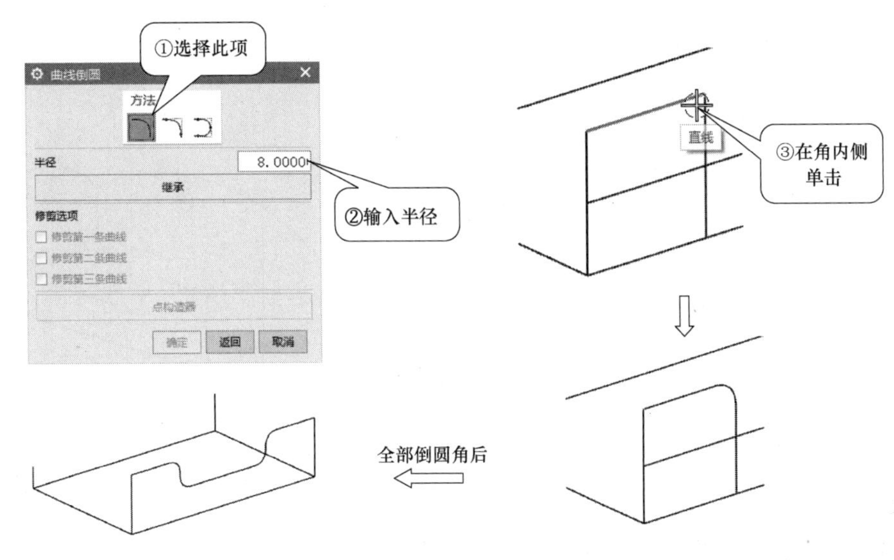

图 4-49　创建 R8 的圆角（简单圆角）

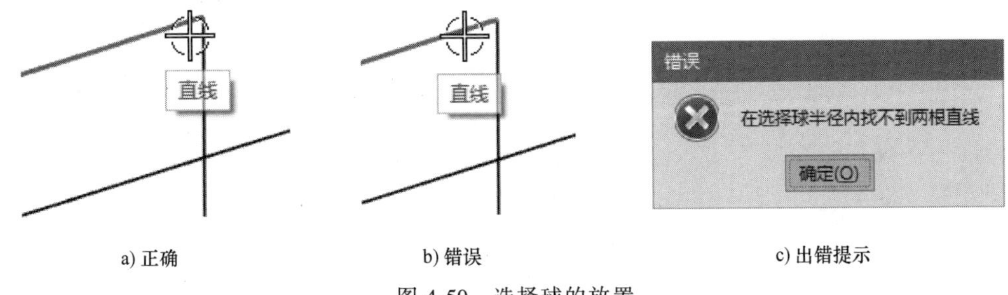

a) 正确　　b) 错误　　c) 出错提示

图 4-50　选择球的放置

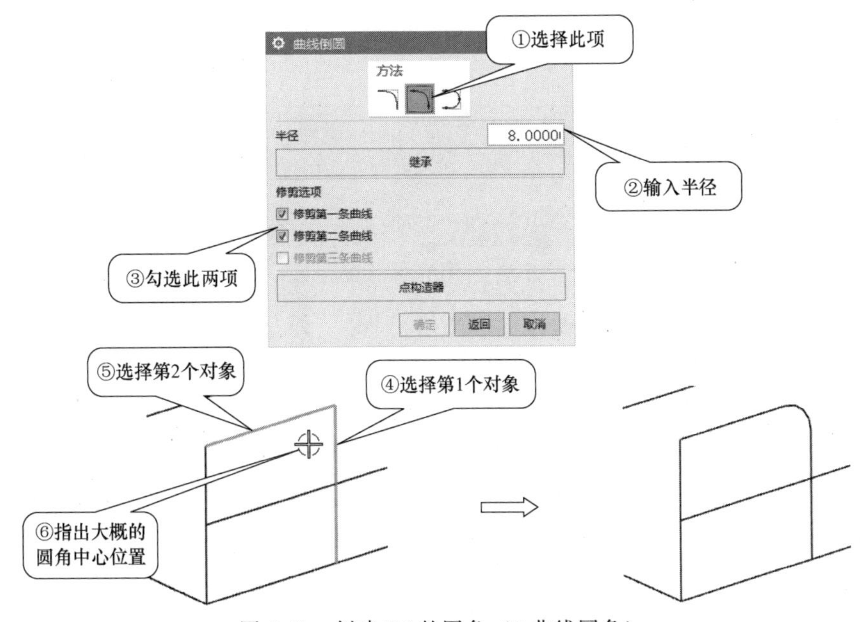

图 4-51　创建 R8 的圆角（2 曲线圆角）

> 采用“2曲线圆角”方式倒圆角时，需注意两个对象的选择次序，系统是在两条选定的曲线间沿逆时针方向生成圆角的。

步骤7　绘制R100、R120、R80的圆弧。单击【曲线】→『曲线』→〈圆弧/圆〉，弹出“圆弧/圆”对话框，采用“三点画圆弧”方式绘制3段圆弧，如图4-52所示。

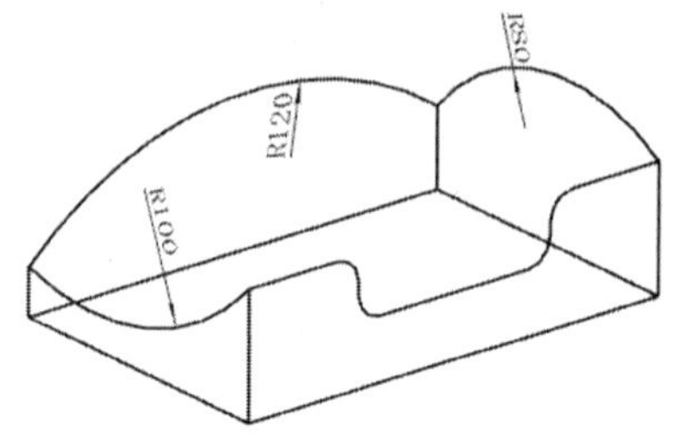

图4-52　绘制R100、R120、R80圆弧

步骤8　采用直纹方式创建壳体的4个侧面。单击【曲面】→『曲面』→〈更多〉→〈直纹〉，弹出“直纹”对话框，选择线串1，单击鼠标中键，再选择线串2，单击应用按钮，完成1个侧面的创建。采用同样的方法完成其余3个侧面的创建，如图4-53所示。

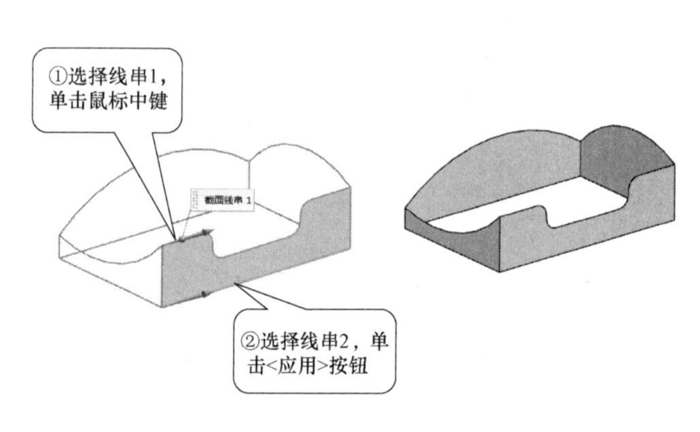

图4-53　创建壳体的4个侧面（直纹曲面）

> 在创建直纹曲面时需注意两点：
> 1）只支持两个截面对象；
> 2）两组截面线串的起点应一致、方向应一致，否则易产生扭曲，如图4-54所示。

步骤9　采用“通过曲线网格”方法创建壳体上表面。

1）单击【曲面】→『曲面』→〈通过曲线网格〉，弹出“通过曲线网格”对话框，如图4-55所示。

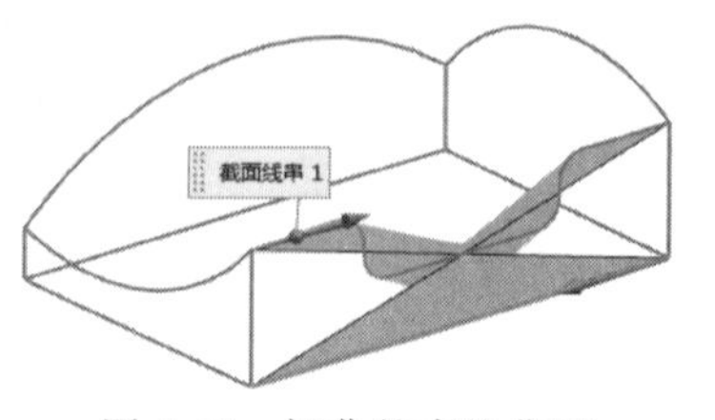

图4-54　扭曲的直纹曲面

2）选择后面R120的圆弧为主曲线1，单击鼠标中键，再选择前面曲线为主曲线2（注意每条主曲线的起点应一致、方向应一致），单击两次鼠标中键，进入选择交叉曲线状态，选择左面R100的圆弧为交叉曲线1，单击鼠标中键，再选择右面R80的圆弧为交叉曲线2（注意每条交叉曲线的起点应一致、方向应一致），单击确定按钮，完成壳体上表面的创建，如图4-55所示。

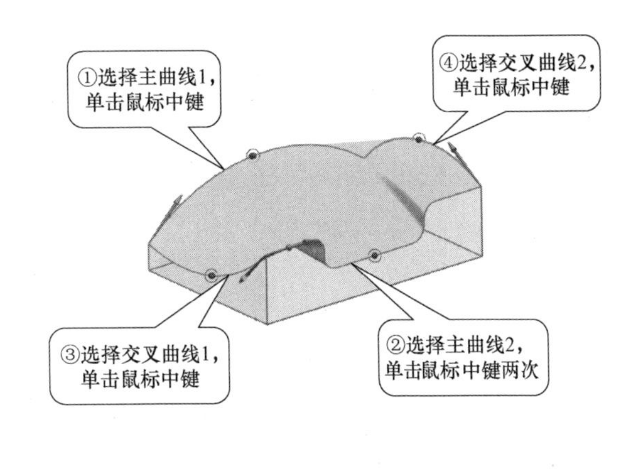

图 4-55 创建壳体上表面（通过曲线网格）

步骤 10 缝合壳体所有表面。

单击【曲面】→『曲面工序』→〈缝合〉，弹出“缝合”对话框，选择壳体上表面及 4 个侧面，单击 确定 按钮，将 5 个片体缝合成一个曲面。

步骤 11 曲面加厚。

1）单击【曲面】→『曲面工序』→〈加厚〉，弹出“加厚”对话框，如图 4-56 所示。

2）选择要加厚的曲面，在“厚度”选项组的“偏置 1”中输入“2”，“偏置 2”中输入“0”，方向向内，单击 确定 按钮，完成曲面加厚，如图 4-56 所示。

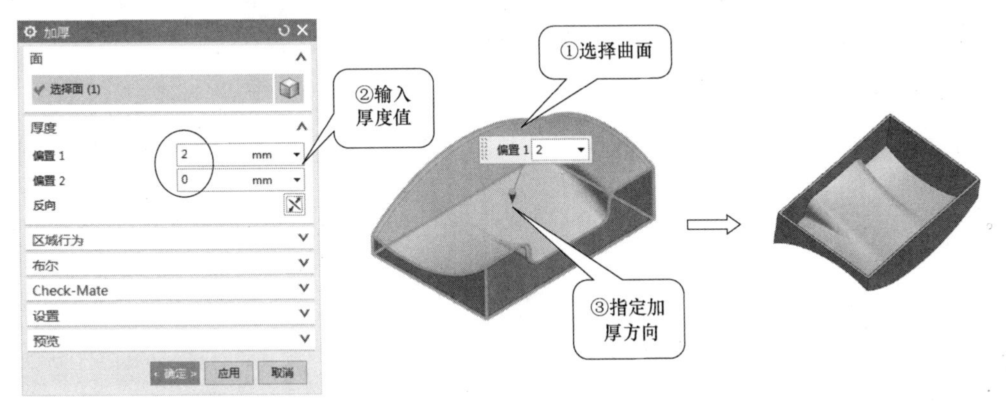

图 4-56 曲面加厚（厚度为 2）

步骤 12 隐藏所有片体、曲线与基准，并保存文件，完成异形面壳体线架的曲面建模。

知识点 1 矩形

使用“矩形”命令可以通过指定两个对角点来创建矩形。在 UG NX 12.0 中，默认情况下〈矩形〉处于隐藏状态，读者可在“命令查找器”中查找该命令后直接单击调用，也可以将其添加到【曲线】→『曲线』或“插入”菜单→“曲线”子菜单中后进行调用。

调用“矩形”命令后，打开“点”对话框，输入矩形两角点坐标值（或在绘图区用鼠标拾取两个对角点），单击 确定 按钮，即可创建矩形，如图4-57所示。

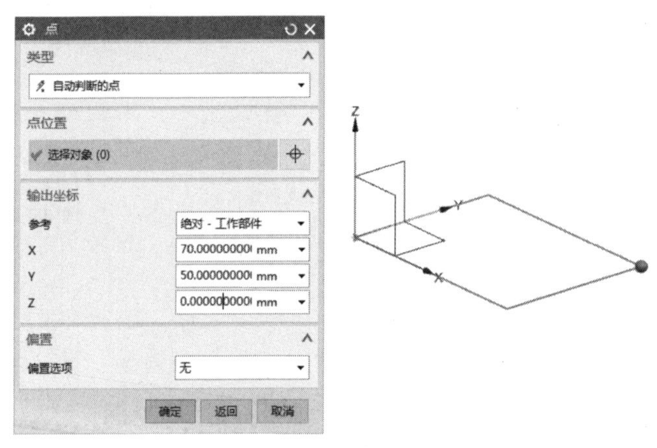

图4-57　创建矩形

知识点2　修剪曲线

使用“修剪曲线”命令可以修剪或延伸曲线到选定的边界对象或按指定的边界分割曲线。调用该命令主要有以下方式：

- 功能区：【曲线】→『编辑曲线』→〈修剪〉。
- 菜单：编辑→曲线→修剪(T)...。

执行上述操作后，打开“修剪曲线”对话框，如图4-58所示。

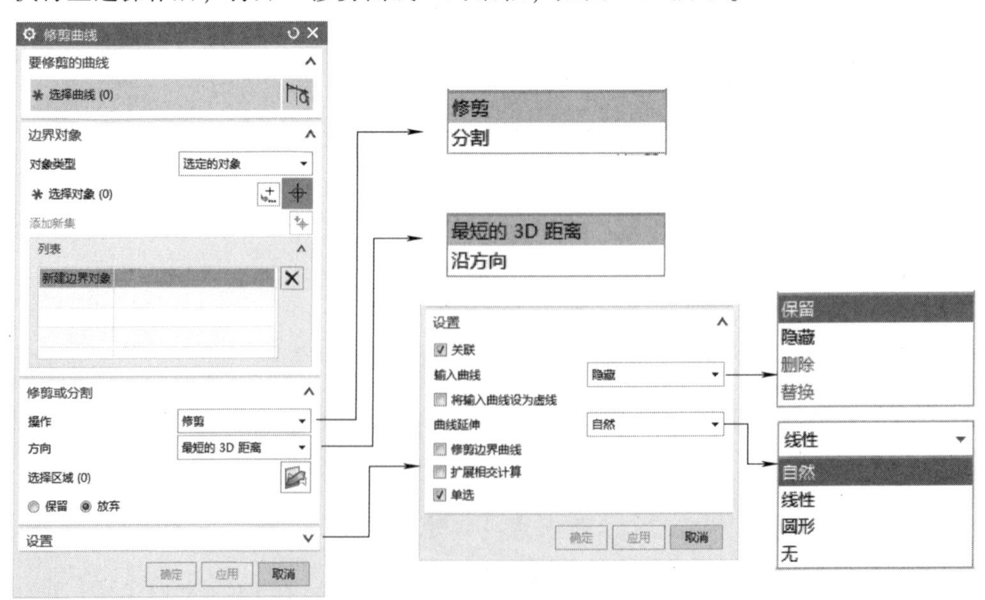

图4-58　“修剪曲线”对话框

选择要修剪的曲线，指定修剪边界，选择操作方式（修剪或分割），单击 确定 按钮，即可完成修剪，如图 4-59 所示。其具体操作在本任务实例中已述，不再赘述。

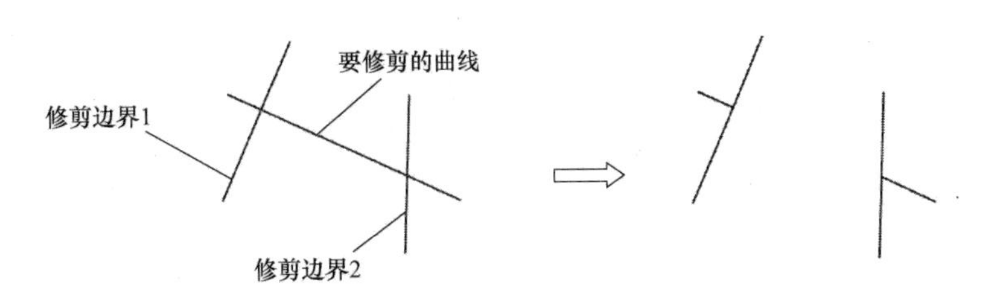

图 4-59　修剪曲线示例

“修剪曲线”对话框中主要选项的说明如下：

1.“修剪或分割”选项组

◆操作：设置操作方法，有“修剪”和“分割”两项。选择“修剪”则修剪或延伸曲线；选择“分割”则分割曲线。

◆方向：用于确定边界对象与待修剪曲线交点的判断方式，有以下两项。

最短的 3D 距离：将曲线修剪或延伸到与边界对象相交处，并以三维尺寸标记最短距离。

沿方向：将曲线修剪或延伸到与边界对象相交处，这些边界对象沿选中的矢量方向投影。

◆选择区域：设置在选择对象时被选中的部分是保留还是剪去。

2.“曲线延伸”下拉列表

如要修剪的曲线是样条曲线并且需要延伸到边界，则利用该项设置其延伸方式。

3.“修剪边界曲线”复选框

勾选此项，则在对修剪对象进行修剪的同时，边界对象也被修剪。

知识点3　基本曲线

“基本曲线”命令可用于绘制直线、圆弧、圆、圆角等。在 UG NX 12.0 中，默认情况下〈基本曲线〉处于隐藏状态，读者可在“命令查找器”中查找该命令后直接单击调用，也可以将其添加到功能区或菜单中后进行调用。

调用“基本曲线”命令后，打开“基本曲线”对话框，如图 4-60 所示。单击对话框中的、、、可绘制直线、圆弧、圆、修剪曲线，这几个命令前已述及，不再赘述。下面介绍其中的“圆角”命令。

在对话框中单击〈圆角〉，弹出“曲线倒圆”对话框，如图 4-61 所示。

◆简单圆角：用于共面但不平行的两直线间的圆角操作，且自动修剪两直线。其操作过程在操作任务中已述，不再赘述。

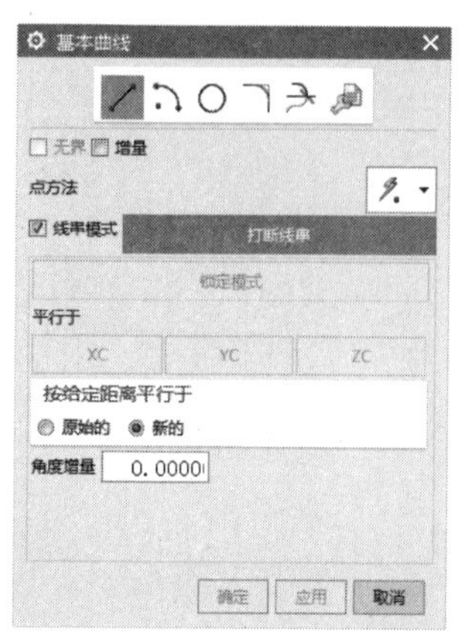

图 4-60 “基本曲线”对话框

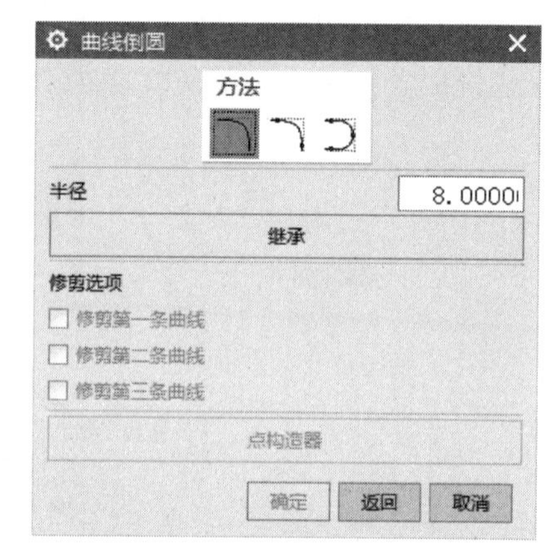

图 4-61 “曲线倒圆”对话框

◆ 2 曲线圆角：在两曲线（包括直线、圆、圆弧或样条曲线）间创建圆角，两曲线可修剪也可不修剪。两曲线之间的圆角是从第一条选定的曲线到第二条选定的曲线沿逆时针方向生成的。其操作过程在操作任务中已述，不再赘述。

◆ 3 曲线圆角：在同一平面上的任意相交的 3 条曲线之间倒圆角，如图 4-62 所示。

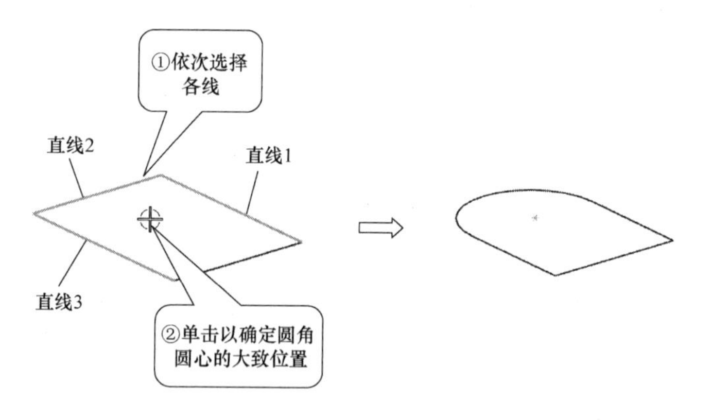

图 4-62 3 曲线圆角

知识点 4 直纹曲面

“直纹曲面”命令用于采用一系列的直线连接两条截面线串生成片体或实体。调用该命令主要有以下方式：

- 功能区：【曲面】→『曲面』→〈更多〉→〈直纹〉。
- 菜单：插入→网格曲面→ 直纹(R)...。

执行上述操作后，打开“直纹”对话框，如图 4-63 所示。

对话框中各选项的含义与“通过曲线组”对话框中各选项的含义相同，在此不再赘述。

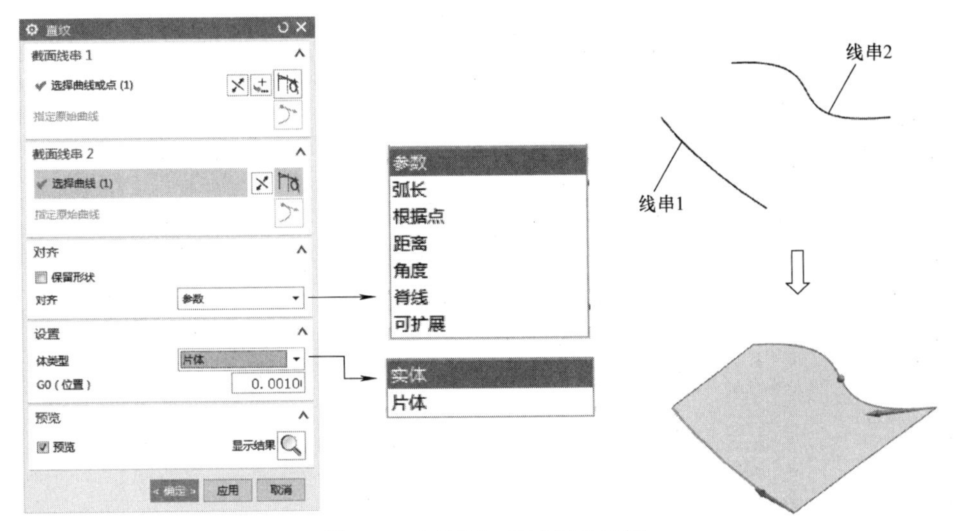

图 4-63　“直纹”对话框及示例

“直纹曲面”命令只支持两个截面对象，第一个截面可以是点，如图 4-64 所示。

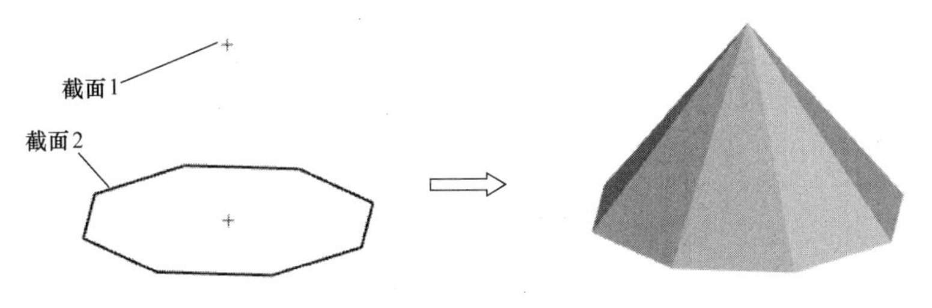

图 4-64　直纹曲面（第一个截面为点）

创建直纹曲面的具体操作在本任务实例中已述，不再赘述。

知识点 5　通过曲线网格

“通过曲线网格”命令可以通过一系列在两个方向上的截面线串建立片体或实体。截面线串可以由多段连续的曲线组成。一个方向的截面线串称为主曲线，另一个方向的截面线串称为交叉曲线。调用该命令主要有以下方式：

- 功能区：【曲面】→『曲面』→〈通过曲线网格〉。
- 菜单：插入→网格曲面→通过曲线网格(M)...。

执行上述操作后，打开“通过曲线网格”对话框，如图 4-65 所示。

1.“主曲线”选项

用于选择主曲线，主曲线的第一截面和最后一个截面可以是点。选择主曲线后其列表框中会列出所选曲线，用户可在列表框中更改主曲线顺序或删除主曲线。

2.“交叉曲线”选项

用于选择交叉曲线。选择交叉曲线后其列表框中会列出所选曲线，用户可在列表框中更改交叉曲线顺序或删除交叉曲线。

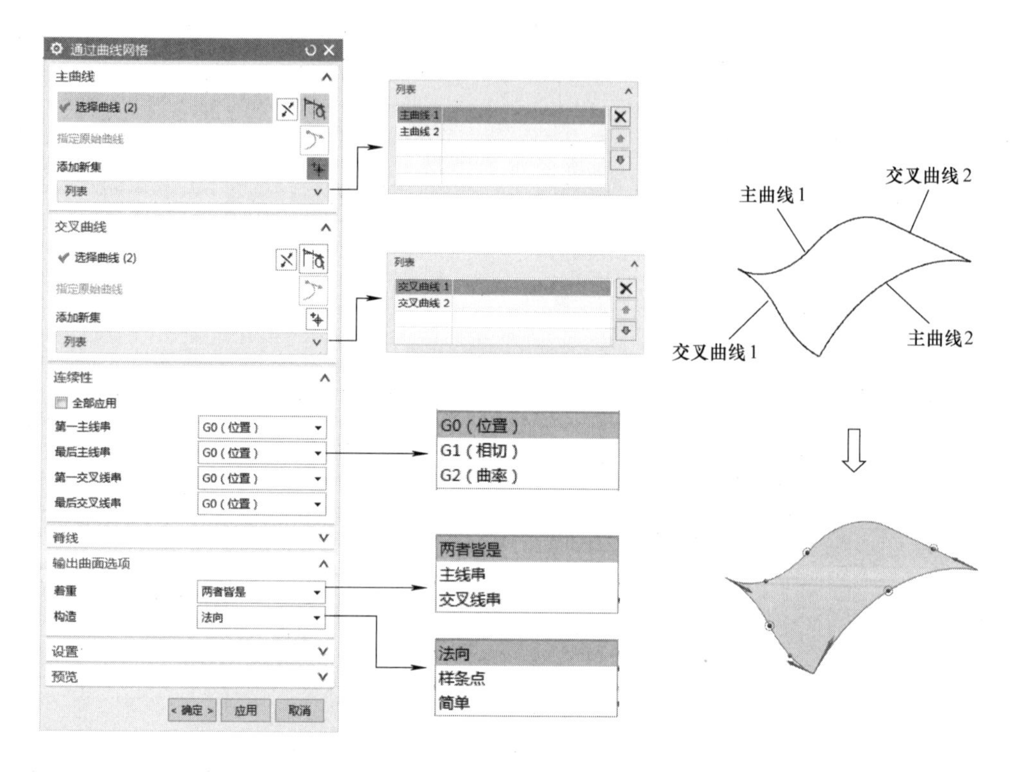

图 4-65 “通过曲线网格”对话框及示例

3.“连续性”选项

此项与“通过曲线组”对话框中的选项功能相同，在此不再赘述。

4.“输出曲面选项”

◆着重：用来设置创建的曲面更靠近哪一组截面线串。

两者皆是：用来设置创建的曲面既靠近主线串也靠近交叉线串。此为常用项。

主线串：用来设置创建的曲面靠近主线串，即创建的曲面尽可能通过主线串。

交叉线串：用来设置创建的曲面靠近交叉线串，即创建的曲面尽可能通过交叉线串。

◆构造：用来设置采用哪种方式创建曲面。此项与“通过曲线组”对话框中的选项功能相同，在此不再赘述。

知识点 6　加厚

使用“加厚”命令可以将一个或多个面或片体偏置为实体。调用该命令主要有以下方式：

- 功能区：【曲面】→『曲面工序』→〈加厚〉。
- 菜单：插入→偏置/缩放→ 加厚(T)...。

执行上述操作后，弹出“加厚”对话框，如图 4-66 所示。

选择需加厚的片体，输入偏置值，单击 确定 按钮，即实现加厚。

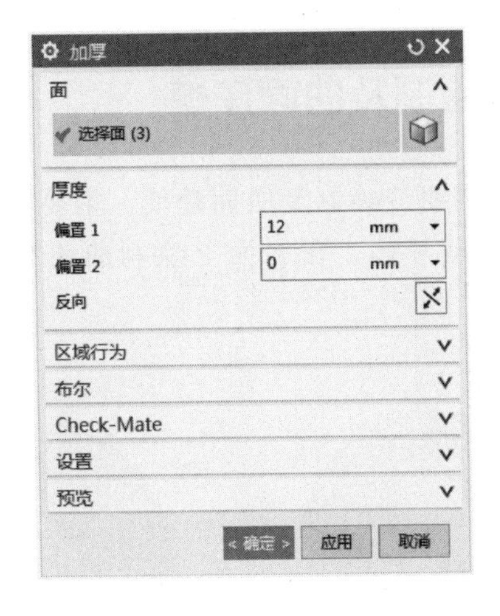

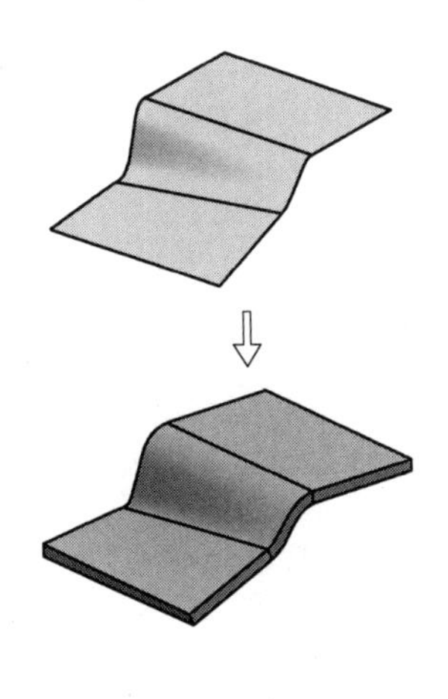

图 4-66　“加厚”对话框及示例

同 类 任 务

完成图 4-67 所示异形面线架的绘制并进行曲面建模。

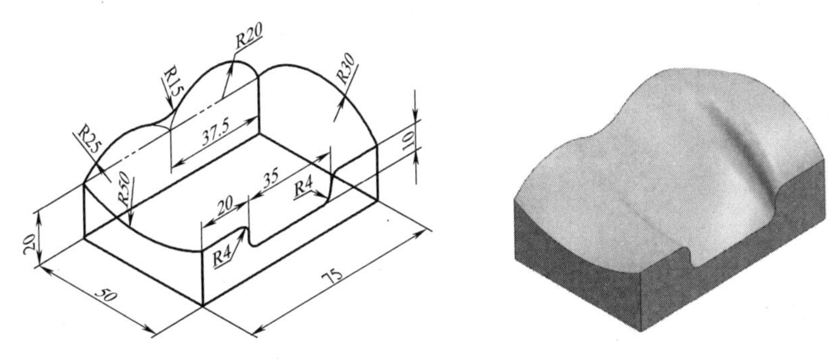

图 4-67　异形面线架（一）

拓 展 任 务

绘制图 4-68、图 4-69 所示异形面三维线架并进行曲面建模。

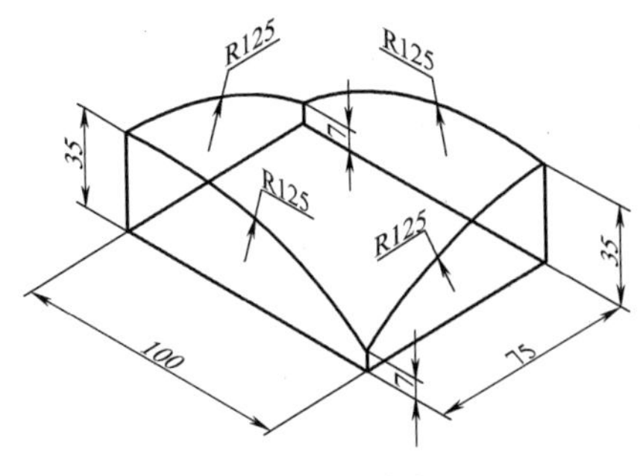

图 4-68　异形面线架（二）

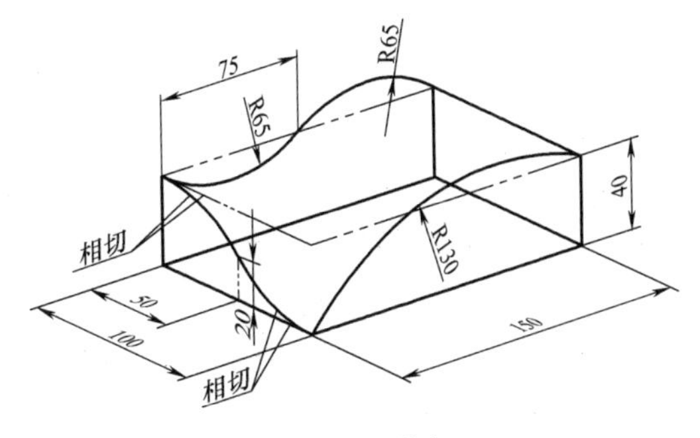

图 4-69　异形面线架（三）

任务 4　头盔线架绘制及曲面建模

本任务要求完成图 4-70 所示头盔线架的三维曲线绘制及曲面建模，主要涉及椭圆的绘制、一截面三条引导线的扫掠曲面的创建、修剪片体、在曲面上绘制曲线与书写文本等操作。

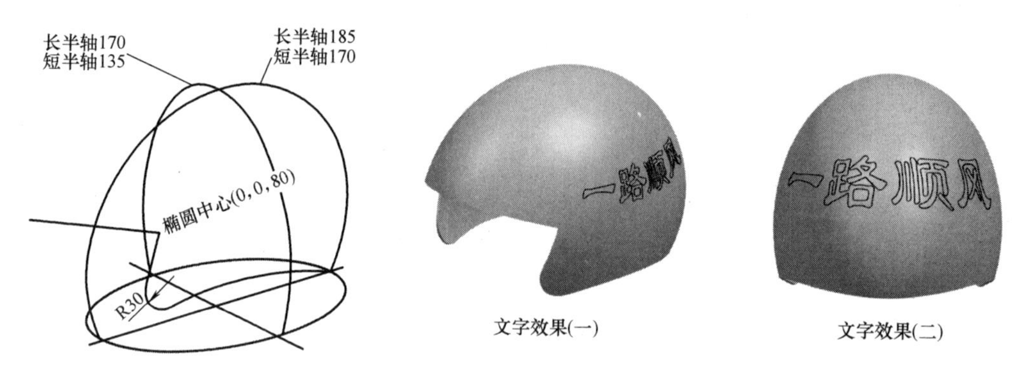

图 4-70　头盔线架绘制及曲面建模

任务实施

步骤 1　新建文件。

步骤 2　绘制长半轴为 185、短半轴为 170 的椭圆。

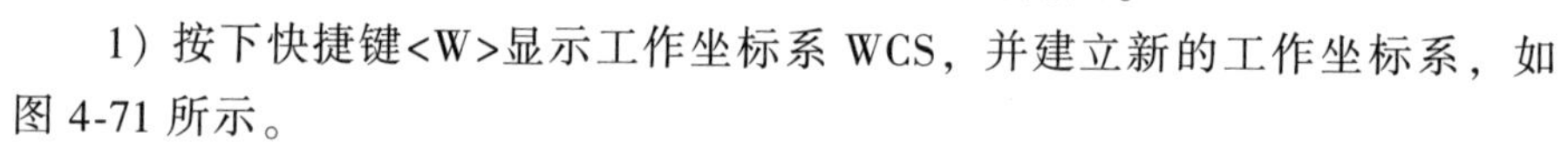

1）按下快捷键<W>显示工作坐标系 WCS，并建立新的工作坐标系，如图 4-71 所示。

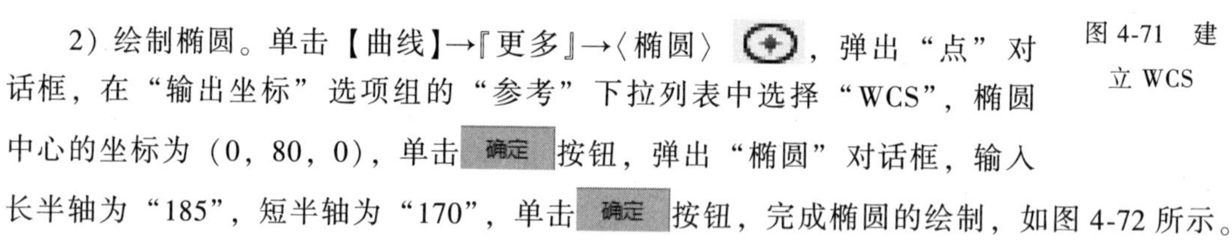

图 4-71　建立 WCS

2）绘制椭圆。单击【曲线】→『更多』→〈椭圆〉，弹出“点”对话框，在“输出坐标”选项组的“参考”下拉列表中选择“WCS”，椭圆中心的坐标为（0，80，0），单击 确定 按钮，弹出“椭圆”对话框，输入长半轴为“185”，短半轴为“170”，单击 确定 按钮，完成椭圆的绘制，如图 4-72 所示。

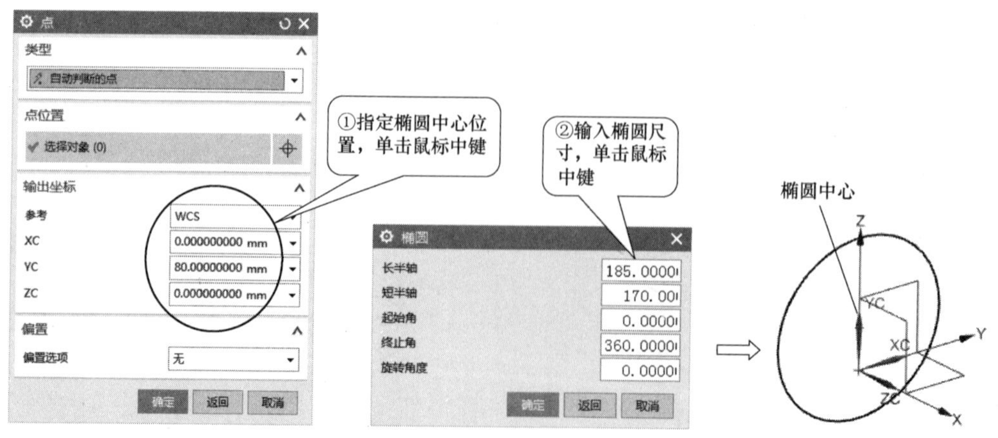

图 4-72　绘制椭圆 1（长半轴为 185、短半轴为 170）

XC 轴方向为椭圆的长半轴方向，YC 轴方向为椭圆的短半轴方向。

在 UG NX 12.0 中，默认情况下〈椭圆〉处于隐藏状态，读者可将其添加到【曲线】→『更多』。

步骤 3　绘制长半轴为 170、短半轴为 135 的椭圆。

1）建立新的工作坐标系，如图 4-73 所示，采用同样的方法绘制椭圆，椭圆中心点的坐标为（0，80，0），长、短半轴分别为 170、135，绘制完成后如图 4-73 所示。

2）再次按快捷键〈W〉，关闭 WCS 显示。

步骤 4　绘制两条直线。所绘制的两条直线一条位于 XC 轴，一条位于 YC 轴，两直线的长度超出椭圆之外即可（实例中长度分别为 300、400），绘制完成后如图 4-74 所示。

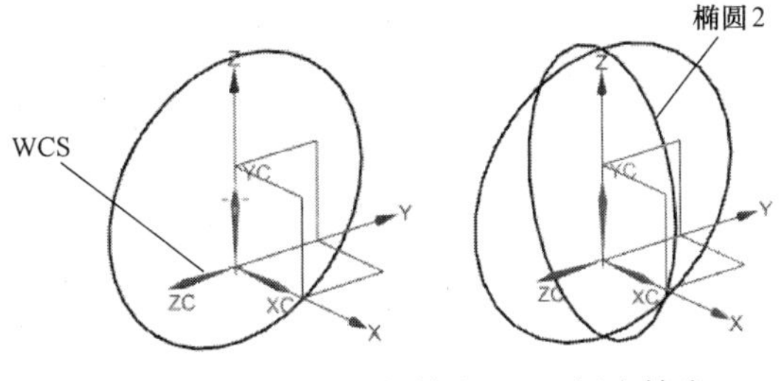

图 4-73　绘制椭圆 2（长半轴为 170，短半轴为 135）

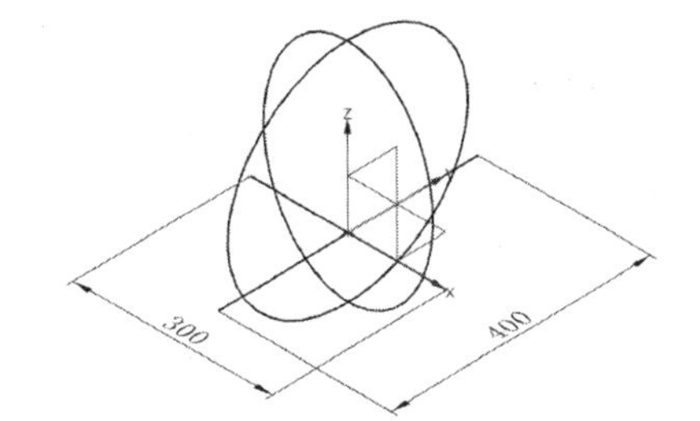

图 4-74　绘制两条直线

步骤 5　修剪两个椭圆。单击【曲线】→『编辑曲线』→〈修剪曲线〉，启动修剪曲线命令，分别修剪两个椭圆，修剪后如图 4-75 所示。

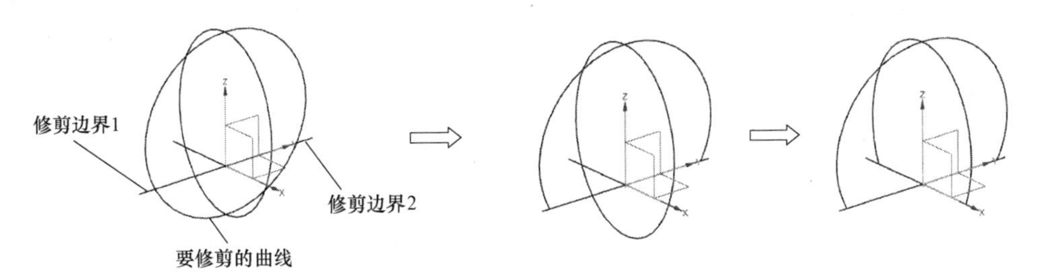

图 4-75　修剪两个椭圆

步骤 6　经过椭圆弧的 4 个端点，以 XY 平面为放置平面，绘制闭合的艺术样条曲线，如图 4-76 所示。

步骤 7　绘制两条相交直线及一条艺术样条曲线，尺寸自定（样条曲线的起点、端点为交点 1 和交点 2），如图 4-77 所示。

步骤 8　创建 R30 的圆角。在直线 2 与艺术样条曲线间创建 R30 的圆角，完成头盔线架的绘制，如图 4-78 所示。

步骤 9　采用扫掠方法，由一条截面线、三条引导线创建半个头盔曲面，如图 4-79 所示。

步骤 10　镜像半个头盔曲面，镜像后将两曲面缝合，如图 4-80 所示。

步骤 11　创建拉伸片体，对称拉伸，深度值超出头盔曲面即可，完成后如图 4-81 所示。

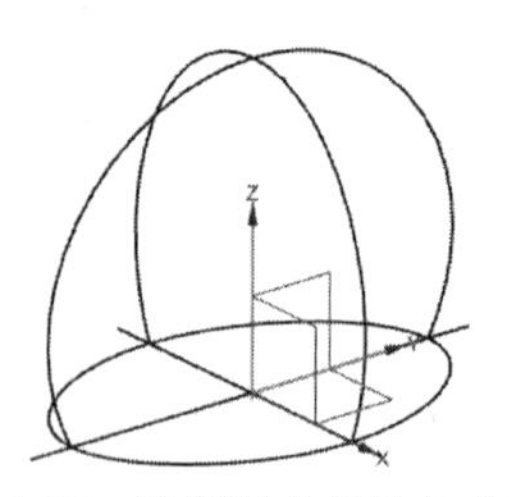
图 4-76　绘制闭合的样条曲线

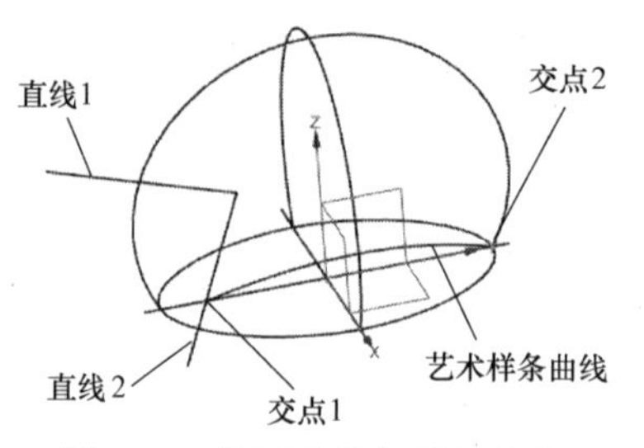

图 4-77　绘制直线与样条曲线

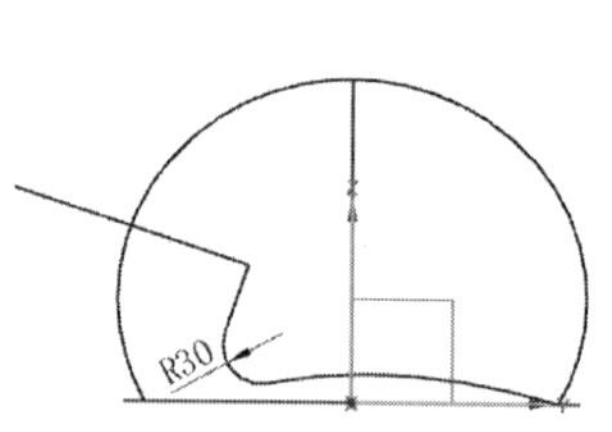

图 4-78　倒圆角

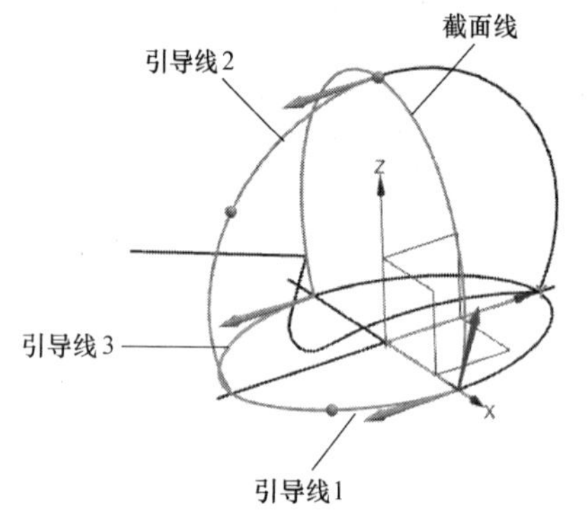

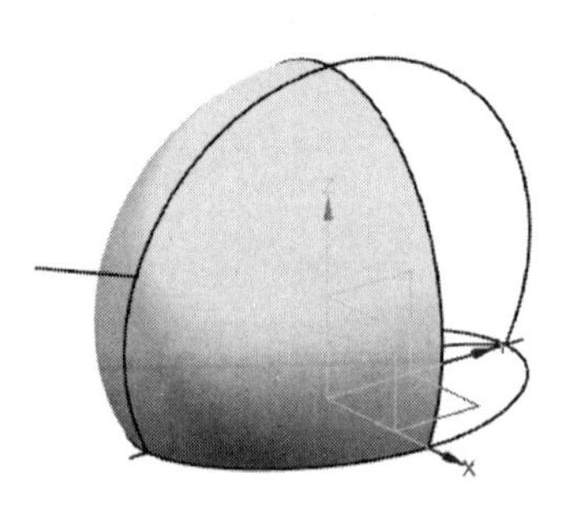
图 4-79　扫掠半个头盔曲面

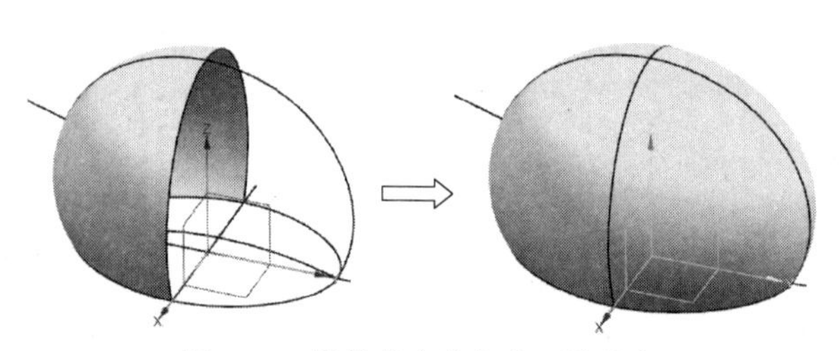
图 4-80　镜像半个头盔曲面并缝合

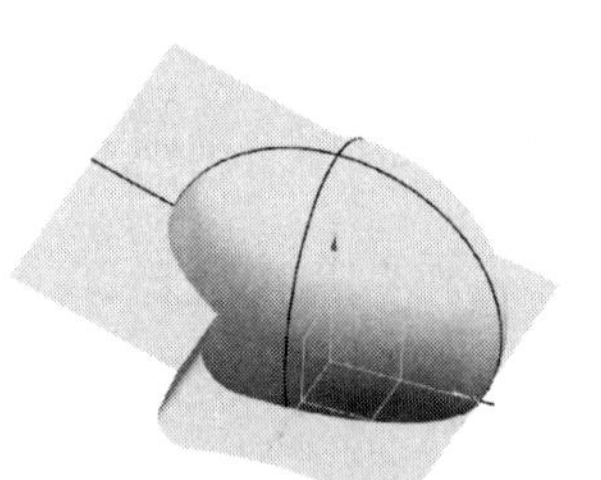
图 4-81　拉伸片体

步骤 12　修剪片体。

1）单击【曲面】→『曲面操作』→〈修剪片体〉，弹出“修剪片体”对话框，如图 4-82所示。

2）选择缝合后的头盔面为修剪的目标片体，再选择拉伸片体为修剪边界，在对话框中的“区域”选项组的“选择区域”下勾选 保留（即选择目标片体时所选择的区域为要保留的区域），单击 确定 按钮，完成修剪，如图 4-82 所示。

步骤 13　隐藏所有曲线、基准和拉伸的片体，如图 4-83 所示。

步骤 14　曲面加厚，方向向内，厚度为“3”，完成后如图 4-84 所示。

步骤 15　在头盔面上书写文字。

（1）文字效果一：在属于头盔面的曲线上书写文字

1）在头盔面上绘制曲线。单击【曲线】→『曲线』→〈曲面上的曲线〉，弹出“曲面

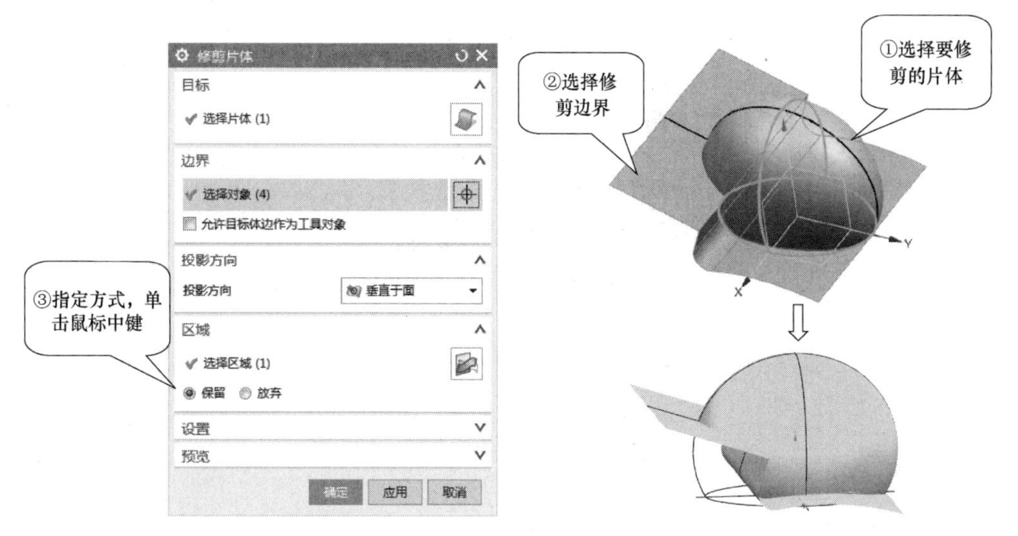

图 4-82　修剪片体

上的曲线”对话框，选择头盔表面，单击鼠标中键，在头盔表面上指定几点（位置自定），绘制样条曲线，如图 4-85 所示，单击鼠标中键，完成绘制。

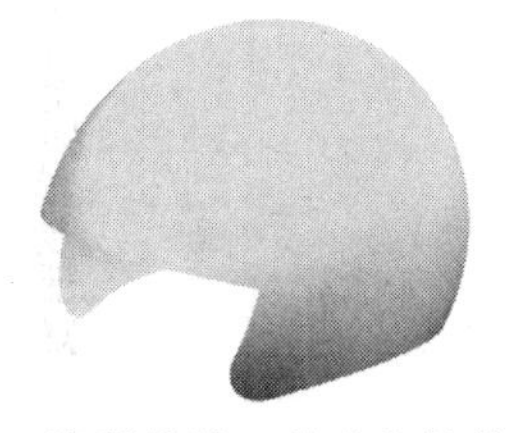

图 4-83　隐藏曲线、基准和拉伸的片体

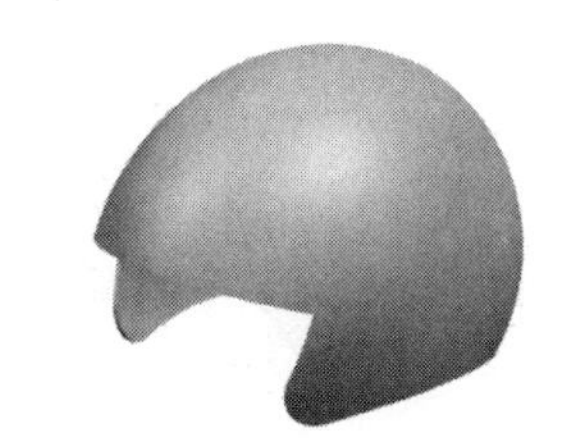

图 4-84　曲面加厚（向内，厚度为 3）

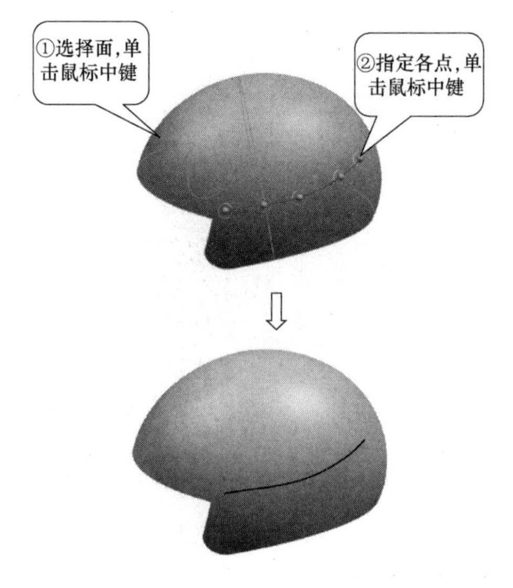

图 4-85　在头盔面上绘制曲线

2）书写文字。

① 调用“文本”命令，选择文本放置面。单击【曲线】→『曲线』→〈文本〉 **A**，弹出“文本”对话框，如图4-86所示，在“类型”下拉列表中选择“面上”，选择头盔面为文本放置面，单击鼠标中键。

② 确定文本在面上的放置位置。在“放置方法”下拉列表中选择“面上的曲线”，单击前一步骤中绘制的曲线为文本放置曲线，单击鼠标中键。

③ 输入文本。在“文本属性”框中输入“一路顺风”，“线型”选择“隶书”。

④ 确定文本在曲线上的位置及文本尺寸。按图设置“文本框”与“尺寸”选项组中的各项，以确定文本在曲线上的位置及文本尺寸。

⑤ 在“设置”选项组下勾选 ☑ 投影曲线，将文本投射到曲面上，单击 确定 按钮，完成文本书写，如图4-86所示。

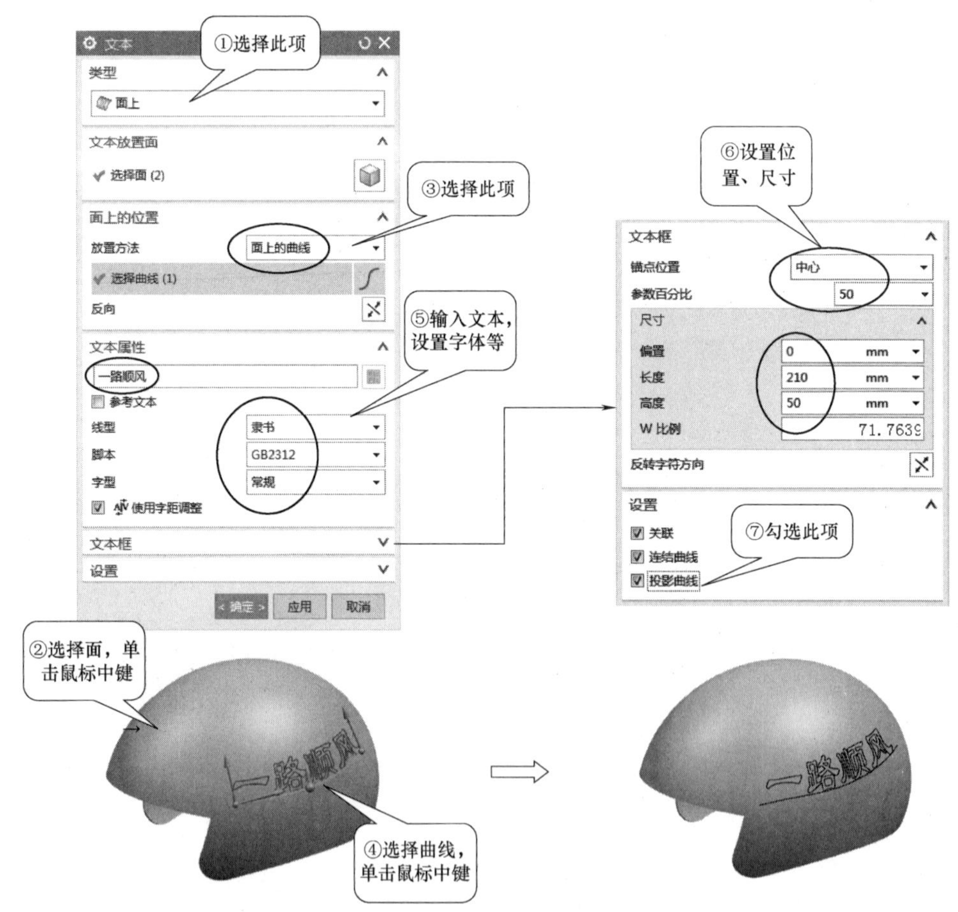

图4-86 在头盔面上书写文字（效果一）

（2）文字效果二：剖切头盔面，在剖切平面与头盔面的交线上书写文字

1）选择文本放置面。单击【曲线】→『曲线』→〈文本〉 **A**，弹出“文本”对话框，在“类型”下拉列表中选择“面上”，选择头盔面为文本放置面，单击鼠标中键。

2）确定文本在面上的放置位置。在“放置方法”下拉列表中选择“剖切平面”，在“指定平面”下拉列表中单击<按某一距离>，选择XY平面，在“距离”文本框中输入

“100”（即选择 XY 平面上方 100 位置的平面为剖切平面），系统自动求出剖切平面与头盔面的交线作为文本放置位置，如图 4-87所示。

3）按图 4-87 所示设置“文本框”与“尺寸”选项组中的各项，以确定文本在曲线上的位置及文本尺寸。

4）在“设置”选项组下勾选 ☑ 投影曲线，单击 确定 按钮，完成文本书写，如图 4-87所示。

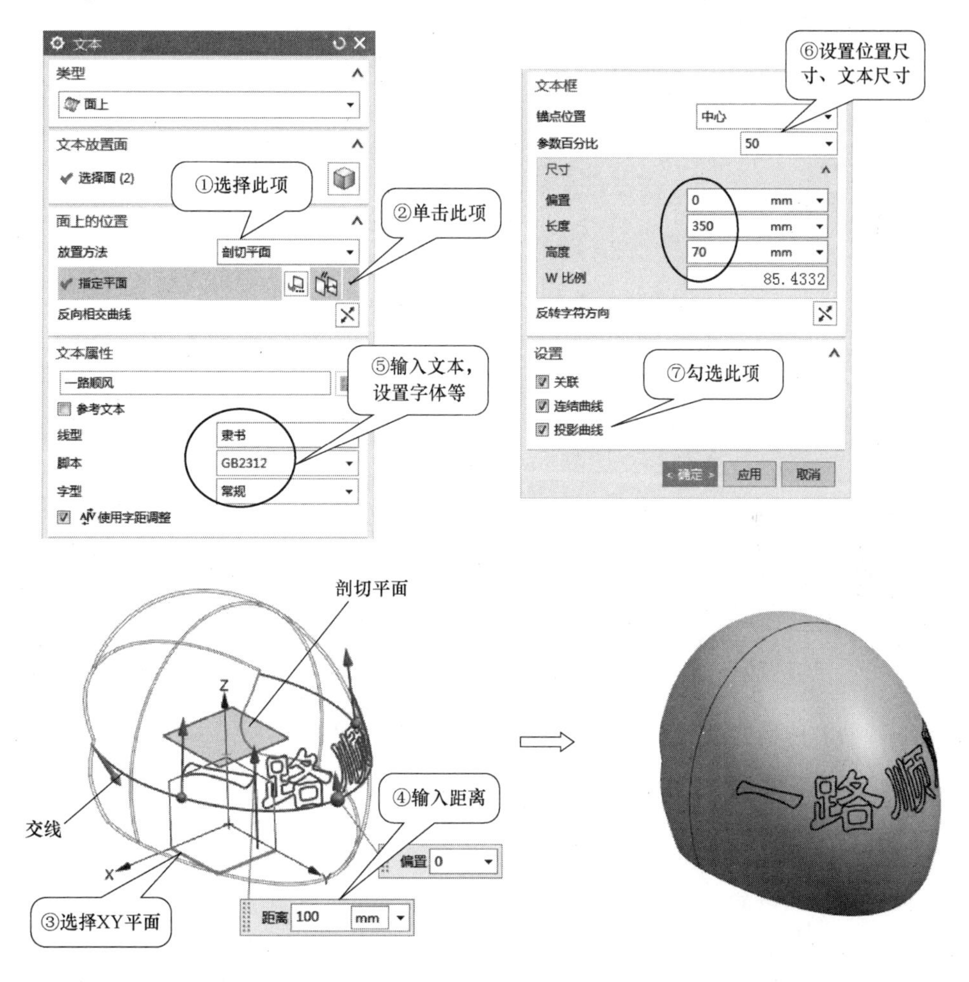

图 4-87 在头盔面上书写文字（效果二）

步骤 16 隐藏片体、曲线，并保存文件，完成头盔的曲面建模。

知识点 1 椭　　圆

“椭圆”命令用于绘制椭圆或椭圆弧曲线。在 UG NX 12.0 中，默认情况下〈椭圆〉 处于隐藏状态，读者可在“命令查找器”中查找该命令后直接单击调用，也可以将其添加到功能区或菜单中后进行调用。

调用“椭圆”命令后，打开“点”对话框，输入椭圆原点，单击 确定 按钮，打开

“椭圆”对话框，如图 4-88 所示，输入椭圆参数，单击 确定 按钮，即可创建椭圆。

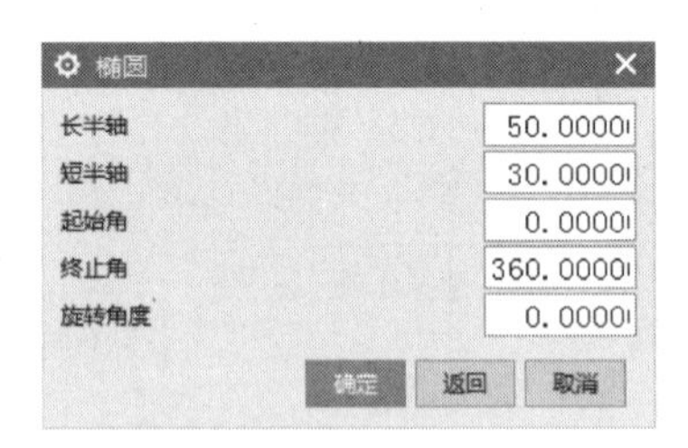

图 4-88 “点”对话框与“椭圆”对话框

> 椭圆是创建在 WCS 的 XY 平面上的，因此在创建椭圆前需先建立正确的 WCS，以创建不同方位的椭圆，如图 4-89 所示。

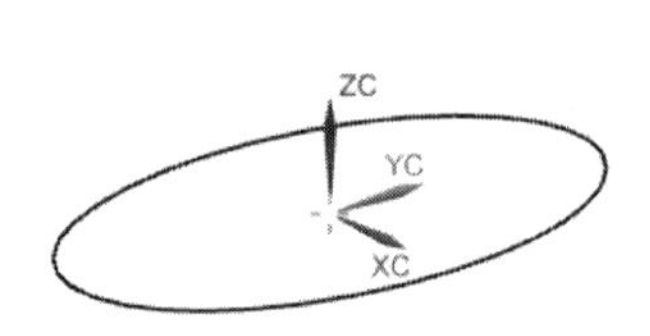

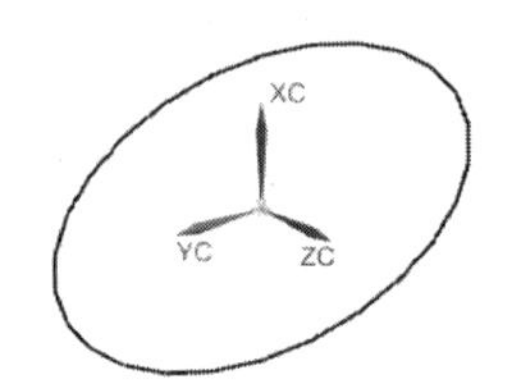

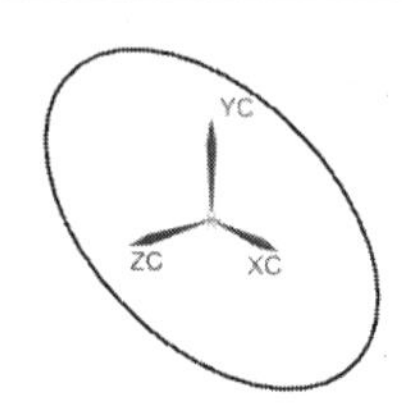

图 4-89 不同方位的椭圆

创建椭圆的具体操作过程在本任务实例中已述，不再赘述。

知识点 2 螺旋线

“螺旋线”命令用于创建指定圈数、螺距、半径方式（规律或恒定）、旋转方向和适当方位的螺旋线。调用该命令主要有以下方式：

- 功能区：【曲线】→『曲线』→〈螺旋线〉。
- 菜单：插入→曲线→螺旋线(X)...。

执行上述操作后，打开“螺旋线”对话框，如图 4-90 所示，设置相关参数，单击 确定 按钮，即可创建螺旋线。

知识点 3 曲面上的曲线

“曲面上的曲线”命令用于在曲面上直接创建曲面样条曲线。调用该命令主要有以下方式：

- 功能区：【曲线】→『曲线』→〈曲面上的曲线〉。
- 菜单：插入→曲线→曲面上的曲线(U)...。

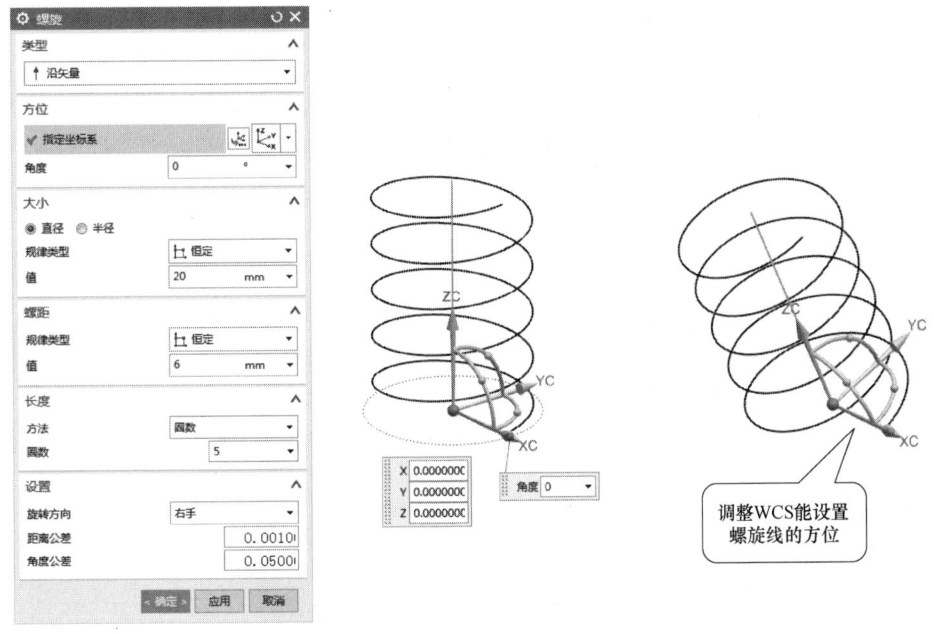

图 4-90　“螺旋线”对话框及示例

执行上述操作后，打开“曲面上的曲线”对话框，如图 4-91 所示。

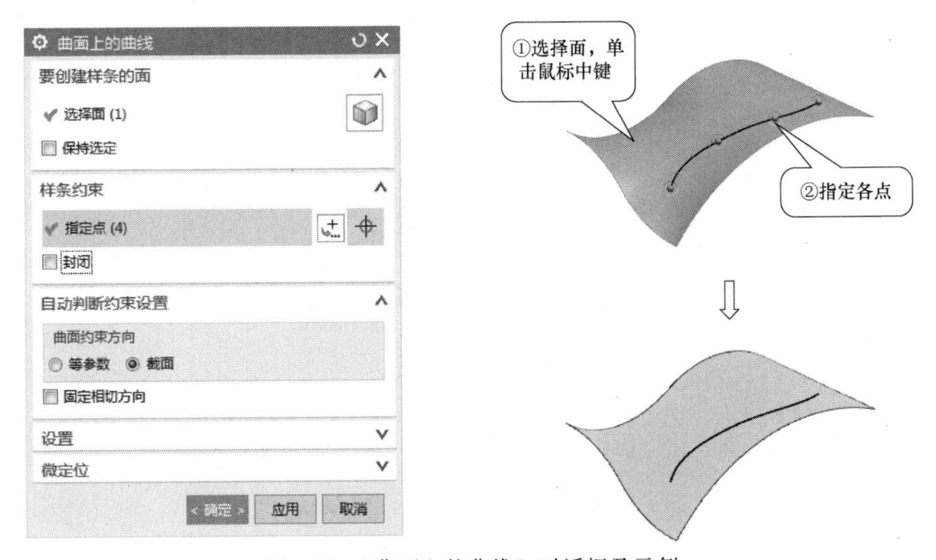

图 4-91　“曲面上的曲线”对话框及示例

选择要创建曲线的曲面，单击鼠标中键，再在曲面上指定各点，单击 确定 按钮，即可在曲面上创建样条曲线，如图 4-91 所示。若勾选 封闭，则创建封闭的样条曲线。

知识点 4　文本

“文本”命令用于在平面、曲线、曲面、实体面上书写文字，并立即在 NX 部件模型内将文字转换为曲线。调用该命令主要有以下方式：

• 功能区：单击【曲线】→『曲线』→〈文本〉 **A**。

• 菜单：插入→曲线→**A** 文本(T)... 。

执行上述操作后，打开“文本”对话框，如图 4-92 所示。

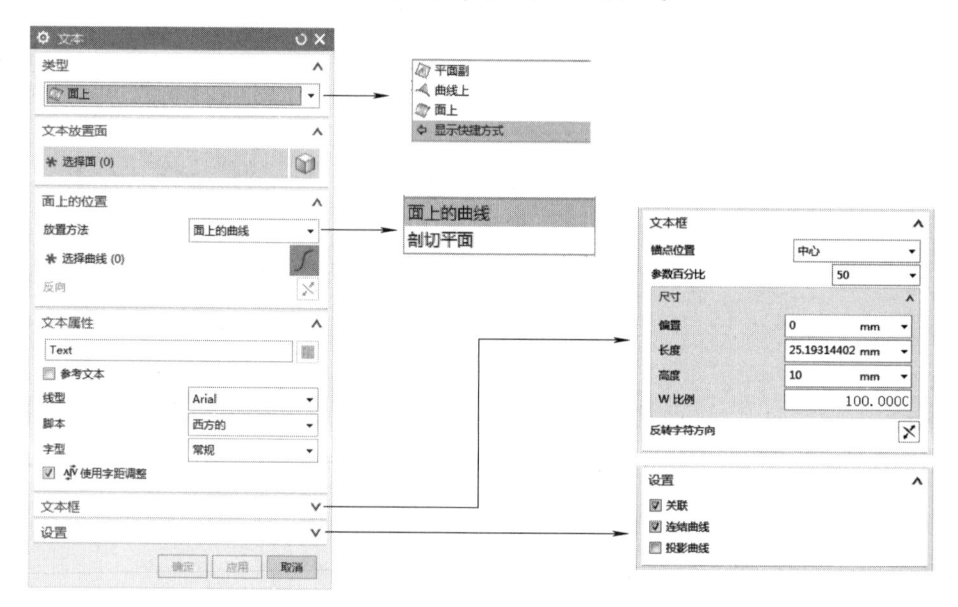

图 4-92 “文本”对话框

1.“类型”下拉列表

用于确定文本放置对象，有以下 3 种类型：

◆平面副：创建的文本放置在平面上，如图 4-93a 所示。

◆曲线上：创建的文本放置在曲线、面的边上，如图 4-93b 所示。

◆面上：创建的文本放置在曲面、实体面上，如图 4-93c 所示。

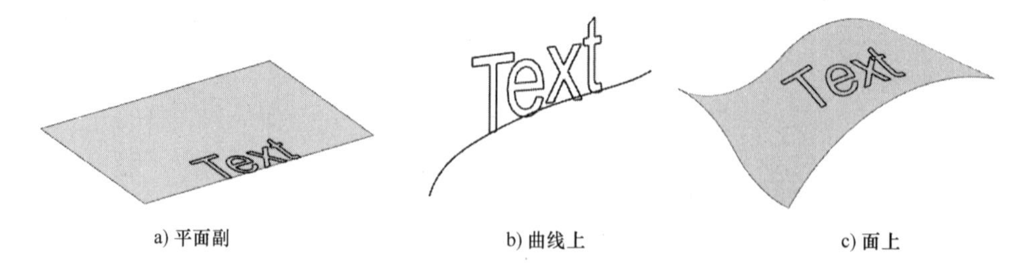

a) 平面副　　b) 曲线上　　c) 面上

图 4-93 “文本”对话框“类型”选项

2.“面上的位置”选项组

用于确定文本书写在面上的位置，有以下两项：

◆面上的曲线：文本书写在面上的曲线、边上。本任务实例中文字效果一采用的就是此法。

◆剖切平面：选择此项需选择一个剖切平面，文本书写在剖切平面与所选面的交线上。

本任务实例中文字效果二采用的就是此法。

3.“文本框”选项组

◆文本框：用于确定文本书写在曲线上的位置。有“锚点位置”与“参数百分比”两项。

◆尺寸：“偏置”用于设置文本偏离曲线的距离；“长度”用于设置文本书写范围；“高度”用于设置文本高度。

4.“投影曲线”复选框

勾选此项，则文本会投影到曲面上，否则不投影，如图 4-94 所示。

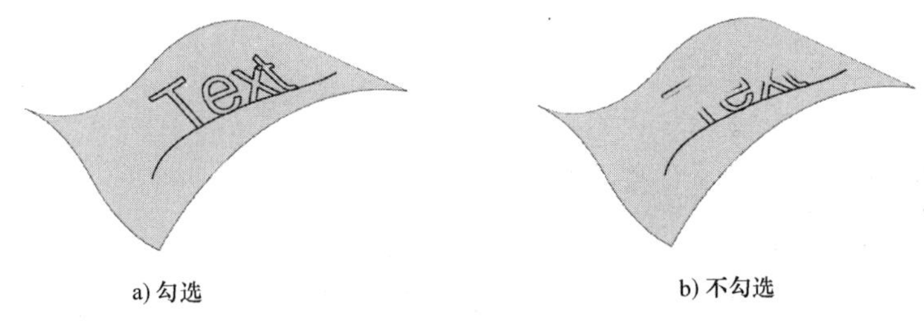

a) 勾选　　b) 不勾选

图 4-94　“投影曲线”复选框效果比较

在“面上”书写文本的具体操作本任务实例中已述，不再赘述。在“平面副”与“曲线上”书写文本的操作与在“面上”书写文本的操作类似，在此不再赘述。

知识点 5　偏置曲线

“偏置曲线”命令用于偏置草图、圆弧、二次曲线、样条、实体边等。调用该命令主要有以下方式：

- 功能区：【曲线】→『派生曲线』→〈偏置〉。
- 菜单：插入→派生曲线→偏置(O)...。

执行上述操作后，打开“偏置曲线”对话框，如图 4-95 所示。

1.“偏置类型”选项组

◆距离：在曲线所在平面上按指定距离与方向偏置曲线，如图 4-96 所示。

◆拔模：在平行于曲线所在平面上按指定高度、角度偏置曲线，如图 4-97 所示。

◆规律控制：在规律定义的距离上偏置曲线，如图 4-98 所示。

◆3D 轴向：在三维空间通过指定矢量方向和偏置距离来偏置曲线，如图 4-99 所示。

2.“偏置平面上的点”选项

当偏置的对象为一条直线时，软件无法确定偏置的平面，此时需补充一点，以达到由直线与点确定一个平面的目的。

3.“修剪”下拉列表

此选项用于将偏置曲线修剪或延伸到它们的交点处。

◆ 无：既不修剪偏置曲线，也不将偏置曲线倒成圆角，如图 4-100a 所示。

◆ 相切延伸：将偏置曲线延伸到其交点处，如图 4-100b 所示。

◆ 圆角：将偏置曲线的相交点倒圆角，如图 4-100c 所示。

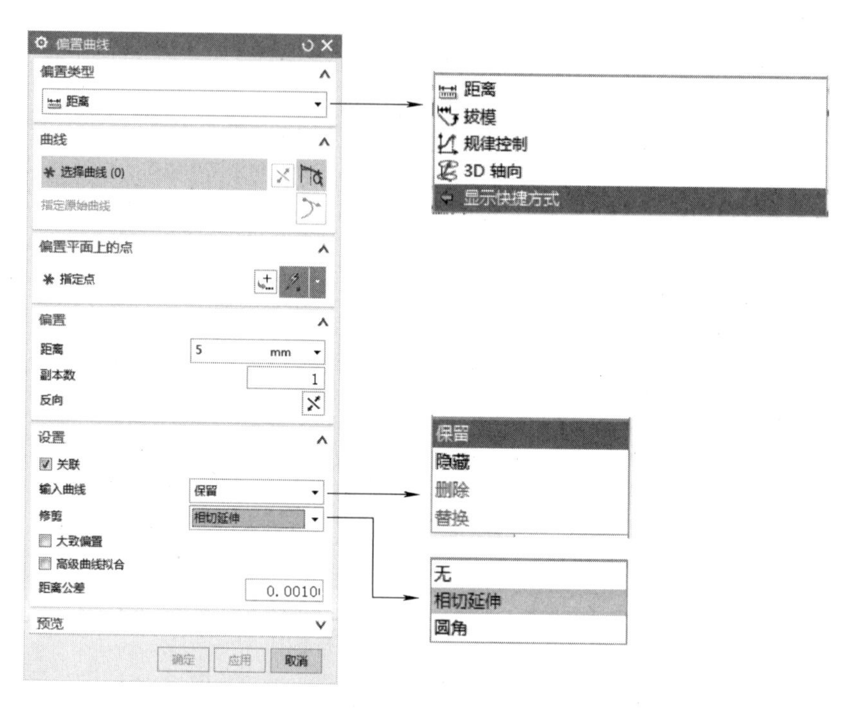

图 4-95 “偏置曲线”对话框

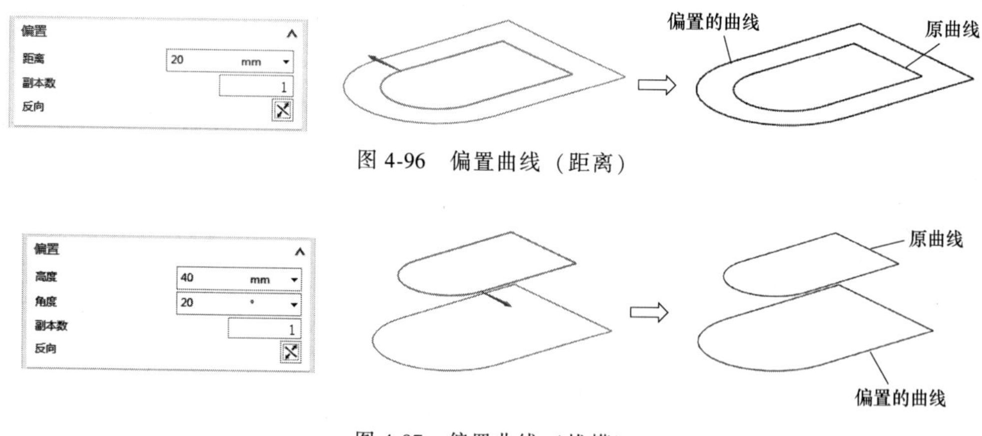

图 4-96 偏置曲线（距离）

图 4-97 偏置曲线（拔模）

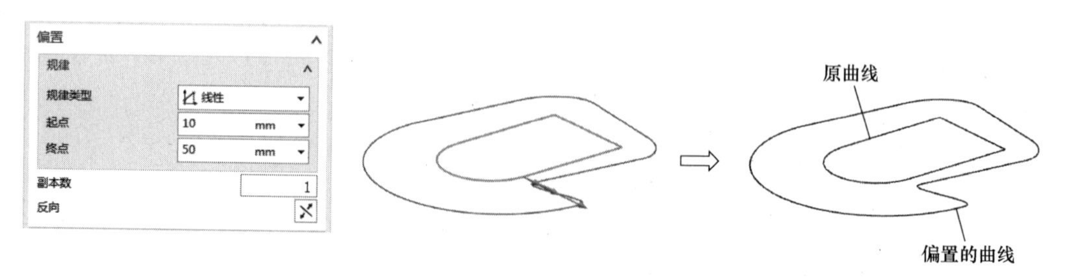

图 4-98 偏置曲线（规律控制）

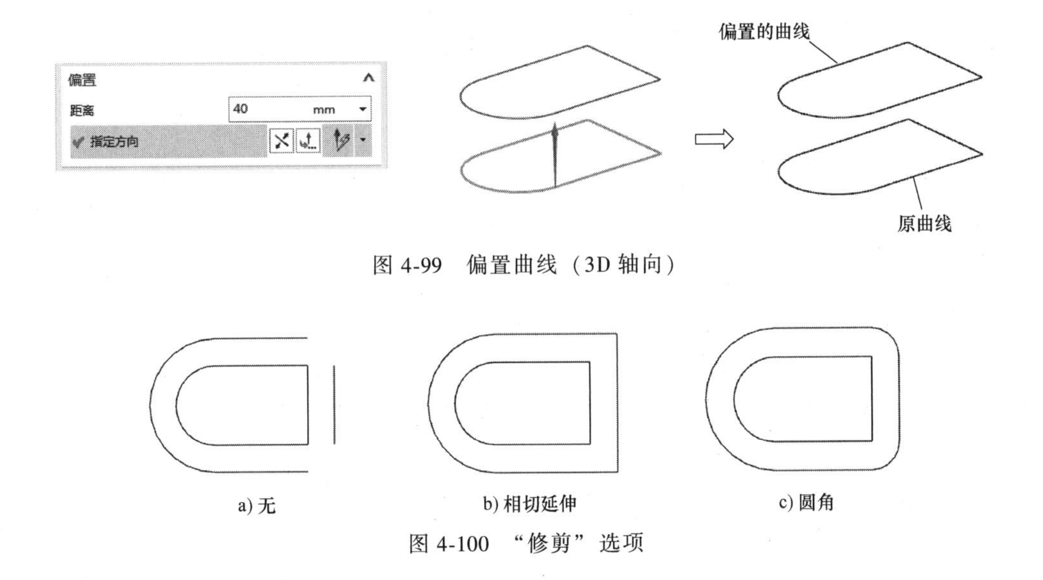

图 4-99　偏置曲线（3D 轴向）

图 4-100　“修剪”选项

知识点 6　在面上偏置曲线

“在面上偏置曲线”命令用于沿曲线所在的面偏置曲线。调用该命令主要有以下方式：

- 功能区：【曲线】→『派生曲线』→〈在面上偏置〉。
- 菜单：插入→派生曲线→在面上偏置(F)...。

执行上述操作后，打开“在面上偏置曲线”对话框，如图 4-101 所示。

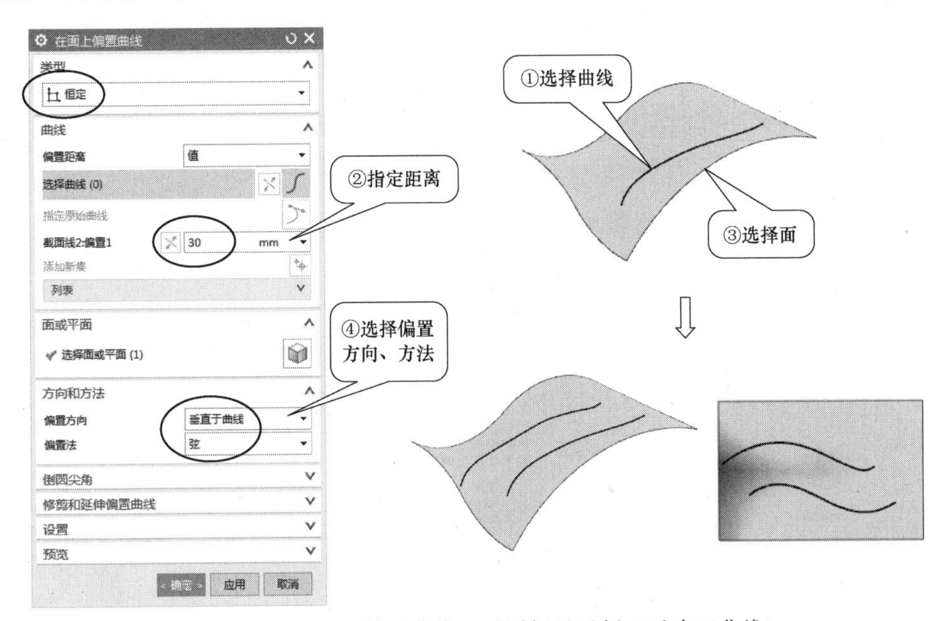

图 4-101　“在面上偏置曲线”对话框及示例（垂直于曲线）

1.“类型”选项

该选项有“恒定”和“可变”两项，如图 4-102 所示。

◆ 恒定：生成具有面内原始曲线恒定偏置的曲线。

◆ 可变：用于指定与原始曲线上点位置之间的不同距离，以在面中创建可变曲线。

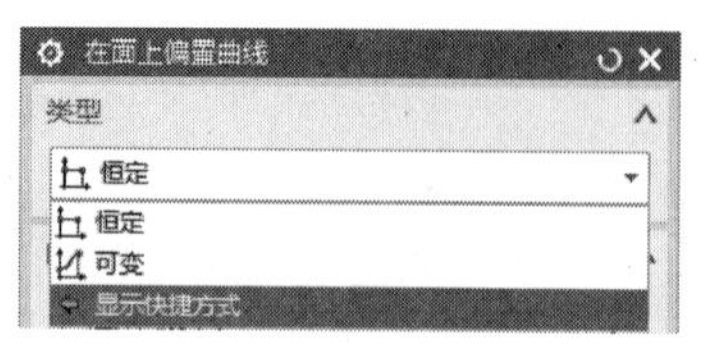

图 4-102 “类型”下拉列表

2. “偏置方向”下拉列表

◆ 垂直于曲线：沿垂直于输入曲线相切矢量的方向创建偏置曲线，如图 4-101 所示。

◆ 垂直于矢量：沿垂直于指定矢量的方向创建偏置曲线，如图 4-103 所示。

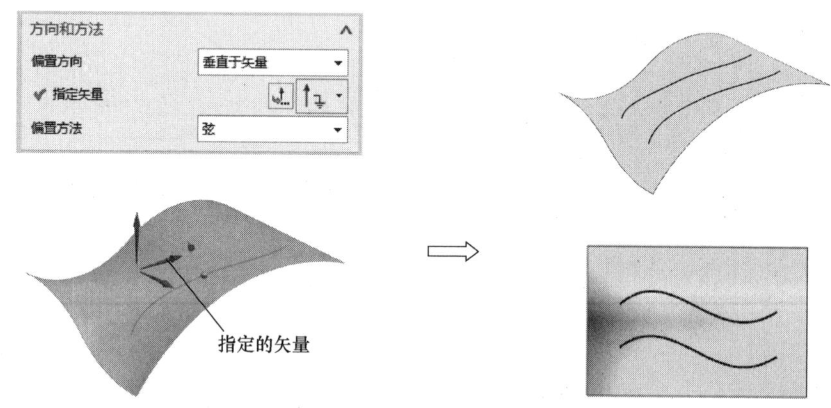

图 4-103 在面上偏置曲线（垂直于矢量）

知识点 7 修剪片体

使用“修剪片体”命令可以用曲线、面或基准平面修剪平面的一部分。调用该命令主要有以下方式：

- 功能区：【曲面】→『曲面操作』→〈修剪片体〉。
- 菜单：插入→修剪→修建片体(R)...。

执行上述操作后，打开“修剪片体”对话框，如图 4-104 所示。

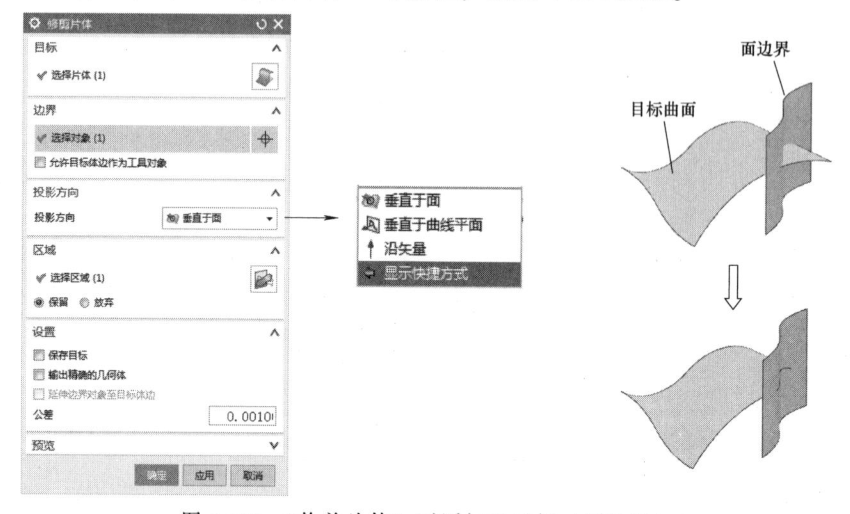

图 4-104 “修剪片体”对话框及示例（面边界）

1.“目标”选项

用于选择要修剪的目标曲面体。

2.“边界”选项

用于选择修剪的边界对象，该对象可以是面、边、曲线和基准平面。图4-104所示为采用面边界修剪片体，图4-105所示为采用曲线边界修剪片体。

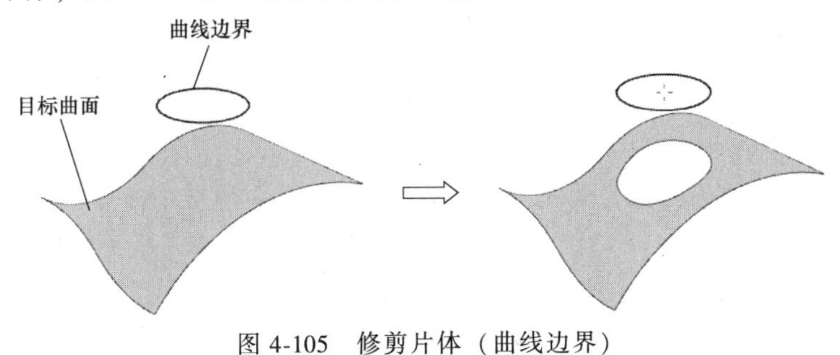

图4-105　修剪片体（曲线边界）

3.“投影方向”选项

用于指定投影方向，有以下3个选项：

◆垂直于面：指定投影方向垂直于选定的面，即投影方向为面的法向。

◆垂直于曲线平面：指定投影方向垂直于曲线所在的平面。

◆沿矢量：指定投影方向沿选定的矢量方向。

4.“区域”选项

用于设置保留区域或放弃区域。

◆保留：选择该项，则保留所选定的区域。

◆放弃：选择该项，则修剪掉所选定的区域。

任务5　咖啡壶线架绘制及曲面建模

本任务要求完成图4-106所示咖啡壶线架的绘制及曲面建模，主要涉及沿引导线扫掠命令及草图绘制、曲线绘制、通过曲线网格、有界平面、缝合、抽壳、扫掠、修剪体等命令的

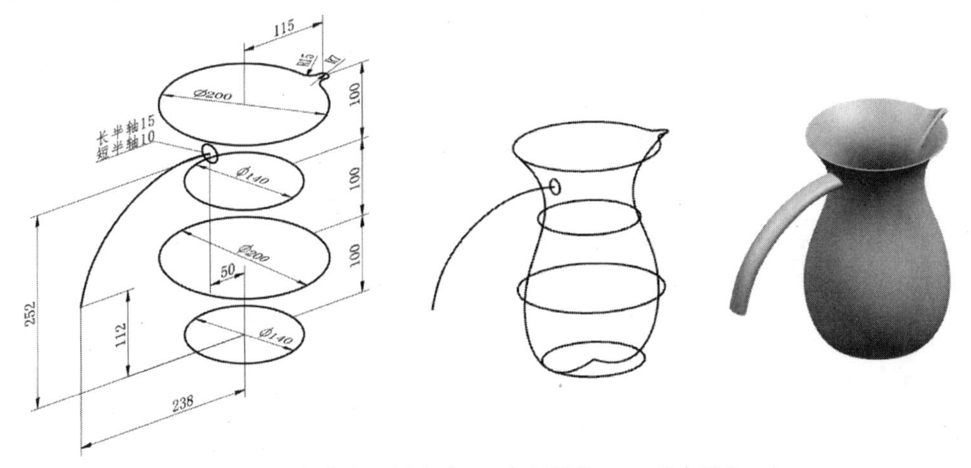

图4-106　咖啡壶（厚度为2，底部圆角R5，其余圆角R1）

综合应用。

任务实施

步骤 1　绘制壶身线框。

1）创建 3 个与 XY 平面平行的基准平面，结果如图 4-107a 所示。

2）绘制 4 个草图。单击【主页】→『直接草图』→<草图>，弹出“创建草图”对话框，选择 XY 平面作为草图平面绘制草图。采用同样的方法绘制另 3 个草图，结果如图 4-107b所示。

3）绘制两条艺术样条曲线。单击【曲线】→『曲线』→〈艺术样条〉，弹出“艺术样条”对话框，选择“通过点”方式；曲线阶次为“3”；选择 XZ 平面作为放置平面；在绘图区单击各草绘圆的象限点及最下方圆的圆心，创建艺术样条曲线，结果如图 4-107c 所示。

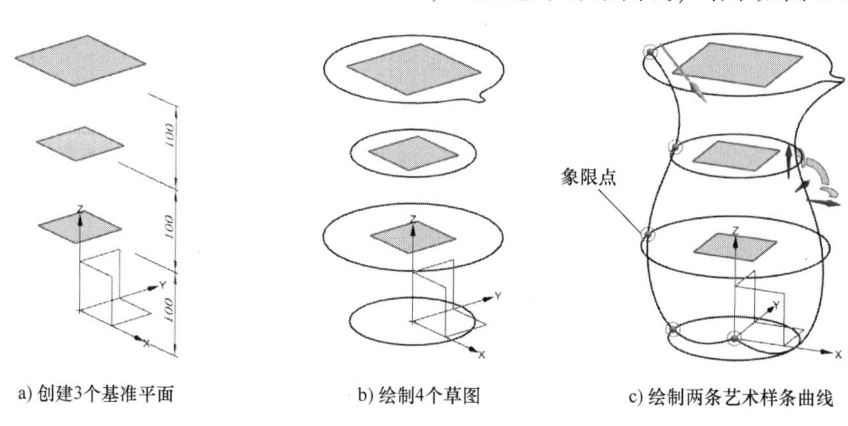

图 4-107　绘制壶身线框

步骤 2　创建壶身曲面。

1）采用“通过曲线网格”方式创建壶身前侧面。单击【曲面】→『曲面』→〈通过曲线网格〉，弹出“通过曲线网格”对话框，选择 4 条主曲线、2 条交叉曲线（艺术样条曲线），对话框中的“连续性”选项组均为G0（位置），创建的曲面如图 4-108 所示。

2）创建壶身后侧面。采用同样的方法创建壶身后侧面（也是 4 条主曲线，2 条交叉曲线），将对话框中的“连续性”选项组“第一交叉线串”与“最后交叉线串”设为G1（相切），且均选择前侧面为相切约束面（即后侧面与前侧面在相交处是相切的，两者形成光滑过渡），结果如图 4-109 所示。

> 如壶身后侧面采用镜像前侧面的方法创建，则在两个面相交处会形成棱线（不是光滑过渡）。

3）采用“有界平面”方式创建壶身顶面与底面，结果如图 4-110 所示。

步骤 3　创建壶身实体。

1）缝合壶身。将壶身前侧面、后侧面、底面、顶面缝合，缝合后为实体。

2）壶身底面倒 R5 圆角，结果如图 4-111 所示。

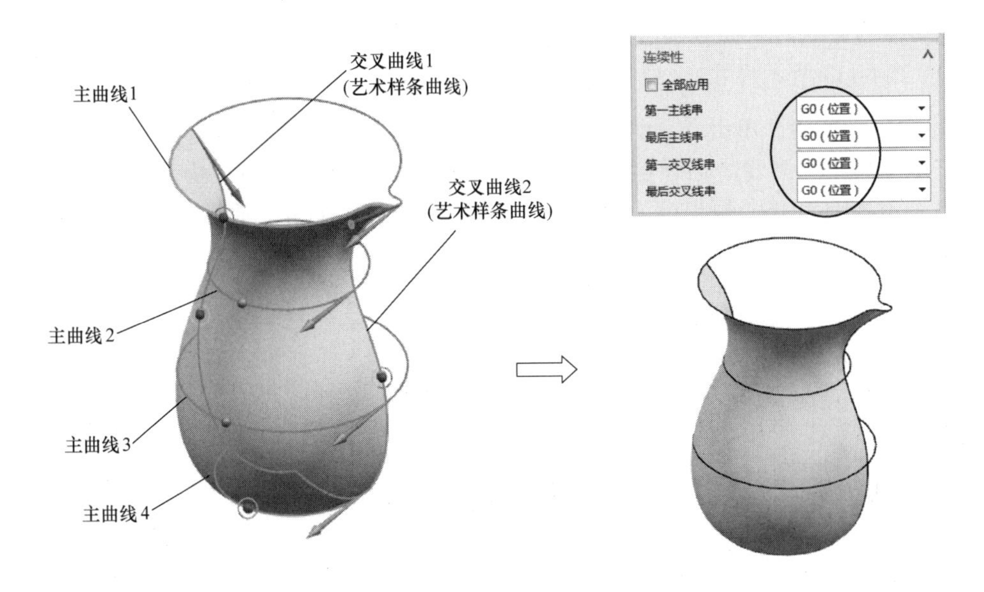

图 4-108　创建壶身前侧面

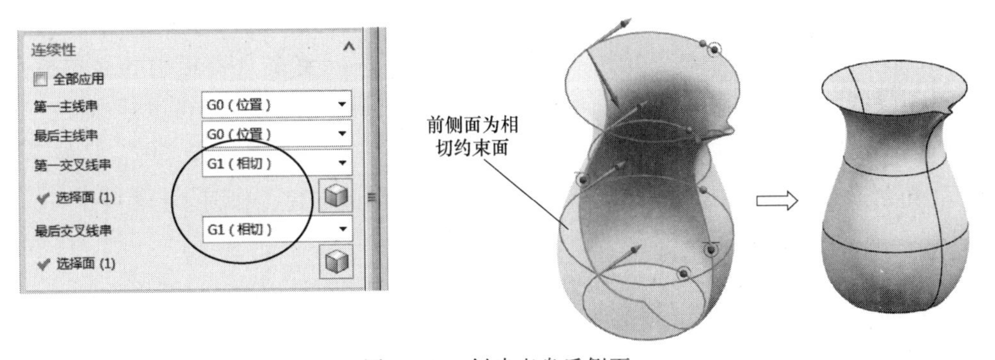

图 4-109　创建壶身后侧面

3）抽壳。抽壳厚度为“2”，并删除壶身顶面，完成壶身建模，结果如图 4-112 所示。

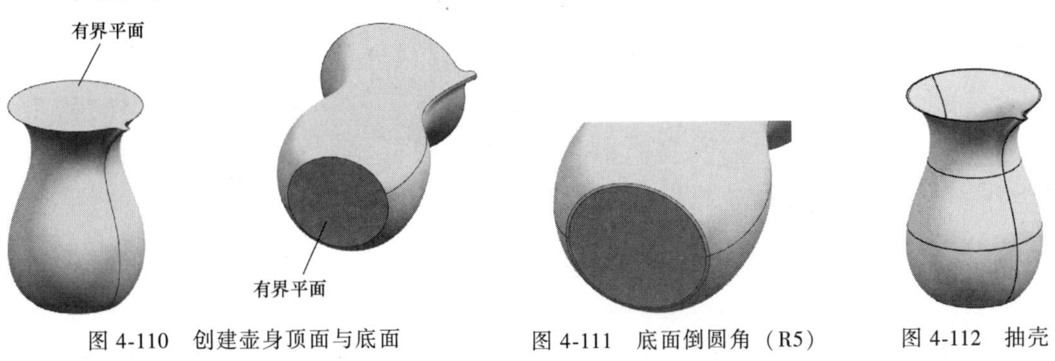

图 4-110　创建壶身顶面与底面　　图 4-111　底面倒圆角（R5）　　图 4-112　抽壳（厚度为 2）

步骤 4　创建手柄。

1）绘制手柄线框。选择 XZ 平面作为草图平面绘制艺术样条曲线（通过点方式），艺术

样条曲线起点与终点的坐标分别为（50，252）、（238，112），其余3点的位置由读者自定（也可参考图4-113所示尺寸），绘制完成后如图4-113所示。

2）绘制手柄截面。单击【主页】→『直接草图』→〈草图〉，弹出“创建草图”对话框，在“草图类型”列表中选择基于路径，选择刚绘制的艺术样条曲线为路径，在其端点处绘制椭圆（长半轴为15，短半轴为10），绘制完成后如图4-114所示。

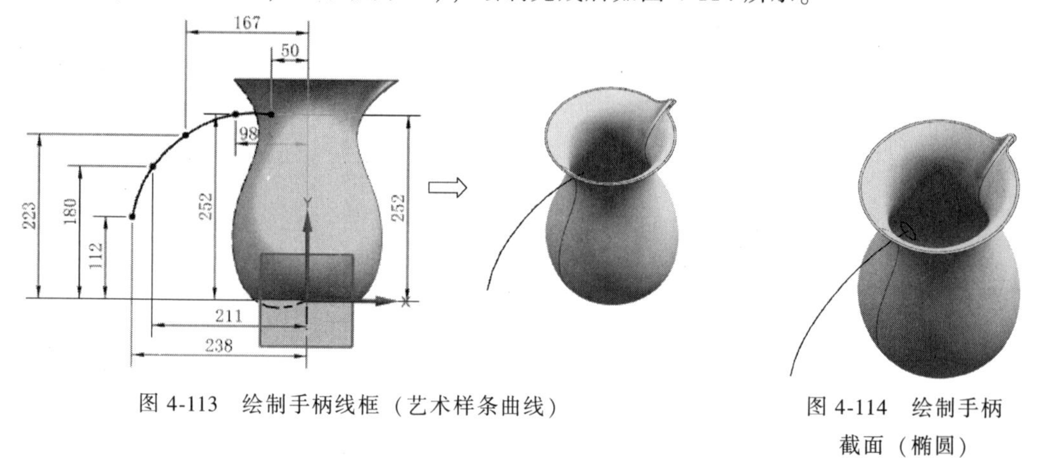

图4-113　绘制手柄线框（艺术样条曲线）

图4-114　绘制手柄截面（椭圆）

3）沿引导线扫掠创建手柄。单击【曲面】→『曲面』→〈更多〉→〈沿引导线扫掠〉，弹出“沿引导线扫掠”对话框，如图4-115所示；选择椭圆为截面，单击鼠标中键；选择艺术样条曲线为引导线，单击鼠标中键；在对话框中设置“第一偏置”为“0”，“第二偏置”为“0”，布尔运算为“无”；单击确定按钮，完成手柄的创建，如图4-115所示。

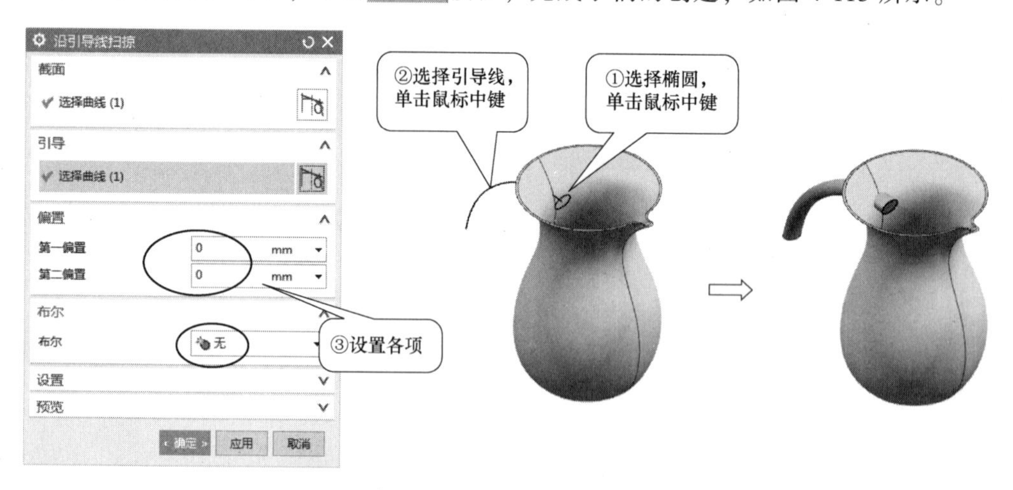

图4-115　创建手柄（沿引导线扫掠）

4）采用“修剪体”方式修剪手柄上部。修剪的目标体为手柄，刀具面为壶身内表面（将上边框条“面规则”设置为相切面再进行选择），修剪后如图4-116所示。

步骤5　将壶身、手柄求和，并在手柄底部、手柄与壶身连接处及壶口处倒R1的圆角。

步骤6　隐藏所有草图、曲线与基准，并保存文件，完成咖啡壶的曲面建模。

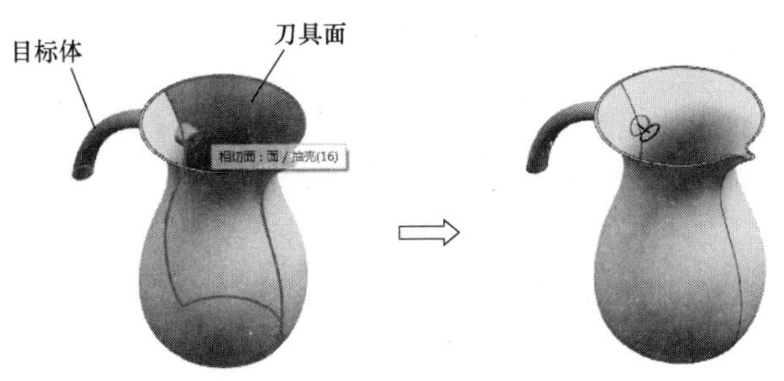

图 4-116　修剪手柄上部（修剪体）

知识点　沿引导线扫掠

“沿引导线扫掠”命令用于将一个截面沿一条引导线进行扫掠得到单个的体。调用该命令主要有两种方式：

- 功能区：【曲面】→『曲面』→〈更多〉→〈沿引导线扫掠〉。
- 菜单：插入→扫掠→ 沿引导线扫掠(G)...。

执行上述操作后，打开“沿引导线扫掠”对话框，如图 4-117 所示。

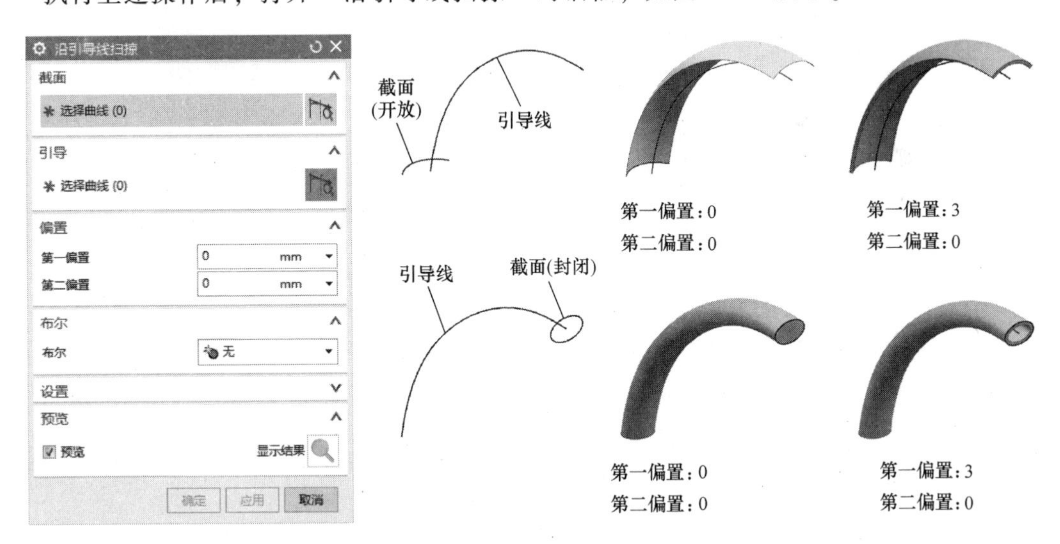

图 4-117　“沿引导线扫掠”对话框及示例

1.“截面”选项

该选项用于选择截面，截面可以是开放或封闭的草图、曲线、边或面，如图 4-117 所示。

2.“引导”选项

该选项用于选择引导线，引导线是开放或封闭的草图、曲线、边或面。

3.“偏置”选项组

该选项组用于设置扫掠时是否沿截面进行偏置以及偏置的距离，如图 4-117 所示。

沿引导线扫掠的具体操作在本任务实例中已述，不再赘述。

同类任务

完成图 4-118 所示玻璃杯线架的绘制，并利用通过曲线网格、扫掠、抽壳、修剪体、边倒圆等命令完成玻璃杯的曲面建模（圆角尺寸自行确定）。

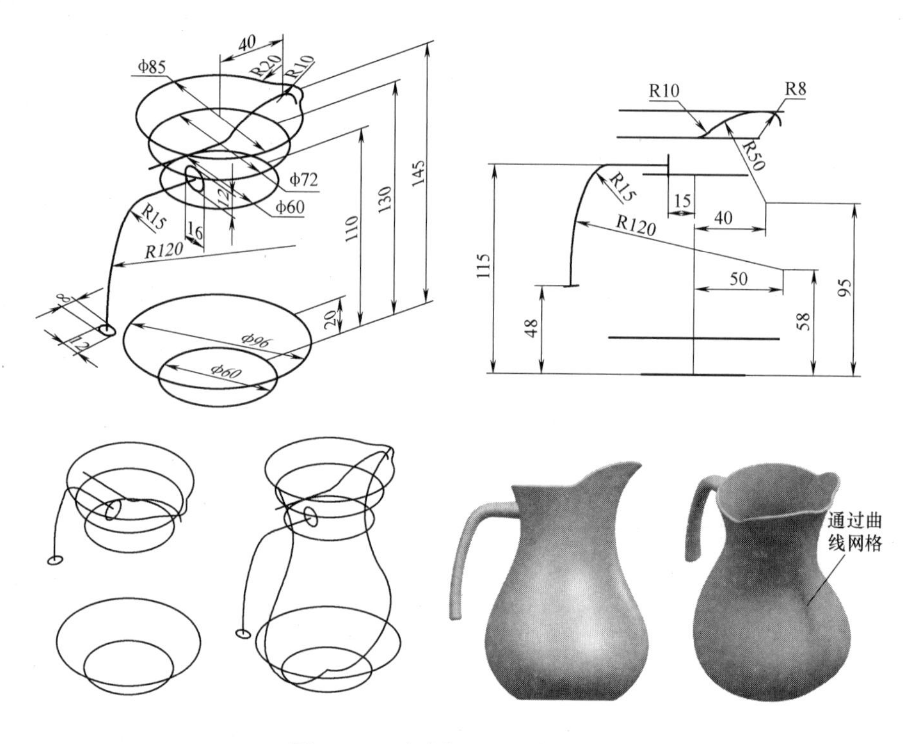

图 4-118　玻璃杯 1（厚度为 2）

拓展任务

采用不同的曲面创建方法将同类任务中的玻璃杯线架创建成图 4-119、图 4-120 所示形状。

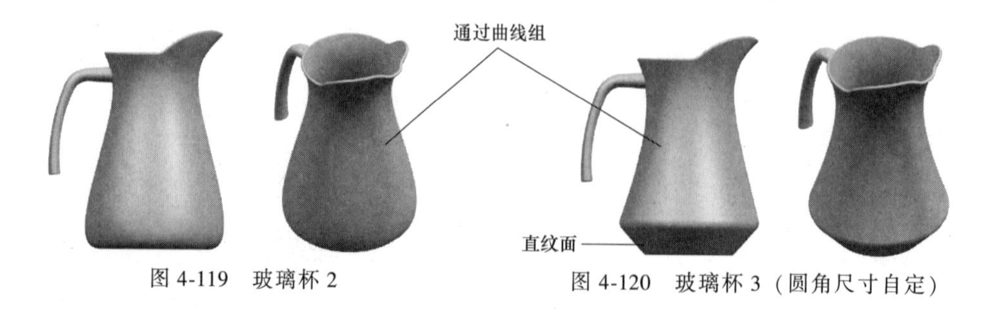

图 4-119　玻璃杯 2

图 4-120　玻璃杯 3（圆角尺寸自定）

小　　结

在 UG NX 12.0 中，不但可以在草图中绘制平面曲线，还可以在空间直接创建 3D 曲线。

本模块中介绍了空间曲线的绘制与编辑、曲面的创建与编辑方法。

空间曲线的绘制介绍了直线、矩形、圆弧/圆、椭圆、螺旋线、文本、基本曲线、艺术样条曲线等命令，其中直线和圆弧的绘制方式很多，且此两个命令使用频繁，需好好掌握。来自曲线集的曲线介绍了投影曲线、组合投影；来自体的曲线介绍了相交曲线。曲线的编辑命令介绍了修剪曲线、镜像曲线、偏置曲线、在面上偏置曲线等。

由曲线构造曲面是创建曲面的主要方法，本模块介绍了其常用命令，有直纹、通过曲线组、通过曲线网格、N 边曲面、有界平面、沿引导线扫掠和扫掠等，这些命令是创建曲面的常用典型命令，需熟练掌握。曲面的编辑介绍了修剪片体、缝合、加厚等操作。

在实际中进行曲面建模时，常采用绘制草图与绘制空间曲线相结合的方法来创建曲面的线架。同一曲面的创建可能有多种方法，需要读者多思考、多分析比较、多练习，学会举一反三。

考　　核

1. 完成图 4-121、图 4-122 所示零件线架的绘制并进行曲面建模。

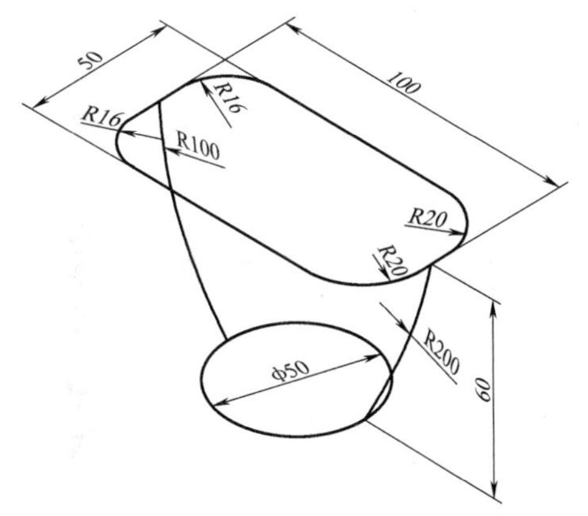

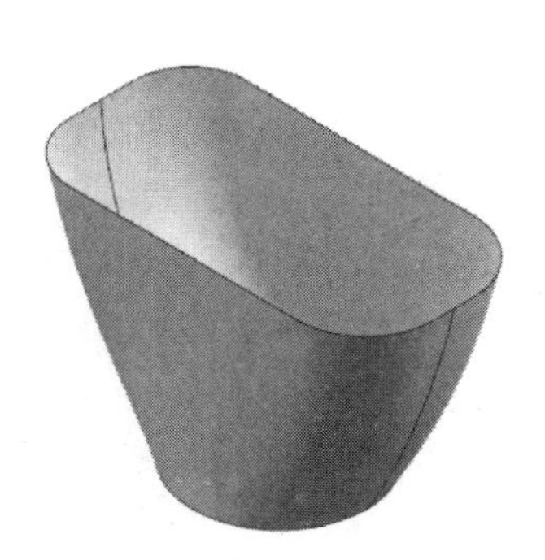

图 4-121　零件 1

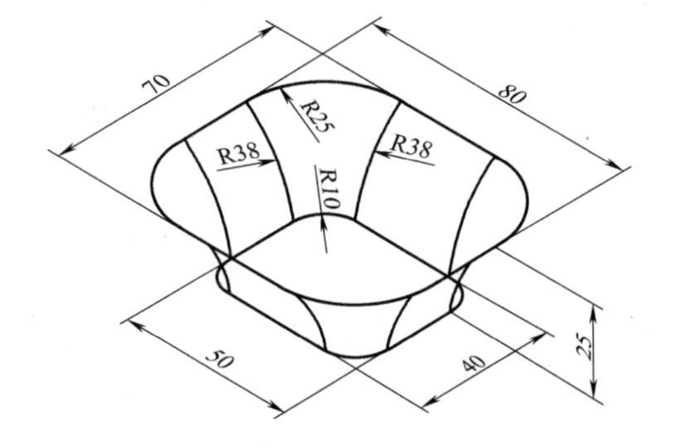

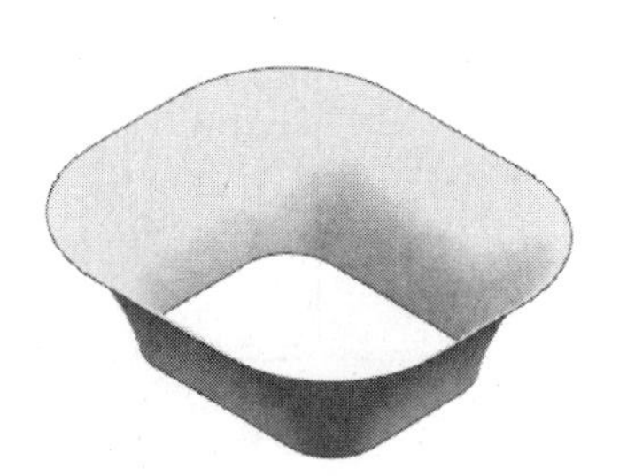

图 4-122　零件 2

2. 完成图 4-123 所示五角星的创建。

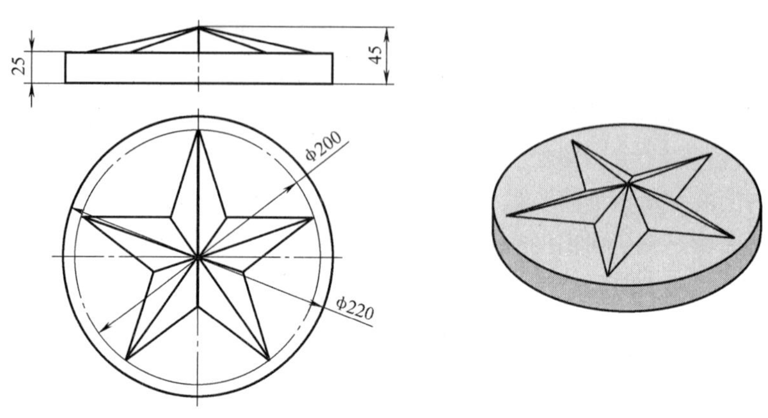

图 4-123　五角星

3. 完成图 4-124 所示玩具小飞机的创建。

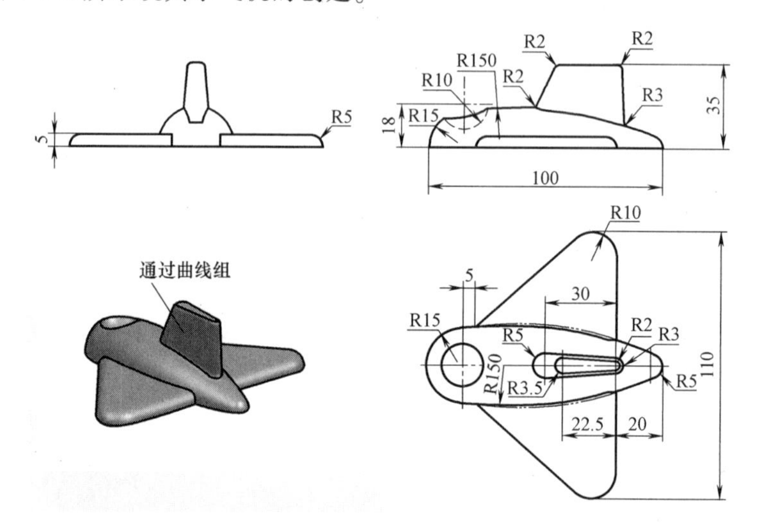

图 4-124　玩具小飞机

4. 完成图 4-125 所示饮料瓶的创建。

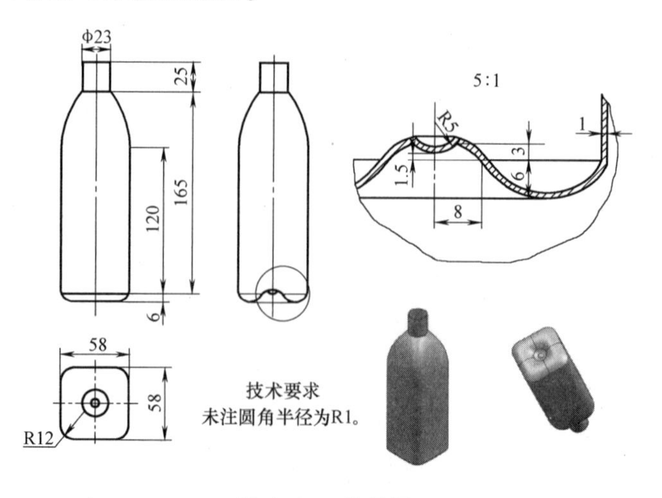

图 4-125　饮料瓶

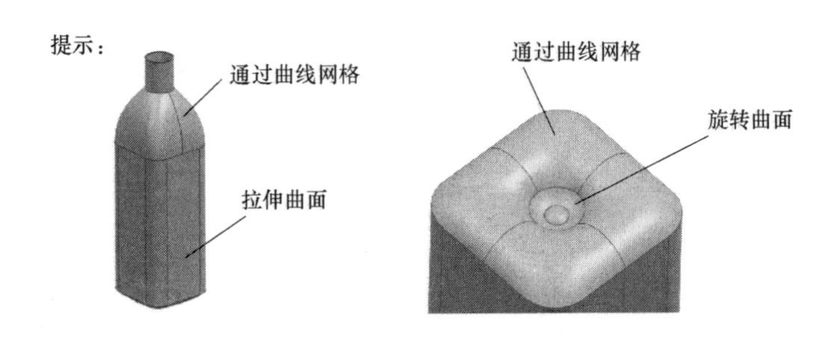

图 4-125　饮料瓶（续）

5. 完成图 4-126 所示鞋拔子的创建。

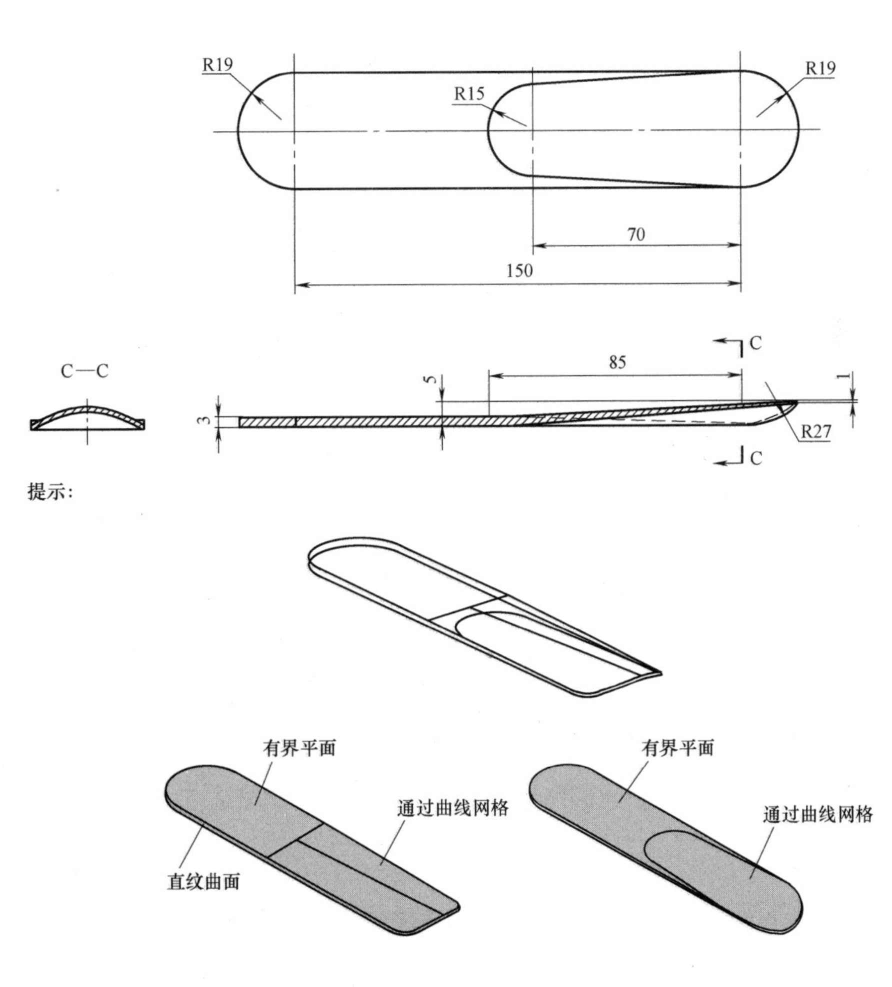

图 4-126　鞋拔子

模块 5　装配设计

【能力目标】

1. 能够完成复杂机构的虚拟装配操作。
2. 能对已装配机构进行正确的爆炸操作。
3. 能对装配部件正确进行干涉检查、装配间隙分析。

【知识目标】

1. 理解装配术语和概念；熟悉装配设计的工作界面。
2. 掌握各装配约束类型的含义及应用方法。
3. 掌握引用集的概念和操作方法。
4. 掌握自下而上的装配方法。
5. 掌握爆炸图的创建方法。
6. 掌握对象干涉检查、装配间隙分析的操作方法。

任务 1　装配火车车辆轴

本任务要求完成图 5-1 所示火车车辆轴的装配，主要涉及新建装配文件、引用集操作、装配约束的添加、添加组件、移动组件等命令及操作。

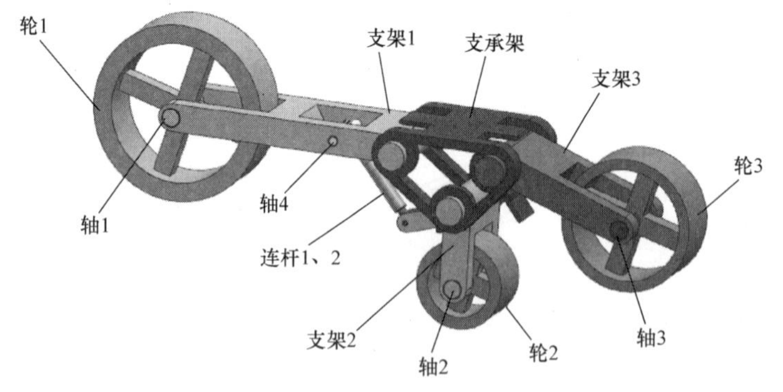

图 5-1　火车车辆轴三维装配图

任务实施

步骤 1　新建一名为“火车车辆轴”的文件夹，将装配所需文件复制到该文件夹中。

步骤 2　新建装配文件。

单击〈新建〉，弹出“新建”对话框，在“模板”列表中选择名称为“装配”的模板，文件名为“火车车辆轴装配_ asm”，保存路径为步骤 1 中所创建的文件夹，如图 5-2 所示，单击 确定 按钮。

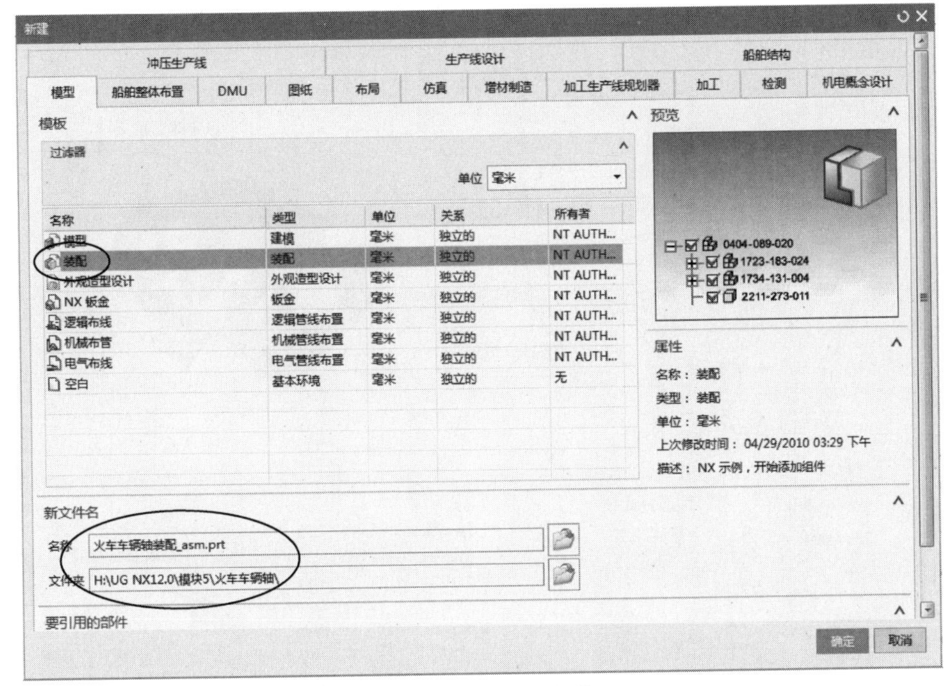

图 5-2　新建装配文件

> 装配文件一定要与组成部分中的各个零部件放置在同一文件夹中，否则打开装配文件时会提示部件已卸载。

步骤 3　添加支承架。

1）系统自动弹出“添加组件”对话框，如图 5-3 所示，单击〈打开〉，弹出“部件名”对话框，根据部件存放路径选择部件“支承架”，如图 5-4 所示，单击 OK 按钮，“支承架”零件便添加到装配环境中，且系统返回“添加组件”对话框。

2）设置支承架的对齐位置。在“添加组件”对话框的“位置”选项组的“组件锚点”下拉列表中选择“绝对坐标系”，在“装配位置”下拉列表中选择“绝对坐标系-工作部件”（即设置支承架零件的绝对坐标系原点与装配环境中工作部件的绝对坐标系原点对齐），如图 5-3 所示。

3）设置支承架的放置方式，添加约束。在“放置”选项组中选择 约束，系统展开“约束类型”列表，在列表中单击〈固定〉，在绘图区选择支承架零件（即设置将支承架通过添加“固定”约束的方式进行装配），如图 5-3 所示。

4）在“设置”选项组的“引用集”下拉列表中选择“模型（‘MODEL’）”，在“图层”下拉列表中选择“原始的”（即设置只将支承架的实体类特征添加到装配体中，且放置在原来的图层），如图 5-3 所示。

5）单击 确定 按钮，即将“支承架”零件添加到装配环境中，且将其固定在装配环境中的原点处。

步骤 4　添加支架 1 并装配。

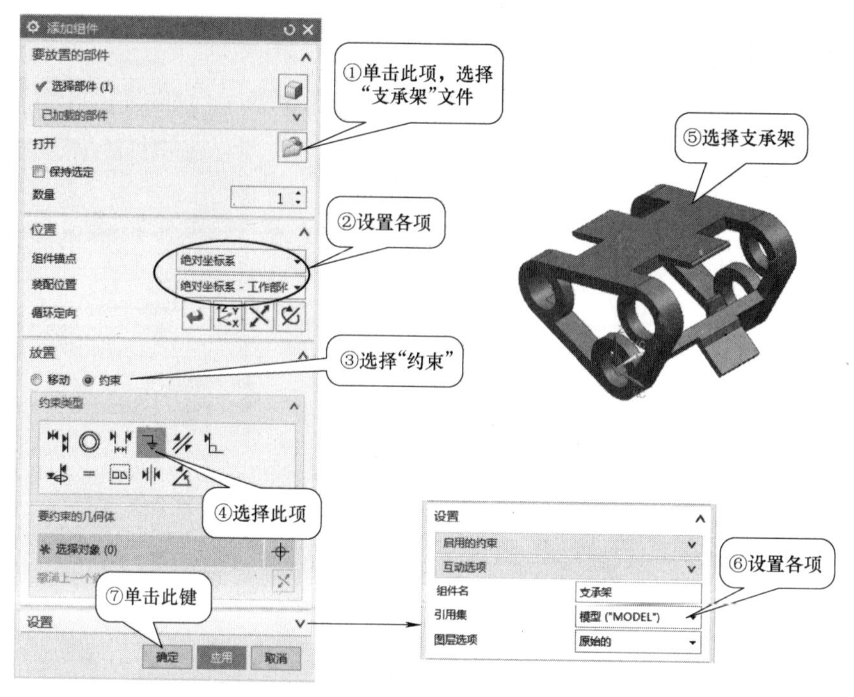

图 5-3　添加“支承架”并对其添加装配约束（固定）

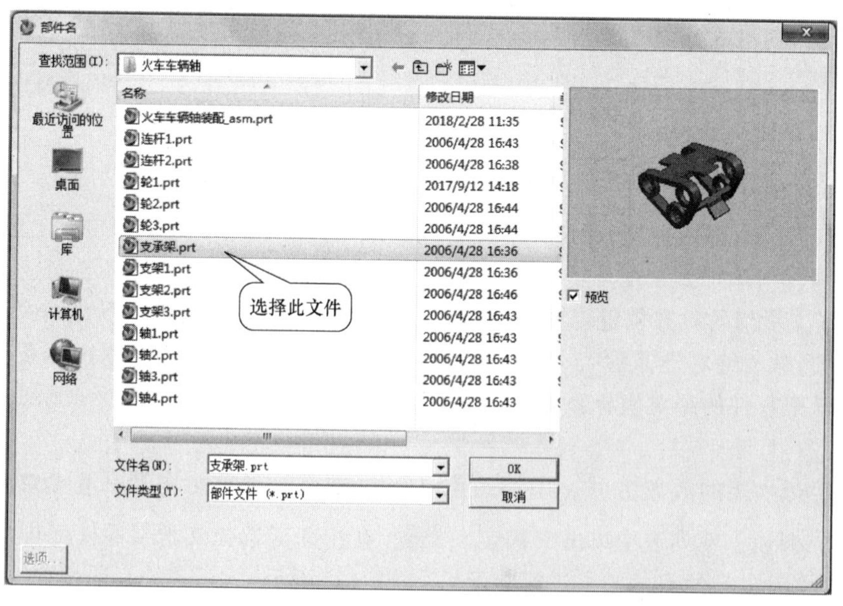

图 5-4　“部件名”对话框

1）添加支架 1 零件。单击【装配】→『组件』→〈添加〉，弹出“添加组件”对话框，单击〈打开〉，弹出“部件名”对话框，根据部件存放路径选择“支架”零件，单击 OK 按钮，“支架 1”零件便添加到装配环境中。

2）设置支架 1 的对齐位置、放置方式。在“添加组件”对话框“位置”选项组的“组

件锚点”下拉列表中选择“绝对坐标系”，在“装配位置”下拉列表中选择“绝对坐标系-工作部件”；在“引用集”下拉列表中选择“模型（‘MODEL’）”，在“图层”下拉列表中选择“原始的”；在“放置”选项组选择◉ 约束，系统展开“约束类型”列表。

3）添加“中心”约束。在“约束类型”列表中选择〈中心〉，“子类型”设置为“1 对 2”，“轴向几何体”设置为“自动判断中心/轴”，选择图 5-5 所示支架 1 圆柱的轴线和支承架两个孔的轴线，即将支架 1 圆柱穿入支承架的孔中。

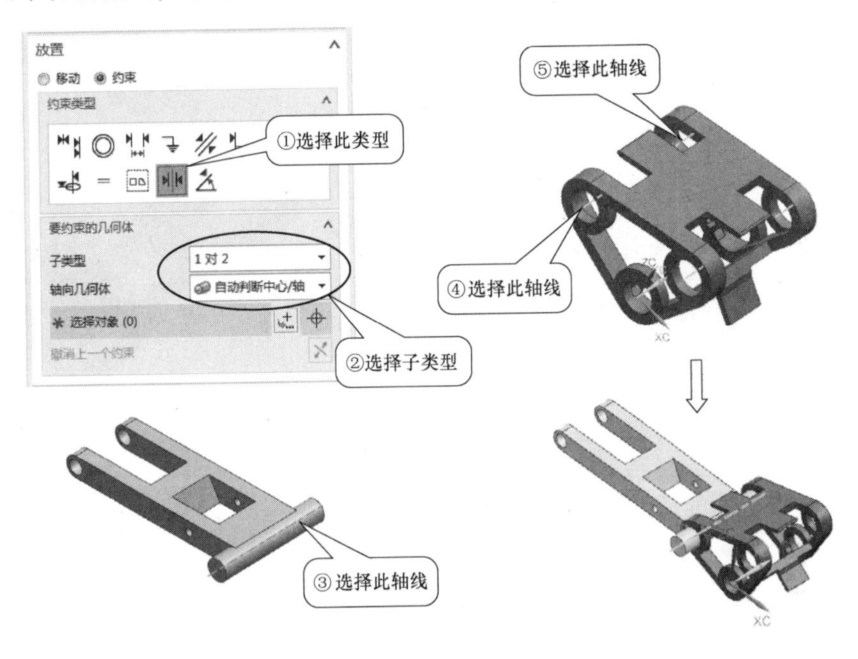

图 5-5　为支架 1 添加“中心”约束（1 对 2）

4）添加“接触对齐”约束。在“约束类型”列表中选择〈接触对齐〉，“方位”选择“首选接触”，选择图 5-6 所示支架 1 的外侧面和支承架的内侧面，即使得所选的两个面面对面接触。

5）添加“平行”约束。在“约束类型”列表中选择〈平行〉，选择两个零件的上表面，如图 5-7 所示，即约束所选两表面平行，单击 确定 按钮，确认对支架 1 所添加的所有约束。

> 在以上添加装配约束的过程中若因误操作造成约束未完全添加完成便关闭了“添加组件”对话框，可在功能区单击【装配】→『组件位置』→〈装配约束〉，打开“装配约束”对话框，如图 5-8 所示，继续添加装配约束。

步骤 5　添加支架 2 并装配。

1）添加支架 2 零件，并为其添加“中心”约束、“接触对齐”约束。其操作方法如前所述，添加约束完成后如图 5-9 所示。

2）添加“垂直”约束。在“约束类型”列表中选择〈垂直〉，选择支承架的上表

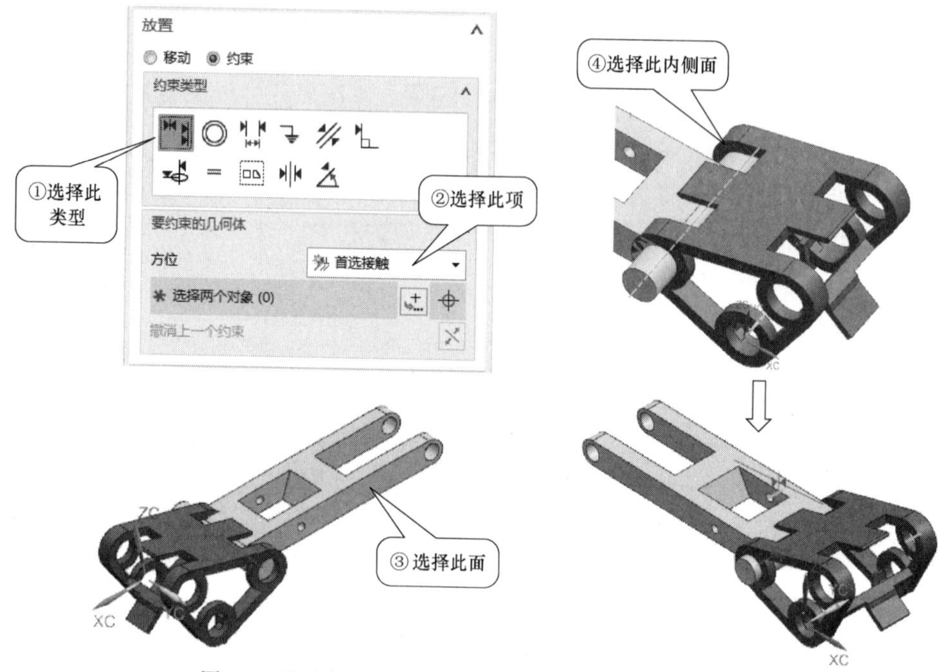

图 5-6　为支架 1 添加“接触对齐”约束（首选接触）

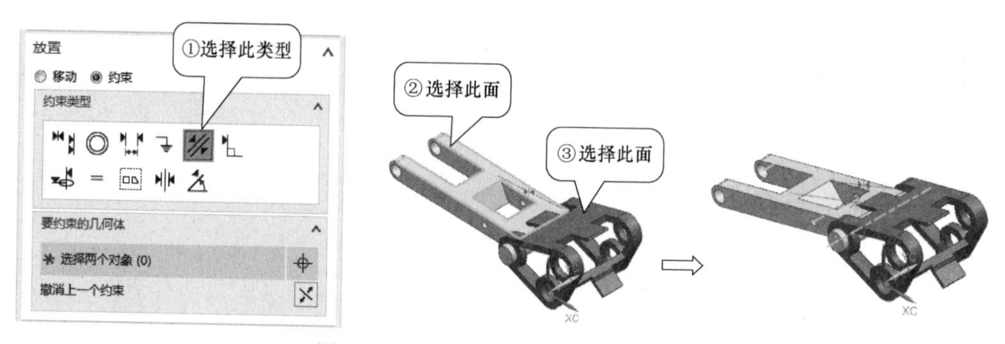

图 5-7　为支架 1 添加“平行”约束

面和支架 2 的右侧面，如图 5-10 所示，即约束所选两表面垂直。

图 5-8　“装配约束”对话框

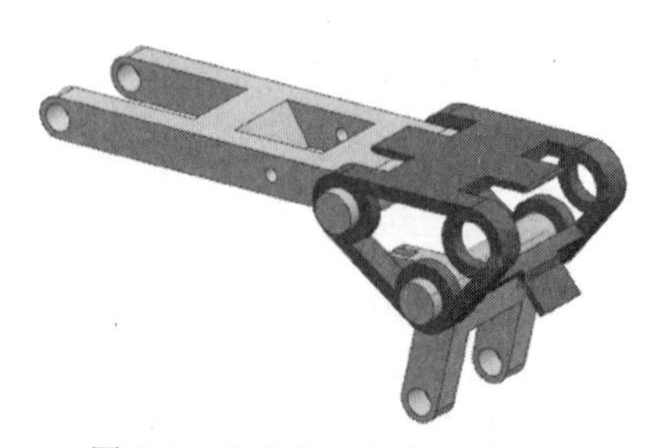

图 5-9　为支架 2 添加“中心”约束、“接触对齐”约束后

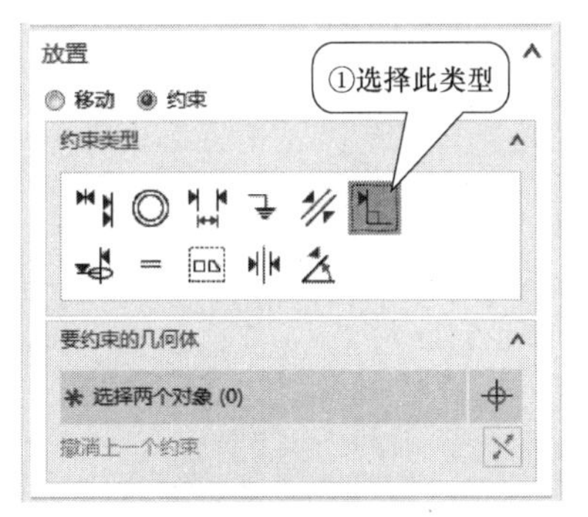

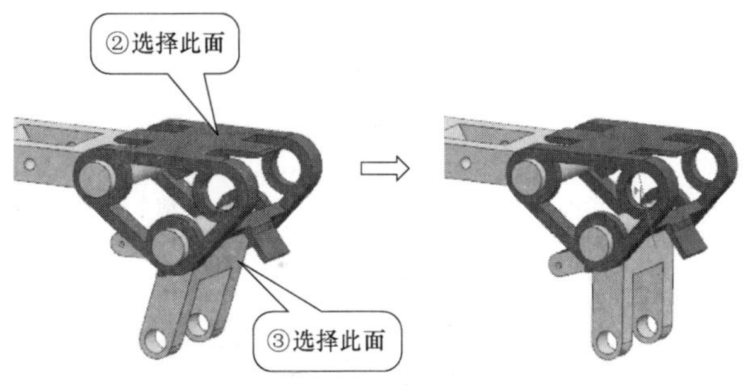

图 5-10　为支架 2 添加“垂直”约束

将零件添加进装配环境时，在绘图区会显示添加的零件，有时该零件会遮挡约束对象的选取，此时用户可在“添加组件”对话框的“放置”选项下选择◉移动，单击〈操控器〉，进入“移动组件”方式，在绘图区拖曳或旋转坐标系移动添加的零件，而后再进行添加装配约束操作。如需沿 YC 轴移动支架 2 零件，其操作过程如图 5-11 所示。

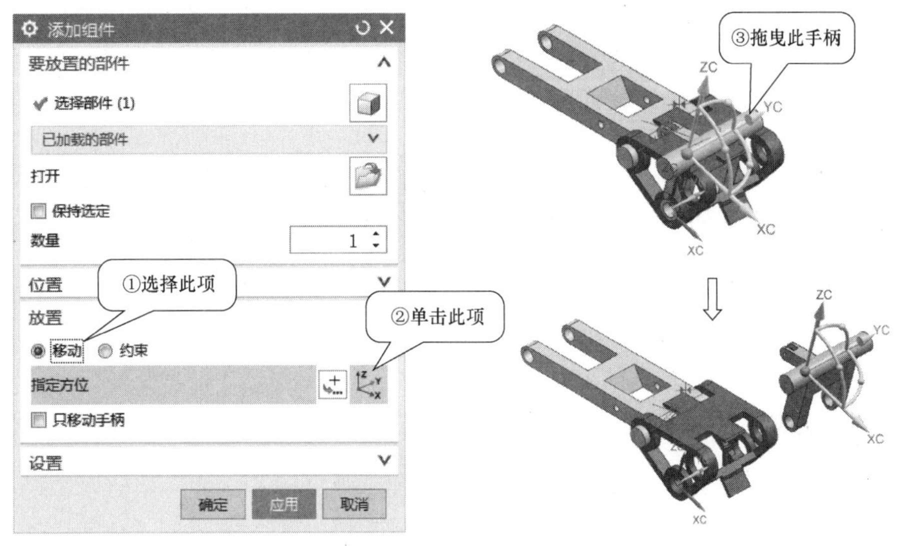

图 5-11　移动“支架 2”零件

步骤 6　添加支架 3 并装配。

1）添加支架 3 零件，并添加“中心”约束、“接触对齐”约束，完成后如图 5-12 所示。

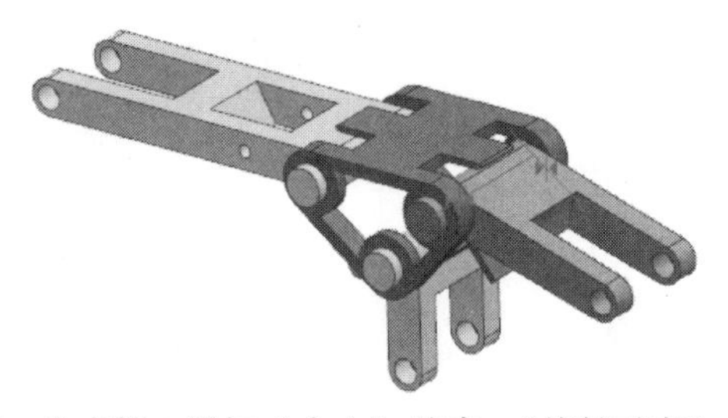

图 5-12　为支架 3 添加“中心”约束、“接触对齐”约束后

2）添加“角度”约束。在“约束类型”列表中选择〈角度〉，在“子类型”下拉列表中选择“3D 角”，选择两个零件的上表面，在“角度”文本框中输入“160”，如图 5-13所示，即约束所选两表面间夹角为160°。

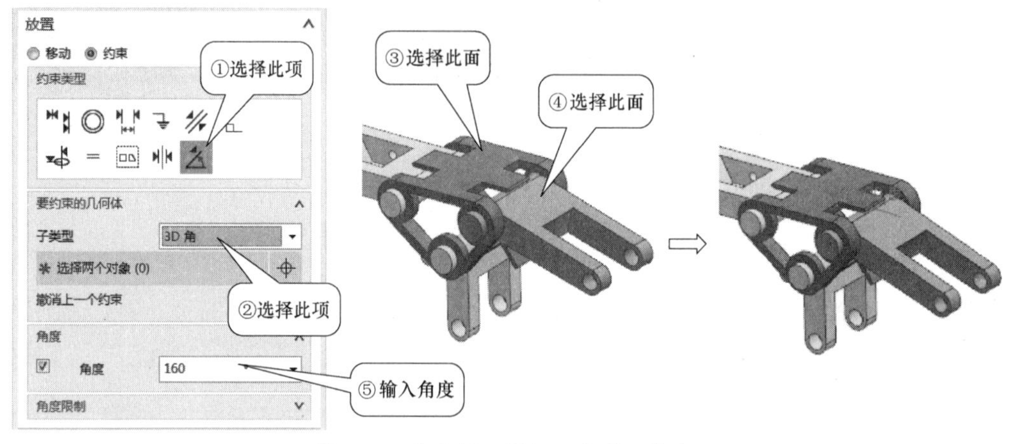

图 5-13　为支架 3 添加“角度”约束

步骤 7　添加轴 1 并装配。

1）添加轴 1 零件，并添加“中心”约束，完成后如图 5-14 所示。

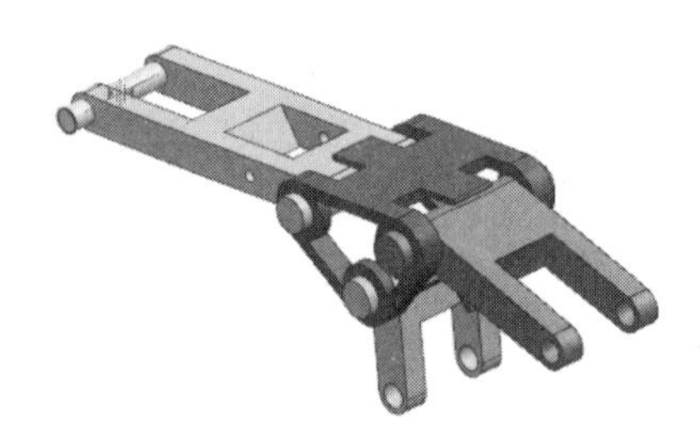

图 5-14　为轴 1 添加“中心”约束后

2）添加“距离”约束。在“类型”列表中选择〈距离〉，选择图 5-15 所示的两个面，在“距离”文本框中输入“0.2”，单击 确定 按钮。

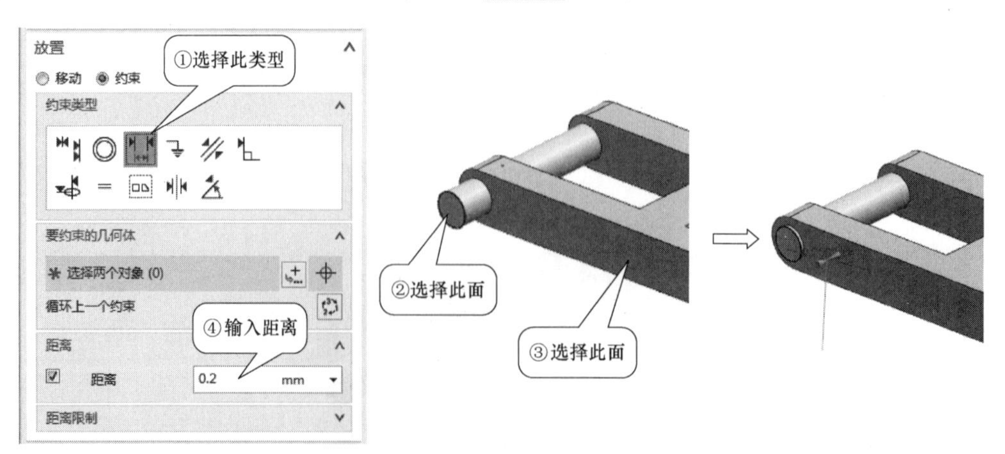

图 5-15　为轴 1 添加“距离”约束

步骤 8　采用同样的方法添加轴 2、轴 3、轴 4 并装配，完成后如图 5-16 所示。

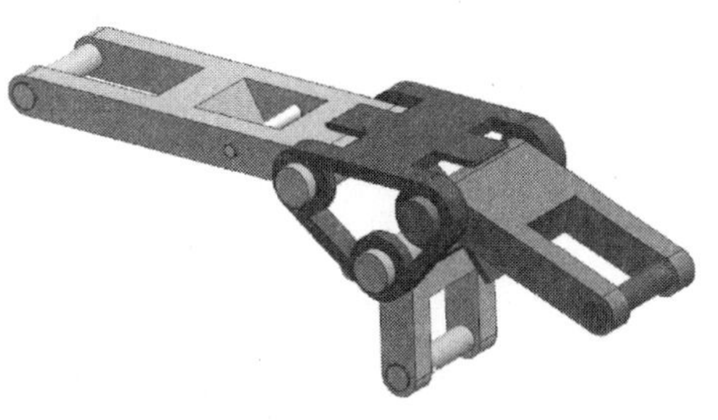

图 5-16　装配轴 2、轴 3、轴 4

步骤 9　添加连杆 1 并装配。

1）添加连杆 1 零件，其操作方法如前所述。

2）添加“接触对齐”约束：“方位”选择“自动判断中心/轴”，选择连杆 1 孔的轴线和轴 4 的轴线，如图 5-17 所示。如方向不对，单击反向。

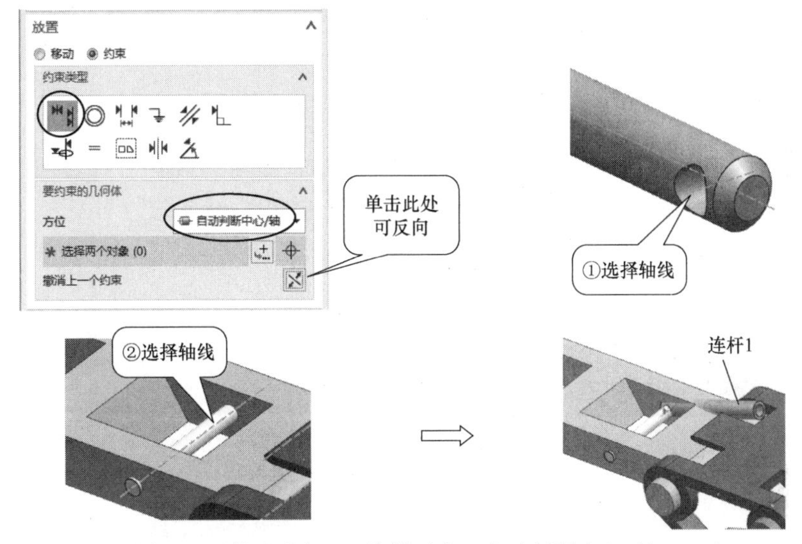

图 5-17　装配连杆 1（接触对齐，自动判断中心/轴）

步骤 10　添加连杆 2 并装配。

1）添加连杆 2 零件，其操作方法如前所述。

2）添加“接触对齐”约束：“方位”选择“自动判断中心/轴”，选择图 5-18 所示连杆 2 小圆柱体的轴线和支架 2 圆柱孔的轴线，使其装配后如图 5-18 所示。如方向不对，单击反向。

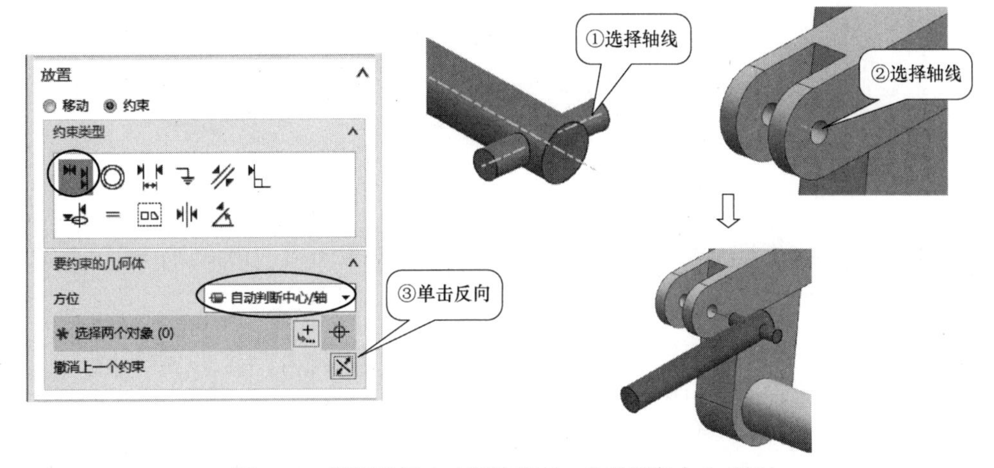

图 5-18　装配连杆 2（接触对齐，自动判断中心/轴）

3）添加“接触对齐”约束：“方位”选择“首选接触”，选择图 5-19 所示连杆 2 的大圆柱面和支架 2 槽的内侧面，使其装配后如图 5-19 所示。如方向不对，单击 反向。

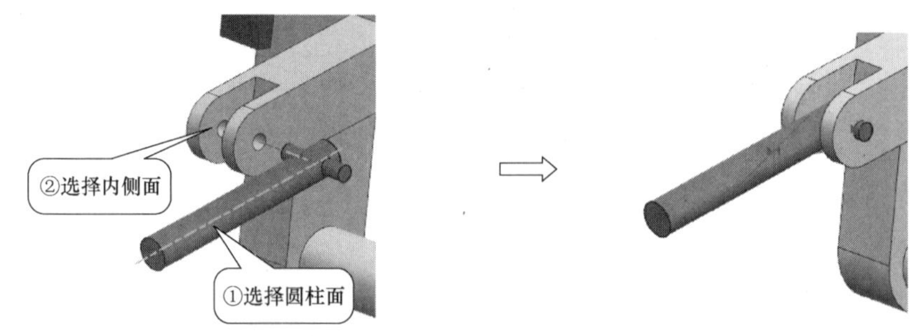

图 5-19　装配连杆 2（接触对齐，首选接触）

4）添加“接触对齐”约束：“方位”选择“自动判断中心/轴”，选择图 5-20 所示连杆 2 和连杆 1 的轴线，即将连杆 1 装到连杆 2 的 孔中，如图 5-20 所示。

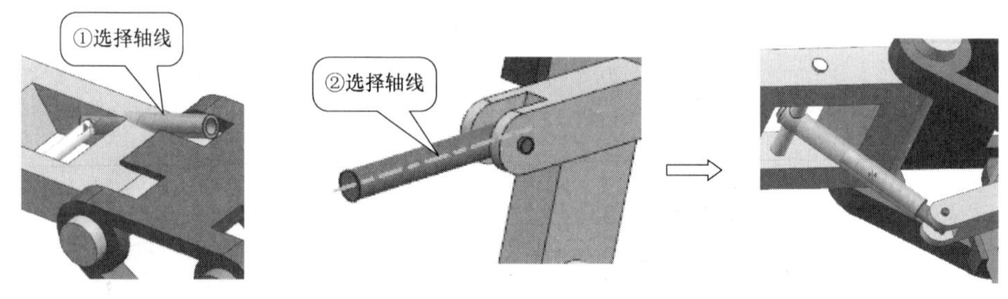

图 5-20　装配连杆 2（接触对齐，自动判断中心/轴）

步骤 11　添加轮 1 并装配。

1）添加轮 1 零件，其操作方法如前所述。

2）添加“接触对齐”约束：“方位”选择“自动判断中心/轴”，选择轮 1 外圆柱面和轴 3 外圆柱面，如图 5-21 所示。

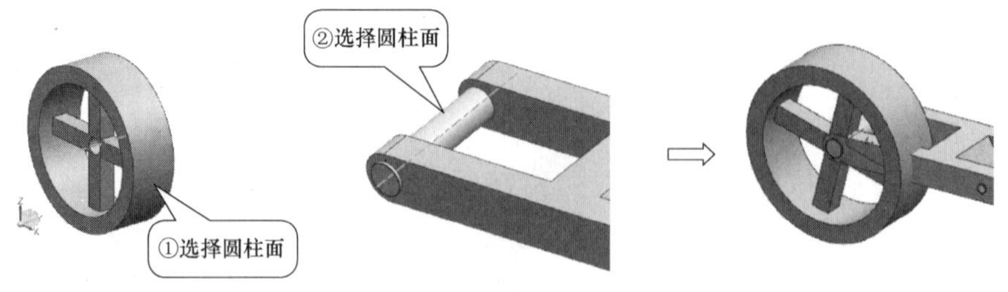

图 5-21　装配轮 1（接触对齐，自动判断中心/轴）

3）“方位”选择“首选接触”，选择轮 1 的侧面和支架 1 槽的内侧面，如图 5-22 所示，单击 确定 按钮。

步骤 12　采用同样的方法添加轮 2、轮 3 并装配，完成后如图 5-23 所示。

步骤 13　将支架 1 设为工作部件。

在“装配导航器”的装配树中用鼠标右键单击“支架 1”，在弹出的快捷菜单中选择“设为工作部件”，支架 1 在绘图区高亮显示，则将其设为了工作部件，如图 5-24 所示，

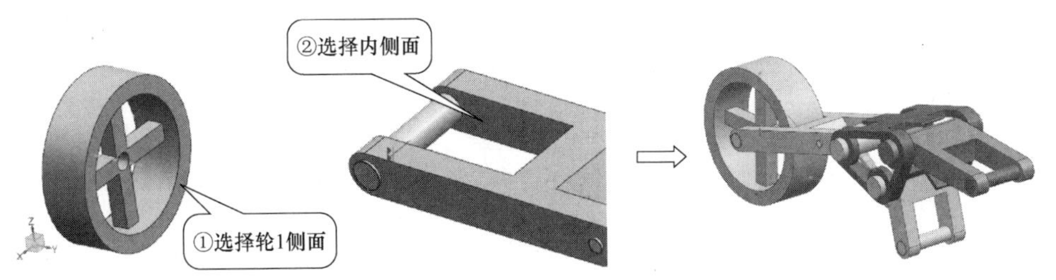

图 5-22　装配轮 1（接触对齐，首选接触）

同时绘图区上方的文件名显示为 支架1.prt 在装配中 火车车辆轴装配_asm.prt ×。

步骤 14　在窗口中打开支架 1，将其设为显示部件。

再次在“装配导航器”中用鼠标右键单击“支架 1”，在快捷菜单中选择“在窗口中打开”，系统将其单独打开，即将其设为了显示部件，如图 5-25 所示。

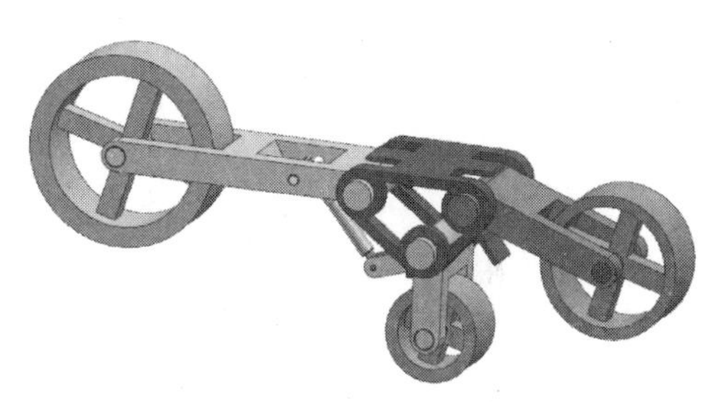

图 5-23　装配轮 2、轮 3

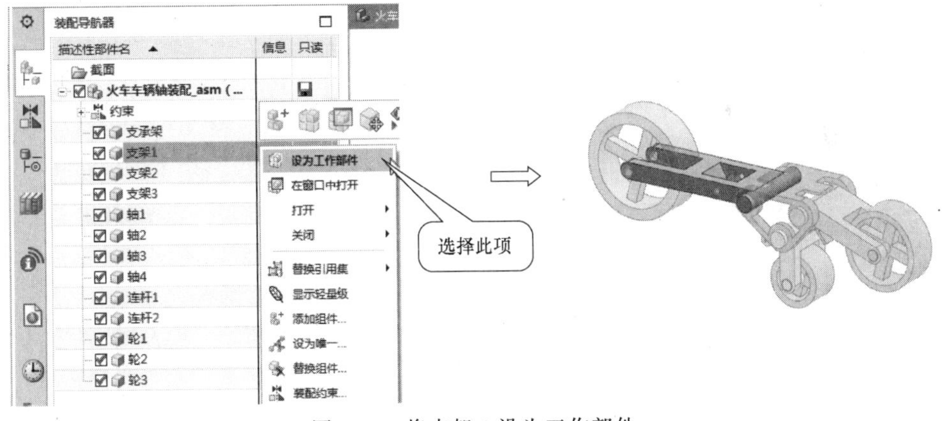

图 5-24　将支架 1 设为工作部件

图 5-25　将支架 1 设为显示部件

步骤 15　将整个装配体设为工件部件。

1）将支架 1 由显示部件状态返回到上一个工作部件状态。在支架 1 的“装配导航器”

中用鼠标右键单击“支架 1”，在快捷菜单中选择“在窗口中打开父项”→火车车辆轴装配_ asm，如图 5-26 所示，则支架 1 返回到图 5-25所示的工作部件状态。

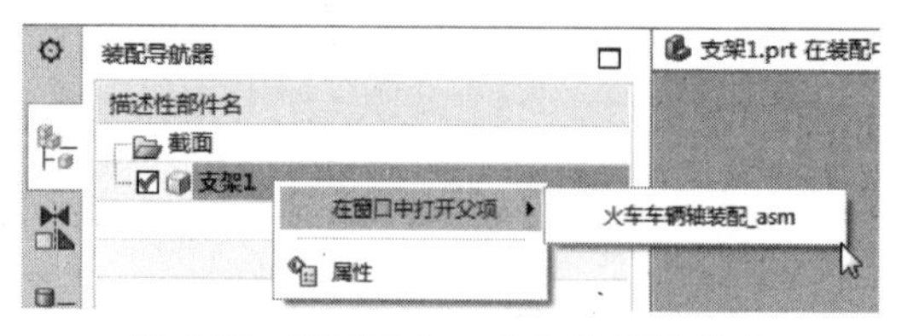

图 5-26　返回到上一个工作部件状态

2）将整个装配体设为工作部件。在“装配导航器”中用鼠标右键单击“火车车辆轴装配_ asm”，在快捷菜单中选择“设为工作部件”，如图 5-27 所示，则将整个装配体设为了工作部件。

步骤 16　绕 ZC 轴旋转火车车辆轴。

1）单击【装配】→『组件位置』→〈移动组件〉，弹出“移动组件”对话框，如图 5-28 所示，在绘图区选择整个装配体，单击鼠标中键。

2）在对话框的“运动”下拉列表中选择“角度”，在复制“模式”下拉列表中选择“不复制”，在“指定矢量”列表中选择 ZC，在“角度”文本框中输入“90”，单击 确定 按钮，弹出“移动组件”警告对话框，如图 5-28 所示，提示是否确定要移动固定组件（本任务中支承架添加了“固定”约束，是固定组件），单击 是(Y) 按钮，火车车辆轴发生了旋转，如图 5-28 所示。

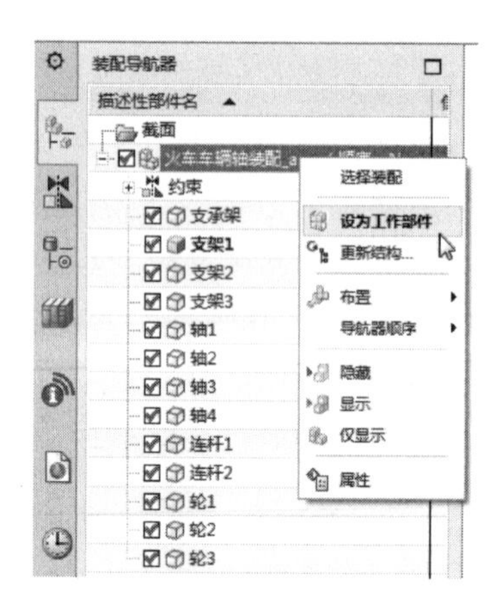

图 5-27　将整个装配体设为工作部件

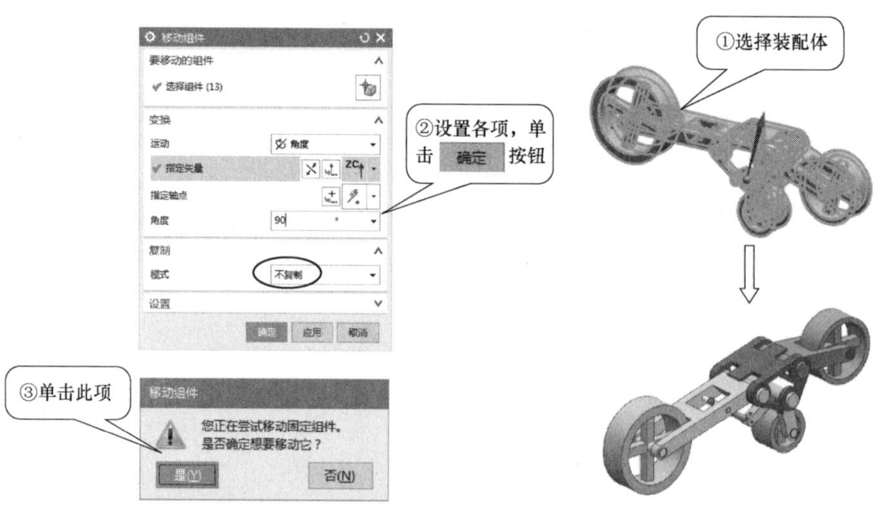

图 5-28　绕 ZC 轴旋转火车车辆轴

3）请读者采用“动态”方式（在“移动组件”对话框中的“运动”下拉列表中选择“动态”）将火车车辆轴旋转回原位置。

步骤 17　编辑轴 1 与支架 1 间的“距离”约束。

1）将“距离”约束中的距离值由“0.2”改为“1”。在“约束”导航器中找到 距离 (轴1, 支架1)，单击鼠标右键，在快捷菜单中选择 编辑...，弹出“装配约束”对话框，

如图 5-29 所示，在对话框的“距离”文本框中输入“1”，单击 确定 按钮，完成编辑，效果如图 5-29 所示。

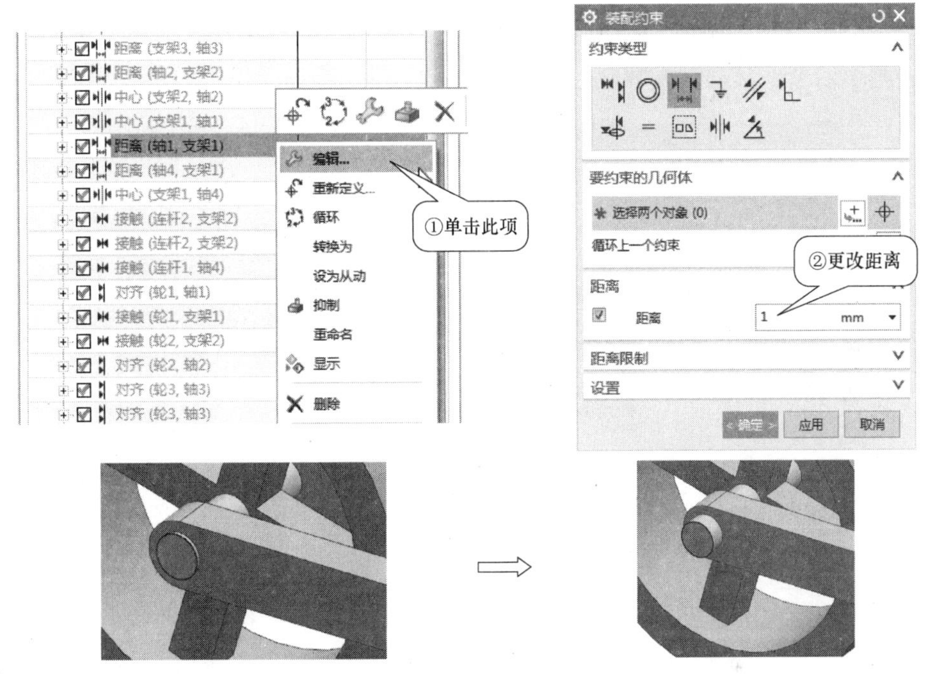

图 5-29　编辑约束（编辑距离）

2）将“距离”约束更改为“接触对齐”约束。在“约束”导航器中找到 距离（轴1，支架1），单击鼠标右键，在快捷菜单中选择“转换为”→“接触”，即更改了约束类型，更改后的效果如图 5-30 所示（此例中将“距离”约束转换为“接触”，相当于原来距离约束中的距离值变成“0”）。

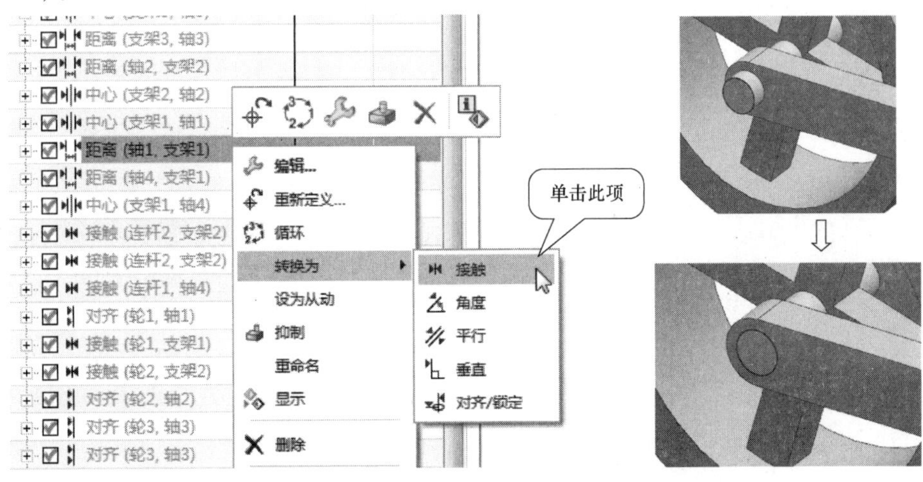

图 5-30　编辑约束（更改约束类型，“距离”转换为“接触”）

3）请读者再将轴 1 与支架 1 间的约束修改到未编辑前的状态（即“距离”约束，距离值为“0. 2”）。

步骤 18　保存文件。

知识点 1　新建装配文件与装配界面

单击〈新建〉，弹出“新建”对话框，在“模板”列表中选择名称为“装配”的模板，如图 5-31 所示，单击 确定 按钮，即可新建一个装配文件。

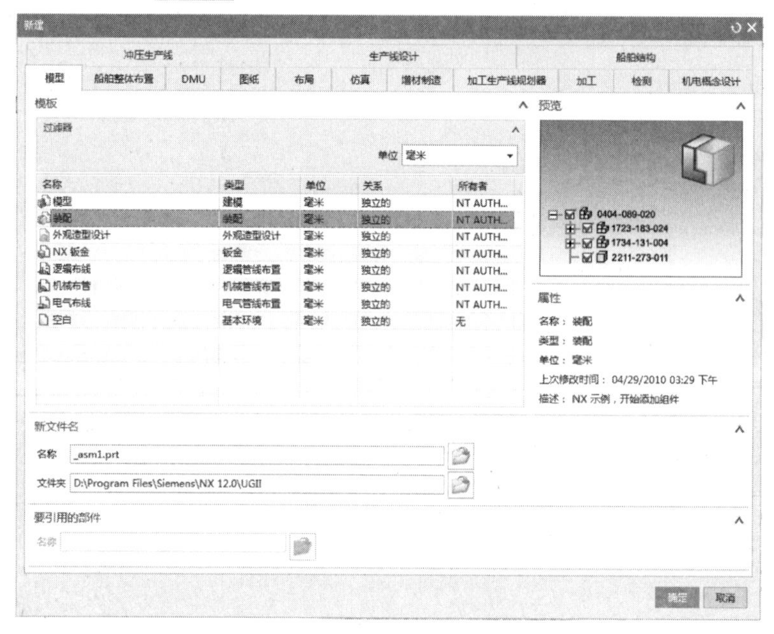

图 5-31　新建一个装配文件

装配设计模式下的工作界面如图 5-32 所示。进入装配界面后，功能区增加了一个“装配”选项卡，如图 5-33 所示，该选项卡提供了进行装配设计时所需的工具。

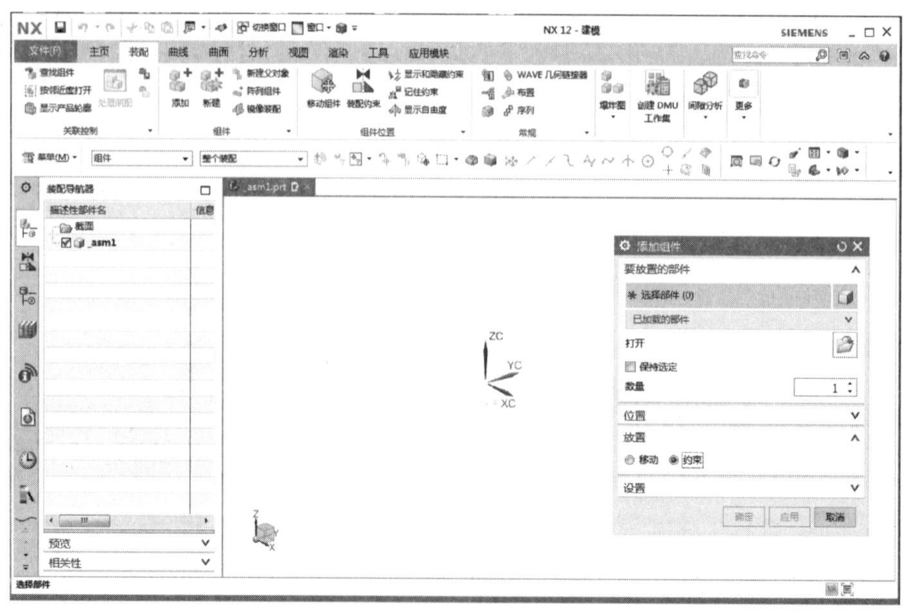

图 5-32　装配设计模式下的工作界面

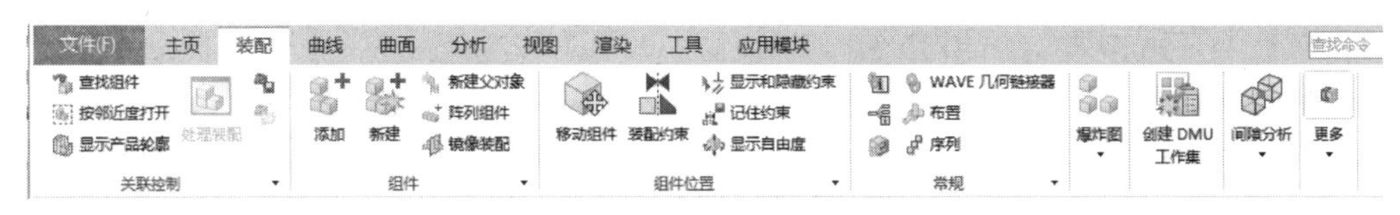

图 5-33 “装配”选项卡

知识点 2　装配术语和概念

1. 装配体（装配部件）

装配体是由零件或子装配部件按照设定关系组合而成的部件。任何一个 .prt 文件都可以作为装配体或子装配体。在 UG NX 12.0 中，零件和部件不必严格区分。

2. 子装配体

子装配体是在高一级装配中被当作组件来使用的装配体。

3. 组件对象

组件对象是一个从装配体链接到主模型的指针实体。组件对象记录着部件的名称、层、颜色、引用集和配对条件（即装配约束）等信息。

4. 组件部件

组件部件也称为组件，是在装配中由组件对象所指的部件文件。组件可以是单个部件（即零件），也可以是子装配体，组件是装配体引用的而不是复制到装配体中的。

5. 单个零件

单个零件是指在装配外存在的零件几何模型，它可以添加到一个装配体中去，但它本身不能含有下级组件。

6. 主模型

主模型是供 UG 各模块共同引用的部件模型。同一主模型可同时被工程图、装配、加工、机构分析和有限元分析等模块引用。装配体本身也可以是一个主模型，被制图、分析等模块引用。修改主模型时，相关应用自动更新。

7. 自下而上装配

先创建各个零件或组件部件，然后将它们按照一定的关系装配成子装配体或装配体。

8. 自上而下装配

在装配体里生成新的组件，先进行总体装配布局，再生成零部件。

知识点 3　装配中部件的不同状态

1. 显示部件

在绘图区显示的部件、组件和装配体都称为显示部件。

2. 工作部件

工作部件是可在其中建立和编辑几何对象的部件。

工作部件可以是显示部件，也可以是包含在显示部件中的任一部件。当打开一个部件文件时，它既是显示部件又是工作部件。显示部件与工作部件可以不同，如在装配体中，选择一个组件将其设为工作部件，则其余组件为显示部件，此时可以对工作部件进行编辑，而其他零件变成灰色（其他零件不可选择或编辑），如图 5-34 所示。

知识点4　引用集

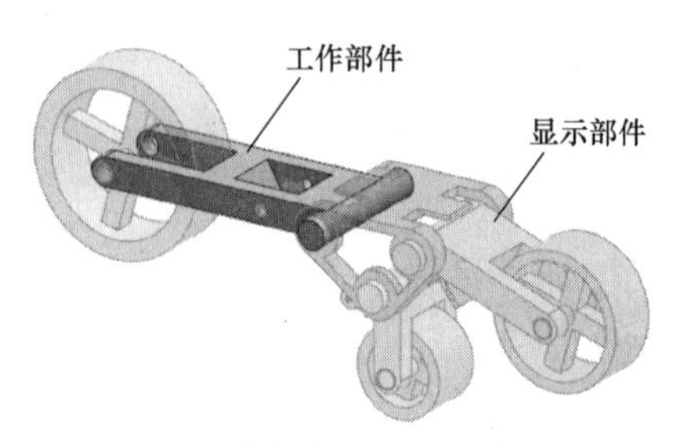

图 5-34　工作部件与显示部件的状态

1. 引用集的概念

在装配体中，各部件含有草图、曲线、曲面、基准平面及其他辅助图形对象，如果在装配体中列出并显示所有对象，不但容易混淆图形，而且还会占用大量内存，不利于装配工作的进行。通过引用集能够控制加载到装配图中的数据。

引用集是指要装入到装配体中的部分几何对象。引用集可以包含零部件的名称、原点、方向、几何对象、基准、坐标系等信息。创建完引用集后，就可以将其单独装配到部件中。一个零部件可以建立多个类型不同的引用集。

调用“引用集”命令主要有以下方式：

- 功能区：【装配】→『更多』→〈引用集〉。
- 菜单：格式→引用集(R)...。

执行上述操作后，弹出“引用集”对话框，如图 5-35 所示。

a) 零部件的“引用集”对话框

b) 装配体的“引用集”对话框

图 5-35　“引用集”对话框

系统默认建有多个引用集，其中常用有“模型（‘MODEL’）”“Entire Part”“Empty” 3 个。

◆ 模型（“MODEL”）：此引用集只包含零件模型中的实体类特征。

◆ Entire Part：即“整个部件”，此引用集包含零件模型中所有数据。

◆ Empty：即“空”，此引用集不包含可被引用的数据，选择此项时，则该部件只会出现在装配导航器中，而不会在屏幕上显示。

单击“引用集”对话框中的〈属性〉，可以编辑选定引用集对象信息；单击〈信息〉，可以查看当前选定的引用集信息。

2. 引用集的操作

(1) 引用集的使用　在功能区单击【装配】→『组件』→〈添加〉，打开“添加组件”对话框，在“设置”选项组的“引用集”下拉列表中选择所需的一个引用集，如图 5-36 所示。

(2) 引用集的替换　引用集的替换是指在装配设计中进行引用集之间的替换。其较为快捷的方法是在“装配导航器”窗口中选择相应的组件，单击鼠标右键，在弹出的快捷菜单中展开“替换引用集”命令，从中选择一个替换引用集，如图 5-37 所示。

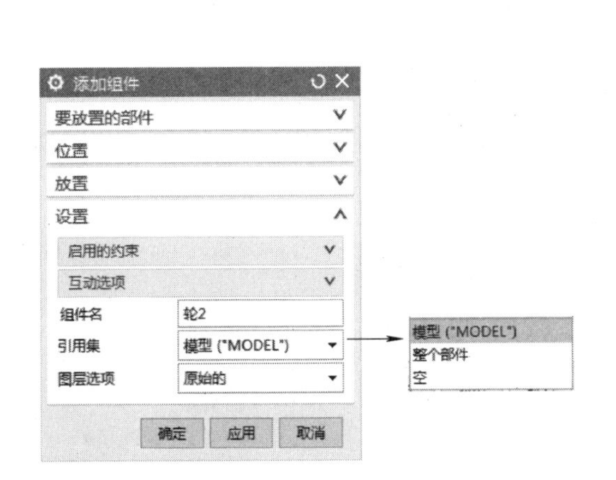

图 5-36　引用集的使用

图 5-37　引用集的替换

知识点 5　装配约束

“装配约束”命令可以在两组件间定义约束条件，以确定组件在装配体中的位置。调用“装配约束”命令主要有以下方式：

- 功能区：【装配】→『组件位置』→〈装配约束〉。
- 菜单：装配→组件位置→ 装配约束(N)...。

执行上述操作后，弹出“装配约束”对话框，如图 5-38 所示。

“装配约束”对话框的“约束类型”列表中有“接触对齐”“同心”“距离”“固定”“平行”“垂直”“对齐/锁定”“适合窗口（等尺寸配对）”“胶合”“中心”“角度”等约束类型。

1. 接触对齐

选择“接触对齐”类型时，对话框如图 5-39 所示，此时在“方位”下拉列表中有“首选接触”“接触”“对齐”“自动判断中心/轴”选项。

◆ 首选接触：选择对象时，系统提供的方位方式首选为接触。此为默认选项。

◆ 接触：使指定的两个相配合对象接触（贴合）在一起。如要配合的两对象是平面，则两平面贴合且法向相反；如要配合的两对象是边缘和线，则实现共线；如要配合的两

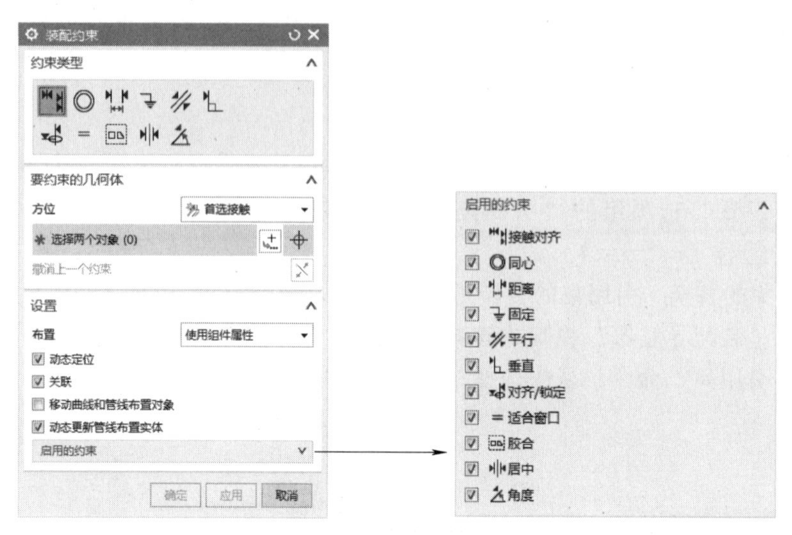

图 5-38 “装配约束”对话框

对象是圆柱面，则两圆柱面以相切形式接触，用户可单击〈撤消上一个约束〉来设置是外切还是内切；如是两直径相等的圆柱面，则两圆柱面同轴。

◆ 对齐：对齐选定的两个要配合的对象。如是两平面，则两平面共面且法向相同；如是两边缘和线，则实现共线；如是两圆柱面，则两圆柱面相切；如是两直径相等的圆柱面，则对齐轴线（即同轴）。

◆ 自动判断中心/轴：根据所选参照曲面来自动判断中心/轴，实现同轴。

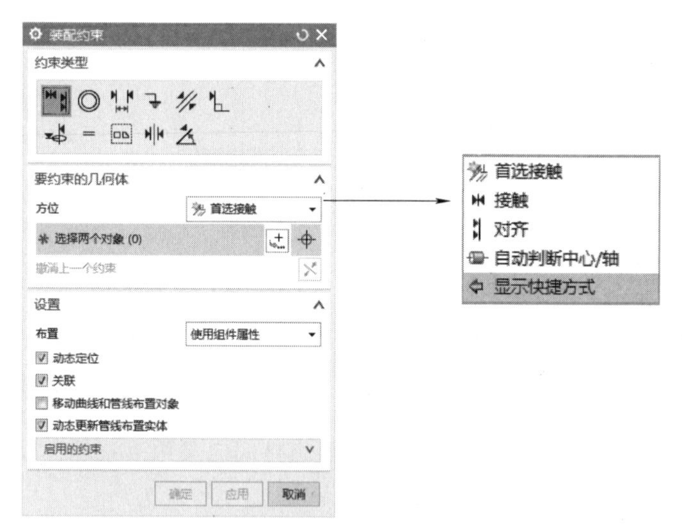

图 5-39 “接触对齐”约束

“接触对齐”约束的应用及具体操作在本任务实例中已述，不再赘述。

2. 同心

“同心”约束是使选定的两个圆边或椭圆边同心并使边的平面共面，如图 5-40 所示。

3. 距离

“距离”约束用于约束组件对象之间的最小距离。距离可以为正也可以为负，正负用于确定相配组件在哪一侧。

“距离”约束的应用及具体操作在本任务实例中已述，不再赘述。

4. 固定

“固定”约束用于将组件固定在其当前位置上。通常，作为基体零件，需对其添加“固

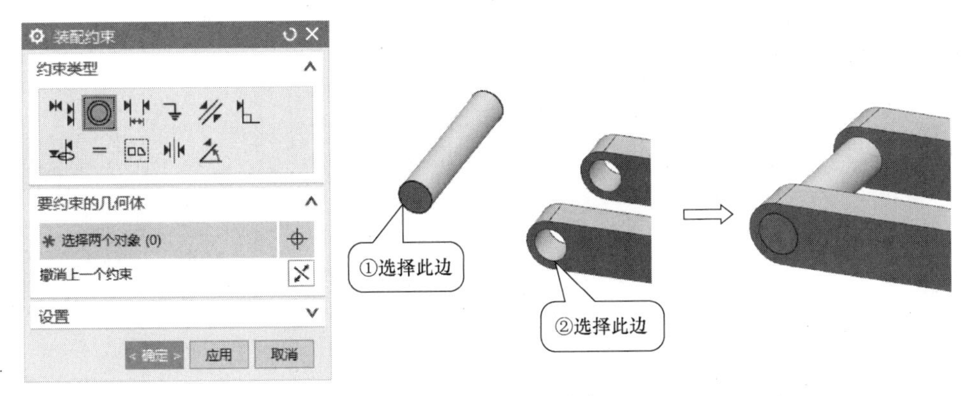

图 5-40 “同心”约束

定”约束，这样就可以固定其位置，保证在后续的装配过程中不发生偏移，如本任务实例中支承架便添加了“固定”约束。

“固定”约束的应用及具体操作在本任务实例中已述，不再赘述。

5. 平行

“平行”约束用于约束两个对象的方向矢量平行。

“平行”约束的应用及具体操作在本任务实例中已述，不再赘述。

6. 垂直

“垂直”约束用于约束两个对象的方向矢量垂直。

“垂直”约束的应用及具体操作在本任务实例中已述，不再赘述。

7. 对齐/锁定

“对齐/锁定”约束用于对齐不同对象中的两轴以使其同轴，同时防止绕公共轴旋转。如图 5-41 所示，圆柱体与孔添加“对齐/锁定”约束后，两对象实现同轴，且不能再绕公共轴 YC 轴旋转。

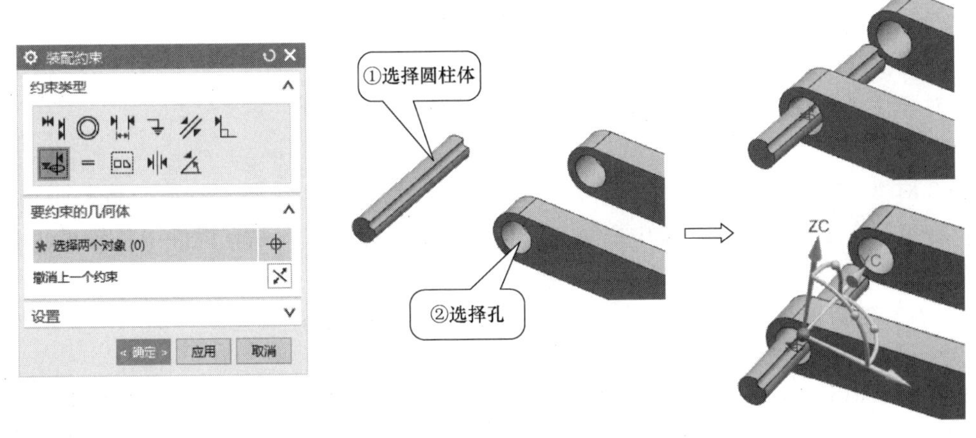

图 5-41 “对齐/锁定”约束

8. 适合窗口（即等尺寸配对）

“适合窗口”约束用于将半径相等的两个对象（圆边、椭圆边、圆柱面、球面）结合在一起，实现同轴，如图 5-42 所示。

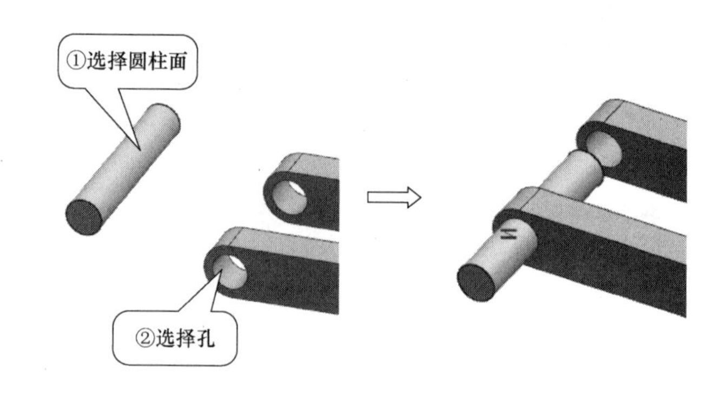

图 5-42 “适合窗口”约束

9. 胶合

“胶合”约束用于将组件焊接在一起，使其作为刚体移动。

10. 中心

“中心”约束用于约束两个对象的中心，使其中心对齐。

选择“中心”类型时，对话框如图 5-43 所示，此时在“方位”下拉列表中有“1 对 2”“2 对 1”“2 对 2”选项。

◆ 1 对 2：将添加组件的一个对象中心与原有组件的两个对象中心对齐，即需要在添加的组件中选择一个对象，在原有组件中选择两个对象。

◆ 2 对 1：将添加组件的两个对象中心与原有组件的一个对象中心对齐，即需要在添加的组件上指定两个对象中心，在原有组件中指定一个对象中心。

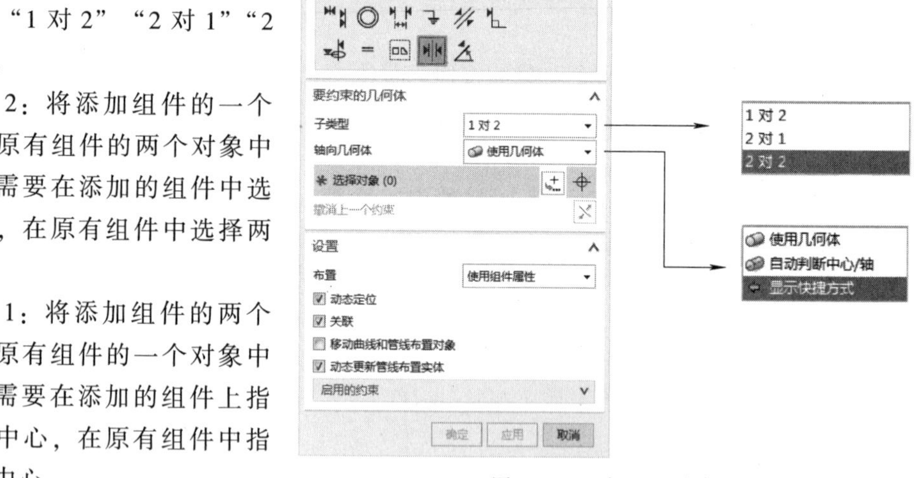

图 5-43 “中心”约束

◆ 2 对 2：将添加组件的两个对象中心与原有组件的两个对象中心对齐，即需要在添加组件和原有组件中各选择两个参照定义对象中心。

“中心”约束的应用及具体操作在本任务实例中已述，不再赘述。

11. 角度

“角度”约束用于在两个对象之间定义角度，通常用于约束组件到正确的方向上。

“角度”约束的应用及具体操作在本任务实例中已述，不再赘述。

知识点 6 添加组件

“添加组件”命令可以将组件添加到装配体中。调用该命令主要有以下方式：

- 功能区：【装配】→『组件』→〈添加组〉。
- 菜单：装配→组件→添加组件(A)...。

执行上述操作后，弹出“添加组件”对话框，如图 5-44 所示，对话框中部分选项的说明如下：

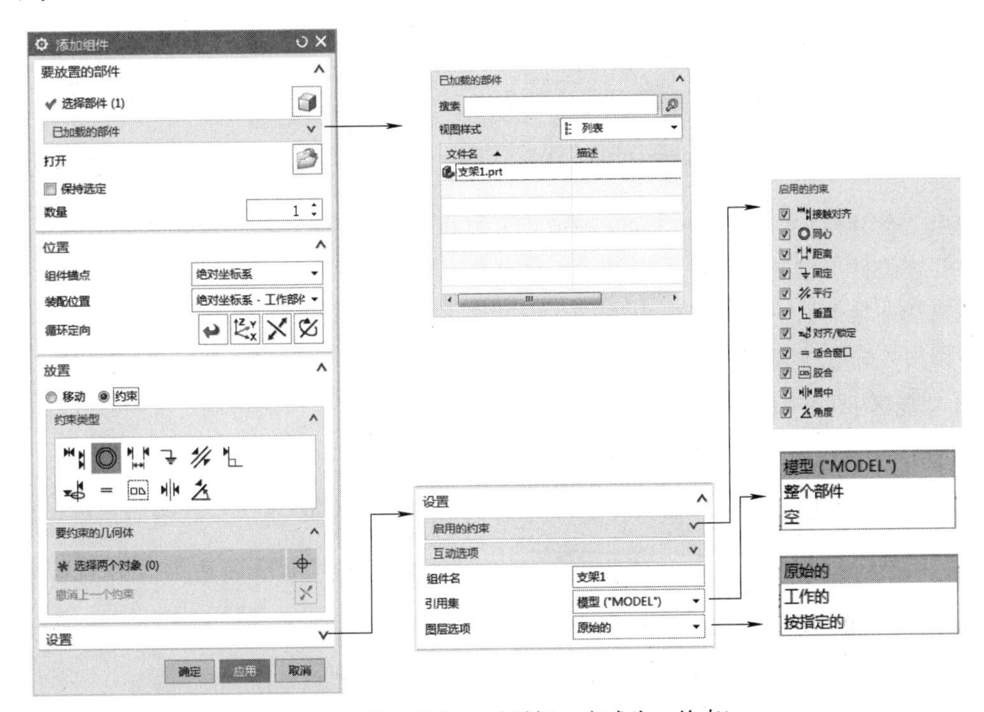

图 5-44 “添加组件”对话框（方式为：约束）

1. “要放置的部件”选项组

◆ 选择部件：显示添加到工作中的部件数量。

◆ 已加载的部件：列出当前已加载的部件。

◆ 打开：单击，选择要添加到工作中的一个或多个部件。

2. “位置”选项组

◆ 组件锚点：设置组件添加到装配环境中的对齐点。

◆ 装配位置：设置组件添加到装配环境中的对齐位置。

◆ 循环定向：单击各项可改变组件的方位。

3. “放置”选项组

◆ 约束：选择该方式，将在调入零件后直接进入“装配约束”环境，来对新添加部件进行精确的定位。选择该方式后，对话框中增加“约束类型”列表，以便用户添加装配约束，如图 5-44 所示。

◆ 移动：选择该方式，将在调入零件后直接进入“移动组件”方式，可利用鼠标拖动来改变这个组件的位置和角度。此时，对话框中“放置”选项组的内容显示如图 5-45 所示。

4. “设置”选项组

◆ 组件名：将当前所选组件的名称设置为指定的名称。

◆ 引用集：设置已添加组件的引用集，各选项的含义见本任务知识点4。

◆ 图层选项：用于指定所添加组件放置的目标层。

原始的：将所添加组件放置在其原来的层。

工作的：将所添加组件放置到装配的操作层中。

按指定的：将所添加组件放置到指定的层中。

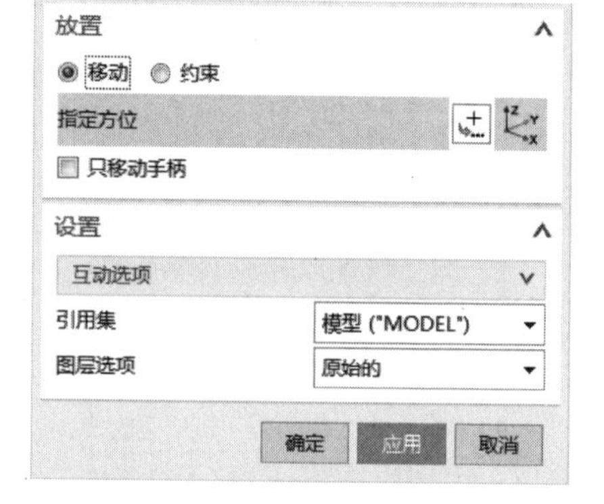

图5-45 “放置”选项组内容（方式为：移动）

知识点7 新建组件

使用“新建组件”命令可以在装配模式下新建一个组件，该组件可以是空的，也可以加入复制的几何模型。通常在自上而下装配设计中进行新组件的创建操作。调用该命令主要有以下方式：

- 功能区：【装配】→『组件』→〈新建组件〉。
- 菜单：装配→组件→新建组件(C)...。

执行上述操作后，弹出“新组件文件”对话框，如图5-46所示，在该对话框中指定模型模板，设置名称和文件夹后，单击 确定 按钮，弹出如图5-47所示的“新建组件”对话框。

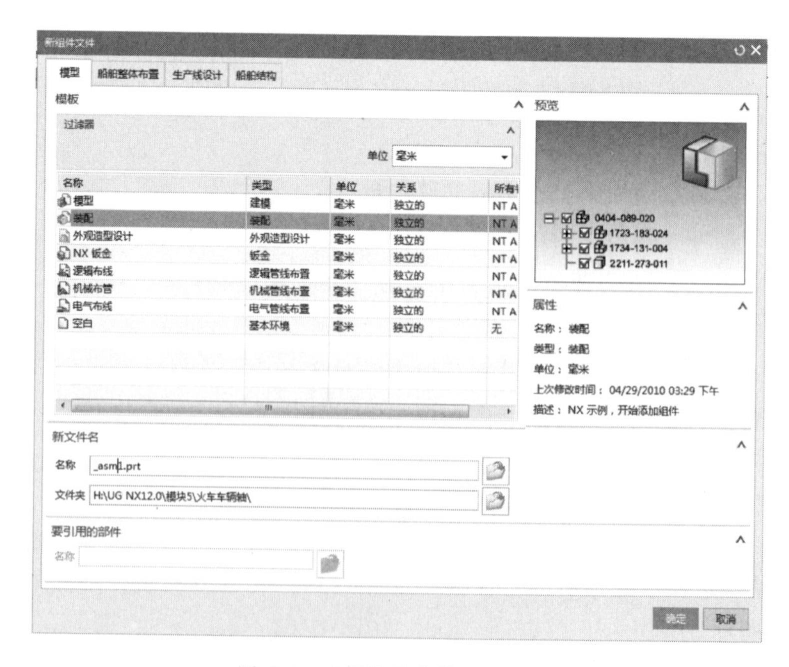

图5-46 “新组件文件”对话框

此时，可以为新组件选择对象，也可以根据实际情况或设计不做选择以创建空组件。在“新建组件”对话框中指定组件名、引用集、图层选项、组件原点等，单击 确定 按钮，即

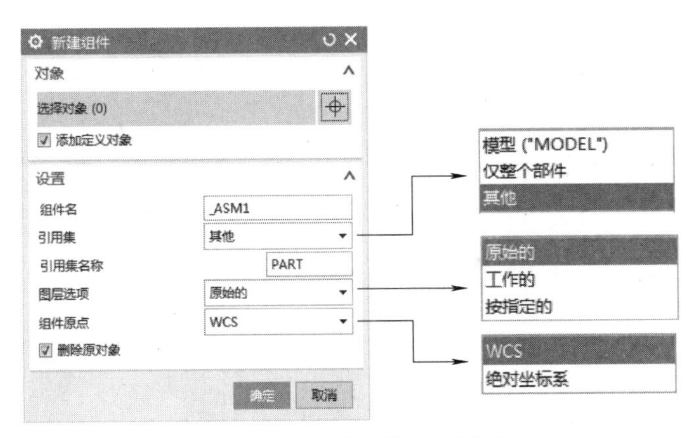

图 5-47　“新建组件”对话框

可新建一个组件。

知识点 8　移动组件

“移动组件”命令用于在装配中移动并有选择地复制组件。调用该命令主要有以下方式：

- 功能区：【装配】→『组件位置』→〈移动组件〉 。
- 菜单：装配→组件位置→ 移动组件(E)... 。

执行上述操作后，弹出“移动组件”对话框，如图 5-48 所示。

移动组件的具体操作在本任务实例中已述（图 5-11），不再赘述。

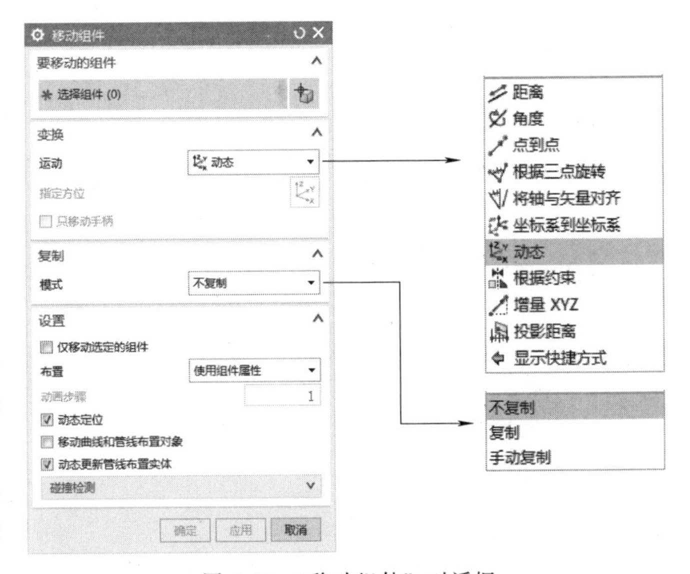

图 5-48　“移动组件”对话框

知识点 9　替换组件

“替换组件”命令用于将一个组件替换为另一个组件。调用该命令主要有以下方式：

- 功能区：【主页】→『装配』→组件下拉菜单→ 替换组件(E)... 。
- 菜单：装配→组件→ 替换组件(E)... 。

执行上述操作后，打开“替换组件”对话框，如图 5-49 所示。

例如，将图 5-49 所示装配体中的长螺栓替换成短螺栓，其操作过程如图 5-49 所示。

进行替换操作时，如勾选“替换组件”对话框中的 替换装配中的所有事例，则装配体中所有长螺栓都被替换成短螺栓；如不勾选此项，则只替换选中的螺栓，如图 5-49 所示。

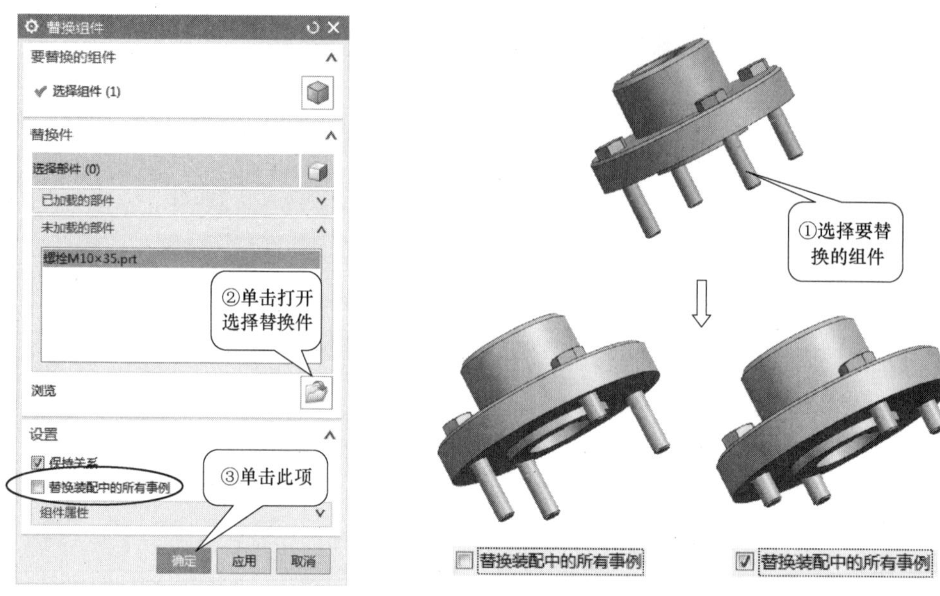

图 5-49 “替换组件”对话框及示例

同类任务

完成图 5-50 所示齿轮泵的装配。

拓展任务

完成图 5-51 所示管钳的装配。

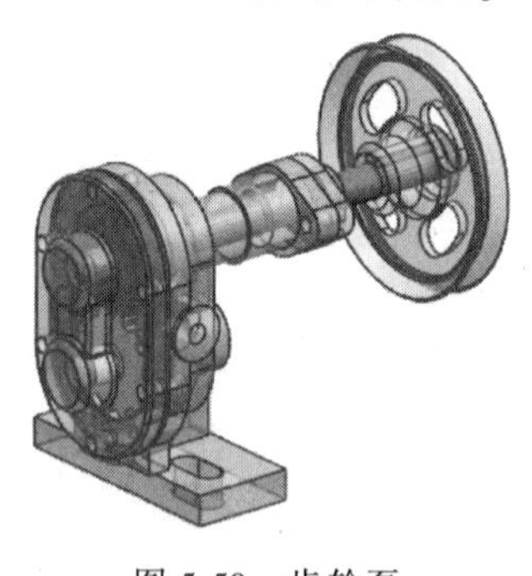

图 5-50 齿轮泵

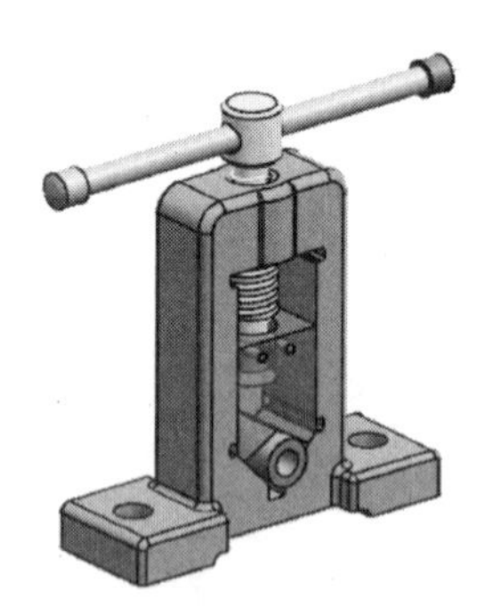

图 5-51 管钳

任务 2 创建火车车辆轴爆炸图

本任务要求创建图 5-52 所示火车车辆轴的爆炸图，主要涉及新建爆炸图、编辑爆炸图、自动爆炸组件、切换爆炸图、删除爆炸图、隐藏/显示视图中的组件、创建追踪线、干涉检查、间隙分析等命令及操作。

任务实施

步骤 1 打开本模块任务 1 中火车车辆轴装配图，进入装配环境并隐藏所有装配约束。

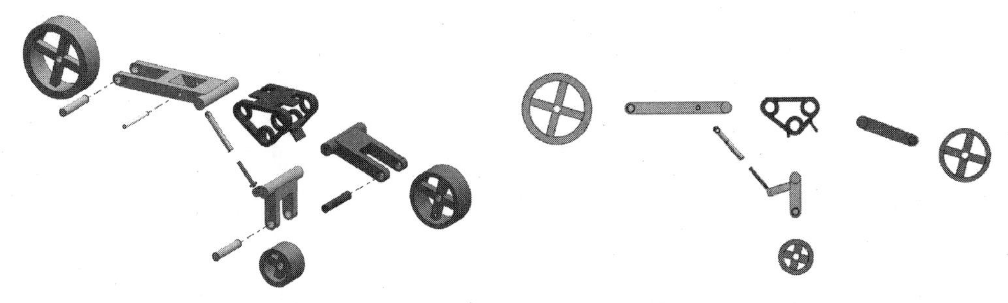

图 5-52　火车车辆轴的爆炸图

步骤 2　创建自动爆炸图。

1）新建爆炸图。单击【装配】→『爆炸图』→〈新建爆炸〉，弹出“新建爆炸”对话框，如图 5-53 所示，采用默认的爆炸图名称“Explosion 1”，单击确定按钮。

2）创建自动爆炸图。单击『爆炸图』→〈自动爆炸组件〉，弹出“类选择”对话框，框选整个火车车辆轴装配体，单击确定按钮，弹出“自动爆炸组件”对话框，在“距离”文本框中输入各组件之间的距离值“20”，如图 5-54 所示，单击确定按钮，装配图自动分解开，如图 5-55 所示。

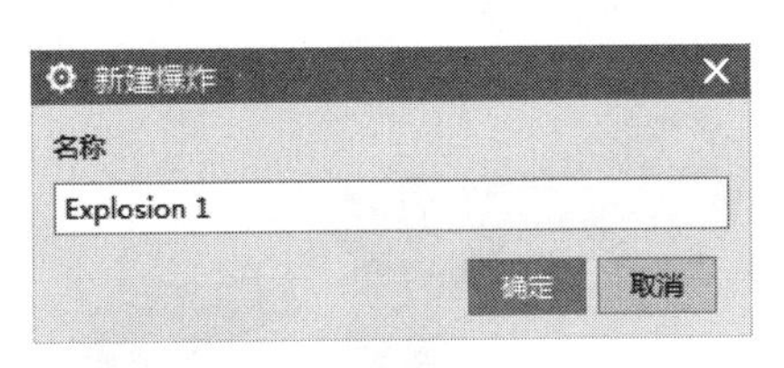

图 5-53　“新建爆炸”对话框

图 5-54　输入自动爆炸距离

步骤 3　切换至无爆炸状态。

单击【装配】→『爆炸图』→“工作视图爆炸”下拉列表，选择“(无爆炸)”，即切换至无爆炸状态，如图 5-56 所示。

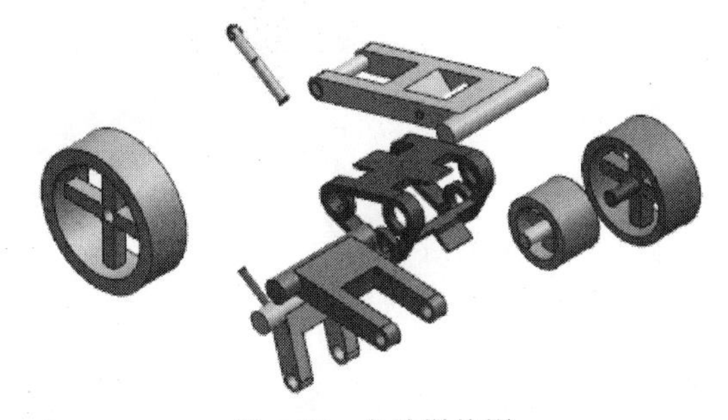

图 5-55　自动爆炸图

图 5-56　切换到无爆炸状态

步骤 4　创建手动爆炸图。

1）新建爆炸图。单击『爆炸图』→〈新建爆炸〉，弹出“新建爆炸”对话框，采用默认的爆炸图名称“Explosion 2”，单击确定按钮。

2）移动支架 3、轴 3 和轮 3。

① 单击『爆炸图』→〈编辑爆炸〉，弹出“编辑爆炸”对话框，选中 选择对象，如图 5-57a 所示。

② 在绘图区选择支架 3、轴 3 和轮 3，单击鼠标中键，所选对象上显示移动手柄，“编辑爆炸”对话框中显示 移动对象，如图 5-57b 所示，拖动 X 轴锥形手柄，移动所选对象至适当位置（也可在“编辑爆炸”对话框的“距离”文本框中输入一个距离值），如图 5-58 所示，单击 确定 按钮。

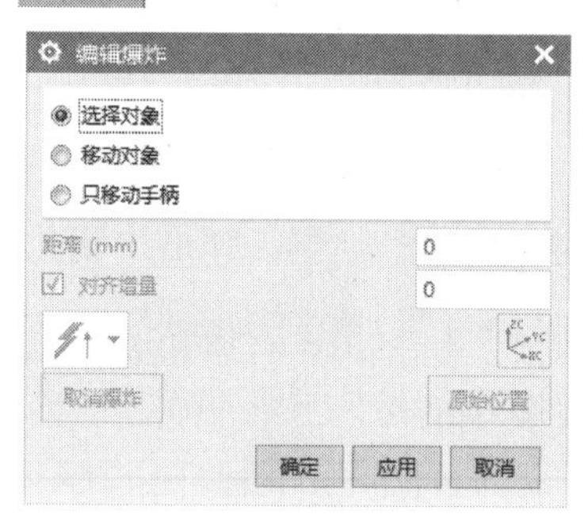

a) 选择对象

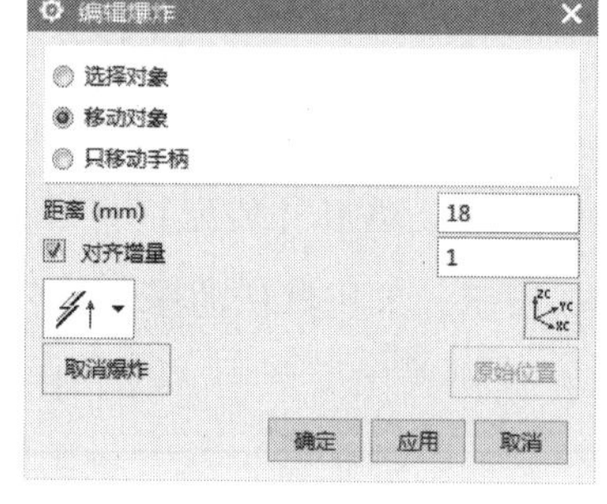

b) 移动对象

图 5-57 “编辑爆炸”对话框

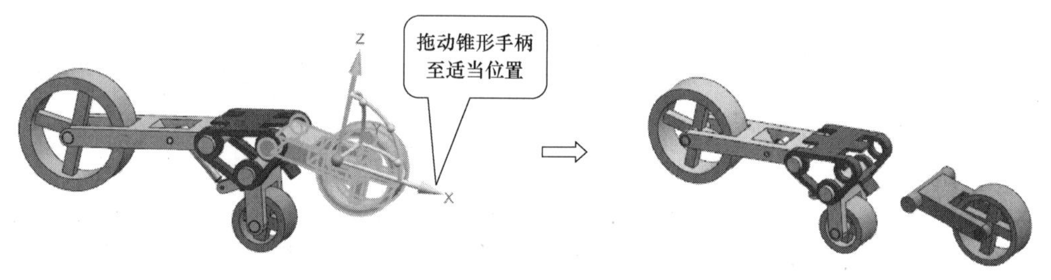

图 5-58 移动支架 3、轴 3 和轮 3

③ 采用同样的方法沿 Y 轴移动轴 3、沿 X 轴移动轮 3，如图 5-59 所示。

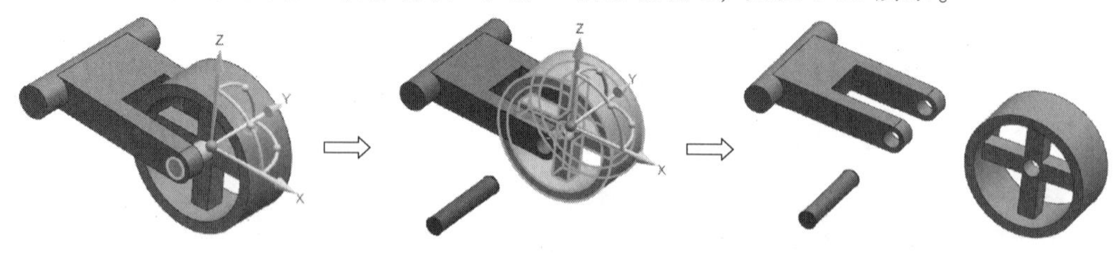

图 5-59 沿 Y 轴移动轴 3、沿 X 轴移动轮 3

3）移动支架 1、轮 1、轴 1、轴 4 和连杆 1。

① 单击〈编辑爆炸〉，弹出“编辑爆炸”对话框，选择支架 1、轮 1、轴 1、轴 4 和连杆 1，单击鼠标中键，所选对象上显示移动手柄，如图 5-60 所示。

② 在“编辑爆炸”对话框中选中 只移动手柄，单击 Z 轴锥形手柄，再单击支承架上表面，将移动手柄 Z 轴调整到与所选面垂直，如图 5-60 所示。

③ 再在“编辑爆炸”对话框中选中 移动对象，拖动 X 轴锥形手柄，移动所选对象至适当位置，如图 5-61 所示，单击 确定 按钮。

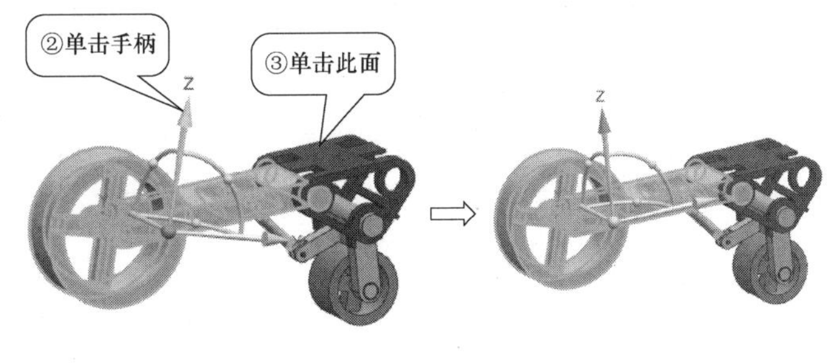

图 5-60　调整移动手柄

④ 分别移动轮 1、轴 1、轴 4 和连杆 1 到适当位置，如图 5-62 所示。

图 5-61　整体移动支架 1、轮 1 等组件

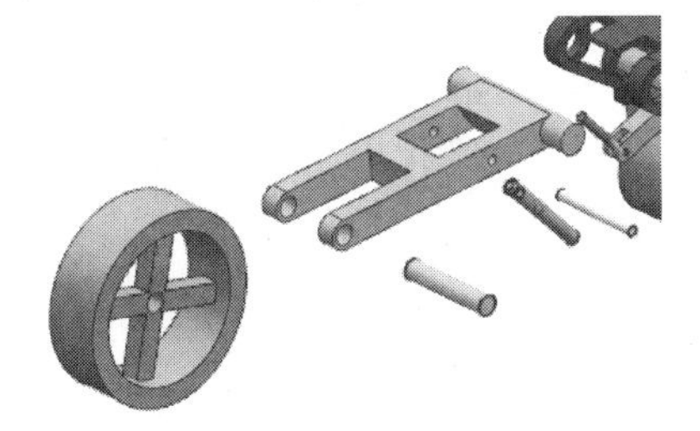

图 5-62　分别移动轮 1、轴 1、轴 4 和连杆 1

4）移动支架 2、轮 2、轴 2 和连杆 2。

① 整体移动支架 2、轮 2、轴 2 和连杆 2 至适当位置，如图 5-63 所示。

② 分别移动轮 2、轴 2 和连杆 2 至适当位置，结果如图 5-64 所示。

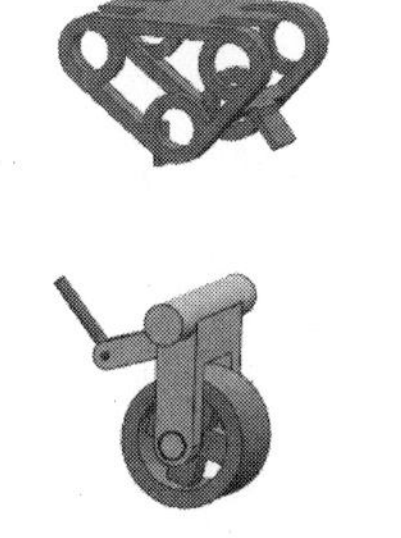

图 5-63　整体移动支架 2 等组件

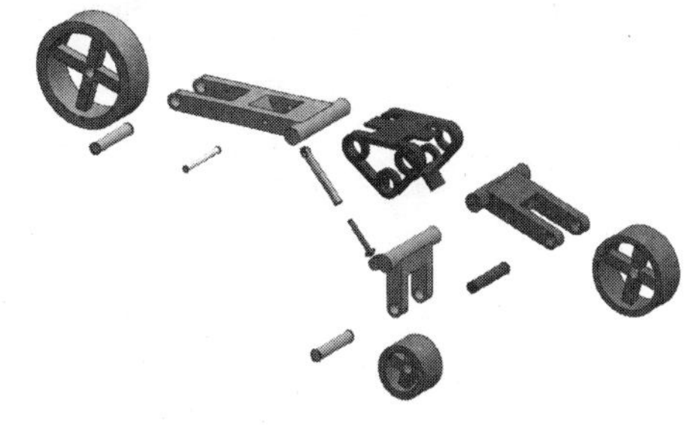

图 5-64　分别移动轮 2、轴 2 和连杆 2

步骤 5　隐藏支架 1、轮 1、轴 1 和轴 4。

单击『爆炸图』→〈隐藏视图中的组件〉，弹出“隐藏视图中的组件”对话框，选择支架 1、轮 1、轴 1 和轴 4，单击 确定 按钮，即隐藏所选组件，如图 5-65 所示。

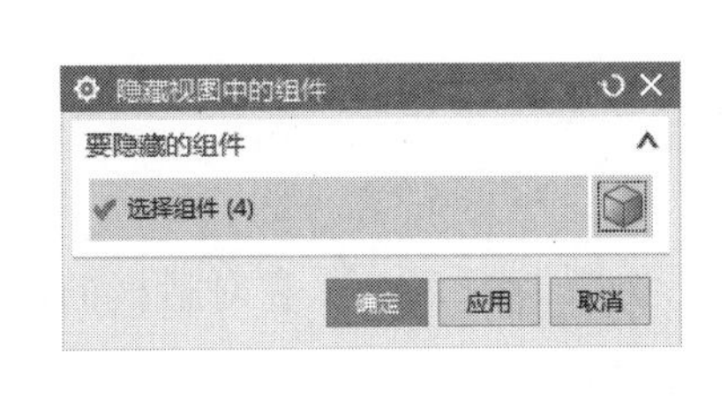

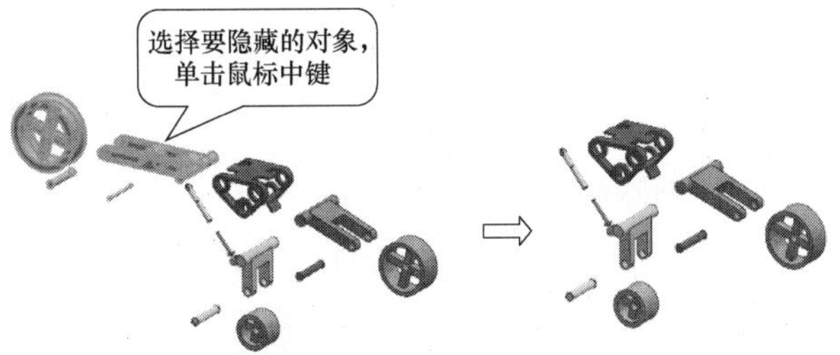

图 5-65　隐藏支架 1、轮 1、轴 1 和轴 4

步骤6　显示支架1、轮1、轴1和轴4。单击『爆炸图』→〈显示视图中的组件〉，弹出“显示视图中的组件”对话框，如图5-66所示，在“要显示的组件”列表中选择要显示的支架1、轮1、轴1和轴4，单击确定按钮，即显示所选组件。

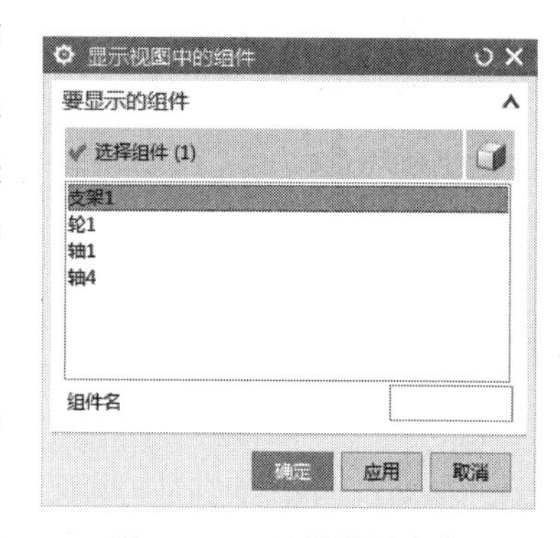

图5-66　“显示视图中的组件”对话框

步骤7　绘制追踪线。

1）在轴1与支架1之间绘制追踪线。单击『爆炸图』→〈追踪线〉，弹出“追踪线”对话框。

2）在绘图区捕捉图5-67所示支架1孔的圆心，再捕捉轴1端面圆心，系统自动在两者间绘制追踪线，如图5-67所示，单击应用按钮完成操作。

3）采用同样的方法绘制轴2、轴3、轴4与对应组件间的追踪线，结果如图5-68所示。

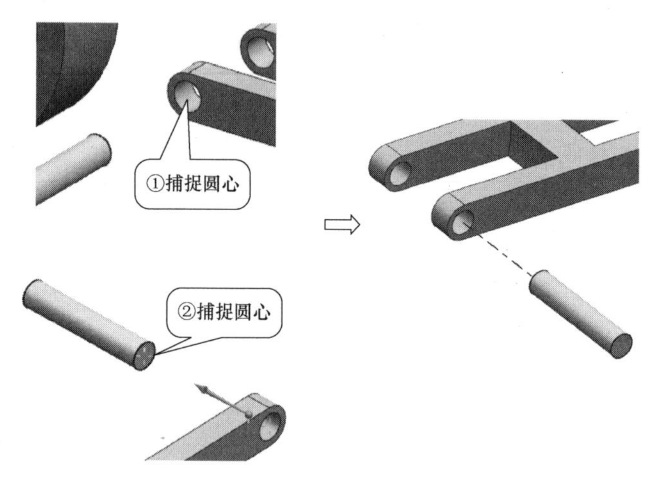

图5-67　绘制轴1的追踪线

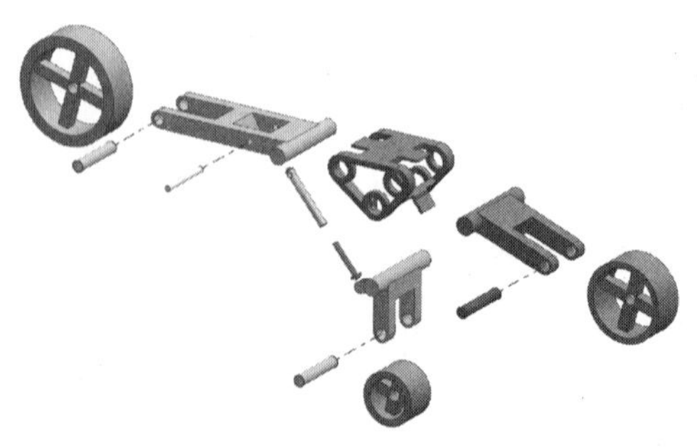

图5-68　绘制所有追踪线

步骤8　删除爆炸图“Explosion 1”。

单击〈删除爆炸图〉，弹出“爆炸图”对话框，如图5-69所示，在对话框的爆炸图列表中选择“Explosion 1”，单击确定按钮，即删除爆炸图。

步骤9　切换至无爆炸状态。

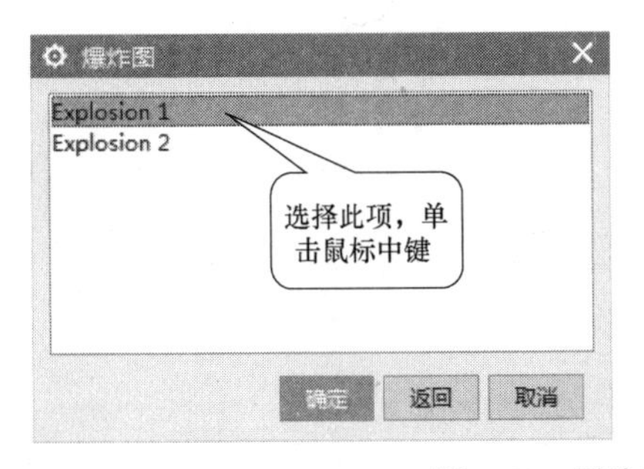

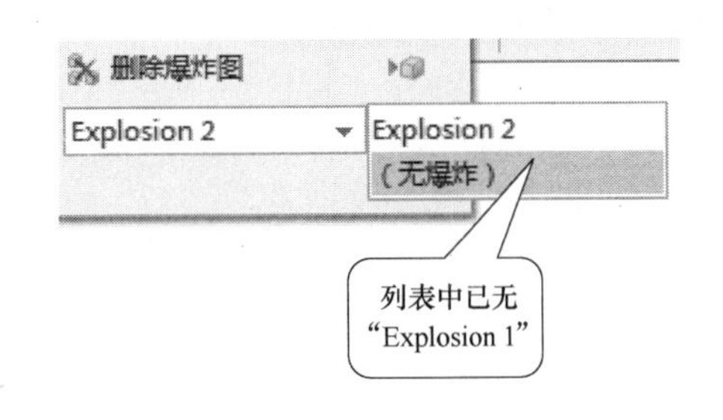

图 5-69　删除爆炸图“Explosion 1”

步骤 10　对象干涉检查。

1）检查支架 1 与轮 1 间是否有体干涉。

① 单击菜单→分析→简单干涉，弹出“简单干涉”对话框，如图 5-70a 所示。

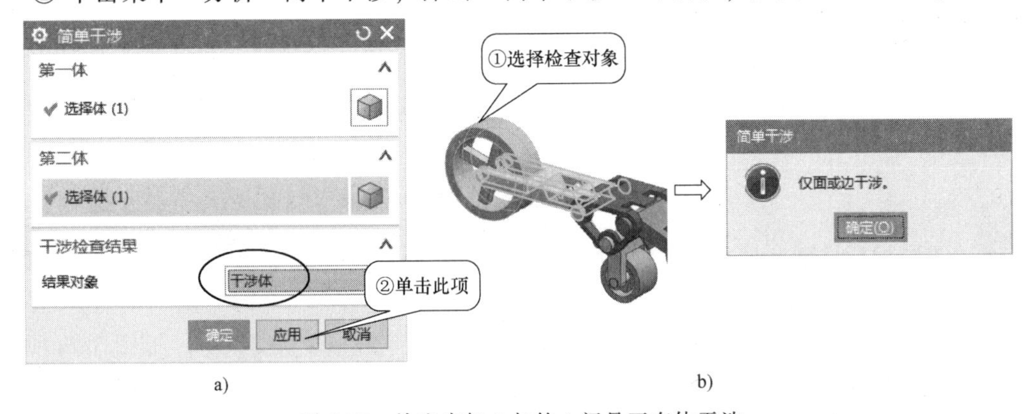

图 5-70　检查支架 1 与轮 1 间是否有体干涉

② 选择支架 1 与轮 1，在对话框的“干涉检查结果”选项的“结果对象”下拉列表中选择“干涉体”，单击 应用 按钮。

③ 弹出“简单干涉”对话框，显示“仅面或边干涉”，如图 5-70b 所示，说明所选两个对象间无体干涉（即无体相交情况）。

2）读者自行检查其他体的干涉情况。

步骤 11　装配间隙分析。

1）单击【装配】→『间隙分析』→〈执行分析〉，弹出“间隙分析”对话框及空白的“间隙浏览器”窗口，如图 5-71 所示。

2）在“间隙分析”对话框的“间隙介于”下拉列表中选择“组件”，在“要分析的对象”选项组的“集合一”下拉列表中选择“所有对象”（即对所有组件进行分析），单击 应用 按钮。

3）在“间隙浏览器”窗口中列出了装配体中各组件间存在的干涉情况，如图 5-72 所示。

> 从图 5-72 所示“间隙浏览器”窗口中可以看出，在火车车辆轴装配体中存在着组件间的面接触，其间隙均为 0，没有存在不必要的装配体干涉情况。

图 5-71 “间隙分析”对话框

间隙浏览器

所选的组件	干涉组件	类型	距离	间隙	标识...
间隙集：SET1	版本：1			0.000000	
干涉					
支承架 (35)	支架2 (137)	新的 (接触)	0.000000	0.000000	15
支承架 (35)	支架3 (204)	新的 (接触)	0.000000	0.000000	14
支架1 (62)	支承架 (35)	新的 (接触)	0.000000	0.000000	10
支架1 (62)	轮1 (611)	新的 (接触)	0.000000	0.000000	8
支架1 (62)	轴1 (385)	新的 (接触)	0.000000	0.000000	9
支架1 (62)	轴4 (444)	新的 (接触)	0.000000	0.000000	7
支架3 (204)	轮3 (712)	新的 (接触)	0.000000	0.000000	5
支架3 (204)	轴3 (273)	新的 (接触)	0.000000	0.000000	6
轮1 (611)	轴1 (385)	新的 (接触)	0.000000	0.000000	1
轮2 (666)	支架2 (137)	新的 (接触)	0.000000	0.000000	4
轮3 (712)	轴3 (273)	新的 (接触)	0.000000	0.000000	16
轴2 (331)	支架2 (137)	新的 (接触)	0.000000	0.000000	3
轴2 (331)	轮2 (666)	新的 (接触)	0.000000	0.000000	2
连杆1 (550)	轴4 (444)	新的 (接触)	0.000000	0.000000	13
连杆2 (493)	支架2 (137)	新的 (接触)	0.000000	0.000000	11
连杆2 (493)	连杆1 (550)	新的 (接触)	0.000000	0.000000	12
排除					
集合一					
单元子装配					
要检查的附加的对					

图 5-72 “间隙浏览器”窗口

步骤 12 保存文件。

知识点 1 熟悉装配导航器

通过“装配导航器”可以很直观地查看装配约束的信息，并了解整个装配体的组件构成等信息，如图 5-73 所示。

用鼠标右键单击“装配导航器”装配树中的组件，弹出一个快捷菜单，如图 5-74 所示，快捷菜单提供了“设为工作部件”“设为显示部件”“替换引用集”“替换组件”“移动…”“删除”等命令，用户可选择命令对组件进行操作。

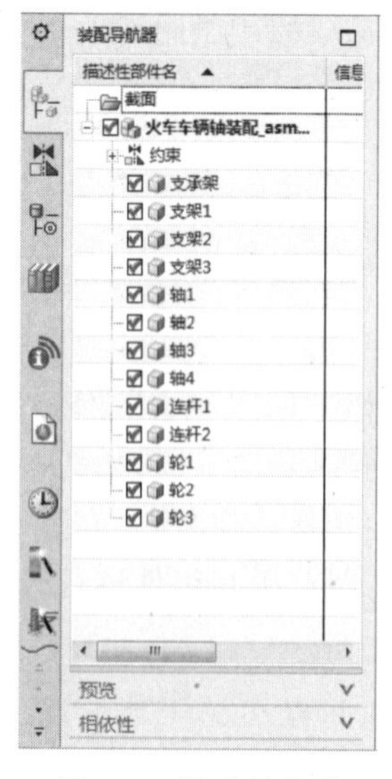

图 5-73 装配导航器

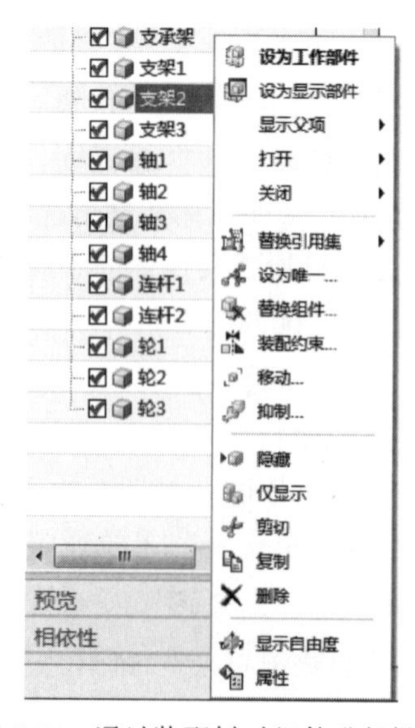

图 5-74 通过装配树对组件进行操作

单击“装配导航器”装配树中的“约束”节点前的＋，将其展开，其下显示了装配部件内使用的装配约束。在某一装配约束上单击鼠标右键，弹出一个与该约束相关的快捷菜

单，如图 5-75 所示，快捷菜单提供了一些可操作命令，如“重新定义”“反向”“抑制”“重命名”“删除”等，用户可选择命令对已有装配约束进行操作。

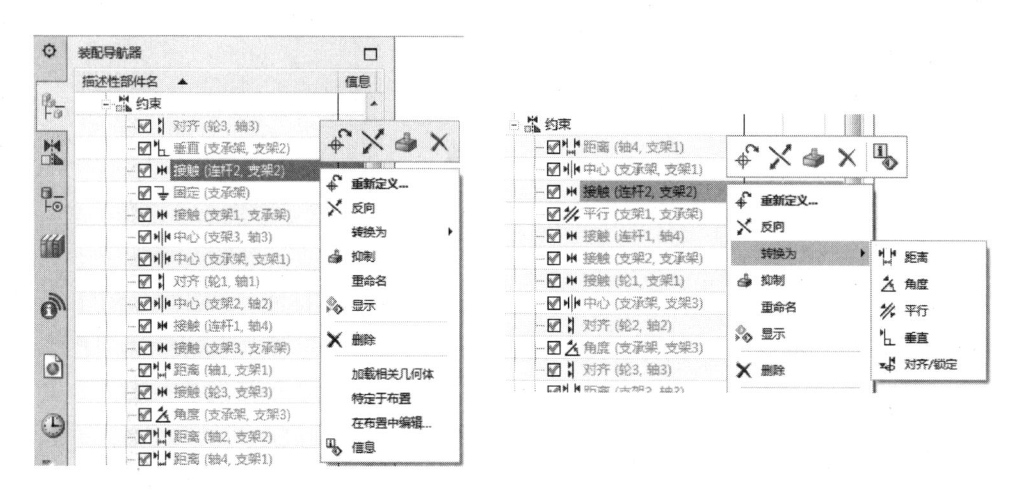

图 5-75　通过装配树对装配约束进行操作

编辑装配约束的具体操作在本模块任务 1 实例中已述，不再赘述。

知识点 2　爆炸视图

爆炸图是指将零部件或子装配体从完成装配的装配体中拆开并形成特定状态和位置的视图。

爆炸视图的操作命令基本位于功能区【装配】→『爆炸图』，如图 5-76 所示。用户也可以在菜单→装配→爆炸图级联菜单中选择与爆炸图相关的操作命令，如图 5-77 所示。

图 5-76　“爆炸图”面板

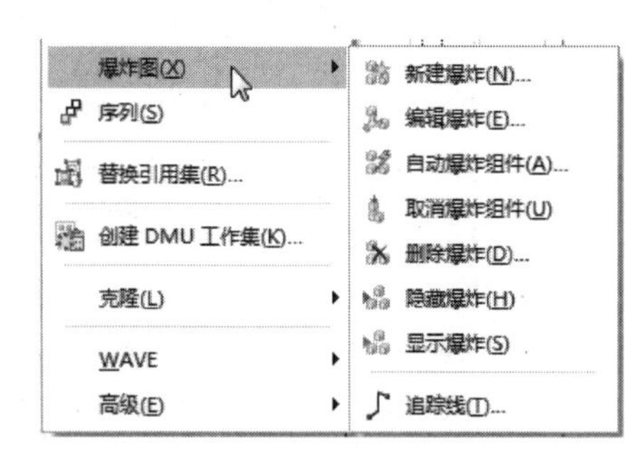

图 5-77　“爆炸图”级联菜单

1. 新建爆炸图

“新建爆炸”命令用于重定义组件以生成爆炸图。

创建爆炸图很简单，单击〈新建爆炸〉，弹出“新建爆炸”对话框，如图 5-78 所示，在“名称”文本框中接受默认名称或输入新的名称，单击 确定 按钮即可。系统默认名称以“Explosion X”表示（X 为从 1 开始的序号）。

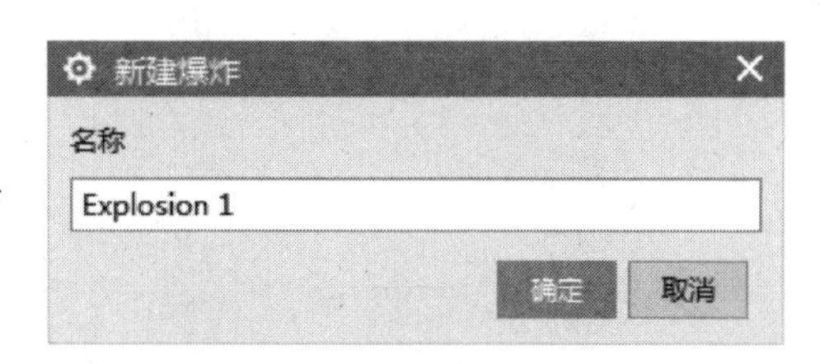

图 5-78　“新建爆炸”对话框

2. 编辑爆炸图

"编辑爆炸"命令可以重新定位爆炸图中选定的组件。单击〈编辑爆炸〉，弹出"编辑爆炸"对话框，如图5-79所示。

图5-79 "编辑爆炸"对话框

◆ 选择对象：选择该项，在装配体中选择要编辑爆炸位置的组件。

◆ 移动对象：选择要编辑的组件后，选择该项，使用鼠标拖动移动手柄，组件对象与移动手柄一同移动。

◆ 只移动手柄：选择该项，使用鼠标拖动移动手柄，组件不移动。

上面所述的"移动手柄"，其默认位置通常在组件的几何中心处，用户可以如操作WCS一样变换其位置，其操作在本任务实例中已述，不再赘述。

3. 自动爆炸组件

"自动爆炸组件"命令用于按指定的距离定义爆炸图中选定组件的位置。系统沿基于组件的装配约束的矢量偏置每个选定的组件。

单击〈自动爆炸组件〉，弹出"类选择"对话框，选择要爆炸的组件，弹出"自动爆炸组件"对话框，如图5-80所示。

图5-80 "自动爆炸组件"对话框

◆ 距离：用于设置自动爆炸组件之间的距离。

4. 取消爆炸组件

"取消爆炸组件"命令用于将组件恢复到先前的未爆炸位置。单击〈取消爆炸组件〉，弹出"类选择"对话框，选择要取消爆炸的组件，单击 确定 按钮，即可取消爆炸组件。

5. 删除爆炸图

"删除爆炸图"命令用于删除未显示在任何视图中的装配爆炸图。单击〈删除爆炸图〉，弹出"爆炸图"对话框，如图5-81所示，在对话框的爆炸图列表中选择要删除的爆炸图名称，单击 确定 按钮，即可删除爆炸图。

如所选的爆炸图处于显示状态，则不能执行删除操作，系统会弹出图5-82所示"删除爆炸"对话框，提示在视图中显示的爆炸图不能被删除。

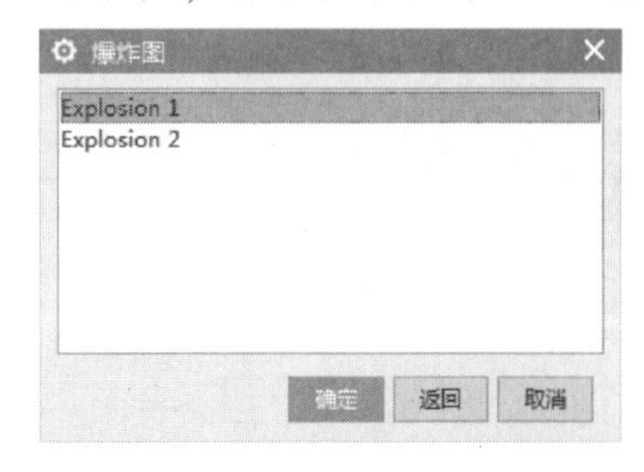

图5-81 "爆炸图"对话框

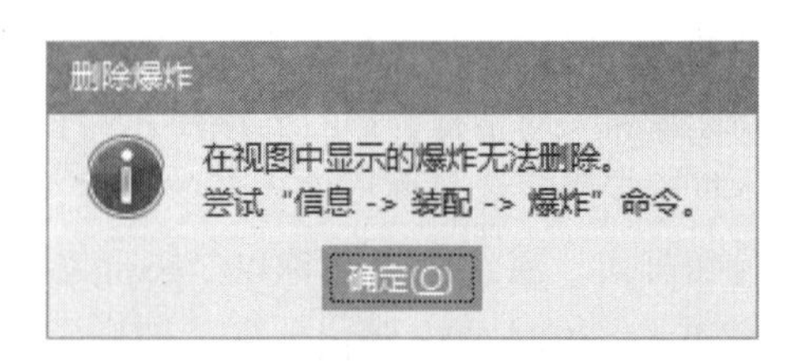

图5-82 "删除爆炸"对话框

6. 切换爆炸图

在一个装配体中可以建立多个爆炸图，在爆炸图间进行切换的快捷方法：在『爆炸图』的“工作视图爆炸”下拉列表中选择所需的爆炸图名称即可，如图5-83所示。

图 5-83　切换爆炸图

7. 创建追踪线

“追踪线”命令用于在爆炸图中创建组件的追踪线，以指示组件的装配位置。单击〈追踪线〉，弹出“追踪线”对话框，如图5-84所示，捕捉追踪线起点，再捕捉追踪线终点（或选择要创建追踪线的组件），单击 确定 按钮，即可创建追踪线。

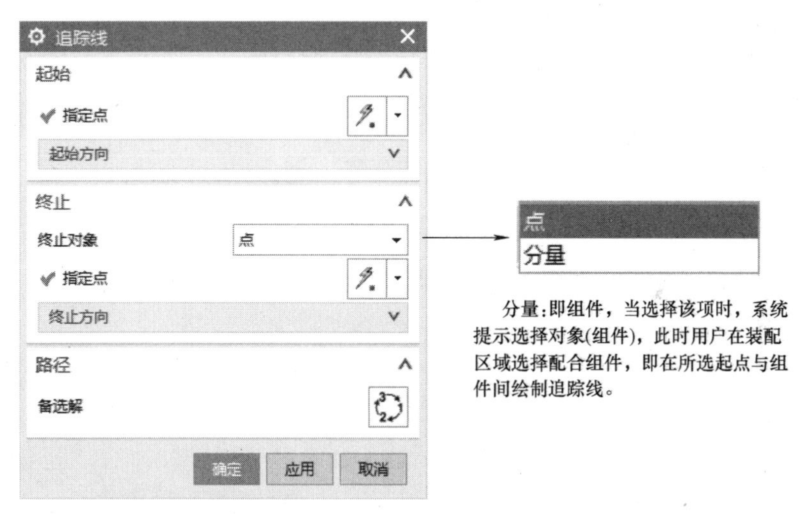

图 5-84　“追踪线”对话框

8. 隐藏/显示视图中的组件

“隐藏视图中的组件”命令用于隐藏视图中的组件。“显示视图中的组件”命令用于显示视图中的隐藏组件。其具体操作在本任务实例中已述，不再赘述。

知识点 3　对象干涉检查

“简单干涉”命令用于确定两个体是否相交，即是否有体干涉。调用该命令主要有以下方式：

● 菜单：分析→简单干涉(I)...。

执行上述操作后，弹出“简单干涉”对话框，如图5-85所示。

“结果对象”下拉列表中有“干涉体”和“高亮显示的面对”两个选项。

◆ 干涉体：以产生干涉体的方式显示给用户发生干涉的对象。在选择了要检查的实体后，若两者之间有干涉，则会产生一个干涉体，以便用户快速地找到发生干涉的对象。若两者之间无干涉体，则会显示“体之间没有干涉”或“仅面或边干涉”。

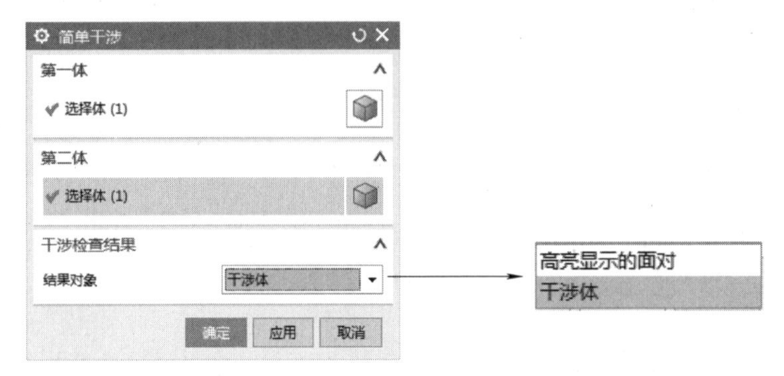

图 5-85 “简单干涉”对话框

◆ 高亮显示的面对：以高亮表面的方式显示发生干涉的面。

对象干涉检查的具体操作在本任务实例中已述，不再赘述。

知识点 4　装配间隙分析

“执行分析”命令用于对选定对象集进行间隙分析。调用该命令主要有以下方式：

- 功能区：【装配】→『间隙分析』→〈执行分析〉。
- 菜单：分析→装配间隙→执行分析(P)。

执行上述操作后，弹出“间隙分析”对话框，如图 5-86 所示。

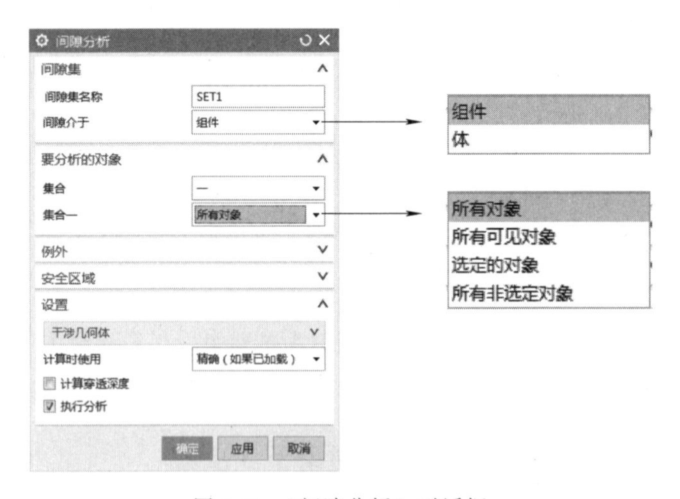

图 5-86 “间隙分析”对话框

装配间隙分析的具体操作在本任务实例中已述，不再赘述。

同 类 任 务

创建图 5-50 所示齿轮泵的爆炸图，使其如图 5-87 所示。

拓 展 任 务

创建图 5-51 所示管钳的爆炸图，使其如图 5-88 所示。

图 5-87　齿轮泵爆炸图　　　　图 5-88　管钳爆炸图

任务 3　装配凸缘联轴器

本任务要求完成图 5-89 所示凸缘联轴器的装配，主要涉及阵列组件、重用库调用等命令及操作。

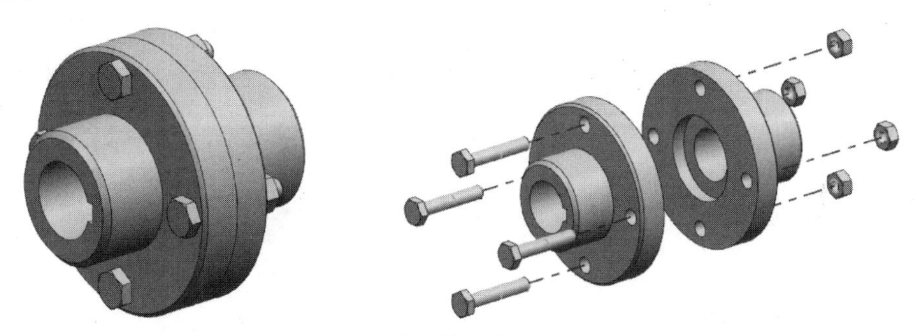

图 5-89　凸缘联轴器装配图、爆炸图

任务实施

步骤 1　根据图 3-102、图 3-103、图 3-175、图 3-176 所示尺寸创建 J 型轴孔半联轴器、J_1型轴孔半联轴器、螺栓、螺母的三维模型。

步骤 2　新建装配文件，文件名为“凸缘联轴器_asm”，进入装配环境。

步骤 3　依次添加 J_1 型轴孔半联轴器、J 型轴孔半联轴器并装配，装配后如图 5-90 所示。

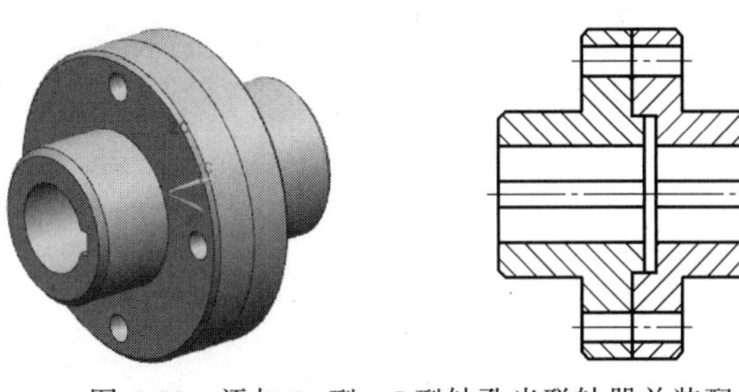

图 5-90　添加 J_1 型、J 型轴孔半联轴器并装配

步骤 4　添加螺栓并装配，装配后如图 5-91 所示。

步骤 5　添加螺母并装配，装配后如图 5-92 所示。

步骤 6　阵列螺栓、螺母。单击【装配】→『组件』→〈阵列组件〉，弹出“阵列组件”对话框，在绘图区选择螺栓和螺母，在对话框的“布局”下拉列表中选择“圆形”，选择联轴器轴为旋转矢量（可选择圆柱孔面），指定“数量”为“4”，“节距角”为“90”，单击 确定 按钮，完成阵列，如图 5-93 所示。

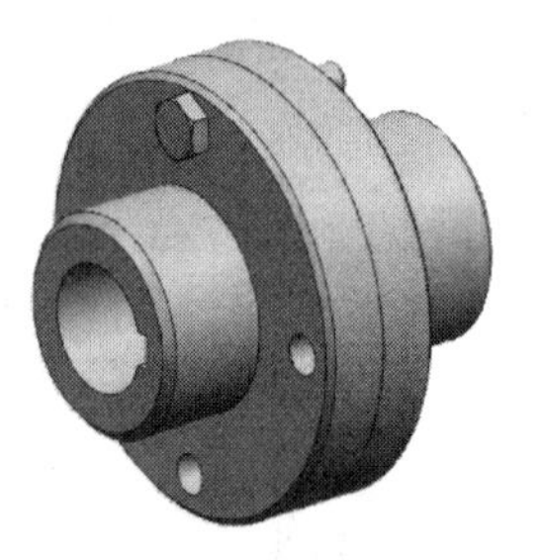
图 5-91 装配螺栓

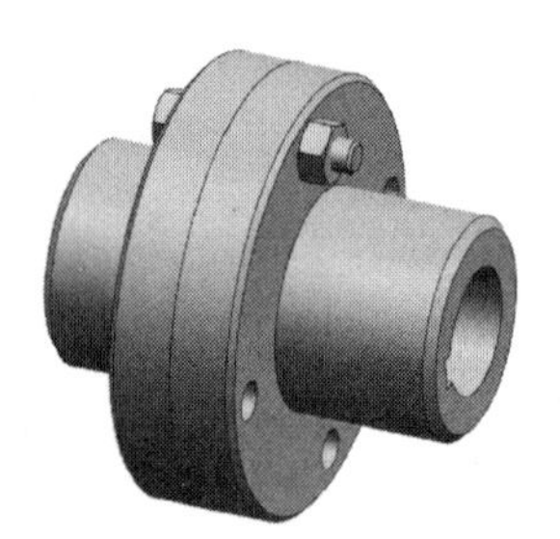
图 5-92 装配螺母

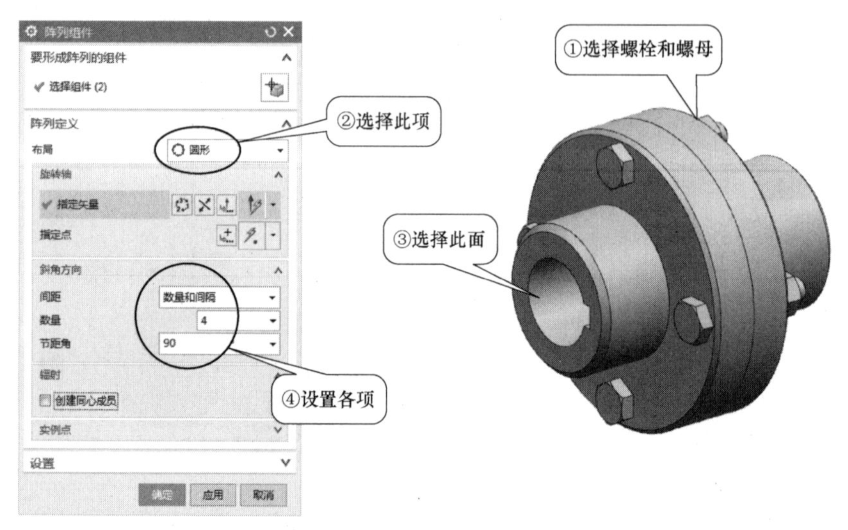

图 5-93 阵列螺栓、螺母

步骤 7 创建爆炸图，使其效果如图 5-89 所示。

步骤 8 保存文件。

> 上例中螺栓、螺母均是由用户自己创建的，实际上标准螺栓、螺母可不用创建，装配时直接在“重用库”中调用即可。

下面以联轴器中螺栓、螺母的装配为例，介绍其调用步骤。

步骤 1 调用螺栓。

1）在资源条上单击〈重用库〉，展开重用库，依次选择 GB Standard Parts→Bolt→Hex Head 文件夹，“成员选择”选项组中将显示所选文件夹中的文件，选择 GB/T 5780—2000㊀，如图 5-94 所示。

2）在“重用库”中双击选择的螺栓或拖动螺栓到绘图区，弹出“添加可重用组件”对话框，在“主参数”选项组的“大小”下拉列表中选择“M10”，在“长度”下拉列表中选择“55”，如图 5-95 所示。

㊀ 现行国家标准为 GB/T 5780—2016，为与软件一致，本书中采用 GB/T 5780—2000。

3）在“放置”选项组的“多重添加”下拉列表中选择“添加后生成阵列”，在“定位”下拉列表中选择“根据约束”，如图 5-95 所示，单击 确定 按钮。

4）弹出“重新定义约束”对话框和“组件预览窗口”，如图 5-96 所示。系统自动选择了“约束”列表中的“对齐”选项，在绘图区选择联轴器螺栓孔的轴线为要约束的几何体，如图 5-96 所示，使其与螺栓轴线对齐，单击 确定 按钮。

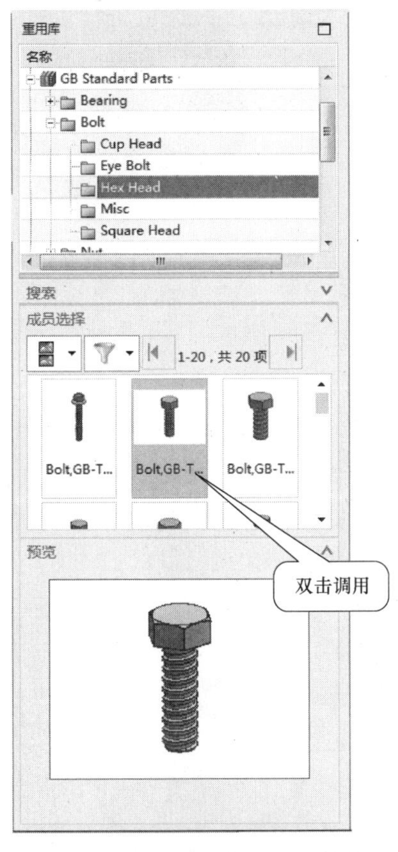

图 5-94　从“重用库”调用螺栓

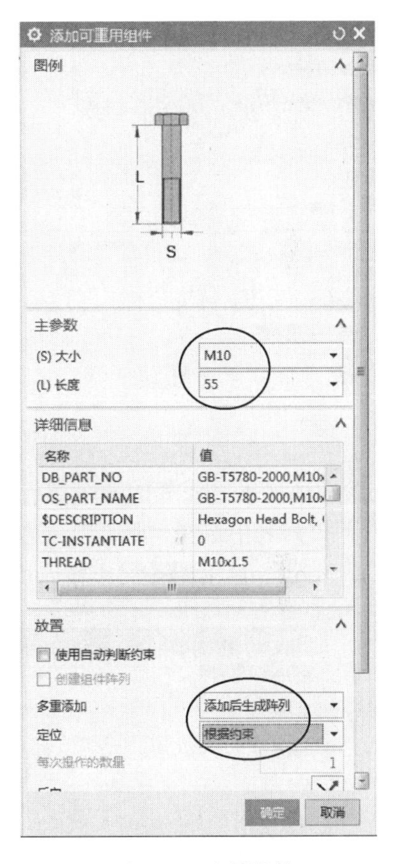

图 5-95　选择螺栓

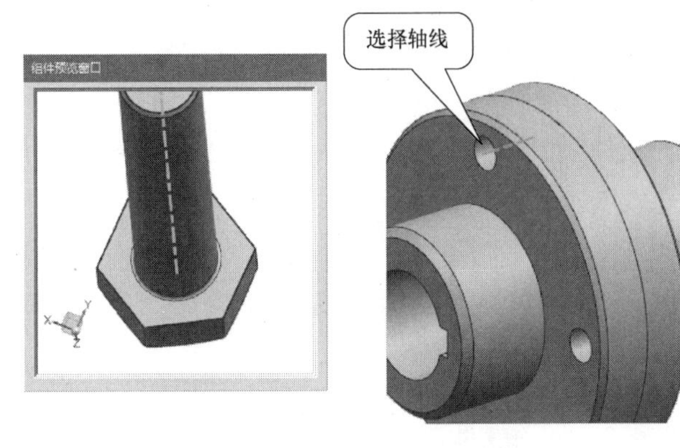

图 5-96　选择螺栓轴线

5）系统自动选择“约束”列表中的“距离”选项，在绘图区选择图5-97所示联轴器的面为要约束的几何体，使其与螺栓端面接触。

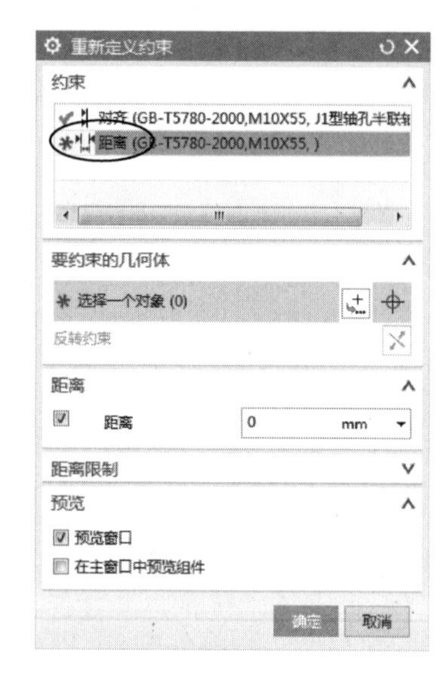

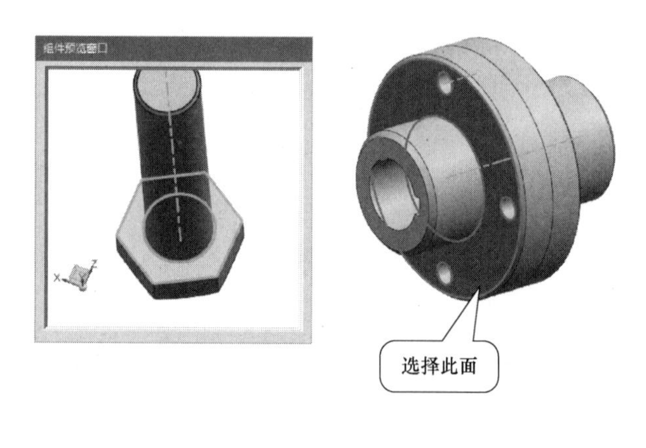

图5-97　选择螺栓安装面

6）绘图区显示已安装的一个螺栓，如图5-98所示，同时弹出“阵列组件”对话框，在“布局”下拉列表中选择“圆形”，选择联轴器轴为旋转矢量，指定“数量”为“4”，“节距角”为“90”，单击 确定 按钮，完成阵列，如图5-98所示。

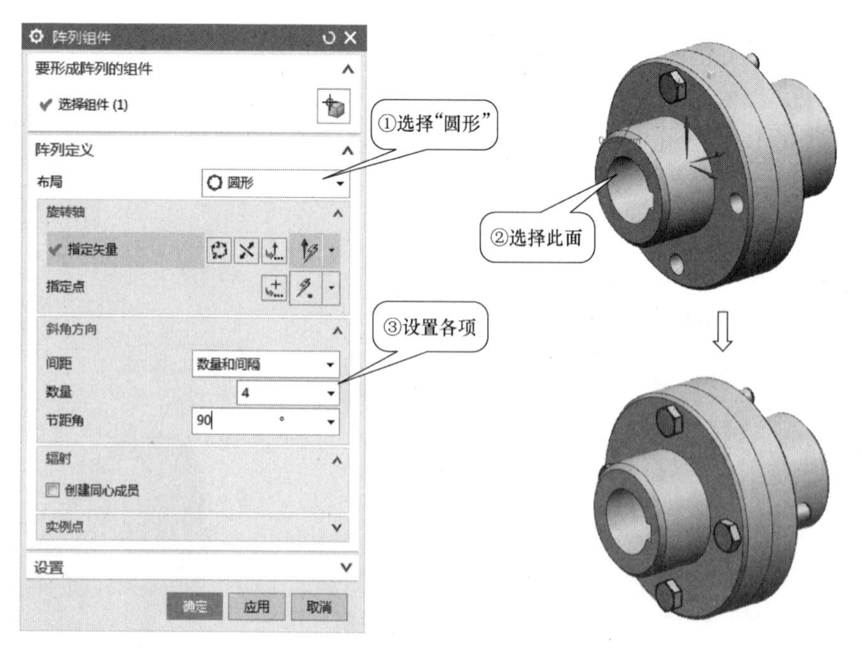

图5-98　安装螺栓并阵列

步骤2　调用螺母。

1）展开“重用库”，依次选择GB Standard Parts→Nut→Hex文件夹，“成员选择”选项

组中将显示所选文件夹中的文件，选择 GB/T 6170_F-2000㊀型号，如图 5-99 所示。

2）拖动螺母到绘图区，弹出“添加可重用组件”对话框，在“主参数”选项组的“大小”下拉列表中选择“M10”。

3）在“多重添加”下拉列表中选择“添加后生成阵列”，在“定位”下拉列表中选择“根据约束”，如图 5-100 所示，单击 确定 按钮。

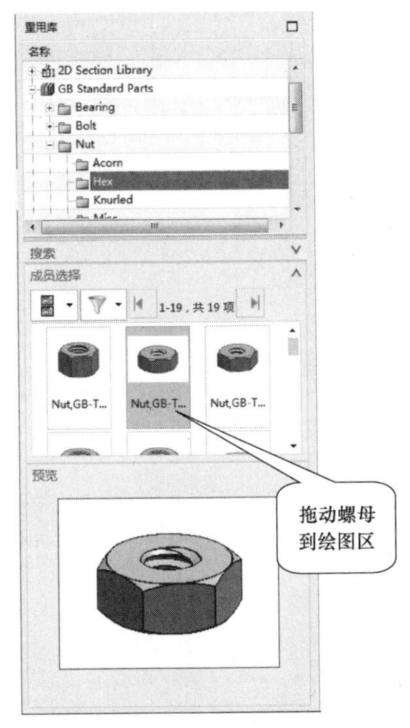

图 5-99　从“重用库”调用螺母

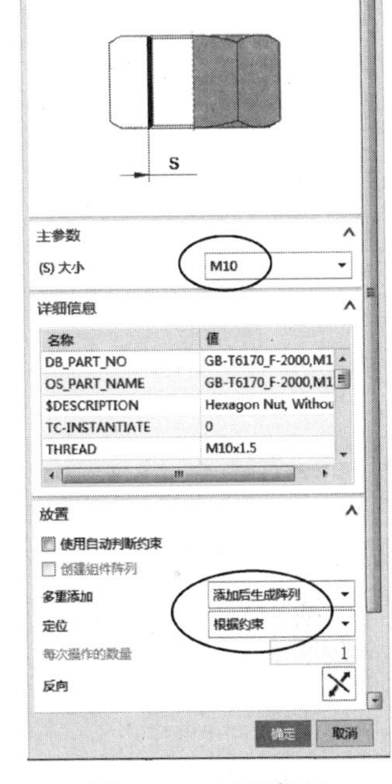

图 5-100　选择螺母

4）弹出“重新定义约束”对话框和“组件预览窗口”，采用装配螺栓的方法先装配一个螺母，然后进行阵列，其方法与装配螺栓相同，不再赘述。装配完成后如图 5-101 所示。

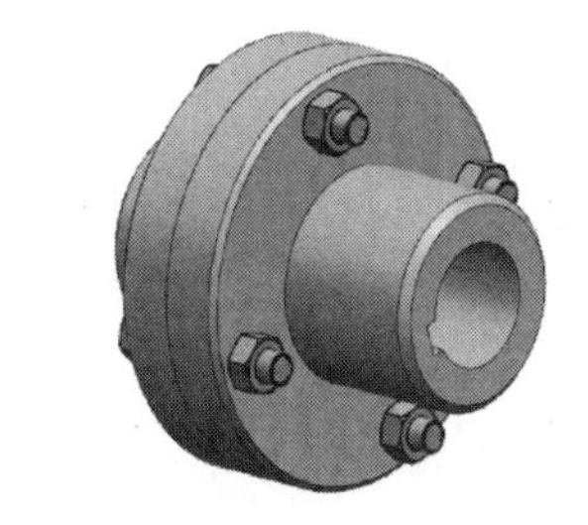

图 5-101　安装螺母并阵列

知识点 1　阵列组件

“阵列组件”命令用于将选中的组件按矩形或圆形复制到图样中。调用该命令主要有以下方式：

- 功能区：【装配】→『组件』→〈阵列组件〉 。
- 菜单：装配→组件→ 阵列组件(P)... 。

执行上述操作后，打开“阵列组件”对话框，如图 5-102 所示。该对话框中各选项与

㊀ 现行国家标准为 GB/T 6170—2015，为与软件一致，本书中采用 GB/T 6170—2000。

“阵列特征”对话框中的选项功能相同，操作方法也与“阵列特征”相同，且在本任务实例中有具体操作方法，在此不再赘述。

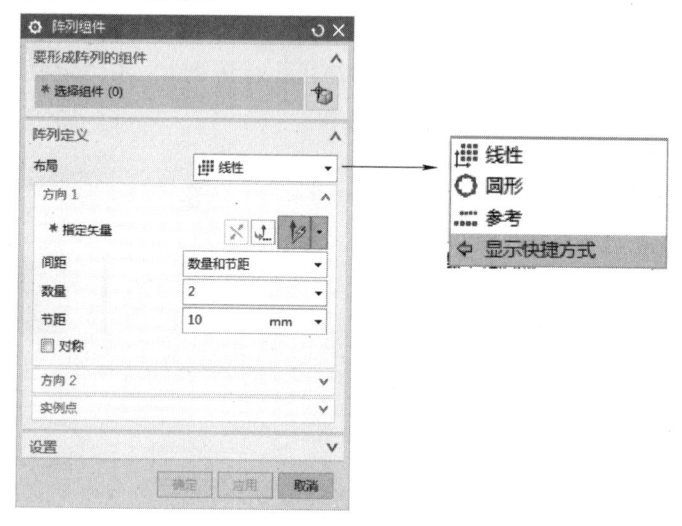

图 5-102 “阵列组件”对话框

知识点 2 镜像装配

“镜像装配”命令用于将整个装配体或选定组件沿指定的平面进行对称复制，如图5-103所示。调用该命令主要有以下方式：

- 功能区：【装配】→『组件』→〈镜像装配〉。
- 菜单：装配→组件→ 镜像装配(I)... 。

下面以图 5-103 所示镜像装配为例，介绍镜像装配的方法与步骤。

1）单击〈镜像装配〉，弹出“镜像装配向导”对话框，如图 5-104 所示，单击 下一步 > 按钮。

2）系统提示选择要镜像的组件。选择图 5-103 中的螺栓，此时“镜像装配向导”对话框如图 5-105 所示，单击 下一步 > 按钮。

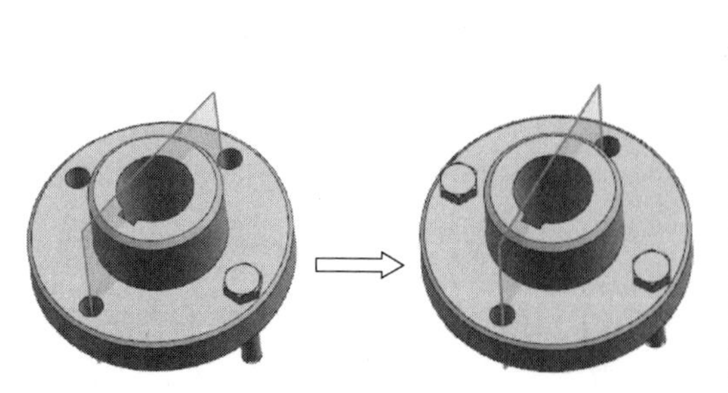

图 5-103 镜像装配示例（镜像装配螺栓）

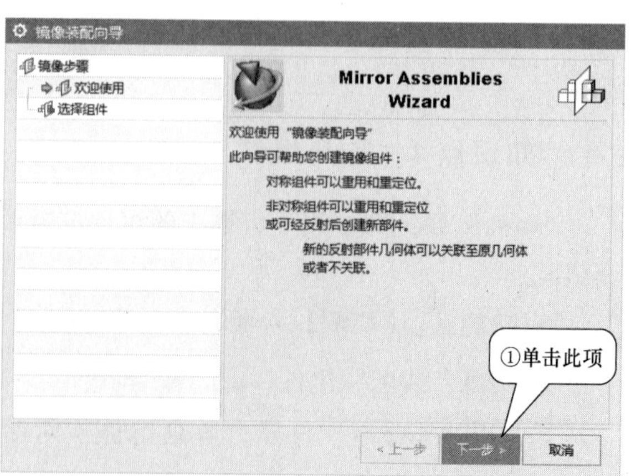

图 5-104 “镜像装配向导”对话框

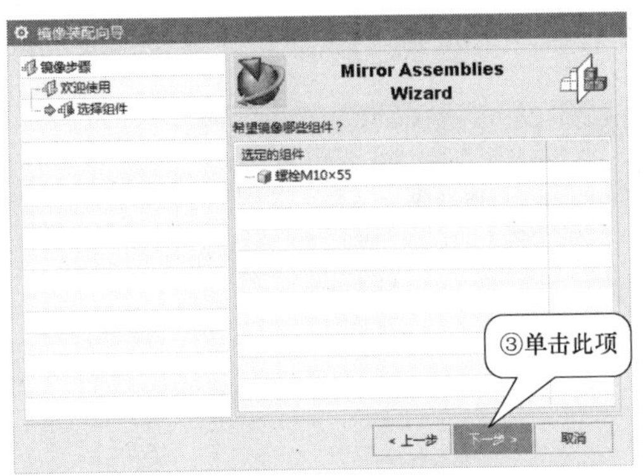

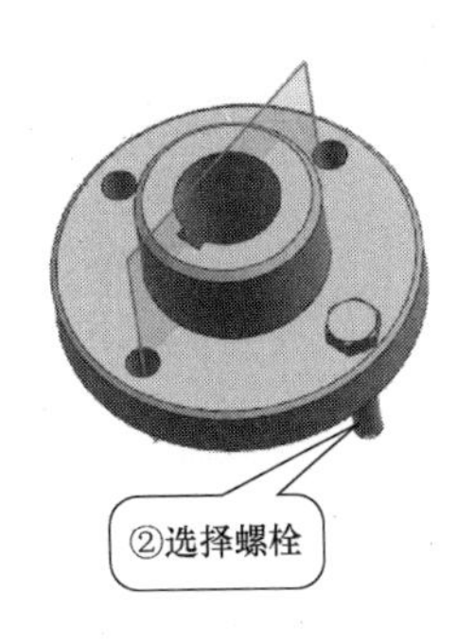

图 5-105 “镜像装配向导”对话框（选择组件）

3）系统提示选择镜像平面。选择基准平面，“镜像装配向导”对话框如图 5-106 所示，单击 下一步 > 按钮。

如果在模型中没有所需的平面可以作为镜像平面，可在图 5-106 所示对话框中单击〈创建基准平面〉，创建一个新平面来定义镜像平面。

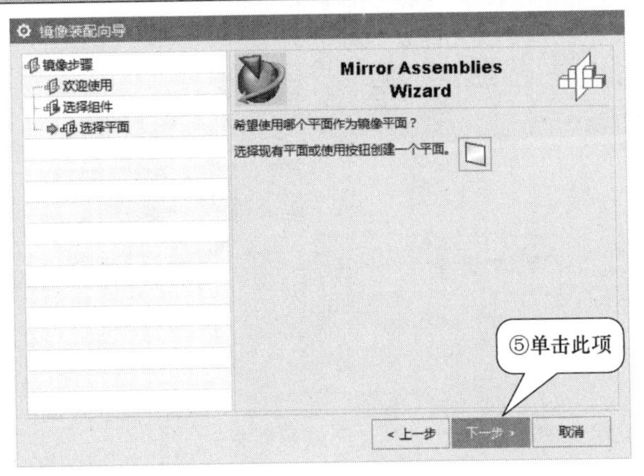

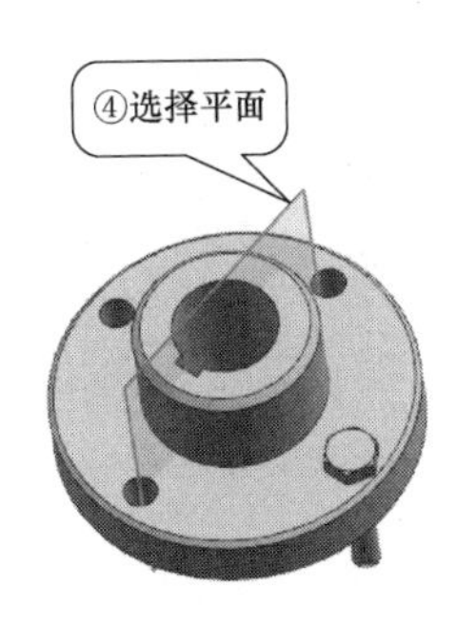

图 5-106 “镜像装配向导”对话框（选择镜像平面）

4）“镜像装配向导”对话框变成如图 5-107 所示，提示用户选择镜像装配体的命名规则及目录规则。本例选择默认的选项，单击 下一步 > 按钮。

5）系统提示选择要更改其初始操作的组件，直接在图 5-108 所示的对话框中单击 下一步 > 按钮。

6）“镜像装配向导”对话框变成如图 5-109 所示，如果需要，可单击，在几种镜像方

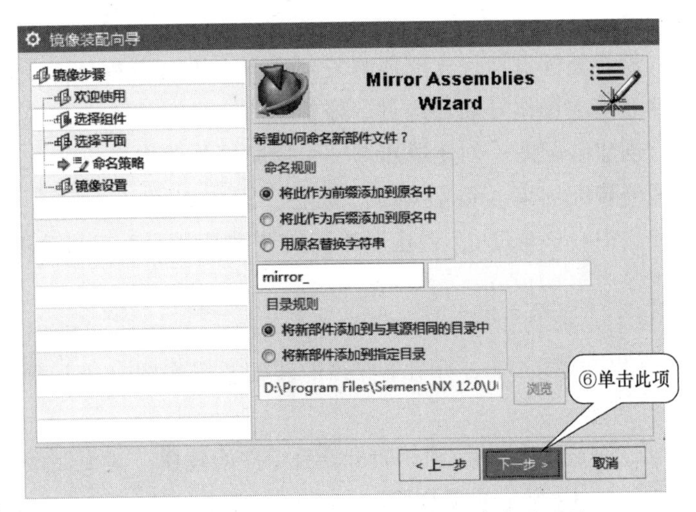

图 5-107 “镜像装配向导”对话框（命名及目录）

案之间切换，获取满足设计要求的镜像组件，单击 完成 按钮，完成镜像装配操作。

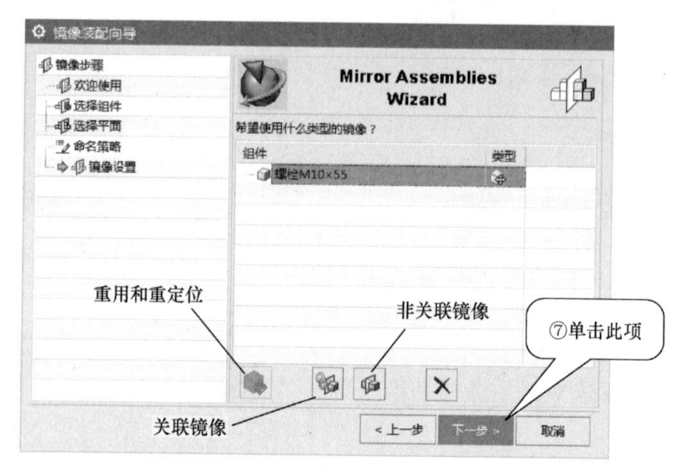

图 5-108 “镜像装配向导”对话框（选择镜像方式）

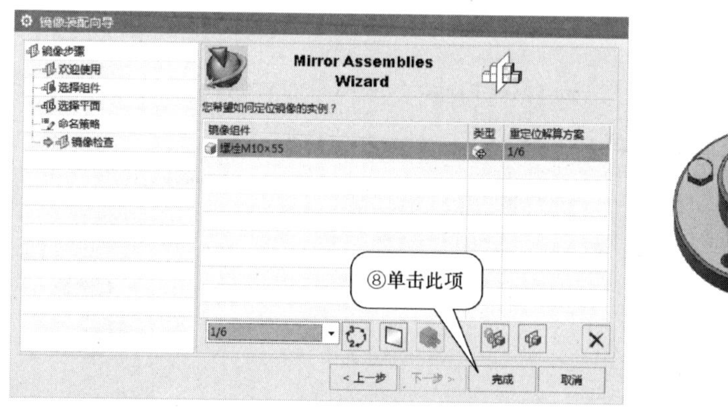

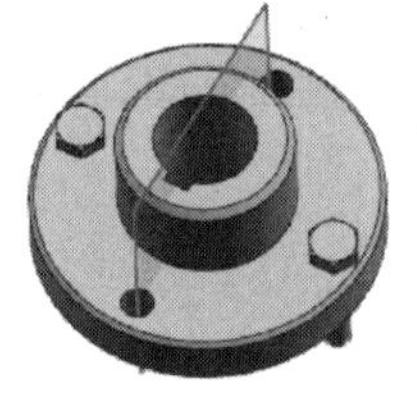

图 5-109 “镜像装配向导”对话框（完成装配）

小　　结

进行装配设计首先要理解装配基本术语（装配体、子装配体、组件、组件对象），掌握组件的基本操作（新建组件、添加组件、移动组件、替换组件）。

创建装配图、创建爆炸图、引用集操作是本模块的重点内容。创建装配图的关键是设置合理的装配约束（接触对齐、同心、距离、固定、平行、垂直、对齐/锁定、等尺寸配对、胶合、中心、角度），创建爆炸图的关键是掌握手工移动组件的方法（编辑爆炸图）。

考　　核

1. 完成图 5-110 所示千斤顶的装配及爆炸图（千斤顶各组成部分的尺寸如图 6-192 ~ 图 6-196 所示）。

2. 完成图 5-111 ~ 图 5-115 所示零件的建模，建模完成后按图 5-116 所示进行装配，并创建如图 5-117 所示的爆炸图。

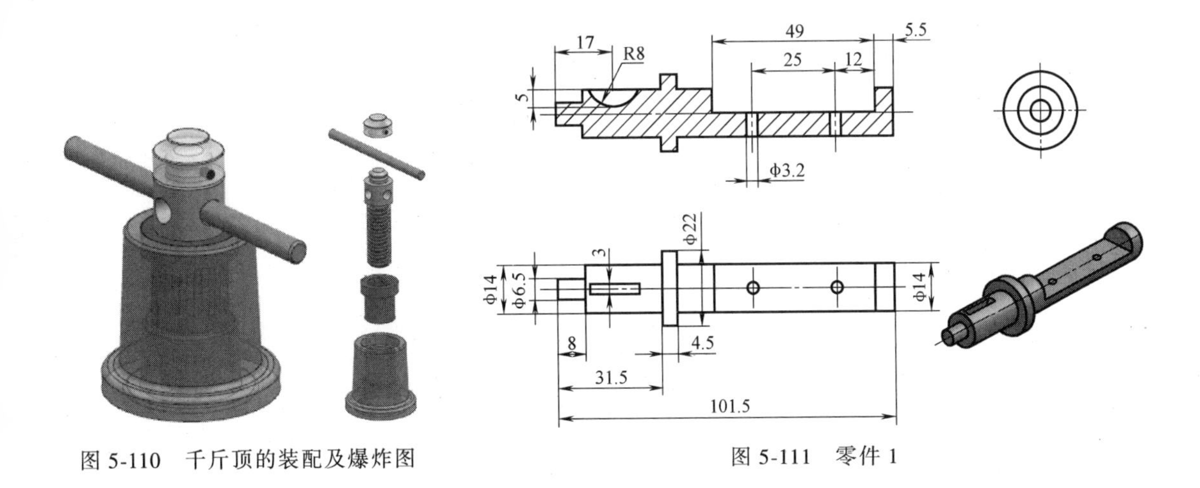

图 5-110　千斤顶的装配及爆炸图

图 5-111　零件 1

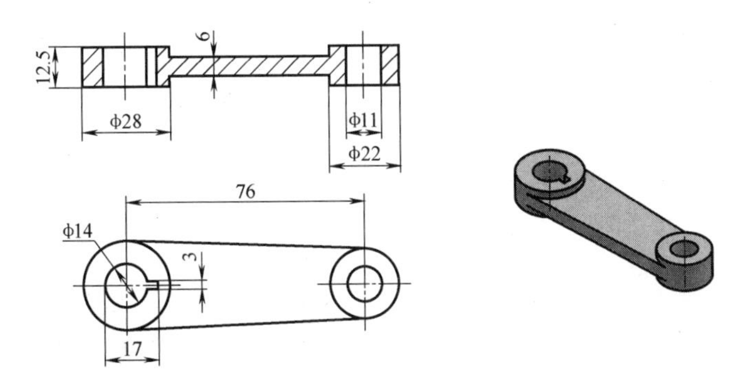

图 5-112　零件 2

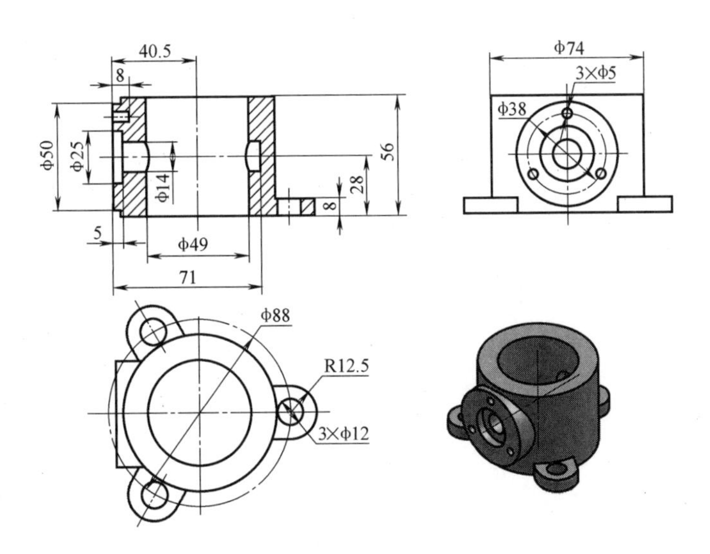

图 5-113　零件 3

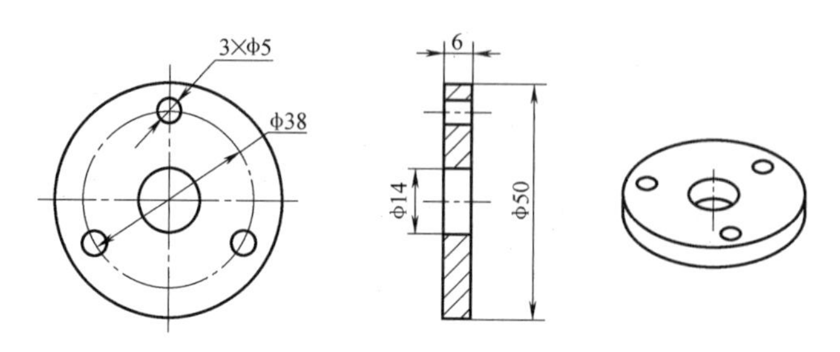

图 5-114　零件 4

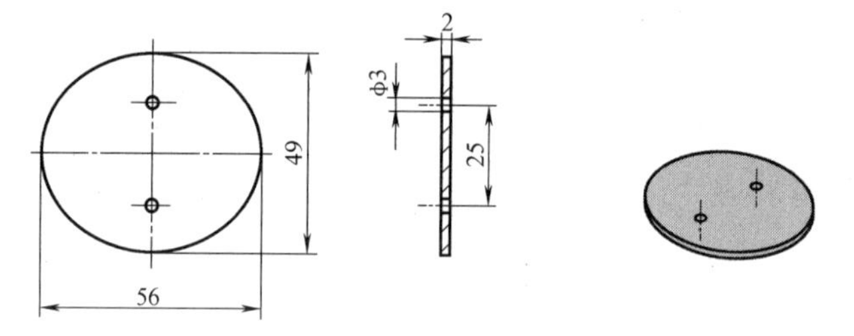

图 5-115　零件 5

图 5-116　装配图

图 5-117　爆炸图

模块6　工程图设计

【能力目标】

1. 能正确进入与退出制图环境。
2. 能对制图首选项进行正确设置。
3. 能综合运用各种视图创建方法创建各类零件工程图、装配图。
4. 能对工程图进行正确标注。

【知识目标】

1. 熟练掌握常用视图（基本视图、斜视图、局部视图、局部放大图、全剖视图、半剖视图、局部剖视图、阶梯剖视图、旋转剖视图、断面图、断开视图）的创建方法与操作步骤。
2. 掌握视图的编辑操作。
3. 熟练掌握各种尺寸标注的方法及应用。
4. 熟练掌握文本标注、表面粗糙度标注、几何公差标注、基准符号标注方法。
5. 掌握工程图中标题栏、明细栏的制作方法。
6. 基本掌握导入属性、定义文件属性的方法及操作。

任务1　创建支承座、压紧杆的三视图

本任务要求根据图3-29所示支承座的三维实体完成图6-1所示的三视图的创建、根据图3-75所示压紧杆的三维实体完成图6-2所示三视图的创建，主要涉及制图环境的进入、基本视图、投影视图、视图边界等命令。

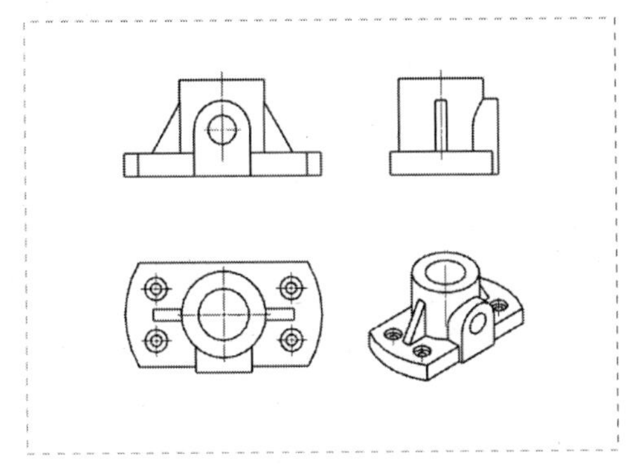

图6-1　支承座的三视图

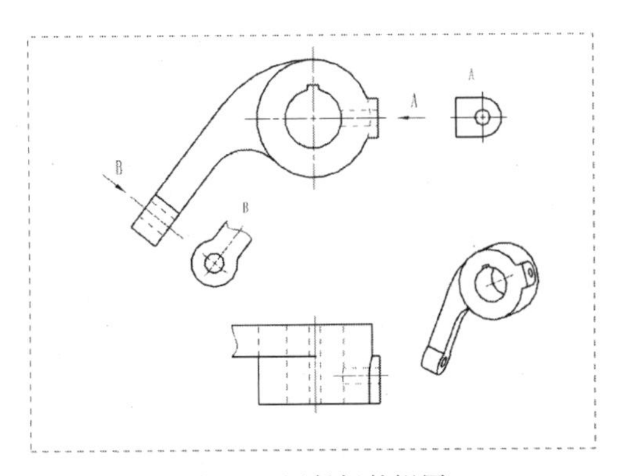

图6-2　压紧杆的视图

任务实施

一、创建图6-1所示支承座的三视图

步骤1　创建支承座实体模型。

步骤 2　进入制图环境（即工程图环境）。

单击【应用模块】→『设计』→〈制图〉，如图 6-3 所示，即进入制图环境，如图 6-4 所示。

图 6-3　调用“制图”命令

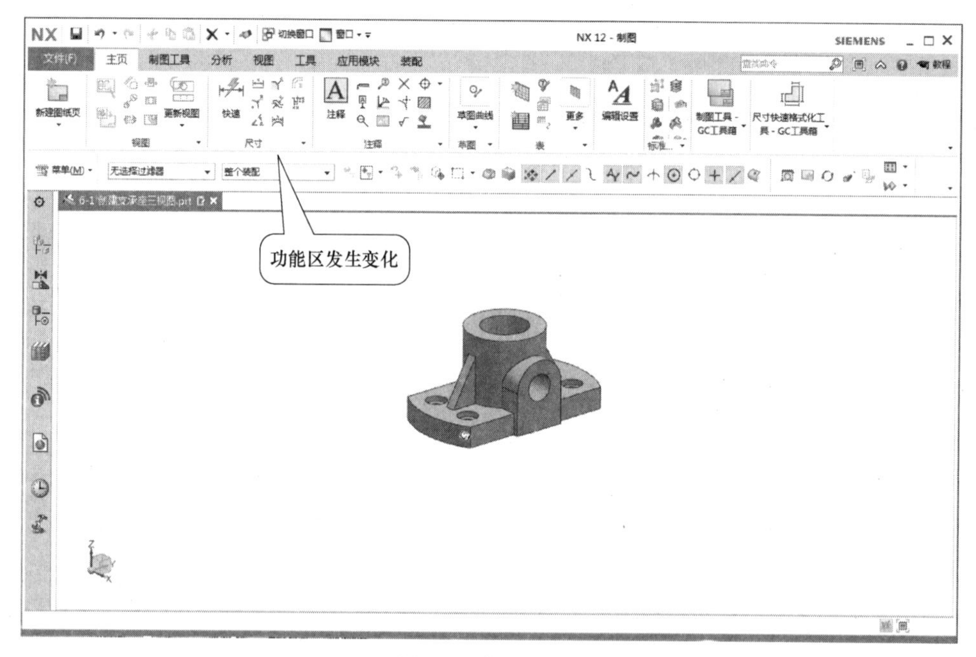

图 6-4　制图环境

步骤 3　设置图纸页。

单击【主页】→〈新建图纸页〉，弹出“工作表”对话框（即“图纸页”对话框），如图 6-5 所示。在“大小”选项组下选择“标准尺寸”，图幅为“A3-297×420”，“比例”为“2∶1”；在“设置”选项组下选择“单位”为“毫米”，投影视角为“第一视角”；不勾选 始终启动视图创建；单击 确定 按钮，完成图纸页设置。绘图区显示一虚线矩形框，该矩形框范围即为所设置的图纸大小，如图 6-5 所示。

步骤 4　创建主视图。

1）单击【主页】→『视图』→〈基本视图〉，弹出“基本视图”对话框，设定“模型视图”选项组中“要使用的模型视图”为“右视图”（即以模型的右视图观察方向作为主视图），“比例”为“2∶1”，如图 6-6 所示。

2）在图纸的适当位置单击，确定主视图的位置，并生成主视图，如图 6-6 所示。

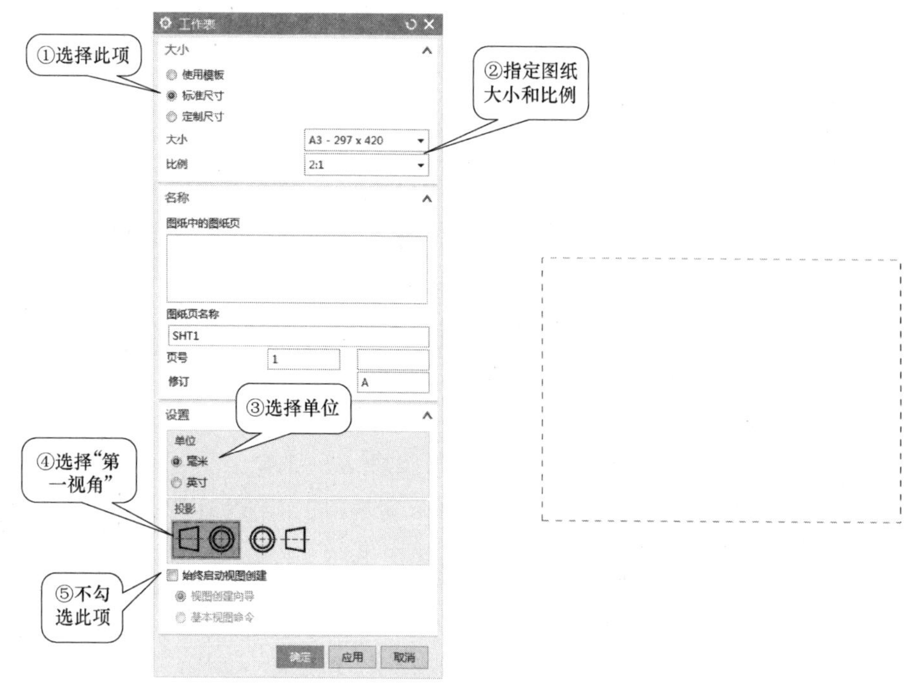

图 6-5　新建图纸页

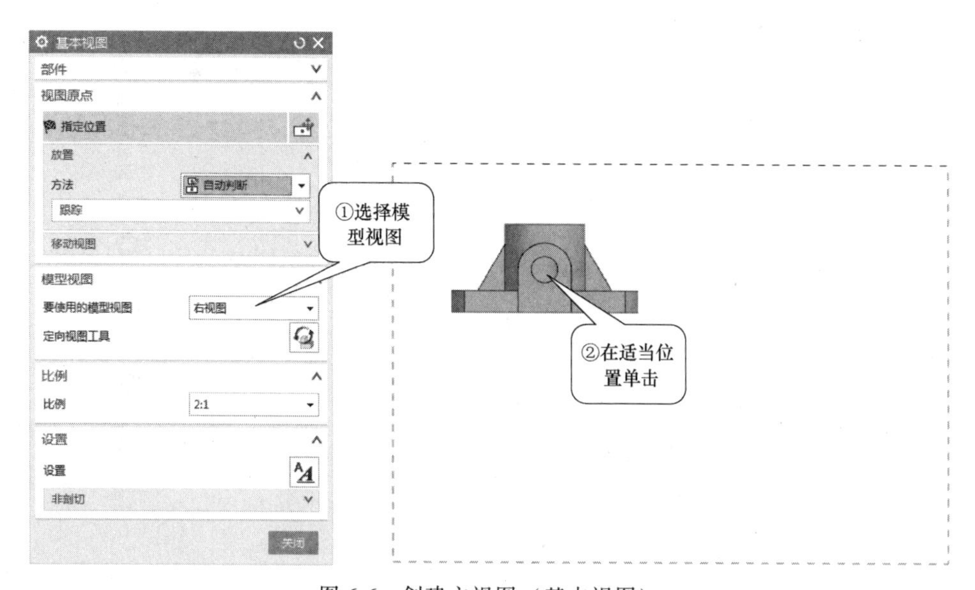

图 6-6　创建主视图（基本视图）

若"模型视图"下拉列表中没有所需的视图，可单击其下方的〈定向视图工具〉，打开"定向视图工具"对话框，绘图区右下角显示"定向视图"窗口，如图 6-7 所示，可在预览框中调整至所需的视图方向，单击 确定 按钮，返回"基本视图"对话框。

步骤 5　投影生成俯视图、左视图。

1）确定主视图的位置后，显示"投影视图"对话框，系统自动进入投影视图方式，竖

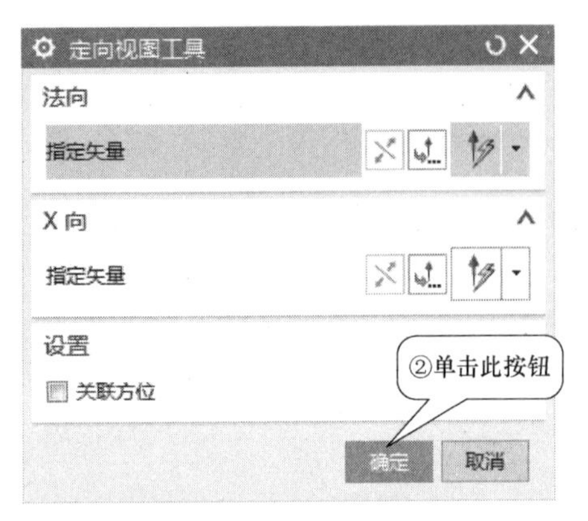

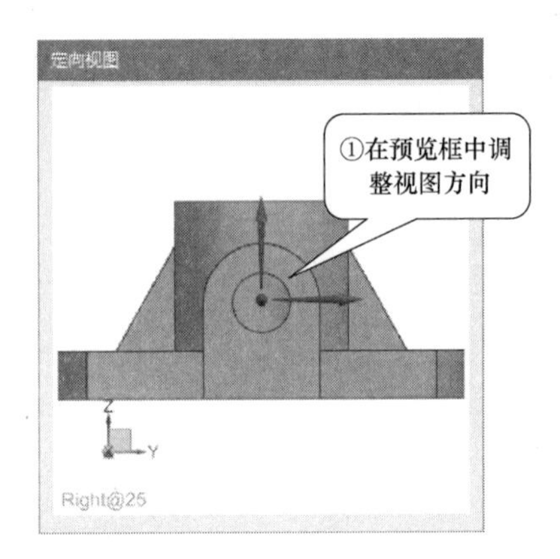

图 6-7　调整视图的投影方向

直向下移动光标至适当位置，单击，生成俯视图，如图 6-8 所示。

2）水平向右移动光标至适当位置，单击，生成左视图，如图 6-8 所示。

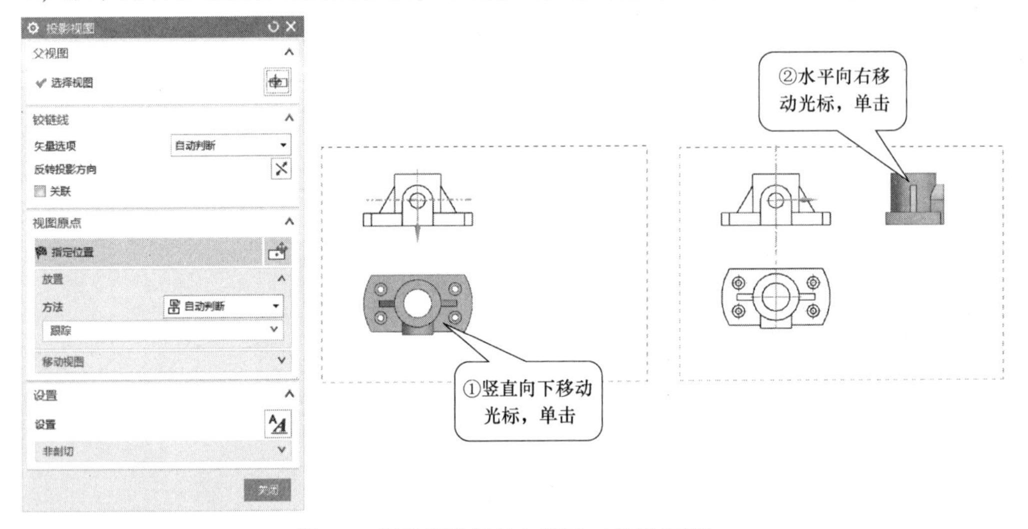

图 6-8　创建俯视图与左视图（投影视图）

步骤 6　创建轴测图。

单击【主页】→『视图』→〈基本视图〉，弹出“基本视图”对话框，设定“模型视图”为“正等测图”；比例方式为“比率”，“比例”为“1.6∶1”；在图纸适当位置单击，生成轴承座正等轴测图，如图 6-9 所示。

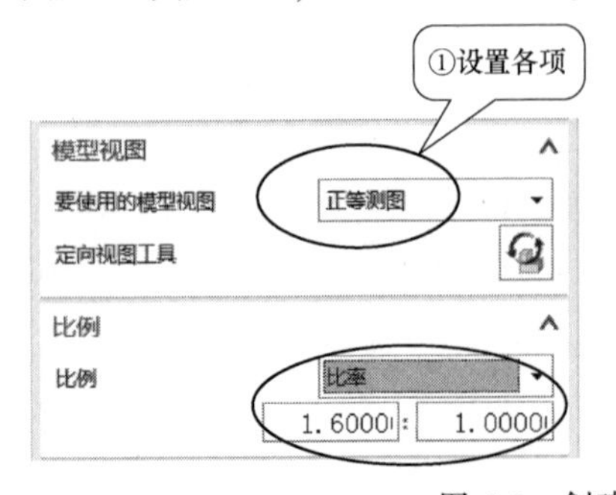

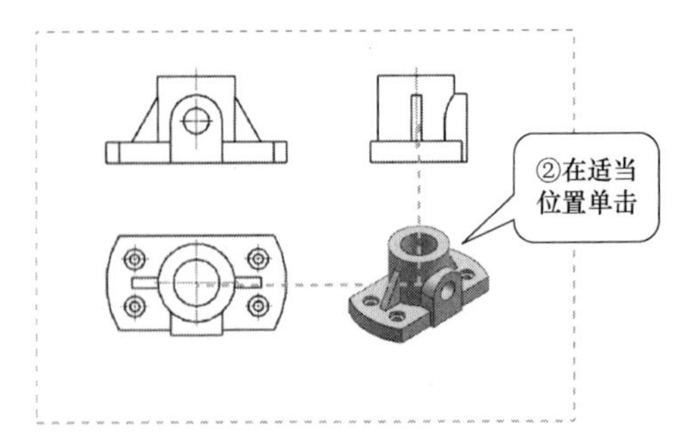

图 6-9　创建轴测图（基本视图）

二、创建图 6-2 所示压紧杆的三视图

步骤 1　创建压紧杆实体模型。

步骤 2　进入制图环境，新建图纸页，选择 A4 图纸，比例为“1∶1”。

步骤 3　创建压紧杆的主视图。

单击【主页】→『视图』→〈基本视图〉，弹出“基本视图”对话框，在“设置”选项组下单击〈设置〉，打开“基本视图设置”对话框，如图 6-10 所示，在左侧边框中选择“隐藏线”，将隐藏线设置为虚线显示，单击鼠标中键，返回“基本视图”对话框，选择正确的视图方向、适当的比例，在图纸的适当位置单击，生成压紧杆的主视图。此时，主视图中的隐藏线均显示出来，如图 6-11 所示。

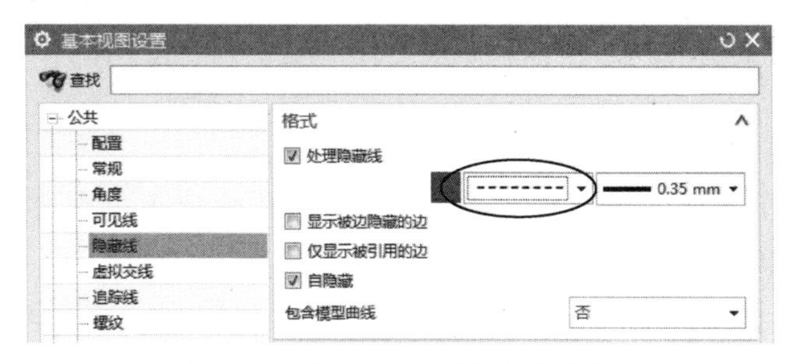

图 6-10　设置隐藏线可见且为虚线

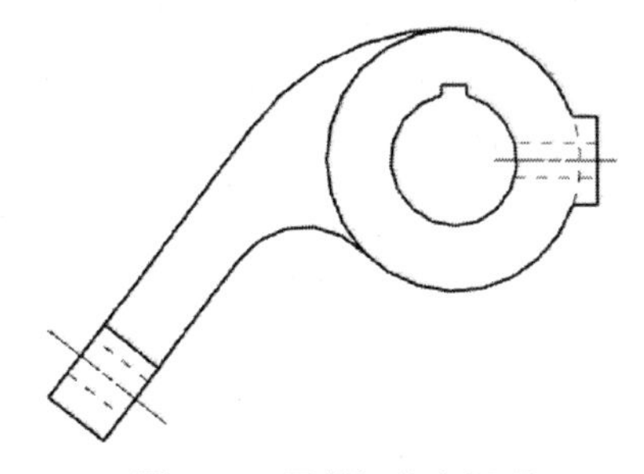

图 6-11　压紧杆的主视图

步骤 4　投影生成压紧杆的俯视图及右视图，如图 6-12 所示。

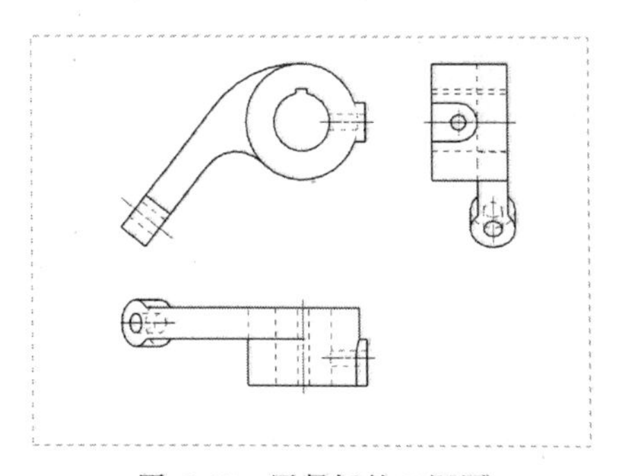

图 6-12　压紧杆的三视图

步骤 5　编辑修改俯视图，使其成为局部视图。

1）编辑俯视图的视图边界。移动光标至俯视图附近，待出现一矩形框时单击鼠标右键（此矩形框称为视图边界，如图 6-13 所示，默认情况下此边框不显示），在弹出的快捷菜单中选择 边界(B)... ，弹出“视图边界”对话框，如图 6-14 所示，在视图边界下拉列表中选择“手工生成矩形”，在俯视图的适当位置按下鼠标左键并拖动，拖至适当位置松开鼠标左键（拖动鼠标时生成的矩形边界即为新的视图边界），单击 取消 按钮，关闭对话框，完成视图边界的编辑。

2）进入草图模式，绘制局部视图边界线。

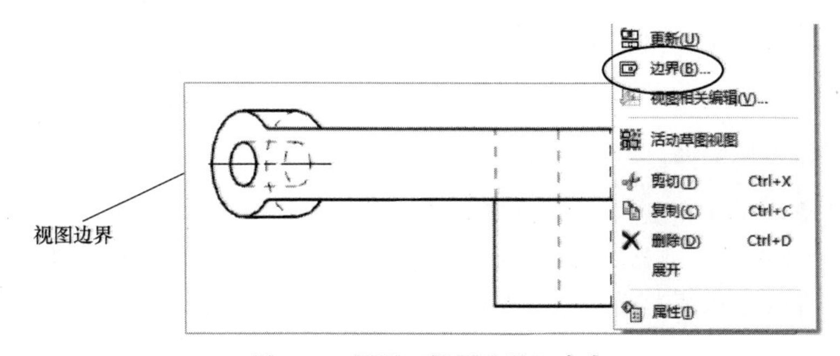

图 6-13　调用“视图边界”命令

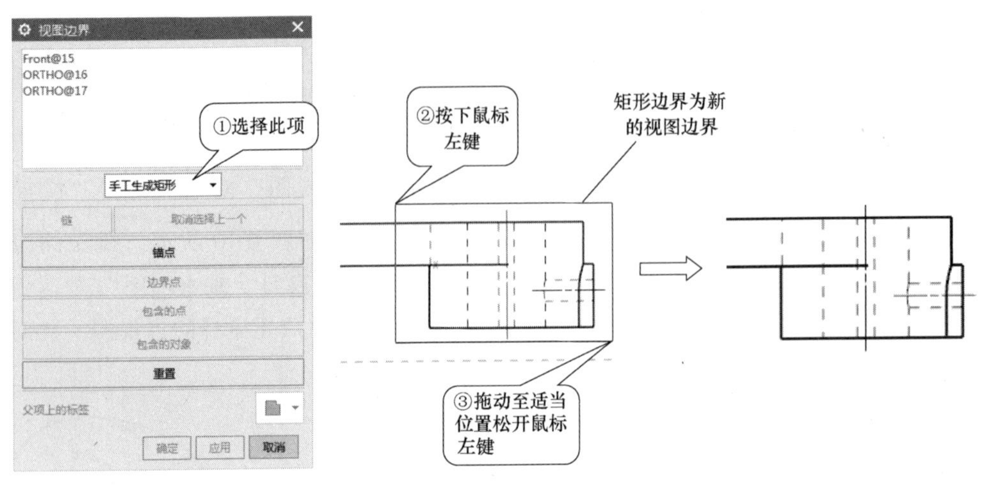

图 6-14　编辑俯视图的视图边界

① 进入草图模式。用鼠标右键单击俯视图的视图边界，在弹出的快捷菜单中选择 活动草图视图，俯视图即进入草图模式。

② 绘制边界线。单击【主页】→『草图』→〈艺术样条〉，打开捕捉〈曲线上的点〉，绘制边界线，如图 6-15 所示；绘制完成后单击〈完成草图〉，退出草图状态。

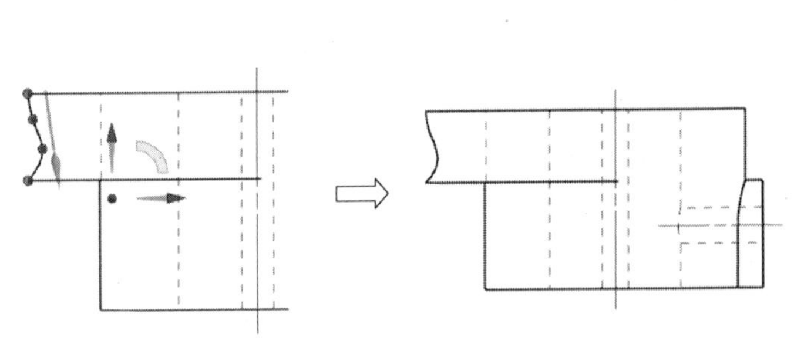

图 6-15　绘制边界线

3）修改边界线的线宽，使其为细实线。用鼠标右键单击绘制的边界线，在弹出的快捷工具栏中单击〈编辑显示〉，打开“编辑对象显示”对话框，在宽度下拉列表中选择“0. 25mm”，单击鼠标中键，完成修改，如图 6-16 所示。

> 此处编辑修改俯视图使其成为局部视图所采用的方法并非最简单的方法（可采用“断开视图”命令创建，参见本模块任务 4 知识点 2 断开视图），此处采用一种相对“麻烦”的方法，目的是让读者通过实例掌握多种不同绘制方法。

步骤 6　编辑修改右视图，使其成为局部视图。

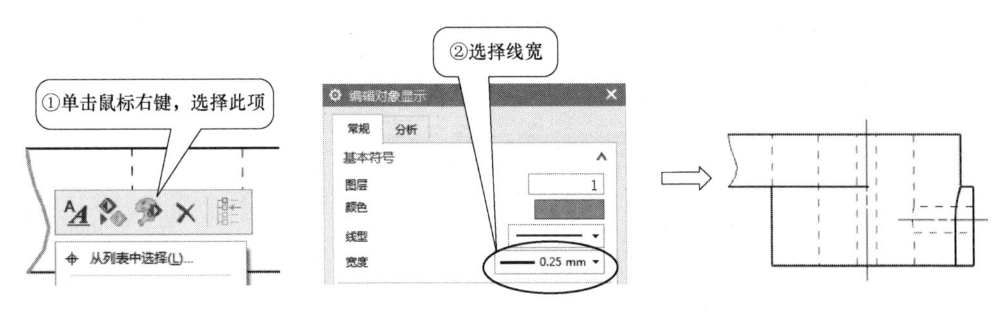

图 6-16　修改边界线的线宽

1）编辑右视图的视图边界。用鼠标右键单击右视图的视图边界，在弹出的快捷菜单中选择 边界(B)...，弹出“视图边界”对话框，如图 6-17 所示，在视图边界下拉列表中选择“由对象定义边界”，单击 包含的对象，拾取局部视图的外轮廓，单击 确定 按钮，完成视图边界的编辑。

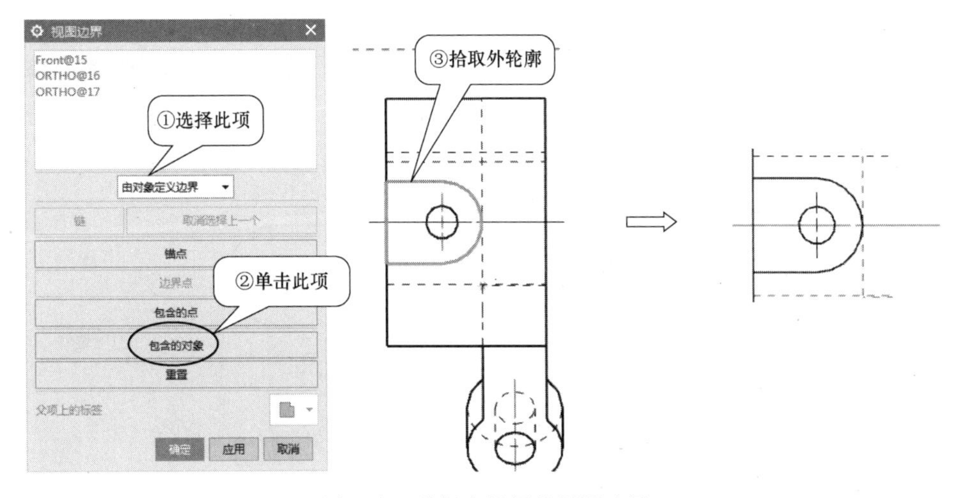

图 6-17　编辑右视图的视图边界

2）擦除右视图中多余的线条。用鼠标右键单击视图边界，在弹出的快捷菜单中选择 视图相关编辑(V)...，弹出“视图相关编辑”对话框，单击〈擦除对象〉，弹出“类选择”对话框，选择多余线条，单击 确定 按钮，返回“视图相关编辑”对话框，再单击 确定 按钮，完成擦除，如图 6-18 所示。

3）删除多余中心线，延伸圆的中心线。

① 删除多余中心线，如图 6-19 所示。

② 延伸圆的中心线。双击右视图中的中心线，弹出“中心标记”对话框，在对话框中勾选 ☑ 单独设置延伸，中心线末端显示箭头，分别拖曳各箭头延伸中心线至适当位置，如图 6-19 所示，单击 应用 按钮，完成中心线的延伸。

4）显示投影箭头及视图标签（即视图名称）。

① 用鼠标右键单击视图边界，在弹出的快捷菜单中选择 设置(S)...，打开“设置”对

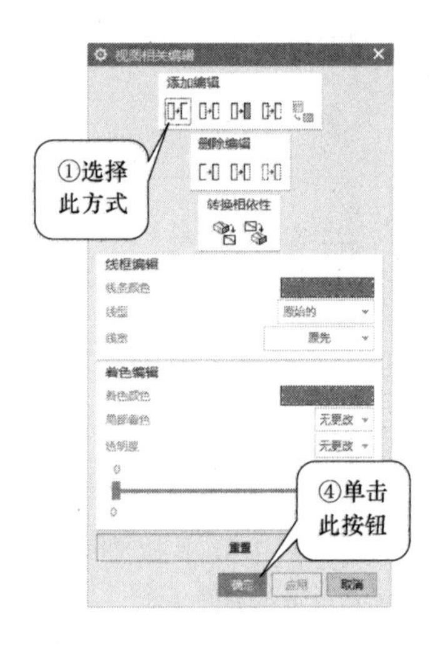

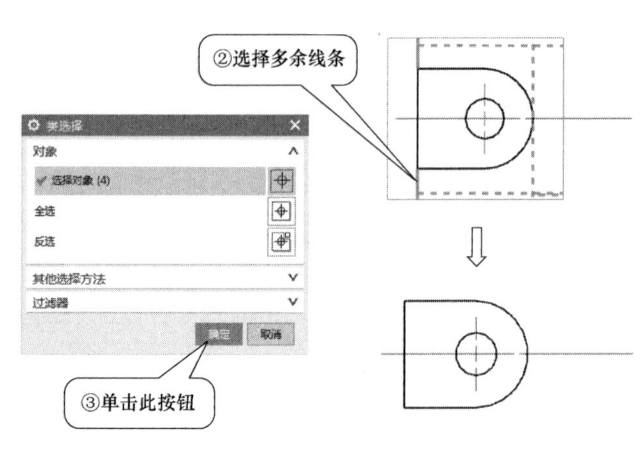

图 6-18　擦除多余线条

话框，在左侧列表框中单击“投影”选项下的“设置”，“在父视图上显示箭头”下拉列表中选择始终，如图 6-20a 所示，单击“投影”选项下的“标签”，勾选显示视图标签，按图 6-20b 所示设置视图标签各项，单击确定按钮，完成设置。此时，图形旁显示投影箭头及视图名称。

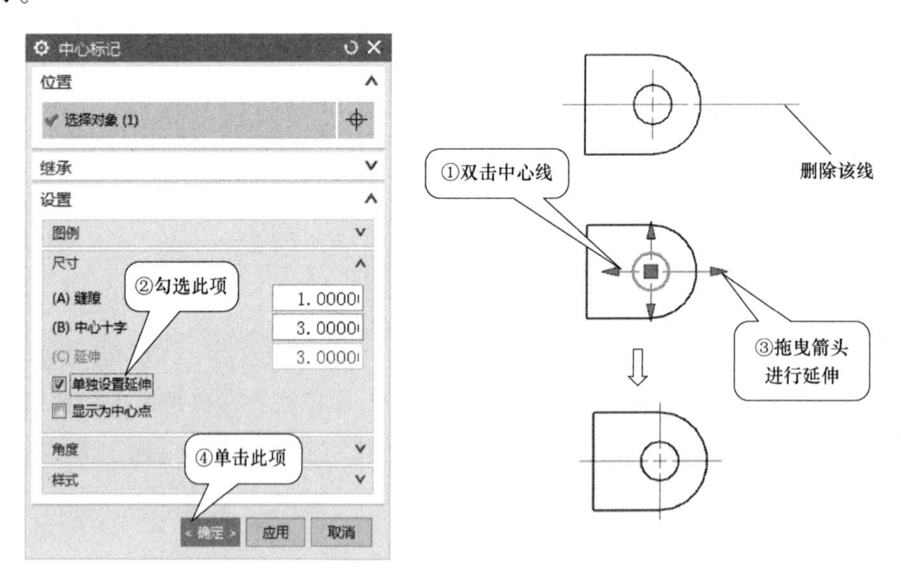

图 6-19　删除多余中心线，延伸圆的中心线

② 拖曳投影箭头及视图标签至合适位置，效果如图 6-21 所示。

步骤 7　创建 B 向斜视图。

1）创建斜视图。单击【主页】→『视图』→〈投影视图〉，弹出“投影视图”对话框，选择主视图作为父视图；在“矢量”列表中选择“已定义”，选择图 6-22 所示主视图上的轮廓边（即以与此边垂直的方向作为投影矢量方向），在对话框的放置“方法”列表中选择“垂直于直线”，“对齐”列表中选择“对齐到视图”，移到光标至适当位置单击，完

a) 设置是否显示投影箭头　　b) 设置视图标签显示内容及位置

图 6-20　设置投影箭头及视图标签

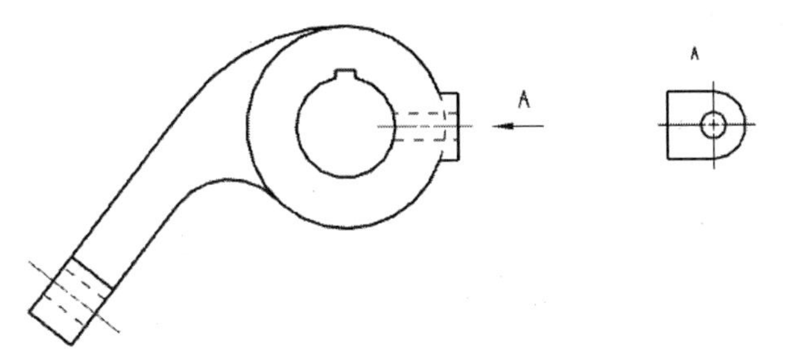

图 6-21　显示投影箭头及视图标签

成视图的创建，如图 6-22 所示。

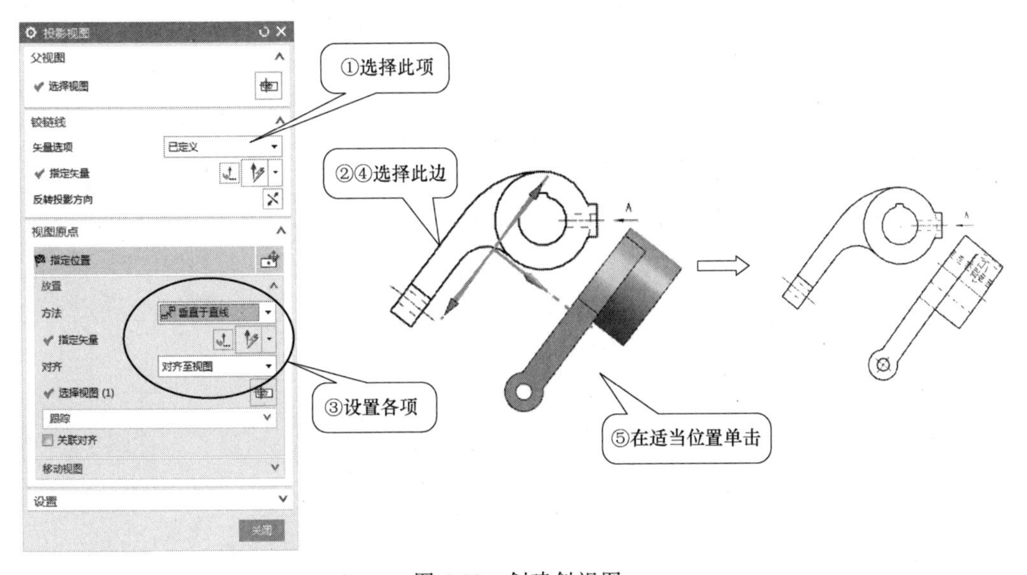

图 6-22　创建斜视图

> 上述“投影视图”对话框中“视图原点”选项组下“放置”选项“方法”下拉列表及“对齐”下拉列表中各项的含义可参见本模块任务 2 知识点 3。

2）编辑修改视图边界。用鼠标右键单击斜视图视图边界，在快捷菜单中选择 边界(B)...，弹出“视图边界”对话框，采用“手工生成矩形”方式编辑、修改其边界，使其效果如图 6-23 所示。

3）绘制视图边界线，并修改其线宽，使其效果如图 6-24 所示。

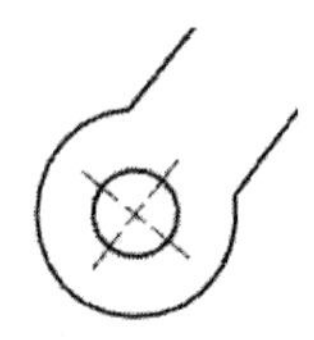

图 6-23　编辑、修改视图边界

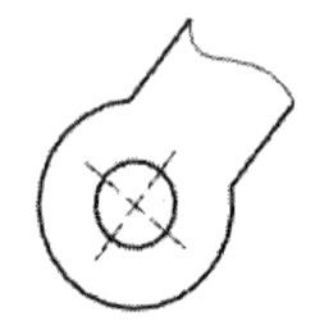

图 6-24　绘制视图边界线，并修改其线宽

4）显示投影箭头及视图标签。采用步骤 6 第 4）点所述方法进行设置，但在图 6-20a 所示对话框的“在父视图上显示箭头”下拉列表中选择 仅适用于非正交投影，如图 6-25 所示，调整投影箭头及视图标签位置，使其效果如图 6-26 所示。

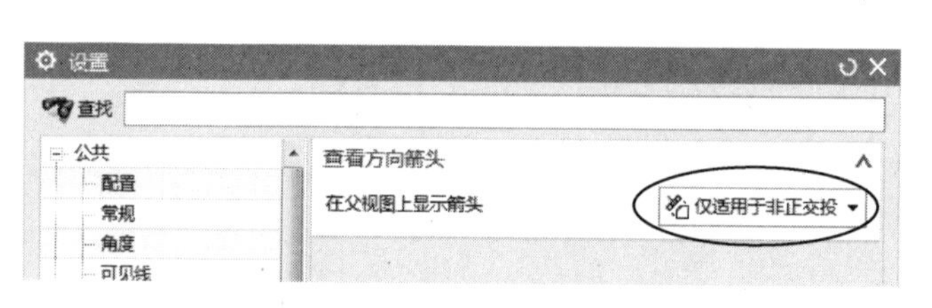

图 6-25　设置显示投影箭头

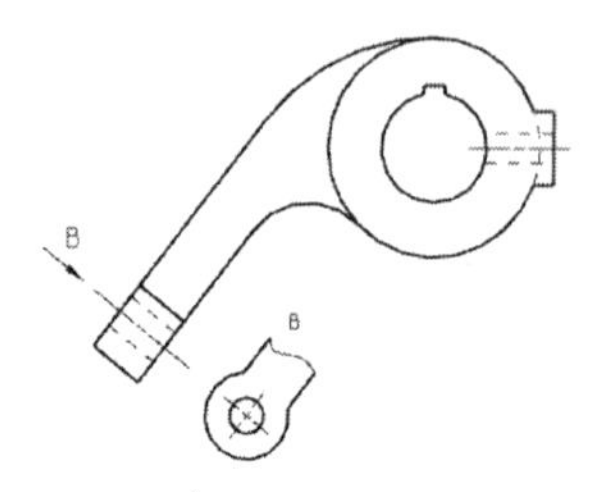

图 6-26　B 向斜视图

步骤 8　添加中心线，调整视图位置。

单击【主页】→『注释』→中心线下拉列表中的〈中心标记〉，弹出“中心标记”对话框，选择主视图中的大圆，单击 确定 按钮，完成添加，如图 6-27 所示。

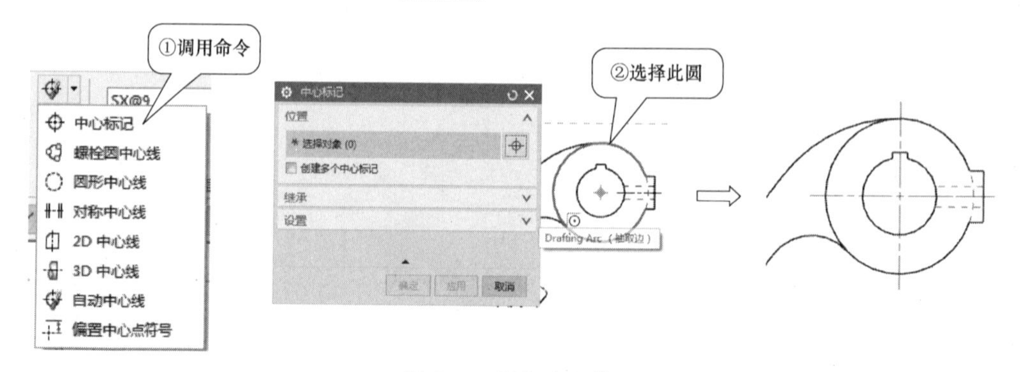

图 6-27　添加中心线

步骤 9　创建轴测图。

步骤 10　按需调整各视图位置，使其最终如图 6-2 所示，保存文件。

知识点 1　进入制图环境

三维模型设计好了之后，可以根据其关联性来进行工程图设计，如三维模型发生了变化，则相关联的二维工程图也自动更新，这样既能保证设计更改的一致性，也提高了工作效率。

完成三维模型设计后，单击【应用模块】→『设计』→〈制图〉或按快捷键〈Ctrl+Shift+D〉，即可进入制图环境，系统自动调用其常用工具并显示在功能区，如图 6-28 所示。

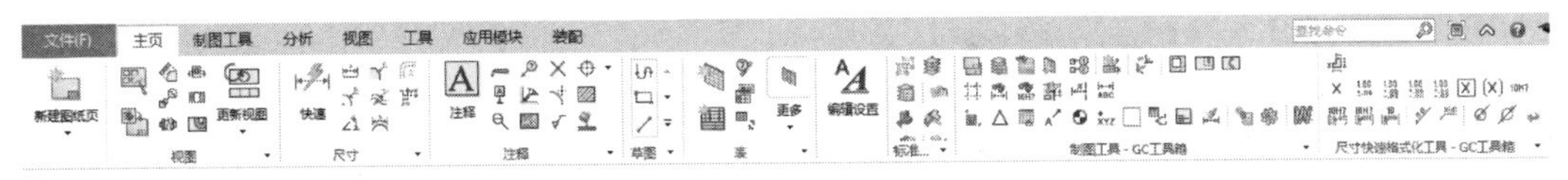

图 6-28　制图环境的功能区

知识点 2　图纸页的创建与编辑操作

1. 新建图纸页

进入制图环境后需先选择制作工程图所需的图纸、比例等，即要新建图纸页。调用“新建图纸页”命令主要有以下方式：

- 功能区：【主页】→〈图纸页〉。
- 菜单：插入→图纸页。

执行上述操作后，系统打开“工作表”对话框（即“图纸页”对话框），如图 6-29 所示

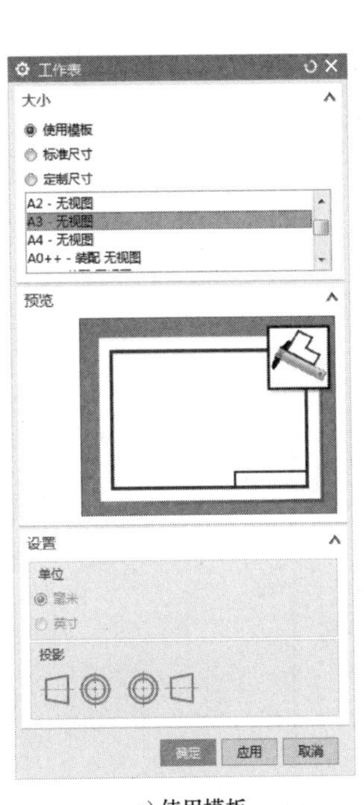

a) 使用模板

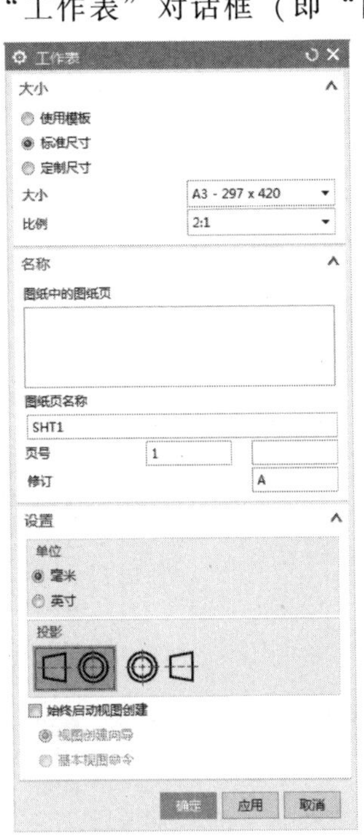

b) 标准尺寸

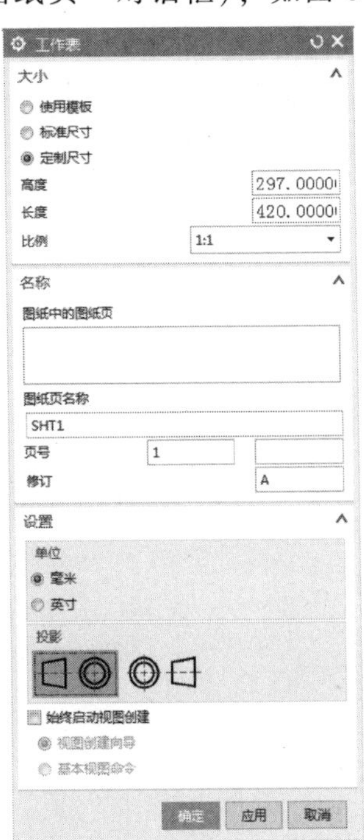

c) 定制尺寸

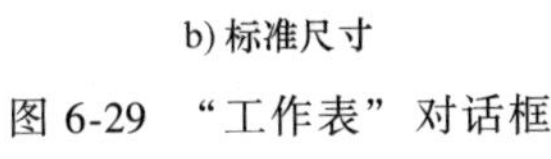

图 6-29　“工作表”对话框

示。该对话框的“大小”选项组提供了“使用模板”“标准尺寸”“定制尺寸”3 种新建图纸页的方法。

◆ ◉使用模板：选择该项时，可从列表中选择系统提供的一种制图模板。

◆ ◉标准尺寸：选择该项时，可从“大小”下拉列表中选择一种标准图纸的空白模板；从“比例”下拉列表中选择一种绘图比例，或者定制比例；在“名称”选项组的“图纸页名称”文本框中输入新建图纸页的名称，或接受系统指定的默认名称；在“设置”选项组中，可以选择单位和投影方式。投影方式有 (第一角投影) 和 (第三角投影)，其中第一角投影符合我国的制图国家标准。

◆ ◉定制尺寸：选择该项时，用户可设置图纸高度、长度。

新建图纸页的具体操作在本模块任务 1 实例中已述，在此不再赘述。

2. 编辑图纸页

“编辑图纸页”命令用于编辑当前图纸页的名称、大小、比例、测量单位和投影方式等。执行该命令主要有以下方式：

◆ 功能区：【主页】→〈编辑图纸页〉。

◆ 菜单：编辑→编辑图纸页。

◆ 快捷菜单：双击图纸页边框，或在导航器中用鼠标右键单击图纸页，在快捷菜单中选择“编辑图纸页” 编辑图纸页(H)...，如图 6-30 所示。

执行上述操作后，打开如图 6-29 所示的“工作表”对话框，在该对话框中修改相应设置即可。

3. 删除图纸页

要删除图纸页，通常是在导航器中查找到要删除的图纸页标识，用鼠标右键单击该图纸页标识，在弹出的快捷工具条中单击〈删除〉 或在快捷菜单中选择 删除(D)，如图 6-30所示。

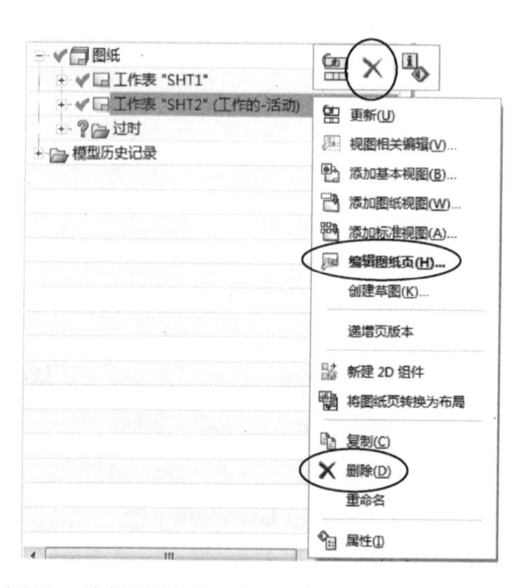

图 6-30 调用“编辑图纸页”和“删除图纸页”命令的快捷方式

> 新建图纸页后，便要根据模型结构在图纸页上插入各种视图来表达三维模型。插入的视图可以为基本视图、投影视图、局部放大图、剖视图、半剖视图、旋转剖视图、局部剖视图、断开视图等。

知识点 3　基本视图

“基本视图”命令用于将保存在部件中的标准视图或定制视图添加到图纸页中。标准视图有俯视图、前视图、右视图、后视图、仰视图、左视图、正等测图和正三轴测图。调用该命令主要有以下方式：

- 功能区：【主页】→『视图』→〈基本〉。
- 菜单：插入→视图→ 基本(B)...。

执行上述操作后，弹出“基本视图”对话框，如图 6-31 所示。

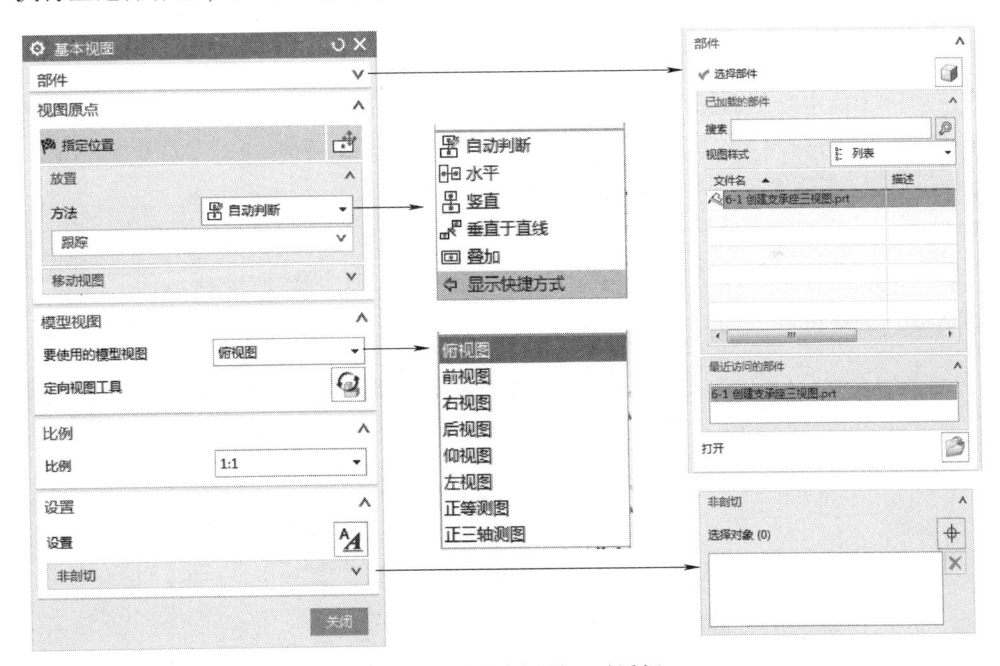

图 6-31　“基本视图”对话框

1. “部件”选项组

系统默认加载当前的工作部件作为要创建基本视图的部件。如想更改要为其创建基本视图的部件，需展开“部件”选项区域，从“已加载的部件”或“最近访问的部件”列表中选择所需部件，或单击〈打开〉，从弹出的“部件名”对话框中选择所需部件（具体操作见本模块任务 4）。

2. “视图原点”选项组

该选项用于确定基本视图在图纸页的放置方法。放置“方法”列表有“自动判断”“水平”“竖直”“垂直于直线”“叠加”5 种方式。各方式的具体含义见本模块任务 2 知识点 3。

当所创建的基本视图是图纸页的第一个视图时，该选项只有“自动判断”可用。

3. “模型视图”选项

该选项用于确定要用作基本视图的模型视图。用户可以在“要使用的模型视图”下拉列表的8个标准视图中选择一个，也可以单击〈定向视图工具〉，打开“定向视图工具”对话框（图6-32）及“定向视图”窗口（图6-33），从中调整视图方位。

图6-32 “定向视图工具”对话框

图6-33 “定向视图”窗口

4. “比例”选项

该选项用于确定绘图的比例。用户可从“比例”下拉列表中选择所需比例值，如图6-34所示，也可以从中选择“比率”或“表达式”选项来定义比例值。

5. “设置”选项组

◆ 设置：该选项组用于设置视图的显示样式（如线宽、是否显示隐藏线等），一般采用默认设置。如用户需要自己指定，可单击〈设置〉，打开图6-35所示的“基本视图设置”对话框，进行设置。

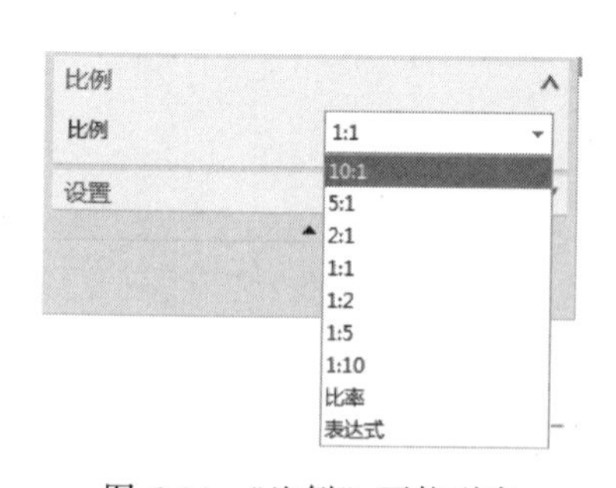

图6-34 “比例”下拉列表

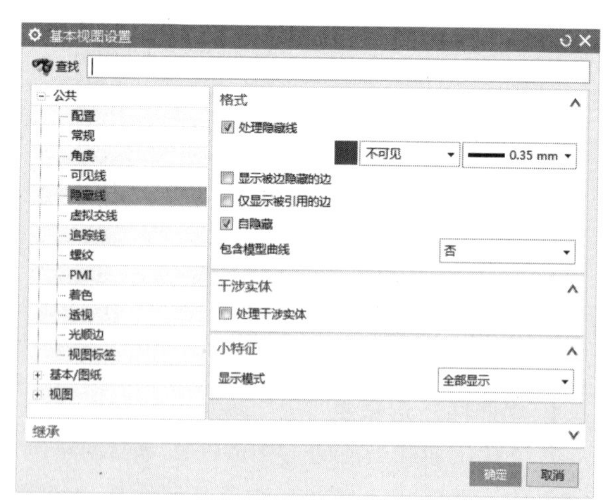

图6-35 “基本视图设置”对话框

◆ 非剖切：此项用于装配图纸，可以指定一个或多个组件在剖视图中不进行剖切（具体操作见本模块任务5）。

> UG NX 12.0中许多对话框中都有“设置”选项，单击〈设置〉，则打开“×××设置”对话框（对象不同，“×××设置”对话框中显示的内容也不同），可在对话框中进行首选项设置。

若创建基本视图的部件是装配体，则在“基本视图”对话框“设置”选项组下会有一个“隐藏的组件”选项，如图 6-36 所示。

◆ 隐藏的组件：此项用于装配图纸，能够控制一个或多个组件在基本视图中不显示。

图 6-36 “基本视图”对话框“设置”选项组（装配体）

知识点 4　投影视图

“投影视图”命令用于从任何父视图创建投影正交视图或辅助视图（如斜视图、向视图）。一般在创建基本视图后，以基本视图为基准，按照指定的投影方向来创建相应的投影视图。

调用该命令主要有以下方式：

- 功能区：【主页】→『视图』→〈投影〉。
- 菜单：插入→视图→ 投影(J)...。

执行上述操作后，弹出“投影视图”对话框，如图 6-37所示。

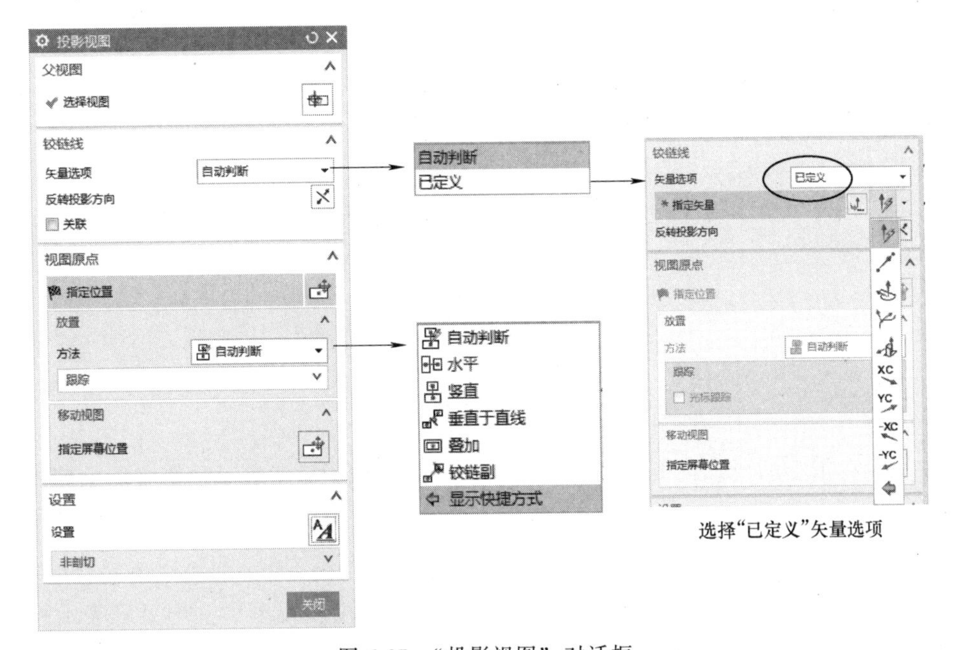

图 6-37 “投影视图”对话框

1. “父视图”选项

此项用于在图纸页面上选择一个视图作为父视图，并从其投影出其他视图。

2. “铰链线”选项

此项用于确定投影方向。在“矢量选项”下拉列表有“自动判断”和“已定义”两项。

◆ 自动判断：系统基于父视图自动判断投影矢量方向。

◆ 已定义：由用户手动定义一个矢量作为投影方向。图 6-2 所示的 B 向斜视图的创建便采用了此法。

3. “视图原点”选项

此选项与“基本视图”对话框中的选项功能相同，在此不再赘述。

4. “移动视图”选项

当指定投影视图的样式、放置位置等之后，如对该投影视图在图纸页中的位置不满意，则可以单击该项中的〈视图〉，而后拖曳投影视图至合适位置。

5. “设置”选项

单击〈设置〉，打开“投影视图设置”对话框，如图 6-38 所示。该对话框中的选项与“基本视图设置”对话框中的选项功能基本相同，但左侧列表中多了一个“投影”选项，如图 6-38 所示，用于设置在父视图上是否显示表示投影方向的箭头。

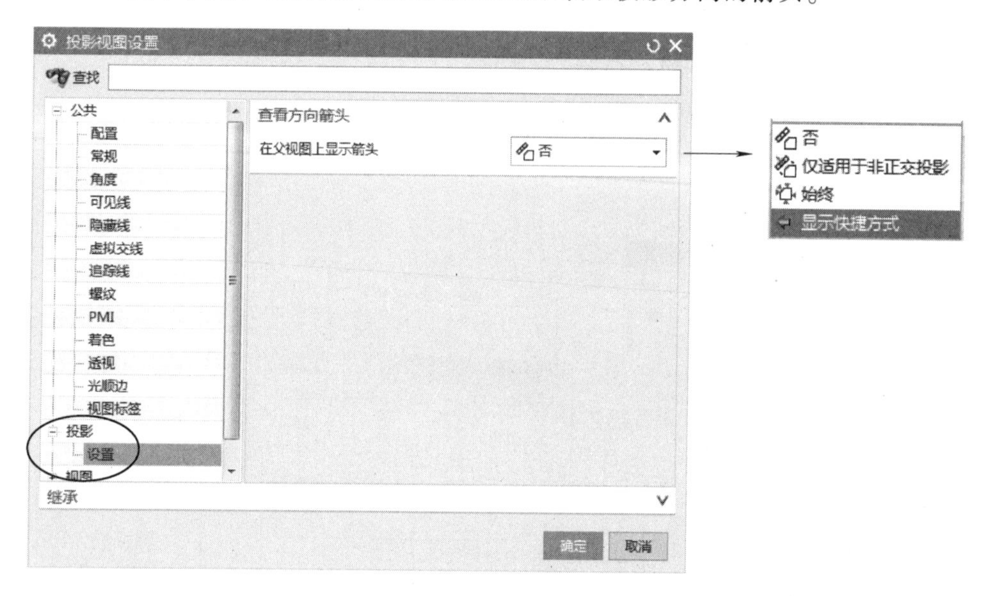

图 6-38 “投影视图设置”对话框

◆ 否：在正交的投影视图、非正交的投影视图中均不显示表示投影方向的箭头。

◆ 仅适用于非正交投影：仅在非正交的投影视图中显示箭头（本任务中压紧杆的 B 向斜视图中采用了此法）。

◆ 始终：无论是在正交的投影视图还是在非正交的投影视图中，均显示表示投影方向的箭头（本任务压紧杆的 A 向局部视图中采用了此法）。

知识点 5 视图边界

“视图边界”命令用于重新定义视图边界，既可以缩小视图边界只显示视图的某一部分，也可放大视图边界显示所有视图对象。调用该命令主要有以下方式：

- 功能区：【主页】→『视图』→“编辑视图”→〈边界〉。
- 菜单：编辑→视图→边界(B)...。

● 快捷菜单：用鼠标右键单击要编辑的视图边界，在打开的快捷菜单中选择 边界(B)...。

执行上述操作后，弹出“视图边界”对话框，如图 6-39 所示。

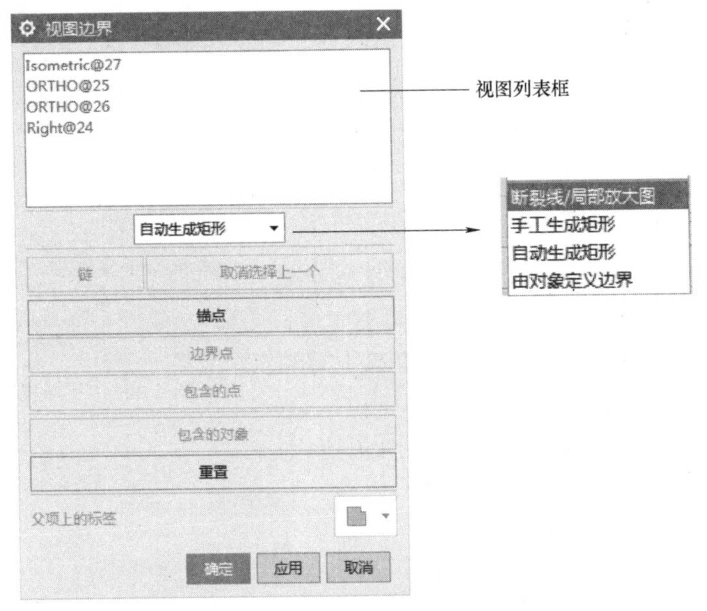

图 6-39　“视图边界”对话框

1. 视图列表框

可以在该列表框中选择要定义边界的视图名，也可以直接在图纸页上选择视图。如选择了不需要的视图，则可单击〈重置〉 重置 来重新进行选择。

2. 视图边界下拉列表

此下拉列表用于定义视图边界的方式，有以下 4 种方式：

◆ 自动生成矩形：自动定义矩形作为所选视图的边界，该边界能根据视图中的几何对象的大小自动更新。该选项是系统初始默认的视图边界方式选项。

◆ 手工生成矩形：以拖动方式手工定义矩形边界，该矩形边界的大小是由用户定义的，可以包围整个视图，也可只包围视图中的一部分。该方式主要用于在一个特定的视图中隐藏不显示的几何体，其具体操作过程在本任务实例中已述，不再赘述。

◆ 由对象定义边界：通过选择要包围的对象来定义视图边界，其具体操作过程在本任务实例中已述，不再赘述。

◆ 断裂线/局部放大图：定义任意形状（由用户绘制）的视图边界，使用该项只显示被边界包围的视图部分。使用该项定义视图边界前，必须先创建与视图关联的边界线。

知识点 6　更新视图

“更新视图”命令用于以手工方式更新选定的视图，以反映自上次更新视图以来视图发生的更改。调用该命令主要有以下方式：

● 功能区：【主页】→『视图』→“编辑视图”→〈更新〉。

- 菜单：插入→视图→ 更新(U)... 。
- 快捷菜单：选择需更新视图，单击鼠标右键，在打开的快捷菜单中选择 更新(U)... 。

执行上述操作后，弹出“更新视图”对话框，如图 6-40 所示。

在视图列表框中选择需更新的视图，单击 应用 按钮，即可更新视图。

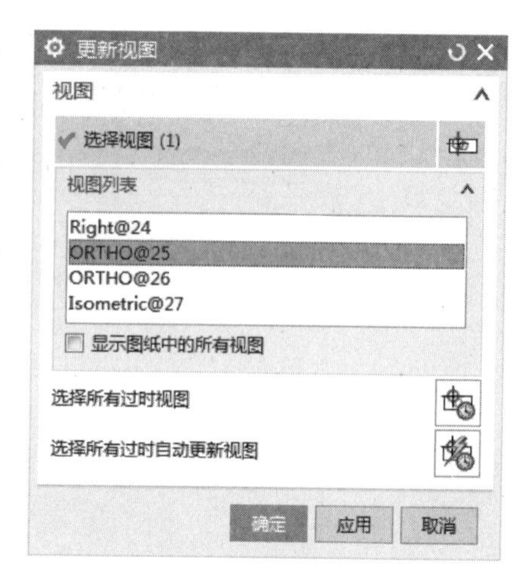

图 6-40 “更新视图”对话框

知识点 7 插入中心线

在一些工程图设计中，可能需要为某些图形对象添加中心线。调用“中心线”命令主要有以下方式：

- 功能区：【主页】→『注释』→中心线下拉列表，如图 6-41a 所示。
- 菜单：插入→中心线下拉菜单，如图 6-41b 所示。

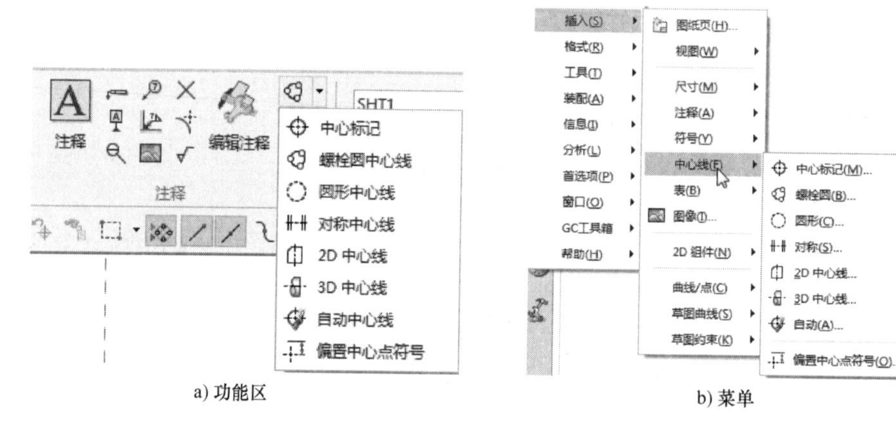

a) 功能区　　b) 菜单

图 6-41 调用中心线命令

- ◆ 中心标记：创建圆或圆弧的中心标记。
- ◆ 螺栓圆中心线：创建完整或不完整的螺栓圆中心线。
- ◆ 2D 中心线：在两条边、两条曲线或两个点之间创建 2D 中心线，如图 6-42、图 6-43所示。
- ◆ 圆形中心线：创建完整或不完整的圆形中心线。
- ◆ 对称中心线：创建对称中心线。
- ◆ 3D 中心线：创建基于面（如圆柱面）的中心线，该中心线是真实的 3D 中心线。
- ◆ 自动中心线：自动创建中心标记、圆形中心线和圆柱形中心线。
- ◆ 偏置中心点符号：创建偏置中心点符号，该符号表示某一圆弧的中心，该中心处于偏离其真正中心的某一位置。

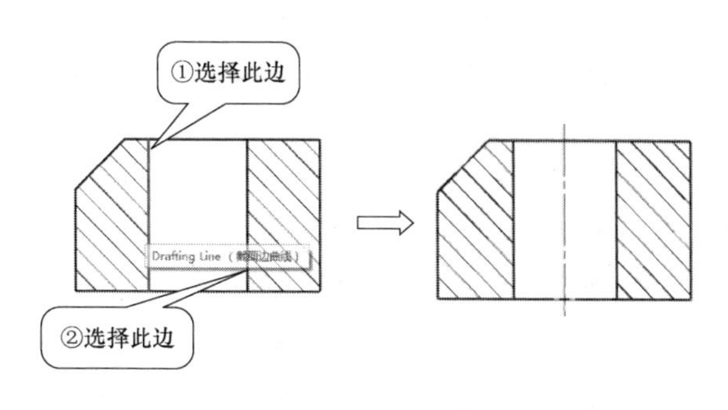

图 6-42　创建 2D 中心线（从曲线方式）

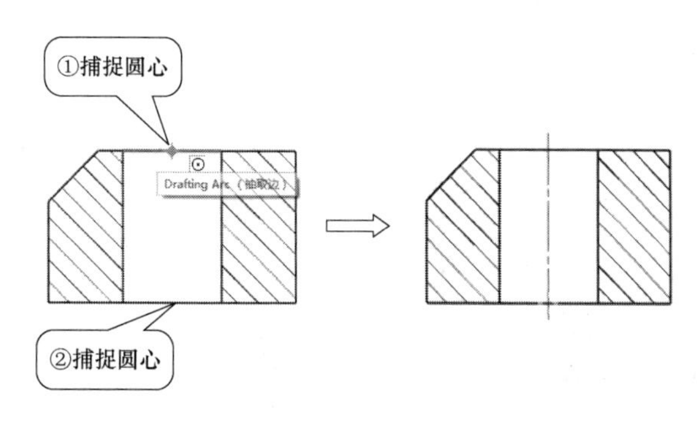

图 6-43　创建 2D 中心线（根据点方式）

同 类 任 务

创建图 3-74 所示轴承座的工程图，使其如图 6-44 所示。

拓 展 任 务

创建图 3-199 所示斜板的工程图，使其如图 6-45 所示。

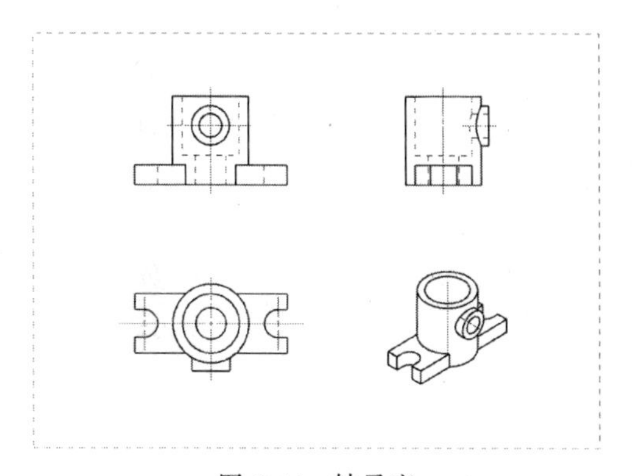

图 6-44　轴承座

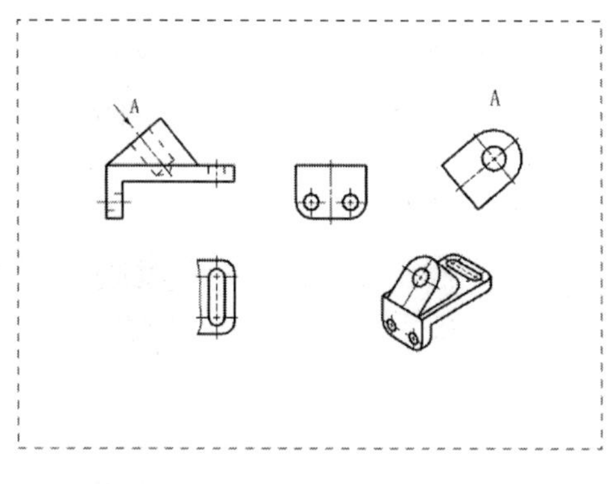

图 6-45　斜板

任务2　创建支承座的三视图

本任务要求根据本模块任务 1 中的支承座创建如图 6-46 所示的三视图，主要涉及全剖视图、半剖视图、局部剖视图的创建及视图的相关编辑。

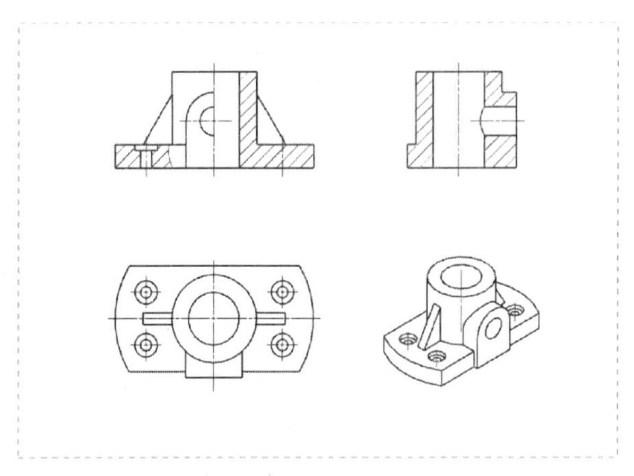

图 6-46　支承座的三视图（剖视）

任务实施

步骤 1　打开本模块任务 1 支承座文件，进入制图环境，屏幕显示图 6-1 所示的三视图。

步骤 2　再新建一张图纸页。

单击【主页】→〈新建图纸页〉，弹出“图纸页”对话框，设置 A3 图纸页。

步骤 3　创建俯视图。

单击【主页】→『视图』→〈基本视图〉，创建如图 6-46 所示俯视图。

步骤 4　创建半剖主视图。

1）调用剖视图命令，选择父视图，指定剖切方法。单击【主页】→『视图』→〈剖视图〉，弹出“剖视图”对话框，如图 6-47 所示，系统自动选择了俯视图作为父视图，在“截面线”选项组的“定义”列表中选择“动态”，“方法”列表中选择“半剖”。

2）指定剖切位置，投影生成半剖视图。在绘图区捕捉俯视图上最右侧圆弧中点，单击，捕捉俯视图中间圆的圆心，单击（即通过所指定的两点确定剖切位置）；竖直向上移动光标至适当位置单击，生成半剖主视图，如图 6-47 所示。

> 默认情况下，创建剖视图时，系统会自动标注剖视图标记并在剖视图下方标注名称“SECTION ×-×”（如图 6-47 中的“SECTION A—A”）。
>
> 制图画法中规定，当肋板被纵向剖切时应不画剖面线，而用粗实线将其与邻接部分分开。显然，需对图 6-47 所示半剖视图进行编辑、修改。

步骤 5　编辑、修改半剖主视图。

1）擦除原有剖面线，擦除后如图 6-48 所示。

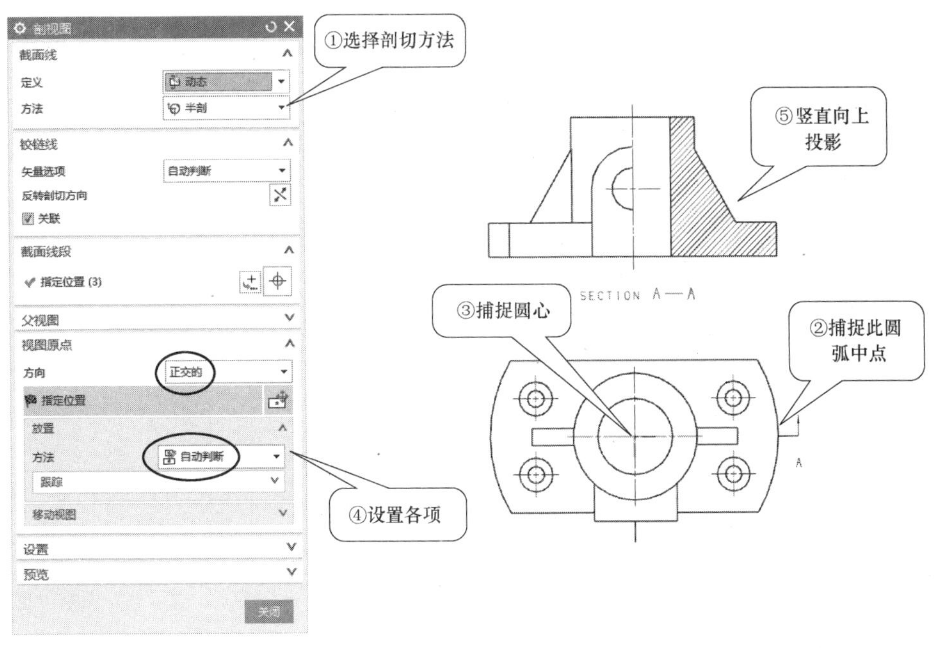

图 6-47　创建半剖主视图

2）进入草图模式。用鼠标右键单击主视图的视图边界，在弹出的快捷菜单中选择 活动草图视图，主视图即进入草图模式。

3）绘制肋板轮廓线。单击【主页】→『草图』→〈轮廓〉，绘制肋板轮廓线，如图6-49所示；绘制完成后单击〈完成草图〉，退出草图状态。

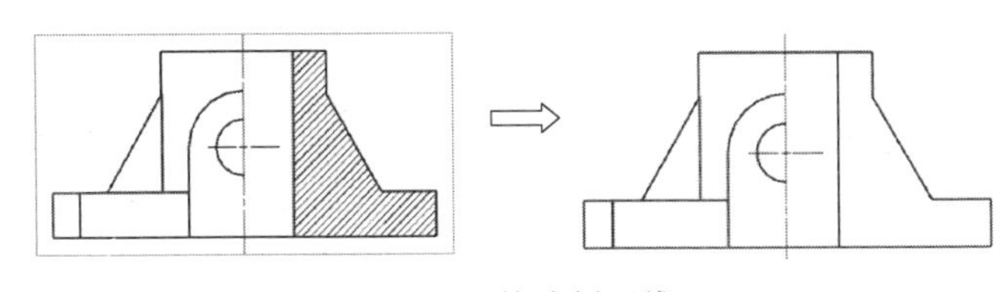

图 6-48　擦除剖面线

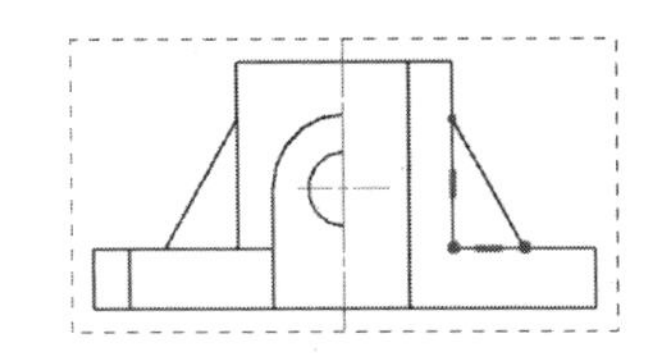

图 6-49　绘制肋板轮廓线

4）填充剖面线。单击【主页】→『注释』→〈剖面线〉，弹出“剖面线”对话框，在“边界”选项组的“选择模式”下拉列表中选择“区域中的点”；在主视图需填充剖面线的区域内单击；单击 确定 按钮，完成剖面线的填充，如图 6-50 所示。

步骤 6　创建全剖左视图。

1）单击【主页】→『视图』→〈剖视图〉，弹出“剖视图”对话框，在“截面线”选项组的“方法”列表中选择“简单剖/阶梯剖”。

2）捕捉主视图中间圆的圆心，单击，水平向右移动光标至适当位置，单击，生成全剖左视图，如图 6-51 所示。

步骤 7　在主视图中添加局部剖视图。

1）显示主视图中的隐藏线。双击主视图的视图边界，弹出“设置”对话框，在左侧边框中选择“隐藏线”，将隐藏线设置为虚线显示，如图 6-52 所示。

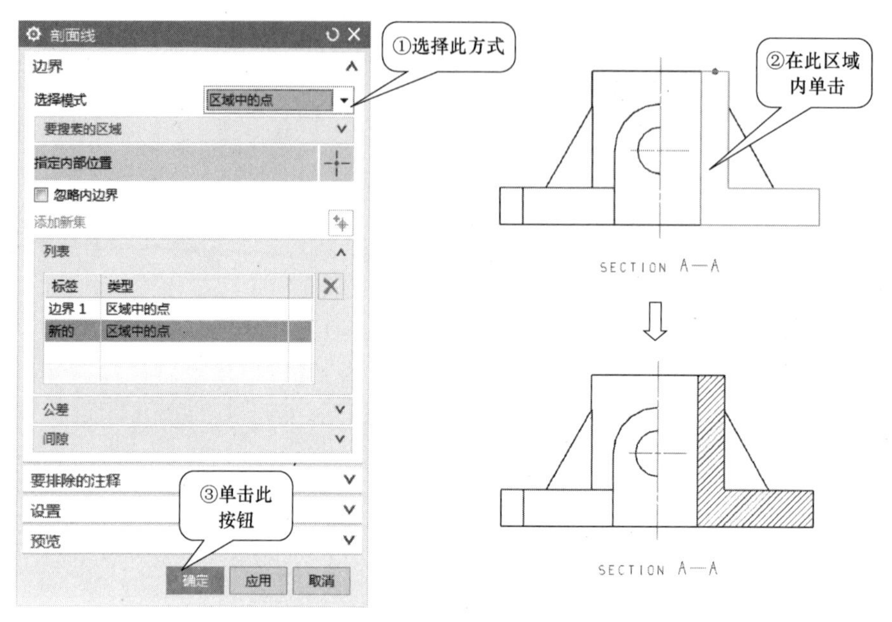

图 6-50　填充剖面线

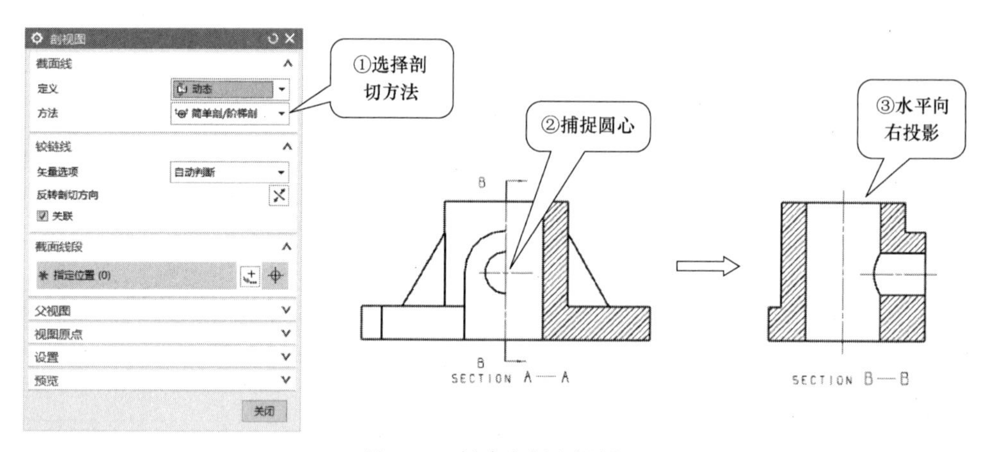

图 6-51　创建全剖左视图

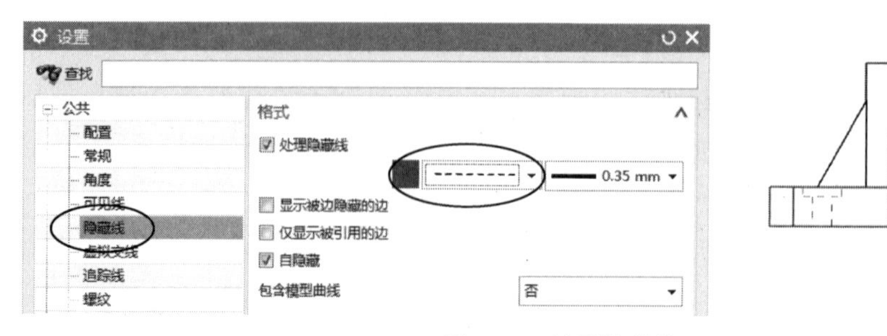

图 6-52　显示隐藏线

2）绘制局部剖视图边界线。

① 进入草图模式。用鼠标右键单击主视图的视图边界，在弹出的快捷菜单中选择 活动草图视图，进入草图模式。

② 绘制边界线。单击『草图』→〈艺术样条〉，采用“通过点”方式在准备进行局部剖的位置绘制封闭样条曲线，绘制完成后单击〈完成草图〉，退出草图状态，如图 6-53 所示。

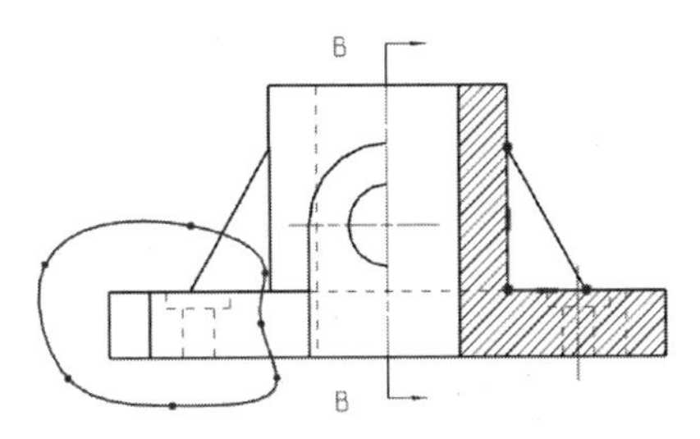

图 6-53　绘制边界线（草图环境）

3）创建局部剖视图。

① 选择剖切视图。单击【主页】→『视图』→〈局部剖视图〉，弹出“剖视图”对话框，选择需要进行局部剖视的视图（即主视图），如图 6-54 所示。

② 指定剖切点，确认剖切方向。单击俯视图左下角圆心，以此圆心为剖切点，系统显示代表剖切方向的箭头，单击鼠标中键，确认剖切方向，如图 6-54 所示。

③ 选择剖切边界，完成局部剖视图。选择之前绘制的剖切边界线，单击 应用 按钮，完成局部剖视图，如图 6-54 所示。

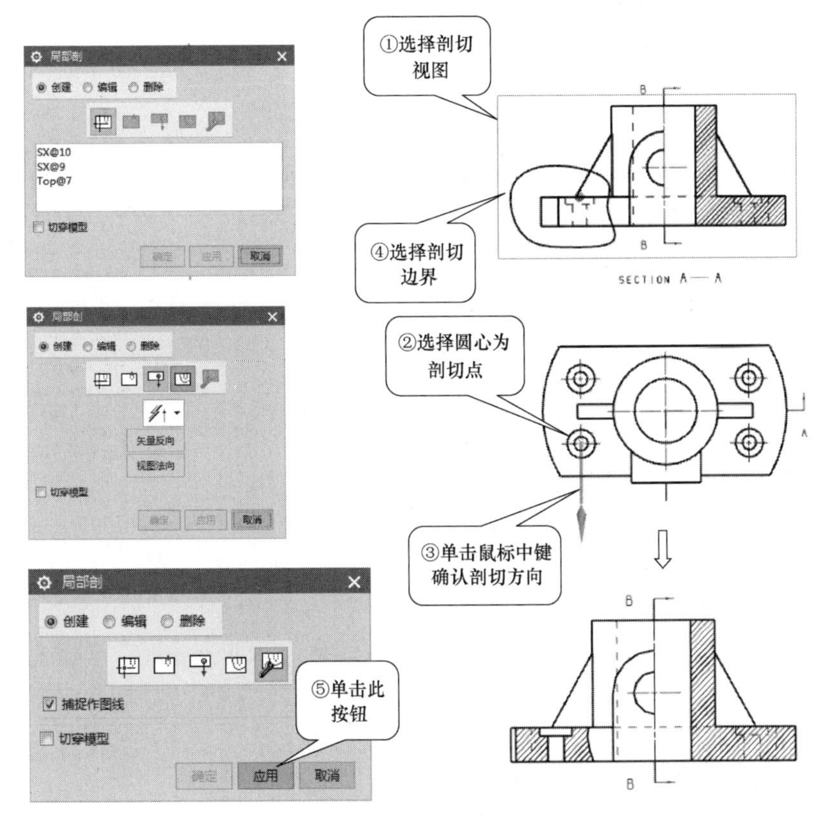

图 6-54　创建局部剖视图

4）编辑局部剖视图。

① 为局部剖视图添加中心线。单击【主页】→『注释』→中心线下拉列表中的〈自动中心线〉，弹出“自动中心线”对话框；选择主视图，单击 确定 按钮，完成中心线的添加，如图 6-55 所示。

② 将主视图中的虚线改为不显示。双击主视图视图边界，弹出“设置”对话框，将隐

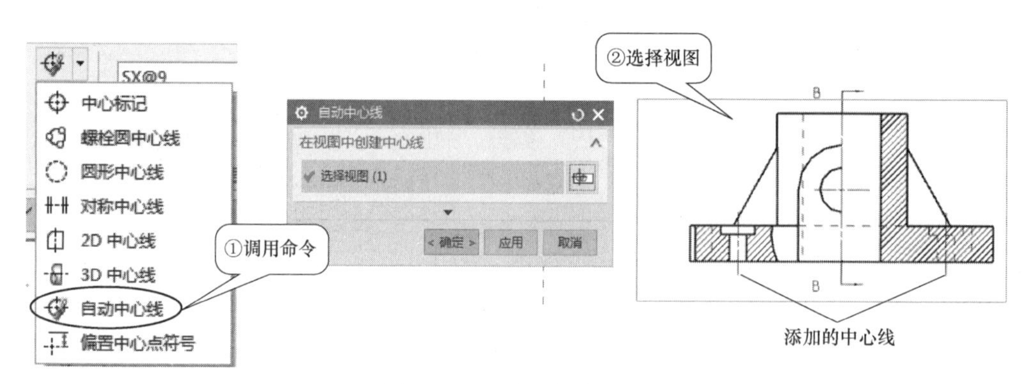

图 6-55　自动添加中心线

藏线设置为“不可见”，如图 6-56 所示。

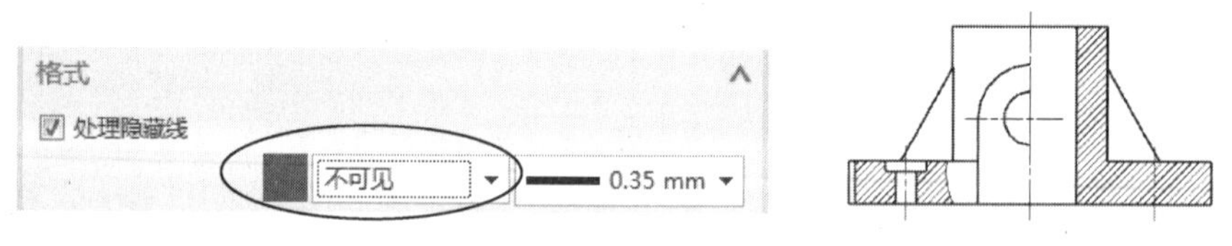

图 6-56　不显示虚线后的主视图

③ 擦除局部剖视图中的剖面线与直线，并重新填充剖面线，使其效果如图 6-57c 所示。具体操作如前所述，不再赘述。

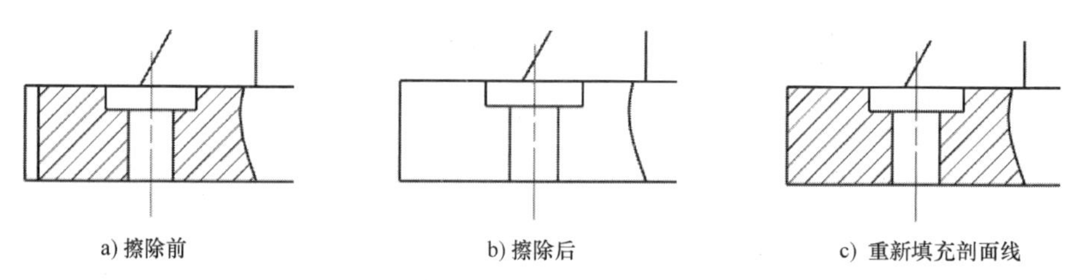

a) 擦除前　　b) 擦除后　　c) 重新填充剖面线

图 6-57　擦除剖面线与直线后重新填充

④ 将局部剖视图的边界线改为细实线。用鼠标右键单击主视图的视图边界，在快捷菜单中选择 视图相关编辑(V)...，弹出“视图相关编辑”对话框，单击〈编辑对象段〉，在线宽列表中选择“0. 35mm”，单击 应用 按钮，弹出“编辑对象段”对话框，选择边界线，单击 确定 按钮，完成修改，如图 6-58 所示。

步骤 8　创建正等轴测图。

采用前述方法创建支承座的正等轴测图。

步骤 9　编辑各视图。

1）更改剖面线间距。双击视图中的某一剖面线，弹出“剖面线”对话框，如图 6-59 所示，在“距离”文本框中输入“6”，单击 应用 按钮，完成间距的修改。采用同样的方法将图 6-59 中所有的剖面线间距均改为 6。

2）隐藏剖视图标记及名称。选择图中所有剖视图的标记及名称，单击鼠标右键，在快捷菜单中选择 隐藏(H)，隐藏所有选中内容。

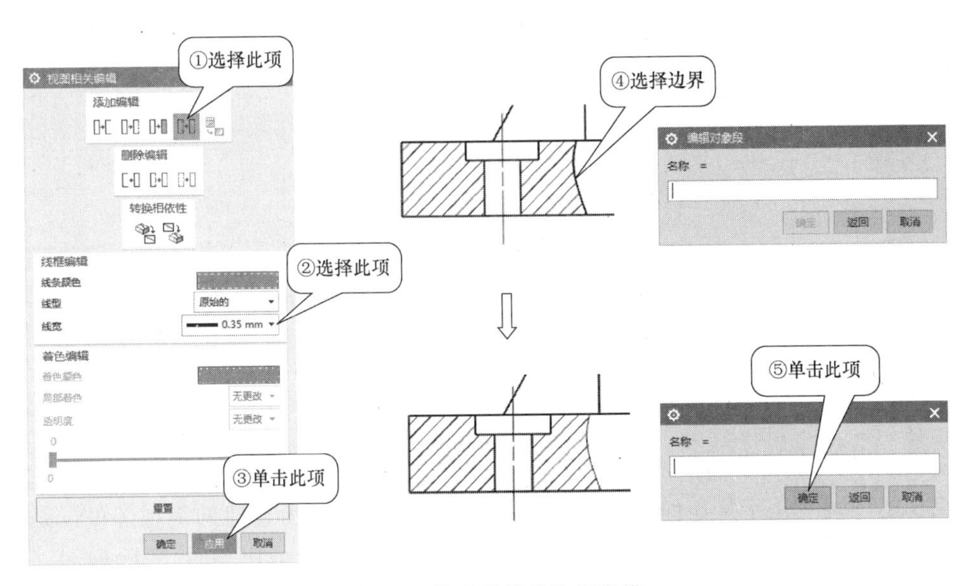

图 6-58　将边界线改为细实线

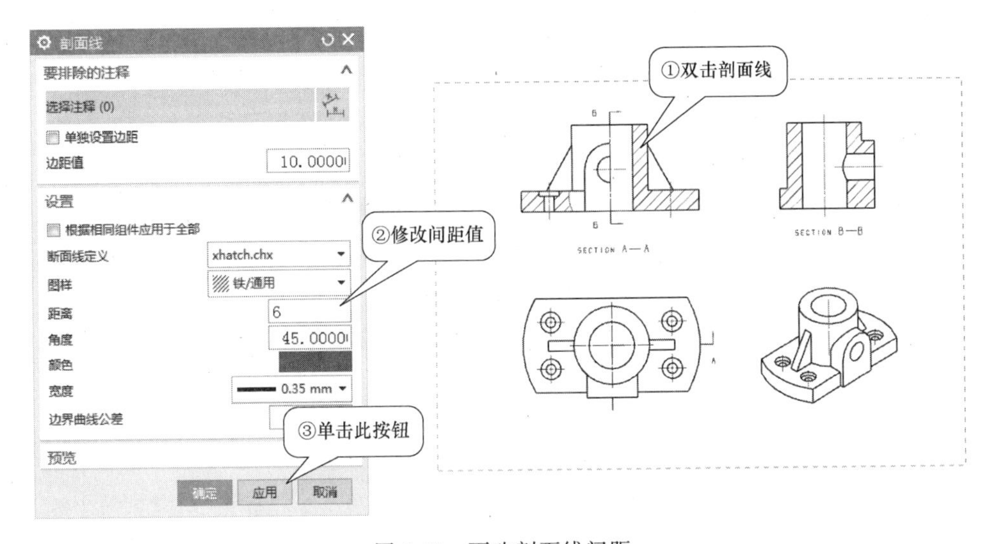

图 6-59　更改剖面线间距

3）延伸中心线。按需延伸各中心线，如图 6-60 所示。

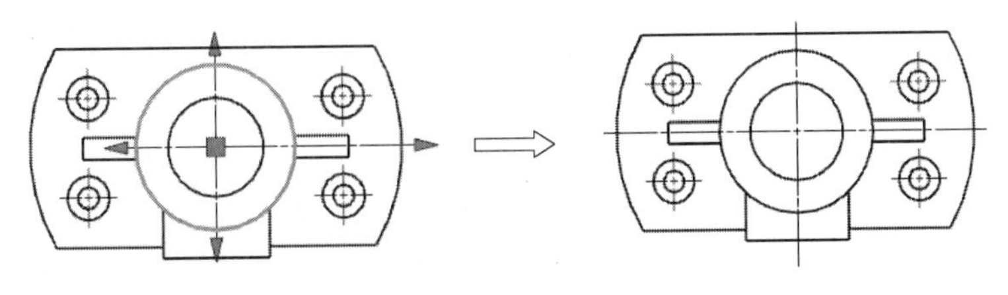

图 6-60　延伸中心线

步骤 10　保存文件。

新建图纸页时系统自动为其命名“工作表 SHT×”（×为数字）并显示在部件导航器的“图纸”项中。本任务中有“工作表 SHT1”和“工作表 SHT2”两张图纸，如图 6-61 所示，在名称上双击，绘图区将显示其内容。

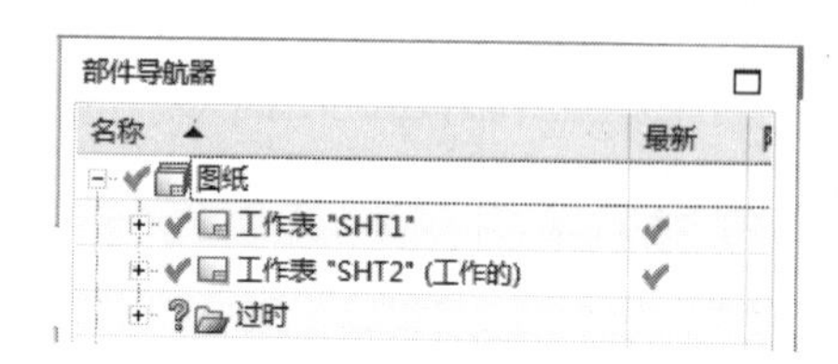

图 6-61　部件导航器中的“图纸”项

知识点 1　剖视图

“剖视图”命令用于从任何父视图创建一个投影剖视图。所创建的剖视图可以是全剖视图，也可以是半剖视图。其中全剖视图可以是由单一剖（一个剖切平面）、阶梯剖（几个平行的剖切平面）、旋转剖（两相交剖切平面）、折叠剖（点到点）剖切得到的。

调用“剖视图”命令主要有以下方式：

- 功能区：【主页】→『视图』→〈剖视图〉。
- 菜单：插入→视图→ 剖视图(S)...。

执行上述操作后，弹出“剖视图”对话框，如图 6-62 所示。

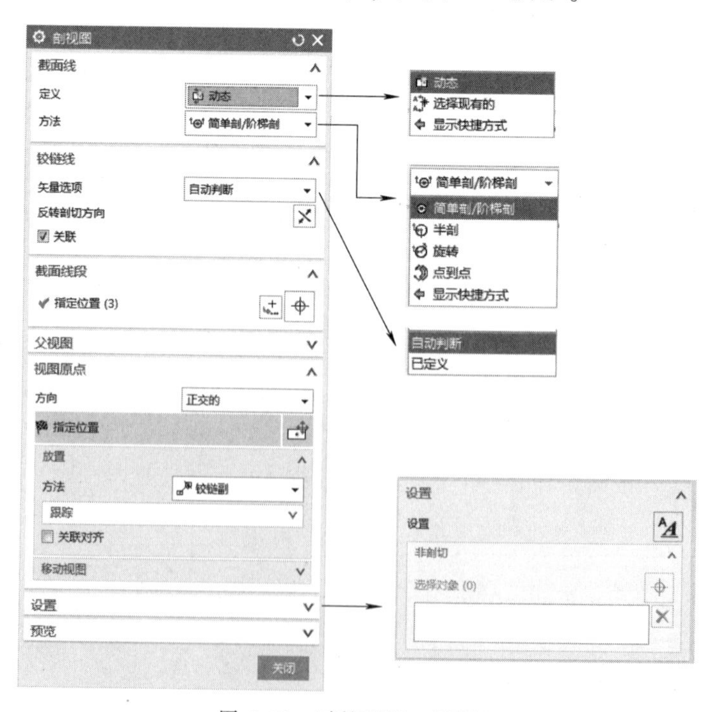

图 6-62　“剖视图”对话框

1. “截面线”选项组

◆ 定义：有“动态”和“选择现有的”两种方式。如选择“动态”，根据创建方法，

结合“截面线段”选项，系统会自动创建截面线（截面线所在位置即为剖切位置），在适当位置单击即可创建剖视图；如选择“选择现有的”，需要选择已绘制的截面线，系统根据已绘制的截面线创建剖视图。

◆ 方法：此选项用于指定创建剖视图的方法，有“简单剖/阶梯剖”“半剖”“旋转”“点到点”。

√ 简单剖/阶梯剖：用于创建采用单一剖或阶梯剖得到的全剖视图。创建采用单一剖得到的全剖视图，具体操作在本任务实例中已述，不再赘述。

√ 半剖：用于创建半剖视图。其具体操作在本任务实例中已述，不再赘述。

√ 旋转：用于创建旋转剖视图。

√ 点到点：用于创建点到点的折叠剖视图或展开的点到点剖视图。

2.“截面线段”选项

该选项与“截面线”选项组中的“方法”项配合，用于设置截面线的位置（即剖切位置）。

3.“设置”选项

此选项功能与“投影视图”对话框中的选项功能基本相同，但单击〈设置〉，打开的“设置”对话框有所不同，左侧列表中多了“表区域驱动”选项(“截面”选项)、“截面线”选项，如图 6-63 所示，可用于设置截面的格式、截面线的类型等。

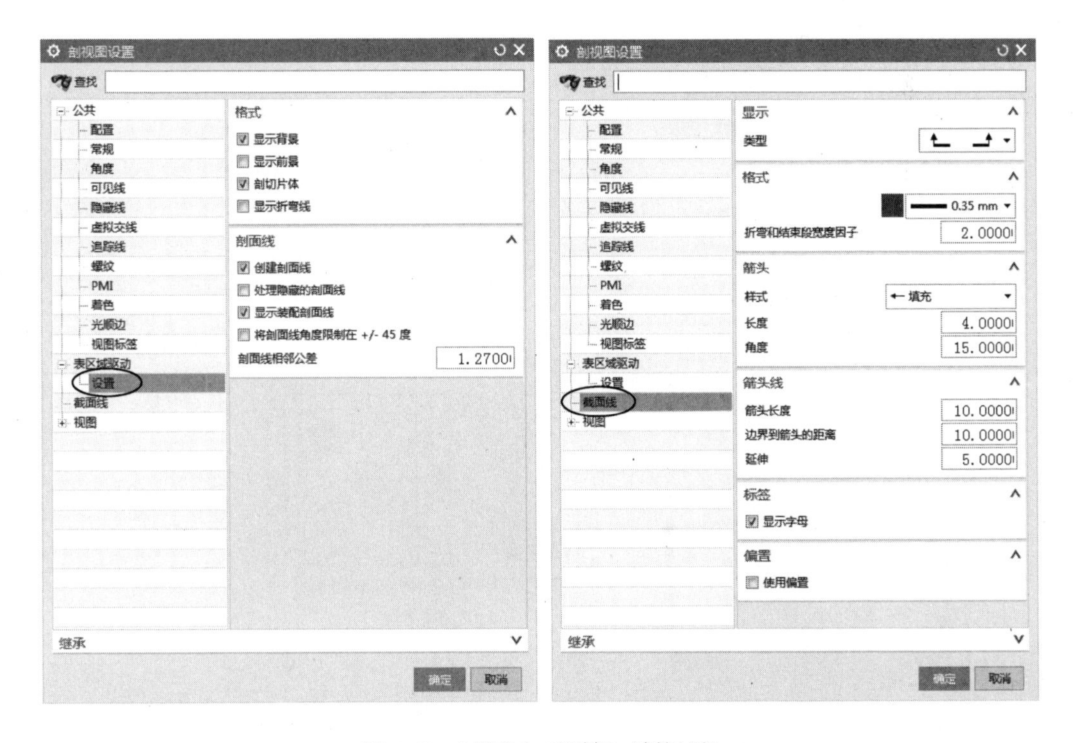

图 6-63　“设置”对话框（剖视图）

其“铰链线”选项、“视图原点”选项和“移动视图”选项与“投影视图”对话框中的选项功能相同，在此不再赘述。

4. 阶梯剖视图

创建阶梯剖视图过程如图 6-64 所示，图中两圆心的位置即为剖切位置。

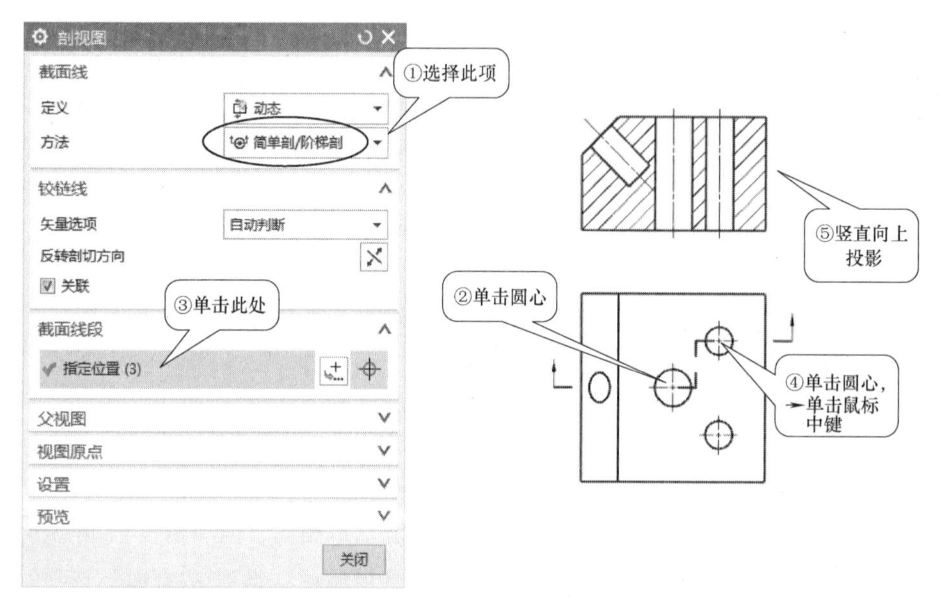

图 6-64 创建阶梯剖视图

5. 旋转剖视图

创建旋转剖视图的过程如图 6-65 所示。

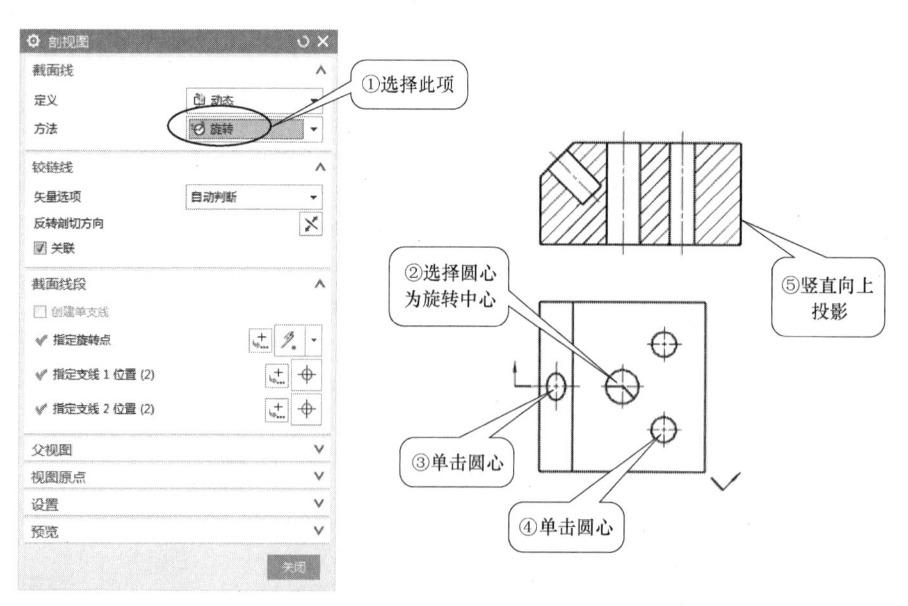

图 6-65 创建旋转剖视图

6. 点到点剖视图

创建点到点剖视图的过程如图 6-66、图 6-67 所示。勾选对话框中的 ☑ 创建折叠剖视图，则创建折叠剖，如图 6-66 所示；若不勾选此项，则创建展开的点到点剖视图，如图 6-67 所示。

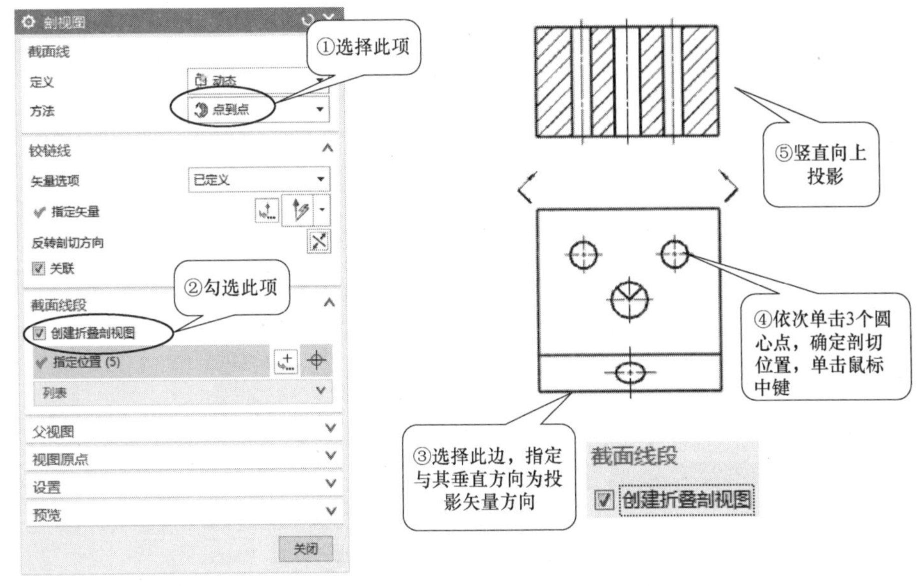

图 6-66　创建点到点剖视图（折叠剖）

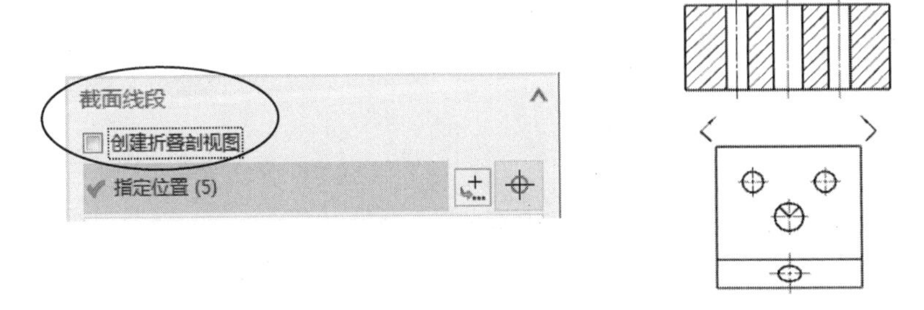

图 6-67　创建点到点剖视图（展开的）

知识点 2　局部剖视图

“局部剖视图”命令用于在任何父视图中移除一个部件区域来创建局部剖视图。

1. 定义局部剖视图边界

在创建局部剖视图之前，需要先定义与视图关联的局部剖视图边界，方法是直接在草图环境中采用“艺术样条”命令绘制边界。其具体操作在本任务中已述，不再赘述。

2. 创建局部剖视图

调用“局部剖视图”命令主要有以下方式：

- 功能区：【主页】→『视图』→〈局部剖〉。
- 菜单：插入→视图→局部剖(O)...。

执行上述操作后，弹出“局部剖”对话框，如图 6-68、图 6-69 所示。

创建局部剖视图的操作主要包括选择视图、指定基点、设置投影方向、选择剖视边界线和编辑边界 5 个方面，分别与对话框中的 5 个图标对应。创建过程中随着操作的继续，“局部剖视图”对话框中的显示内容会有所不同，如图 6-68、图 6-69 所示。

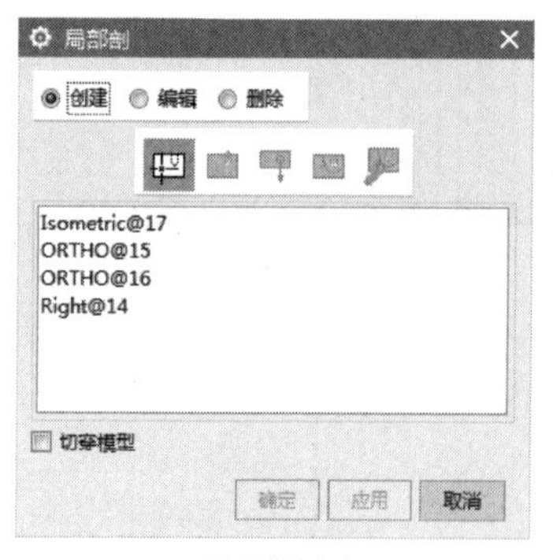

a) 选择视图时

b) 指定基点时

图 6-68 “局部剖”对话框（一）

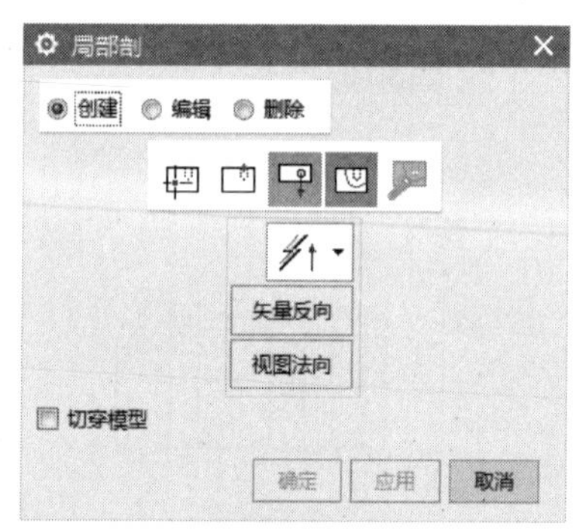

a) 设置投影方向时

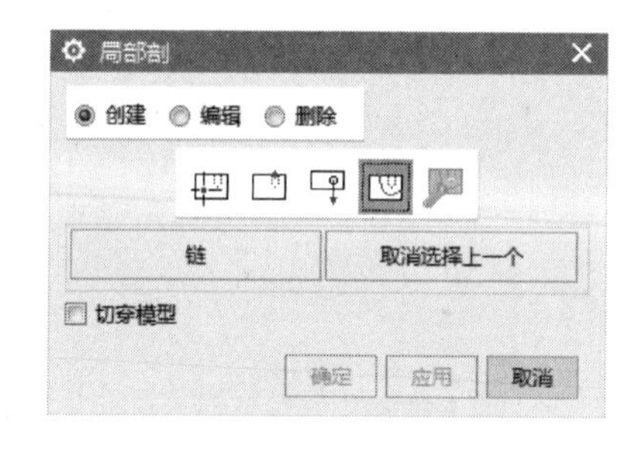

b) 选择边界时

图 6-69 “局部剖”对话框（二）

创建局部剖视图的具体操作过程在本任务中已述，不再赘述。

局部剖视图的编辑与删除操作，需打开“局部剖”对话框，在对话框中选择◉编辑或◉删除之后才可进行。

知识点 3 视图对齐

在 UG NX 12.0 中，用户可以拖动视图，系统会自动判断用户意图（包括中心对齐、边对齐等方式），并显示可能的对齐方式。有时还需采用“视图对齐”命令来对齐视图。调用该命令主要有以下方式：

- 功能区：【主页】→『视图』→“编辑视图”→〈对齐〉。
- 菜单：编辑→视图→对齐(I)...。

执行上述操作后，弹出“视图对齐”对话框，如图 6-70 所示。

1. “方法”下拉列表

该选项用于设置对齐视图的方法，有以下 5 种方式：

◆ 自动判断：系统根据选择的基准点，判断用户意图，并显示可能的对齐方式。

◆ 水平：系统将视图的基准点进行水平对齐。

◆ 竖直：系统将视图的基准点进行竖直对齐。

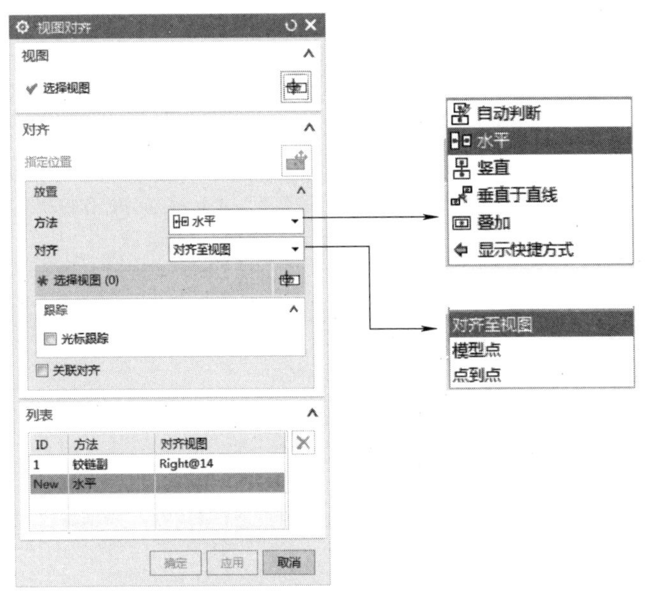

图 6-70　“视图对齐”对话框

◆ 垂直于直线：系统将视图的基准点垂直于某一条直线对齐。本模块任务 1 中压紧杆 B 向斜视图的创建便采用了此法。

◆ 叠加：即重合对齐，系统将视图的基准点进行重合对齐。

2. “对齐”下拉列表

该选项用于设置对齐时的基准点（即参考点），有以下 3 种方式：

◆ 对齐至视图：使用视图中心点作为基准点对齐视图。

◆ 模型点：使用模型上的点作为基准点对齐视图。

◆ 点到点：移动视图上的一个点到另一个指定点来对齐视图。

知识点 4　视图相关编辑

由于视图的相关性，当用户修改某个视图的显示时，其他相关的视图也会随之发生相应的变化。系统允许用户编辑视图间的相关性，使得可以编辑视图中对象的显示，而同时又不影响其他视图中同一对象的显示。

利用“视图相关编辑”命令可以实现以上功能。调用该命令主要有以下方式：

• 功能区：【主页】→『视图』→“编辑视图”→〈视图相关编辑〉。

• 菜单：编辑→视图→视图相关编辑(E)...。

执行上述操作后，弹出“视图相关编辑”对话框，如图 6-71 所示。

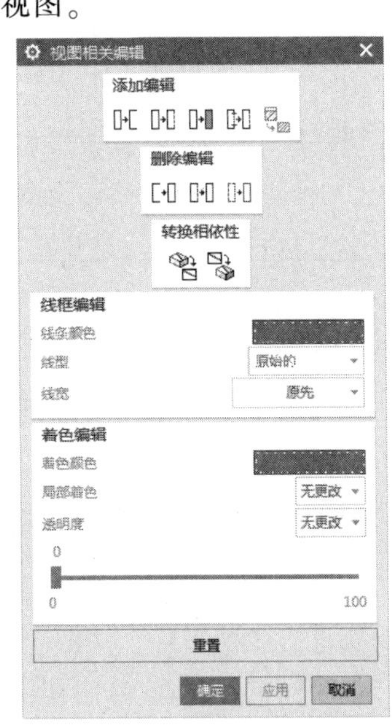

图 6-71　“视图相关编辑”对话框

当用户选择了要编辑的视图后，便激活了对话框中的相关功能按钮。对话框中“添加编辑”“删除编辑”“转换相依性”的编辑功能见表 6-1。

表 6-1　视图相关编辑的编辑功能

功能分类	按钮图标	名　　称	功能或使用说明
添加编辑		擦除对象	擦除选择的对象(如曲线、边和样条等),使其不显示在视图中。擦除并不是删除,擦除操作仅使对象不可见;如果该对象已标注了尺寸,则不能被擦除
		编辑完全对象	编辑对象的显示方式,包括颜色、线型和线宽
		编辑着色对象	编辑对象的局部着色和透明度
		编辑对象段	编辑对象段的显示方式,包括颜色、线型和线宽
		编辑剖视图背景	编辑剖视图背景线,允许用户保留或删除背景线
删除编辑		删除选择的擦除	恢复被擦除的对象。单击该按钮,将高显被擦除的对象,可选择要恢复显示的对象并确认
		删除选择的编辑	恢复部分编辑对象在原视图中的显示方式
		删除所有编辑	恢复所有编辑对象在原视图中的显示方式
转换相依性		模型转换到视图	转换模型中单独存在的对象到指定视图中,且对象只出现在该视图中
		视图转换到模型	转换视图中单独存在的对象到模型视图中

知识点 5　移动/复制视图

“移动/复制视图”命令用于在当前图纸上移动或复制一个或多个选定的视图，或者把选定的视图移动或复制到另一张图纸中。调用该命令主要有以下方式：

- 功能区：【主页】→『视图』→“编辑视图”→〈移动/复制〉。
- 菜单：编辑→视图→ 移动/复制(M)...。

执行上述操作后，弹出“移动/复制视图”对话框，如图 6-72 所示。

对话框中各移动/复制按钮的说明如下：

◆ 至一点：移动或复制选定的视图到指定点，该点可用光标或坐标指定。

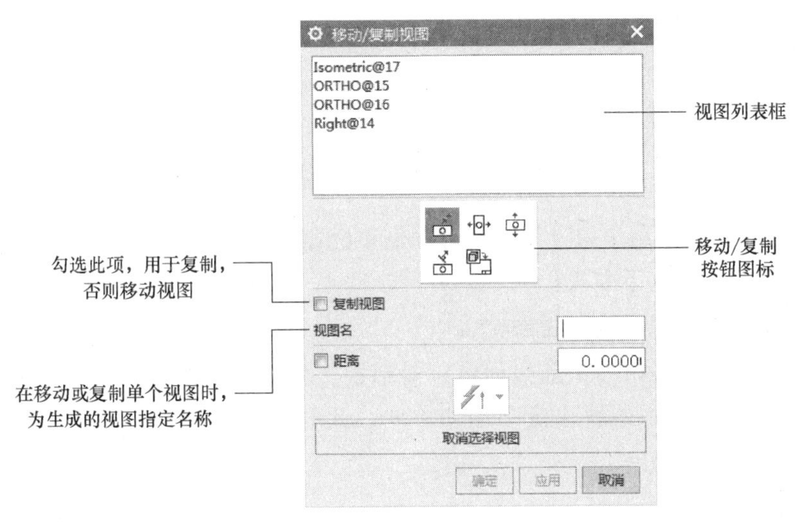

图 6-72　“移动/复制视图”对话框

- ◆ 水平：在水平方向上移动或复制选定的视图。
- ◆ 竖直：在竖直方向上移动或复制选定的视图。
- ◆ 垂直于直线：在垂直于指定方向移动或复制视图。
- ◆ 至另一图纸：移动或复制选定的视图到另一张图纸中。

知识点 6　修改剖面线

在工程制图中，可以使用不同的剖面线来表示不同的材质。在一个装配体的剖视图中，各零件的剖面线也有所区别。系统会自动为剖视图添加剖面线，用户可在图 6-73 所示的“剖面线”对话框中编辑修改剖面线。打开“剖面线”对话框的快捷方式有以下两种：

- 方式 1：选择要修改的剖面线，单击鼠标右键，在快捷菜单中选择 编辑... ，如图 6-74所示。

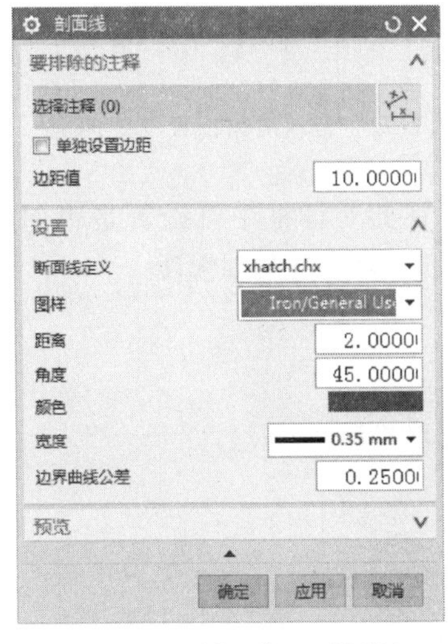

图 6-73　“剖面线”对话框

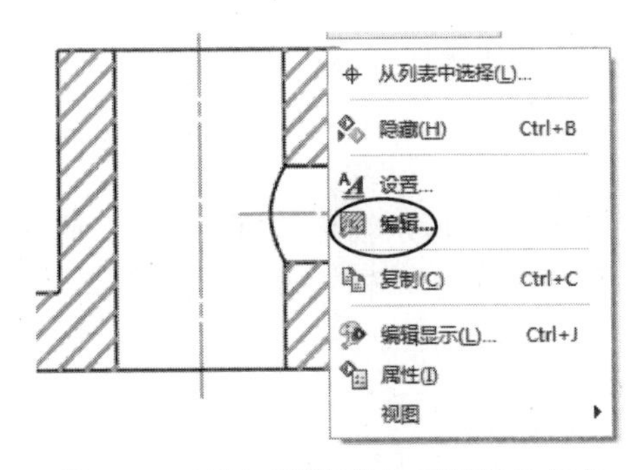

图 6-74　打开“剖面线”对话框的方式

- 方式 2：直接双击要修改的剖面线。

在“剖面线”对话框中可以修改剖面线的类型、距离、角度、颜色、宽度等，其具体操作在本任务实例中已述，不再赘述。

知识点 7　定向剖视图

“定向剖视图”命令用于通过指定剖切方位和位置来创建剖视图，常用于斜剖视图的创建。调用该命令主要有以下方式：

- 菜单：插入→视图→ 定向剖(T)... 。

执行上述操作后，弹出“截面线创建”对话框，如图 6-75 所示，系统提示选择定义剖切方向，选择图 6-76 所示的斜边定义剖切方向，此时指示箭头位置如图 6-77 所示，单击 确定 按钮，即创建剖切线。

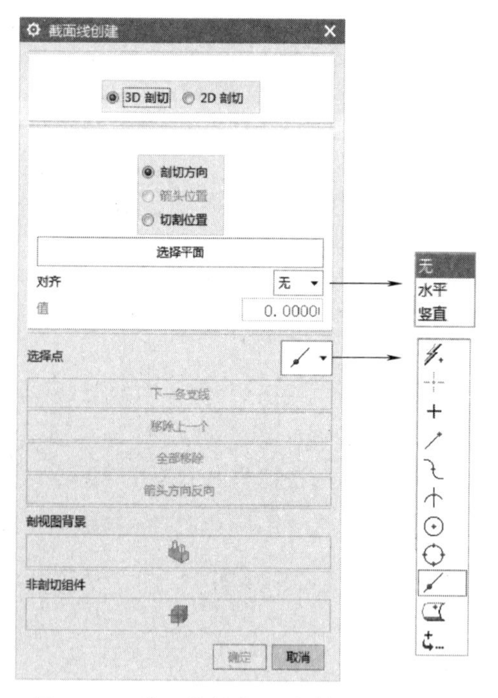

图 6-75　“截面线创建”对话框（定向剖）

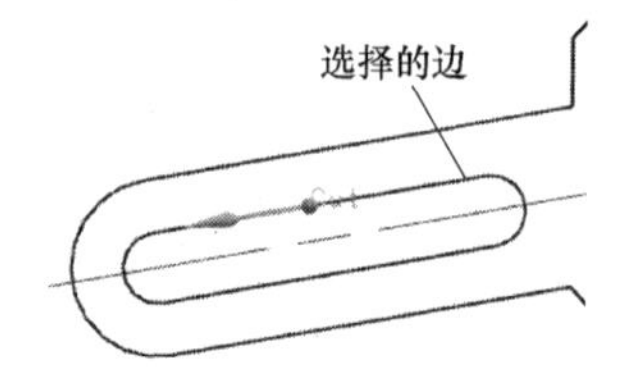

图 6-76　选择边定义剖切方向（定向剖）

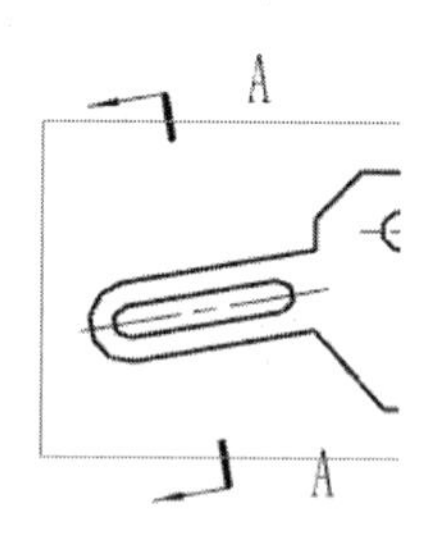

图 6-77　指示箭头位置（定向剖）

系统弹出“定向剖视图”对话框，如图 6-78 所示，在此对话框中可设置是否创建中心线、视图标签和比例标签等；在图纸页指定放置位置，即可创建定向剖视图。

同 类 任 务

1. 创建图 6-44 所示轴承座的三视图，使其如图 6-79 所示。
2. 完成图 6-80 所示轴承座的三视图。

拓 展 任 务

1. 完成图 6-81 所示组合体的三视图。

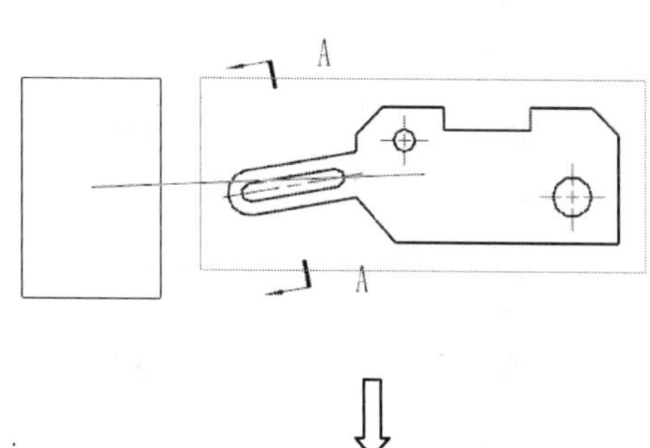

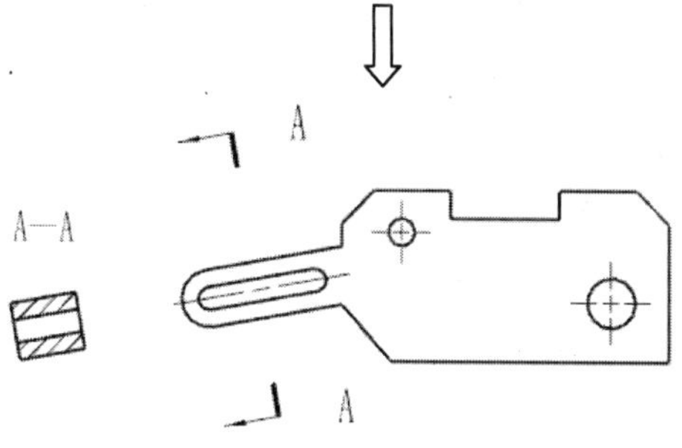

图 6-78　定向剖视图

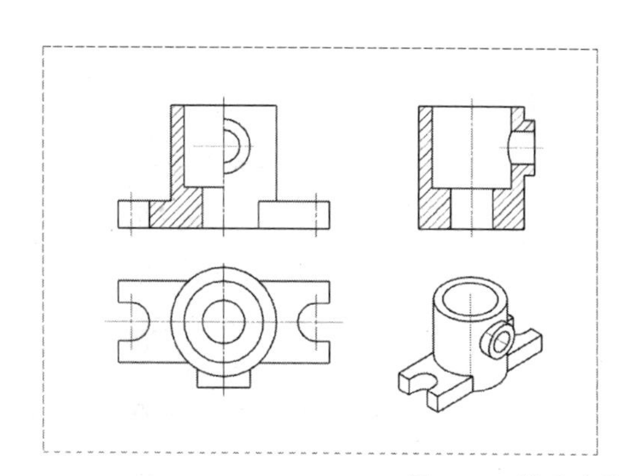

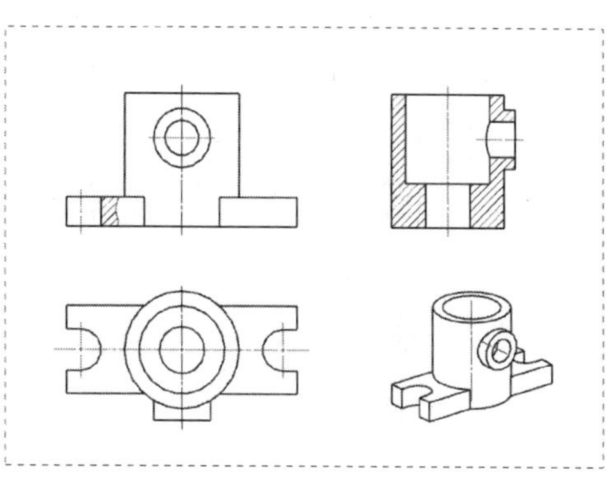

图 6-79　轴承座的三视图（剖视）

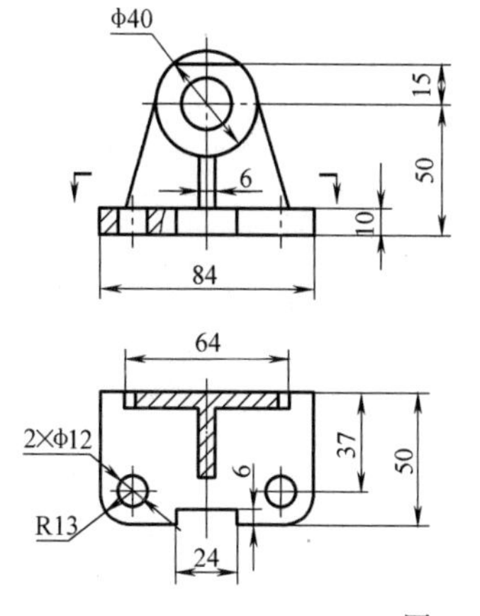

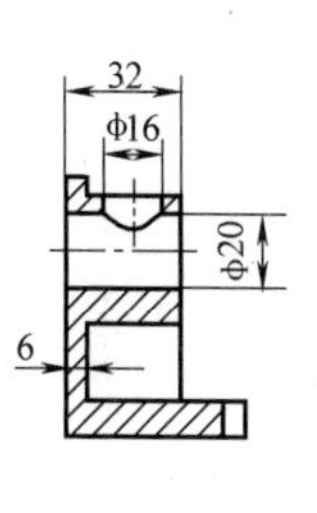

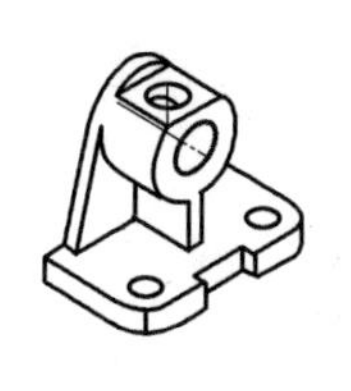

提示：

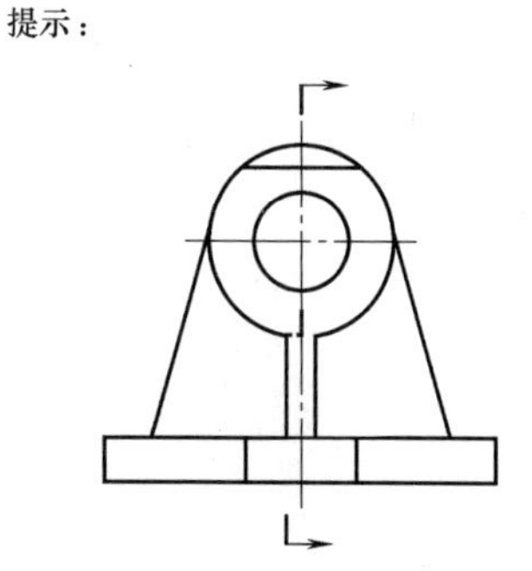

可在主视图中做阶梯剖，以保证生成的左视图中肋板不被剖切。

图 6-80　轴承座（二）的三视图

2. 根据图 6-189 所示端盖创建其两个视图（旋转剖）。

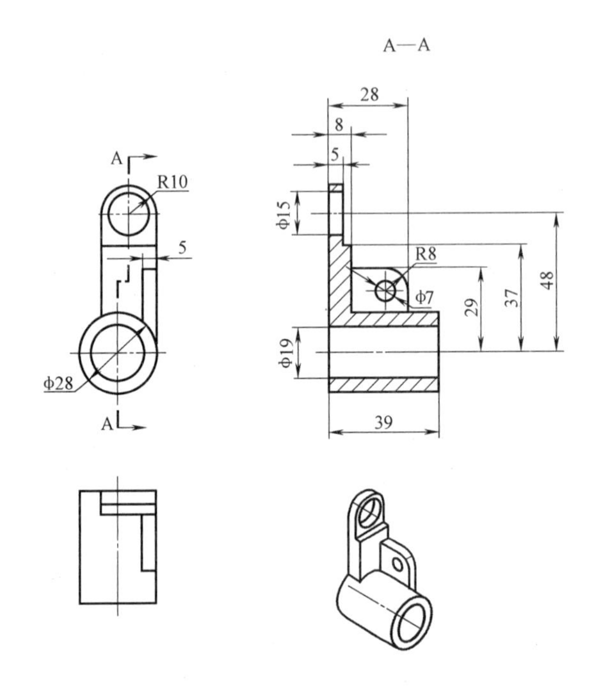

图 6-81　组合体

任务 3　创建工程图模板文件

本任务要求对系统中默认的 A3 模板文件进行编辑、修改，使其如图 6-82 所示，并对标题栏导入属性，最后将修改后的文件保存为模板文件，以便调用。主要涉及表格注释、编辑表格、编辑注释原点等命令及单元格导入属性操作。

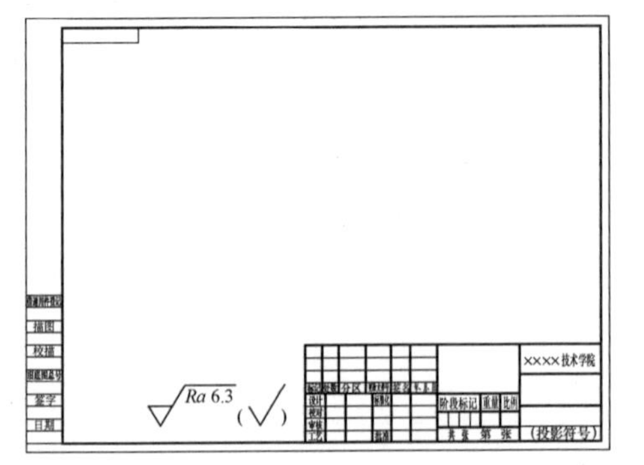

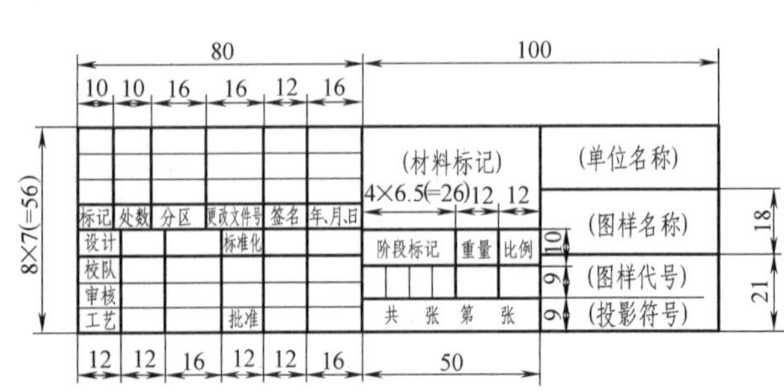

图 6-82　A3 图框及标题栏

标题栏中各项对应的属性见表 6-2。

表 6-2　标题栏中各项对应的属性

标题栏中的位置	“导入属性”对话框		
	“导入”列表	显示未设置的属性	“属性”列表
“图样名称”单元格	工作部件属性	不勾选	DB_PART_NAME
“图样代号”单元格	工作部件属性	不勾选	DB_PART_NO
“材料标记”单元格	工作部件属性	勾选	MaterialPreferred
“共　张”单元格	工作部件属性	不勾选	NO_OF_SHEET
“第　张”单元格	工作部件属性	不勾选	SHEET_NUM
“重量”下方单元格	工作部件属性	不勾选	WEIGHT
“设计”右方单元格	工作部件属性	不勾选	DESIGNER
“校对”右方单元格	工作部件属性	不勾选	CHECKER
“审核”右方单元格	工作部件属性	不勾选	AUDITOR
“批准”右方单元格	工作部件属性	不勾选	APPROVER

> 模板文件默认放置在“X：\Program Files\Siemens\NX 12.0\LOCALIZAT ION\prc\simpl_chinese\startup”（X 为安装盘）。

任务实施

步骤 1　复制系统中的模板文件“A3-noviews-template. prt”至安装目录以外的任意位置，打开模板文件，如图 6-83 所示。此时，标题栏及表面粗糙度符号都不能被编辑。

步骤 2　打开标题栏、表面粗糙度符号所在图层。单击【视图】→『可见性』→〈图层设置〉，弹出“图层设置”对话框，如图 6-84 所示，在图层列表中勾选 ☑170 、☑173（此时标题栏、表面粗糙度可被编辑），双击 ☑170 ，将其设为当前层，单击鼠标中键。

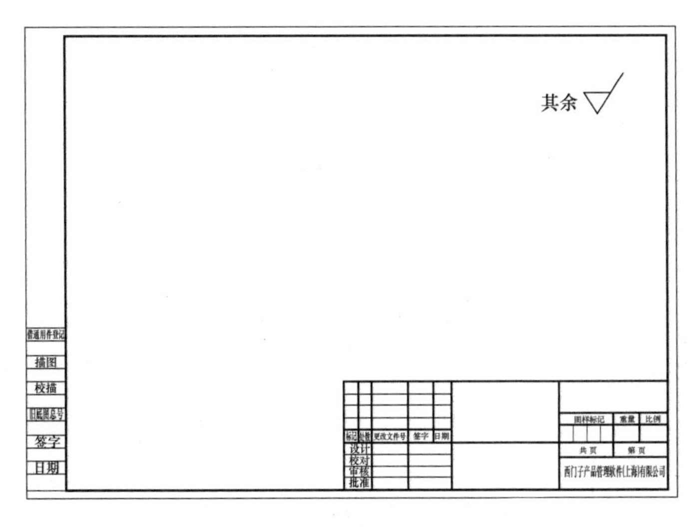

图 6-83　原模板文件

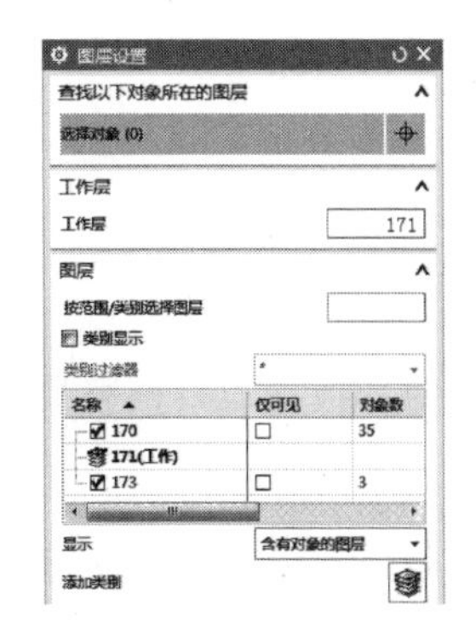

图 6-84　图层设置

步骤 3　删除原有标题栏、表面粗糙度符号。选中标题栏及右上角的表面粗糙度符号，单击〈Delete〉。

图 6-82 所示标题栏是由标记区、签名区、其他区和名称及代号区 4 个表格组成的，如图 6-85 所示。可先分别创建每个表格，再进行定位。下面以“其他区”表格的创建为例，详细介绍其创建过程。

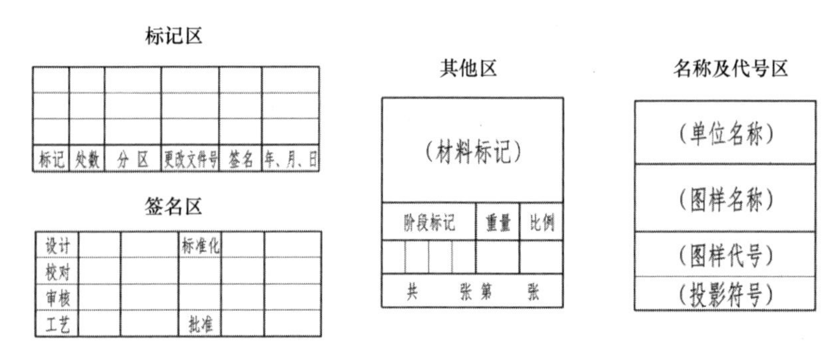

图 6-85　标题栏的组成

步骤 4　创建标题栏（其他区）。

1）创建 4 行 6 列的表格。单击【主页】→『表』→〈表格注释〉，弹出“表格注释”对话框，在“锚点”下拉列表中选择“右下”（即以表格的右下角点为对齐点）；在“表大小”选项组中设置列数为“6”，行数为“4”，列宽为“6.5”；在图框内任意位置单击，完成表格的插入，如图 6-86 所示。

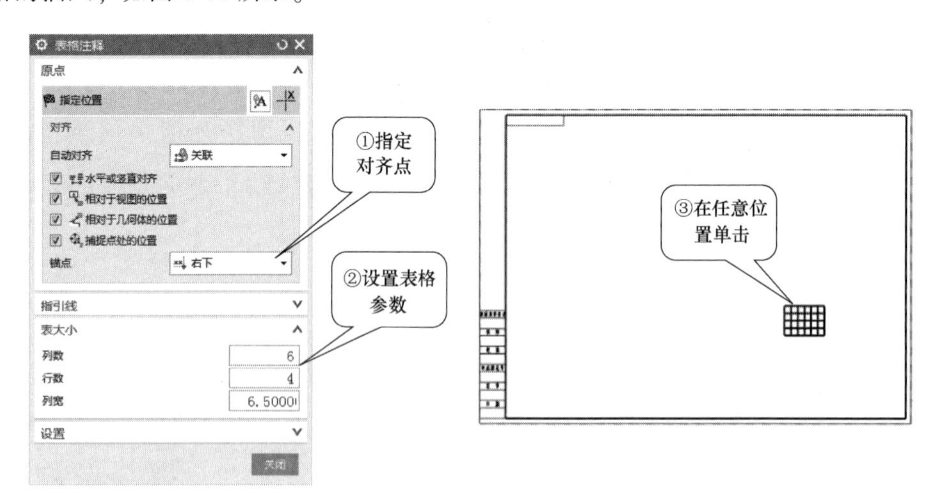

图 6-86　创建 4 行 6 列的表格

2）调整表格行高和列宽。移动光标至表格某列栅格线处，当光标变成左右双向箭头时，拖曳表格调整列宽，如图 6-87a 所示；移动光标至表格某行栅格线处，当光标变成上下双向箭头时，拖曳表格调整行高，如图 6-87b 所示。采用同样的方法按图 6-82 所示尺寸调整表格各行各列的尺寸。

3）合并单元格。选中需合并的单元格，单击鼠标右键，在快捷菜单中选择 合并单元格(M)，如图 6-88 所示。

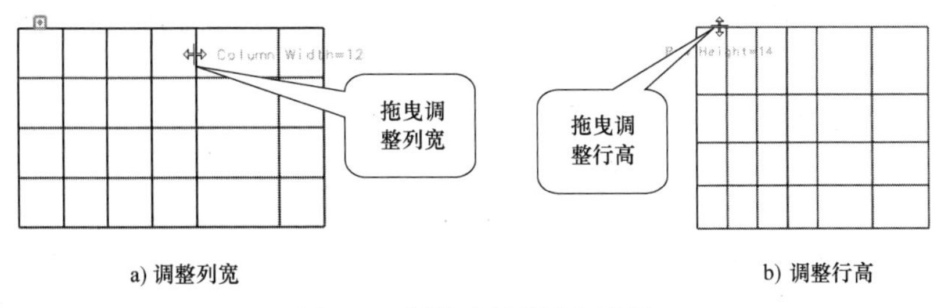

图 6-87 调整表格行高和列宽

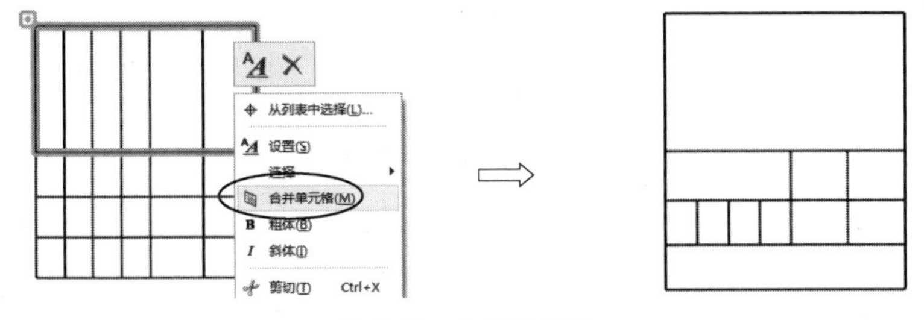

图 6-88 合并单元格

4）设置表格字体、修改表格线宽。

① 设置表格字体。用鼠标右键单击表格左上角，在快捷菜单中选择 单元格设置(C)...，弹出“设置”对话框，单击“文字”选项，选择字体为“FangSong”，设置字体高度为“3.5”，宽高比为“0.7”，如图 6-89 所示。

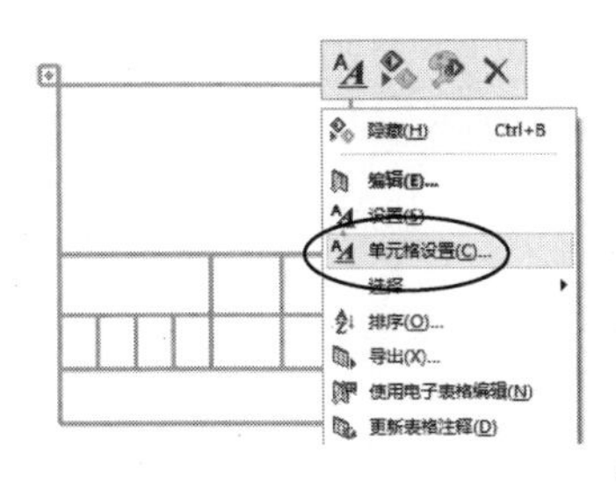

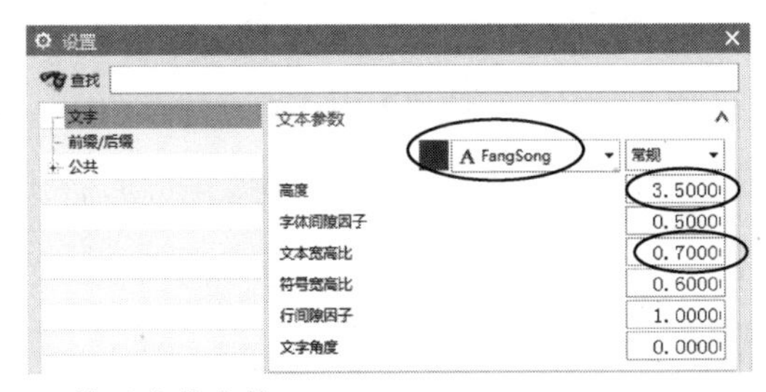

图 6-89 设置表格字体

② 设置表格文字对齐方式、修改表格线宽。单击“单元格”选项，在“格式”选项组下选择“文本对齐”方式为“中心”，在“边界”选项组的“侧”下拉列表中选择“全部”，在“线宽”列表中选择“0.18mm”，如图6-90所示，单击 关闭 按钮。

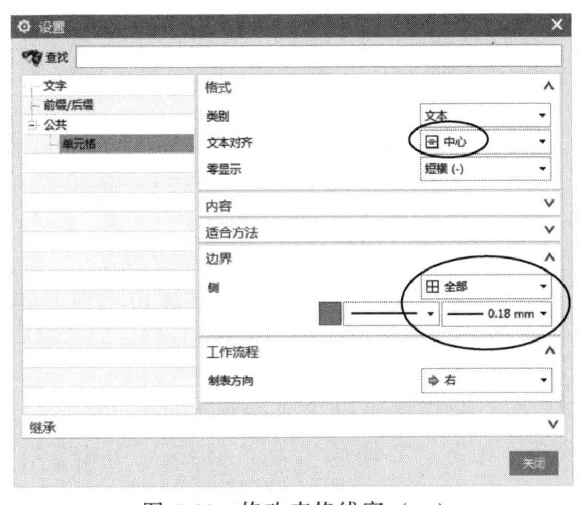

图 6-90 修改表格线宽（一）

③ 选中图 6-91 所示的 4 个单元格，单击鼠标右键，在快捷菜单中选择“设置”，弹出“设置”对话框，单击“单元格”选项，在“侧”下拉列表中选择“中心”，在“线宽”列表中选择

“0.13mm”，（即设置所选单元格内所有竖直线的线宽均为0.13mm），单击 关闭 按钮，完成线宽的修改，如图6-91所示。

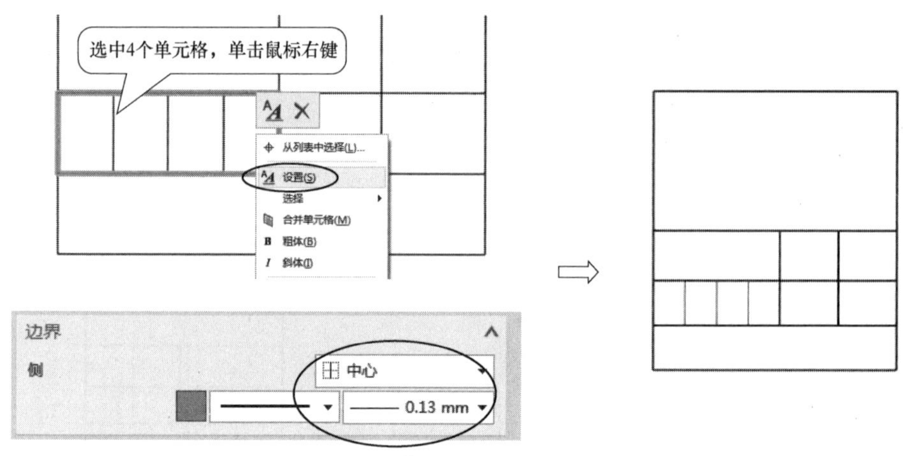

图6-91　修改表格线宽（二）

④ 填写表格。双击需填写内容的单元格，在文本框中输入文本。

采用同样的方法创建标题栏中的另3个部分表格并填写表格（注意表格中各线宽度，其中“单位名称”处填写“××××技术学院”），使其效果如图6-85所示。

步骤5　对齐标题栏。

1）对齐名称及代号区表格。单击【菜单】→『编辑』→〈注释〉→〈原点〉，弹出“原点工具”对话框，如图6-92所示，选择名称及代号区表格，在“原点工具”对话框中单击〈点构造器〉，在“原点位置”下拉列表中选择〈端点〉，单击图框最下方的边线（即将表格的右下角点与所选直线的端点重合），单击 确定 按钮，完成表格的对齐，如图6-92所示。

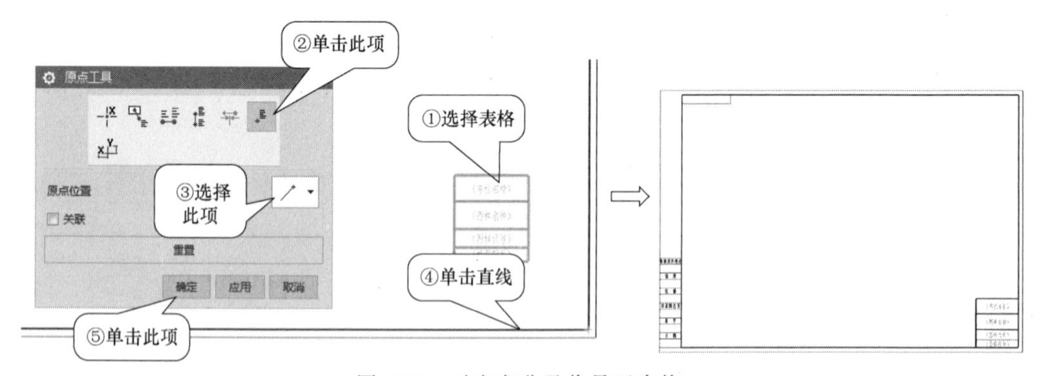

图6-92　对齐名称及代号区表格

2）对齐其他区表格。操作方法与上述基本相同，但在“原点位置”下拉列表中选择〈点构造器〉，如图6-93所示，弹出“点”对话框，在对话框中选择“类型”为〈端点〉，单击图框最下方边线，返回对话框，在偏置选项组的“偏置选项”列表中选择“直角坐标”，“X增量”为“-50”，“Y增量”为“0”（即从直线端点往左偏移50为对齐点），单击 确定 按钮，返回“原点工具”对话框，单击 确定 按钮，完成对齐操作。

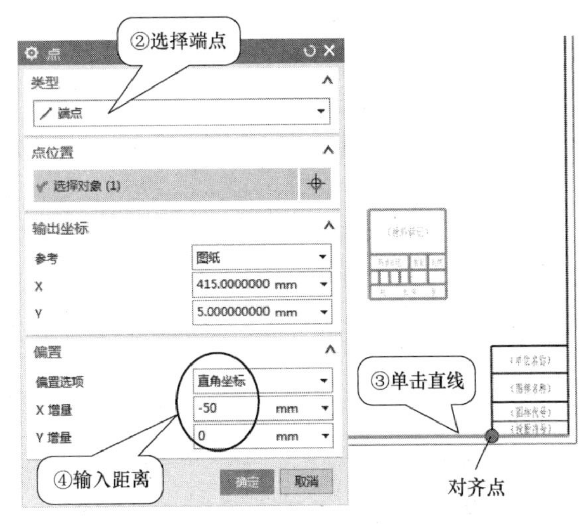

图 6-93　对齐其他区表格

3）采用同样的方法对齐签名区表格（“X 增量”为“-100”，“Y 增量”为“0”）、标记区表格（“X 增量”为“-100”，“Y 增量”为“28”），完成标题栏的对齐。

步骤 6　在标题栏表格中导入属性。

1）导入名称属性。在“图样名称”单元格内单击鼠标右键，在快捷菜单中选择“导入”→“属性”，弹出“导入属性”对话框；在“导入”列表中选择“工作部件属性”，不勾选 显示未设置的属性，在“属性”列表中选择“DB_PART_NAME”，单击 确定 按钮，在弹出的对话框中单击 确定 按钮，完成属性的导入，如图 6-94 所示。

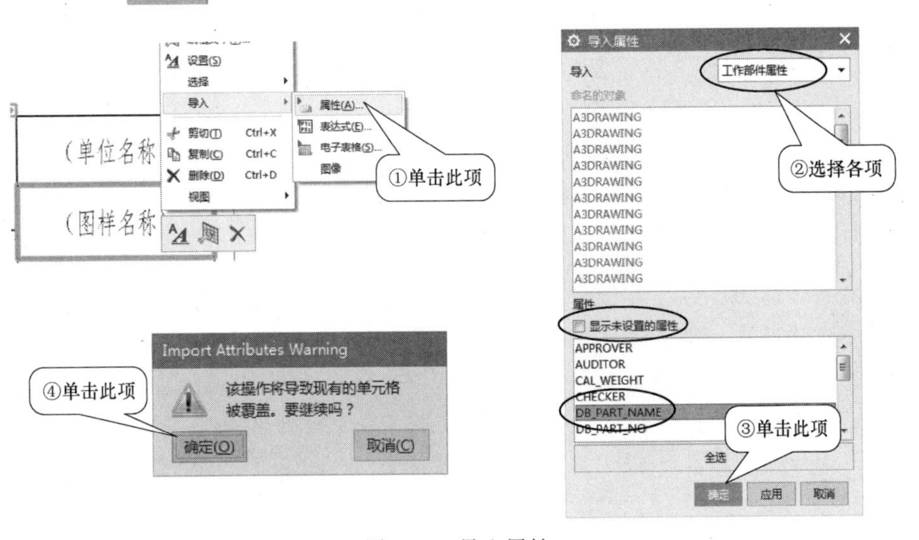

图 6-94　导入属性

2）导入其他属性。将表 6-2 中“属性”列表各项均导入属性，其方法与上相同，不再赘述。其中“共　张 第　张”单元格先拆分成两列（图 6-95），再分别导入属性。

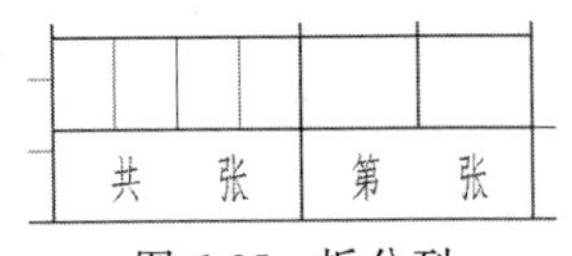

图 6-95　拆分列

3）编辑“共　张”导入的属性。在“共　张”单元格双击，浮动文本框中显示“〈WRef1 * 0@ NO_OF_SHEET〉”，在文本框中输入文字及空格，使其显示为“共 〈WRef1 * 0@ NO_OF_SHEET〉 张”，如图6-96所示。

4）编辑“第 张”引入的属性，并将其复制到“共 张”引入的属性中。

① 采用同样的方法编辑其导入的属性，使其显示为“第 〈WRef2 * 0@ SHEET_NUM〉 张”，如图 6-97 所示。

② 将“第 〈WRef2 * 0@ SHEET_NUM〉 张”复制到“共 张”引入的属性之后，使“共 张”浮动文本框中显示内容为“共 〈WRef1 * 0@ NO_OF_SHEET〉 张 第〈WRef2 * 0 @ SHEET_NUM〉 张”。

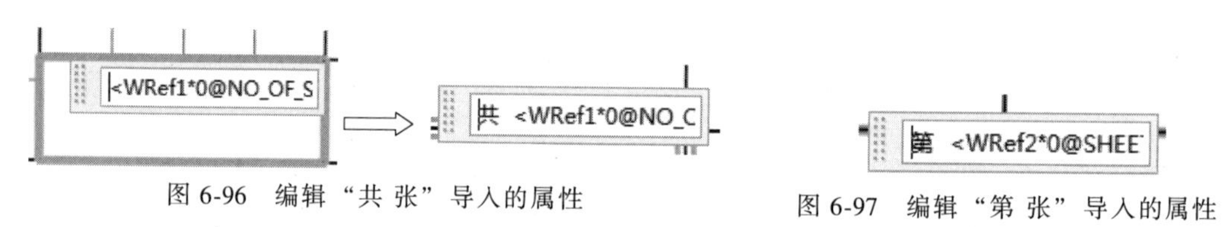

图 6-96 编辑“共 张”导入的属性

图 6-97 编辑“第 张”导入的属性

5）将“共 张”与“第 张”合并单元格，合并成一列。

导入属性后的标题栏如图 6-98 所示。

									XXXX技术学院
标记	处数	分 区	更改文件号	签名	年、月、日				
设计			标准化			阶段标记	重量	比例	
校对									
审核									
工艺			批准			共 张 第 张			(投影符号)

图 6-98 导入属性后的标题栏

步骤 7 保存（文件名一定要与原模板文件同名，即为“A3-noviews-template. prt”）并关闭文件。

步骤 8 替换系统中的原模板文件。将创建好的模板文件复制到“X：\Program Files\Siemens\NX12. 0\LOCALIZATION\prc\simpl_chinese\startup”，替换原模板文件。该文件在后期工程图制作中可以直接调用。

> 在调用导入属性后的标题栏时，只要文件添加了属性就能自动填写内容。
>
> 为防止意外操作，建议将系统原模板文件复制到其默认位置以外的其他位置保存一份，以防万一。
>
> 用户可以不创建自己的模板文件而调用系统原模板文件，本任务目的是让读者多掌握一种方法，读者可根据需要选用。

知识点 1 表格注释

“表格注释”命令用于创建和编辑表格。所创建的表格可带有指引线，也可不带指引线。调用该命令主要有以下方式：

- 功能区：【主页】→『表』→〈表格注释〉。
- 菜单：插入→表格→表格注释(T)...。

执行上述操作后，弹出“表格注释”对话框，如图 6-99 所示。

图 6-99　“表格注释”对话框及其“设置”对话框

1. “原点”选项

该选项用于为表格注释指定位置。在图纸页单击一点定义位置，则可在该位置创建一个表格注释，如图 6-100 所示。

2. “指引线”选项

该选项用于指定指引线的终止位置及指引线的类型。

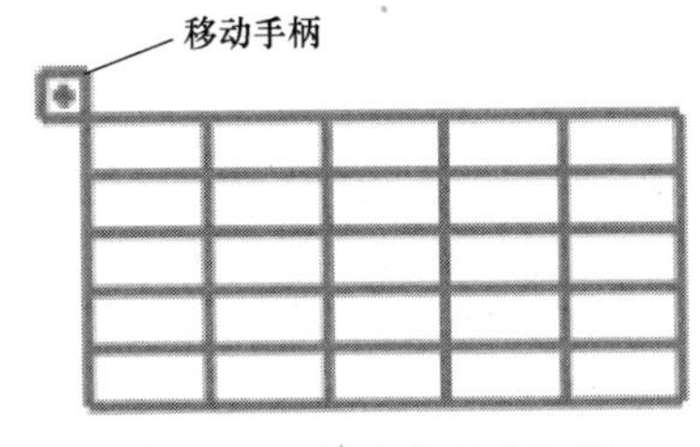

图 6-100　插入的表格注释

3. “表大小”选项

该选项用于设置表格的行数、列数及列宽。

4. “设置”选项

单击〈设置〉，打开“表格注释设置”对话框，如图 6-99 所示，可以设置文字、单元格、表区域和表格注释首选项。

选中表格注释区域时，在表格注释的左上角有一个移动手柄图标，如图 6-100 所示，按住鼠标左键移动该手柄，则可移动表格注释。

创建与编辑表格注释的具体操作在本任务实例中已述，不再赘述。

知识点 2　编辑注释原点

“编辑注释原点”命令用于编辑注释对象的位置。调用该命令只有一种方式：

菜单：编辑→注释→原点(G)...。

执行上述操作后，弹出“原点工具”对话框，如图6-101所示。

各原点工具按钮的说明如下：

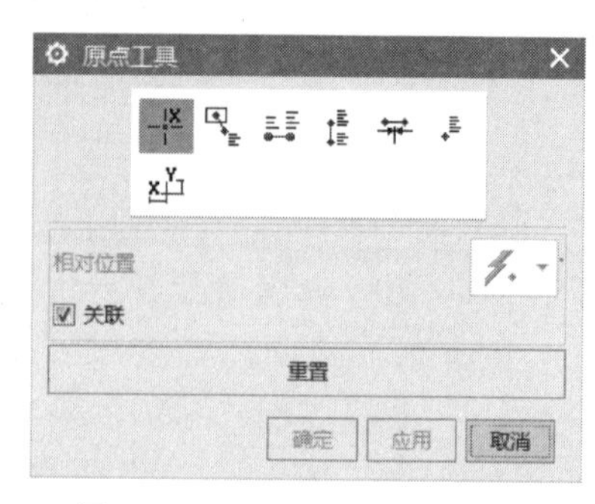

图6-101 “原点工具”对话框

◆ 拖动：通过拖动指定注释对象的位置。

◆ 相对于视图：指定注释对象相对于视图的位置。

◆ 水平文本对齐：使两注释对象水平对齐。

◆ 竖直文本对齐：使两注释对象竖直对齐。

◆ 对齐箭头：使两箭头对齐。

◆ 点构造器：使用点构造器指定注释对象的位置。

◆ 偏置字符：一个注释对象相对于另一个注释对象偏置指定的字符。

使用〈点构造器〉指定注释对象位置的具体操作在本任务实例中已述，其余几种方式的操作与此类似，在此不再赘述。

知识点3 导入属性

“导入属性”命令用于将属性导入到单元格中。调用该命令主要有以下方式：

- 功能区：【主页】→『表』→导入下拉菜单→〈属性〉。
- 菜单：编辑→表→导入→属性。
- 快捷方式：用鼠标右键单击单元格，在快捷菜单中选择导入→属性。

执行上述操作后，弹出“导入属性”对话框，如图6-102所示。

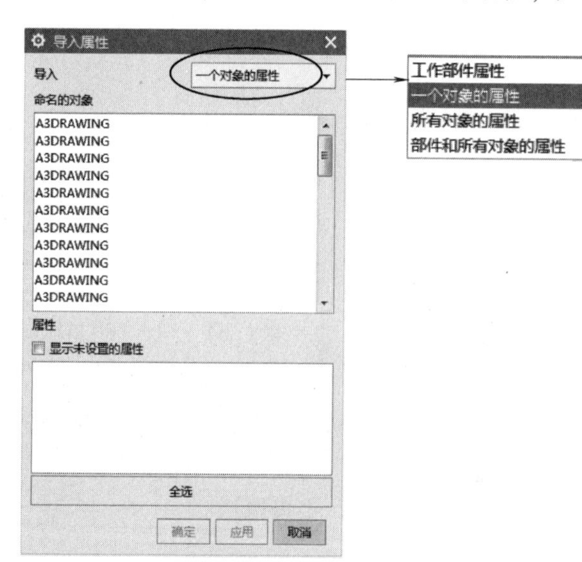

a) 一个对象的属性

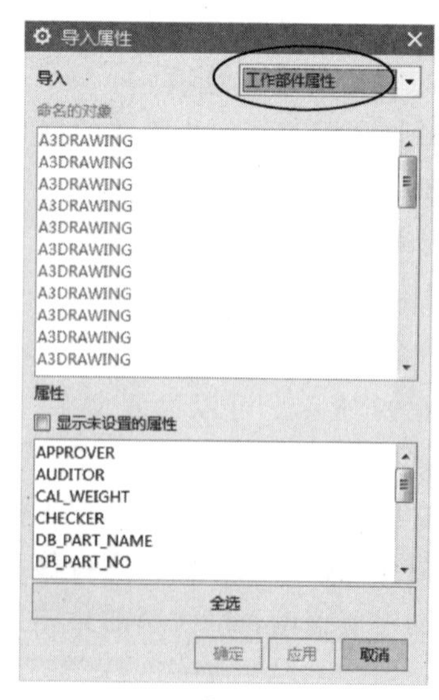

b) 工作部件属性

图6-102 “导入属性”对话框

在对话框的“导入”列表中选择“工作部件属性”，在“属性”列表中选择要导入的属性，单击 应用 按钮，即可将选中的属性导入单元格。其具体操作过程在本任务实例中已述，不再赘述。

同类任务

采用与本模块任务 3 同样的方法对系统中默认的 A4 模板文件进行编辑、修改，使其如图 6-103 所示，并对标题栏导入属性，最后将修改后的文件保存为模板文件，以便调用。

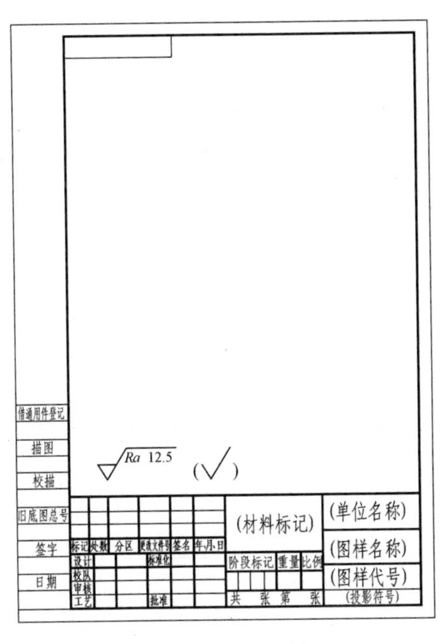

图 6-103　A4 图框

拓展任务

创建图 6-104、图 6-105 所示的带有简易标题栏的 A3、A4 模板文件（标题栏需导入属性）。

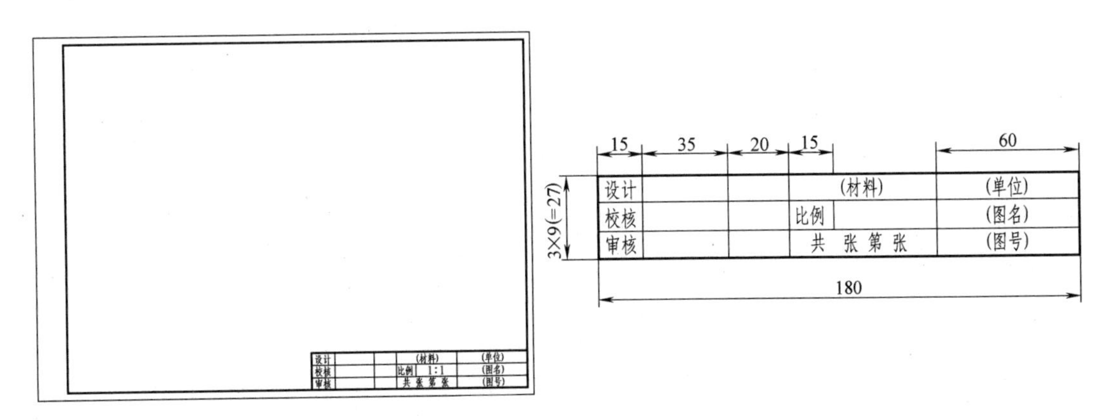

图 6-104　A3 图框及简易标题栏

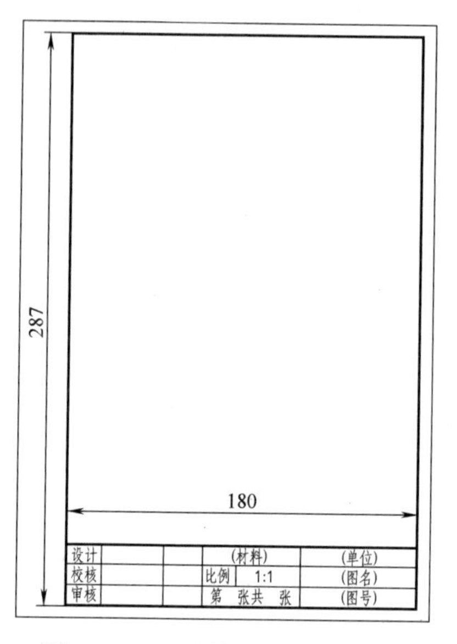

图 6-105　A4 图框及简易标题栏

任务 4　创建轴的工程图

本任务要求创建图 3-139 所示阶梯轴的工程图，使其如图 6-106 所示，并按表 6-3 的要

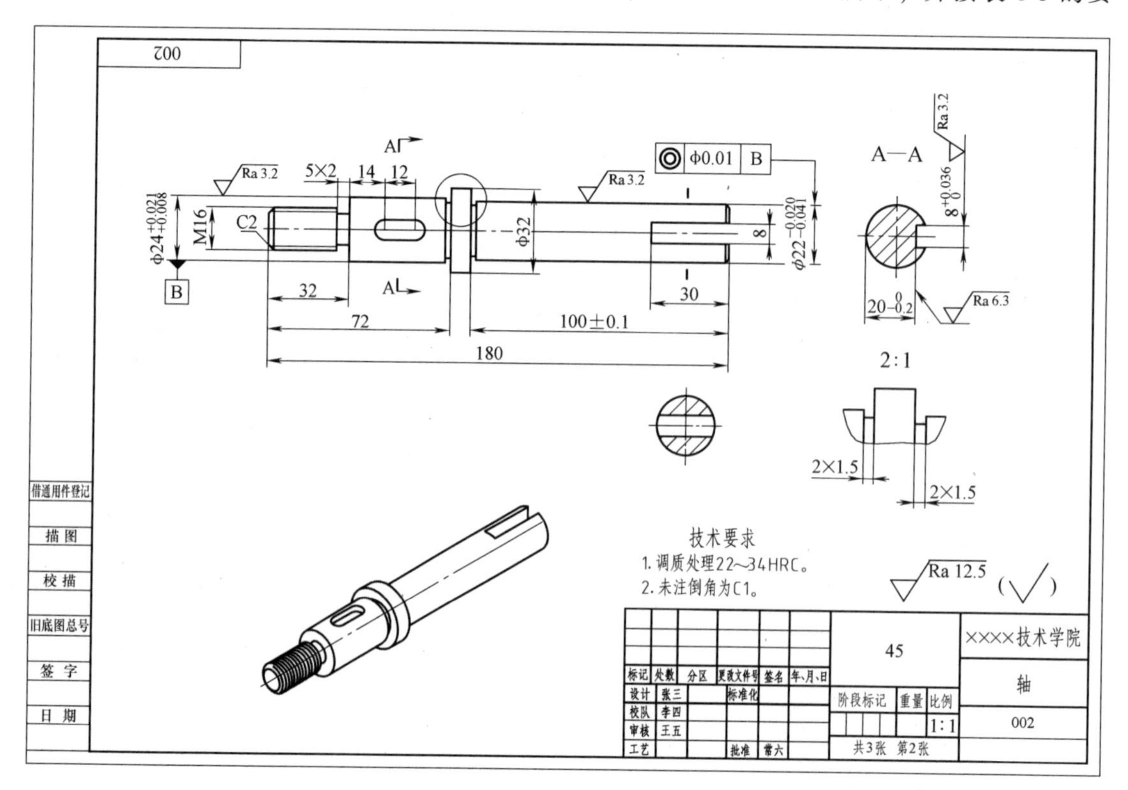

图 6-106　轴的工程图

求对文件添加属性，主要涉及文件属性的添加、局部放大图、尺寸标注、文本标注、表面粗糙度标注、几何公差标注、基准符号标注等命令。

表 6-3　轴的文件属性

属性	值	对应中文
APPROVER	常六	批准
AUDITOR	王五	审核
CHECKER	李四	校对
DB_PART_NAME	轴	部件名称
DB_PART_NO	002	部件代号
DESIGNER	张三	设计
NO_OF_SHEET	3	共　张
SHEET_NUM	2	第　张
MaterialPreferred	45	材料

任务实施

步骤 1　创建轴的实体模型两个，一个名为“轴_符号螺纹”（轴左端为符号螺纹），一个名为“轴_详细螺纹”（轴左端为详细螺纹），如图 6-107 所示。

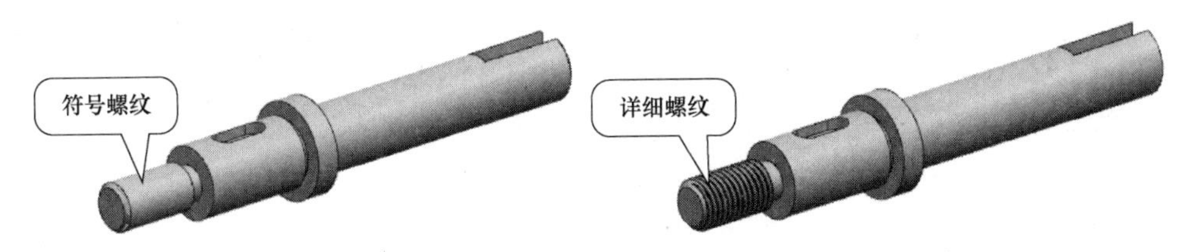

图 6-107　轴的实体模型

步骤 2　打开“轴_符号螺纹”模型，为其添加属性，以便自动填写标题栏。

1）单击菜单→文件(F)→属性(I)，打开“显示部件属性”对话框，在“属性”选项卡“交互方法”下拉列表中选择“批量编辑”，如图 6-108 所示。

2）在“部件属性”列表框中“标题/别名”为“APPROVER”的下方单元格中双击，输入其属性值为“常六”，如图 6-108 所示，即为此文件添加了“批准”属性。

3）采用同样的方法，按表 6-3 找到相应项，添加审核、校对、部件名称、部件代号、设计、共 张、第 张、材料等属性，如图 6-108 所示。

4）单击 确定 按钮，完成属性的添加。

步骤 3　进入制图环境，新建图纸页。选择“标准尺寸”，图幅为“A3-297×420”、比例为“1∶1”的图纸页。

步骤 4　替换模板。

单击【主页】→『制图工具-GC 工具箱』→〈替换模板〉，弹出“工程图模板替换”对话框；在“选择替换模板”列表中选择“A3-”，单击 确定 按钮，即将本模块任务 3 中所创建的模板文件调用到本工程图中，如图 6-109 所示，此时标题栏已自动填写。

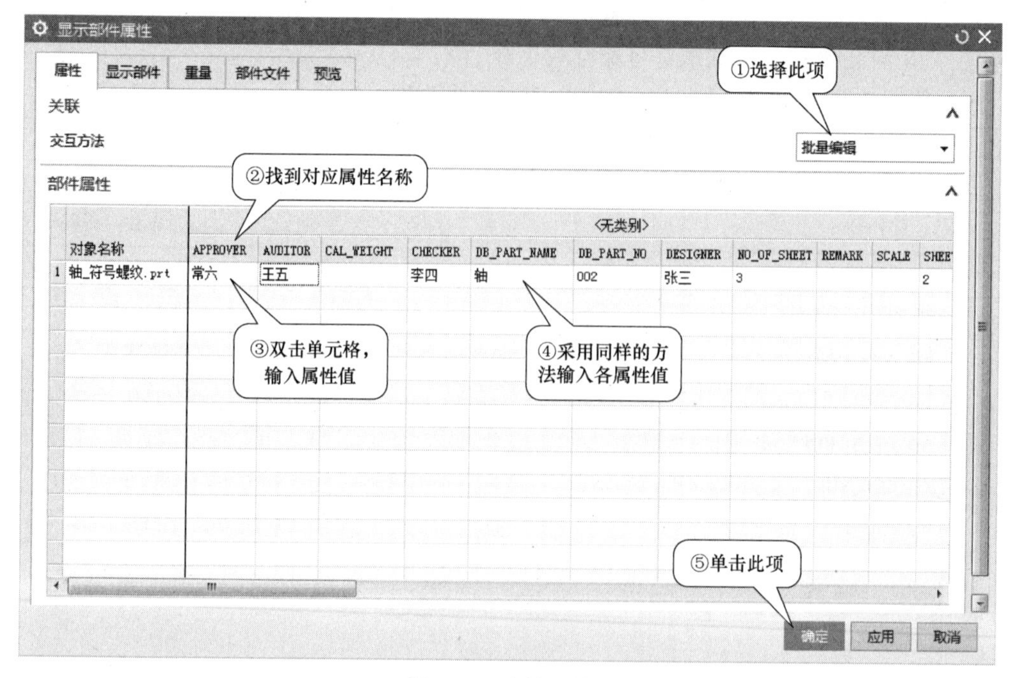

图 6-108　添加属性

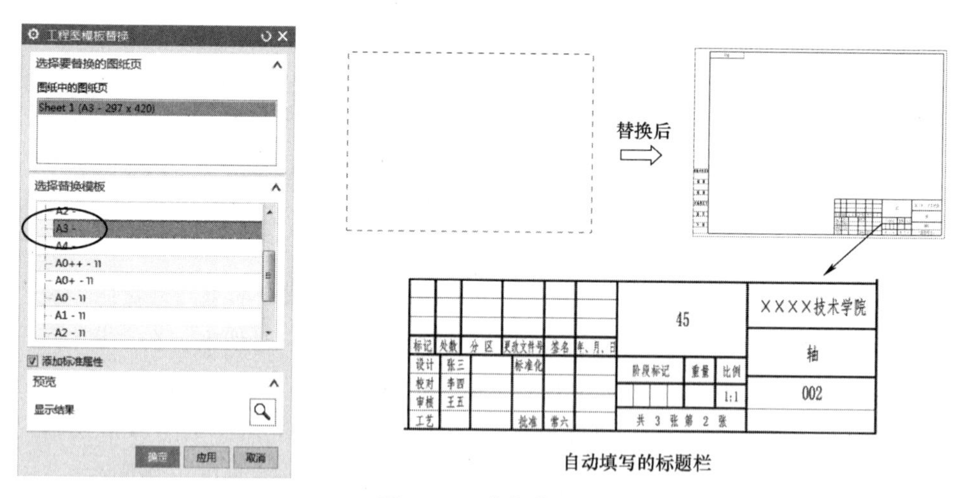

图 6-109　替换模板

> “工程图模板替换”列表中“A3-”为 A3 图纸的零件图模板（含有标题栏），“A3-Ⅱ”为 A3 图纸的装配图模板（含有标题栏和明细栏）。

步骤 5　创建轴的主视图及两个全剖视图，如图 6-110 所示。

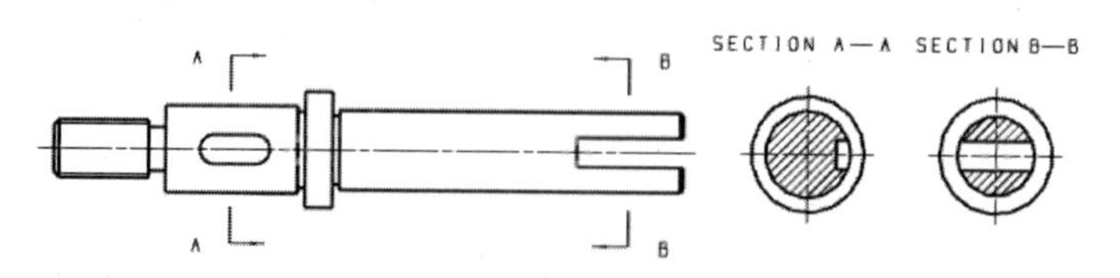

图 6-110　创建主视图及两个全剖视图

步骤 6　擦除剖视图中多余的线条，修改剖面线间距，隐藏 B—B 剖视图的标记及名称，并拖曳 B—B 视图，调整其位置，效果如图 6-111 所示。

步骤 7　编辑 A—A 剖视图的标记及名称。

1）编辑剖视图名称。双击剖视图名称“SECTION A-A”，弹出“设置”对话框，按图 6-112 所示设置对话框中的各项，以编辑其字体、字高、宽高比及放置位置、形式等。

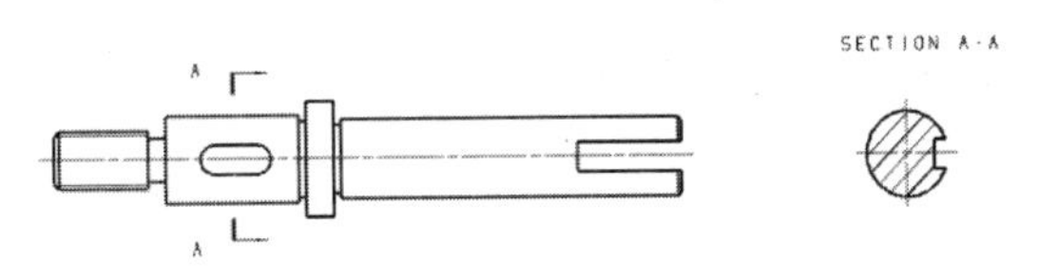

图 6-111　擦除线条、修改剖面线间距、调整视图位置

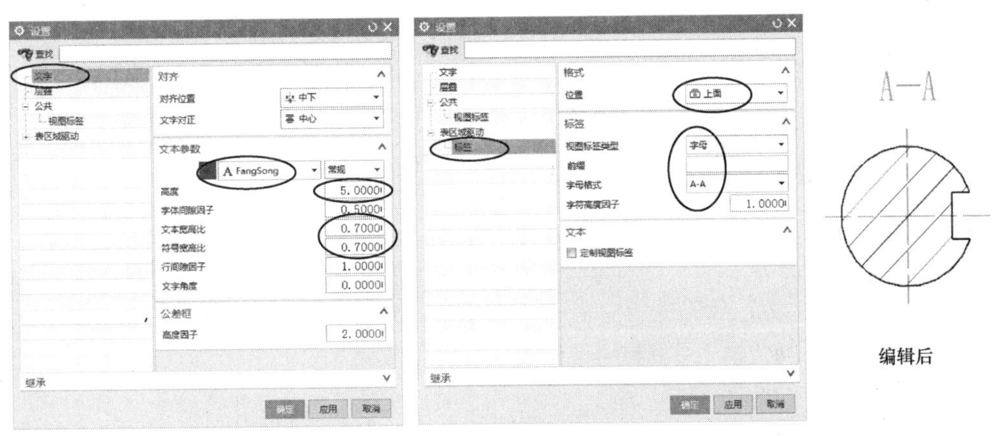

图 6-112　编辑剖视图名称

2）编辑剖视图标记（即剖切符号）。用鼠标右键单击剖视图标记，在快捷菜单中选择 设置(S)...，弹出“设置”对话框，单击左侧列表中的“截面线”按图 6-113 所示设置各项，以编辑剖切符号。

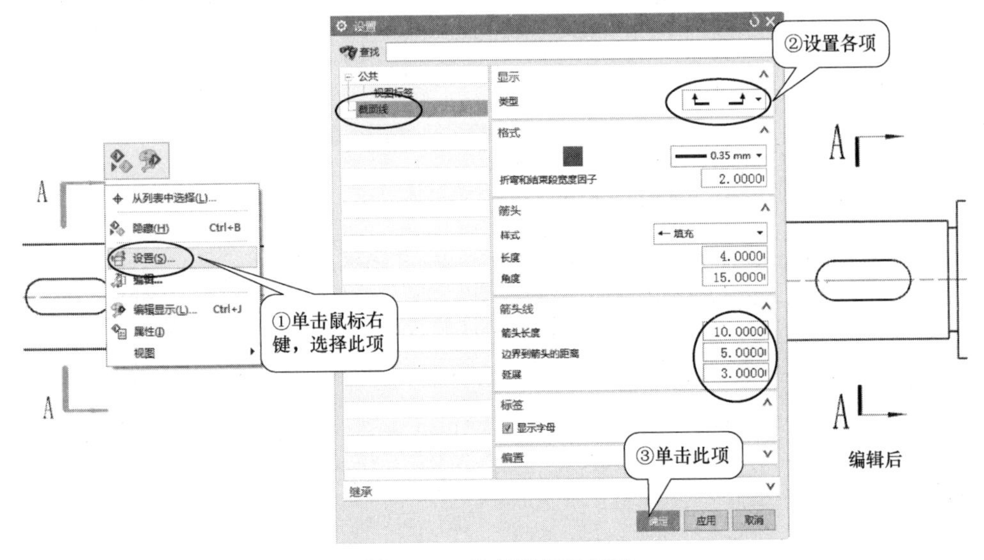

图 6-113　编辑剖视图标记

步骤 8　创建局部放大图。

1）创建局部放大图。单击【主页】→『视图』→〈局部放大图〉，弹出“局部放大图”对话框，如图 6-114 所示；在“类型”下拉列表中选择“按拐角绘制矩形”，在“标签”下拉列表中选择 圆，在主视图需放大区域指定两对角点，单击对话框中设置“选项”下的，弹出“详细视图设置”对话框，设置“边界格式”为“实线”，线宽为“0.35mm”，在图纸区域适当位置单击，确定局部放大图的放置位置，如图 6-114 所示。

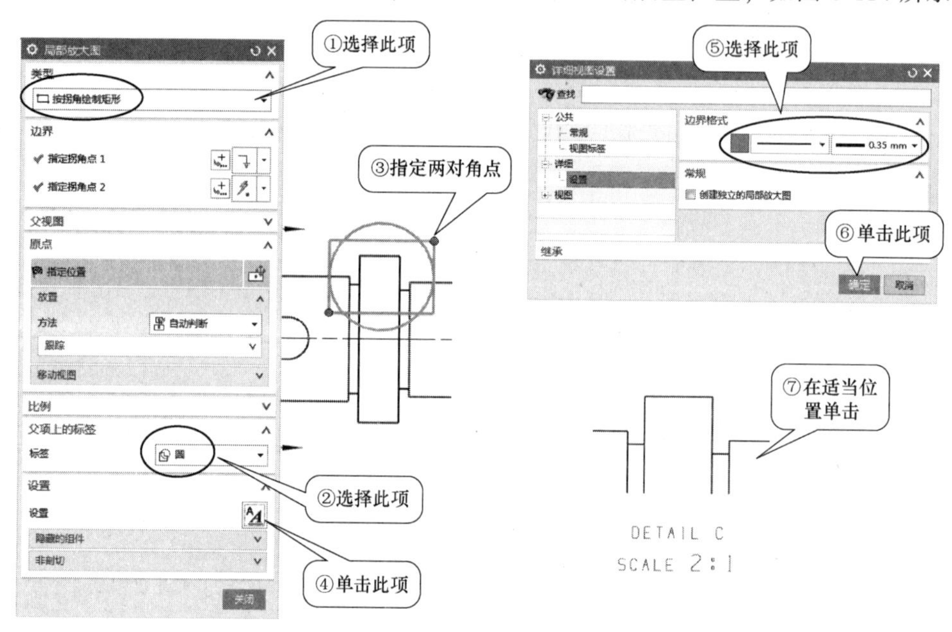

图 6-114　创建局部放大图

2）绘制局部放大图边界。

① 绘制边界。用鼠标右键单击局部放大图，在快捷菜单中选择 转换为独立的局部放大图，单击【主页】→『草图』→〈艺术样条〉，打开捕捉〈曲线上的点〉，捕捉相应点，绘制边界线，如图 6-115 所示。

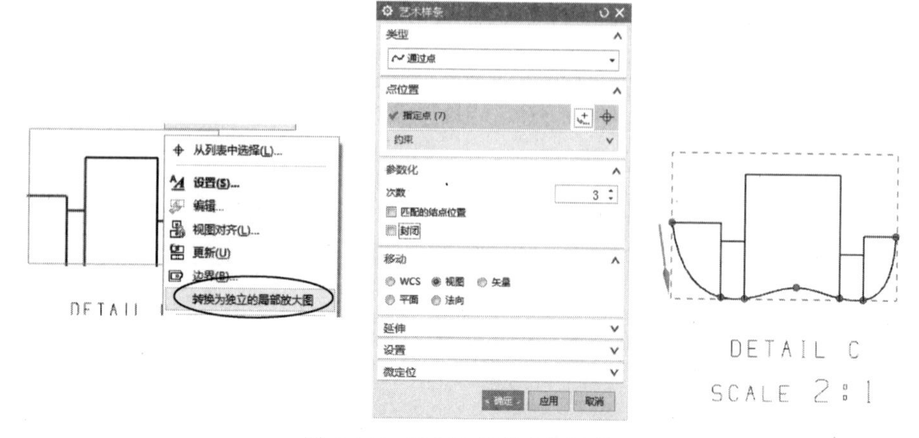

图 6-115　绘制局部放大图边界

② 编辑边界线宽。采用“视图相关编辑”命令，修改边界线宽为 0.35。

3）编辑局部放大图名称。双击局部放大图视图边界，弹出“设置”对话框，展开左侧“详细”列表下的“标签”项，按图 6-116 所示设置各项，以编辑其放置位置、显示内容等。

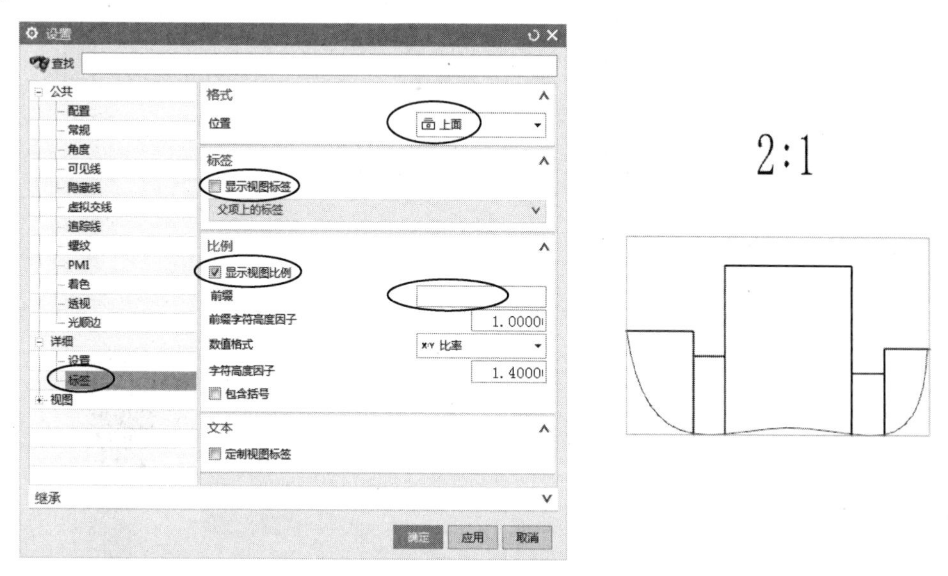

图 6-116　编辑局部放大图名称

步骤 9　创建含有详细螺纹的等轴测图。

单击〈基本视图〉，弹出“基本视图”对话框，展开“部件”选项组，单击〈打开〉，加载“轴_ 详细螺纹”模型，按图 6-117 所示设置各项，在图纸页适当位置单击，创建其等轴测图。

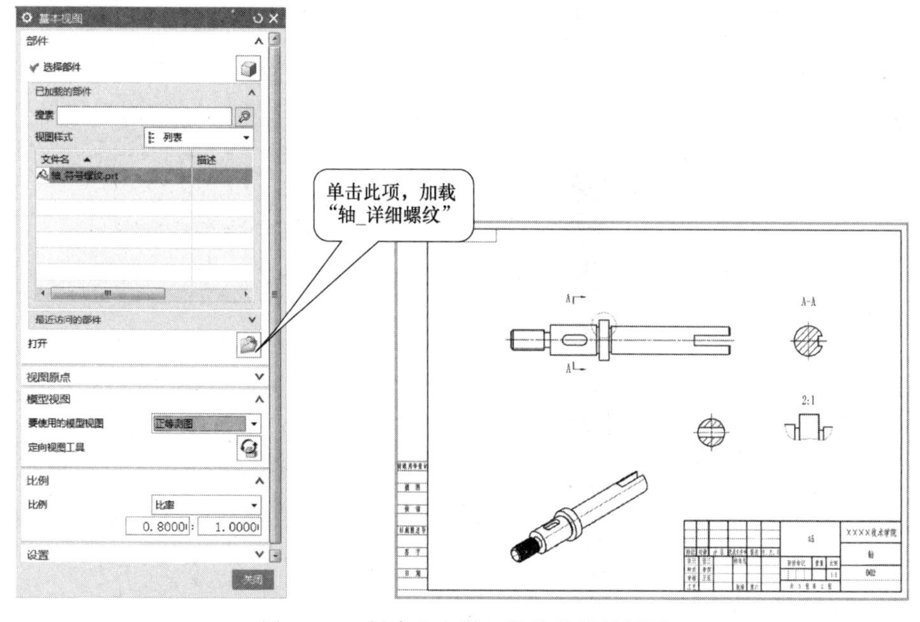

图 6-117　创建含有详细螺纹的等轴测图

步骤 10　标注尺寸。

1）设置标注文本。单击【主页】→『尺寸』→〈快速〉，弹出“快速尺寸”对话框，如图 6-118 所示，单击“设置”选项组下的〈设置〉，打开“快速尺寸设置”对话框，如图 6-119 所示，展开左侧选项栏中的“文字”选项，分别单击“附加文本”和“尺寸文本”，按图 6-119 所示设置各文本的字体、字高、宽高比等。

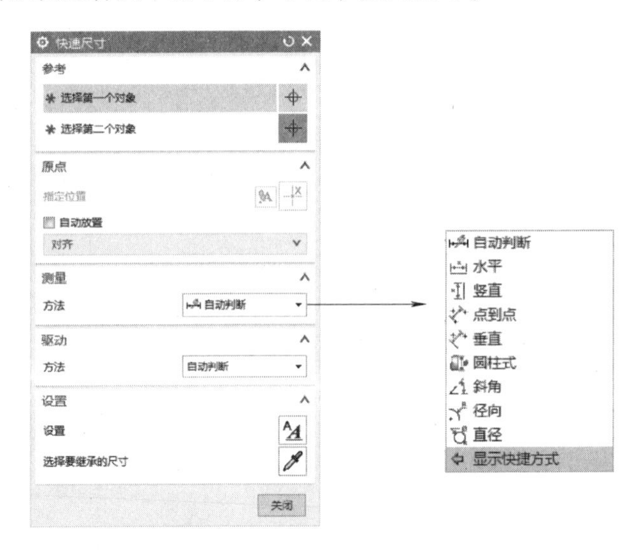

图 6-118　“快速尺寸”对话框中各尺寸类型

图 6-119　设置标注文本

2）标注尺寸。

① 在“快速尺寸”对话框的“测量”选项“方法”列表（图 6-118）中选择相应类型后进行标注（其中圆柱直径尺寸，如 ϕ24，选择 圆柱式），完成后如图 6-120 所示。

② 标注倒角尺寸 C2。单击『尺寸』→〈倒斜角〉，弹出“倒斜角尺寸”对话框，如

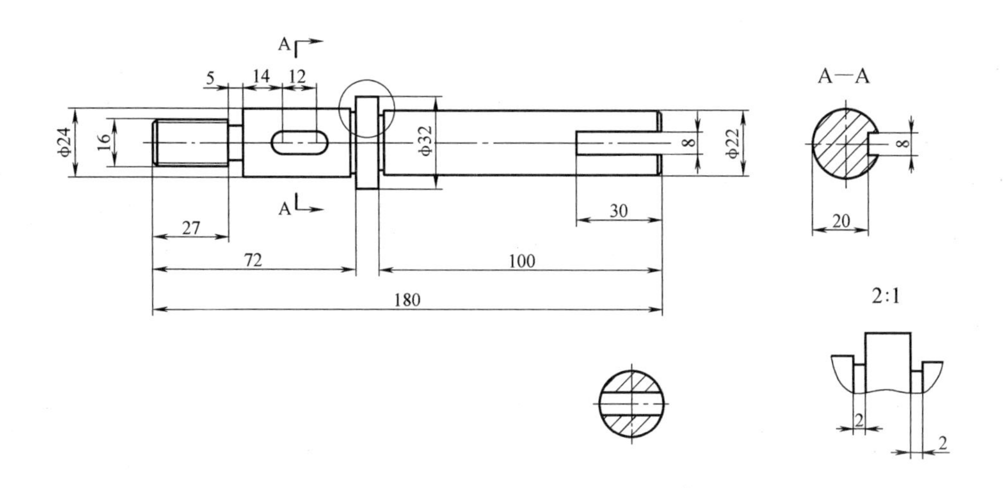

图 6-120　标注尺寸

图 6-121 所示，单击〈设置〉，打开“倒斜角尺寸设置”对话框，按图设置各项，单击倒角边，移动光标至适当位置单击，完成倒角尺寸的标注，如图 6-121 所示。

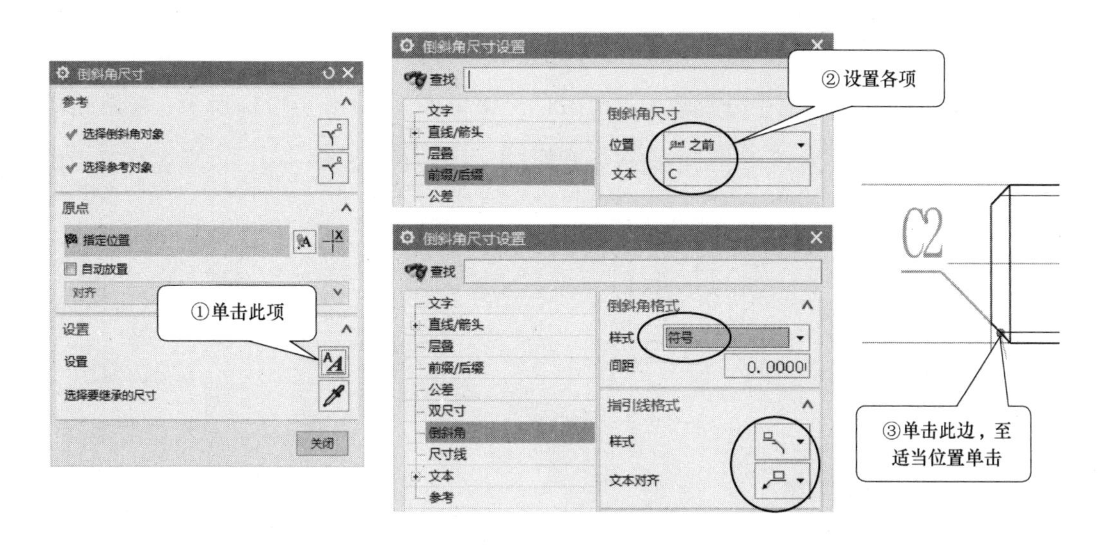

图 6-121　标注倒斜角尺寸

3）编辑尺寸标注。

① 添加附加文本，标注尺寸 5×2、2×1.5。双击尺寸“5”，在快捷工具栏中单击〈编辑附加文本〉，弹出“附加文本”对话框，如图 6-122 所示，在“文本位置”列表中选择 之后，在“符号”列表中单击 X，输入文本“2”，单击两次鼠标中键，完成标注。采用同样的方法在局部放大图中标注 2×1.5。

② 添加附加文本，标注尺寸 M16。采用与上述相同的方法，在“附加文本”对话框的

“文本位置”列表中选择 之前，输入文本为“M”。

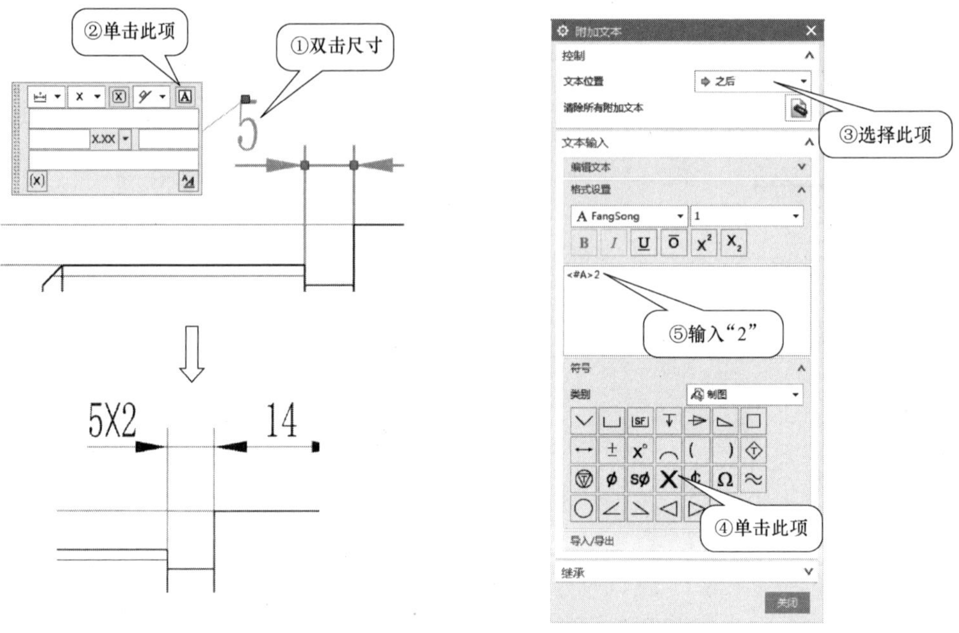

图 6-122　添加附加文本，标注尺寸 5×2

③ 添加尺寸公差。双击尺寸“ϕ24”，在快捷工具栏的“公差类型”下拉列表中选择〈双向公差〉，在文本框中分别输入“0.021”“0.008”，如图 6-123a 所示；采用同样的方法，选择〈单向正公差〉、〈单向负公差〉、〈等双向公差〉，添加各公差，如图 6-123b、c、d 所示。

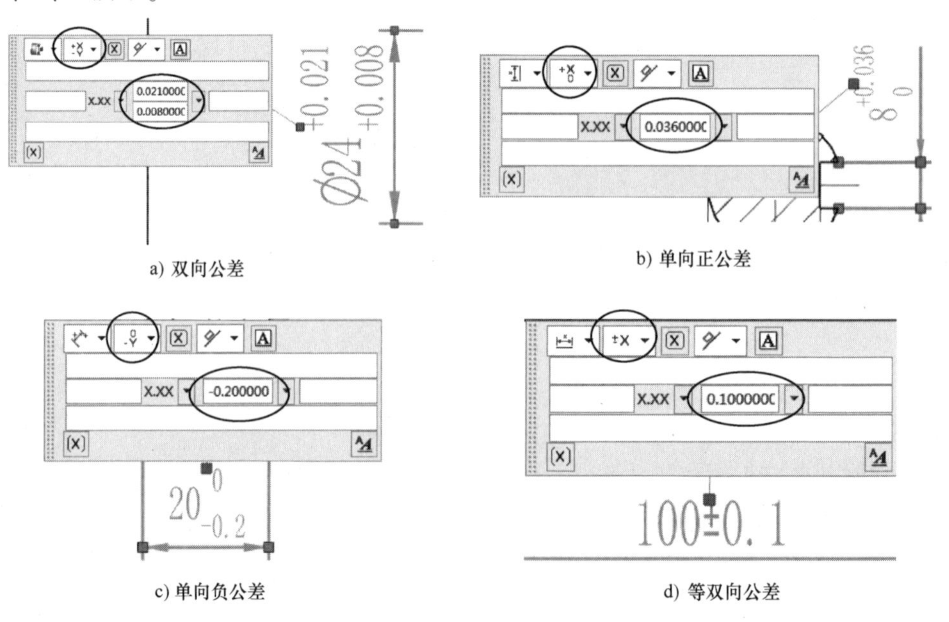

图 6-123　添加尺寸公差

在进行添加尺寸公差操作时，若要更改公差数值的字高，可单击快捷工具栏中的〈文本设置〉，弹出“文本设置”对话框，在其左侧列表中选择“公差文本”项，便可在其右侧设置公差文本的字体、字高、宽高比等，如图6-124所示。

注意：公差文本的字高应比尺寸文本的字高小一号（等双向公差文本的字高与尺寸文本的字高一样），如尺寸文本的字高为“3.5”，则公差文本的字高应为“2.5”。

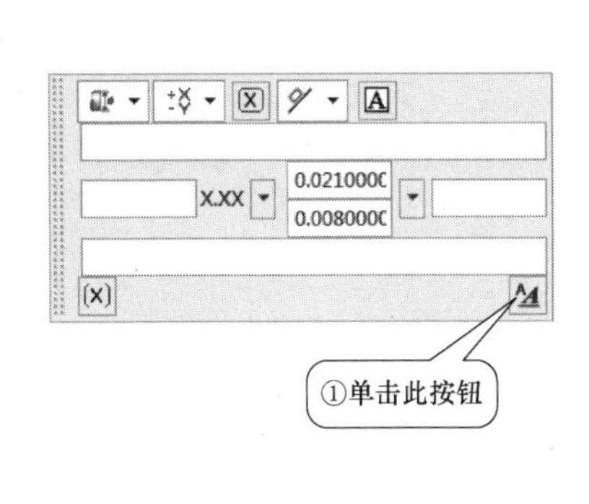

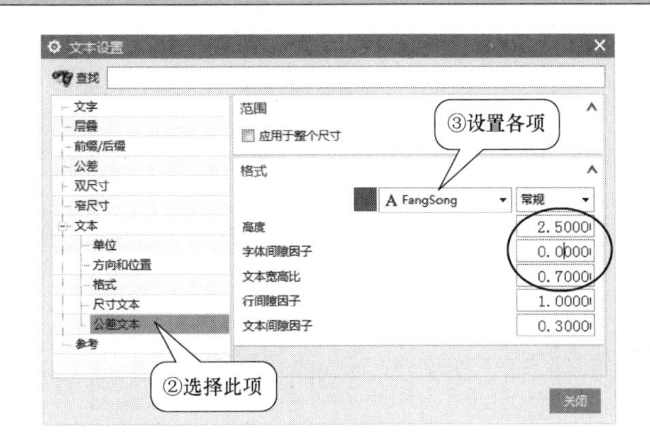

图6-124　设置公差文本的字体、字高、宽高比等

步骤11　标注表面粗糙度、几何公差、基准符号。

1）标注表面粗糙度。单击『注释』→〈表面粗糙度符号〉，弹出“表面粗糙度”对话框，如图6-125所示，单击〈设置〉，打开“表面粗糙度设置”对话框，按图设置各项，以设置表面粗糙度标准、字体、字高等，单击关闭按钮，返回“表面粗糙度”对话框，按图设置各项，在标注位置单击（如图6-125中的尺寸线），再移动光标至适当位置单击，完成标注，如图6-125所示。

标注带指引线的表面粗糙度符号，需在“表面粗糙度”对话框中选择指引线“类型”为普通，如图6-126所示。

若需标注如图6-127所示带有延长线的表面粗糙度符号，需按图6-127设置各项后，在标注位置（如图中的尺寸线）拖曳光标，待出现指引线后松开鼠标，再移动光标至适当位置单击。

2）标注基准符号。单击『注释』→〈基准特征符号〉，弹出“基准特征符号”对话框，如图6-128所示，按图所示设置各项，捕捉ϕ24的尺寸界线，拖曳光标至标注点，松开鼠标，移动光标至适当位置单击，单击鼠标中键。

3）标注几何公差。

① 单击『注释』→〈特征控制框〉，弹出“特征控制框”对话框，如图6-129所示，按图设置各项，捕捉ϕ22的尺寸界线，拖曳光标至标注点，松开鼠标，移动光标至适当位置单击，单击鼠标中键。

② 双击几何公差，拖曳特征控制框上的箭头至两引线垂直。

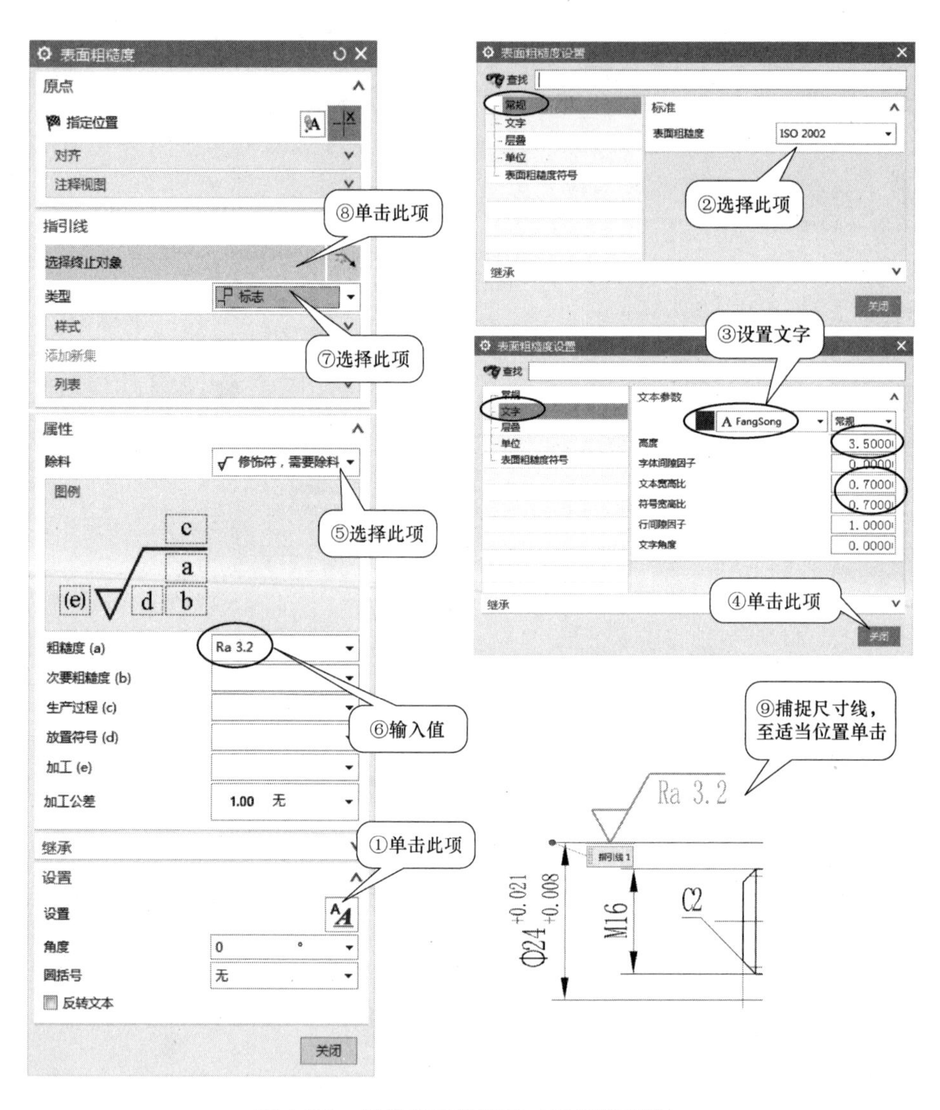

图 6-125　标注表面粗糙度（不带指引线）

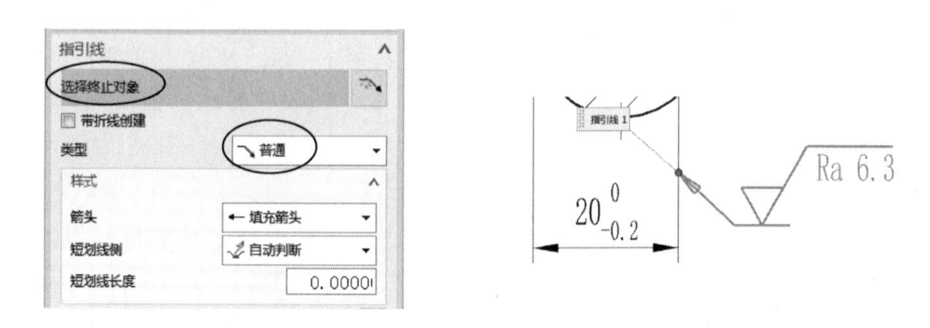

图 6-126　标注表面粗糙度（带指引线）

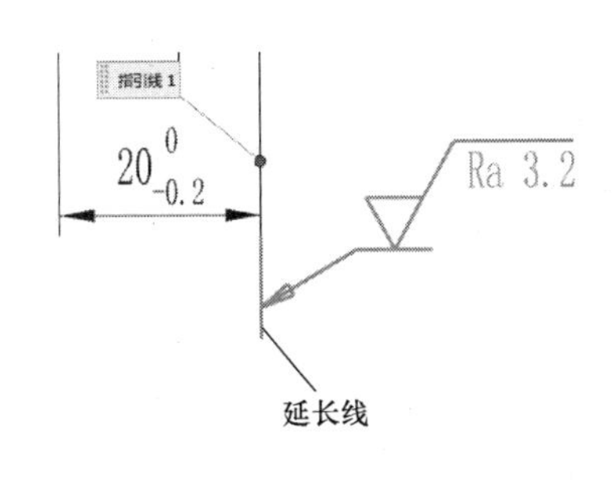

图 6-127　标注表面粗糙度（带指引线且含延长线）

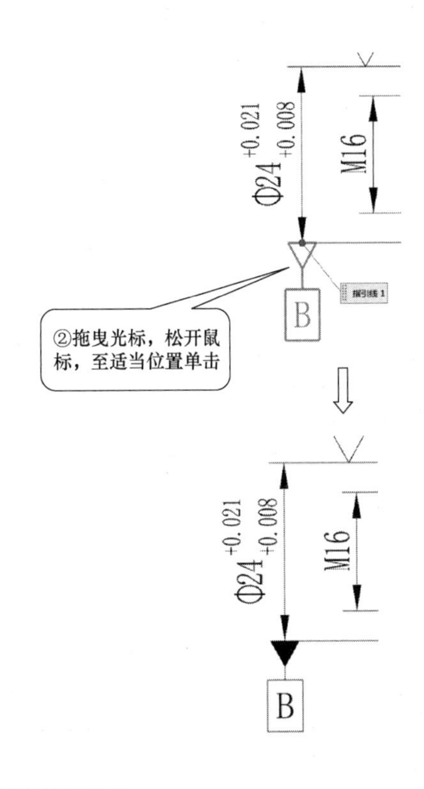

图 6-128　标注基准符号

步骤 12　注写技术要求。

1）注写技术要求。

① 方法 1：手动输入。单击【主页】→『注释』→〈注释〉A，弹出“注释”对话框，如图 6-130 所示，在文本框中输入技术要求，在图纸页适当位置单击，确定技术要求的放置位置。

② 方法 2：自动输入。单击【主页】→『制图工具-GC 工具箱』→〈技术要求库〉，弹出“技术要求”对话框，如图 6-131 所示，在“技术要求库”列表中双击所需要求，在文本输入框编辑修改，在图纸页指定两对角点，确定技术要求的放置范围及位置，单击 确定

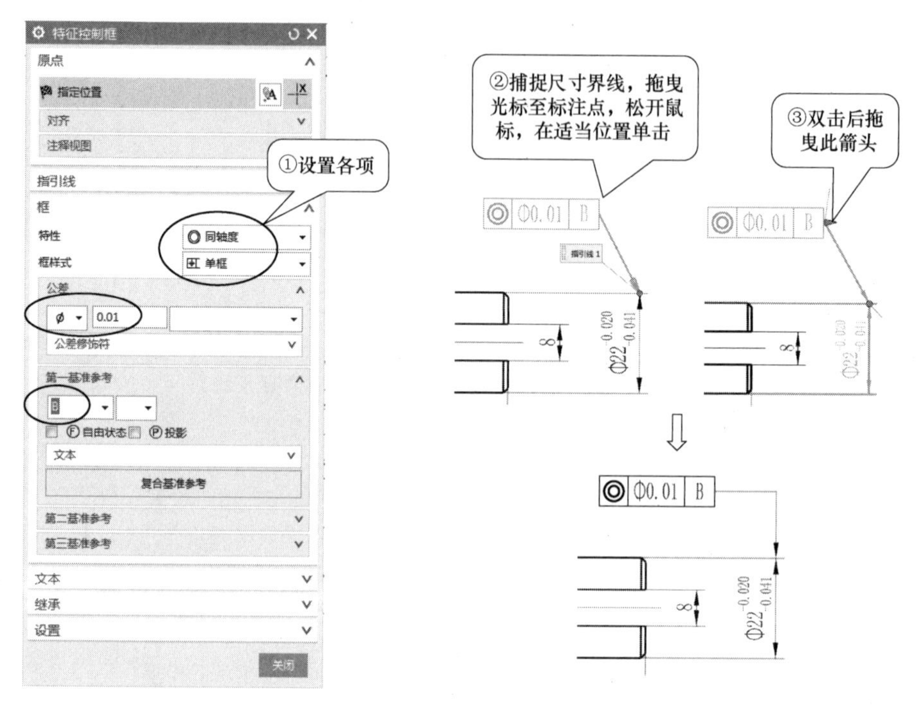

图 6-129　标注几何公差

按钮，完成输入，如图 6-131 所示。

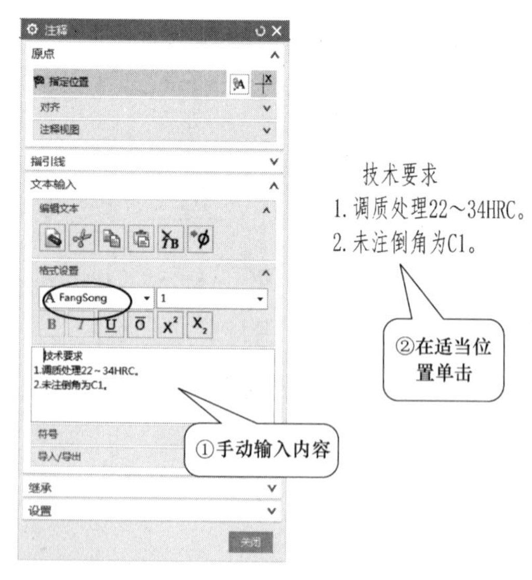

图 6-130　注写技术要求（手动输入）

图 6-131　注写技术要求（自动输入）

> 国家标准规定技术要求中“技术要求”4个字的字号要比其具体要求字号大一号（$\sqrt{2}$倍关系），上述注写的技术要求还需进行编辑。

2）编辑技术要求。双击所注写的技术要求，打开“注释”对话框，在文本框中选中“技术要求”4个字，在比例下拉列表中选择放大比例“1.4”，单击 关闭 按钮，完成编辑，

如图 6-132 所示。

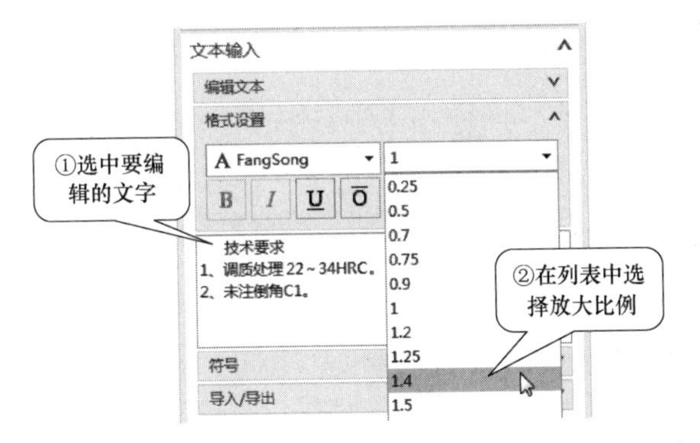

技术要求
1. 调质处理22~34HRC。
2. 未注倒角为C1。

技术要求
1. 调质处理22~34HRC。
2. 未注倒角为C1。

图 6-132　编辑技术要求

步骤 13　导入绘图比例，自动填写标题栏比例值。

用鼠标右键单击比例下方的单元格，在快捷菜单中选择 导入 → 属性(A)...，弹出“导入属性”对话框，如图 6-133 所示，在“导入”列表中选择“一个对象的属性”；在“命名的对象”列表中选择轴主视图的图名（本例中为“Top@ 6”，选中视图的视图边界会亮显）；在“属性”列表中选择“VWSCALE”，单击 确定 按钮，完成比例的导入，比例栏中自动显示“1∶1”，如图 6-133 所示。

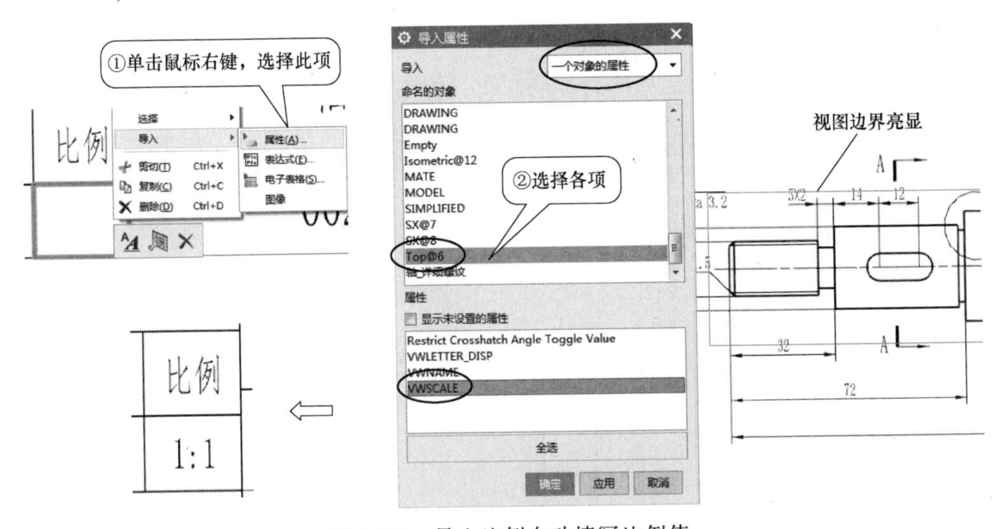

图 6-133　导入比例自动填写比例值

> 采用上述方法将绘图比例导入到单元格，所导入的比例与图形相关联，当图形的绘图比例变化时，单元格中的比例会随之变化。

步骤 14　保存文件。

知识点 1　局部放大图

“局部放大图”命令用于在图纸页创建局部放大图。调用该命令主要有以下方式：

- 功能区：【主页】→『视图』→〈局部放大图〉。

• 菜单：插入→视图→ 局部放大图(D)...。

执行上述操作后，弹出“局部放大图”对话框，如图 6-134 所示。

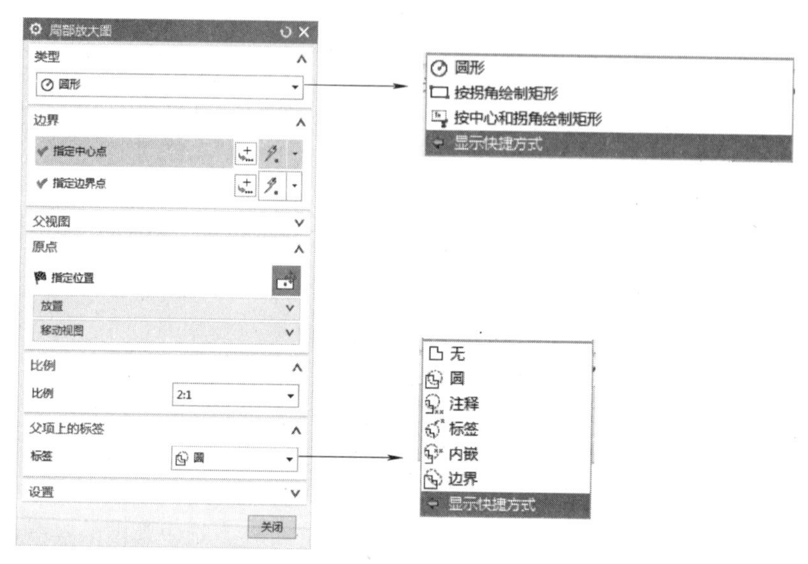

图 6-134 “局部放大图”对话框

1. “类型”选项

该选项用于定义局部放大图的边界形状，有以下 3 种类型：

◆ 圆形：创建有圆形边界的局部放大图，如图 6-135a 所示。此类型为系统默认类型。

◆ 按拐角绘制矩形：通过选择对角线上的两个拐点创建矩形局部放大图边界，如图 6-135b所示。本任务实例中采用的即为此类型。

◆ 按中心和拐角绘制矩形：通过选择一个中心点和一个拐角点创建矩形局部放大图边界，如图 6-135c 所示。

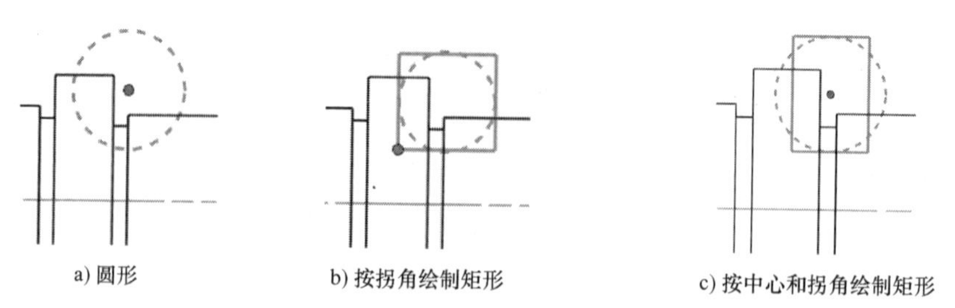

a) 圆形　　b) 按拐角绘制矩形　　c) 按中心和拐角绘制矩形

图 6-135 局部放大图边界的 3 种类型

2. “父项上的标签”选项

该选项用于定义放置在父视图上的标签，有以下 6 种方式：

◆ 无：无边界，无标签。

◆ 圆：圆形边界，无标签，如图 6-136a 所示。

◆ 注释：圆形边界，有标签但无指引线，如图 6-136b 所示。

◆ 标签：圆形边界，有标签有指引线，如图 6-136c 所示。

- ◆ 内嵌：标签内嵌在带有箭头的边界内，如图 6-136d 所示。
- ◆ 边界：显示实际视图边界。

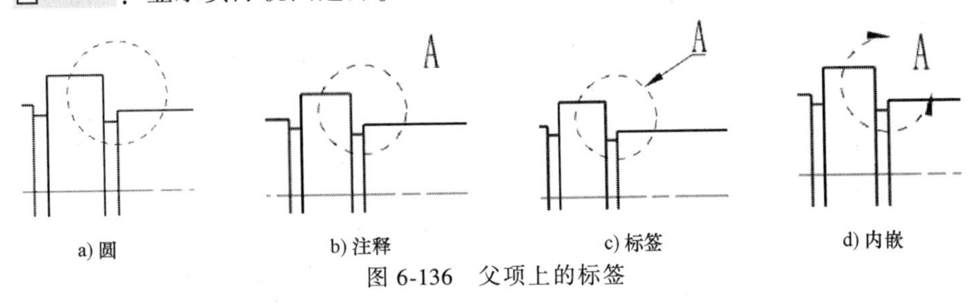

图 6-136　父项上的标签

创建局部放大图的具体操作在本任务实例中已述，不再赘述。

知识点 2　断开视图

“断开视图”命令用于添加多个断开视图。调用该命令主要有以下方式：

- 功能区：【主页】→『视图』→〈断开视图〉。
- 菜单：插入→视图→ 断开视图(K)...。

执行上述操作后，弹出“断开视图”对话框，如图 6-137a 所示。

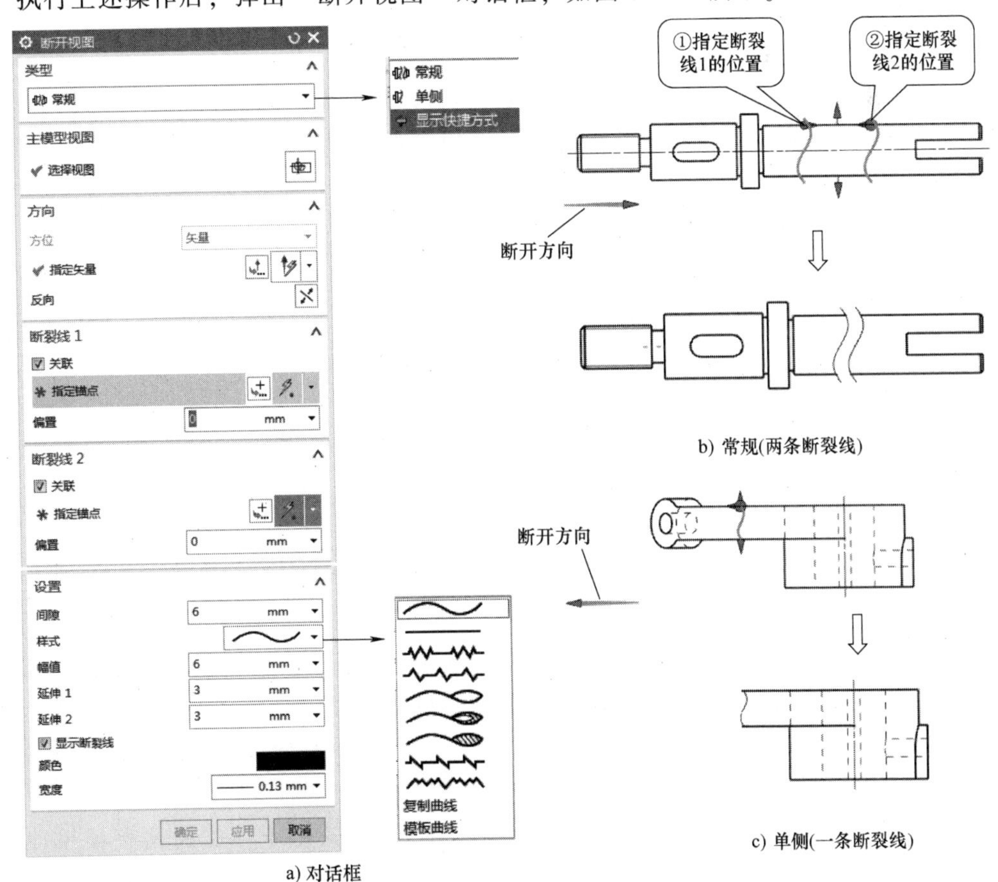

图 6-137　“断开视图”对话框及示例

1. “类型”选项

常规：创建具有两条断裂线的断开视图，如图 6-137b 所示。

单侧：创建具有一条断裂线的断开视图，如图 6-137c 所示。

> 细心的读者可以发现，采用断开视图中的“单侧”能快速实现将图 6-2 所示压紧杆的俯视图及 B 向斜视图断开的操作。

2. “主模型视图”选项

该选项用于在当前图纸页中选择要断开的视图。

3. “方向”选项

该选项用于指定断开的方向垂直于断裂线。系统会根据所选的主模型视图自动判断断开方向，若用户需修改断开方向，可通过指定矢量来修改。

4. “断裂线 1/断裂线 2”选项

该选项用于指定断开位置的锚点，在“偏置”文本框中输入数值还可指定锚点与断裂线之间的距离。

5. “设置”选项

该选项用于设置两断裂线之间的间隙、断裂线的样式、幅值（断裂线弯曲幅度）、断裂线超出轮廓线的距离及断裂线的颜色、宽度等。

知识点 3　制图首选项

机械制图国家标准对工程图格式规范要求明确、严格，因此在创建工程图之前，要通过制图首选项的设置，来预设生成图样的工作环境及默认参数，从而提高工作效率及工作质量。调用“制图首选项”命令有两种方式：

- 功能区：【文件】→首选项→ 制图(D)...。
- 菜单：首选项→ 制图(D)...。

执行上述操作后，弹出“制图首选项”对话框，通常需设置“公共”“视图”“尺寸”3 项，如图 6-138～图 6-140 所示。

知识点 4　尺寸标注

在工程图中标注的尺寸是直接引用三维模型的真实尺寸。如修改了三维模型中的尺寸，其工程图中的对应尺寸也会自动更新，以保证三维模型与工程图的一致性。调用“尺寸标注”命令主要有以下方式：

- 功能区：【主页】→『尺寸』中的任意按钮，如图 6-141 所示。
- 菜单：插入→尺寸→“尺寸”子菜单，如图 6-142 所示。

执行快速尺寸标注方式后，弹出“快速尺寸”对话框，如图 6-143a 所示。

1.“测量”选项

该选项用于设置所标注尺寸的类型。其方法有“水平”“竖直”“点到点”“垂直”等，其含义与草图中的尺寸标注相同，不再赘述。其中 **圆柱式**用于标注圆柱直径尺寸，如图 6-144所示。

图 6-138 “制图首选项”对话框（“公共”选项）

图 6-139 “制图首选项”对话框（“视图”选项）

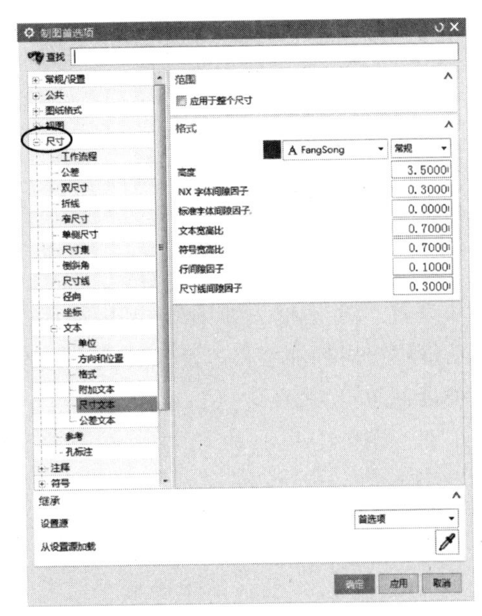

图 6-140 “制图首选项”对话框（“尺寸”选项）

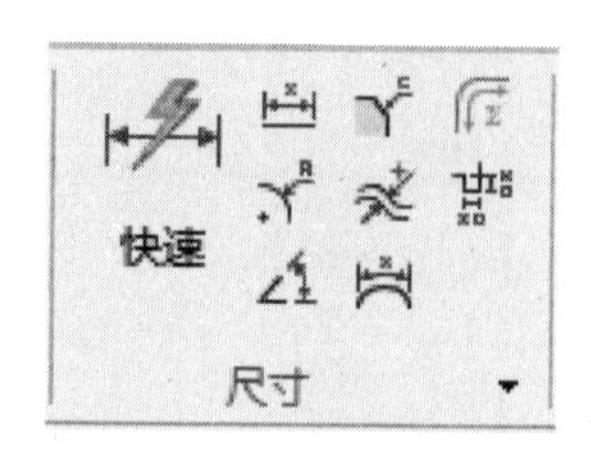
图 6-141 “尺寸”面板

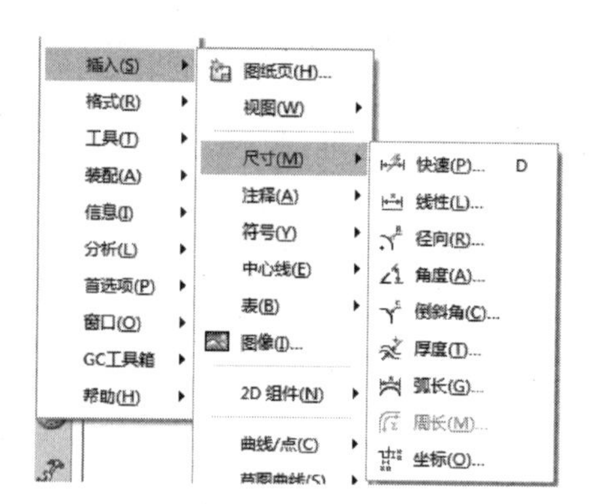
图 6-142 “尺寸”子菜单

a)　　b)

图 6-143 “快速尺寸”对话框及其“设置”对话框

2. “设置”选项

◆ 设置：单击〈设置〉，打开“快速尺寸设置”对话框，如图 6-143b 所示，在此对话框中可对标注字体、箭头样式及大小进行相关设置。

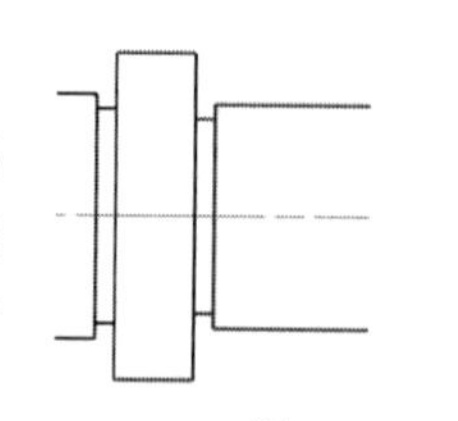
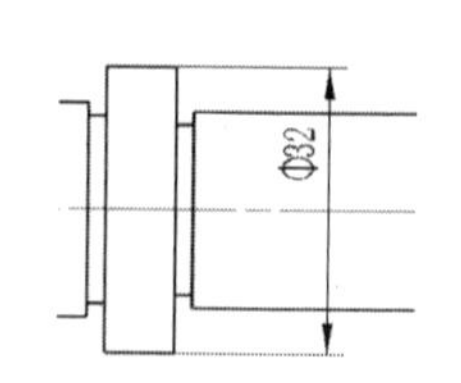

图 6-144 标注圆柱直径尺寸

◆ 选择要继承的尺寸：单击〈继承〉，选择一个已标注的尺寸，系统将继承已标注尺寸的特性（如字体、字号、箭头样式及大小等）用于新尺寸的标注。

> UG NX 12.0 的许多对话框中都有“继承”选项，单击〈继承〉可继承已有对象的特征或设置。

3. 编辑尺寸

在已标注的尺寸上双击，可打开编辑尺寸的快速工具栏，如图 6-145 所示，选择此工具

栏中的相应选项可编辑修改已标注的尺寸，或是为其添加前缀、后缀、尺寸公差等。

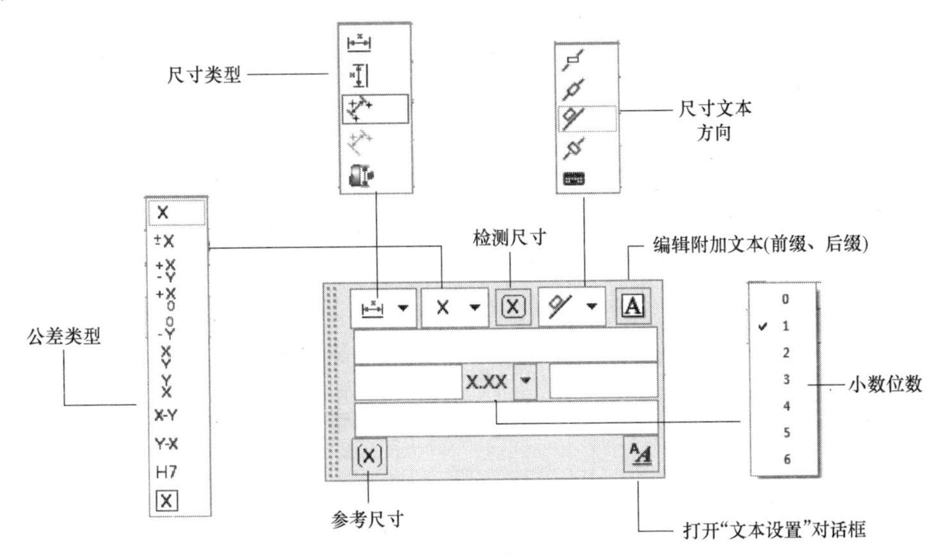

图 6-145　尺寸编辑快速工具栏

各尺寸的标注、编辑、尺寸公差的标注、前缀与后缀的添加在本任务实例中已述，不再赘述。

知识点 5　基准符号标注

“基准特征符号”命令用于在工程图上标注几何公差基准符号。调用该命令主要有以下方式：

- 功能区：【主页】→『注释』→〈基准特征符号〉。
- 菜单：插入→注释→基准特征符号(R)...。

执行上述操作后，弹出“基准特征符号”对话框，如图 6-146 所示。

1. “原点”选项

该选项用于指定基准符号的位置及对齐方式。

2. “指引线”选项

该选项用于为指引线选择终止对象，以及指定指引线的类型。指引线的类型有“普通”“全圆符号”“标志”“基准”“以圆点终止”5 种标注效果，如图 6-146 所示。

3. “基准标识符”选项

该选项用于指定基准特征符号的字母。

基准符号标注的具体操作在本任务实例中已述，不再赘述。

知识点 6　几何公差标注

“特征控制框”命令用于标注几何公差。调用该命令主要有以下方式：

- 功能区：【主页】→『注释』→〈特征控制框〉。
- 菜单：插入→注释→特征控制框(E)...。

执行上述操作后，弹出“特征控制框”对话框，如图 6-147 所示。

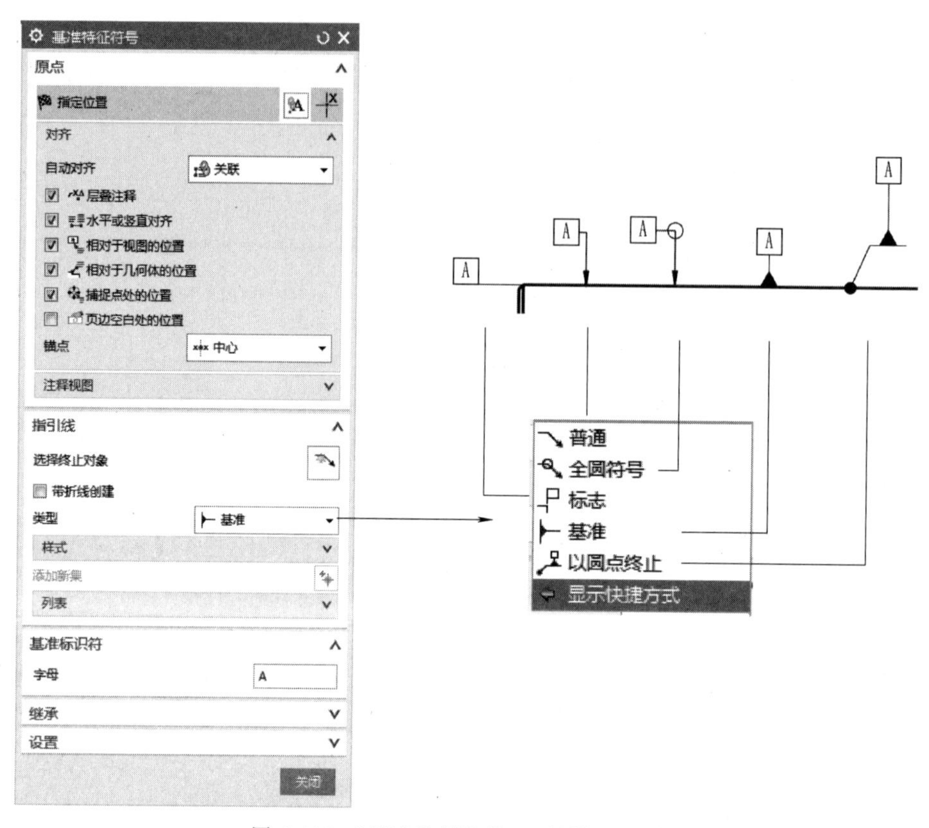

图 6-146 “基准特征符号”对话框及示例

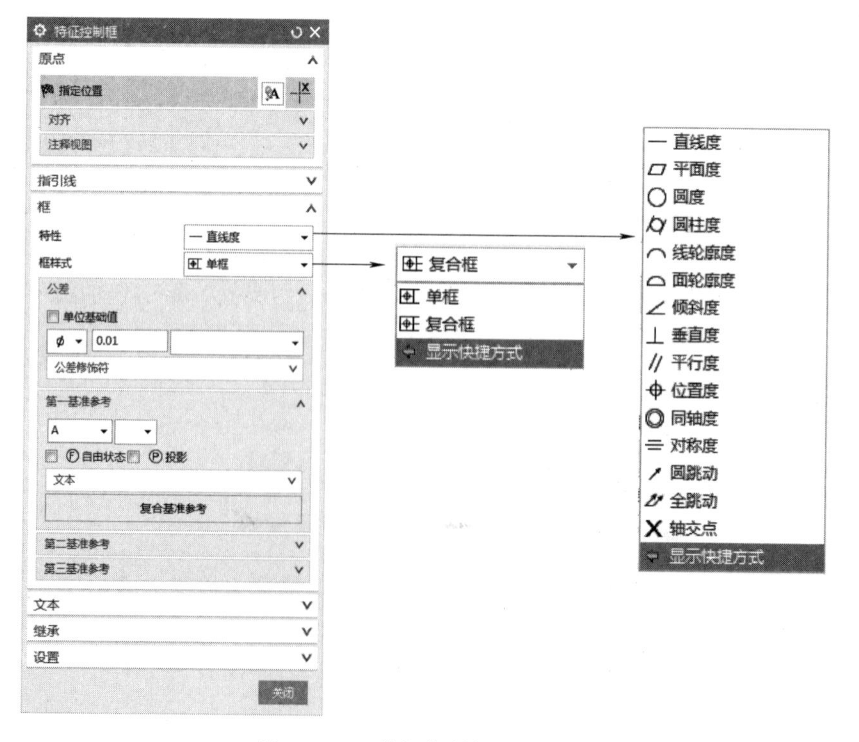

图 6-147 “特征控制框”对话框

1. “原点”选项组和“指引线”选项组

该选项组中的各项与“基准特征符号”对话框中的选项功能相同，不再赘述。

2. “框”选项组

该选项组用于设置几何公差项目符号、框样式、公差值、基准等。

3. “文本”选项组

该选项组用于在特征控制框前面、后面、上面或下面添加文本。

几何公差标注的具体操作过程在本任务实例中已述，不再赘述。

知识点 7　表面粗糙度标注

“表面粗糙度符号”命令用于在工程图上标注表面粗糙度符号。调用该命令主要有以下方式：

- 功能区：【主页】→『注释』→〈表面粗糙度符号〉 √ 。
- 菜单：插入→注释→ √ 表面粗糙度符号(S)... 。

执行上述操作后，弹出“表面粗糙度”对话框，如图 6-148 所示。

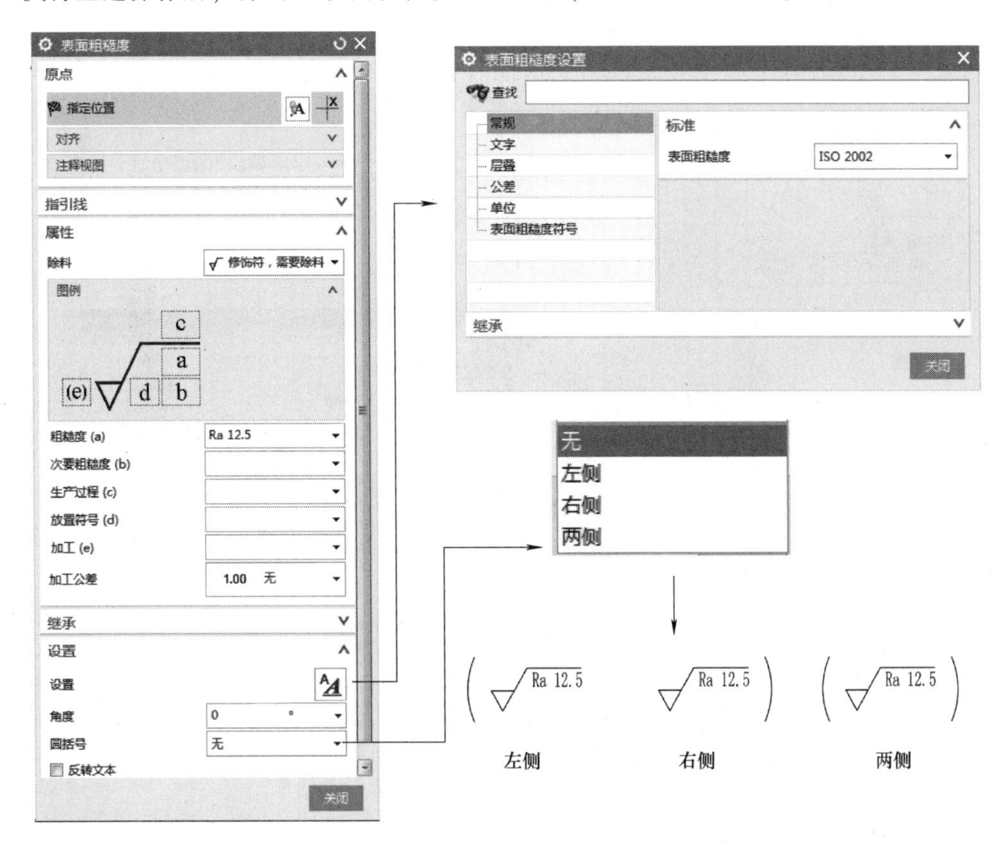

图 6-148　“表面粗糙度”对话框及其“设置”对话框

1. “原点”选项和“指引线”选项

该选项与“基准特征符号”对话框中的选项功能相同，不再赘述。

2. “属性”选项

该选项用于设置表面粗糙度的属性（具体参数、要求等）。

3. “设置”选项

◆ 设置：单击〈设置〉，打开“表面粗糙度设置”对话框，如图 6-148 所示，在此对话框中可进行相关的参数设置。

◆ 角度：在文本框中输入角度值，可控制符号的放置方位。

◆ 圆括号：在表面粗糙度符号旁边加左括号、右括号或二者都添加，如图 6-148 所示。表面粗糙度标注的具体操作在本任务实例中已述，不再赘述。

知识点 8　文本注释

“注释”命令用于创建和编辑注释和标签，如图 6-149 所示。

调用“注释”命令主要有以下方式：

- 功能区：【主页】→『注释』→〈注释〉。
- 菜单：插入→注释→ 注释(N)...。

执行上述操作后，弹出“注释”对话框，如图 6-150所示。

技术要求

a) 注释文本

此为标签

b) 标签

图 6-149　注释示例

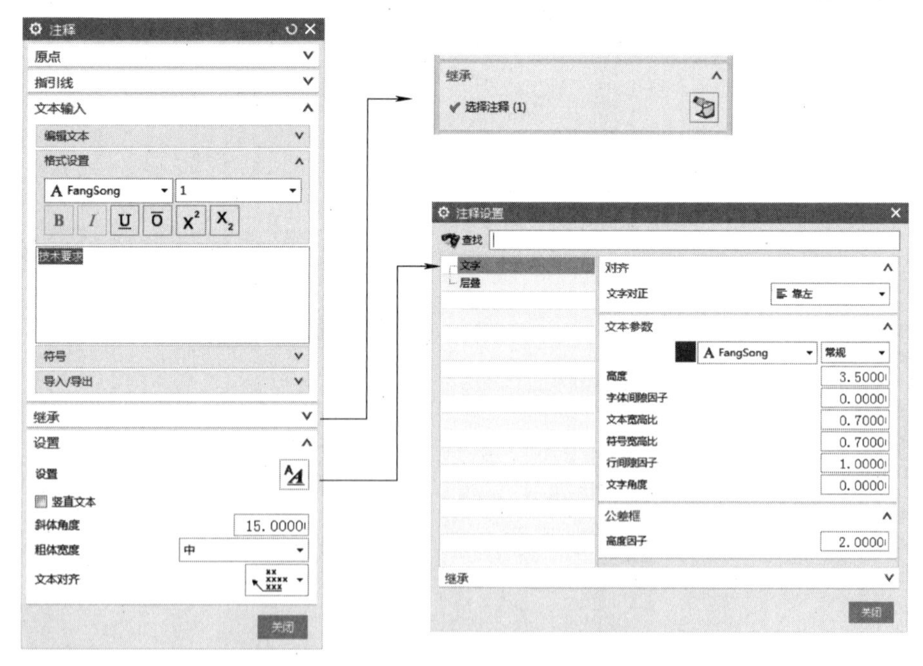

图 6-150　“注释”对话框及其“设置”对话框

1. “文本输入”选项组

在“文本输入”框中可输入所需文字。同时，此项还提供了“编辑文本”按钮（复制、粘贴等）、“格式设置”按钮（上标、下标等）及制图符号。

2. “继承”选项

该选项用于添加与现有注释的文本、样式和对齐设置相同的新注释，还可以用于更改现

有注释内容、外观和定位。

3. “设置”选项组

◆ 设置：单击〈设置〉，打开“注释设置”对话框，如图6-150所示，可为当前注释或标签设置文字样式等。

◆ 竖直文本：勾选此项，则输入的文本将从上到下显示。

◆ 斜体角度：设置斜体文本的倾斜角度。

◆ 粗体宽度：设置粗体文本的宽度。

◆ 文本对齐：在编辑标签时，可指定指引线与文本和文本下划线的对齐方式。

完成对话框中各项的设置后，在图纸页适当位置单击，则添加文本；如要添加标签（即指引箭头），则在需添加标签处拖曳光标，待出现指引线后，松开鼠标，移动光标至适当位置单击即可。

知识点9 文件属性

文件属性也就是文件的一些信息，利用“属性”命令可以为文件定义属性，也可以列出有关显示部件的信息。调用该命令主要有两种方式：

- 功能区：【文件】→属性。
- 菜单：文件→属性。

执行上述操作后，弹出“显示部件属性”对话框，如图6-151所示。

图6-151 “显示部件属性”对话框（批量编辑）

对话框中“属性”选项卡下的“部件属性”列表中显示了部件的属性。在该选项卡下可以为部件定义属性，其具体操作在本任务中已述，不再赘述。

常用属性“标题/别名”的对应中文含义见表6-4。

表 6-4　常用属性“标题/别名”的对应中文含义

属性	对应中文
APPROVER	批准
AUDITOR	审核
CHECKER	校对
DB_PART_NAME	部件名称
DB_PART_NO	部件代号
DESIGNER	设计
NO_OF_SHEET	共　张
SHEET_NUM	第　张
MaterialPreferred	材料

同 类 任 务

创建图 6-152 所示端盖的工程图。

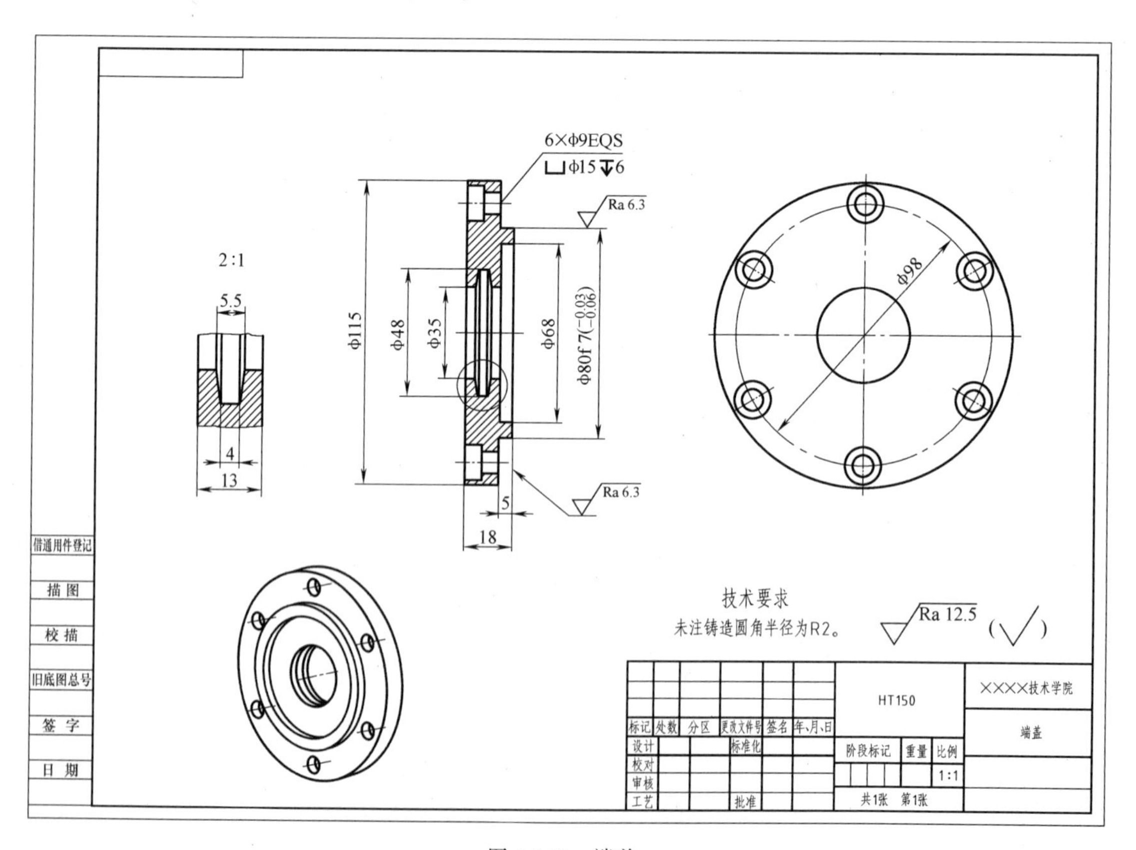

图 6-152　端盖

拓 展 任 务

完成图 6-153 所示轴的建模并创建其工程图。

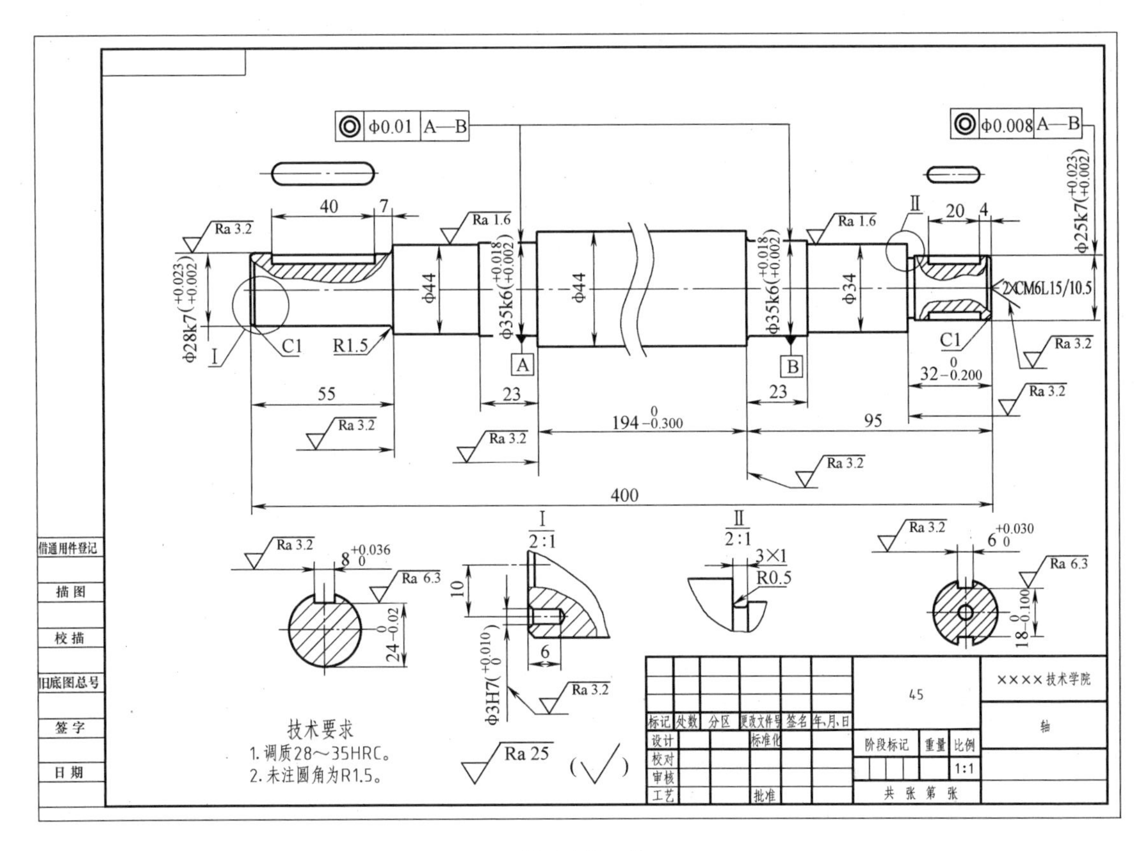

图 6-153 轴

任务 5 创建凸缘联轴器的装配工程图

本任务要求创建图 6-154 所示凸缘联轴器的装配工程图，主要涉及装配图中非剖切部件的处理、零件明细表的自动生成及编辑、自动符号标注、装配序号排序、隐藏/显示视图中的组件等操作（装配图中明细栏的尺寸图 6-155 所示）。

任务实施

步骤 1 创建凸缘联轴器各部分实体模型（尺寸见图 3-102、图 3-103、图 3-175、图 3-176），各部分名称分别为“J 型轴孔半联轴器”“J_1 型轴孔半联轴器”“螺栓 M10×55”“螺母 M10”。

步骤 2 对各组成部分进行装配，装配文件的文件名为“凸缘联轴器”（若已在模块 3 任务 5 中完成了凸缘联轴器的三维装配，可直接调用，不用再重新创建、装配）。

步骤 3 创建爆炸图并保存其视图状态。

创建图 6-156 所示的爆炸图，单击上边框条 菜单(M) ▾ →〈视图〉 视图(V) →〈操作〉 操作(O) →〈另存为〉 另存为(A)...，弹出“保存工作视图”对话框，在“名称”文本框中输入“爆炸图”，单击 确定 按钮，保存其视图状态。

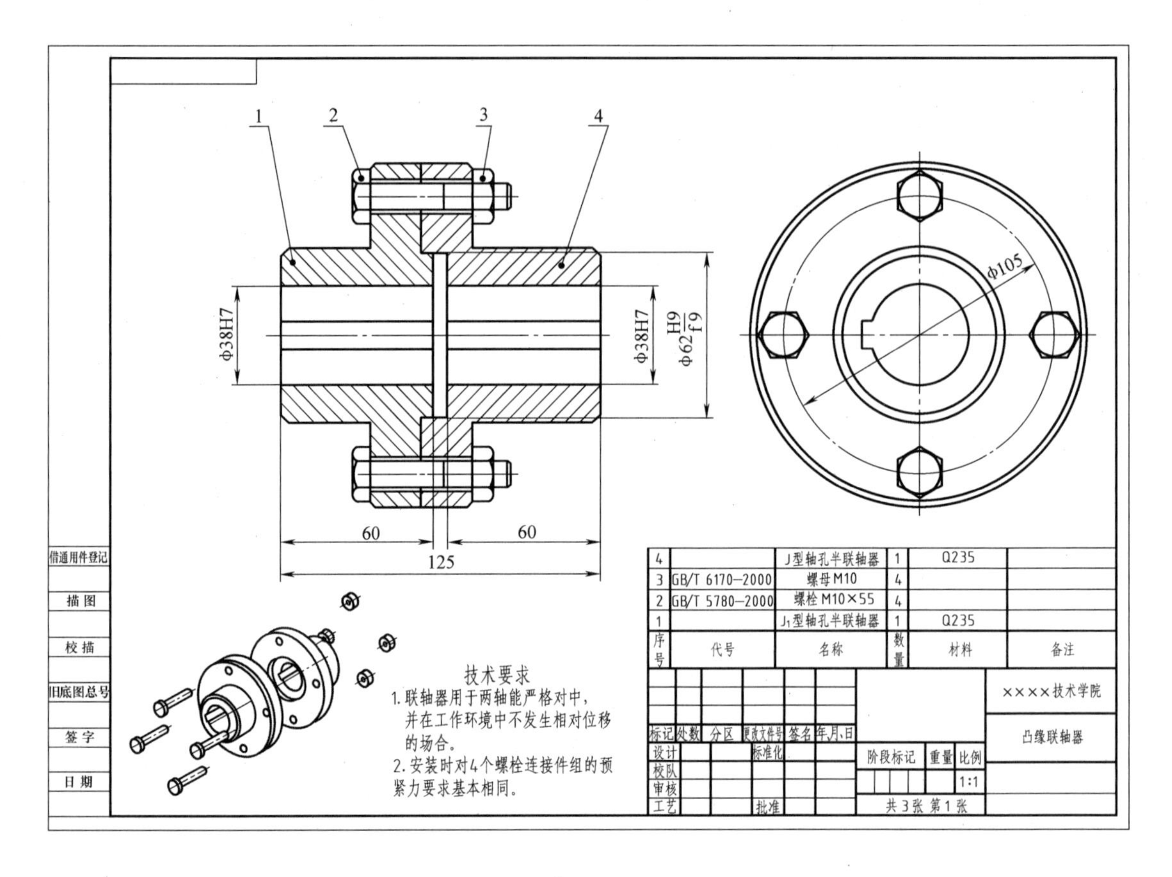

图 6-154　凸缘联轴器的装配图

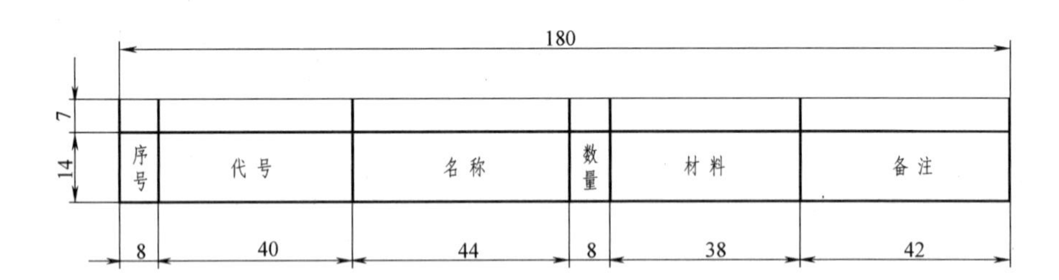

图 6-155　明细栏尺寸

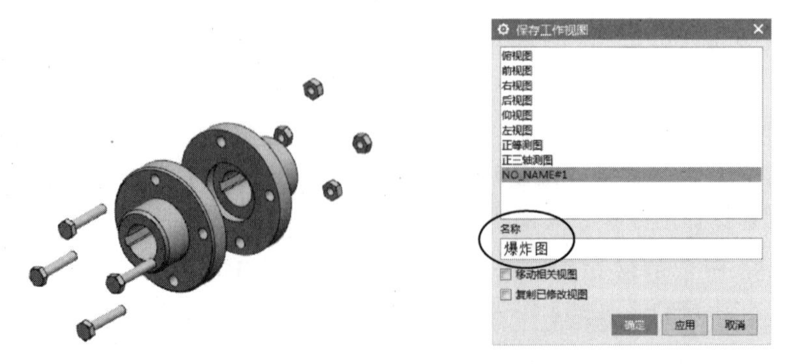

图 6-156　创建爆炸图并保存

步骤 4　创建联轴器视图。

显示无爆炸状态，进入装配文件的制图环境，选择 A3 号图纸，并将其替换成任务 3 中的模板文件，生成如图 6-157所示视图。

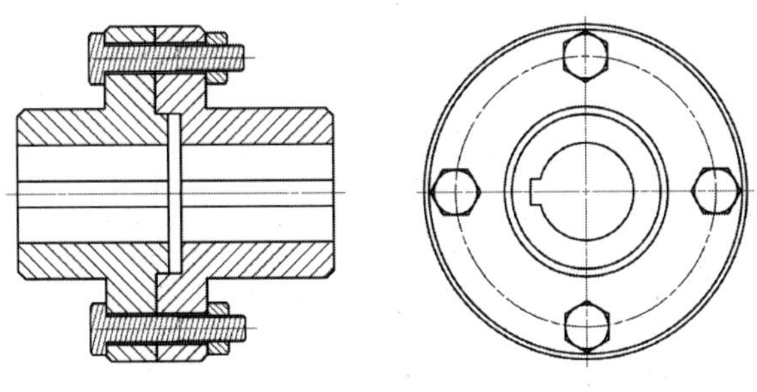

图 6-157　创建联轴器视图

> 图 6-157 所示主视图中的螺栓、螺母均被剖切，与机械制图规定不符，需将其按不剖绘制。

步骤 5　指定主视图中不进行剖切的部件。

用鼠标右键单击视图边界，在快捷工具条中单击〈编辑〉，弹出“剖视图”对话框，单击“非剖切”选项，在主视图中选择不进行剖切的螺栓、螺母共 4 个对象，如图 6-158所示，单击 关闭 按钮，完成操作。

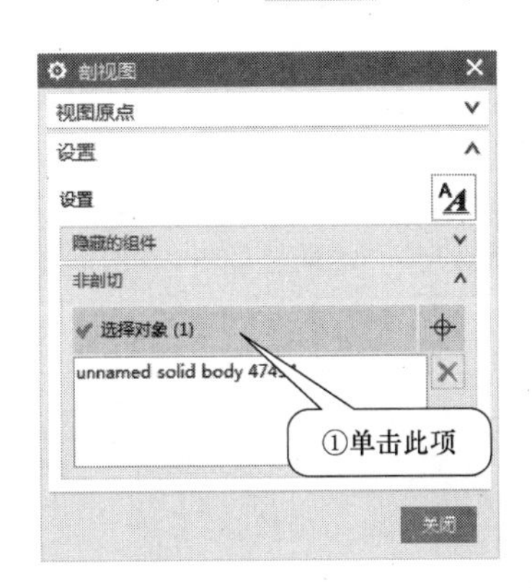

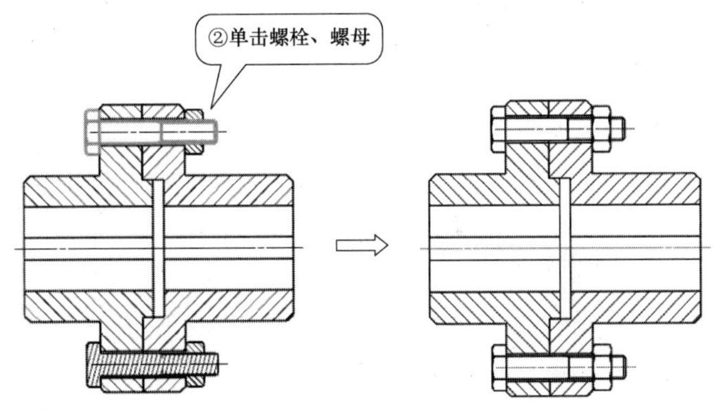

图 6-158　指定非剖切部件

步骤 6　创建轴测爆炸图。

进入“建模”环境，显示凸缘联轴器的爆炸图状态；再进入制图环境，单击〈基本视图〉，弹出“基本视图”对话框；在对话框中设定“要使用的模型视图”为“爆炸图”，设置合适的比例，在适当位置单击，完成轴测爆炸图的创建，如图 6-159 所示。

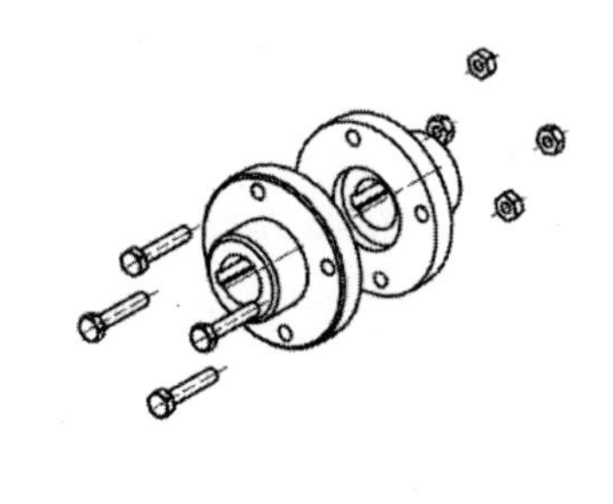

图 6-159　创建轴测爆炸图

明细栏的创建方法有两种：

一是采用插入表格的方法，手动填写。单击【主页】→『表』→〈表格注释〉，插入表格，手动填写明细栏内容、手动标注序号（此方法与任务 2 中标题栏的创建方法相同）。此方法创建的明细栏与 ID 编号（序号）不关联。

二是采用“零件明细表”命令，自动生成明细栏。此方法创建的明细栏可与 ID 编号自动关联。采用此方法前，需先设置装配体各组成部分的属性。

下面以采用第 2 种方法创建图 6-155 所示的简易明细栏为例，介绍其创建过程。

步骤 7　为各部件添加属性。

1）为 J_1 型轴孔半联轴器和 J 型轴孔半联轴器添加材料属性。“Material Preferred” 均为 “Q235”。

2）为螺栓 M10×55 和螺母 M10 添加代号属性。“DB_PART_NO” 螺栓为 “GB/T 5780—2000”，螺母为 “GB/T 6170—2000”。

步骤 8　创建零件明细栏。

1）自动生成明细栏。单击【主页】→『表』→〈零件明细表〉，在图纸页适当位置单击，自动生成含有 3 列的明细栏，如图 6-160 所示。

4	螺母M10	4
3	螺栓M10□55	4
2	J型轴孔半联轴器	1
1	J1型轴孔半联轴器	1
PC NO	PART NAME	QTY

图 6-160　自动生成的零件明细栏

自动生成的零件明细表为 3 列，从左往右依次是部件号（PC NO，也称为序号）、部件名称（PART NAME）和部件数量（QTY）。

若创建的零件明细栏只有表头一行，可用鼠标右键单击明细栏，在快捷菜单中选择 编辑级别(L)...，弹出“编辑级别”工具条，如图 6-161 所示，单击〈主模型〉，即将各零件添加到明细栏中，单击〈确定〉，确认添加。

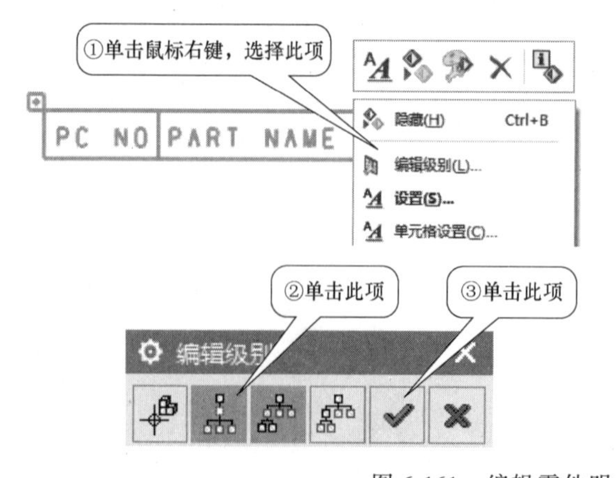

PC NO	PART NAME	QTY

⇩

4	螺母M10	4
3	螺栓M10□55	4
2	J型轴孔半联轴器	1
1	J1型轴孔半联轴器	1
PC NO	PART NAME	QTY

图 6-161　编辑零件明细栏级别

2）增加代号、材料和备注 3 列。在 PC NO 列移动光标，当该列亮显且光标旁出现“表格注释列” 表格注释列 时单击鼠标右键，在快捷菜单中单击 插入 → 在右侧插入列(R)，插

入新列，如图 6-162 所示。采用同样的方法，再插入两列，如图 6-162 所示。

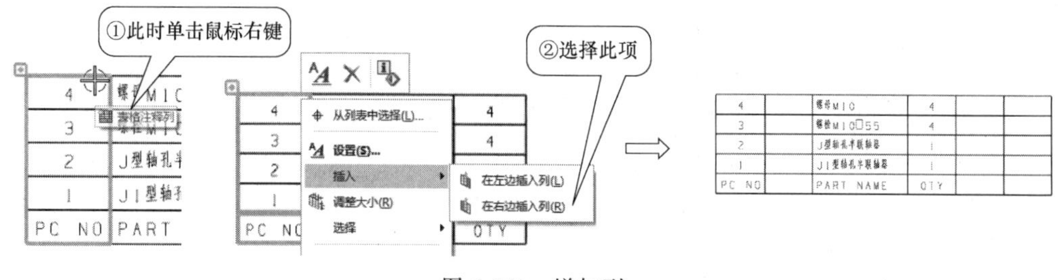

图 6-162　增加列

3）导入列的属性。

① 移动光标至第 2 列，当该列亮显且光标旁出现 表格注释列 时单击鼠标右键，在快捷菜单中单击 设置(S)，打开“设置”对话框，如图 6-163 所示；在左侧列表中选择“单元格”选项，“类别”列表中选择“文本”，“文本对齐”选择“中心”；在左侧选择“列”选项，在“类别”下拉列表中选择“常规”，单击“属性名称”右方的，弹出“属性名称”对话框，在列表中选择“DB PART NO”（即代号），单击 确定 按钮，返回“设置”对话框，单击 关闭 按钮，完成操作。

图 6-163　添加列属性

② 在第 5 列导入“MaterialPreferred”（即材料）、第 6 列导入“REMARK”（即备注）属性，方法同上，不再赘述。添加完成后系统自动更新明细栏，如图 6-164 所示。

4）修改明细栏表头。双击表头单元格，编辑修改表头，从左往右依次为序号、代号、名称、数量、材料及备注，如图 6-165 所示。

4	GB/T 6170-2000	螺母M10	4		
3	GB/T 5780-2000	螺栓M10□55	4		
2		J型轴孔半联轴器	1	Q235	
1		J1型轴孔半联轴器	1	Q235	
PC NO	DB PART NO	PART NAME	QTY	NX MaterialPreferred	REMARK

图 6-164　添加属性自动更新后的明细栏

4	GB/T 6170-2000	螺母M10	4		
3	GB/T 5780-2000	螺栓M10□55	4		
2		J型轴孔半联轴器	1	Q235	
1		J1型轴孔半联轴器	1	Q235	
序号	代　号	名　称	数量	材　料	备注

图 6-165　修改表头后的明细栏

5）编辑明细栏字体、字高、线宽等。移动光标至明细栏左上角，当表格亮显且光标旁出现 零件明细表区域 时单击鼠标右键，在快捷菜单中选择 单元格设置(C)...，弹出“设置”对话框，在对话框中设置字体为“FangSong”、字高为“3.5”、宽高比为“0.7”；明细栏中 顶部、 中间的线宽为0.13，其余为粗线。设置方法本模块任务2中已述，不再赘述。

6）调整明细栏的行高和列宽。按图6-155所示尺寸进行调整，调整完成后如图6-166所示。

4	GB/T 6170-2000	螺母M10	4		
3	GB/T 5780-2000	螺栓M10×55	4		
2		J型轴孔半联轴器	1	Q235	
1		J1型轴孔半联轴器	1	Q235	
序号	代　号	名　称	数量	材　料	备注

图6-166　调整完成后的明细栏

7）将明细栏对齐到标题栏上。将光标移至明细栏左上角，单击鼠标右键，在快捷菜单中选择 设置(S)，弹出“设置”对话框，单击左侧“表区域”，按图6-167所示设置明细栏的对齐点为右下角；再将明细栏对齐到标题栏上方，对齐方法在本模块任务2中已述，不再赘述。

步骤9　自动添加序号。

1）设置序号样式。将光标移至明细栏左上角，单击鼠标右键，在快捷菜单中选择 设置(S)，弹出“设置”对话框，单击左侧“零件明细表”，在“标注”选项组“符号”下拉列表中选择 U 下划线，在“主符号文本”下拉列表中选择“标注”（即设置序号样式为在数字下方加下划线），如图6-168所示。

图6-167　设置明细栏的对齐点

图6-168　设置序号样式

2）自动添加序号。单击【主页】→『表』→〈自动符号标注〉，弹出“零件明细表自动符号标注”对话框，系统提示“选择要自动标注的明细表”，在明细栏上单击，单击

确定按钮，系统提示“选择要自动标注符号的视图”，在主视图上单击，单击确定按钮，完成序号的自动标注，如图 6-169 所示。

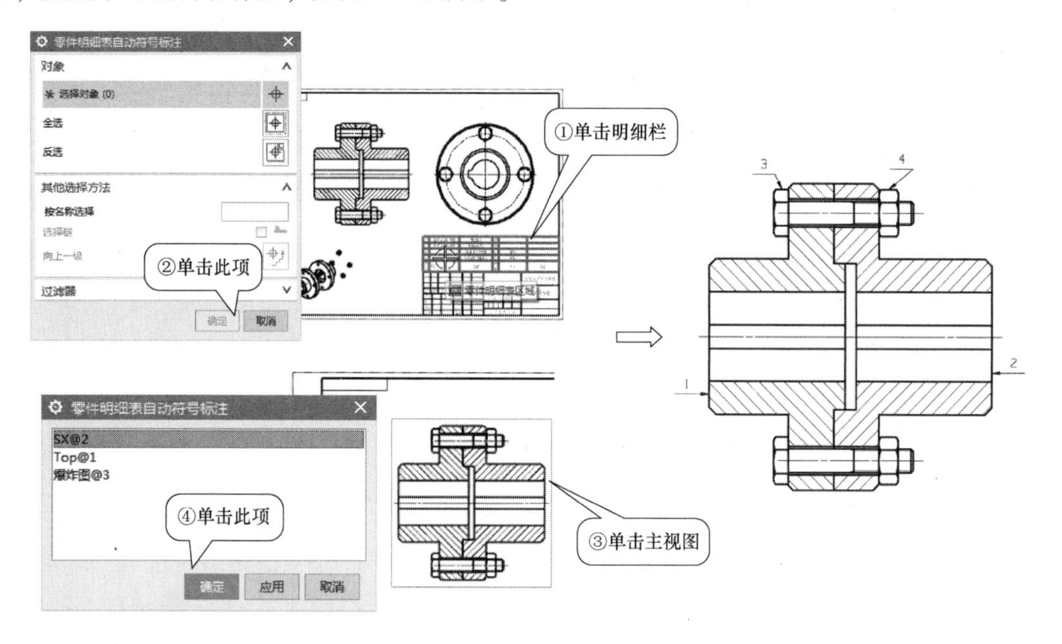

图 6-169　自动添加序号

步骤 10　调整序号位置、编辑序号字体、字高等。

1）调整序号位置。拖曳各序号至适当位置，使其如图 6-170 所示。

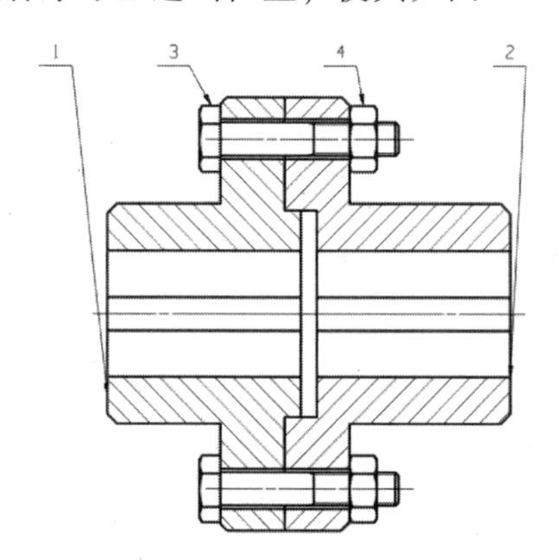

图 6-170　调整序号位置

2）编辑序号字体、字高等。

① 编辑序号 1。双击序号 1，弹出“符号标注”对话框，在“箭头”下拉列表中选择●— 填充圆点，单击〈设置〉，弹出“符号标注设置”对话框，设置字体为“FangSong”，字高为“7”，宽高比为“0.7”，圆点直径为“3”，如图 6-171 所示，单击关闭按钮，返回“符号标注”对话框，单击关闭按钮，完成编辑。

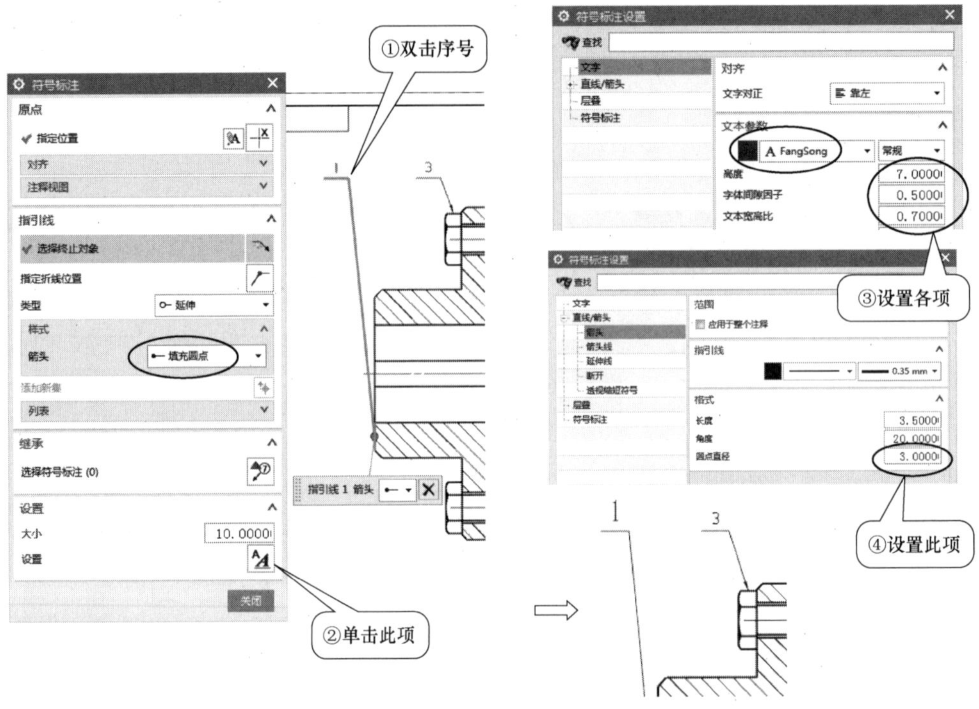

图 6-171　编辑序号 1 字体、字高

② 编辑其余序号。单击『制图工具-GC 工具箱』→〈格式刷〉，选择序号 1，再选择其余序号，编辑完成后如图 6-172所示。

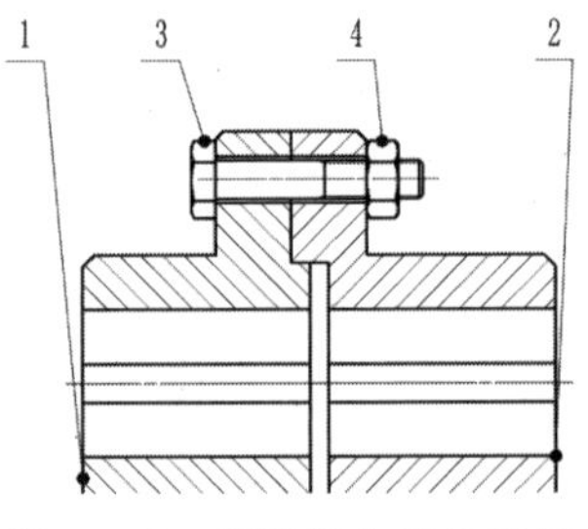

图 6-172　编辑其余序号字体

步骤 11　序号重新排序。

1）单击『制图工具-GC 工具箱』→〈装配序号排序〉，弹出“装配序号排序”对话框，选择序号 1 作为起始序号，在对话框中勾选 顺时针（即序号沿顺时针方向进行排序），单击 确定 按钮，序号自动重新排序，如图 6-173 所示。

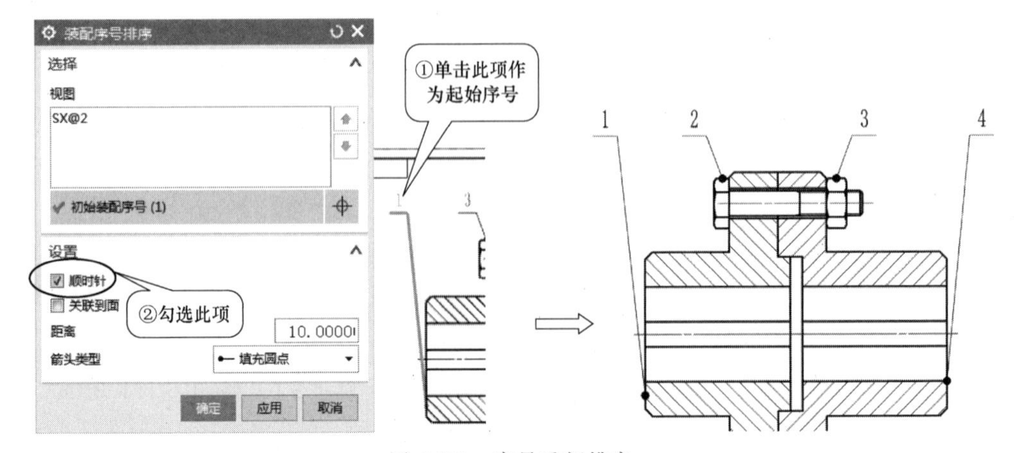

图 6-173　序号重新排序

序号自动重新排序后，明细栏也自动进行更新（次序发生了变化），如图 6-174 所示。更新后的明细栏中序号列数字加上了方框，此方框需去除。

2）去除明细栏序号列数字方框。

移动光标至明细栏左上角，单击鼠标右键，在快捷菜单中单击 设置(S)，弹出“设置”对话框，在左侧选择“零件明细表”选项，在“手工输入的文本”选项下不勾选 □高亮显示，如图 6-175 所示，单击鼠标中键，关闭对话框，完成编辑后的明细栏如图 6-175 所示。

4		J型轴孔半联轴器
3	GB/T 6170-2000	螺母M10
2	GB/T 5780-2000	螺栓M10×55
1		J1型轴孔半联轴器
序号	代　号	名　称

图 6-174　自动排序后的明细栏

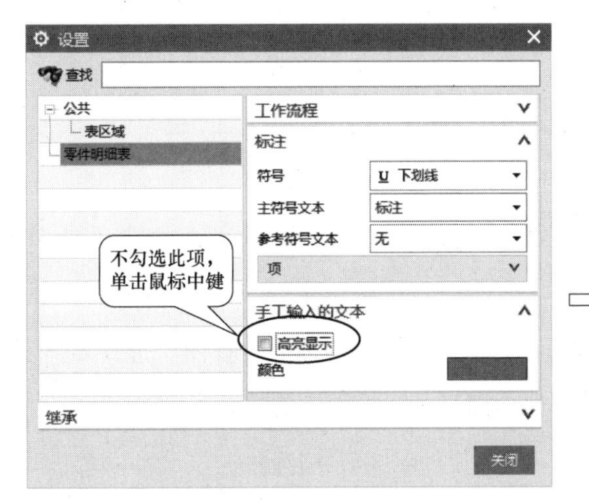

4		J型轴孔半联轴器
3	GB/T 6170-2000	螺母M10
2	GB/T 5780-2000	螺栓M10×55
1		J1型轴孔半联轴器
序号	代　号	名　称

图 6-175　去除明细栏序号列数字方框

步骤 12　编辑序号指引线起点位置。

1）编辑序号 1 指引线的起点位置。双击序号 1，在零件上的适当位置单击，确定指引线起点位置，如图 6-176 所示，单击鼠标中键，完成编辑。

2）采用同样的方法编辑其余序号指引线的起点位置，编辑完成后如图 6-176 所示。

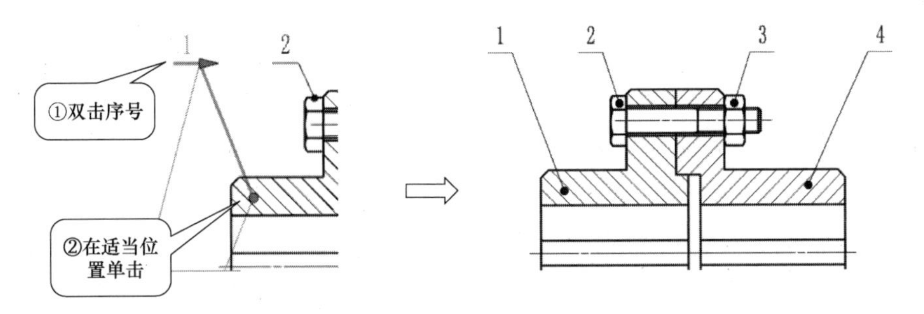

图 6-176　编辑序号指引线的起点位置

步骤 13　隐藏/显示主视图中的螺栓。

1）隐藏主视图中的螺栓。单击【主页】→『视图』→“编辑视图”→〈隐藏视图中的组件〉

▶，弹出“隐藏视图中的组件”对话框，选择要隐藏的组件为螺栓，选择要隐藏组件的视图为主视图，如图6-177所示；单击 确定 按钮，即隐藏了主视图中的螺栓。

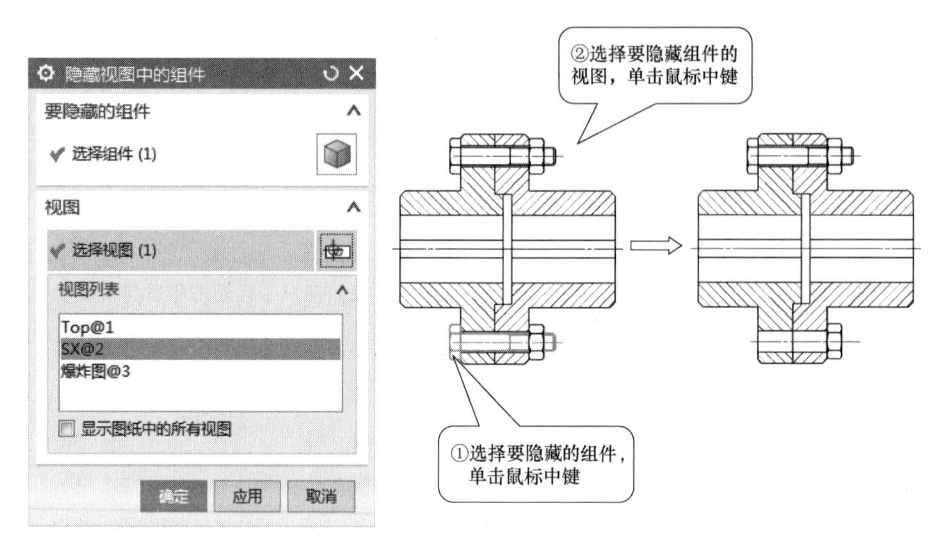

图6-177　隐藏主视图中的螺栓

2）显示主视图中的螺栓。单击【主页】→『视图』→“编辑视图”→〈显示视图中的组件〉▶，弹出“显示视图中的组件”对话框，选择要显示组件的视图为主视图，选择要显示的组件为螺栓，如图6-178所示；单击 确定 按钮，即显示主视图中的螺栓。

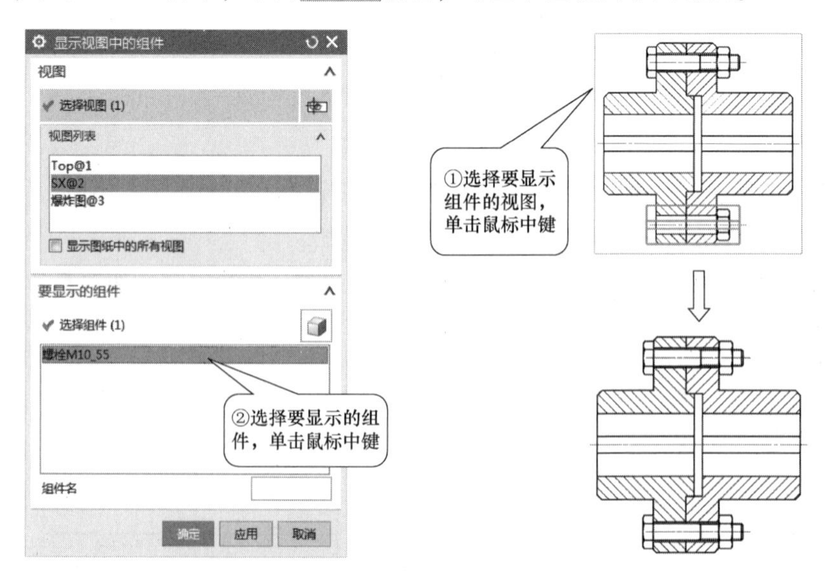

图6-178　显示主视图中的螺栓

步骤14　标注尺寸、注写技术要求，若有必要还可拖曳调整序号位置，完成凸缘联轴器的装配工程图。

步骤15　保存文件。

用户可以在本模块任务 3 创建的模板文件的基础上创建带零件明细栏的装配图的模板文件，并将其命名为“A3-noviews-asm-template. prt”，复制到“X：\Program Files \Siemens \NX 12. 0\LOCALIZAT ION \prc \simpl_ chinese \ startup”（X 为安装盘），替换原模板文件。后期在进行装配图制作时，在图 6-109 所示的“工程图模板替换”列表中选择“A3-Ⅱ”便可直接调用。

知识点 1　零件明细表

“零件明细表”命令用于创建装配图明细栏。调用该命令主要有以下方式：

- 功能区：【主页】→『表』→〈零件明细表〉。
- 菜单：插入→表格→零件明细表(P)...。

执行上述操作后，在图纸页中指明零件明细栏的位置，即可插入明细栏。创建的零件明细栏如图 6-179 所示，其中第一列为部件号，第二列为部件名称，第三列为数量。

5	螺钉	1
4	顶盖	1
3	旋转杆	1
2	螺杆	1
1	底座	1
PC NO	PART NAME	QTY

图 6-179　零件明细栏

若创建的零件明细栏只有表头一行，可用鼠标右键单击明细栏，在快捷菜单中选择编辑级别(L)...，进行编辑级别操作，其具体操作在本任务实例中已述，不再赘述。

用户可以通过拖动零件明细栏的栅格线来调整行高和列宽，也可以增加零件明细栏的列数并为列单元格导入属性，其具体操作在本任务实例中已述，不再赘述。

知识点 2　自动符号标注

“自动符号标注”命令用于自动标注装配图序号。调用该命令主要有以下方式：

- 功能区：【主页】→『表』→〈自动符号标注〉。
- 菜单：插入→表→自动符号标注(B)。

执行上述操作后，弹出“零件明细表自动符号标注”对话框，如图 6-180 所示。

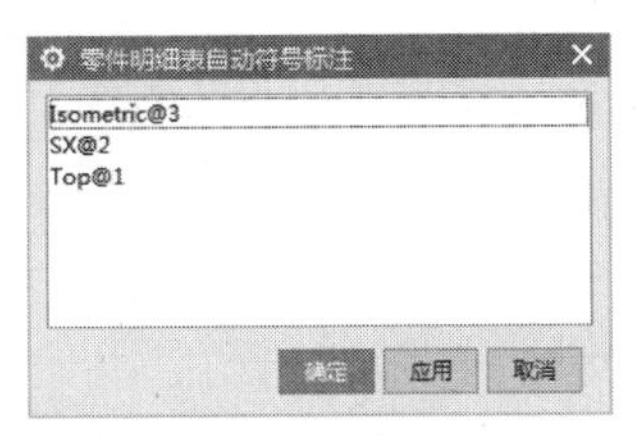

图 6-180　“零件明细表自动符号标注”对话框

选择要自动标注的明细栏，再选择需进行标注的视图，即可自动标注装配图序号，其具体操作过程在本任务实例中已述，不再赘述。

知识点3　装配序号排序

"装配序号排序"命令用于将已标注的装配图序号沿顺时针或逆时针方向进行自动排序。调用该命令主要有以下方式：

• 功能区：『制图工具-GC 工具箱』→〈装配序号排序〉。

图 6-181　"装配序号排序"对话框

执行上述操作后，弹出"装配序号排序"对话框，如图 6-181 所示。在视图上选择一个序号作为排序的起始序号，在"设置"选项下勾选 ☑顺时针，单击 确定 按钮，则系统从起始序号开始沿顺时针方向自动进行排序（若不勾选 □顺时针，则沿逆时针方向排序），且零件明细栏中的次序也相应更改。

知识点4　隐藏/显示视图中的组件

"隐藏视图中的组件"命令用于将装配工程图中指定的组件隐藏起来；"显示视图中的组件"命令用于将被隐藏的组件显示出来。调用这两个命令主要有以下方式：

• 功能区：【主页】→『视图』→"编辑视图"→〈隐藏视图中的组件〉、〈显示视图中的组件〉。

• 菜单：编辑→视图→隐藏视图中的组件(H)...、显示视图中的组件(M)...。

执行"隐藏视图中的组件"命令后，打开"隐藏视图中的组件"对话框，如图 6-182 所示。

首先选择要隐藏的组件，再选择要隐藏组件的视图，单击 确定 按钮，即可隐藏所选的组件。其具体操作过程在本任务实例中已述，不再赘述。

执行"显示视图中的组件"命令后，打开"显示视图中的组件"对话框，如图 6-183 所示。

首先选择要显示隐藏组件的视图，则在"要显示的组件"列表框中列出了该视图中的隐藏组件，从中选择要显示的隐藏组件，单击 确定 按钮，即可显示视图中选定的隐藏组件。其具体操作过程在本任务实例中已述，不再赘述。

使用"隐藏/显示视图中的组件"命令后，若视图未自动更新，则需手动更新视图。

> "隐藏/显示视图中的组件"命令需在"装配"模块启用后才可用。
> "隐藏视图中的组件"命令可用于装配图中的拆卸画法。

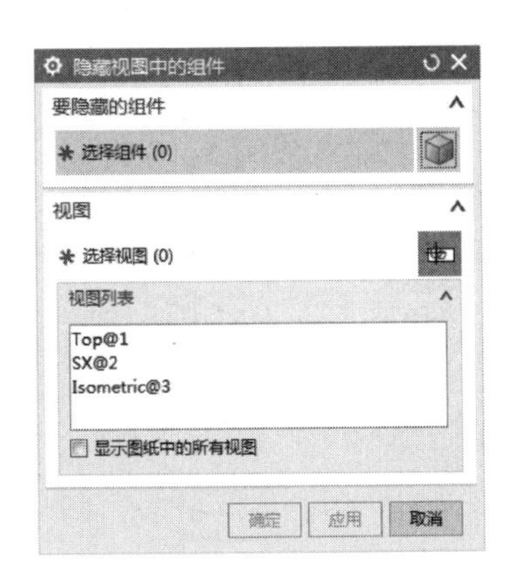

图 6-182 “隐藏视图中的组件”对话框

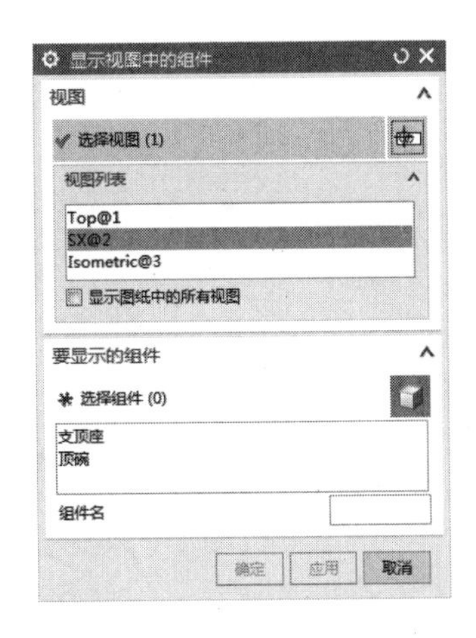

图 6-183 “显示视图中的组件”对话框

同类任务

根据图 6-184～图 6-186 所示创建顶碗、顶杆、支顶座的实体模型并装配，最后完成支顶装配工程图，使其如图 6-187 所示。

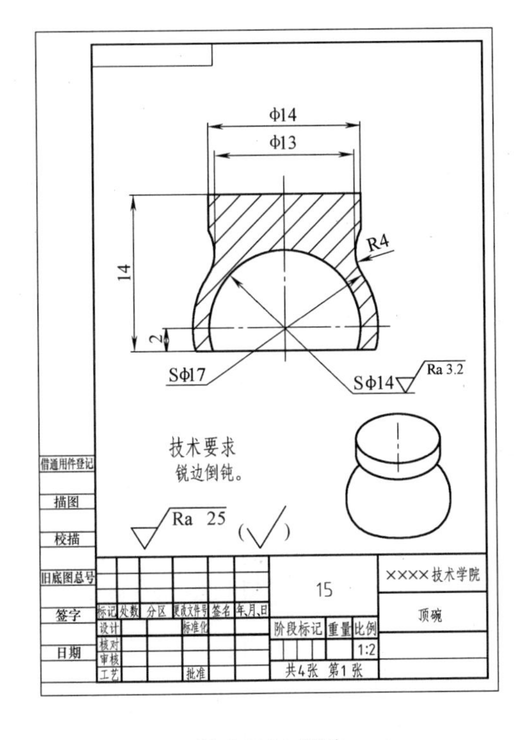

图 6-184 顶碗

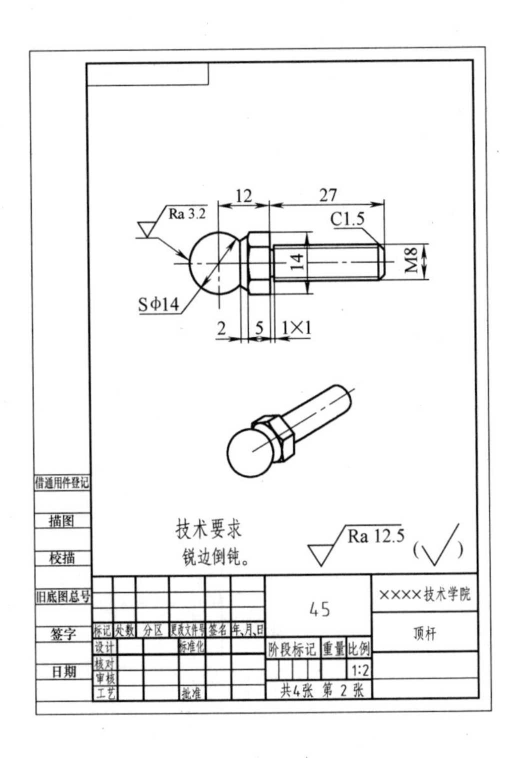

图 6-185 顶杆

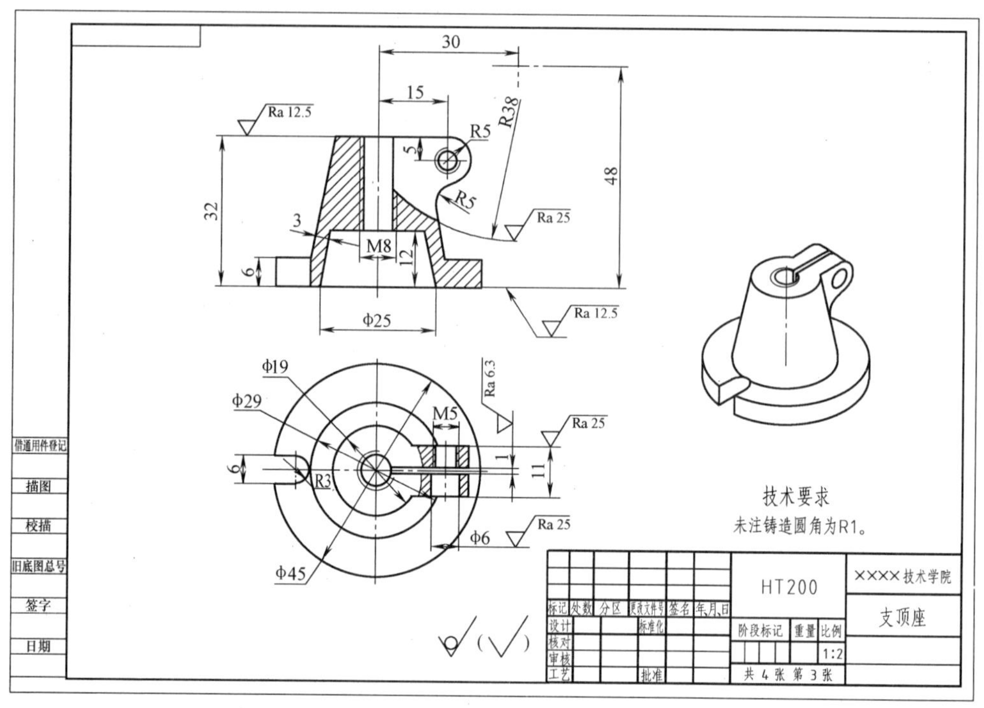

图 6-186　支顶座

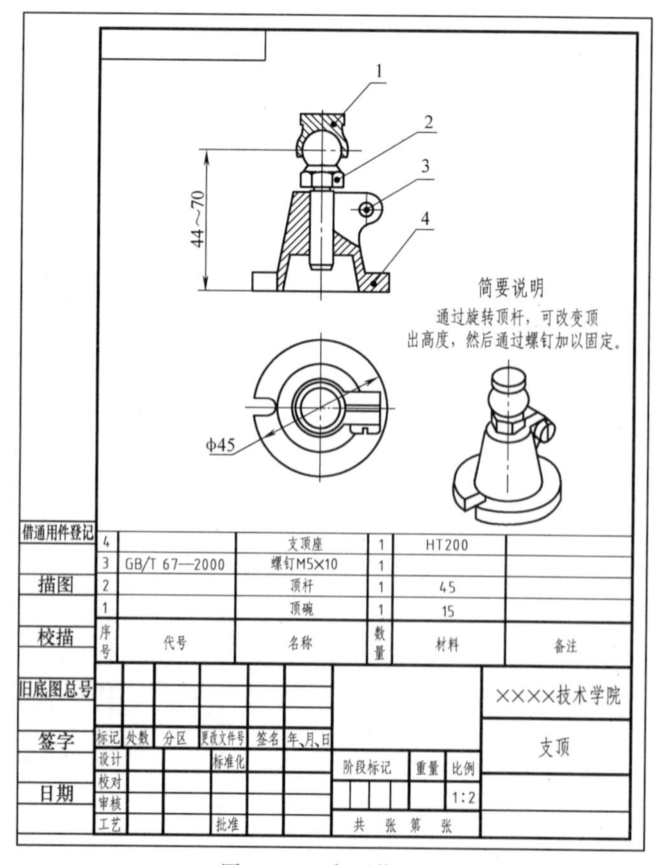

图 6-187　支顶装配图

小　结

本模块介绍了根据三维模型生成工程图的基本方法，包括制图首选项的设置；图纸页的创建与编辑（新建图纸页、编辑图纸页、删除图纸页）；各类视图的插入（基本视图、投影视图、局部放大图、剖视图、半剖视图、旋转剖视图、阶梯剖视图、点到点剖视图、局部剖视图、定向剖视图、断开视图等）；图样的标注（尺寸标注、插入中心线、表面粗糙度标注、尺寸公差标注、几何公差标注、基准符号标注、文本注释、表格注释、创建装配明细栏等）；视图编辑操作（视图对齐、视图相关编辑、移动/复制视图、视图边界、修改剖面线、更新视图、隐藏/显示视图中的组件等）；工程图模板文件的创建、文件属性及导入属性。

本模块应重点掌握基本视图、投影视图及剖视图的创建方法，并能根据机械设计要求对工程图进行布局调整、尺寸标注和文字注释。文件属性及导入属性操作有一定难度，可作为拓展知识进行学习。

UG NX 12.0 工程图部分功能强大、命令繁多，尤其是首选项设置及编辑部分，无法一一描述，需要读者细心体会各任务操作实例，及时归纳总结，掌握其规律，才能得心应手地进行使用。

考　核

1. 创建图 6-188 所示斜座的视图。

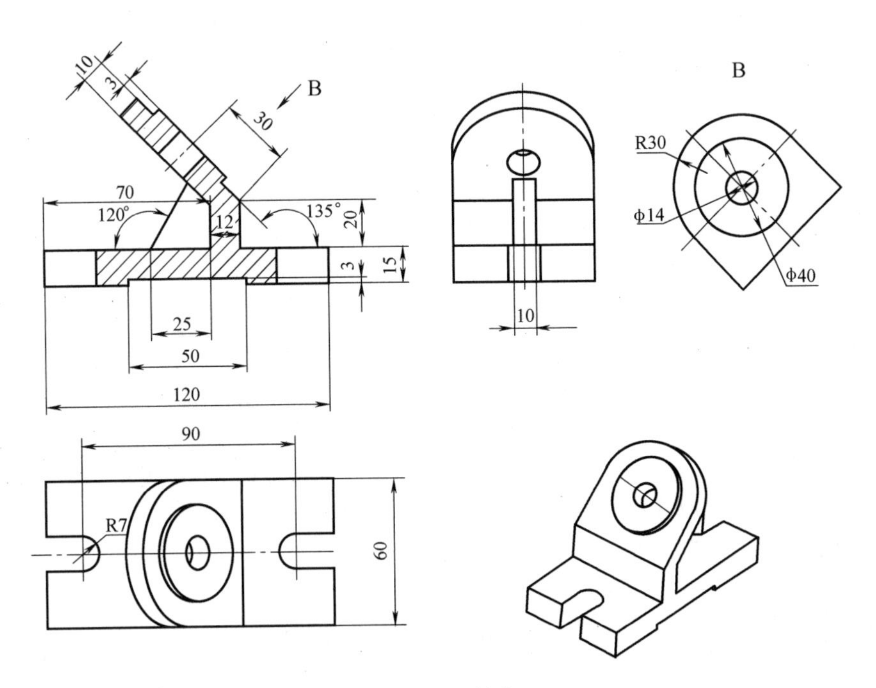

图 6-188　斜座

2. 根据图 6-189 所示创建端盖实体并生成其工程图。

3. 根据图 6-190 所示创建杠杆实体并生成其工程图。

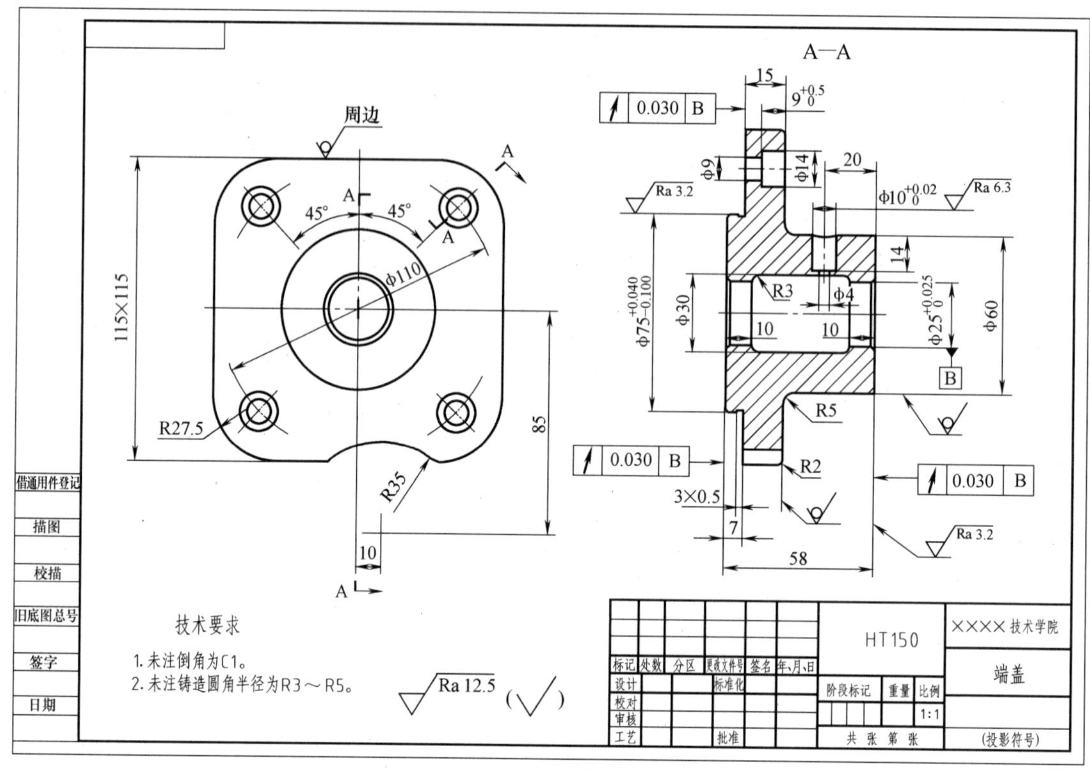

图 6-189　端盖

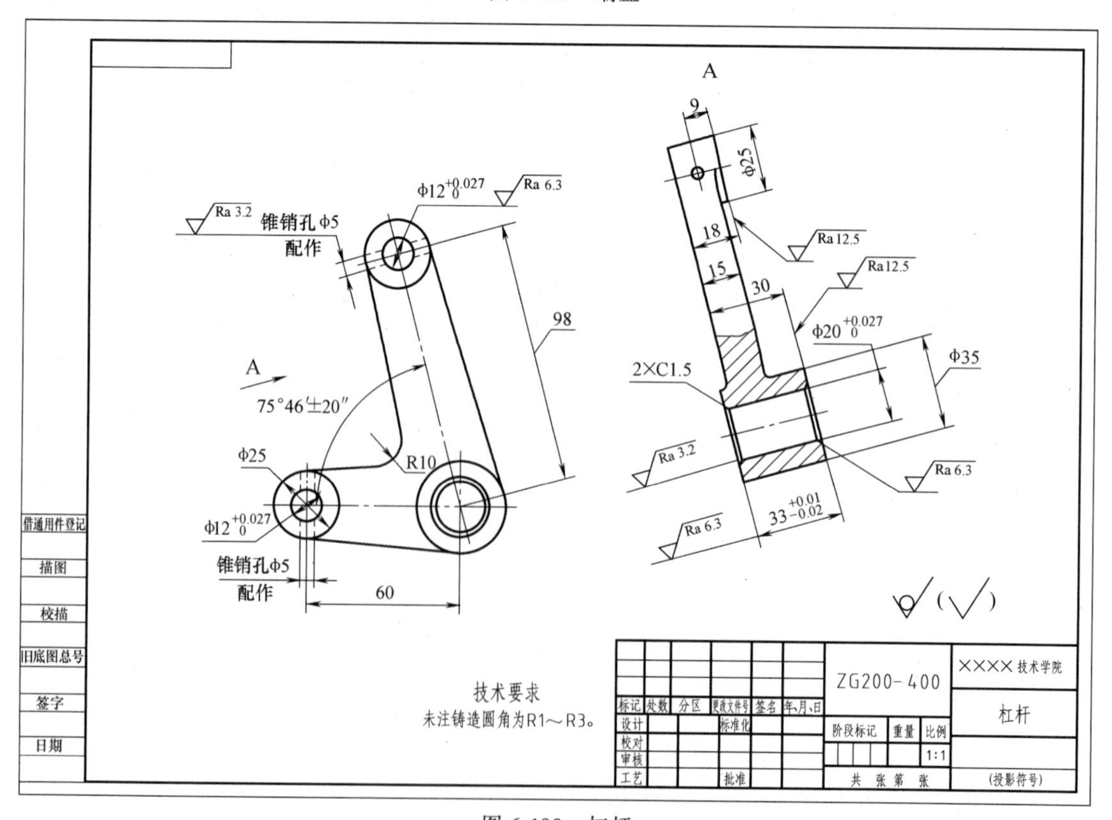

图 6-190　杠杆

4. 根据图 6-191 所示创建泵盖实体并生成其工程图。

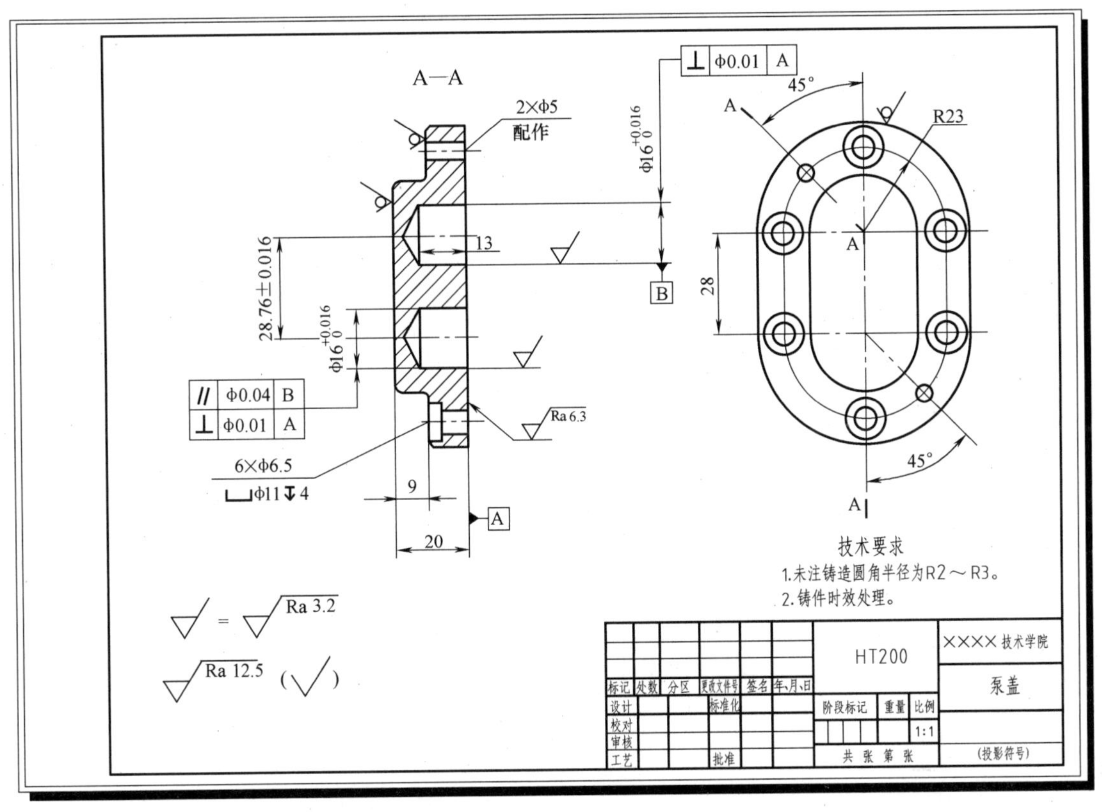

图 6-191　泵盖

5. 根据图 6-192～图 6-196 所示创建螺套、底座、顶垫、铰杆、螺旋杆的实体模型，生

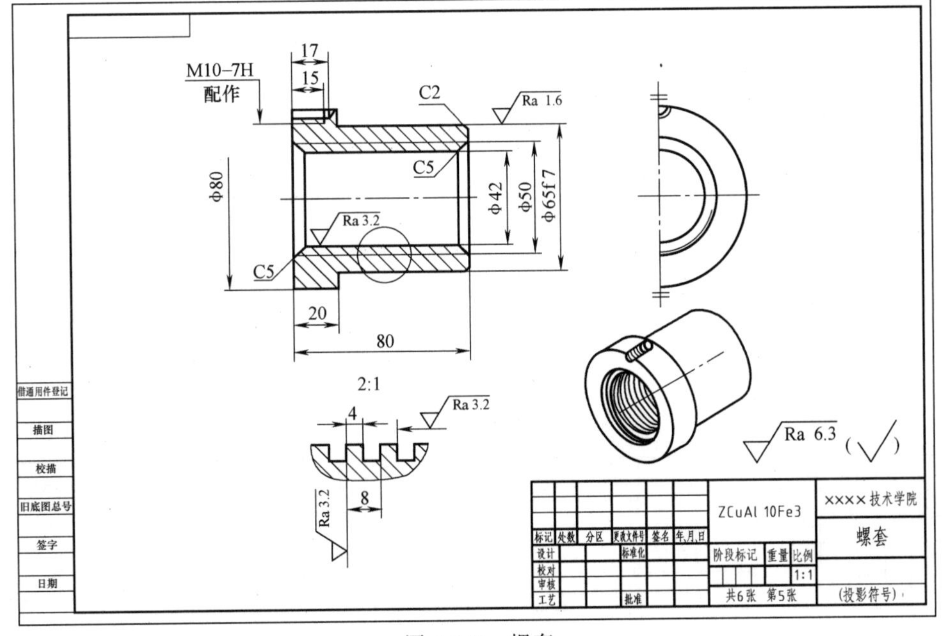

图 6-192　螺套

成其各自工程图，并进行装配，最后完成千斤顶的装配工程图，使其如图 6-197 所示。

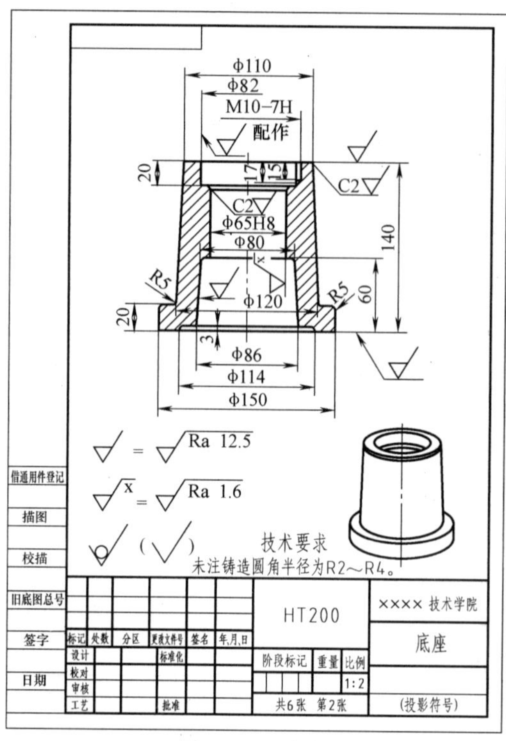

图 6-193 底座

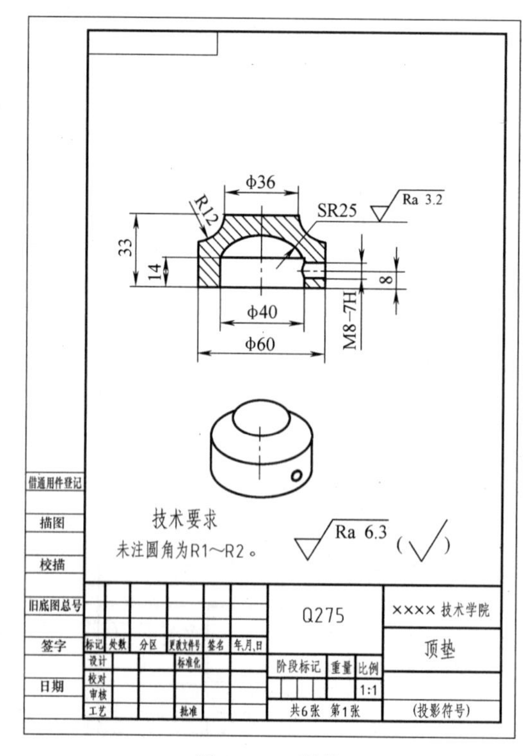

图 6-194 顶垫

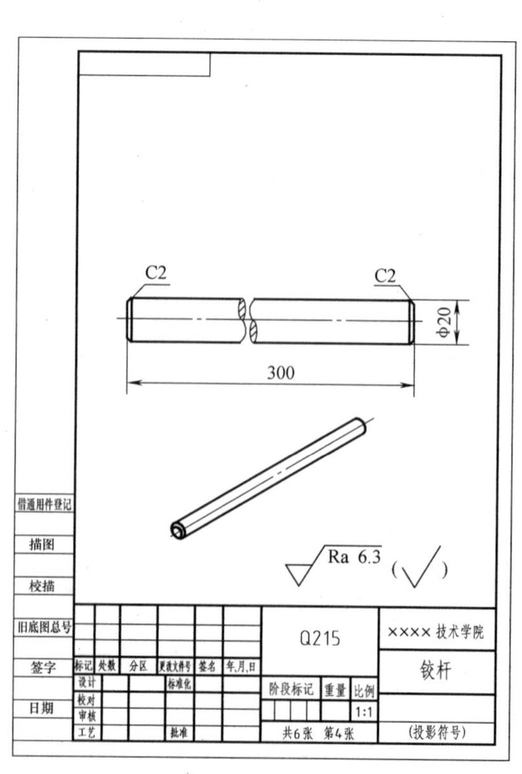

图 6-195 铰杆

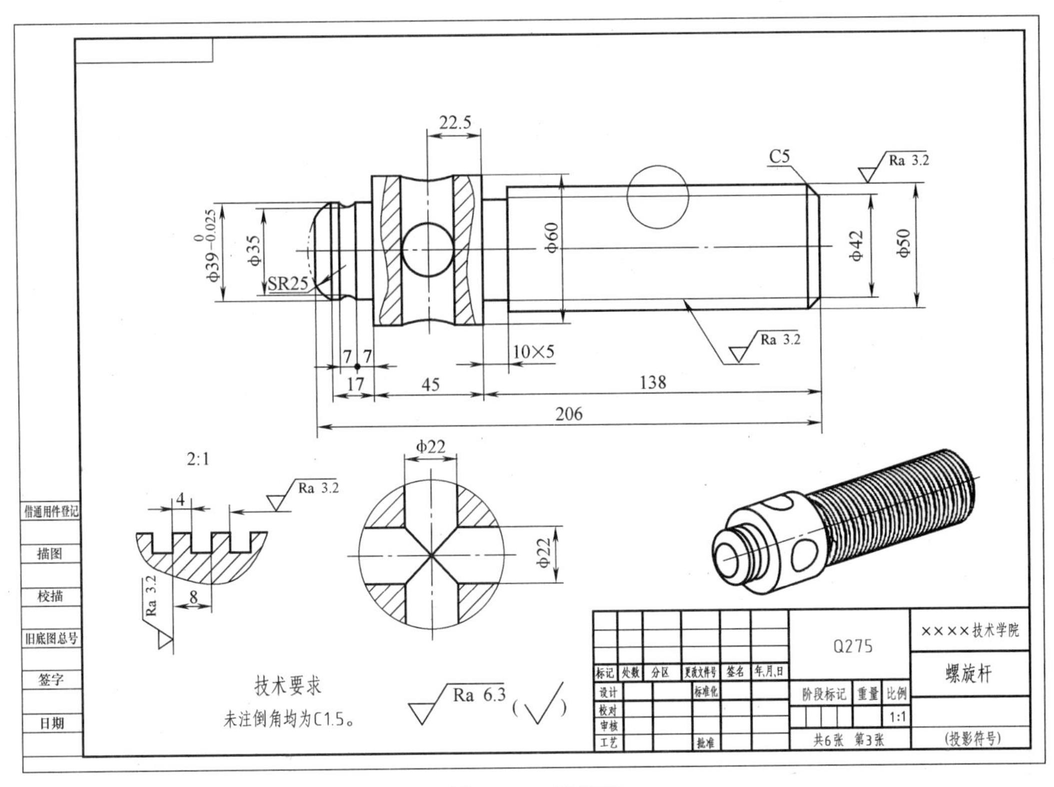

图 6-196　螺旋杆

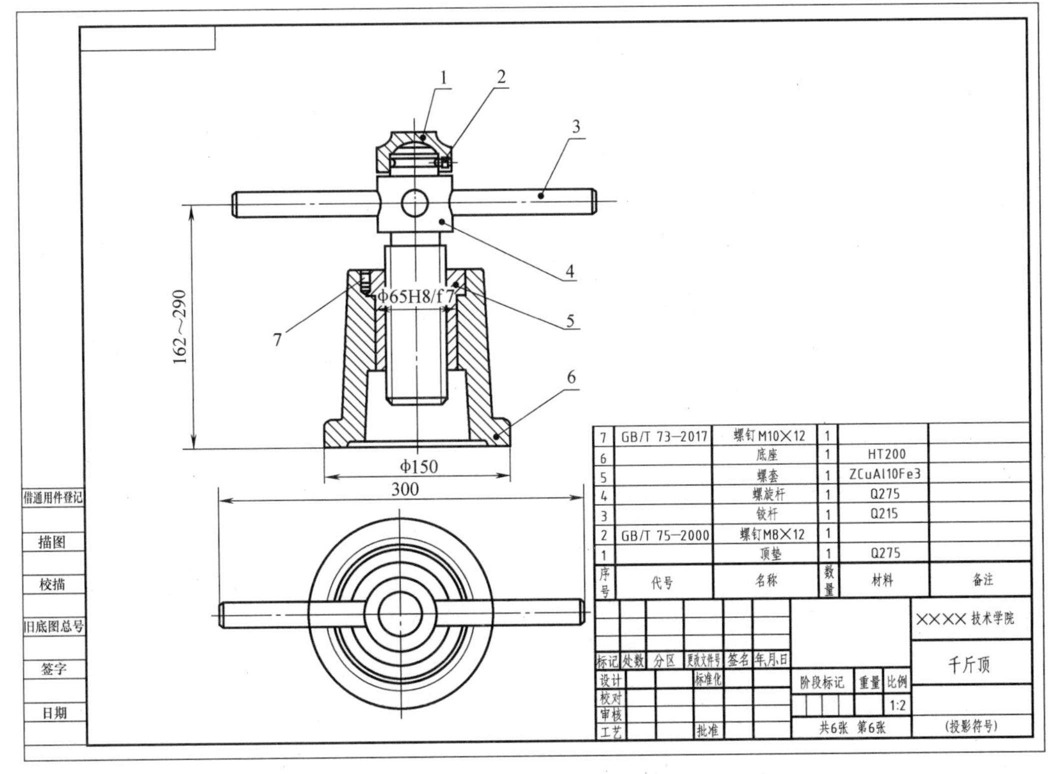

图 6-197　千斤顶装配图

参考文献

[1] 钟日铭. UG NX 7.0 新手入门与范例精通 [M]. 北京：机械工业出版社，2011.
[2] CAD/CAM/CAE 技术联盟. UG NX 10.0 中文版从入门到精通 [M]. 北京：清华大学出版社，2016.
[3] 赵秀文，苏越. UG NX 8.0 实例建模基础教程 [M]. 北京：机械工业出版社，2014.
[4] 朱光力. UG NX 10.0 边学边练实例教程 [M]. 北京：人民邮电出版社，2016.
[5] 张云杰，郝利剑. UG NX 11.0 基础、进阶、高手一本通 [M]. 北京：电子工业出版社，2016.
[6] 王中行，李志国. UG NX 9.0 中文版基础教程 [M]. 北京：清华大学出版社，2016.
[7] 王瑞东，潘文斌. UG NX 8 中文版设计基础与实践 [M]. 北京：机械工业出版社，2011.
[8] 张小红，郑贞平. UG NX 10.0 中文版基础教程 [M]. 2 版. 北京：机械工业出版社，2017.
[9] 赵自豪. UG NX 5 中文版应用与实例教程 [M]. 北京：人民邮电出版社，2008.
[10] 付本国，管殿柱. UG NX 6.0 三维机械设计 [M]. 北京：机械工业出版社，2015.